UNPRECEDENTED

CAN CIVILIZATION SURVIVE THE CO$_2$ CRISIS

空 前 的

生态危机

[美]大卫·雷·格里芬◎著

周邦宪◎译

中国出版集团公司
华文出版社

图书在版编目（CIP）数据

空前的生态危机／（美）大卫·雷·格里芬著；周
邦宪译．－－ 北京：华文出版社，2017.6
ISBN　978-7-5075-4708-5

Ⅰ．①空… Ⅱ．①大… ②周… Ⅲ．①全球变暖－研
究 Ⅳ．① X16

中国版本图书馆 CIP 数据核字（2017）第 142304 号

著作权合同登记图字 01－2017－4137

空前的生态危机

作　　者：（美）大卫·雷·格里芬
翻　　译：周邦宪
责任编辑：胡慧华
特约编辑：张志君
出版发行：华文出版社
社　　址：北京市西城区广外大街 305 号 8 区 2 号楼
邮政编码：100055
网　　址：http://www.hwcbs.com.cn
电　　话：总 编 室 010-58336239　发 行 部 010-58336212 58336267
　　　　　责任编辑 010-58336197
经　　销：新华书店
印　　刷：三河市宏盛印务有限公司
开　　本：710×1000　1/16
印　　张：31
字　　数：540 千字
版　　次：2017 年 8 月第 1 版
印　　次：2017 年 8 月第 1 次印刷
标准书号：ISBN 978-7-5075-4708-5
定　　价：58.00 元

序

如何对付全球的变暖和气候的变化,这已成了我们这个星球上最有争议的问题。

虽有争议,奇怪的是,几乎所有的气候科学家——97%到99.8%,这要看基于什么标准——却都有这些共识:气候在发生变化,这是由于全球的变暖(地球的平均温度在上升);全球的变暖几乎全然是由温室气体(主要是二氧化碳),即化石燃料(煤,油,和天然气)所释放的气体,造成的。

尽管人们在科学上有这些共识,但在如何对付全球变暖和气候变化的问题上却颇有争议。因为化石燃料工业部门为了防止政府作出减少其利润的规定,不惜花大本钱伪造争论。甚至在气候变化的一些后果昭然而不可否认的情况下——诸如前所未有的极端天气,野火,以及融化的冰山——化石燃料公司仍将自己的利润视为高于地球的福祉。尽管科学家们多次警告,气候的变化已威胁到文明的生存,煤、油、天然气工业仍不愿减少其利润,以挽救气候,让人类继续生存。

本书讲述了地球一直以来的情况,以及如果要挽救人类和数以百万计的其它物种,我们需要干些什么。物理学家乔·罗姆说过:"气候科学界(以及媒体)的最大失败之一就是,没有尽可能清楚地说明,若继续像我们当前这样排放,我们会面临什么危险,也没有清楚地说明那些可能发生的最糟糕情况,其中包括生态系统的大面积崩溃。"本书的导言讨论了全球变暖与气候变化的关系,以及全球变暖对文明的威胁。然后,在第一部分讨论了气候变化的各种维度,专注于这一问题:对于今天活着的我们、我们的孩子、我们的孙子以及将来所有的后代,这些变化意味着什么?

第二部分解释了化石燃料工业部门是如何伪造争论的,它们的贪婪如何得到了政客、媒体、错误的道德、拙劣的宗教,以及蹩脚的经济学的支持。

第三部分说明,应该下令化石燃料工业停业,而且这是可能的,因为太阳能、风能,以及其它类型的清洁能源现在已能取代化石燃料能源。本书最后讨论了,为了拯救文明,需作全民动员。

目　　录

第三部分　怎么办

导言

"世界正在经历前所未有的挑战。"

——联合国秘书长潘基文,2013 年 1 月

"我们正以前所未有的速度在改变气候,这真是令人担忧的事。"

——迈克尔·曼,2013 年

全球暖化及气候变化

全球暖化指的是这一现象:地球的平均温度越来越高;之所以发生这一现象是因为地球的能量失去了平衡。"这一能量的不平衡就是,地球所吸收的太阳能量,与地球所辐射到太空的热能量有差异。"世界最知名的气候科学家詹姆士·汉森——他曾长期主持美国航空航天局的戈达德空间研究所——这样解释道。"如果这一不平衡是正的,即接收的能量大于释放的能量,我们就可以认为,地球在将来会变得更暖。"①

这一正失衡始于工业革命。工业革命时人们开始大量使用化石燃料,那些燃料释放的气体被称为"温室气体",因为它们聚集从太阳来的热,却又阻止它返回空间。要理解我们的地球当前暖化的意义,就有必要反思这一现象发生的背景。

文明与全新世界

最近的冰河时期(通常被称为冰河期)始于大约 11 万年前。大约 19,000 千年前,由于地球环绕太阳的轨道发生变化,地球开始变暖。截至 11,700 年前,这些变化造成了从冰河期到所谓全新世的"中冰河期"的过渡,该时期使得

---

① 詹姆士·汉森等人:"地球能量的不平衡",美国航空航天局,戈达德空间研究所,2012 年。

冰川部分融化,湖泊形成,森林覆盖地球表面的大部分地区。正是在这个背景下,即大约 1 万年前,人类文明出现了。

全新世的气候尤其稳定,它既未热到也未冷到足以灭绝人类文明的程度。在大多数的地方,它甚至适于人类繁衍兴旺。于是,全新世便"提供了条件,使得现代文明、全球农业,以及一个能养活庞大人口的世界发展起来。"[1]

当然,在这一稳定中也有些变化。在全新世的早期——从 11,700 年前到 5000 年前——气候相对暖和。那以后,气候则开始变冷,主要原因是太阳的辐射下降了。这种情况持续到 19 世纪末。但是,后来,气温的这一长期的变冷"突然中止了,在 20 世纪迅速变暖,"波茨坦气候影响研究所的物理学家斯蒂芬·拉姆斯托夫写道。"在 100 年内,以往 5000 年的变冷中止了。"照俄勒冈州立大学的肖恩·马科特——拉姆斯托夫所评论的研究就是他主持的——的说法:"我们发现,过去 100 年中气温上升的程度,相当于过去 6000 年或 7000 年气温下降的程度。"[2]

对全球温度前所未有地迅速上升这一现象的分析,证实了物理学家迈克尔·曼 1999 年所作的示意图。众所周知,该图像是一根"曲棍球棒",因为在示意了全球温度一个长时期的下降之后,该图显示了在 20 世纪的一个急剧上升。温度的这一前所未有的上升,其合理的原因只能解释成 20 世纪化石燃料排放的气体的迅速增加。拉姆斯托夫说,"若没有人类造成的温室气体的增加,全球温度缓慢变冷的趋势本会继续。"[3]

有人声称,地球温度的这一回暖可归因于太阳辐射的增加。然而,太阳的辐射在 1950 年之后便趋于稳定,所以温室气体自 1970 年以来就显然是全球变暖的主要原因。事实上,20 世纪 70 年代以来,太阳和气候便成反向运动:太阳略为变冷,地球的气候却更趋暖和。正如又一位科学家所说,"我们本该变冷,但我们却没有。"[4]

---

[1] 参见乔·罗姆:"骇人听闻:最近的全球暖化是'惊人且不正常的',要毁灭有助于文明的稳定气候"。"气候动态"(climate progress)网站,2013 年,3 月 8 日。

[2] 斯蒂芬·拉姆斯托夫:"古气候:全新世的终结",《真正气候博客》,2013 年 9 月 22 日;也参见蒂姆·麦克唐奈在"最吓人的气候变化示意图变得更吓人了"("琼斯妈妈网站",2013 年 3 月 7 日)一文中所引的马科特的话。

[3] 拉姆斯托夫:"古气候";乔·罗姆:"新的科学研究证实了'曲棍球棒'之说:自 1900 年以来气温的变暖速度比过去 5000 年气温变冷的速度大了 50 倍!"气候动态"网站,2013 年 4 月 23 日。(罗姆早期文章都署名"约瑟夫·罗姆",但后来却变成乔·罗姆。为了保持一致,本书全书使用后一署名。)

[4] 戴纳·纽西特利:"二氧化碳滞后温度是何意思?"《怀疑科学》,2012 年 4 月 9 日;"太阳与气候:反向运动"《中级怀疑科学》,2014 年 2 月 22 日;"地质学家说,地球对气候变化的敏感程度可能是以往人们估计的'双倍'",《每日科学》,2013 年 12 月 10 日。

拉姆斯托夫说,事实上,地球的温度一直在上升,"乃至我们一下便脱离了全新世。"①为了标明这一过渡,一些科学家提出,人类文明开创了一个新纪元,即"人类世",意思是一个"由人类主宰的地质时代。"实际上,2016 年,大家就会投票来决定,是否采用这一名称来正式表示一个新时代。②

二氧化碳对文明的威胁快要实现了

在大多数的领域,人类都力图依赖当今的最佳科学。1998 年,一个气候科学家的国际组织——联合国政府间气候变化专门委员会(IPCC)——建立起来了。自那以来,该委员会成员一直在发出警告:持续的全球暖化将对文明造成灾难性的后果。

有几年,气候科学家主要是在科学刊物上讨论这些后果,通过报刊让人们知道他们的关注。但是近些年,由于该办法未能奏效,有些领军的科学家便直接对公众发声了。他们和其他一些熟知此中情况的人一起发出警告:人类文明的生存已受到威胁——

·2005 年,伊丽莎白·梅,加拿大律师和议会部长,就把她的基兰演讲的标题定为"文明能挺过气候的变化吗?"③

·2006 年,著名的《纽约客》撰稿人伊丽莎白·科尔伯特以这一后来常为人引用的句子结束她的《巨灾现场记录》一书:"一个技术上先进的社会居然在实质上选择自毁,这似乎是不可想象的。但这却正是我们正在干的事。"④

·2007 年,诺贝尔奖获得者、科学家保罗·克鲁琛说,"全球的暖化……使人担心起地球环境……维持人类文明生存的那一能力。"⑤

---

① 拉姆斯托夫:《古气候》。

② 伊丽莎白·科尔伯特:《第 6 次物种大灭绝:一种非自然历史》(纽约:亨利·霍尔特出版社,2014),107—110 页。"人类世"这一术语是密歇根大学的生物学家尤金·斯托莫杜撰的,后来大气化学家保罗·克鲁琛和他的一位同事在 2000 年的一篇文章中将其普及及推广了。

③ 伊丽莎白·梅:"文明能挺过气候的变化吗?"新斯科舍,哈利法克斯,达尔豪西大学,2006 年 8 月 24 日。

④ 伊丽莎白·科尔伯特:《巨灾现场记录:人,自然,以及气候变化》,189 页。布鲁姆斯伯里出版社,2006 年。

⑤ 保罗·克鲁琛:"人类世:人类现在是否削弱了自然的能力?"《人类环境》杂志第 36 期(2007 年12 月第 8 期)614—621 页。

·2009年，莱斯特·布朗(是他建立了那个出版《世界年度报告》丛书的研究所)出版了他2003年标题为《计划B4.0》一书的最新版本,这次他加上了副标题:《动员起来拯救文明》。①

·也是在2009年,布朗在《科学美国人》上发表了一篇文章,问道,"食物匮乏会弄垮文明吗?"②

·2010年,国家科学奖章获得者朗尼·汤普森,解释了何以气候科学家如此直言不讳的问题。他说,"气候学家,如同其他科学家,是一群不易受情绪左右的人。我们不会大肆喧嚣,说什么天要垮了。……那么为什么气候学家直言不讳地说到全球暖化的危险? 答案是:几乎我们所有的人都相信,当前,全球暖化对文明形成了明显的威胁。"③

·也是在2010年,普利策奖获得者罗斯·格尔布斯潘写道:"越来越多的科学发现注意到,极有可能爆发突然的灾难性变化。……这个问题是实在的,事关我们文明的生存。"④

·2011年,美国前副总统艾尔·戈尔说到气候危机时说:"悬而未决的事情是,我们所知的文明的将来是什么样。"⑤

·2012年,蓝色星球奖20名前获奖者发表了这样一个声明:"鉴于绝然前所未见的紧急情况,我们的社会别无选择,唯有采取应急行动以避免文明的崩溃。⑥

·2013年,诺姆·乔姆斯基写道:"我们正在走向可能事实上是种族灭绝的结局——环境的毁灭。"⑦

·2013年,保罗和安妮·埃利希说,一系列的环境问题,特别是气候的混乱,正在威胁人类文明,使之崩溃。他们还说:"人类正陷入一种查尔斯王子所谓的'大规模的自杀行动。'"⑧

---

① 莱斯特·布朗:《计划B4.0:动员起来拯救文明》,全面修订版本(纽约:诺顿出版社,2009年)。

② 莱斯特·布朗:"食物匮乏会弄垮文明吗?"《科学美国人》,2009年4月22日。

③ 朗尼·汤普森:"气候变化:证据及我们的选择"。《行为分析师》,总33期,2010年秋第2期,153—170页。

④ 罗斯·格尔布斯潘:"美国新闻对气候危机的报道:一种对公众信任的该死背版"。"热不可耐网站",2010年6月。

⑤ 艾尔·戈尔:"对气候变化的否认:科学和真理能抵御毒品贩子吗?"《滚石杂志》,2011年6月。

⑥ 蓝色星球奖获奖者:"环境与发展挑战:紧急行动",2012年2月20日。

⑦ 诺姆·乔姆斯基和安德烈·弗尔切克:《论西方恐怖主义:从广岛到无人机战争》,第2页。冥王星出版社,2013年。

⑧ 保罗R.埃利希和安妮H.埃利希:"全球文明的崩溃能避免吗?"《皇家学会会议录》B,2013年1月9日。

·2014 年,汤姆·恩格尔哈特说,气候变化,不仅是一桩"反人类的罪恶",也是一桩"反大多数生物的罪恶",因此是"毁灭地球的"。同年,内奥米·奥利斯克斯和埃里克·康威——他们写有《怀疑的贩卖者》一书(这将是本书 11 章的核心内容)——发表了《西方文明的崩溃:立足于未来的观点》。①

上面被指名道姓的那些作者,都反映了莱斯特·布朗 2009 年所表达的这一观点:"在环保圈子里,我们谈论拯救地球的事已几十年了。但现在我们面临新的挑战了:拯救文明本身。"②担心自己的这一观点遭到嘲笑,布朗又说:

> 对于我们大多数来说,这一观点,即文明本身可能会分崩离析,可能似乎有些乖谬。谁不会认为,如此全然地脱离我们所期待于普通生活的东西,是一桩难以认真思考的事?什么证据足以使我们听从如此可怕的警告?……我们听闻大量的极不可能发生的灾难已经习以为常,乃至我们几乎本能地一挥手就把它们置于一旁:当然,我们的文明极有可能陷于混乱——地球也可能撞上某颗小行星!③

用艾尔·戈尔的话来说,那些嘲笑布朗警告的人似乎犯了个错,即"弄混了'前所未有'和'不大可能'二者的含义。"④

本书以"史无前例"为题,提出了理由来说明,何以我们应担心文明会毁于气候的变化。本书的讨论开始就要说明全球变暖与气候的关系,气候与天气的关系。

分清全球暖化、全球气候、天气三者的关系

"全球暖化"和"气候变化"这两个说法常被人误用,被当作了同义语。然而,正如"怀疑科学"网站所指出的,这两个术语"指的是两种不同的物理现

---

① 参见汤姆·恩格尔哈特:"气候变化是一桩反人类的罪恶吗?""汤姆报道网站"(TomDispatch)2014 年 5 月 22 日;内奥米·奥利斯克斯和埃里克·康威:《西方文明的崩溃:立足于未来的观点》,(哥伦比亚大学出版社,2014 年)。

② 莱斯特·布朗:"食物匮乏的地缘政治学"。《明镜周刊》在线,2009 年 2 月 11 日。

③ 参见布朗:"食物匮乏会弄垮文明吗?"

④ 参见戈尔:"对气候变化的否认"。

象。""全球暖化"一语,严格说来指的是"全球平均温度升高的长期趋势",而"全球气候变化"则指的是由全球暖化引起的全球气候变化。它们不是同义语,而是"作为因果联系在一起的":全球暖化引起全球气候变化。①

不承认"全球暖化"和"全球气候变化"二者之间的区别,或混用二者,会导致混乱。这一混乱使得批评者有机可乘,他们便写文章或则讽刺或则挖苦。比如,某年欧洲或美国突然遭逢寒冬,他们就会说,全球暖化被证明不成立。某位作者甚至提出,2010 年的冬天表现了"上帝的幽默感"。② 然而,那样的作者表现出来的不过是,他们没有懂得全球暖化、气候变化,以及天气三者间的区别。

·"全球暖化"指的是全球的中间(平均)温度。

·"天气"指的是,大气条件短期内(几小时,一天,或一周)在某一局部地区造成的各种不同现象——诸如阳光、温度、湿度以及风。

·"气候"则指的是某一地区(比如大不列颠,法国南部,或美国西南部)在一个长时期内(也许 40 年,100 年,1000 年,或甚至更久)的天气模式。当该地区的天气模式转变成另一种模式,气候变化便发生了。全球气候变化和整个地球有关。

天气可以极端地多变,甚至数小时一变,而气候,由于它是一个地区长期的天气模式,一般变化都很缓慢,所以气候的变化只有通过相当长时期的观察才可察觉。据此,"偶然的一次冷天气,"正如某位作者所说,"实际上一丁点也不能说明长期的气候模式。"欧洲的寒冬与全球暖化确实远不是矛盾的,因为其原因是全球暖化科学预计到了的(是因为北极融冰的增加)。③

与此密切相关的一个错误观点是:气候变化的唯一标志就是气温的升高。正如白宫科学顾问约翰·霍尔德伦所指出的,"变化不限于平均温度的升高或更暖和的天气——它们也意味着更极端和不稳定的天气条件,更多的风暴和洪

① 格雷厄姆·韦恩:"全球暖化与气候变化","怀疑科学"(Skeptical Science)网站,2013 年 8 月 1 日。

② 格雷戈里·博伊斯:"2010 冬天与全球变暖:上帝的幽默感?""考查者"(Examiner)网站,2010 年 2 月 13 日;伊戈尔·沃斯基:"福克斯新闻频道讨论气候变化,肯定神经错乱,""气候动态"网站,2014 年 2 月 16 日。

③ 安德鲁·莫斯曼:"再次说明,冷天气并不能证明全球暖化不成立,""发现杂志"网站,2010 年 1 月 8 日;也请参见博客"怀疑科学"上的"冷天气能证明全球变暖不成立吗?"史蒂夫·康纳:"科学家们说:由于全球变暖,可望有更极端的冬天","独立"网站,2010 年 12 月 24 日;斯蒂芬·利希:"北冰洋冰块的融化'会给欧洲带来严酷的冬天'",《卫报》,2012 年 9 月 14 日。

水,更多的干旱和更多的海岸侵蚀——当然也包括世界部分地区更暖的天气"①

将"暖化"与气温的升高等同起来的那一倾向,使得很多人说:因为过去15年气温并无大的升高,所以全球变暖已按下了"暂停按钮"。此说错也,因为地球大约"百分之九十的暖热都在加热海洋的过程中被吸收了。"所以,当"地球表面空气的加热过程变缓……整个地球气候的暖化却加快了。"在那一"虚假暂停"(正如某些科学家所说)的过程中所发生的一切,不过就是:比以往更多的热进入了深海。②

再者,即便地表的温度存在着暂停,它也不会延长:据美国航空航天局报道,2013年11月的地表温度是有史以来的11月的最高温度。③

更准确的术语:气候失调,气候紊乱,气候混乱

虽然"气候变化"一语一直是描述全球暖化之结果的标准术语,但各色人等都表达了对该术语的不满。英国记者乔治·蒙比尔特说,"对于人类遭逢的最大潜在浩劫,这是一个中性得可笑的术语";霍尔德伦早就提出用"气候失调"来取代它;蒙比尔特建议用"气候紊乱";美国学者大卫·奥尔提出了"气候混乱"一语。④

"气候失调"一语显然更能描述全球暖化所引起的那类气候变化。而"气候紊乱"和"气候混乱"则可用于那些最极端类型的气候变化。据此,我交替使用"气候变化"和"气候失调",除非眼见得生态系统就要崩溃。

二氧化碳:气候变化的主要原因

现在的气候变化主要是人类引起的,而且被温室气体(主要是二氧化碳)加

---

① "气候变化,""环境,地区,及当地政府"网站。
② 约翰·亚伯拉罕和戴纳·纽西特利:"我们尚未按下全球变暖的暂停键",《卫报》,2013年6月24日;克里斯·穆尼:"全球暖化真的放慢了吗?","怀疑科学"网站,2013年8月28日;戴纳·纽西特利:"新的研究证实全球暖化加快了","怀疑科学"网站,2013年3月25日(所谓新的研究指的是马格达莱纳 A.巴尔马塞达与他人合写的"全球海洋热量再分析中的特别气候信号",《地球物理研究通讯》,2013年5月10日);乔·罗姆,"虚假的暂停:海洋变暖,海平面升高,以及北极融化加速,接着是地球表面的变暖","气候动态"网站,2013年9月25日。
③ 乔·罗姆:"虚假暂停2:据美国航空航天局报道,这是有史以来温度最高的11月;新的研究证实了暖化趋势","气候动态"网站,2013年12月15日。
④ 乔治·蒙比尔特:"是该改变'气候变化'这个术语了",《卫报》,2009年3月12日;大卫·马拉科夫:"白宫科学顾问再次建议,让我们称呼它为'气候失调'","科学"网站,2014年5月2日;大卫·奥尔:《最后的时刻:直面气候混乱》(牛津:牛津大学出版社,2009年;2012年再版)。

剧。自工业时代以来,大气层中二氧化碳的浓度一直在升高。从文明的初期到18世纪中叶的工业革命,二氧化碳在大气层的含量是百万分之 275(275ppm.)。然而,自那以来,地球的二氧化碳一直越来越快地上升。从 1958 年到 1968 年,它从 316ppm. 上升到 324ppm.(据夏威夷莫纳罗亚天文台测量)。在下面的每一 10 年中,它都超过前一 10 年的含量。

· 截止 1978 年,上升至 336ppm.
· 截止 1988 年,上升至 352ppm.
· 截止 1998 年,上升至 367ppm.
· 截止 2008 年,上升至 386ppm.

后来的 6 年间——从 2008 年到 2014 年——二氧化碳的含量从 386ppm. 上升到 400ppm.,有时超过 400ppm.。2014 年中期,它上升到 401.30ppm.。所以,近来它以每年 2.5ppm. 的速度在上升。[1]

在这整个期间——从前工业时代到现在——地球的平均温度上升了 0.8 摄氏度,相当于华氏 1.4 度。这就意味着,我们的地球现已达到,或许已超过,全新世的最高温度(全新世的最温暖时期),那发生于大约 8000 年前。所以我们并无历史依据可以假设:文明能在较此高得多的温度下继续。[2]

虽然很长时间里,人们一直仅仅是怀疑,全球变暖的主要原因,就是人使得大气层里二氧化碳的含量增加了,[3]但到 1990 年,这一怀疑已在科学上被证明是极可能的。自 2001 年以来,这已被视为一桩确认的科学事实(即便有些由化石燃料公司资助的个人和组织对此否认)。

这一全球暖化在相当程度上是人们最近经历的各种极端天气的原因。即便全球暖化一般不是热浪、干旱,及风暴的直接原因,它也确实加剧这些现象。

正如乔治·莱克奥夫所说,全球暖化是极端天气事件的长期原因。这正如"抽烟是肺癌的长期原因,……在煤矿工作是黑肺病的长期原因。……无避孕

---

[1] 贾斯廷·吉利斯:"聚热的气体超过警戒线,引起恐慌,"《纽约时报》,2013 年 5 月 10 日;"二氧化碳达到 400ppm. 事关重大吗?"《发现杂志》,2013 年,1—2 月。

[2] 大卫·斯普拉特:"美国航空航天局气候首席科学家:劳工的目标,'对付灾难的对策'","气候红码网站"(Climate Code Red),2011 年 1 月 27 日。

[3] 问题当然并不简单地在于二氧化碳,而是所有其他重要的温室气体,包括甲烷,氮,氧化物,以及含氯氟烃。人们一直习惯于把温室气体的总量称为二氧化碳当量,意思是那样的二氧化碳含量,它能像所有温室气体的量那样,引起同样全球变暖。但是我要专注于二氧化碳,它是最重要的——至少迄今为止是如此。

措施性交是意外怀孕的长期原因。"①虽然这些行为并不总是产生那样的后果，但它们却使得后者更加可能。同样的道理，全球暖化是特别严酷的天气的长期原因，它使后者更可能发生。

再者，二氧化碳也是本书第一部分所讨论的全球暖化的其他一些负面后果的主要原因：使海平面上升，造成气候难民，还可能导致生态系统崩溃，引发气候战争。全球暖化也致使食物和淡水短缺。

为温度和二氧化碳浓度的升高划红线

气温较前工业时代仅上升了大约摄氏0.8度(华氏1.4度)就造成了灾难性的后果，鉴于这一事实，我们似乎显然应该(如果可能的话)防止气候失调的恶化。

然而我们能做到吗？不能完全做到，因为从二氧化碳的排放，到其对气候的影响显现出来的这30年的滞后期间，②全球平均温度至少又上升了摄氏0.2度。所以，总的上升肯定至少是摄氏1度。其后果将是，更严重的天气事件，相随的还有全球暖化的其他后果，即便二氧化碳的排放突然间被控制到零。③

不幸的是，虽然政治家们和一些科学家曾认为，仅仅上升摄氏2度(华氏3.6度)就是全球暖化危险的极限，但詹姆士·汉森，这位公认的这方面的世界级专家，却从不接受这一观点。事实上，在2011年他就宣称，"摄氏2度的目标实际上是为长期灾难所开的处方。"④支持他的观点的是比尔·麦克本(他由记者变成了行动者)，他说："我们把温度升高了1摄氏度就把北极融化了，所以要去弄清上升2度会是什么结果，真是愚不可及。"⑤

由于人们假定二氧化碳的浓度若是450ppm.就可使温度维持在摄氏2度

① 参见乔治·莱克奥夫："全球变暖是飓风桑迪的长期原因"，"沙龙"网站，2012年10月31日。

② 30年滞后时期只是一个估计。罗姆提出是20年(见下一注解)；其他的研究者提出是25—30年(丹尼尔·惠廷斯托尔："文明造成的气候变化，对其影响的预测以及历史的回顾"，见"加拿大人对气候变化所采取的紧急行动"网站，2013年3月5日；亚历山大·阿克："瘫痪了的变暖世界"，阿姆斯特丹法律论坛，2010年)；有人提出是40年(艾伦·马歇尔："气候变化：原因和结果间40年的滞后"，"怀疑科学"网站，2010年9月22日)；詹姆士·汉森提出是25—50年(见汉森等人："地球的失衡：确认与暗示"，"科学快报"，2005年4月29日)。为简洁起见，我就说成30年。

③ 乔·罗姆："气候研究小组的惊人发现：躲开气候浩劫几乎不用花钱——但是我们必须马上行动起来"，"气候动态"网站，2014年4月13日。

④ "作为长期指标的摄氏2度现在被视为'治愈灾难的药方'"，"气候每日谈"网站，2011年12月6日。

⑤ 比尔·麦克本："奥巴马与气候变化：真实的故事"，《滚石杂志》，2013年12月17日。

以下,所以他们往往都说,450ppm. 是安全的。虽然如此,汉森却在 2008 年里说,二氧化碳在大气中的浓度须下降到"350ppm. 或更低。"[1]

2013 年在说到这两个问题时,汉森和其他 17 位科学家说,文明应有双重目标:(1)回到 350ppm. 或更低;(2)将温度的增长稳定在摄氏 1 度。[2] 虽然这有时被视为极端低的一个安全下限,但它不过就是回到最初的位置。[3]

预算的方法

气候科学家们越来越相信,根据二氧化碳在大气中的浓度来作指标不够准确,一是因为二氧化碳的聚集与后来的温度变化之间存在着一个滞后,二是因为科学家对"气候敏感性"的理解是不完善的。[4] 所谓"气候敏感性",指的是二氧化碳的浓度由前工业时代的 275ppm 翻番到 550ppm 所引起的温度升高。

他们说,一种更准确的方法,是测量"气候对二氧化碳排放量的反应而不是对其浓度的反应。"这一方法可行,因为"全球温度的变化,基本上是线性地与一定的二氧化碳排放量相联系的"。因此,科学家只要测出了二氧化碳的排放量,他们就可告诉立法者们,要防止气候的失调,二氧化碳的排放总量一定不能超过某个数字。正如家庭或政府必须在一定的预算内运行,世界也必须在一定的碳预算下运行,该预算表明,再排放多大量的二氧化碳入大气层,才可不超过某一温度。[5]

即便把所止于的温度定在摄氏 2 度,居于碳预算之内仍然是困难的,因为"我们以往排放的温室气体(大致是 5 千亿吨的二氧化碳)已造成了大约 1 摄氏度的变暖,"再一个 5000 亿吨就会使变暖超过 2 摄氏度。由于这已经太高,所以气候科学家们说,截止 2050 年,累积的二氧化碳排放量不能多于 7500 亿吨。

---

① 詹姆士·汉森等人:"大气中二氧化碳含量的指标:人类应以什么指标为目的?"《开放大气科学杂志》,217—231 页,2008 年第 2 期。

② 詹姆士·汉森等人:"评价'危险的气候变化':为保护年轻人、后代,以及自然,需将二氧化碳的排放下降到什么程度?"《公共科学图书馆·综合》,2013 年 12 月;也请参看 2013 年 12 月 3 日《大众科学》上,汉森与 J. 普希克尔·卡拉恰对这一文章所作的总结。

③ 参见 F. R. 里斯伯曼与 R. J. 斯沃特合编:"气候变化的指标和指示",斯德哥尔摩环境学院,1990 年。(网站:http://www. scribed. com/doc/121702780/Responding – to – Climate – Change – Tools – For – Policy – Development – Part – I – of – II)也被描述于"科里晨星":"据称:摄氏 2 度即死亡之舞;暗含之意则是:不得超过 19 世纪水平 1 度"第一部分,2010 年 12 月 10 日。

④ 欲更多了解"敏感性"的问题,请参看本书第 11 章理查德·林德生的讨论。

⑤ 达蒙·马修斯等人:"为使气候稳定,累积的碳可作为政策参照","皇家学会哲学学报",2012 年 8 月 6 日。

这意味着,从现在起到 2050 年,额外的排放量不得超过 2500 亿吨。"①

更有甚者,2050 年,一旦全球化石燃料的二氧化碳排放量达到 7500 亿吨,"2050 年之后再可排放的量就很小了",意思是,"实际上必须出现一种零排放的经济"。已无时间可耽搁,因为依目前的排放速度,"二氧化碳的预算在大约 25 年内就将耗尽——如果排放量继续升高,甚至要不了 25 年。"②实际上,提倡这一方法的某位作者也承认,第一次看到这些数字时,他也"惊呆了"。"政府间气候变化专家小组"2013 年认可了这一预算方法。③

更惊人的是,必须把二氧化碳的排放量下降到足够的程度,以便将上升的温度控制在接近摄氏 1 度。根据二氧化碳的含量不得超过 350ppm. 的说法,比尔·麦克本在"全球暖化的可怕新数学"一文中提出,"截止本世纪中期,最多只能释放 5650 亿吨的二氧化碳到大气层。"然而目前,碳的排放量每年以 3% 的速度在增长,所以"以现在的速度,16 年后我们便可冲破 5650 亿吨的限额。"

据此,本书最后一章所提出的有必要进行前所未有的动员,就并非夸大之词了。

瞻望前景

本章开始所引的那些警告——即,如果世界不动员起来,文明本身就可能毁灭——被信誉度最高的人和组织反复地宣布。但那样的动员却并未出现。除了它的一些政治领导人,美国的主要媒体没有一家表达过那种动员的紧迫性。何以美国没有发动一场拯救文明的动员,如同当初为第二次世界大战所发动的那样?

完整的答案会包括很多因素。其中的一个就是,由煤、油、气企业所资助的院外活动集团一直都在进行有效的活动。他们力图使人怀疑全球暖化的现实,至少怀疑人为的全球暖化(本书第 11 章"否认气候变化"将对此进行讨论)。另

---

① 迈尔斯·艾伦等人:"退场策略",《自然气候变化》,2009 年 4 月 30 日。7500 亿吨的限量似乎可能是极限(确实也是)。气候科学家们已估计,那一目标只能给我们 67% 的机会避免全球温度上升摄氏 2 度。我们应追求比这更好的机会(正如乘坐飞机时,我们不能登上一架只有 3 分之 2 机会不坠毁的飞机)。据这些科学家说,若要有 75% 的机会把上升的温度控制在摄氏 2 度以下,我们就将把二氧化碳的总量控制在 6000 亿吨以下。(之所以选择 2050 年,是因为在那一年须实现所要求的二氧化碳排放量的下降。参见梅斯纳等人:"预算的方法"。)

② 梅斯纳等人:"预算方法"。

③ 引自马克·赫兹加德:"气候竞猜",《民族周刊》,2009 年,10 月 26 日;贾斯廷·吉利斯:"联合国气候委员会认可全球排放量的上限,"《纽约时报》,2013 年 9 月 27 日。

一个因素是,化石燃料工业说服了很多政客(通常通过或多或少的隐蔽贿赂),让他们否认气候变化是一个需要强硬立法的问题(参见第 13 章,"政治的失败")。然而,美国人之所以满足于现状的最重要原因却是:主要媒体未宣传该问题的严重性(参见第 12 章,"媒体的失职")。

还有其他一些原因。一个就是,美国的最强有力的宗教否认气候变化是一个严重的宗教和道德问题(参见第 14 章"道德的挑战"和 15 章"宗教的挑战")。再一个就是,美国的经济体制已将对付气候变化的种种措施描绘成是对经济继续增长的威胁(参见第 16 章,"经济的挑战")。

由于这些阻碍,大多数的美国人,包括国家的政治人物,都尚不懂得,气候的失调对于他们自己,尤其是他们的孩子以及所有的后代,如何越来越是灾难性的。正是这些因素,使得本书专注于:

· 人类将因气候变化的哪些维度而直接遭难。

· 气候变化对人类的威胁(虽然长期以来我一直执一种非人类中心论的观点,强调一切生物的内在价值)。①

· 气候变化对美国的威胁。之所以专注于这点,并非是因为美国的福祉胜于他国的,而是因为,美国最大程度地促成了全球暖化的威胁,而且也最有潜力(同中国一道)引领世界减小这一威胁。虽然,可以理解,其他国家的人民不满于美国自称"不可缺少的国家",但是,若要摆脱二氧化碳危机,美国的领导地位却显然是必须的。

美国对该危机的反应:三种可能性

既然美国人更加意识到了全球暖化的严重性,以及它那导致整个气候混乱的潜在性,下一个问题便是:美国的领导者们对这一威胁将会如何作出反应?这可根据三种可能的反应来讨论:计划 A,B,和 C。此处所用的"计划 B"一语,同莱斯特·布朗在其《计划 B》一书,以及随后的《危险中的世界》一书中所用的是一样的。② 在后一本书中,布朗描写了计划 B 的目的就是迅速地减少碳的排放,"以避免威胁文明的气候变化。这并非计划 A,即我行我素,任其自然,而是

---

① 请参见,比如,"怀特海对自然神学的贡献",《巴克内尔评论》,20 期(1972 年冬)以及"怀特海的深度生态世界观",见于玛丽·伊芙琳·塔克与约翰·格里姆合编的《世界观与生态学:宗教,哲学,及环境》(马利诺:奥比斯丛书,1994 年)。

② 布朗:《计划 B4.0:动员起来拯救文明》。

计划 B：一种战时动员，一种重构世界能源经济的全面努力。"①

然而，虽然我基本上以同样的方式来使用"计划 A"和"计划 B"这两个术语，但我却以颠倒的顺序来讨论它们，此外还加上第三种可能性，计划 C，即"走着瞧"的方法。

计划 B，A，和 C

2008 年，气象局哈德利中心（英国研究气候变化的领军组织）的主任，维姬·蒲柏提出了一个纲要，它十分接近我们的三种反应。她写道："气象局哈德利中心最近的气候预测表明，可能会出现气温的上升，这取决于我们采取什么行动来减少温室气体的排放"

·"即便及早而大量地减少排放（类似我们的计划 B），诸气象图像表明的仍然是：温度可能会上升，在本世纪末比前工业时代的水平高出摄氏 2 度左右。"

·"如果行动延迟或不够快（类似我们的计划 C），温度便有大幅度升高的危险（超过计划 B 中所说的那些温度），造成严重的后果。"

·"在最坏的情况下（类似我们的计划 A），即不采取任何行动来遏制温室气体排放的上升，本世纪末，温度的上升便最有可能超过 5 摄氏度。这会导致相当严重的危险，以及不可逆转的后果。"②

计划 B

我们的计划 B 同维姬·蒲柏所说的第一种可能相同，只是，根据汉森所宣布的，摄氏 2 度（华氏 3.6 度）的上升会是"灾难"，我们的目标就应远在摄氏 2 度以下。如果美国，中国，以及其他国家在 2015 年就迅速而充分地动员起来，认真地对付二氧化碳危机，这一目标是可能达到的。

然而，由于那些已发生的或不可能避免的变化，地球再也不会是当初那个出现文明的地球了，也不会是如今的大多数人所出生时的那个地球了。比如，融化了的冰川不会回来，海平面不会降到原来的水平，天气不会回到长期以来

① 莱斯特·布朗：《危险中的世界：如何防止环境和经济的崩溃》，117 页。地球政策研究所，2011年。

② "气象局对气候变化的悲观预测"，《卫报》，2008 年 9 月 30 日。

一直被视为正常的那种状态——至少,在可见的将来不会。为了形象地表达当前的地球与当初文明初建时的那个地球之间的区别,比尔·麦克本将他 2010 年的一本书命题为《迥异往昔的地球》。与 20 世纪的以及以往诸世纪的地球相比,这颗新的地球对于人类将会相当艰难。但是,如果实行计划 B,在这个世界居住虽然不惬意,但还不至于糟如在地狱——所以物理学家乔·罗姆称它为"地球炼狱"。①

计划 A

第二种可能就是,世界的政治领导者们还一如既往地因循行事。这正可被称为计划 A,因为它就是世界从古至今所因循的。如果我们继续这一计划,世界将成为大卫·罗伯茨所谓的"地狱地球"。人们将犹如生活在地狱里——如果继续因循行事——直到文明的灭绝。这可能会导致天使们——用澳大利亚作家克莱夫·汉密尔顿的话来说——"为某一物种写上一首安魂曲。"②

计划 C

第三种可能性(我们可称它为计划 C)就是,美国的政治领导人——还有中国的,以及其他二氧化碳的主要排放国——迟不采取行动。由于认为科学家们的预言可能是误判,他们便采取一种且走着瞧的方法。他们不想削减化石燃料,因为他们担心那样做会不必要地遏制经济增长。除非看到了明显的证据,证明人为的全球变暖将造成难以忍受的极端天气,以及淡水和食物的短缺,否则他们是不会全面转向清洁能源的。如果今后的经验表明科学家的警告是正确的,社会可立马停止排放二氧化碳,然后转向。然而这一计划涉及几个问题:

> · 二氧化碳的排放和气候变化的后果出现,这二者之间有 30 年的滞后。当"走着瞧"主张的提倡者们发现,比如,450ppm. 的二氧化碳含量,或 1.5 摄氏度的平均温度上升,已造成无法忍受的后果时,他们那"走着瞧"的方法已致使气候发生了他们的儿孙认为无法忍受的变化。国家科学院

---

① 比尔·麦克本:《迥异往昔的地球:在一个艰难的新地球上谋生》。(纽约:时代丛书,2010 年);乔·罗姆:《地狱与高水位:解决全球暖化的方案》,第 2 页。(纽约:哈珀出版社,2007 年)。

② 克莱夫·汉密尔顿:《某一物种的安魂曲:我们为何要抗拒关于气候变化的真相》(劳特利奇出版社,2010 年)。

的弗纳·索米早在 1979 年就提出了这一难题,他当时写道:"走着瞧的政策可能意味着:等待,一直等到为时太晚。"①

·计划 C 认为,只要我们不再排放碳了,大气层中的碳就会慢慢消散,就像烟那样。然而,最近的科学研究表明,碳一点也不像烟。它非但不消散,反倒如某篇文章的标题所说,"碳是永久性的"——所谓"永久性",至少意味着 1000 年。②

·那些采取"走着瞧"方法的美国人可能认为,全球气候变化的后果,对于美国不会像对于大多数其他国家那样严重。然而,据气候易伤性监测局说,在所谓的"雨伞团体"中(澳大利亚、加拿大、冰岛、日本、新西兰、挪威、俄罗斯联邦、美国以及乌克兰),唯有美国的易伤性是"严重的"。③

结论

尽管计划 C 会导致一种地狱般的生活,但是如果我们走运,它也可使我们免于灭绝。然而,更有可能,其后果最终会与计划 A 的那些后果无甚差异。所以,唯一合理的选择是计划 B。正如普林斯顿的气候科学家迈克尔·奥本海默所说,"我们还有一个选择,虽然只是一个在痛苦和灾难之间的选择"。④ 我们是选择计划 B,计划 A,抑或是计划 C,这将决定:人类在将来的几十年里,生活到底是不愉快的,或是地狱般的,或根本就无生活可言。

---

① 参见弗纳·索米为朱莉·查尼等人《二氧化碳与气候:一个科学的评估——给国家研究委员会气候研究委员会的报告》写的序言(华盛顿哥伦比亚特区:国家科学院出版社,1979 年)。

② 梅森·英曼:"碳是永久性的",《自然报告——气候变化》,2008 年 11 月 20 日。

③ 威廉·马斯登:《傻瓜的规则:在失败了的气候变化政治之内》,242—243 页。(加拿大:艾尔弗雷德 A. 克诺夫出版社,2011 年)。

④ 摘自马克·赫兹加德《酷热:今后 50 年如何在地球上活下去》,46 页。(纽约:霍顿·米夫林·哈考特出版社,2011 年)。

第一部分 史无前例的威胁

1. 极端天气

从 2001 年到 2010 年的 10 年间,地球"经历了前所未有的、影响力巨大的极端气候。"

——世界气象组织,2013 年。

"气候转变成一种新的状态,能产生稀有的、前所未见的天气事件。"

——杰夫·马斯特斯,《不公开的天气》网站,2012 年

本书的第一部分讨论气候变化的很多特征——最好称之为"气候失调"——它们对人类的文明,甚至对人类的生存本身都构成了史无前例的威胁。

第 1 章讨论极端天气,有时称为"疯狂的气候"。第 2、3、4 章讨论了三类具体极端天气:热浪、干旱和各种极端风暴(飓风、龙卷风、极端降水以及极端暴风雪)。本章讨论普遍意义上的极端天气,这在 2012 年被物理学家乔·罗姆(是他建立了"气候动态"网站①)称为"本年气候报道"。

新常态

最近这些年,极端天气越来越常见。难怪评论者们逐渐把那样的天气称为"新常态":

· 2011 年,比尔·麦克本写了篇文章,标题是"天气的诸极端:你准备好了面对新常态吗?"古气候学家柯特·斯戴杰也发表了一篇文章,标题是"'新常态'天气",其中他说道:"似乎每天都有洪水、龙卷风或飓风。这

---

① 乔·罗姆:"本年气候报道:出现极端天气,从超大风暴到干旱,会影响政治和科学,""气候动态"网站,2012 年 12 月 21 日。

就是我们需要学会期待的气象疯狂吗?"①

·2012 年,飓风桑迪袭击了纽约之后,安德鲁·科莫州长宣称,"极端天气是一种新的常态,"而美国国家气象局的常务局长也说:"我想,常态已改变了。极端已成常态。"②

·截止 2013 年和 2014 年,有很多名称各异的类似说法,诸如,"疯狂天气:极端已成新的常态","系好你的安全带——天气的鞭击已成新的常态",以及"非常态就是新的常态"。2014 年,美国有线电视新闻网的一个节目也说,"欢迎来到美国的又一个独特日子,一个被与天气有关的大屠杀弄得暗淡的日子。且想一想新的常态吧。"③

这一新常态并非是逐渐出现的。乔罗姆说,它是由"一个量一下子跃而成为极端天气的"——这是一个需要解释的现象。④

它与全球暖化的联系

很长时间,气候和天气评论家都说,由于自然天气的易变性,并无任何特殊的极端事件可归于全球暖化。然而,在 2011 年,凯文·川伯斯(他当时是"美国国家大气层研究中心"的"气候分析科"科长)却告诉《纽约时报》:"全球暖化使得极端天气增加了,因为一切风暴赖以形成的环境已被人类的活动改变了。"在 2012 年,詹姆士·汉森又说,有些极端的反常现象可在这个意义上归于全球暖化:"我们可有高度把握说,若没有发生全球暖化,那样的极端反常现象不会发生。"⑤

汉森论证道,由于"早已种下前因",所以全球变暖便引起了这些事件。我

---

① 比尔·麦克本:"天气极端表现",《塞拉大西洋》,2011 年,春;柯特·斯戴杰:"新'常态'天气",福斯特公司,2011 年 6 月 6 日。

② 安德鲁·科莫:"我们将在气候变化上领先",《纽约每日新闻》,2012 年 11 月 15 日;塞思·伯伦斯坦:"2012 年极端天气创纪录,符合气候变化预报",《赫芬顿邮报》,2012 年 12 月 20 日。

③ 简·贝莱斯－米切尔:"让我们说出极端天气的真相",美国有线电视新闻网,2014 年 5 月 16 日。

④ 乔·罗姆:"急流的改变使人再次将极端天气和全球暖化、北极冰山的融失联系起来","气候动态"网站,2014 年 8 月 19 日。

⑤ 约翰·M.布罗德:"科学家们看到了更致命的天气,但却对其原因争论不已",《纽约时报》,2011 年 6 月 15 日;詹姆士·汉森等人:"对气候变化的认识",《美国国家科学院会议录》,2012 年 7 月 30 日。汉森还这样说过:"我不希望人们被自然的无常多变,即天气日复一日、年复一年的自然变化,弄糊涂。我们现在知道了,这些极端天气事件发生的几率——倘若没有气候的变化——是微乎其微的。"

们可用这一比较来看清这一早就播下的前因:1951 年——1980 年,这期间极端酷热的夏天只覆盖地球陆地的 1% ;而 1980 年——2010 年,被热浪覆盖的地区却达到 10% 。所以,早年极端夏天的几率只有 1/300;而后期的几率却几达 1/10。[1]

用来说明全球暖化的又一个比喻是"大气层的类固醇。"[2]一个通常在一个赛季打 40 个全垒打的棒球强击手,服用了类固醇之后,会打到 70 个全垒打。当然,一个连球也沾不上边的棒球手,即便服用了类固醇,也不可能打出全垒打来。同样的道理,全球暖化在连基本条件都不具备的地区也不可能引起飓风。但是,正如类固醇能使得一个可打更多球的强击手有足够的精力去清洗外场墙,一次热带风暴,由于大气层里的能量增加了,便可将一次平常的热浪变成千年一遇的飓风或热浪。[3] 最近几年发生的极端天气是受到全球变暖的影响,以下这一事实可强有力地说明它:随着二氧化碳的水平在大气层的升高,极端天气事件发生的频率也升高了。

最近几十年,由于二氧化碳在大气层的含量大大增加,极端天气事件也大大增加了。

　　·2010 年,杰夫·马斯特斯说:"在我作为气象学家的 30 年生涯中,我从未见过全球天气模式像 2010 年我们所见的那样怪异。我们所见的天气的那些惊人的极端表现,使我不由得担心,我们的气候已初露不稳定的端倪了。"[4]

　　·2011 年,联合国政府间气候变化专家小组(IPCC)发表了一个关于极端天气的特别报告,说:"正在变化的气候……会导致前所未有的极端天气和气候事件。"该报告的主要作者说:"我们所谈论的作为极端表现的天气模式,眼下到底有多少正在袭击美国,这真是个引人关注的事。"[5]

　　·2012 年 3 月,密歇根州和周围几个州遭逢了"长达 10 天之久的前所

---

　　[1] 汉森等人:"对气候变化的认识";安德鲁·弗里德曼:"汉森的研究:极端天气与气候变化紧密相关",2012 年 8 月 6 日。

　　[2] 杰夫·马斯特斯被"2011 年如何成了人们受极端天气惊吓的一年"这个节目采访时,用了这一类比。PBS 新闻时间,2011 年 12 月 28 日。

　　[3] 格雷厄姆·韦恩:"飓风和全球暖化之间有什么联系?""怀疑科学",2013 年 8 月 1 日。

　　[4] 被引用于乔·罗姆的"危险生活的一年","气候动态"网站,2010 年 12 月 23 日。

　　[5] IPCC:"为政策制定者们所作的总结",《特别报告:就如何对付极端事件和灾难的危险而提出的适应气候变化的措施》,2011 年。菲尔兹的话被引用在塞思·伯伦斯坦的这篇文章中:"今年美国的夏天正是'全球暖化所呈现的样子'",美联社,2010 年 7 月 3 日。

未有的酷热，"这被有人戏称为"3 月里的夏天"，因为气温高达华氏 90
度。① 杰夫·马斯特斯说，这一事件"可列为有史以来北美最异常的天气事
件之一"。②

·2013 年，《卫报》在回顾该年时，给自己的报道加上这样一个标题：
"极端天气事件上升的一年"，以向那些尚执怀疑态度的人证明：气候变化
已经开始了。③

后来，在 2014 年，似乎执掌天气的神灵们决定要向那些尚怀疑气候变化已
经开始的人们证明似的：

·二月，《卫报》的约翰·维达尔写道："在斯洛文尼亚和澳大利亚，一
直有热浪。……英国经历了 250 年来降水最多的冬天，但是在俄国和北极
的有些地方，温度却比常态高了摄氏 10 度。与此同时，南半球却经历了有
史以来最热的一年，在巴西和南非的一些城市，人们挥汗如雨。……2014
年的头 6 周，人们经历了比往常更多的热、冷，和雨——不是人们所想象的
在任何冬天那样，只是发生在个别地区，而是同时发生在世界各地。"④

·5 月，圣迭戈的自由通讯社说："4 月里的最后一周，全国超过一半的
地方经历了极端的天气。20 多个州受到影响。在有些地方，一天降了一个
月的雨量。在纽约城，一天的降雨量几乎达到 5 英寸。在佛罗里达州的彭
萨科拉，24 小时内，降雨量高达 20 英寸，其中单是一小时就达 6 英寸，超过
了洛杉矶去年一年的雨量。彭萨科拉的降雨量超过了飓风伊凡期间的雨
量。15 分钟内出现近 6000 次闪电。……一天之内，两万亿加仑的水降落
在南海岸和东海岸。⑤

在本书 2—4 章，我们提供了更多的 2014 年极端天气的例子。这儿，有一
种特别类型的极端天气需要讨论。

---

① 杰夫·马斯特斯："2012 年，3 月里的夏天"，"旺德博客"，2012 年 3 月 23 日。
② 同上。
③ 约翰·维达尔："回顾 2013 年：极端天气事件上升的一年"，《卫报》，2013 年，12 月 18 日。
④ 约翰·维达尔："世界以比往常多的极端天气事件开始于 2014 年"，《卫报》，2014 年 2 月 25 日。
⑤ 约翰·劳伦斯："2014 年 4 月极端天气观察——龙卷风，山洪袭击美国"，圣迭戈自由通讯社，
2014 年 5 月 6 日。

极端的降雪与全球暖化

批评家写文章批判科学界的那种认为全球暖化、气候失调的观点,他们似乎认为,寒冷的、多雪的天气就是对那一观点的反驳。比如,有天早上,《福克斯新闻》的史蒂夫·杜斯就指出,纽约城头天夜里下了一场大雪,雪后他写道:"我不知艾尔·戈尔今天早上在那儿。……全球暖化之说确实遇重创了,对不对?"

2014年1月极端寒冷期间的中途,唐纳德·特朗普在推特上写道:"所谓全球暖化的哗众取宠的废话该停止了。我们这个星球是在变冷,创纪录的低温,就连我们那些扬言全球暖化的科学家们也冻成了冰。"[1]

但是,这些议论,虽然俏皮而挖苦人,但却不过反映了议论者并未懂得,全球暖化和气候变化之间是一个因果关系。且重复一些导言中的观点:

(1)谈论全球暖化并不同于谈论某时某地的天气或甚至气候。毋宁说,"全球暖化"指的是全球平均温度的逐渐上升。

(2)全球暖化已造成了不同类型的气候失调:它可使得飓风和龙卷风更剧烈;它能引起,或至少加剧,干旱;它使夏天更热;它能引起,或至少加剧,倾盆大雨;它能使雪暴更大。对一篇标题为"创纪录的降雪证明了全球暖化的不实吗"的文章,《怀疑科学》作答道:

> 暖化引起了空气更大的湿度,这导致更极端的降水事件,其中包括那些易于降雪的地区更大的雪暴。创纪录的降雪非但远不能证明全球暖化的不实,反倒是被气候模型预测到的事。……气候变暖,海洋的水蒸气便增加,其结果是空气中有了更多的水蒸气。……可以想见,空气中额外的湿度会产生更多的降水,包括更极端的降水事件。……当温度在零下摄氏10和摄氏零度之间,雪暴可能发生。……在北部更冷的地区,温度往往太低,不易下大雪,所以气候的暖化可为雪暴造成有利条件。[2]

---

[1] "福克斯及友人",《福克斯新闻》,2011年9月27日;克里斯·穆尼:"亲爱的唐纳德·特朗普:冬天并不能证明全球暖化之说不对,""琼斯妈妈网站",2014年1月2日。

[2] "创纪录的降雪能证明全球变暖的不实吗?""怀疑科学",2010年3月7日。

极端天气与全球暖化：一些说明两者有联系的理由

人们有很多理由来支持这个观点：全球暖化正在引起气候失调。这些理由中有些是以极端天气事件为依据的。下面就是三个例子：

以经验为依据的理由

人们早就预言过，很多人会等到气候严重失调后才会承认，二氧化碳与全球变暖和气候变化有关。现在，民意测验和访谈已表明，在那些不承认科学家说法的人中，由于最近极端的天气事件，越来越多的人正在改变看法。《卫报》的苏珊妮·戈登伯格写了篇文章，标题是"关于气候变化，极端天气比科学家更具说服力。"①就在飓风桑迪之后，比尔·麦克本说：

> 正是经验使人们改变了看法：夏季的干旱使得美国一半以上的县成了联合受灾地区。气象学家杰夫·马斯特斯估计，飓风桑迪以"极端天气"袭击了1亿美国人。再加上科罗拉多和新墨西哥的最大森林火灾，美国历史上最热的夏天，以及荒唐绝顶的、使我们整年都无法舒适生活的3月夏天里的热浪，你便可逐渐明白，何以担心全球暖化的美国人今年急剧增加。②

2010年的一篇标题为"全球暖化的一个例子"中，《纽约时报》记者贾斯廷·吉利斯写道：

> 洪水袭击新英格兰，然后纳什维尔，继而阿肯色州、俄克拉荷马州——紧随而来是巴基斯坦的大洪水，那打乱了2000万人的生活。夏天的热浪烘烤着美国的东部，非洲和东亚的部分地区。最糟糕的是在俄国，在一次有史以来最严重的干旱中，它丧失了数百万公顷的小麦和数千人的生命

吉利斯接着指出，全球暖化理论所预计的后果——"夏天更大的暴雨，冬天更大的雪暴，至少在一些地方的更严酷的干旱，以及更多的创历史记录的热

---

① 苏珊妮·戈登伯格："关于气候变化，极端天气比科学家更说服力"，《卫报》2012年12月12日。
② 比尔·麦克本："桑迪将气候变化强加给美国选举"，《卫报》，2012年11月1日。

浪"——开始发生了。更有甚者,他指出,俄罗斯人此前是反对采取行动遏制气候暖化的,而现在,俄罗斯 2010 年的夏天——极端的热,干旱,和野火——改变了人们的看法:"现在人人都在谈论气候变化了",当时俄罗斯的总统德米特里·梅德韦杰夫对国家安全委员会说,"因为我们在历史上从未面临过如此的天气情况。"①

最高纪录和最低纪录的对比:以统计为依据的理由

吉利斯然后给出了一个统计意义上的理由,他说:

> 如果地球并未暖化,那么天气的无常变化在一定的时间内便应引起大致相同数量的最高温度和最低温度。但是气候学家长期以来却总结说,在一个暖化的世界,额外的热会引起更多的创纪录的高温,更少的创纪录的低温。统计表明,这和所发生的事情完全吻合。②

2013 年,天气历史学家克里斯托弗·伯特,在报道了"2012 年是美国大陆有史以来最温暖的日历年"之后,说:"然而最令人吃惊的,却是该年所创的最高温度和最低温度的比率。"③回顾 2012 年创最高温纪录的月份与创最低温纪录的月份,伯特发现,该比率是 362 比 0。伯特说,"这真是惊人。"④

与天气有关的财政损失增加了

又一个理由是彼得·厄普总结出来的,他是保险业巨头慕尼黑再保险公司"地质灾害风险研究部"的主任。他说:

> 照我看来,要说明全球暖化一直在促成越来越厉害的、与天气有关的

---

① 贾斯廷·吉利斯:"在天气的混乱中:一个全球暖化的例子",《纽约时报》,2010 年 8 月 14 日;俄国总统德米特里·梅德韦杰夫:"在安全委员会扩大会议上的讲话:作为战略措施的防火工作",2010 年 8 月 4 日。

② 同上。

③ 克里斯托弗·伯特:"2012 年是美国大陆有史以来最暖和的一年,""地下气象组织网站",2013 年 1 月 2 日。

④ 乔·罗姆:"2012 年美国空前创纪录高温 362 次,创纪录低温零次"。"气候动态"网站,2013 年 1 月 5 日。

自然灾害,其最有说服力的证据莫过于这一事实:我们发现造成财政损失的天气事件直线上升(在过去的 30 年里大约增至 3 倍),但与此同时我们却发现,地球物理事件(地震、火山爆发、海啸)——它们不应该是全球暖化的影响所致——仅有细微的增长。

厄普解释道:"如果我们在与天气有关的灾难中所发现的整个倾向,竟然是由报道的偏倚,或社会人口的发展或经济的发展引起的,那么我们在地球物理事件中同样也会发现它是如此引起的。"[①]

北冰洋与气候暖化的联系

气候科学家们多年来一直在关心北冰洋的冰融化问题。这一关心在 2007 年显得特别强烈,因为那年夏天冰的融化创了纪录:浮冰的表面积下降了 23%。2012 年,北冰洋冰的体积创新低,因为更多的冰融化了。这种情况被科学家们描绘成是"惊人的","令人惊讶的","前所未有的"。研究显示,截止 2012 年,海冰覆盖的面积,"与 20 世纪 80 年代和 90 年代相较,下降了 45%"。[②]

甚至更重要的是海冰体积的减少:一个为海冰做模型的项目曾说,海冰的体积显然失去了 75—80%。虽然这一估计被广泛视为太极端了,但是,一颗专用来研究极地冰帽的卫星所提供的资料却在 2013 年揭示:"这一估计可能太保守了。"[③]

气候观察家们指出,值得担心的理由是形形色色的。最近的研究显示,北极冰的融失甚至比以往所设想的更事关紧要。2012 年由罗格斯大学珍妮弗·弗朗西斯所领导的一次研究表明:北极温度上升,加快了海冰的融失,这可能使得极端天气事件,诸如"干旱、洪水、寒流、热浪",更频繁地发生。这一发现并不简单地是其他发现中的一个,罗姆说,"这 10 年就是北极的海冰崩塌并给我们

---

① 见于厄普致乔·罗姆的私人信件,被后者引用在"危险生活的一年","气候动态"网站,2010 年 12 月 23 日。

② 参见:"'前所未有','惊人的','歌利亚般的惊人':科学家描绘北冰洋的融冰","共同梦想新闻中心",2012 年,9 月 7 日;安德鲁·弗里德曼:"惊人的融冰会导致更极端的冬天","气候中心网站"(Climate Central),2012 年 9 月 12 日。

③ 西摩·拉克森等人:"第 2 号冰层探测卫星对北冰洋海冰厚度和体积的估计",《地球物理研究通讯》,2013 年 2 月 2 日;汉娜·希基:"欧洲的卫星证实了华盛顿大学的数据:北冰洋立于薄冰之上",华盛顿大学(新闻稿),2013 年 2 月 13 日;被引用于乔·罗姆的"北极的死亡螺旋炸弹:第 2 号冰层探测卫星证实,海冰体积已崩塌,""气候动态"网站,2013 年 14 期。

带来极端天气的一段历史。"①

2013 年和 2014 年,由于一种被称为"极地涡旋"的现象,北极与极端天气的关系便广为人知了,特别是在美国。确实,沸沸扬扬的新闻报道一家伙把"极地涡旋"普及成了一个家常用语。《彭博商业周刊》说,该用语"在 2014 年的时髦用语中遥遥领先。"《基督教科学箴言报》说,"穿越美国中部和东部的北极寒风,把'极地涡旋'一语从深奥的科学论文推到了日报标题的位置。"②

《时代》杂志的布莱恩·沃尔什对此用语作了很好的解释。(他曾写过这样的话:"全球暖化会使得美国更有可能偶尔爆发一场极冷天气"。)他解释说,极地涡旋,"很有点像它听起来的那样,是一种极冷的旋风,即在极地附近形成的极度稠密的空气。"这样解释后他又说,它的快速的风通常将空气封闭住,但是"当风势减弱,涡旋就开始摇摆,像一个喝了 4 杯马提尼鸡尾酒的醉汉。于是,极地空气便从中逃逸,向南溢出,随身带着北极的天气。"③

极地涡旋和冬天奇异天气的关系在《气候动态》的一篇标题为"酷热阿拉斯加,寒冷佐治亚:转移的极地涡旋如何将冬天转寒为暖"的报道中得到解释:

> 极地涡旋,正常的情况下蛰居于北极附近,今年冬天已数次悍然南下,将低温和雪带到美国的很多地区,落基山脉以东。……这使得北极地区(比如阿拉斯加)比通常温暖得多。④

北极的变化也导致了罗姆所谓的夏天里"极端天气量的飙升",因为北半球的急流有时分裂为二。2013 年夏天怪异的天气,即阿拉斯加极端的热与往南地区的创纪录的洪水同时发生,就缘于这一分裂为二的急流。这一模式在 2014年甚至更极端,因为北极冰继续融化,乃至美国国家航空航天局都说:

> 在那些按时令应该是炎热的地区——美国西部和南部,欧洲西部——

---

① 珍妮弗 A. 弗朗西斯与史蒂芬 J. 瓦夫鲁什:"证据表明,北极放大与中纬区的极端天气有关",《地球物理研究通讯》第 39 卷(2012 年):摘要;乔·罗姆:"北极的海冰:死亡螺旋在继续",2013 年 4 月11 日。("北极放大"一语指的是这个事实:全球暖化使得北极温度的升高快于低纬区,因而减小了它们两者间的对比;参见约翰·库克:"什么造成了北极的放大?"《怀疑科学》,2010 年 5 月 2 日。)

② 参见埃里克·罗思顿:"何以如此之冷? 据说是因为极地涡旋",《彭博商业周刊》2014 年 1 月 7日;"酷寒的'极地涡旋'如何可能是全球暖化的结果",《基督教科学箴言报》,2014 年 1 月 6 日。

③ 布莱恩·沃尔什:"气候变化可能正在驱动史无前例的寒流",《时代》杂志,2014 年 1 月 6 日。

④ 科罗诺斯基:"酷热阿拉斯加,寒冷佐治亚:转移的极地涡旋如何将冬天转寒为暖","气候动态"网站,2014 年 2 月 8 日。

天气却只是温暖的。在那些夏季通常是温和的地区——北欧、北美的太平洋海岸——天气却热得出奇。

接着它又说：

在拉脱维亚、波兰、白俄罗斯、爱沙尼亚、立陶宛，以及瑞典，七月末和八月初，高温或接近纪录，或打破纪录。炽热的高温在西伯利亚也干枯了森林，点燃了野火；在美国的俄勒冈、华盛顿，以及加利福尼亚等州，在加拿大的不列颠哥伦比亚、阿尔伯塔，以及西北地区，甚至在瑞典，情况也是如此。与此同时，凉爽的空气却从北部的高纬度地区吹入了美国的很多地区，在弗罗里达和佐治亚那样极南部的州，造成了白日和夜晚的创纪录的低温。在田纳西州的山区，温度降到了冬天那样的水平。[①]

同样，加利福尼亚的干旱持续，而"东海岸却有超常的洪水。"大洪水是这样发生的：当一种特别类型的急流波（罗斯贝波）"实际上停滞了，极大地增强了，"于是便"导致中纬度地区同时发生极端的热和降雨事件。"乔·罗姆说，这一发现"说明了何以极端天气开始肆虐，它可能是近些年最重大、最可能导致重大结果的科学发现之一。"于是他认为这又是一条证据，证明："由于我们至今尚未节制温室气体的排放，我们已进入了一种受制于极端天气的新情势。"[②]

三种可能的反应：计划 B，A，和 C

现在我们且来看一看导言中所讨论的三种可能的反应，计划 A，B，和 C。头两个计划是颠倒了顺序来讨论的。

计划 B

联合国政府间气候变化专家小组（IPCC）"对极端天气发表的特别报告"，出现于 2011 年，它说：

---

① "异常 7 月气温，"美国宇航局地球观测站，2014 年 8 月；摘自达尔·杰梅尔"洪峰，甲烷气泡，以及无冰阻碍的北极航行：气候危机加重了"一文，"无畏网站"（Truthout），2014 年 8 月 18 日。

② 约翰·高尔文："双射流如何触发了奇异的夏天天气，"《大众机械》杂志，2013 年 6 月 27 日；罗姆："急流的改变使人再次将极端天气和全球暖化、北极冰山的融失联系起来"。

此报告表明:如果我们不制止目前大气层中温室气体的直线上升,我们将遭逢更大的暖化,以及极端天气的剧烈变化,它们将使得人类任何企图适应它们后果的企图一败涂地。①

但是,如果我们确实制止这一直线上升,并制定出应急措施来大大减少温室气体的排放,我们便可防止极端天气变得糟糕透顶。在今后的几十年里,毫无疑义,世界大多数地区的天气将变得更加不悦人。但是,在大多数地区,它不会变得糟如地狱。

计划 A

计划 A 就是照旧行事。这意味着不仅不减少我们对温室气体的排放,而且还要继续增加这一排放。正如比尔·麦克本说,"如果我们循老路,我们的子孙便会生活在一个超级热的星球上,它的全球平均温度要比现在高 4—5 度。"②更有甚者,这一上升不会有终止点。天气会继续变得更加极端。

计划 C

根据计划 C,我们便只是等着瞧,看气候科学家所作的那些不祥的预言是否会应验:地球的平均温度是否会比前工业时代高 2 或 2.5 摄氏度,而且,如果真是那样,他们所预言的那些气候变化是否会应验,从何时起,我们可以开始采取多多少少有些激烈的措施。但是,根据我们早先所解释的那些理由,这一计划的结果不会与计划 A 的结果有什么不同。

结论

唯有计划 B 才可防止极端天气变得不可容忍。

---

① 菲奥娜·哈维:"IPCC 警告说,气候变化一旦成定局,极端天气便会肆虐",《卫报》,2011 年 11 月 18 日。

② 比尔·麦克本:"桑迪的真实姓名",《生态环境监测》,2012 年 11 月 30 日。

2.热浪

"一个温度升高了摄氏4度的世界经历的会是前所未有的酷暑期。"

——"降下炎热",《世界银行》2012年。

"当前的酷暑期——根据其持续时间,强度,波及的范围——是史无前例的。"

——澳大利亚气象局大卫·琼斯

本章专注于人们一想到"全球暖化"就最易想到的那一现象——世界的天气将会变暖。而且,确实,天气在一些地方已使人非常不舒服,甚至是致命的。

美国的热浪

明显的迹象表明,美国夏天的天气变得更热了。

·1988年,美国经历了第一次后来被部分地归罪于全球暖化的热浪。[1] 这一热浪导致了詹姆士·汉森博士在国会的一次历史性作证。他证实,人类引起的全球暖化确实在发生。[2]

·自1988年开始,更热的天气在美国似乎成了常规现象,记录在案的最热的14年就有13年出现在21世纪。[3]

·2005年,一连两周,热浪肆虐,创纪录的高温从阿拉斯加蔓延到科罗拉多,再到弗罗里达。从凤凰城到纽约等城,高温出现100次以上。[4]

---

[1]　杰夫·马斯特斯:"美国正奔向有史以来最热的一年,""旺德博客",2012年11月10日。

[2]　菲利普·夏贝可夫:"专家告诉参议院:全球暖化已经开始,"《纽约时报》,1988年6月24日。

[3]　特雷尔·约翰逊:"记录在案的最热的14年中13年都是出现在21世纪",《天气频道》,2014年3月24日。

[4]　沙迪·拉希米:"致命的热浪把温度升高到100度",《纽约时报》,2005年7月26日;"2005年7月令人挥汗如雨的高温统治了全美气象图",地球观测站,2005年7月26日。

·2010 年 6 月发生一次热浪,期间南卡罗来州、田纳西州和伊利诺伊州的一些城市,温度高达华氏 109 度,是从来 6 月间最高的温度。①

·2011 年甚至更热:该年夏天打破了 2000 年里的纪录,7 月成了美国本土 48 个州有记载以来的最热一月。②

·2012 年,有的地方气温更高了:堪萨斯 6 月份达到华氏 118 度(摄氏 48 度),本土 48 个州从 1 月到 8 月经历了从来最热的一个时期。2012 年的 7 月,不仅温度高过以往的 7 月,"也是所有月份中有记载以来的最热一月。"截止 2012 底,该年成为本土 48 个州有记载以来的最热的一年,打破了 1998 年创下的纪录,比当年足足高了 1 度。③

·2013 年的 6 月给美国西部带来灼热。很多航班取消了,公路路面膨胀起来了。凤凰城热到如此程度,乃至"动物园的老虎被喂之以冰冻鱼,大象被人用软管浇水,以防它们过度受热。"加利福尼亚的"死亡谷"温度高达华氏 129 度,维持了美国有记载以来 6 月的最高温度;官员们劝人们不要在路面上烤蛋。更有甚者,阿拉斯加也如此之热,乃至美联社的报道以"被烘烤的阿拉斯加"为题。后来,7 月里,又发生了高压的"热穹顶",它覆盖了美国的三分之二。④

·2014 年的头 8 个月,加利福尼亚经历了有记载以来最热的 8 个月。该年的 8 月成了有史以来最热的一个 8 月。确实,由于该月的温度比 20 世纪的平均温度高出华氏 1.35 度,"它超过了有记载的任何一个月的平均温度。"虽然美国东部经历了一个平常的夏天,但它的西部或世界的大多数地区,包括南极西部,情况却并非如此——温度比平常高出了摄氏 4—8 度

① 乔罗姆:"NBC 气象学家谈创纪录的热浪:'如果全球未变暖,我们不可能看到这个'","气候动态"网站,2012 年 6 月 30 日。

② 参见:"2011 年热浪:打破全美纪录",《赫芬顿邮报》,2011 年 8 月 1 日;"7 月炎热创历史纪录",《俄克拉荷马气候考察》,2011 年 8 月 1 日。

③ 贾斯廷·吉利斯"甚至不是接近:2012 年是美国有史以来最热的一年",《纽约时报》,2013 年 1 月 9 日。

④ "由于热浪袭击美国西部,加利福尼亚温度可能会达到华氏 130 度",《卫报》,2013 年 6 月 29 日;"温度飙升,基础设施摇晃",美国全国公共广播电台,2013 年 7 月 5 日;费尔南达·桑托:"西部要命的热浪引起火灾和旅行延误",《纽约时报》,2013 年 6 月 30 日;杰森·塞姆诺:"死亡谷 6 月的酷热达到前所未有的高峰",《华盛顿邮报》,2013 年 7 月 1 日;"死亡谷官员要求旅游者在热浪期间不要在那儿烤蛋",美联社,2013 年 7 月 14 日;乔·罗姆:"北部的暴晒:前所未有的热浪席卷阿拉斯加","气候动态"网站,2013 年 6 月 19 日;本杰明·缪勒:"'热穹顶'覆盖美国三分之二",《洛杉矶时报》,2013 年 7 月 18 日。

（华氏 7—14 度）。①

世界范围的热浪

除了美国史无前例地热，世界其他地方也是如此。比如：

· 2003 年，热浪席卷欧洲西部，持续数周。其温度之高，胜过以往。比如，英国就首次达到华氏 100 度（摄氏 38.5 度）。②

· 2010 年，热浪所覆盖的东欧和俄国的地区，甚至胜过 2003 年的热浪所覆盖的。在中东出现打破纪录的热：伊拉克创出摄氏 52 度（华氏 126 度）的新纪录，以色列经历了它最热的一年，8 月份死海的温度攀升至摄氏 51 度（华氏 126 度）。③

· 澳大利亚 2012—2013 年的夏天被称为"愤怒的夏天"，它是该国有史以来最热的一季。由于"热穹顶"，澳大利亚也经历了它的最热的一天，全国平均温度达摄氏 40.3 度（华氏 105 度），有的地方则几乎达到摄氏 48 度（华氏 118 度）。"在以往保存有记录的 103 年中，"杰夫·马斯特斯说，"从未有过如此强烈、如此广泛、如此长久的热浪袭击过澳大利亚。"气候委员会说，"气候的改变，使得'愤怒的夏天'期间热浪和灾难性的森林大火更易发生。"更糟糕的是，随"愤怒的夏天"而来的是"反常的秋天"，造成了澳大利亚有记载以来的最热两年。④

· 西北利亚的温度通常不会超过华氏 60 度，但在 2013 年却达到华氏 90 度。"甚至上扬斯克，这个堪与世界最冷却继续有人居住的城市相比的地方，某天温度也达到华氏 82 度。"该年欧洲经历了一个酷热的 7 月，随后

---

① 约瑟夫·塞尔纳："加利福尼亚打破了自 1895 年有观测以来的高温纪录"，《洛杉矶时报》，2014 年 9 月 12 日；乔·罗姆："美国国家航空航天局：自 1880 年有记载以来全球最热的 8 月，""气候动态"网站，2014 年 9 月 15 日；萨帕："炎热在持续：8 月是最热的月份"，"隐形眼镜网站"，2014 年 9 月 19 日。

② 让-玛丽·罗宾等人："2003 年夏季死亡人数超过 70,000"，"国家生物技术信息中心"，2007 年 12 月 31 日；"英国高温破纪录"，BBC 新闻，2003 年 8 月 11 日。

③ "2010 年东欧和俄国破纪录的热浪"，《每日科学》，2011 年 3 月 18 日；杰夫·马斯特斯，"极端热浪袭击中东和非洲，""旺德博客"，2010 年 6 月 24 日；"地球最低之地死海所记录的高温"，中国中央电视台网站，2012 年 10 月 25 日。

④ 杰夫·马斯特斯："历史性的热浪给澳大利亚带来了有记载以来最高的平均温度，""旺德博客"，2013 年 1 月 8 日；"在打破纪录的夏天之后，澳大利亚的气候好像是'服了类固醇'"，《英国每日电讯综合门户网》，2013 年 3 月 4 日；艾米丽·阿特金，"'气候变化开始了'：澳大利亚经历了有记载以来最热的两年，""气候动态"网站，2014 年 6 月 2 日。

的 8 月间天气甚至更热,奥地利达到其有史以来的最高温度,华氏 104.5 度(摄氏 40.5 度)。中国那年也遭逢有记载以来最严重的热浪,一连 31 天,40 个城市的气温维持在华氏 104 度(摄氏 40 度)以上。①

·2014 年,中国经历了有史以来最热的 5 月。从 5 月到 6 月,印度也经历了一个它从未经历过的最热、热浪期最长的时期——热到那样的程度,乃至德里街上几乎空无一人。一位年轻的职业人员说,"每天,似乎热都在升高,使人再也受不了。"这些国家(还有另外一些)那年经历了它们最热的夏天(虽然那年美国的夏天相对凉爽),这恰好与这一事实相符:那年 4 月到 6 月的 3 个月成了地球最温暖的一季。(随后 7 月的温度也不低多少。)②

虽然业已发生的事情已经够糟糕了,但气候科学家们却说,热还会变得更糟糕得多。乔·罗姆在"大自然母亲正在变热"一文中报道了一项研究,该研究表明,虽然 20 世纪 70 年代低温所创的新纪录超过高温所创的,但现在,高温所创的纪录和低温所创的相比,却是 13∶1。罗姆还引用了斯坦福大学诺亚·德芬堡(查德语词典)的话:"到本世纪中期,最凉爽的夏天也将会热过以往 50 年最热的夏天。"③

极端的热天以及因热致死

"对于人类,最直接要紧的不是平均温度",2014 年的一项报道指出,"而是人居住地区的极端的热"。"极端热的天"被定义为相关地区第 90 百分位数以上的那些天。该报道说,在过去的 15 年里,陆地上酷热天的数量飞升了:"经历过 50 天以上超过长期平均温度的极端天气,那样的陆地,其数量成倍地增长了。"极端的热天之所以对我们关系重大,是因为它对人类的健康有影响(对农

---

① 安德鲁·拜拿,"西北利亚,最新的热地","气候动态",2013 年 4 月 6 日;贾斯廷·格雷瑟,"欧洲热浪达顶峰,奥地利气温创新高",《华盛顿邮报》,2013 年 8 月 9 日;尼克·维尔特根,"上海依旧热如蒸烤,无情热浪席卷中国",《天气频道》,2013 年 8 月 14 日。

② 参见:乔安娜·M.福斯特,"破纪录的酷热席卷印度,引起大停电和骚乱","气候动态"网站,2014 年 6 月 10 日;埃里克·霍尔特豪斯,"地球刚刚结束了它从来最热的一季",Slate 网络杂志,2014 年,7 月 15 日。

③ 乔·罗姆:"大自然母亲正在变热:2011 年 6 月高温所创纪录大败低温所创纪录,13∶1","气候动态"网站,2011 年 6 月 11 日。

业、基础设施、生态系统也有影响)。对健康的影响常常包括因热致死。①

虽然我们很自然地把热想成是全球暖化的明显迹象,但一旦想到与天气有关的死亡,我们首先联想到的通常不是热,而是那些给人印象深的事,诸如飓风,龙卷风,以及洪水。但是,据美国国家气象局称,"在美国,热是第一号与天气有关的杀手,每年致死数百人。"确实,该报告称,平均算起来,"每年酷热致死的人数超过洪水、闪电、龙卷风以及飓风致死的总和。"②

· 前面提到过的 1988 年的热浪致使 5000 至 10,000 人死亡。

· "2006 年,席卷美国大多数地区的一次严重热浪,单单在纽约城就造成或引起 140 人的死亡。"

· 2013 年全年,在美国酷热致死的人数达 660。③

其他国家当然也因酷热而死人。比如:

· 前面提到过的 2003 年欧洲的那次热浪,最初估计致死了约 35,000 人,但后来这一数字被修改,死亡人数达 70,000 人。④

· 前面提到的 2010 年在俄国发生的那次热浪,致死的人数最终被估计为 50,000 人。⑤

· 2009 年澳大利亚发生的那次热浪,致死人数超过 375 人(不算后来死于黑色星期六森林大火的那 170 个人)。⑥

· 2013 年,英国的一次热浪使得 700 人丧生,印度海得拉巴的一次热浪致死 500 多人。⑦

---

① "新的研究发现,今天,大多数每月所记载的热,都可归因于全球变暖,"《怀疑科学》,2013 年 1 月 30 日;乔·罗姆,"令人震惊的自然:随着气候变化的加快,酷热天的数量也在飙升,"2014 年 2 月 26 日,此文参考了索尼娅·I.塞纳维拉特纳等人的文章:"高温的上升未现暂停,"《自然气候变化》,2014 年 2 月 26 日。

② 美国国家海洋和大气管理局,国家气象局,"气候,水,及天气管理科",2012 年。

③ "干旱与热浪","信息提供"(Infoplease)网站;凯蒂·瓦伦丁,"酷热在瑞典被证明是要致人于死的","气候动态"网站,2013 年 10 月 23 日。

④ 沙奥尼·巴塔查里亚:"欧洲热浪致死 35,000 人",《新科学家》,2003 年 10 月 10 日;让-玛丽·罗宾等人:"2003 年夏季死亡人数超过 70,000",《生物分析月刊》,2008 年 2 月。

⑤ 杰夫·马斯特斯:"在俄国的热浪中可能有 15,000 人死亡",杰夫·马斯特斯博士的"旺德博客",2010 年 8 月 9 日;李嘉图·马查多·特里戈:"2010 俄国的热浪",2010 年 4 月。

⑥ 亚历山大·怀特:"澳大利亚热浪期间的停电并非偶然",《卫报》,2014 年 1 月 27 日。

⑦ 汤姆·鲍登:"热浪致死人数高达 760,若继续保持摄氏 30 度以上温度,死亡人数会翻番",《独立新闻》,2013 年 7 月 18 日;瑞安·科罗诺斯基:"印度的酷暑使人中暑死亡,电网崩溃,果树遭殃","气候动态"网站,2013 年 5 月 29 日。

更有甚者,专家们说,因热而死的人数肯定将会明显上升。比如:

· 截止 2050 年,美国东部城市因热而死的人数有可能翻 10 倍,如果温室气体的排放继续,则可能多得多。①

· 在澳大利亚,酷热致死的人数胜过近代任何其他自然灾害,仅仅在维多利亚一地,2009 年的一场前所未有的热浪就致死接近 400 人。据估计,截止 2050 年,澳大利亚因热而死的人数将翻 4 倍。②

越来越热

不断增多的热浪反映了这样一个事实:地球变得更热了,而且这一趋势在 2014 年仍在继续。3—5 月是至今为止这一时期最热的,4 月是至今为止温度最高的一个 4 月,5 月和 6 月是至今为止最热的 5 月和 6 月,而且,"分布在每一大陆(除了南极洲)上的 32 个国家各自至少有一个站报告了 7 月里创纪录的高温"(美国国家海洋和大气管理局)。斯堪的纳维亚地区 7 月里特别热,挪威和拉脱维亚的 7 月比以往都热。③

面临美国(同整个世界一道)逐渐变热的这一事实,我们且来看一看三种可能的反应:

三种可能的反应

计划 B

如果世界很快地动员起来对付全球暖化的问题,虽然已经排放出的碳将继续升高地球的平均温度,更暖和的天气将使得美国人和世界大多数其余地方的人的生活很不舒服,热浪甚至将比 2010 年的那些更热,而且将更经常地发生,

---

① 参见,乔安娜·M. 福斯特:"本世纪中叶热浪致死人数将增加 10 倍","气候动态"网站,2013 年 11 月 8 日;引用吴江荣等人:"关于将来的热浪对美国东部道德的影响的估计和不确定性分析",《环境健康展望》,2014 年 1 月。

② 参见,墨西哥·库珀:"维多利亚热浪期间死亡人数飙升",《时代报》,2013 年 4 月 6 日;莎拉·帕金斯:"大热天:新站点追踪全澳大利亚热浪",《对话》,2013 年 12 月 19 日;凯蒂·瓦伦丁:"截止 2050 年澳大利亚因热死亡的人数将翻 4 番","气候动态"网站,2013 年 8 月 1 日。

③ 凯蒂·瓦伦丁:"上个月是全球有记载以来第 4 个最热的 7 月","气候动态"网站,2014 年 8 月 18 日;克里斯托弗·伯特:"全球 2014 年 7 月极端天气汇总","旺德博客",2014 年 8 月 19 日。

但是,大多数人的生活即便比以往更不舒服,却并非是不可忍受的。

计划 A

计划 A,即浑浑噩噩地照以往那样因循下去,将会有严重的后果。"如果在政策上没有改变,"2008 年国际能源机构说,全球温度在本世纪末会"上升 6 摄氏度(11 华氏度)"。2009 年麻省理工学院所作的一项研究给出了几乎同样的预测。它说,我行我素的方法会导致 2100 年全球平均温度上升 5 摄氏度(9 华氏度)。美国国家大气研究中心 2012 年预测,二氧化碳浓度的翻番(从 270 到550ppm),将使得全球温度上升超过 7 华氏度(4 摄氏度)。如果当今的排放趋势继续,远不到本世纪末就会达到那个温度。所以罗姆说,截止 2100 年,"上升的温度有可能超过华氏 11 度——很可能要超好几度!"①

具体说到美国,2009 年的一份政府报告说,如果我们继续我行我素,"美国内陆的大多数地方的平均温度截止 2090 年将会再增加华氏 11 度而不是 9度。"一篇关于这个报告的文章标题是"我们地狱般的将来",在该文中罗姆指出,这些美国整个内陆的平均温度,对于美国的中部、南部和西部,就意味着极端温度,可能会高至华氏 120 度(摄氏 50 度)。② 我们中的那些几乎不能忍受华氏 100 度的人,想到我们的子孙将遭受再高 10—20 度的高温,如何可能心安?

这个问题在 2010 年的一份报告中提出来了,该报告说,将来世界的温度会超过宜居的极限。它特别说到,全球暖化很可能(就在下个世纪的某个时候)使得地球"变暖,温度增加 21 华氏度"。"这会使得世界一半的人处于无法居住的环境。"③这当然就意味着,世界人口的一半(大约 50 亿)或则会死,或则会迁居到那些可居住的地方,使得那些地方更加拥挤。

有些科学家已认定,如果继续我行我素,更直接地,2047 年就会发生气候偏离,"那时,旧的最高平均温度就会变成新的最低平均温度。"④

---

① 乔·罗姆:"国际能源机构必读报告解释了,为了防止温度上升摄氏 6 度应采取什么措施",《世界谷物》,2008 年 11 月 14 日;大卫·钱德勒:"气候变化的可能性超乎想象",麻省理工学院新闻办公室,2009 年 5 月 19 日;乔·罗姆:"科学惊人发现:观察支持关于本世纪极端变暖和严重干旱的预言","气候动态"网站,2012 年 11 月 9 日。

② 托马斯·R.卡尔等人:"全球气候暖化对美国的影响",《地球变化研究项目》(剑桥:剑桥大学出版社,2009 年);乔·罗姆:"我们地狱般的将来:国家海洋和大气管理局领导下的关于气候影响的权威报告发出警告,截止 2090 年美国大多数内陆地区平均温度将从华氏 9 度升至 11 度","气候动态"网站,2009 年 6 月 15 日。

③ "全球暖化:研究者发现,将来的温度会超过宜居极限",《每日科学》,2010 年 5 月 4 日。

④ 安德烈娅·哲曼诺斯,"2047:世界发生'气候偏离'的年份","共同梦想新闻中心",2013 年 10月 9 日。

计划 C

照那些提倡"走着瞧"方法的人看来,这些对于我行我素之态度的警告可能都是夸大之辞,所以我们应该等待,也许等 20 年,看关于温度上升的预言是否应验。如果它们应验了,也许导致全球温度上升 3—4 摄氏度,那么,这些计划 C 的提倡者们说,我们可在那时来对付该问题。不管怎么说,他们认为,温度将不会是无法忍受的。

然而,上万的人已感到新世纪的这些热浪不可忍受——他们因热浪而死去。而这些热浪的发生,却是因为全球平均温度比前工业时代仅仅高出了摄氏 0.8 度(华氏 1.4 度)。地球正在继续变暖,20 年内将使得热浪比今天更加严重,我们简直无法想象,人类将如何生存,更不用提 20 年听任排放二氧化碳的态度将造成的额外的变暖。

而且,根据我们的气候科学家们所预言的,如果平均温度上升摄氏 4 度(华氏 7 度),气候将会是的情况,那将是一幅并不美妙的图画,就像廷德尔气候变化研究中心凯文·安德森所提供的"一个上升了摄氏 4 度的世界的快照"所表现的那样:

全球表面平均温度上升摄氏 4 度,相当于全球陆地表面平均温度上升 5—6 度。在一个平均温度上升了摄氏 4 度的世界里,中国最热的天就将会比她在最近竭力应付的热浪期间所经历的最热天还要高出 6—8 摄氏度(9—14 华氏度);中欧将会遭逢很像 2003 年它所遭逢的那种热浪,不过温度要超出当年最高温度 8 摄氏度(14 华氏度);纽约夏季的热浪期间,最高气温将超过以往 10—12 摄氏度(18—21.6 华氏度)。①

安德森的预言得到世界银行 2012 年的一份报告"降低酷热"的支持。该报告警告道,"温度上升 4 摄氏度会早早地发生在 21 世纪 60 年代。"它说:

21 世纪第一个 10 年所经历的那样的热浪,在一个平均温度提高了 4 摄氏度(7 华氏度)的世界里,将成为新的常态。一类全新的热浪(其强度是 20 世纪从未经历过的)会周期性地发生。②

---

① 凯文·安德森:"不止是危险的气候变化——可怕的数据及微茫的希望",尼克拉斯·海尔斯特罗姆编《下一个是什么》第三卷,"气候,发展,及公平"16—40 页,2012 年 9 月(在线书籍)。
② 世界银行:《降低酷热:为何应避免一个平均温度升高了摄氏 4 度的世界》,2012 年 11 月。

因此,如果计划 C 的那种"走着瞧"的方法导致(仅仅)3 或 4 摄氏度的温度上升,我们的子孙在 21 世纪 60 年代就会过一种地狱般的生活。事实上,他们可能会开始感到不解:他们的夏天与人们通常描绘的地狱里的天气到底有什么不同。

结论

比尔·麦克本说过,"我们受酷热之苦犹如在地狱,我们再也不能忍受。"①所谓"再也不能忍受",意思是,态度强硬了,要迫使政治家们降低、并最终消除致使酷热不可忍受的化石燃料的排放——也就是执行计划 B。

---

① 比尔·麦克本:"我们受酷热之苦犹如在地狱,我们再也不能忍受","汤姆报道网站",2010 年 8 月 4 日。

3. 干旱与野火

"与加利福尼亚前所未有的干旱相联系的大气层的情况,很可能与人类造成的气候变化有关。"

——国家科学基金会,2014 年 9 月。

"今年全国普遍的话题是,全国火灾和火灾活动频繁发生,前所未有。在很多情况下都比平常提前 2—3 个月。"

——肯·平洛特,"林业与消防"加利福尼亚分部主任,2014 年 5 月。

"毁林的昆虫,野火,酷热和干旱,前所未有地结合起来破坏落基山脉的森林。"

——环保科学家联盟/落基山气候组织,2014 年。

本章与上章密切相关,因为额外的酷热增加了干旱的机会。干旱是至今为止气候给人造成的很具伤害性的一种灾害。虽然在全球暖化之前就有干旱发生,但全球暖化却恶化了它,而且如果人们让暖化继续,干旱会更恶化。随着全球暖化的发展,干旱的发生将越来越事关重大。因为,据乔·罗姆说,"将来的干旱会在根本上不同于人类以往所经历的干旱,因为它们将是酷热天气的干旱。"①有些地方干旱的增加,已导致野火在那些地方急剧增加。

干旱与全球暖化

全球暖化加剧了水分的蒸发,后者导致降雨量的增加,所以认为全球暖化会引起干旱的看法似乎是违反直觉的。然而,虽然现在的降雨量多于以往,但全球暖化却能改变降雨的时间和地点。

研究显示,拉尼娜现象,在其与厄尔尼诺现象交替出现的期间,似乎是造成

---

① 参见,乔·罗姆:"美国西南部本世纪将遭逢一场 60 年不遇的大旱,如同 12 世纪的那场,只是温度更高","气候动态"网站,2010 年 12 月 14 日。

美国西南部干旱的原因。如果是这样,那么,全球暖化怎么可能是造成该地区干旱的原因？答案就是(且借用美国首席气候科学家之一凯文·川伯斯的话来说):虽然拉尼娜现象仍然是美国西南部干旱的原因,但是"全球暖化却使得干旱比没有人为影响时更热更干。"全球暖化"造成了更强烈、更严重、更持久的干旱。"①

2011年,戴爱国,美国国家大气研究中心的一位科学家,写出了他对过去1000年间干旱的研究,最后一个时期是1950年到2008年,其中,他专注于对20世纪70年代以来温室气体影响的研究。他写道:

> 20世纪中叶以来,全球的干旱和旱灾面积大大增加,主要原因是自70年代以来广大地区的干燥。……自70年代末,全球迅速变暖,这增加了大气层对水的需求,并很可能因此而改变了大气的循环模式(非洲和东亚之上的),这两者造成了近来陆地的干燥。由于最近气候暖化的大部分原因都可归于人为的温室气体的增加,所以我们可下这一结论:人的活动在相当程度上促使了最近的干旱趋势。②

关于全球暖化造成的旱灾的变化,气候科学已作出三个主要的结论:

> · "湿者更湿,旱者更旱。"也就是说,那些历史上降雨量大的地方,将会有更多的降雨,而那些从前遭逢旱灾的地方,却会变得更干旱。"在那些又干旱又贫穷的国家,比如索马里,气候暖化造成饥馑。……而在那些多雨的国家,比如泰国,气候的变化却造成可怕的洪灾。"③
> · "不下则罢,一下则倾盆。"也就是说,大气层更温暖的温度造成了更多的蒸发。由于大气层里的温暖的空气聚集了更多的水蒸气,所以,一旦下雨,便常常是暴雨倾盆。④
> · 全球变暖正在造成更多的、"发生在更高温度条件下的"干旱。这类干旱被称为"全球气候变化引起的干旱。"这可是不妙的消息,因为,正如罗

① 所引凯文·川伯斯的话见于安德鲁·弗里德曼的:"中西部干旱的原因:人们认为拉尼娜现象和全球暖化共同造成了干旱天气","气候中心网站",2012年7月21日。

② 参见戴爱国:"全球暖化下的旱灾:一次回顾",《威利跨学科评论:气候变化》,2011年第2期。

③ 史蒂芬·莱西:"气候变化:湿者如何变得更湿,旱者如何变得更旱","气候动态"网站,2012年9月5日。

④ 马特·卡斯帕:"不下则罢,一下则倾盆","气候动态"网站,2012年7月31日。

姆所说,"暖天的干旱比凉天的干旱更糟。"我们将会遭逢更多的暖天干旱,"而且,如果我们不迅速改弦易辙,"他又说,"它们会成为热天干旱,进而成为地狱般的干旱。"①

热天干旱的主要后果

干旱给人造成的伤害主要表现在三方面:食物短缺,沙漠化,以及野火。

食物短缺:在地狱里种庄稼

虽然本书第7章将专论全球暖化造成了食物短缺,但是讨论干旱的一章如果不谈及干旱对食物生产的影响(它是干旱最严重的后果),它就将是不全面的一章。联合国说过,"干旱是发展中国家食物严重短缺的唯一最普遍原因。在上个世纪,干旱造成的死亡胜过了任何其他自然灾害。"罗姆曾写道:

> 干旱是气候变化造成的最具压力的问题。……本世纪中叶,面临迅速恶化的气候,养活大约90亿人将是人类遭逢过的最大挑战。②

10亿多的人经常处于饥饿之中,当干旱的时间延长,这一问题更加严重。"美国是世界最大的粮食生产国,而且2012年又是一个被看成是收成好的年头,"但是在很多州,酷热和干旱使得粮食作物"枯萎而死"。伊利诺斯州的一位植物生物学家说到中西部的天气根本不适合种庄稼时,说:"像是在地狱里种庄稼。"③

干旱致使美国农业部发布至今为止最大的灾情报告,包括了美国的1/3的县,遍及26个州。干旱导致粮食减产,特别殃及穷人。除了涨价,政府通常购买常用食物(即购去人们的多余食物),然后把它们给予食物银行。但一年的

---

① 大卫·D.布雷谢斯等人:"全球气候变化引起的干旱致死地区的植被",《美国国家科学院会议录》,2005年;乔·罗姆:"必读的演示文件:'全球气候变化引起的干旱以及极端天气的将来'","气候动态"网站,2009年3月11日。

② "世界水日","联合国水事会议",2012年3月22日;乔·罗姆:"《自然》杂志发表了我的一篇论述土地'灰盆化'和它对食物安全的巨大威胁的文章,""气候动态"网站,2011年10月26日。

③ 马克斯·弗兰克尔:"中西部旱情加剧,威胁着农民和水供应","气候动态"网站,2012年7月6日;杰夫·威尔逊:"随着中西部酷热蔓延,美国的粮食种植者在地狱里种庄稼",彭博社,2012年7月9日。

收成微薄,一场旱灾下来,有人即便有点多余食物,也微乎其微。① 美国的那场始于 2011 年的旱灾,对于农业是一次大扫荡,它使得很多美国人开始认真对待气候变化了。

灰盆化②

干旱延续,就可导致"沙漠化",即这样一个过程:从前肥沃的土地,由于干旱或耕作不当,或由于两者,而变成了沙漠——正如美国的"灰盆"里所发生的。罗姆提出,确实,气候的变化似乎正使得美国的西南部进入了一个新的"灰盆化"过程,在该过程中,长期的干旱使得植被丢失,沙尘暴增加——一个正在困扰澳大利亚的过程。③

森林野火

"干燥空气,低湿度,以及狂风使得森林大火猖獗;气候的变化将使得这些条件在下个世纪更频繁地出现,"詹姆士·韦斯特在"琼斯妈妈网站"写道。根据亚利桑那州立大学的一项研究:

> 自 20 世纪 80 年代中叶以来,森林大火更频繁地发生在美国西部,因为春天的气温升高了,雪融化得更早,夏天更热,使得森林大火有了更多、更干的燃料。

结果,"现在的野火季节延长了两个月,毁坏的土地是 40 年前的两倍。"40年的全球暖化带来了巨大的变化。④

媒体对于森林大火给予了极大的关注,但是,总体说来,它们并未把全球暖

---

① 达希尔·班尼特:"美国宣布干旱造成的最大自然灾害面积",《大西洋连线》,2012 年 7 月 12 日;丽莎·巴尔特兰:"由于干旱耗费了政府供应,美国食物银行告急",路透社,2012 年 11 月 21 日。

② 20 世纪 30 年代,由于大规模的沙尘暴,俄克拉荷马州变成了所谓的"灰盆"。这在美国作家约翰·史坦贝克的《愤怒的葡萄》一书中有生动的描述——译者。

③ 乔·罗姆:"沙漠化:新灰盆",《自然》,2011 年 10 月 26 日;赫尔穆特·盖斯特:《沙漠化的起因及进展》,第 2 页(阿什门出版有限公司,2005 年);乔·罗姆:"美国地质勘探局对'灰盆化'的调查:估计更干燥的条件会加快美国西南部的沙尘暴","气候动态"网站,2011 年 4 月 7 日;罗姆:"澳大利亚东部发生'灰盆化'——下一站就是美国西南部","气候动态"网站,2009 年 9 月 24 日。

④ 詹姆士·韦斯特:"气候变化如何使得野火更猖獗","琼斯妈妈网站",2013 年 6 月 13 日。

化作为一个主要原因来讨论。

然而,国家森林野火联盟的气候科学家阿曼达·施陶特说,"谈论西方的森林火灾而不提气候变化,好比谈论癌症而不提香烟。"她解释,何以在讨论中必须提到气候变化:

> 近几十年的森林野火,如果是在自然的条件下,就不会发生得那么频繁和广泛。浩劫似的森林火灾一个接一个,显然,我们的森林发生了什么极不寻常的事了。①

随着气候变化与森林野火的联系变得越来越明显,新闻节目便更经常地提到它。比如,2013 年 7 月,美国全国广播公司就说,

> 今晚,在西部 7 个州,17 场森林大火正在燃烧。今天,聚集在华盛顿的科学家们说,对于目前已成为致命且历史性的火灾季节,气候变化是它的一个促成因素。②

由于 2012 年的干旱和酷热,"2012 年美国森林大火所波及的面积超过了前 10 年的平均数,"而且,"其所毁坏的森林面积超过了有记载以来的任何一年。""今年不仅西部的森林火灾多于去年,"国家跨部门消防中心的珍妮弗·史密斯说,"而且全国的火灾规模更大了。"这些增长的方面,维持了以往几十年就有所发展的一种模式。从 1987 年到 2003 年的 16 年间,森林野火季节比此前的 16 年间长了 78 天,主要森林大火燃烧的时间几乎是以往的 5 倍。截止 2014 年,一项关于西部森林野火的研究发现,它们所毁的面积,每年几乎增加一个丹佛城那样大。似乎要来证明这些观点所说的森林大火规模的加大和时间的提前,5 月份,阿拉斯加就发生一场森林大火,其毁坏的面积超过了芝加哥城。③

---

① 阿曼达·施陶特:"且进行一番联想:气候变化如何促使了西方的野火","国家森林野火联盟",2012 年 6 月 20 日。

② 乔·罗姆:"据全国广播公司:'科学家们说,……对于目前已成为致命且历史性的火灾季节,气候变化是它的一个促成因素'","气候动态"网站,2013 年 7 月 18 日。

③ 参见,乔·罗姆:"美国见到了史载的最热 12 个月和最热的半年","气候动态"网站,2012 年 7 月 9 日;史蒂芬·莱西:"2012 年美国森林野火的发生超过以往 10 年的平均数","气候动态"网站,2012 年 12 月 5 日;"美国对森林大火的战争",《周刊》,2012 年 9 月 14 日;阿里·菲利普斯:"研究称,西部的森林大火每年几乎多烧掉一个丹佛","气候动态"网站,2014 年 4 月 22 日;丽贝卡·莱伯:"干燥的条件促成一场阿拉斯加森林大火,胜过芝加哥的","气候动态"网站,2014 年 5 月 26 日。

全球暖化之所以造成这些森林野火的变化,并不仅仅是因为它造成了更干燥的条件,使得闪电发生频率增加,森林野火季节延长,还因为它有助于树皮甲虫的生长。这些甲虫弄死树木,使其更加易燃。树皮甲虫大约有 600 种,其中大多数都寄生于死的或将死的宿主,但它们中有一些却损坏或弄死健康的树木。其中有两种是山地松树皮甲虫和南方松树皮甲虫。①

这些小生物在树皮上打洞,以便深入到为树提供水和营养成分的那个组织层。它们用一种真菌使树感染,该真菌使得树无法运用其防御能力,甚至无法享用水和营养成分。于是树很快死去,成了下一场森林大火的燃料。从 20 世纪 90 年代开始,山地松树皮甲虫一直在破坏北美的松树林。截止 2013 年,它们“仅用了十多年的时间便扫荡了 70,000 平方英里的落基山森林。至于南方松树皮甲虫,则不仅在很多南部的州,也在更多的北部的州,毁坏松树。②

在美国北部和加拿大,这些甲虫通常在冬天就灭绝了,但是近来冬天却通常不是足够地冷。活过了冬天之后,这些甲虫开始一年繁殖两次。虽然健康的树木都有天然的防御能力,但是甲虫太多,致使其惨败。由于天气更温暖了,甲虫还可以到达更高的纬度,那里的树木却是没有防御能力的。③

美国的旱灾

除了它的越来越严重的森林野火问题,美国还是干旱严重的地区之一。最近几十年,它所遭逢的主要旱灾就包括:

·上章提到过的 1988 年的酷热之后,随之而来的是一场自“灰盆”年代以来最严重的旱灾。(似乎是在警告我们:1988 年是大气层二氧化碳含量首次突破 350ppm 的一年。)

·2007 年,西部和东南部的很多地区都遭逢了有记载以来的最干燥的

---

① 参见“西部树皮甲虫,”《美国森林服务》;史蒂芬·R. 克拉克和 J. T. 诺瓦克:“南方松树皮甲虫”,《森林昆虫及疾病活页文选》49,美国农业部,2009 年 4 月。

② 凯蒂·瓦伦丁:“人熊相遇可归因于气候变化”,“气候动态”网站,2013 年 9 月 13 日;贾斯廷·吉利斯:“在新泽西,6 条腿的昆虫给松树带来麻烦”,《纽约时报》,2013 年 12 月 1 日。

③ 杰夫·斯普罗斯:“气候变化使得加拿大毁林甲虫的从未有过的流行病蔓延”,“气候动态”网站,2013 年 4 月 11 日。凯蒂·瓦伦丁:“由于冬天变暖,松树甲虫致使新泽西的松林大大减少”,“气候动态”网站,2013 年 12 月 2 日;迈克尔·莱蒙尼克:“为何树皮甲虫遍咬美国森林”,“气候中心网站”,2013 年 1 月 7 日;詹姆士·韦斯特:“科罗拉多甚至比去年燃烧得更厉害”,“琼斯妈妈网站”,2013 年 6 月 13 日。

一年。9 月底,"美国本土的 43% 都在一定程度上成了极端旱灾的灾区。"①

　　·2011 年,路透社的一个报道说:"德克萨斯仍然是前所未有的旱灾的中心。气候数据显示,该州遭逢了一个世纪以来的最干旱的 10 个月。"②

　　·2012 年,一次始于 2011 年的干旱成了至那时为止最严重、波及最广的干旱。该年底,较低的 48 个州,大约有 63% 的地区都遭逢干旱,42% 遭逢的是异常干旱。"今年的旱情既极端又持续不断,几个州不光在好几个时间尺度上名列最干旱,"国家气候数据中心写道,"而且它们所创的纪录也是以往的纪录远不能比的。"③

　　·2013 年初,2011—2012 年的干旱仍在持续,较低的 48 个州中,55% 的地区处于中度干旱或重度干旱。德克萨斯州和佛罗里达州的旱情甚至加重了。④

　　1988 年—2014 年美国的干旱之所以史无前例,是因为这些干旱发生得较前频繁得多。2012 年,《纽约时报》写道:

　　　　今夏的干旱足以载入史册,但去年美国中南部的干旱也是如此。而且,袭击美国西部的一场持续 5 年的干旱距今也不过才区区 10 年。普遍干旱曾经是罕见之灾,现在却更加频繁,开始成为"新常态"。⑤

　　要理解当前美国的干旱情况,最好是看一看它在加利福尼亚和其他几个州的发展。

---

① 塞思·伯伦斯坦:"2007 年,美国天气创纪录的一年",美联社,2007 年 9 月 29 日;乔·罗姆:"2007 年:美国干旱创纪录的一年","气候动态"网站,2007 年 10 月 16 日。

② 参见凯里·吉勒姆"旱情在南部深入了;一个世纪以来最干旱的德克萨斯",路透社,2011 年 8 月 11 日。

③ 安德鲁·弗里德曼:"美国监测站说,2012 年中西部的旱情可能会持续一冬","气候中心网站",2012 年 11 月 29 日;"2012 年 9 月旱情报告",国家海洋和大气管理局,气候数据中心,2012 年 10 月 15 日。

④ 杰夫·斯普罗斯:"美国德克萨斯州和佛罗里达州旱情扩大了","气候动态"网站,2013 年 3 月 11 日;丹尼尔·亚威茨:"美国的旱情在德克萨斯州和佛罗里达州加剧","气候中心网站",2013 年 3 月 7 日。

⑤ R. 利·科尔曼:"全球暖化:现在对于大多数美国人来说是实在的了,"《基督邮报》,2011 年 7 月 11 日;克里斯托弗·施瓦姆等人:"科学家说:每年的普遍干旱已成为'新常态'",《纽约时报》,2012 年 8 月 11 日。

加利福尼亚

加利福尼亚当然是美国农业方面最重要的州。自从 2010 年遭逢中度干旱,2012 年它开始遭到严重干旱的困扰。干旱之后就是大洪水,这一模式已成新常态:"12 月,天不断下雨,或者,如果在山上,天就不断下雪,"一个博客说。"然而,由 2012 年一转到 2013 年,怪事便发生了:雨停了,全然停了,一月和二月成了加利福尼亚有记载以来最干旱的月份。"截止 2013 年底,加利福尼亚经历了"自 1849 年有记载以来最干旱的一年。"该州大多数地区处于极度的干旱,中央谷地的旱情最为严重,而那儿却正是美国大多数粮食的产地。结果,由于这一长期的干旱,联邦灌溉水断流,到不了中央谷地的大多数农业区。① 2014 年初,又是一场大洪水,造成严重涝灾。然而接着却是持续的干旱,而且到 2014 年中期,该州自开始旱情监控以来,首次全境遭逢"严重旱灾"。由于这些干旱中的 58% 都属于最高级别,即"异常干旱",所以加利福尼亚遭逢的干旱是有记载以来最严重的。②

加利福尼亚的干旱不能被视为突然,因为气候科学家"10 年前就预言过,北极冰的融失会在西部,尤其是加利福尼亚,造成干旱,"其原因是急流的改变,罗姆如此写道。甚至在珍妮弗·弗兰西斯的著作之前,斯隆就写有文章:"北冰洋海冰的消失使得美国西部可用水减少。"更早的时候,詹姆士·汉森自 1990 年起就一直在警告,西南部的旱情越来越严重。1995 年,诺贝尔奖获得者,科学家舍伍德·罗兰问道:"虽然我们所发明的某种科学足以作出警告,但如果我们到头来只能眼睁睁地看到该警告应验,那么发明该科学来又有什么用?"③

无论如何,加利福尼亚的干旱造成了大火,包括所谓的"环火",它威胁到优诗美地国家公园,烧毁了旧金山以北 400 平方英里的面积,相当于一个纽约城,成为该州的第三大火。而且,2013 年,发生森林火灾的季节也大大提前,680 场

---

① 基利·克罗:"加利福尼亚遭逢最干旱的一年——尚无缓解征兆,""气候动态"网站,2013 年 12 月 27 日;史蒂芬·海默弗:"加州旱情有多糟糕?"2013 年 6 月 17 日;保罗·罗杰斯:"加利福尼亚干旱:联邦调查局说,农民们今年不会得到中央河谷灌溉水,"《圣荷塞信使报》,2014 年 2 月 21 日;莎伦·伯恩斯坦:"加利福尼亚漫天大雨引起洪灾,但将不会终止旱情",路透社,2014 年 3 月 1 日;"联邦分配给加利福尼亚旱区的灌溉水已削减为零,"路透社,2014 年 2 月 21 日。

② 艾米丽·阿特金:"加利福尼亚正在遭逢有记载以来最严重的旱灾,""气候动态"网站,2014 年 8 月 1 日。

③ 雅各布·休厄尔和丽莎·柯布斯·斯隆:《地球物理研究通讯》,2004 年 3 月 2 日;乔·罗姆:"领军科学家解释气候变化如何使得加利福尼亚的大旱恶化","气候动态"网站,2014 年 1 月 31 日;舍伍德·罗兰:1995 年,诺贝尔奖获奖演说。

火发生在 5 月初,且持续很久;12 月中旬在大苏尔发生一场大火。①

2014 年,火季又开始得早,截止 5 月,森林火灾发生的数量几乎是平均数的两倍。而且林业部的一位发言人 8 月初还说,"我们看到了通常要 9 月份才会发生的火情"。在电视系列节目"多年生活在危险之中"里,前任州长施瓦辛格被告知,"州长,你必须懂得,真的不存在火季了。森林火灾会一年到头都有。"9 月,一篇标题为"加利福尼亚应付前所未有的火季"的报道说,截止当时,该州所发生的森林火灾已比同期超出约 1000 次。②

德克萨斯

2011 年的夏天是德克萨斯州的一场浩劫。截止劳动节,该州的每个地区都遭逢了森林野火。德克萨斯州中部和东部的很多地区被烧成一片荒芜。德克萨斯林务局信息处的官员说:"这种情况是历史上最大规模的。燃料如此之干,风如此之大。……从来没有如此过。"这使得气象预报公司的一位气象学家称此次森林野火为"德克萨斯从未见过的情况。"确实,2011 年被正式命名为德克萨斯州的最严重的森林火季。③

那以后,更糟糕的是,干旱并无好转。2013 年,奥斯汀的水利署长说它是"我们在中德克萨斯遭逢的最糟糕的干旱。"由于干旱已持续 3 年,饮水开始短缺。2013 年,要到年底时,中德克萨斯遭逢一场倾盆大雨,一天之内,降雨量达 1 英尺多。但这场大水却并不表示干旱的结束,2014 年初的几个月,流入高原湖的水反倒比 2011 年的少,成了"历史上流入总量最少的一年。"④

---

① "猖獗的加利福尼亚森林野火威胁到优诗美地国家公园更多的地方",美国全国广播公司新闻,2013 年 8 月 25 日;凯蒂·瓦伦丁:"大自然母亲关了龙头:'非凡的'干燥天气条件造成了加利福尼亚森林野火","气候动态"网站,2013 年 5 月 3 日;乔安娜·M. 福斯特:"2013 年加利福尼亚野火季闪亮进发,""气候动态"网站,2013 年 12 月 17 日。

② 阿里·菲利普斯:"由于加利福尼亚的春天化为酷暑,两万多人撤离","气候动态"网站,2014 年 5 月 15 日;埃里克·霍尔特豪斯:"适应烈火吧:加尼福尼亚的火季现在基本上是全年的了",Slate 网络杂志,2014 年 4 月 24 日;荣工林 II(Rong – GongLinII):《洛杉矶时报》,2014 年 8 月 2 日;凯蒂·奥尔:"加利福尼亚应付前所未见的森林火季,"美国公共广播电台,2014 年 9 月 15 日。

③ 迈克尔·卡斯特利翁:"德克萨斯森林野火",州政府窗口,财经报告,2013 年;马蒂·图希:"水利官员说:德克萨斯州中部遭受了最糟糕的旱灾",《美国政治家》,2013 年 10 月 3 日;"德克萨斯森林野火:2011 年确是该州有史以来最糟糕的火季",《赫芬顿绿色邮报》,2012 年 1 月 19 日。

④ 马克·彼得斯:"旱情继续,饮水渐少",《华盛顿邮报》,2013 年 6 月 7 日;"2014 年的特大干旱加重旱情",科罗拉多河下游管理局,2014 年。

亚利桑那州

2013 年最大的森林火灾是亚内尔山大火,其中消防队的 20 名精英就有 19 名丧生。那场大火显然起于雷击;它之所以失去控制,是因为大风,长期的干旱,以及超过华氏 100 度的酷热。[①]

科罗拉多州

2012 年,发生在科罗拉多斯普林斯市以北的沃尔多峡谷大火,几乎烧毁了 350 个家庭,成了该州有史以来最严重的火灾。然而在 2013 年,它被黑森林大火超过,后者毁掉了大约 380 个家庭,烧毁的建筑物大约是 490 座。这一创纪录的大火之所以达到如此的程度,是因为丹佛的温度计升到了华氏 100 度——有史以来的首次。[②]

俄勒冈

2010 年,一份 500 页的报告结论道:俄勒冈的将来"很可能像是遭旱灾和火灾肆虐过的一片西南大地。"2013 年证实了这一预言,因为在那年,"除了该州的边缘地带,整个州或则陷入异常干旱,或则遭逢严重旱灾,"导致至今代价最大的森林火季。[③]

爱达荷州

2013 年 8 月,太阳谷附近的比弗溪大火举国闻名,因为它威胁到了阿诺德·施瓦辛格,汤姆·汉克斯,布鲁斯·威利斯这些著名演员的逃生。该场大火规模特大,其中,1,200 个消防队员奋力抢救 10,000 个处于危险的家庭。起火的原因是闪电、劲风,以及"焦干的土地"。它持续了三周多,烧毁面积达

---

① 安德鲁·弗里德曼:"亚利桑那州致命森林野火的气候背景,""气候中心网站",2013 年 7 月 1 日。

② 汤姆·肯沃西:"又见科罗拉多火季凶猛抬头,""气候动态"网站,2013 年 6 月 12 日;韦斯特:"科罗拉多森林野火甚至燃得更旺"。

③ 安德鲁·萨特:"透过谷歌镜看俄勒冈的森林大火","气候动态"网站,2013 年 9 月 11 日;琳恩·特里:"俄勒冈林业部经历创纪录的森林野火季节",《俄勒冈人》,2014 年 1 月 27 日。

115,000英亩。这场大火与爱达荷的另外 9 场大火，以及俄勒冈，亚利桑那，加利福尼亚的大火同时发生。①

华盛顿

2014 年，当华盛顿州的火季才部分地结束，该州被烧毁的土地已相当于通常一整年被烧毁的 6 倍，该州用于消防的款项已是预算的 3 倍多。②

其他国家的干旱

澳大利亚

至今为止遭逢最严重干旱的国家是澳大利亚。始于 1997 年的一场持续 14 年之久的干旱——澳大利亚人称之为"大旱"——一直持续到 2012 年。2006 年的一次紧急峰会说，澳大利亚正面临"千年未遇之大旱。"虽然该说法未必准确地符合历史，但它也表达了该干旱严重的程度。南澳大利亚州总理称该干旱是"全球变暖后将来的可怕先兆。"2006 年后，旱情甚至恶化；截止 2007 年，农业、能源，以及水的储备渐现短缺；《新科学家》上的一篇标题为"澳大利亚——一块干涸的大陆"的文章说，"恐慌情绪触处可见。"同年，全国一半以上的农耕地遭逢干旱，水服务协会于是说，"城市水工业已认定，以往的水流将永不再来。"所以，它说，澳大利亚人再不应该说"干旱"了，因为这个说法指的是一种暂时情况，而应该说"这是新的现实。"③

2008 年，气象局气候分析处主任，大卫·琼斯博士说，影响全国（除了北部）的干旱是"史无前例的。"特别以墨尔本为例，他又说，"简直未见过像目前这样的事，甚至类似的也未见过。"但是，它却变得更糟糕了。2012 年，有报道宣

---

① 乔安娜·M. 福斯特："爱达荷森林野火肆虐，而媒体不提气候变化"，2013 年 8 月 19 日；"比弗溪大火熄灭，消防人员撤离"，《爱达荷新闻论坛报》，2013 年 8 月 26 日；"爱达荷居民逃离逼近的烈焰"，美联社，2012 年 8 月 16 日。

② 艾米丽·阿特金："2014 年华盛顿州的森林野火，其猖獗胜过平常的 6 倍"，"气候动态"网站，2014 年 9 月 12 日。

③ 参见："澳大利亚旱情蔓延"，《自然》，2012 年 3 月 1 日；"澳大利亚的干旱恐怖'胜过千年'，"《新西兰先驱报》，2008 年 11 月 8 日；雷切尔·诺瓦克："澳大利亚——一块干涸的大陆"，《新科学家》，2007 年 6 月 13 日；雷切尔·克莱曼："不再是旱灾；而是'永恒的干燥'"，《时代报》，2007 年 9 月 7 日。

称长期的干旱结束了。但是 2013 年，它又重返东部地区。由于澳大利亚"愤怒的夏天"（参见第 2 章）的酷热加干旱这一综合因素，"澳大利亚 6 个州有 5 个发生大火，包括新南威尔士，它至少发生了 90 场森林野火。"①

截止 2014 年，昆士兰州遭逢了有记载以来最大面积的干旱。"二月通常是全年最多雨的时期，"昆士兰的农业部长说，"今夏却特别干旱。"时任总理托尼·阿博特虽然正确地称它为百年不遇的干旱，但他却是个否定全球气候变化的人，所以他坚持反对澳大利亚气候委员会 2014 年所提交的报告的结论："热浪，更灼热，更持久，更频繁。"虽然这一报告说，"有人推测，干旱之所以发生得更频繁，是因为目前温室气体排放的增加"，阿博特却批准撤销二氧化碳排放税，因而助长了澳大利亚酷热和干旱的恶化。②

巴西

巴西在 2005 年和 2010 年各经历了一场大旱，继那之后，2014 年 1 月，"它的东南部大部分地区又经历了有记载以来的最灼热、最干燥的一个月，"虽然 1 月本来通常是最多雨的月份。新闻界主要关注的是咖啡，因为巴西是世界上最主要的咖啡生产国。但巴西也生产柑橘、柠檬、甘蔗，以及牛肉，这些也是要受到干旱影响的。由于旱期延长，2014 年的头几个月天气又热又干，使得巴西的 140 个城市，包括它的最大城市圣保罗，实行用水定量配给。二月中旬，圣保罗甚至几乎饮水中断。由于第 20 届世界杯足球赛在巴西举行，全世界都关注巴西的干旱，人们尤其担心，由于缺水，因而水力发电供应短缺，这可能导致体育场停电。③

虽然，可以理解地，大多数人都关心水，食物，和咖啡价格，但更严重的问题

---

① 阿萨·瓦尔奎斯特："据称南澳大利亚旱情史无前例，墨尔本因而遭罪"，《澳大利亚人》，2008 年 10 月 10 日；安迪·科格伦："澳大利亚 10 年干旱结束"，《新科学家》，2012 年 5 月 1 日；杰夫·斯普罗斯："史无前例的热浪蔓延，致使澳大利亚遭逢'可怕的'森林野火"，"气候动态"网站，2013 年 1 月 8 日。

② 乔安娜·M. 福斯特："随着澳大利亚旱情加剧，联合国官员明确对气候变化表态"，2014 年 3 月 9 日；布莱尔·特里温："旱情重返澳大利亚东部各州"，《对话》，2013 年 12 月 5 日；阿里·菲利普斯："澳大利亚成为首个取消碳排放税的国家——该税运行得糟糕"，"气候动态"网站，2014 年 7 月 17 日。

③ 里斯尤因："巴西的咖啡地带正与罕见的酷热威胁作斗争"，路透社，2014 年 2 月 12 日；肯尼斯·雷波扎："庄稼遭怪异天气袭击，巴西损失数十亿"，《福布斯》杂志，2014 年 3 月 3 日；"140 以上的巴西城市按配额供水"，美联社，2014 年 2 月 15 日；艾米丽·阿特金："罕见大旱：南美最大城市缺水"，2014 年 2 月 7 日；凯蒂·瓦伦丁："亚马逊烟囱？热带雨林的旱季比起 30 年前来长了三周"，"气候动态"网站，2013 年 10 月 22 日；马里亚姆·法赫兰："2014 年的国际足联世界杯会因停电告终吗？"《损害评估》，2014 年 6 月 23 日。

却是:干旱正在给亚马逊热带雨林造成什么后果。该热带雨林不仅是世界上物种最丰富的生态系统,而且还是地球上最大的碳库。如果这个碳库开始衰亡,它将变成"一个将二氧化碳排放进大气层的烟囱。"2013 年的两个报告使得这一担心加剧了:(1)美国航天局喷气推进实验室的报告说,2005 年的大旱使得该热带雨林的 30% 受损,那以后,它尚未恢复过来,却又遭逢 2010 年的大旱,一半又遭损害。(2)2013 年,一项研究提出,"如果旱季太长,该热带雨林便无望存活。"①

加拿大

同时任澳大利亚总理托尼·阿博特一样,加拿大时任总理史蒂芬·哈珀也否认全球暖化的严重性。事实上,他和阿博特在这一否认上结成了同盟。② 但也同澳大利亚一样,2014 年加拿大的西部遭逢了几次最酷热、最干燥的天气,导致了前所未有的森林野火。在西北领地,森林野火发生的次数是以往 25 年平均数的 6 倍,导致北部森林"史无前例地"燃烧,有融化冻土之势。③

中国

中国的干旱会使世界的情况变得严峻,因为中国的歉收会冲击世界大部分地区,原因是中国为了弥补歉收而在世界上购粮就抬高了其他国家的粮价,另外,中国还是世界最大的小麦生产国。2010 年到 2011 年的那个冬天十分干旱,乃至联合国粮食农业组织发布了"一个罕见的特别警报"。特别的重灾袭击了西南的云南省:"中国在北部和西部地区长期受到沙漠化的困扰,但是云南遭受的干旱却标志着,它在气候和环境方面的问题达到了一个新的高度。"马军写有《中国的水危机》一书,其影响堪与雷切尔·卡森的《沉默的春天》相比。他

---

① 凯蒂·瓦伦丁:"亚马逊烟囱?""气候动态"网站,2013 年 10 月 23 日;"研究发现,严酷气候正危及亚马逊雨林,"美国航天局喷气推进实验室,2013 年 1 月 17 日;贝基·奥斯金:"全球暖化为亚马逊雨林作的预告:干涸而死","活的科学"网站,2013 年 10 月 21 日。

② 安德烈娅·日耳曼诺斯:"加拿大的哈珀和澳大利亚的阿博特打造'气候否认者俱乐部'","共同梦想新闻中心",2014 年 6 月 10 日。

③ 杰夫·斯普罗斯:"随着亚北极森林升温,加拿大全境爆发史上未见的森林野火","气候动态"网站,2014 年 8 月 25 日;安德鲁·弗里德曼:"北极北方森林以'前所未有'的速度燃烧着","气候中心网站",2013 年 7 月 22 日;"由于森林野火,西北利亚冻土区处于紧急状态","每日科斯网站",2014 年 7 月 15 日。

把云南的缺水称之为一个"新的警告信号"。①

不幸的是,北部的干旱持续,截至 2014 年,中国西北的陕西省遭逢百年未遇的或史无前例的大旱。②

印度

如果说干旱"对于美国是糟糕",那么,"对于印度就是浩劫",如同《商业内幕》的一个标题所说。之所以是浩劫,是因为印度一半的人口都以农业为生。季风通常带来印度年降雨量的 75%。但是,2009 年,季风却异于往常,于是全国遭到浩劫。印度环境哲学家范达娜·席娃说,干旱"的加剧是气候变化和气候不稳定的可预计后果。"她还说,"印度三分之二的地方""由于季风改变以及随之而来的干旱"而受到影响。③

印度刚刚从 2009 年的干旱缓过气来,2012 年季风却再度异常。这次是 12 年来的第 4 次干旱了,印度于是开始担心起"通常从 6 月到 10 月的季风雨的可靠性了。"更糟糕的是,这次的干旱伴随着异常的灼热。德里的温度飙升到华氏 115 度(摄氏 46 度),在北方邦,印度富饶的水稻带的中心,甚至达到华氏 120 度(摄氏 48.9 度)。在旁遮普,印度最大的小麦产地,小麦收成下降了 70%。这次干旱对于"饲养家畜的粮食作物尤其是一大打击",因而对于数百万的农民也是一大打击,因为他们的牛就是他们唯一的收入来源。恶化的干旱使人绝望。"农民们丧气了,感到他们的日子似乎变成了一个问号,问的就是雨会不会降下来,"全印度农民联盟的秘书之一说。他还说,由于日子艰难,收成又不稳定,过去的 16 年里已有超过 25 万的农民被迫自杀。更有甚者,2013 年,部分干旱还持续着,特别是在马哈拉施特拉邦,印度最富庶、人口第二多的邦。④

---

① "2012 年中国干旱:西南持续 3 年之久的干旱仍在继续",《国际商业时报》,2012 年 4 月 6 日;埃里克·拜库林奥:"中国专家说:干旱是'全球变暖的信号'",《美国全国广播公司新闻》,2011 年 5 月 31 日。

② "中国中部和北部遭逢大旱",《英语新闻》,2014 年 7 月 31 日。

③ 马姆塔·巴德卡:"干旱:对于美国是糟糕,对于印度是浩劫",《商业内幕》,2012 年 8 月 16 日;范达娜·席娃:"气候变化,干旱,以及印度的迫在眉睫的粮食和用水危机",《潮流》2009 年 8 月 14 日。

④ 拉贾德拉·贾达夫:"由于干旱威胁印度,人们开始担心牛",路透社,2012 年 8 月 12 日;凯西·戴克尔:"印度担心季风迟来会使庄稼受损",美联社,2012 年 7 月 24 日;"马哈拉施特拉邦的干旱","行动联盟"网站,2013 年 4 月 10 日。

计划 B,A,和 C

干旱这一问题已成为史无前例的了,据此,我们且来看一看以下三种可能的反应方式。

计划 B

最佳的反应方式——计划 B——会包括一个彻底的动员,而且立即开始,以防止进一步的全球暖化。然而,由于全球暖化已使得干旱十分严重,不可逆转,所以,即便今天阻止了所有温室气体的进一步排放,由于以往我们毕竟耽搁了时日,以后的 30 年里干旱将不可避免地变得更严重。但若现在开始努力,干旱恶化的趋势可望在 2045 年停止。

美国的干旱,即便是西南部的(包括加利福尼亚的),不如澳大利亚的"大旱"那么严重。然而,正如我们已看到的,全球的温度才上升摄氏 0.8 度(华氏 1.4 度),美国西南部就遭到越来越严重、面积越来越大的干旱,并伴随有比以往更严重的森林野火。只有迅速而彻底地减少温室气体的排放,干旱才不至于使得西南部全然地不宜人居。

计划 A

已经有数种研究探讨了这一问题:如果我们继续我行我素,干旱会发展到什么程度。

· 英国气象局哈德利中心说,如果我们继续我行我素,到了 2100 年,全球三分之一的地表就会处于永恒的"极端干旱"状态。在那样的土地上,农业将不可能。[1]

· 根据戴爱国的 22 个气候模型的组合,"在近几十年内,全美很大一部分人口将受到严重影响",还有"南欧、东南亚、巴西、智利、澳大利亚以及非洲的大部分地区。"[2]

· 2012 年,《大众科学》的一篇文章预言,美国,还有加拿大和墨西哥

---

[1] 迈克尔·麦卡锡:"干旱的世纪",《独立新闻》,2006 年 10 月 4 日。

[2] 戴爱国:"全球暖化下的旱灾:一次回顾",《威利跨学科评论:气候变化》,2011 年第 2 期 45—65 页,引文见 60 页。

的人,今后将会把 2000—2004 年的干旱期视为还算多雨的时期。[①]

更有甚者,本世纪后半叶的干旱可能会是一种更糟糕的类型,干旱会伴随着极端的热,在有些国家,诸如澳大利亚,中国,和美国,气温会比今日的高出华氏 16 度。由于更大的热往往导致更大的旱,地球的大部分地区将会遭受澳大利亚人所谓的"永恒干旱"。

计划 C

计划 C 就是把二氧化碳下降到足够的程度,以防止地球的平均温度超过前工业时代摄氏 4 度(华氏 7 度)——这就要求(大家普遍这样认为),大气层中二氧化碳的含量保持在 450—600ppm。但是,美国国家海洋和大气管理局却说,其后果就是,"有些地区,会像当初'灰盆'时期那样,旱季雨水减少,且不可逆转。"所谓"不可逆转",意思是,雨水减少的情况将至少持续 1000 年。[②] 在一篇标题为"新的研究表明情况会更糟"的评论文章中,罗姆说,"半个世纪内,美国的大部分地区(以及世界其余部分的大部分地区)会经历浩劫般的干旱——比上个世纪 30 年代的'灰盆'还要糟糕得多。"[③]

"皇家学会哲学学报"2011 年卷,专门讨论了如何对付"一个摄氏 4 度的世界"(意思是一个全球平均温度比前工业时代高了摄氏 4 度的世界)。而且,雷切尔·沃伦在给该卷的一篇针对此问题的投稿中说:

·"干旱和沙漠化会蔓延,很多人会遭受越来越严重的缺水压力,另外一些人会经历季节性降水的变化。"
·"气候变化所引起的降水模式的变化和气候可变性的变化,会使得地球更多的地区在任何时候遭受干旱,从今日的 1% 到 21 世纪末的 30%。"
·"越来越增加的人口可能会更集中到那些雨水充足,能使经济繁荣的地区。"[④]

---

① 克莱·迪洛:"2000—2004 年间北美的干旱是 800 年来最严重的,"《大众科学》,2012 年 9 月 7 日。
② 乔·罗姆:"美国国家海洋和大气管理局的惊人之语:气候变化'大约 1000 年不可逆转'","气候动态"网站,2009 年 1 月 26 日。
③ 乔·罗姆:"新的研究表明情况会更糟","气候动态"网站,2010 年 10 月 20 日。
④ 参见雷切尔·沃伦:"在一个对气候变化实行适应和缓解方式的世界中,相互交流的重要性",见于马克·纽等人的"摄氏 4 度及更高:地球平均温度增加摄氏 4 度的潜在问题及其含义","皇家学会哲学学报"369 卷,1934 期(2011 年 9 月号),217—241 页。

在一篇关于该次哲学会议的评述中,《卫报》写道:

> 一群国际科学家预计,在我们的一生内,世界平均温度会升高摄氏 4 度(华氏 7 度),那是一幅可怕的图画。……如果全球温度升高摄氏 4 度,全世界就会发生严重的干旱,而且,由于粮食供应中断,会出现成百万逃难的移民。①

那些提倡"走着瞧"方法的人通常认为,如果干旱变得更糟,我们将能适应之。罗姆说,此话倒是不假,如果我们所谓的"适应"意思是,"由于我们当初太贪婪,不愿放弃我们每年生产总值的 0.1%,所以就要迫使后面的 50 代人去忍受无止无休的悲惨。"②

结论

如果碳的排放迅速而大幅度地下降,那么,差不多 2045 年之后干旱和森林野火就不会继续增加了。但如果不如此下降,这些现象对于我们的子孙便会继续恶化。计划 B 是唯一合理、唯一道德的选择。

---

① 达米安·卡林顿:"科学家警告,气候变化导致全球温度上升 4 摄氏度",《卫报》,2010 年 11 月 28 日。
② 乔·罗姆:"关于气候工程风险的科学","气候动态"网站,2009 年 8 月 29 日。有关他的 0.1% 生产总值的说法,请参见罗姆的"麦卡锡公司 2008 年研究回顾:稳定在 450ppm 几乎无代价可言","气候动态"网站,2008 年 12 月 29 日。

4. 风暴

"这场风暴确实是前所未有的。"

　　　　　　　　　　——比尔·麦克本:"桑迪的真正名字,"2012 年。

"在东部各州缓慢移动的风暴,使得从马里兰州到新英格兰的诸地区遭逢前所未有的降雨和洪灾……纽约州的有些地方 12 小时内遭逢的大雨,相当于整整一个夏季的降雨量。"

　　　　　　　　　　——《洪涝新闻》,2014 年 8 月 14 日。

　　由于突发的一阵子极端天气,越来越多的美国人开始认真对待这一观点了:全球暖化正在引起气候变化。本章讨论第三种类型的极端天气:极端的风暴。我们将考察 4 种风暴类型:(1)导致涝灾的极端暴雨;(2)极端的暴风雪;(3)飓风(亦称"台风"和"热带旋风");(4)龙卷风。

极端的暴雨和洪水

　　2010 年,国家气象服务局发布了一份基于 60 年记载的研究报告,该报告显示:"极端降水事件"——其定义是:24 小时内降水量至少达一英寸的暴雨——发生得更加频繁了,而且,更大的暴雨,即 24 小时内降水量达 2 英寸甚至 4 英寸的暴雨,也发生得更频繁了。在本章,只要 24 小时内降水量达三英寸的暴雨,都将被称为"极端的"。①

全球暖化,大洪水及洪涝

　　关于极端暴雨(通常称为"大洪水"),根据全球暖化的实际情况来看,其原

---

① "研究表明:全球暖化可以解释何以东北部遭受更多更厉害的暴雨,"美联社,2010 年 4 月 5 日。

因就并不神秘。正如《纽约时报》记者贾斯廷·吉利斯所指出的，

> 物理常识告诉我们，暖化肯定会加快蒸发和降雨的循环。……由于空气变暖，它就能保持更多的水蒸气，那就意味着更多的水会作为雨或雪被挤出大气层。

迈克尔·莱蒙尼克也说："更温暖的大气会吸收更多的水蒸气，而升上去的东西是要降下来的——由于盛行的风，它不会降到同一个地方。"①

当有人问，特大洪水是否因全球暖化或自然的无常变化而起，答案会是：两者都是原因。乔·罗姆曾写过："'典型'极端天气事件和人为的天气变化，二者结合在一起，才造成了打破纪录的、浩劫般的'全球暖化类型的'大事件。"②凯文·川伯斯除了同意"你不能将气候变化归咎于一个单一的事件"，他还说：

> 但是，由于较之以往，比如 30 年以前，大气层中潜藏了更多的水蒸气，所以对于所有的这些天气事件，就存在着一种有规律的影响。额外的水蒸气大约是 4%，它使得风暴更加活跃，为风暴提供了更多的水分。不幸的是，公众并未联想到，这正是气候变化的表现之一。未来的发展前景是：这类事情在将来只会变得更大、更严重。③

从干旱到大洪水

人们所预言的极端的大洪水的特色之一就是，它们常常紧随干旱而来。比如：

· "佐治亚州 2007 年的干旱"，《纽约时报》写道，打破了"佐治亚州历史的每一项纪录，"但是，当 2009 年它遭逢"百年仅遇的洪水时"（期间，亚特兰大周围的县在 72 小时之内降雨量达 15—20 英寸），它却几乎尚未开

---

① 贾斯廷·吉利斯："研究表明，极端天气是一个更大威胁，"《纽约时报》，2012 年 4 月 26 日；迈克尔·莱蒙尼克："气候变化已加快了全球的水循环，""气候中心网站"，2012 年 4 月 26 日。

② 参见乔·罗姆："美联社说：把田纳西州致命的大暴雨称为'史无前例的降雨事件'并未抓住重心，""气候动态"网站，2010 年 5 月 3 日。

③ 乔·罗姆"独家采访：美国国家大气研究中心的川伯斯论全球暖化与极端大洪水的联系"，"气候动态"网站，2010 年 6 月 14 日。

始从"百年仅遇的干旱"中恢复。①

· 澳大利亚"大旱"(见第3章)的14年之后,大雨终于在2011年的9月来临。但是那以后,《滚石》杂志的一篇报道说,"雨不断地下。到12月下旬,地湿透了,田地被淹。……而雨却仍旧下个不停。1月初,5天之内降雨量达8英寸。加油站关闭了,农民们废了整整的一季。"②

· 2012年10月,英国的《卫报》写道:"从4月的干旱,转变成6月的前所未有的、大面积的洪水,这一戏剧性的转变,据水专家们说,其规模是前所未见的。"③

· 2013年,中西部农业带在遭逢了一次全国性的干旱后,又遭到暴雨的袭击。一连数周,农民们无法干活。一位种植玉米和大豆的农民说,"我干了30年农活,这是我记得的最糟的一个春天。"博尔德和科罗拉多的市民们,才在抱怨酷热,却马上又遭逢"圣经上所说的那种大雨"——博尔德一周的降雨量超过了它平常整年的。④

最近有关大洪水的报道

2009年到2014年的新闻报道可以说明这一事实:大洪水越来越大:

· 2009年,田纳西州遭逢了一次"史无前例的大雨"。首府纳什维尔"1、2日之内遭逢有史以来最大的暴雨",它"事实上被弄得瘫痪了"。"乡村大剧院"的经理说,"如果你坐在前面第一排,你会被7英尺深的水淹没。"虽然那次并无飓风,纳什维尔的那次暴雨的降雨量在两天之内却达到13.5英寸,在有些地方胜过了卡特里娜飓风。⑤

---

① 布伦达·古德曼:"被干旱蹂躏的南方面临艰难的选择,"《纽约时报》,2007年10月16日;乔·罗姆:"骇人的大洪水袭击佐治亚,""气候动态"网站,2009年9月23日;罗比·布朗:"佐治亚州人收拾洪灾留下的残局"《纽约时报》,2009年9月24日。

② 杰夫·古德尔:"气候变化与澳大利亚的终结",《滚石》杂志,2011年10月13日。

③ 亚当·沃恩:"专家说,英国的干旱洪涝之年前所未有",《卫报》,2012年,10月18日。

④ 约翰·埃利根:"干旱之后,大雨困扰中西部农民,"《纽约时报》,2013年6月9日;瑞安·科罗诺斯基:"圣经所说的那种大雨袭击科罗拉多,造成死亡、破坏,以及大洪水","气候动态"网站,2013年9月13日;基利·克罗:"洪水之后:气候变化是如何永久性地改变了科罗拉多的一个社区","气候动态"网站,2013年10月10日。

⑤ "一系列致命的暴雨遍及南部",美联社,2010年5月3日;杰夫·马斯特斯:"田纳西州前所未有的大雨造成洪水,致使11人死亡","旺德博客",2010年5月3日;彼得·米勒:"天气猖獗",《国家地理》杂志,2012年9月;乔·罗姆:"国家海洋和大气管理局公布的田纳西州1000年洪水的惊人地图","气候动态"网站,2010年5月26日。

·2010 年,巴基斯坦经历了一场大洪水,它淹没了该国 1/5 的地方,迫使 800 万人转移。联合国秘书长潘基文称之为他所见过的"最严重的灾害"。① 该年,加利福尼亚遭逢有记载以来最大的降雨。"降雨的纪录不仅被打破",美联社说,"它们简直就是被抹平。"②

·从 2011 年的 8 月到 10 月,大的季风雨,加上多台风,泛滥泰国、柬埔寨、越南、老挝、缅甸,以及菲律宾的部分地区,造成 1,100 人死亡。③ 弗吉尼亚州的费尔法克斯县——中央情报局的所在地——遭逢大雨,3 小时之内降雨量达 7 英寸,这被国家气象服务局称为"打破纪录"。④

·2012 年 7 月,黑海边俄国南部的一场大雨,使得河水上升 23 英尺。"河水挟大力,冲断了柏油路面,"俄国电视台报道说,而且"把卡车冲到了大海里。"⑤澳大利亚西南部也遭逢了一次破纪录的大洪水,24 小时降雨量达 8 英寸,打破了自古以来的纪录。⑥

·2013 年,极端的大雨使得多瑙河河面涨到前所未有的高度,伏尔塔瓦河泛滥成灾,迫使数万人转移,而该地区从前"千载难逢的"洪水却仅仅发生在 3 年前。同样,划分中国东北和俄国东南边界的那条河,涨到了前所未有的高度,迫使数万人搬家。⑦

·2014 年,美国:4 月 30 日美国东部遭洪水,佛罗里达州和阿拉巴马州 24 小时之内降雨量达 2 英尺多——大大多于伊凡飓风期间的雨水。5 月 28 日,几小时内路易斯安那州的雨如此之大,乃至在贝勒罗斯,数十口棺材从坟墓漂移而去。⑧ 8 月 13 日多地发生大洪水:波特兰、缅因州经历

---

① 胡安·科尔:"巴基斯坦从未发过的大洪水:不必收听,它不重要,""汤姆报道网站",2010 年 9 月 9 日;"联合国秘书长潘基文:巴基斯坦发生的大洪水是我所见过的最严重的灾害,"美联社,2010 年 8 月 15 日。

② "加利福尼亚大雨抹平纪录,更大暴雨不久将至",美联社,2010 年 12 月 21 日。

③ "极端天气威胁食物供应:2010—2011 年:将来受难和挨饿的预演?""乐施会媒体吹风会",2011 年 11 月 28 日。

④ 杰森·塞姆诺:"国家气象服务局:弗吉尼亚州的贝尔沃要塞千年难遇的大雨,'打破了纪录'",《华盛顿邮报·天气网站》,2011 年 12 月 9 日。

⑤ "俄国南部洪水致死 150 人",莫斯科,美国有线电视新闻网,2012 年 7 月 7 日。

⑥ 克里斯托弗·C.伯特:"澳大利亚西部极端大雨事件","地下气象组织网站",2012 年,12 月 17 日。

⑦ 帕尔科·卡拉兹和梅丽莎·埃迪:"多瑙河在布达佩斯的河面几达历史高度,"《纽约时报》,2013 年 6 月 10 日;基利·克罗:"特大洪水泛滥中欧,上万人逃离","气候动态"网站,2013 年 6 月 4 日;"10 年不遇的洪水在中国东北造成浩劫",新华社,2013 年 8 月 20;瑞安·科罗诺斯基:"从空中可看到中俄边界的历史性洪水","气候动态"网站,2013 年 9 月 10 日。

⑧ 凯蒂·瓦伦丁:"西部干透了,东部却湿透了","气候动态"网站,2014 年 5 月 1 日;肖恩·布雷斯林和乔恩·厄尔德曼:"路易斯安那州和德克萨斯州的洪水:水位升高,棺材被冲走;证实是 EF1 级龙卷风","天气网站",2014 年 5 月 29 日。

了一场暴雨,它倾泻了 8 英寸的雨水,甚至使得下水道的井盖搬了家;密西根的底特律,通常一个月最多有三英寸的雨水,却在 4 小时之内接收了几乎 5 英寸的雨水;马里兰州的绿色天堂接收了几乎 10 英寸的雨水;纽约在艾斯利普的机场遭受了 13.5 英寸的雨水——比飓风艾琳的雨水还多 2 英寸;北达科他州的曼宁 24 小时内遭逢了超过 6 英寸的雨水。[①] 8 月 16 日,内布拉斯加州的卡尼在两小时之内遭逢了几乎 4 英寸的降雨;8 月 19 日,凤凰城和亚利桑那州周边的地区所遭逢的雨,其量超过了它们头年整整一个夏天所遭逢的,有一个地方甚至 45 分钟就遭逢 1.75 英寸的降雨。[②]

· 2014 年,其他国家:2014 年 2 月英国遭逢了圣经里所说的那种大雨——超过自有记载以来冬天里任何一个月的雨水。4 月,阿富汗数日的暴雨造成洪灾,120 人丧生,数万人流离失所。5 月,塞尔维亚遭逢了"它历史上最大的水灾",而且,在一次被某个气象学家称为"历史上少见的事件"中,波斯尼亚在 3 天之内遭逢了平常 3 个月的降雨,造成了 10 万个家庭的毁灭。8 月,欧洲中部和东部发生了两周的大暴雨,使得浩劫般的洪水从布达佩斯(多瑙河河面在那儿上升到它前所未有的高度)泛滥到德国北部;德国只好向丹麦求援,要求送给它 65 万个防洪用的沙袋。[③] 同期,中国南部也经历了两周的大洪水,每日的降雨量达 2—6 英寸,期间 40 人丧生,2.5 万个家庭遭毁,50 万人被迫转移。9 月初,正是季风季节的开端,印度和巴基斯坦的克什米尔和旁遮普地区遭逢大雨和洪水,几乎有 500 人丧生,20 万人遭困,其中有很多人被困于数英尺的、漂浮着垃圾和动物尸体的积水

---

① 丹尼斯·霍伊:"前所未有的暴雨引起'威胁生命的洪水',南缅因州道路阻隔",《波特兰新闻报道》,2014 年 8 月 14 日;凯蒂·瓦伦丁:"中西部一周内下了平时两个月的雨","气候动态"网站,2014 年 6 月 23 日;皮特·斯波茨:"大雨和洪水:是气候变化引起的'新常态'?"《基督教科学箴言报》,2014 年 8 月 14 日;乔尔·库尔斯:"怪异天气的中心:2014 年开始了寒冷和多雪,但却出现了大暴雨",《底特律新闻》,2014 年 8 月 13 日;马特·丹尼尔:"美国发生的不同寻常的降雨模式","天地博客",2014 年 8 月 20 日;凯蒂·瓦伦丁:"亚利桑那的洪水促使了积极的救援","气候动态"网站,2014 年 8 月 19 日。

② 梅丽莎·特迪伦:"明尼苏达西部的倾盆大雨之后,风暴缓慢向东部移去","'带给我消息'网站",2014 年 8 月 17 日;"亚利桑那州部分地区遭逢大雨后,天开始放晴;凤凰城卡克特斯农场惨遭暴雨",美联社,2014 年 8 月 20 日。

③ 乔安娜·M. 福斯特:"英国 248 年最罕见的降雨'符合气候变化'","气候动态"网站,2014 年 2 月 10 日;乔安娜·M. 福斯特:"阿富汗数年的干旱引发了致命洪水","气候动态"网站,2014 年 4 月 29 日;安德烈娅·汤普森:"巴尔干半岛'前所未有的'洪水的气候背景",《气候中心》网站,2014 年 5 月 20 日;阿里·菲利普斯:"100 多年里,100 多万人遭逢大洪水","气候动态"网站,2014 年 5 月 18 日;罗伯特·斯克里博勒:"气候变化和乱无章法的急流:波斯尼亚和塞尔维亚 5 月发生的历史性大洪水","罗伯特·斯克里博勒网站",2014 年 5 月 15 日。

中。北海道,日本北部的一个岛,遭逢大暴雨,大约一百万人被迫转移。①

有位作者如此总结 2014 年的天气:"天气是我们生活的一大特色,但是 2014 年与大多数的年份不同,它的特色似乎就是怪异的天气。"②然而,正如我们在本书前面看到的,另一些作者把这种"怪异"天气称为"新常态"。或者,用罗姆的话来说,"极端天气的量一直在增加"。③

关于极端大雨的科学报告

这样的一些报道导致了一些重要的科学报告,它们解释了何以极端大雨的发生越来越频繁。

· 2012 年的一份科学报告是关于"中西部的极端暴雨"的,该报告总结道:"一个门槛可能已经被跨过,所以中西部发生的主要洪水现在也许再也不该被视为纯粹的自然灾害,而应被视为自然和非自然相结合的灾难。"④

· "不雨则已,一雨倾盆",是《环境美国》杂志一份报告的标题。该报告结论道:"最大的暴雨和雪暴正在变得更大。"⑤

· "天气猖獗"是 2012 年《国家地理》杂志一份报告的标题。该报告说,"像纳什维尔洪水那样的极端事件——官员们把它描述为千年不遇——正在比以往更频繁地发生。"⑥

· 2013 年,阿德莱德大学发布了一项研究,研究的是 1900 年—2009 年全世界的极端大雨。该报告说:"降雨的极端现象,其平均数在全球正在增加;地球大气层温度每上升一度,极端降雨的强烈度就要增加 7%。"罗姆

---

① "欧洲的洪水在继续","在线邮件",2014 年 8 月 22 日。

② 库尔斯:"怪异天气的中心"。

③ 乔·罗姆:"急流的变化使人又想起极端天气与全球暖化和北冰洋海冰融失的联系","气候动态"网站,2014 年 8 月 19 日。

④ "气候研究:最近 50 年中西部的极端暴雨翻番了,常常导致更严重的洪水",美国自然资源保护委员会,2012 年 5 月 16 日。

⑤ "极端暴雨上升 30%:科学家认为此趋势与全球暖化有关,"《环境美国》,2012 年 7 月 31 日。

⑥ 参见彼得·米勒:"天气猖獗",《国家地理》杂志,2012 年 9 月。

为此报告加了一个标题：“我们死后，洪水滔天：极端降雨随全球温度而上升。”①

2012 年 5 月的一份报告对中西部洪水的描绘，即将它们说成是“自然的和非自然的灾难”，普遍适于极端天气事件，这些事件之所以发生，是因为“‘典型’极端天气事件和人为的天气变化，二者结合在一起”。②

极端的雪暴

正如本书第一章所指出的，全球暖化的理论与极端降雪的事实并不矛盾。该理论确实预言了更大的雪暴，因为当大气里有了更多的水分且冷到一定的程度，雪暴就会产生。确实，地球如热到雪再也不能形成的程度，就再也不会有降雪了。然而，正如杰夫·马斯特说的，“我们尚未达到那一点——地球尚未变暖到那种程度。”③

与此同时，他说，“在世界的有些地区，我们实际上能看到极大雪暴数量的增加。”这似乎指的是“美国西北部冬季雪暴数量的增加”——2009 年 12 月的“特大雪暴”，以及不到两个月之后，即 2010 年 2 月的“末日之雪”。

关于前者，特大雪暴，就是“有记载以来 12 月最大的雪暴。”关于后者，马斯特写道：

> 2010 年美国天气的头条新闻肯定应该是“末日之雪”（据说这是奥巴马总统杜撰的一个名字），即 2 月发生的、将中大西洋覆盖在 2—3 英尺之下的那场暴风雪。那场末日之雪打破了特拉华州的历史纪录，成为了最大的暴风雪。

更有甚者，“‘末日之雪’仅 3 天之后，又发生了一场大雪暴，”结果，华盛顿

---

① “极端降雨的增加与全球变暖有关，”阿德莱德大学，2013 年 2 月 1 日；塞思·韦斯特拉等人：“年最大日降水量在全球有增长趋势，”《气候期刊》，2012 年；阿德莱德大学：“我们死后，洪水滔天：极端降雨随全球温度而上升”，“气候动态”网站，2013 年 2 月 17 日。

② 乔·罗姆：“美联社：把田纳西州致命的大暴雨称为‘史无前例的降雨事件’并未抓住重心”，“气候动态”网站，2010 年 5 月 3 日。

③ 马斯特斯（被引用于布拉德福德·普卢默的文章中）：“关于全球暖化，这场特大雪暴所告诉我们的”，《新公众》，2010 年 2 月 10 日。

哥伦比亚特区、费城、威尔明顿，以及大西洋城都遭逢了历史上最多雪的冬天。①

且看更远的西北部："阿拉斯加的雪通常不会成为头条"，2012 年一位作者说，"但是今年甚至最后的边疆也发生极端天气。"该作者想到的极端天气就是"数周的创纪录的降雪，它使得科尔多瓦城被埋葬在 18 英尺厚的白色东西之下。"②（本书第一章讨论过 2014 年的冬天。）

其他国家也遭逢了前所未有的降雪。比如，2014 年 2 月 3 日，据报，伊朗北部的一些地方积雪就达 2 公尺深（超过 6 英尺）。③

飓风

飓风是又一种证据，它让科学家们共同认识到，全球在变暖，气候在变化：因为海洋变得更暖和了，它们就有了更多的能量，这些能量可转化为热带飓风。一旦海洋表面的温度达到华氏 80 度（摄氏 26.5 度），飓风便可形成。"海水蒸发时可将热转移到大气中，飓风就是从这种热吸取了力量"。从这一事实，我们可以推论："海洋的表面越温暖，飓风的力量就越大。"④

再者，以下这一事实也并不令人惊奇：尽管至今为止，关于飓风是否发生得更频繁的问题尚无共识，"强劲的飓风却变得更强劲了，"结果，"4、5 级风暴的数量和比例自 1970 年以来几乎都翻了番。"⑤

当然，任何级别的飓风都有很大的破坏性，因为它们的破坏性也基于其他的因素。在其他因素对等的条件下，最强的风暴其破坏力是最大的。但常常，其他因素并不对等，所以有些最大的破坏却是低级别的飓风造成的。以下是近些年发生的几次突出的飓风：

---

① 凯思林·普罗瑟夫："2009 年 12 月 18—19 特大雪暴三周年纪念"，《华盛顿邮报》，2012 年 12 月 19 日；"'末日之雪'：奥巴马命名暴风雪，"《赫芬顿邮报》，2010 年 2 月 6 日；杰夫·马斯特斯："2010 年美国的头条天气事件：末日之雪，"杰夫·马斯特斯的"旺德博客"，2011 年 1 月 5 日。

② "18 英尺深的大雪之后，阿拉斯加城从积雪中掘路而出"，《美国有线电视新闻网》，2012 年 1 月 9 日。

③ "大雪覆盖伊朗"，"美国宇航局地球天文台"，2014 年 2 月 6 日。

④ 詹姆士·艾斯纳等人："最强的热带气旋越来越强"，《自然》，2008 年 9 月 4 日，92—95 页；乔·罗姆："何以全球暖化意味着胜过卡特丽娜和古斯塔夫的飓风杀手（1）"，"气候动态"网站，2008 年 8 月 31 日；艾琳·奥弗贝："桑迪以及极端天气的增加"，《纽约客》，2012 年 11 月 1 日。

⑤ "飓风与全球暖化的联系是什么？"；奎林·希尔迈尔："飓风变得越来越厉害了：全球暖化是风暴更厉害的原因，"《自然》，2008 年 9 月 3 日。

卡特丽娜飓风

在美国,最出名的飓风——至少在 2012 年的桑迪飓风之前——就是 2005 年发生的卡特丽娜飓风。当其君临墨西哥湾时,它成了 5 级飓风,因为海水异乎寻常地热:8 月的最后一周,海洋表面温度"比平常高出摄氏 1—2 度。"①

袭击了路易斯安那州和其他一些州后,卡特丽娜依旧是一个 3 级风暴,而且是"有史以来在美国发生的最大飓风",光是它的规模"就使得风暴中心方圆 100 英里(160 公里)的地面化为了一片荒芜。"卡特丽娜(当时)是"美国历史上危害最大的飓风,"也是最致命的之一。它使得几乎 2000 人丧生,大多数发生在新奥尔良。这些死亡除了要归咎于布什政府可耻的无能,另方面也是由于防洪堤坝不够坚实,经不起风暴的汹涌澎湃。大浪冲破了堤岸,淹了城市的 80%。罗姆写道:"卡特丽娜造成的浩劫表明,当一个超级飓风袭击一个低于海平面很多的城市时,它能造成何等的破坏。"②

热带气旋"纳尔吉斯"③

2008 年,缅甸遭到气旋风暴纳尔吉斯的袭击,《纽约时报》称该风暴为"有史以来最致命的风暴之一。"据说,它导致几乎 14 万人丧生。它害死了四分之三的牲口,它掀起的海浪盐化了百万英亩的稻田。气旋纳尔吉斯一直被称为一

---

① 罗伯特·利本等人:"科罗拉多大学波德分校的研究者为卡特丽娜飓风在墨西哥海湾的发展绘制图形",科罗拉多大学波德分校,2009 年 3 月 1 日;乔·罗姆:"何以全球暖化意味着胜过卡特丽娜和福斯塔夫的飓风杀手"。

② "关于卡特丽娜的事实:卡特丽娜之后的幸存,""发现频道",2008 年;丹·D.斯文森和鲍勃·马歇尔:"突来的洪水:飓风卡特丽娜横扫新奥尔良",《时代花絮报》,2005 年 5 月 14 日;乔·罗姆:"100 次卡特丽娜和'气候网站'的发端",2006 年 8 月 29 日。

③ 热带气旋(亦称飓风和台风)有一个暖心结构,而温带气旋则有一个冷心结构。冷心气旋破坏性可以很大,而且其破坏性可随全球暖化而增大。这一点,2010 年发生在大中西部的气旋可说明:2010 年 10 月,美国中西部的最强劲的气旋袭击了明尼苏达州和威斯康星州,结束后又发生冰雹,暴雨,威力接近飓风的大风,降雪,以及 60 多次龙卷风。("强劲的温带气旋降临美国中西部",美国宇航局地球观测站,2010 年 10 月 29 日;"中西部自有记载以来最强劲的风暴粉碎了有史以来的气压纪录",杰夫·马斯特斯的"旺德博客",2010 年 10 月 27 日)。明尼苏达州的一位气象学家说,"欢迎来到发生了 1 万次天气极端事件的这片土地"(见于乔·罗姆的"'天气炸弹'挟飓风之力袭击中西部",2010 年 10 月 27 日)。这次风暴的特别之处在于,用马斯特斯的话来说,"它的气压读数,如果不算飓风和影响大西洋沿岸的那些来自东北方向的风暴,是美国大陆所发生的风暴中最低的"(马斯特斯:"最强劲的风暴")。此外,这次风暴影响范围巨大:虽然风暴的低压区集中在上中西部,"风暴却从墨西哥湾到达了加拿大,从落基山脉到达了大西洋"("强劲的温带气旋")。

种"特大风暴",是"亚洲的一种与卡特丽娜相当的风暴"。虽然由于政府告诫不力而死人过多,但,用杰夫·马斯特斯的话来说,气旋打一开始便袭击了该国最薄弱的地方,即人口最稠密的地方,这也是死人过多的一个原因。①

气旋风暴"吉里"

2010 年,缅甸又遭到袭击,这次袭击它的是更强劲的风暴——一种名叫"吉里"的 4 级风暴。据马斯特斯报道,"它是有史以来登陆缅甸的最强劲的一次热带气旋。"虽然它比纳尔吉斯更强劲,但它造成的死亡人数却要少些,因为它袭击了一个人烟稀少的地区。尽管如此,它仍使得 8 万多人无家可归。②

气旋风暴"雅思"

2011 年 2 月,澳大利亚东北遭到"它所遭到过的最强劲的气旋之一",即气旋风暴"雅思"的袭击。该风暴被列为 5 级气旋,时速 185 英里,"它掀翻了几十座房屋,将树木连根拔起,粉碎了价值数百万美元的甘蔗林和香蕉林。"它也使大堡礁受到严重损害。③

飓风"桑迪"

2012 年下半年,比尔·麦克本该年早些时候预言会同时发生的天气事件——"一次大飓风击溃曼哈顿,一次大旱扫荡中西部农业"④——真的发生了。击溃曼哈顿的那一飓风就是桑迪。《卫报》驻美国的环境记者,苏珊妮·戈登伯格写道:

10 月 29 日的风暴登陆美国后,至少使 125 人丧生,使曼哈顿瘫痪,洗

① "气旋纳尔吉斯,"《纽约时报》,2009 年 4 月 30 日;斯蒂夫·斯考尔妮珂:"史上最强超级气旋纳尔吉斯袭击缅甸","气候中心"网站,2010 年 10 月 22 日;"气旋纳尔吉斯体现了'特大风暴'",美联社,2008 年 5 月 8 日。
② 斯考尔妮珂:"超级气旋吉里为史上最强";丽莎·希莱恩:"缅甸被气旋吉里夷为平地",《美国之音》,2010 年 11 月 1 日。
③ 梅拉亚·福利:"气旋袭击海岸,澳大利亚人纷纷躲避",2011 年 2 月 3 日;"气旋对大堡礁造成损害",《澳大利亚地理》,2011 年 3 月 8 日。
④ 比尔·麦克本:"全球暖化的可怕新数学",《滚石》杂志,2012 年 6 月 19 日。

白了纽约和新泽西的整个邻近区域。……桑迪的狂野力量表现为君临炮台公园 13 英尺高的风暴潮,它迫使纽约证交所和地铁关闭了数日,在公众沉默数月之后,使得气候变化进入了政治议程①

天气频道的气象学家布莱恩·诺克罗斯把桑迪说成"史无前例的和怪诞的"。诺克罗斯说,这一描绘被证明是正确的,因为:(1)飓风在寒冷的水面朝北移动时应减弱,但桑迪却并没有;(2)每一在 10 月北移的热带风暴从前都转向了大海,而桑迪却朝左转向了东北的海岸。这一转向,另一位天气频道的气象学家斯图·奥斯特罗说,"在历史的数据库里是前所未有的。"②

麦克本也用"前所未有"一语来描绘桑迪,他说:"这一风暴真是前所未有。较之该地区以往所见过的,它的气压更低,风暴涌浪更高,规模更大"——根据国家飓风中心的说法,桑迪是"至今为止在大西洋形成的最大飓风。"③

美国国家海洋和大气管理局的一位气象预报者给桑迪杜撰了一个绰号"弗兰肯风暴",渐渐地人们就普遍这样称呼它了。美国有线电视新闻网在报道桑迪时却禁止使用这个称呼,因为它担心这个称呼会"小看"了该风暴。④ 但这个称呼却完全合适:正如罗姆所说,"弗兰肯斯泰因——以及他所创造的怪物——已成为一个比喻,指的是科学技术的进步无意中造成的后果。"⑤麦克本也说,这是"用来称呼桑迪的一个恰当名字",因为它具有"自然与非自然两者结合的某种瘆人的含义"。⑥ 根据全球暖化对桑迪的促成,气象学家丹·萨特菲尔德表达了以下的观点:

· 地球大气层的温度比一个世纪前已高出摄氏 1 度,这意味着,它所含的水蒸气比当时多了 5—7%。

· 海洋的温度比一个世纪前高了 1 度多,桑迪出现的几个月前,东海

---

① 苏珊妮·戈登伯格:"超级风暴桑迪",《卫报》,2012 年 12 月 21 日。

② 莱恩·诺克罗斯:"桑迪的悖论","全球天气精准预报网",2012 年 10 月 26 日。

③ 比尔·麦克本:"桑迪的真正名字",《生态环境监测》,2012 年 11 月 30 日;"桑迪是在大西洋盆地形成的最大飓风(信息图表)",《赫芬顿邮报》所引用的"国家飓风中心"的说法,2012 年 10 月 30 日

④ 塞恩·伯伦斯坦:"气象预报者警告东海岸会有'弗兰肯风暴'",美联社,2012 年 10 月 25 日;"美国有线电视新闻网禁止在有关桑迪的报道中使用'弗兰肯风暴'一语",《赫芬顿邮报》,2012 年 10 月 26 日。

⑤ 乔·罗姆:"美国有线电视新闻网禁用'弗兰肯风暴'一语,但它却是个很好的比喻","气候动态"网站,2012 年 10 月 28 日。

⑥ 比尔·麦克本:"'弗兰肯风暴'对于飓风桑迪恰如其分","每日野兽网",2012 年 10 月 30 日。

岸海面的温度是创纪录的(比正常高出 2—3 摄氏度)。

·在过去的 60 年间,东海岸的水平面上升了 18 英寸。

·桑迪极不寻常地向左朝海岸急转,是因为格陵兰上空 10 月下旬很少见的高压云泡。

·据马斯特斯和其他专家的说法,格陵兰上空的高压云块,"很容易与北冰洋海冰(在 2012 年的)创纪录的融失联系起来。"(参见本书第 1 章"北冰洋与气候暖化的联系"那一小节)。①

根据最后强调的这点,联合国政府间气候变化专家小组的"关于极端天气的特别报告"(它几乎刚好在桑迪发生的一年前发布),警告道,"风暴有向北极转移的可能,那将意味着,严重的风暴更有可能袭击像纽约那样的地区。"②

至于导致飓风桑迪的根本原因到底是什么,麦克本写道:"如果存在着任何富有诗意的正当理由的话,它应该被命名为飓风雪佛龙,或飓风埃克森"。③ 2013 年国家海洋和大气局发布了一项研究,它结论道:由于海平面上升,桑迪类型的风暴涌浪"将来会发生得更频繁,"即便风暴弱一些。④

超级台风海燕

2013 年 11 月,菲律宾遭到台风(飓风的又一名字)海燕的袭击。当时风的时速达 190—195 英里——自有记载以来登陆飓风的最高风速。海燕的力量部分地是由于比常温高了一度的海洋温度。台风海燕的时速比 5 级飓风高了 33 节,所以,如果有 6 级之说的话,它本该被称为 6 级飓风。但海燕的破坏力,更在于它所造成的风暴涌浪。海燕最后使得 5,000 多人丧生,400 多万人被迫转移,造成近 60 亿美元的损失。菲律宾代表当时在华沙召开的气候大会上发言说:"海燕那样的台风及其影响提醒国际社会,使其清醒地认识到:我们再也耽

---

① 丹·萨特菲尔德:"桑迪之后那些懂得大气物理学的人们在谈论什么",见其博客,"逞意的科学笔记",2012 年 11 月 1 日。

② 这是菲奥娜·哈维在她的"ICPP 警告,极端天气将表示气候确实在变化"一文中的解释,《卫报》,2011 年 11 月 18 日。

③ 雪佛龙和埃克森是两大能源公司,排放了大量的二氧化碳入大气层,造成飓风,故云。——译者

④ 比尔·麦克本:"桑迪的真正名字",《生态环境监测》,2012 年 11 月 30 日;乔·罗姆:"国家海洋和大气局:气候暖化使海平面升高,使得东海岸桑迪类型的风暴涌浪成为常态","气候动态"网站,2013 年 9 月 5 日。

搁不起了,对气候问题必须立即采取行动。"①

热带气旋埃塔和阿曼达

2014 年 4 月,澳大利亚东北部又遭气旋袭击,这一次是气旋埃塔,自雅思以来最强的热带气旋。同雅思一样,埃塔给昆士兰和大堡礁造成广泛损害。下月,该年首次命名的风暴,热带气旋阿曼达,不待 6 月 1 日飓风季节的开始就出现了,而且后来被证明是 5 月最强劲的东太平洋飓风。阿曼达风速高达每小时 145 英里,超过了以往 5 月的纪录保持者,2011 年的飓风阿道飞。并不令人惊奇地是,两年里海洋的温度都异常地高。②

飓风伊塞莱和胡里奥

这两次风暴于 2014 年 8 月袭击了夏威夷。它们的独特之处不在于它们的威力,而在于这一事实:夏威夷很少遭到飓风袭击,但在那个月,它却在几日内连遭两次。天气频道的气象学家凯文·罗斯说:"这是史无前例的。"③

龙卷风

龙卷风的破坏力如同飓风,甚至更大。只要简短看一看最近几十年发生的一些最具破坏力的龙卷风,就知道了。

近几十年美国发生的龙卷风

·1974 年:4 月 3—4 日"超级龙卷风的爆发",是美国 20 世纪最具扫

---

① 杰夫·斯普罗斯:"超级台风海燕造成的死亡人数高达 5,200,重建成本会接近 60 亿美元","气候动态"网站,2013 年 11 月 22 日;阿里·菲利普斯:"台风海燕对于气候变化意味着什么——以及联合国正在进行的关于气候的讨论","气候动态"网站,2013 年 11 月 12 日;安德鲁·弗里德曼:"华沙大会上所记录的台风海燕的致命涌浪","气候中心网站",2013 年 11 月 11 日。
② 艾米丽·阿特金:"热带气旋袭击澳大利亚,'活的记忆'中'最强劲的风暴之一'","气候动态"网站,2014 年 4 月 11 日;杰夫·马斯特斯:"阿曼达荣登史上 5 月最强劲东太平洋飓风:风速每小时 155 英里","地下气象组织网站",2014 年 5 月 27 日。
③ "夏威夷做好准备应对几日内要来临的两次大风暴的打击",美联社,美国广播公司新闻,2014 年 8 月 6 日。

荡力的爆发。这次爆发延续16个小时,致使330人丧生,在齐尼亚和俄亥俄共发生148次龙卷风,其中6次是EF5级(即最强的龙卷风,风的时速在261和318英里之间)。

·1999年:就在俄克拉荷马市郊,36人丧生于克雷可桥和穆尔镇,该两地5月3日遭到龙卷风袭击。该次龙卷风风速为每小时318英里,为有记载以来最高。

·2011年:2011年的龙卷风季节被杰夫·马斯特斯称为"2011年美国最大天气事件"。这一季节始于4月,持续了3个月,期间,自有记载以来的5次最大龙卷风就有3此袭击了美国的平原地区和东南部,致死552人。这次爆发的龙卷风包括一次EF4级的,它于4月27日袭击了阿拉巴马州的塔斯卡卢萨县,致死44人。5月下旬,密苏里乔普林遭逢一次EF5级的龙卷风,为世界历史上损失(财政上的)最大的一次,其中有122人丧生。①

·2012年:3月,"爆发巨大龙卷风,其以惊人之力横扫美国中部(时间为3月2—3日)",马斯特斯写道,"70次龙卷风攻击了从南俄亥俄到南乔治亚的11个州。……这次爆发酿成两次EF4级的龙卷风"(其风速在每小时207—260英里间)。②

·2013年:俄克拉荷马的穆尔镇在1999年曾遭龙卷风袭击,2013年5月它再遭袭击,这次龙卷风宽达1英里。然后,6月,在俄克拉荷马市附近,又有了一次EF5级的龙卷风,其宽度为美国有记载的历史上之最,达2.6英里。③ 最后,在11月,7个南部的和中西部的州遭逢最大的龙卷风爆发之一,一共爆发72次,好几次达EF3或4级。④

·2014年:4月爆发了龙卷风,从内布拉斯加州到北卡罗来纳州,一共75次,其中一次为EF5级。然后,在6月,内布拉斯加州的皮尔杰小镇同时遭到两个EF3级的旋风攻击,几乎被从地图上抹去了。⑤

① 杰夫·马斯特斯:"2011年,龙卷风之年","旺德博客",2011年12月27日。

② 杰夫·马斯特斯:"2012年美国十大天气事件,""旺德博客",2012年12月21日;"大雪和有记载以来最大的圣诞龙卷风袭击美国,""旺德博客",2012年12月26日。

③ 布兰登·奥布莱恩:"国家气象局:俄克拉荷马龙卷风为美国以往最宽的",路透社,2013年6月4日。

④ 杰夫·马斯特斯:"强劲的龙卷风扫荡了俄克拉荷马州穆尔镇,""旺德博客",2013年5月21日;"穆尔所发生的龙卷风有可能是历史上损害最大的5大龙卷风之一",2013年5月21日;"中西部龙卷风爆发翻新:破坏痕迹地图",《天气频道》,2013年11月28日。

⑤ 乔恩·厄尔德曼:"2014年4月27—29日,平原地区,南部,龙卷风的爆发花样翻新",《天气频道》,2014年5月7日;迈克尔·阿沃克:"致命的龙卷风几乎把内布拉斯加州的村子从地图上抹去,"路透社,2014年6月17日。

全球暖化正使得龙卷风更强劲吗?

对这一历史的某种更广泛的研究会表明这一事实吗:龙卷风受到全球暖化的影响? 前面我们讨论了极端天气类型——酷热,干旱,降水事件,以及飓风。它们的历史表明,它们数十年的发展趋势,都与地球平均温度的升高有关。但是龙卷风却并未表现出一种趋势,至少表现得不是那么清晰。

虽然并无趋势表明龙卷风发生得更频繁(确实有些研究提出,它们发生得不如从前频繁了),①但却有越来越多的证据证明,全球暖化的种种后果,加上龙卷风(还有飓风),正如美国航空航天局的一个报告所说,共同"使得更多的陆上风暴成为了我们至今所见的那种最强劲的类型,虽然总体看来风暴的数量可能会更少"。② 事实上,这似乎已成气候科学家和另外一些专家的主要看法。

· 托尼·德尔·杰尼奥,以及美国航空航天局的戈达德空间研究所其他一些气候科学家 2007 年提出,根据新的气候模型,总体说来,龙卷风和其他凶暴的风暴将会更少,但我们会看到"更强劲、更严重的风暴。"

· 哈佛的保罗·爱泼斯坦 2011 年写道:"龙卷风,同飓风一样,不会每年增长。……但是,显然,大气和海洋条件的变化是天气模式变化的导因——而且,一切条件都成熟了,只待发生更严重的风暴,包括更具惩罚性的龙卷风。"

· 凯文·川伯斯曾说过,"造成雷暴的根本原因是大气层的不稳定:低层是温暖的潮湿空气,高层是更干燥的空气。随着全球变暖,低层空气变暖、更潮湿,于是就有了更多的能量来发动所有的这些风暴。"

· 2013 年,佛罗里达州立大学的詹姆士·埃尔斯纳报告说:"从 2000 年起,龙卷风的强度——根据龙卷风破坏路径测定——开始陡然上升。"因此,他说,"凶暴龙卷风的风险似乎在增长。"

· 2014 年,埃尔斯纳发布了一项新的研究,该研究显示,"龙卷风密集

---

① 大卫·法伦特霍尔德:"更多的龙卷风,还是更好的轨迹?"《华盛顿邮报》,2008 年 5 月 21 日;克里斯·穆尼:"全球暖化造成更多的龙卷风? 哈罗德·布鲁克斯说,没有如此快",De Smog 博客,2011 年 5 月 26 日;马克·兰兹鲍姆:"全球暖化引起龙卷风? 并不一定哟",《橙县记事报》,2011 年 4 月 6 日。

② 安德烈娅·汤普森:"美国航空航天局:全球暖化引起更严重的龙卷风风暴,""活科学网站",2007 年 9 月 4 日。

发生,这说明就要发生大的龙卷风了,这一风险越来越大。"①

因此,除非有证据证明相反的情况,我们应该这样设想:只要地球的大气层温度继续升高,龙卷风,就像其他类型的极端天气一样,会继续变得更糟糕。在20世纪和21世纪的头10年,龙卷风已具有吓人的破坏性,所以我们不应该让我们的儿孙及将来的后代去承受一个可能受到龙卷风更大威胁的世界。

计划 B,A,和 C

计划 B

如果我们执行计划 B,即立即大幅度降低温室气体的排放,各类风暴却仍然会继续恶化,一直到本世纪中叶,因为我们过去30年延误了,未对温室气体的排放采取任何措施。已经发生的0.8摄氏度(1.4华氏度)温度的上升就造成了严重的变化,据此,我们应该预计到,温度若再上升同样的度数,就会发生可怕得多的降雨,雪暴,飓风和龙卷风。然而,如果全球平均温度的上升能得到控制,不超过前工业时期1.5摄氏度(2.7华氏度),这些特殊后果对人类生活的损害就会是有限的。

计划 A

但如果国际社会拒绝限制对化石燃料的使用,那么本世纪的下半叶,这一破坏性就会越来越可怕。在飓风卡特丽娜之后,乔·罗姆说:"如果我们继续照目前这样排放温室气体,我们将面临100个卡特丽娜。"而且麻省理工学院的克里·伊曼纽尔也注意到,飓风的能量可能"在今后的100至200年继续增加。"②大洪水和龙卷风也可能会是如此。

---

① 《科学新闻》,2007年;保罗·爱泼斯坦:"一个龙卷风的时代:全球暖化如何引起了狂风,"《大西洋》,2011年7月8日;乔·罗姆所引的川伯斯的"最新消息:龙卷风,极端天气和气候变化诸问题,再次得到光顾","气候动态"网站,2012年3月4日;贝基·奥斯金:"更强的龙卷风可能正在威胁美国","活科学"网站,2013年12月11日;吉尔·埃利什:"研究者建立模型纠正龙卷风记载","佛罗里达州立大学",2013年9月5日;凯思琳·霍赫尼:"新的研究将龙卷风的强度和频率与气候变化联系起来","佛罗里达州",2014年8月6日。

② 参见乔·罗姆:"100次卡特丽娜和'气候动态网站'的建立",2006年8月29日。

计划 C

根据计划 C，我们的政治领导人可能会再等 15 年，然后才来决定是否开始一桩应急方案以减少温室气体的排放。这一计划会是不明智的，根据乔·罗姆提醒我们的话："气候系统的滞后意思是，我们现在所体验的温度和气候变化，是多年前的二氧化碳水平造成的，"所以，即便 15 年后采取行动，至少也要到 2060 年，地球的温度才会停止上升。[①] 更有甚者，在这个期间，地球会达到不能回头的地步，全球暖化会收不住缰。如果是这样的结局，这一计划和计划 A 便没有实质性的区别。

结论

唯一合理的选择就是计划 B。

---

① 乔·罗姆："气候研究小组的惊人发现：躲开气候浩劫几乎不用花钱——但是我们必须马上行动起来"，"气候动态"网站，2014 年 4 月 13 日。（罗姆写过"20 年前"，但我却同意 30 年滞后期的估计。参见"导论"注 34。）

5. 海平面升高

"在南极地区这是史无前例的。……自然界中任何东西都不像这冰川这样,以迅猛的加速度消失。"

——利兹大学,安德鲁·谢泼德教授,2009 年

"20 世纪海平面的上升,是近期地质史上没有的。"

——罗格斯大学,肯尼斯·米勒,2011 年。

奥林·皮尔奇和罗布·杨格在 2009 年的一本书《上升的海平面》①中作如是说:"在人们所预计的全球气候变化所造成的影响中,海平面的上升可能会首先造成全球的浩劫。"海平面上升到底是不是气候变化造成的、最有可能导致如此浩劫的一个灾难——它总比,比如说,干旱更可能——此问题尚可争论。但是,持续的海平面上升,却显然会造成全球性的浩劫,尤其是,如果人类依旧因循而不采取措施的话。

詹姆士·汉森在描绘"全新世"时,表明了这一问题的核心。他把它描绘成是这样一个"世界:它有稳定的海岸线,足以发展文明。"②

20 世纪,海洋上升了大约 8 英寸(20 厘米),21 世纪的头 10 年,大多数的气候科学家说,如果人类继续我行我素的话,到 2100 年,海平面会上升大约 1 米(39 英寸)。③(一向保守的联合国政府间气候变化专家小组,在 2014 年的一份报告中,也终于同意了这一预测,尽管认为是在最坏的情况下。④)然而,根据

① 奥林·皮尔奇和罗布·杨格:《上升的海平面》(海鸥出版社,2009 年。)

② 詹姆士·汉森:"民主国家中的懦夫:第一部分","气候动态"网站,2012 年,1 月 27。

③ 年发表的一项重要研究认为,未减缓的全球暖化所引起的海平面上升,在 2100 年会达到 0.7—1.2 米,高于联合国政府间气候变化专家小组 2013 年的估计;本杰明·霍顿,斯蒂芬·拉姆斯托夫等人:"专家对 2100 年—2300 年海平面上升的估计",《第四纪科学评论》,2014 年 1 月 15 日。

④ 斯蒂芬·拉姆斯托夫:"第 5 届联合国政府间气候变化专家小组报告中所说的海平面","真正气候博客",2013 年 10 月 15 日;在 2012 年的一项研究中,拉姆斯托夫表明,海平面的上升比联合国政府间气候变化专家小组所预计的要快 60%(参见乔·罗姆:"研究表明:海平面的上升比预计的要快 60%,如同预想的那样,地球持续变暖","气候动态"网站,2012 年 11 月 28 日。)

《科学美国人》2011 年的一篇文章,有些科学家预计,"本世纪末,海平面会上升 3—6 英尺(大约 1—2 米)。"前一年,皮尔奇和杨格说,世界甚至应有思想准备,海平面到时会上升 7 英尺。很多科学家认为,那些说海平面到时会上升 6—7 英尺的人是胡说八道,但是近来,有证据表明,如果我们仍然我行我素的话,这些预计可能会接近真实。①

不管怎么说,即便是 2—3 英尺的上升也是非常有破坏力的。最明显的后果就是,很多岛屿会部分地区被淹没,包括美国人最喜欢的一些旅游胜地,比如巴哈马群岛,百慕大群岛,以及圣基茨岛。有些岛国甚至将变得不可居住,导致"气候难民",这在第 8 章要讨论。②

此外,一些国家的沿海地区,包括中国和美国的,会部分地被淹没。关于中国,"海平面只要上升 1 米,中国东海岸就将会有相当于葡萄牙那样大的面积被淹没。上海,中国最大的城市,它的大部分地区离海平面还不足两米。"③

说到美国,美国《国家地理》杂志 2012 年写道:

> 美国东海岸海面的上升,加速了,大大快于世界的其他地区——大约是全球平均数的 4 倍。……像波士顿,纽约,费城,以及巴尔的摩那样的城市,将来更有可能面临水灾。

虽然这似乎是不言自明的事:海平面的上升在任何地方都是一样的,但实际上,由于一些原因,各地却大不相同。即便全球海平面上升的平均数只有 3 英尺,但纽约城的却可能是大约 4 英尺。这使得一位记者发问道:"难道我们要向大苹果城纽约说再见?"④

从超级风暴桑迪,我们现在意识到了,风暴涌浪是多么地具有破坏力,特别是,当其在涨潮时来袭。最近关于波士顿的一个报告说,"它甚至可能比纽约更

---

① 罗布·杨格和奥林·皮尔奇:"海平面会上升多高? 为 7 英尺而做好准备",《环境》360,2010 年 1 月 14 日;劳伦·莫尔洛及《气候电讯》:"极地冰原比预计的融化得更快",《科学美国人》,2011 年 3 月 9 日。

② 迈克尔·麦卡锡:"联合国报告称,上升的海平面威胁'成百的'加勒比海度假胜地","独立"网站,2010 年 12 月 1 日;"上升的海平面威胁岛国",《美国之音》,2011 年 5 月 25 日。

③ 参见乔安娜·L. 刘易斯:"中国",见于丹尼尔·莫兰编:《气候变化与国家安全:一个国家层面的分析》9—16 页,引文见于 11 页(华盛顿哥伦比亚特区:乔治城大学出版社,2010 年)。

④ "美国东海岸海平面快速上升",《国家地理新闻》网站,2012 年 6 月 25 日;迈克尔·莱蒙尼克:"海平面上升的秘密:因地区不同而大不同",耶鲁大学网上杂志《环境》360,2010 年 3 月 22 日;马克·赫兹加德:《酷热:今后 50 年如何在地球上活下去》,42 页(纽约:霍顿米夫林哈考特出版社,2011 年);保罗·布朗:"冰帽迅速融化:难道我们要向大苹果城纽约说再见?""改变网"网站,2007 年 10 月 9 日。

经受不起海平面的上升。"事实上,"如果风暴桑迪早5个半小时到达波士顿,"不是在涨潮时袭击纽约,而是袭击它,那么我们现在恐怕就有更多的话来议论它了。[1]

更有甚者,即便不算风暴涌浪,东海岸的许多城市也更具风险。《纽约时报》提供了一张地图,它表明:海平面上升5英尺,在涨潮时会淹没纽约城的7%,但却会淹没迈阿密的20%,迈阿密海滩的94%。[2] 在"别了,迈阿密"一文中,杰夫·古德尔写道,迈阿密"正在成为美国的亚特兰蒂斯。"[3]他引用地质学教授们的话说,"如果你住在南佛罗里达而又没有造一艘船,你就说不上是面对现实。"[4]

从世界范围来看,《世界观察》的创办人莱斯特·布朗说,"受海平面上升威胁人数最多的国家为中国,那里有1.4亿的潜在气候难民。"其次是印度,孟加拉,越南,印度尼西亚,以及日本。[5]

热膨胀,冰融化,以及海平面升高

海平面上升有两个原因,两者都根源于全球暖化:第一,由于海洋变暖,海水便膨胀。这一现象被称为"热膨胀",它至今为止是海平面上升的主要原因:"在20世纪,"皮尔奇和杨格说,"海平面升高的主要原因就是海水的热膨胀。"[6]

虽然地球平均温度的上升,在本世纪将继续使得海洋膨胀,但是海平面上升的更大百分比,却是源于第二个原因,即陆冰的融化。确实,据报道,海平面上升,75%的原因都应归于融冰。在20世纪,融化而来的水主要来自冰川和冰帽。然而在21世纪,它将越来越多地来自格陵兰的三大冰原,南极洲西部,和

---

① 艾米丽·巴杰:"这些骇人的地图解释了海平面上升对波士顿将意味着什么","大西洋城"网站,2013年2月5日。

② 巴登·科普兰等人:"什么可能消失",《纽约时报》,2012年11月24日;被列入名单的其他城市有:纽波特纽斯,淹没8%;萨凡纳,淹没8%;诺福克,淹没9%;波士顿,淹没9%;塔科马,淹没10%;威尔明顿,淹没11%;坦帕湾,淹没18%;查尔斯顿,淹没19%;泽西市,淹没20%;弗吉尼亚海滩,淹没21%;剑桥,淹没26%;亨廷顿沙滩,淹没27%;圣彼得堡,淹没32%;大西洋城,淹没62%;加尔维斯顿,淹没68%;新奥尔良,淹没88%。

③ 亚特兰蒂斯为直布罗陀海峡附近的一个岛,传说中沉没于大西洋海底。——译者

④ 杰夫·古德尔:"别了,迈阿密",《滚石》杂志,2013年6月20日。

⑤ 莱斯特·布朗:"狂怒的风暴,上升的海洋使得气候难民暴涨",《世界谷物》,2011年8月16日。

⑥ 参见皮尔奇和杨格:"到底有多高?"

南极洲东部。① (严格地说来,冰原也是冰川,可称为"大陆冰川"。但是,若使用那一术语,我们就必须在所有的高山冰川前加上诸如"非大陆的","局部的"那样的形容词。这对于大多数人不方便,与他们预想的"冰川"的意义也会相反。所以,本章就要区分"冰原"和"冰川"。)

简单考察了冰川和北极海冰的融化之后,本章将考察何以三大冰原的融化将是灾难性的。

冰川

到最近为止,较之三大冰原,普通的冰川更是海平面上升的原因。虽然现在冰川显然已被冰原超过,但是,在其消失之前,它们的融化将继续是全球海平面上升的原因。②

关于冰川,部分情况是:它们当中有一些业已消失;这一事实将在关于淡水的那一章得到讨论。但仍有很多冰川并未完全融化,它们继续在收缩变小。有些冰川依然故我,个别的甚至仍在扩大,但是,"全球的压倒趋势却是:它们在退缩,"而且,"就全球范围而言,冰融化的速度自20世纪70年代中期以来就一直在加快。③

北极海冰

全球暖化的一个明显迹象就是北极海冰的融化。虽然科学家们以往预言过,至少要到2100年,北极在夏季才会全然无冰,但最近的研究却显示,北极海冰"一直以比以往的预料快得多的速度在消失。"北极海冰在夏季里的全然融化,会造成一个非常漫长的纪元的结束。内文·阿克罗波利斯——是他建立了"北极海冰博客"——解释道:

---

① J. L. 陈:"融化的冰原和高山冰川使得海平面升高,"《自然地球科学》网络版,2013年6月2日;"冰帽,"关于冰川,国家冰雪数据中心。(冰帽亦称"小型冰原",但它们却可以是相当大的:就其性质,可大至5万平方公里。比如,冰岛上的整块冰就是一个冰帽。)奥林·皮尔奇:"海平面上升和世界的海滩,""海岸关怀网站",2011年。

② "融化的冰川抬高了海平面",《每日科学》2012年11月14日;E. 里戈诺特等人:"格陵兰和南极洲冰原不断地促成海平面的升高",《地球物理研究通讯》,2011年3月4日。

③ "冰川是在扩大还是在退缩?"《怀疑科学》,2011年12月17日。

自从现在这个冰河纪开始以来(大约250万年前),北冰洋就一直为海冰所覆盖。只有在间冰期(即几千年的温暖天气时期,它们隔开了冰河期),就像我们现在所处的冰期,海冰才会在夏季融化。①

所以,不管怎么说,夏季的融冰表明,一个重要的阶段已经开始。虽然科学家们本来认为这会发生在遥远的将来,但其过程却比任何人预想的快了许多。"2007年,当联合国政府间气候变化专家小组发布它的第四次评估报告时,人们普遍认为,北极在本世纪末的某个时候,在夏季会成为无冰的。"然而,就在那一年——该年被《真正气候博客》称为"预示北极海冰灾难"的一年——发生了有史以来最大量的海冰融失。这使得马克·瑟里日("国家冰雪数据中心"的资深科学家)说:"北极在尖叫"。该年(2007)的一篇论文说,"最近几十年内,夏季可能会出现无冰的北极。"②

2012年甚至更糟糕:根据一项测算,该年融失的冰,"其面积相当于阿拉斯加和加拿大之和。"北极再也不是仅仅在尖叫了,它似乎处于一个死亡螺旋:剑桥的教授彼得·瓦德汉姆,著名的北极专家之一,在2012年预计,最迟2016年,北极会有无冰的夏季。更多的人则认为,以目前北极冰融化的速度,此事的发生不会迟于2020年。③

众所周知,北极海冰的融失,对于北极熊,一直都有灾难性的后果。"那一漂亮动物较其他任何动物,更表现了我们的失败:我们未能保护好这个被每一生物称为家园的星球。"④然而有人可能认为,海冰的融失对人类不会有直接的影响,因为它与海平面无关(因为海冰本来就在海里,无论它是固体或液体状态,它所形成的水面都是同样的。)然而,海冰的融化对人类确实有影响,理由至少有三:

---

① 罗宾·麦基:"北极海冰夏季消失的速度比预计的快50%",《观察者》,2012年8月11日;内文·阿克罗波利斯和凯文·麦金尼:"北极海冰死亡螺旋何以关系重大","气候动态"网站,2012年。

② 西蒙·巴特勒:"北极的融化:全球暖化超速了吗?"《绿色左派周报》,2012年8月23日;塞思·伯伦斯坦:"北极冰不祥的融化使专家担心",美联社,2007年12月11日;约瑟菲罗·科米索等人:"北极海浮冰加速减少",《地球物理研究通讯》,35卷(2007年)。

③ 阿克罗波利斯和麦金尼:"北极海冰死亡螺旋何以关系重大?"迈克尔·莱蒙尼克:"北极融失的冰足以覆盖加拿大和阿拉斯加","气候中心网站",2012年9月12日;约翰·维达尔:"北极专家预计,海冰4年内将彻底崩塌",《卫报》,2012年9月17日。

④ 达米安·卡林顿:"北极熊:每次都是政治胜过预防",《卫报》,2013年3月7日。北极熊是"由于全球暖化而遭到威胁的首个物种"("奥巴马政府再次提出北极熊濒危计划",《绿色生活杂志》,2012年4月20日)。由于北极熊赖以生存的海冰正在迅速消失,"它们受淹挨饿"(基姆·墨菲:"极地熊长途游泳表明海冰融化",《洛杉矶时报》,2011年1月29日)。

·它提出了一个警告:"北极犹如煤矿中警示人的金丝鸟。…大多数的科学家将北极正在发生的事视为一种警示,预告某些事即将发生。"

·更直接地说来,海冰有很强的反射力:当太阳照到冰上,它会将大多数的阳光反射回太空,所以它不会加热大气层。而在冰融化的地方,阳光却深入到北冰洋幽深的海水中,将其加热。据瓦德汉姆计算,"由于海冰的融失而被北极海吸收的额外的辐射,相当于人类额外添加了20年的二氧化碳。"由于北极海冰的融失加速了全球暖化,因而提高了海平面,内文·阿克罗波利斯说,"所以北极所发生的事并不止于北极。"

·第三,如果北极持续变暖,就有融化永久冻土(即至今为止冻结着的土壤)的危险,进而将大量的碳排放到大气层。更有甚者,北冰洋的持续变暖会释放高浓度的甲烷——一种比二氧化碳更具温室效应的气体。[①] 这就是危险反馈的主要例子:更高的温度释放上百万吨的碳和甲烷,后者反过来又升高了温度,升高的温度又释放更多的碳和甲烷。"美国国家冰雪数据中心"的特德·斯卡姆波说,"我就看不到这如何有个好的收场。"[②]

美国航空航天局最近的一篇文章问道:"一个沉睡的气候巨人在北极被惊醒?"我们的政治家和化石燃料公司似乎打算唤醒这一巨人,因为北极目前的温度,据2014年的一篇文章揭示,"是大约12万年来(换言之,超过文明存在时间的10倍)未曾被匹敌过或超越过的。"[③]

格陵兰

之所以为北极冰的融失而惋惜,一个理由就是,这"可能会加速……格陵兰冰原的分解。"2012年,比尔·麦克本就写过:"世界上没有任何地方像格陵兰变化得那样快,也没有任何地方的变化像它的变化那样事关重大。"事情以如此快的速度一直在变化着,乃至,自20世纪80年代以来,格陵兰空气的温度惊人地上升了3.6华氏度。[④]

---

① 同上。也请参见贾斯廷·吉利斯:"永久冻土融化,科学家研究其风险",《纽约时报》,2011年12月16日;也请参见影片:"北极甲烷:海冰何以关系重大?"对詹姆士·汉森及他人的专访。

② 道格·斯特拉克:"极地融化速度惊人",《华盛顿邮报》,2007年10月22日。

③ 艾伦·比伊斯:"北极沉睡的气候巨人惊醒了吗?"美国航空航天局,2013年6月10日;乔·罗姆:"曲棍球棒似的生活:加拿大北极12万年来发出的首次警告","气候动态"网站,2014年1月27日。

④ 阿克罗波利斯和麦金尼:"北极海冰死亡螺旋何以关系重大";比尔·麦克本:"北极冰危机",《滚石》杂志,2012年8月30日;安德鲁·弗里德曼:"研究称:格陵兰融化更广泛,更使人们担心海平面上升,""Mashable新闻博客",2014年3月16日。

与南极的冰原相较(包括南极西部和东部的冰原),格陵兰的冰原就显得小了。然而,它的冰原毕竟覆盖了格陵兰大约80%的面积,所以仍然是很大的,相当于德克萨斯州面积的3倍,英国的14倍。因此,正如保罗·布朗2007年指出的,格陵兰冰原的融化,"就海平面升高而言,将会是一场浩劫,"因为,如果它全部融化,世界的平均海平面"会升高7米(23英尺)。"①

不久前,气候科学家还相信,格陵兰冰原是稳固的,全部融化须得数千年之久。但近些年的发展情况打破了这一信心。本来,在20世纪90年代,这一信心就可能被打破。那时,科学家们就发现,该冰原开始以每年大约48立方英里的速度在融失。不过,以该冰原的浩瀚,②那似乎不过是个小数字。然而在本世纪,融失的速度加快了。2007年,布朗报道说,在该年的融冰季节,记者们在直升飞机上看到的格陵兰的景象使他们惊呆了:

> 他们都在谈论冰川锅穴,不是一个,而是上百个,也许上千个。'锅穴'……指的就是冰川上巨大的洞,通过它,成百万加仑的融冰水倾泻到下面的岩石。这水有润滑冰川的作用,使之以以往三倍的速度移动着。格陵兰的有些锅穴如此之大,它们以尼亚加拉大瀑布的规模在运行着。

然而人们没有采取任何措施来减缓事态的发展。三年后,2010年异常酷热的夏季使得格陵兰的冰原总体上失去了1000亿吨的冰。又一年后,出现了一则以此为题的新闻报道:"2011年格陵兰的融冰大超平均数,冰的融失几创纪录"。该标题之后,是一篇戏剧性的报道:通过卫星图像,"科学家们观察到,格陵兰和南极沿海的海冰在缩小和消失。"这些图像表明,"比以往的预想多得多的融冰水汇入了海洋。"另一则新闻报道的标题则是:"格陵兰融冰创纪录——可能为海平面上升创下条件。"③

同一年,即2011年,一组气候科学家(他们已对气候动态作了18年之久的研究)报告说,每年,"格陵兰冰原丢失的质量都比前一年快",而接下来的一年,格陵兰据称"每年丢失的质量几乎达2900亿吨。"同一年,即2012年,出现了令

---

① 保罗·布朗:"冰帽迅速融化:难道我们要向大苹果城纽约说再见?""改变网"网站,2007年10月9日。

② 格陵兰冰原覆盖70.8万平方英里(183万平方公里),而南极冰原覆盖540万平方英里(1400万平方公里)。参见"在线大英百科全书","格陵兰冰原";"国家冰雪数据中心":"冰雪快讯"。

③ "一千亿吨冰融失,格陵兰较前升高更快",微软全国有线广播电视公司,2011年12月13日;"纽约城市大学研究团队称,格陵兰冰原极度融失",纽约城市大学,2011年10月13日。

人不解的大规模融化:以往只有大约55%的冰原出现大规模融化,而该年,融化的范围4天之内就从49%扩展到97%。当人们问这是否只是一个偶然情况,2013年的一项研究却结论道,这是有事要发生的兆头:最迟2025年,这种快速而大规模的融化,有50%的可能会年年发生。2013年的又一项研究提出:冰原的有些部分"可能会因为灾难性的解体而迅速地融失冰。"①

还有的科学家提出,冰原可能会进入一个不可逆转的融化过程。2011年的一项报告提出,冰原"可能会经历融化、变暖的一个不可遏制的自我放大周期",那可能就接近"临界点"了。俄亥俄州的极地研究人员、博客"融化因素"(Meltfactor)的创办人,杰森·伯克斯指出,由于失去了雪,格陵兰的冰原变得要暗淡一些了,因而失去了一些反射力。"在这样的条件下,冰原将以一种自我加强的反馈循环继续吸收更多的太阳能,这会加强变暖化的效果。"2012年的一项报告说,"冰原只要消失10%,就足以使得整个过程不可逆转。"②

不幸的是,2012年发表的一项重要的国际研究提出:冰原可能一直是以比20世纪90年代几乎快5倍的速度在融化。格陵兰冰原的这一快速分解使研究者们吃惊,因为他们所建立的模型未曾预料到如此快速的变化。他们对此作了回应,建立了新的模型。除了2011年提出的"自我放大"的观点,2013年的一篇标题为"犹如黄油"的文章解释道:融水流经冰原中的裂缝,在那里"它暖化了冰原,然后,后者——像一根温暖的黄油棒一样——软化了,变形了,流动得更快了。"③

由于格陵兰冰原前所未有的融化(其融失的冰是以往的4倍),"在过去的20年,它致使海平面升高的作用飙升了"。在该期间,全球海平面升高,大约有

① 乔·罗姆:"重磅炸弹般的惊人消息:极地冰原冰体融失加速,到2050年海平面会上升1英尺","气候动态"网站,2011年3月10;苏珊妮·戈登伯格:"格陵兰融化速度使科学家大感惊讶,"《卫报》,2012年7月24日;迈克尔·莱蒙尼克:"今后20年格陵兰的大面积融化将成常态","气候中心"网站,2013年5月21日;乔·罗姆:"格陵兰和南极'可能会因灾难性的解体而迅速地融失冰'","气候动态"网站,2013年7月30日。

② 乔·罗姆:"科学家们发现:格陵兰冰原'可能会经历一个融化和变暖的自我放大循环——难以遏制'","气候动态"网站,2011年10月24日;杰森·博克斯:"格陵兰冰原变得更暗淡了","融化因素"博客,2011年12月29日;艾米·哈伯德:"科学家们说,格陵兰的融失可能不可逆转",《洛杉矶时报》,2012年3月12日;亚历山大·鲁滨孙等人:"格陵兰冰原的多重稳定性及重要的临界点",《自然气候变化》,2012年3月11日。博克斯说的是一个恒久的变化,而不是像2012年6月发生的那样一个迅速而短暂的融化。那年的融化,科学家说,"大约150年发生一次";参见苏珊妮·戈登伯格:"格陵兰融化速度使科学家大感吃惊",《卫报》,2012年7月24日。

③ 乔·罗姆:"科学惊人发现:自20世纪90年代以来,格陵兰融冰几乎翻了5倍;过去10年南极冰融失高达50%","气候动态"网站,2012年11月30日;"犹如黄油:研究解释了格陵兰内陆冰的惊人加速,""美国环境科学协作研究所",2013年7月16日。

4 分之一的作用属于它。但最近的发展表明,不久它的作用甚至会更大。①

造成冰川冰消失的一个主要原因就是,冰川从陆地向海洋的移动。它们通常都以"冰川速度"移动着,这并不令人惊奇。但根据 2014 年一项对雅各布港冰川(格陵兰最大的冰川,人们相信,从它那儿出来的冰山造成了泰坦尼克号的沉没)的研究,它现在正以前所未有的速度将冰从陆地送入大海。……每年超过 10.5 英里(17 公里),或者每天超过 150 英尺(46 米)。乔罗姆嘲笑道:"格陵兰的冰川现在移动得比美国的气候政策更快。"②

不管怎么说,2014 年晚些时候发布了一项甚至更惊人的研究。本来,长期以来,科学家们都知道,格陵兰的大部分地区在融化,尤其是西南部,那是雅各布港冰川的所在地,而东北部却一直被视为稳定。但一项国际研究报告却说,经历了 3 个特别温暖的夏季之后,该地区的冰自 2003 年以来,一直在变薄。更惊人的是,该研究说,该地区最大的冰川,察哈里埃(Zachariae),一直在后退,其速度甚至超过雅各布港冰川:后者在 150 年内后退了 21.7 英里(已被视为很快),察哈里埃却在 10 年内后退了 12.4 英里。③

这一对后退速度的测算如此地惊人,如此地与此前的研究不合,以至有些研究格陵兰的专家们对它表示怀疑。其中一个说:"任何其他人从未真正见过他们所看见的不断增长的冰雪融失的信号。"另一个说,"我就不明白,它们变稀薄的速度如何达到如此之高。我就不同意据说它们所达到的那些数据。"④无论如何,大家总同意,格陵兰再没有哪部分是稳定的了。更糟糕的是,由于东北地区未被包括在任何关于海平面上升的模型里,所以海平面的实际上升可能高于任何模型所显现的。

在《贩卖怀疑的商人》(它在本书第 11 章发挥了主要作用)一书中,作者内奥米·奥利斯克斯和埃里克·康威写道:"罗马可能并未在燃烧,但格陵兰却在融化,而我们却仍在瞎搞胡混。"汉森曾说过,认为格陵兰的冰原在缓慢分解的那些估计,是基于线性的假设,那些假设符合"古气候冰原变化,那些变化是在数千年里缓慢变化着的微弱气候力量造成的。"而当代的气候变化,却是由相当

① 乔·罗姆:"重新定义'冰川的发展速度'。"乔·罗姆和杰夫·斯普罗斯:"海平面上升大出意料,其原因是格陵兰冰体融失的过程中气温变暖造成涌浪","气候动态"网站,2014 年 3 月 17 日。

② 乔·罗姆:"重新定义'冰川的发展速度':格陵兰移动最快的冰川创下每天 150 英尺的最新纪录",2014 年 2 月 6 日。

③ 史蒂芬·康纳:"由于'稳定的'格陵兰冰原开始融化,人们担心全球海平面更快的上升","独立"网站,2014 年 3 月 16 日;斯蒂法诺·萨卢斯特里:"格陵兰冰原在更快地融化",《自由之声》,2014 年 3 月 16 日。

④ 贝基·奥斯金:"格陵兰冰原已失去其稳定,""哥伦比亚广播公司新闻",2014 年 3 月 17 日。

剧烈的力量造成。所以我们应当设想,格陵兰冰体的丢失不是线性的——而是指数的,即越来越快的。[1]

汉森还说,这一可能的后果对于欧洲人和北美人特别严重:"如果世界听任格陵兰的冰原大量分解,那无异于地狱对北美东部和欧洲洞开大门。"[2]

然而,尽管有这样的警告,世界却毫不在意,依旧瞎搞:2014 年夏季,格陵兰的冰原融化了 40%,而不是通常的 15%。而且一项基于卫星数据的新研究显示:正是从 2009 年开始,冰原体积的融失翻了番。[3]

南极

南极的冰原覆盖南极洲 98% 的面积,是地球上最大的冰体,相当于格陵兰冰体的 10 倍。至少 1 万年以来它一直是稳定的,直到 2001 年,联合国政府间气候变化专家小组才认为,到 2100 年,它可能会融失少量的冰。然而,在 2008 年的一篇标题为"南极冰原遇上麻烦"的文章中,罗姆写道:"它正融失冰体,其速度之快,出乎任何人预料。"下一年,他又报告,其融失冰体的速度比 10 年前快了 4 倍。确实,如宾夕法尼亚州立大学气候科学家理查德·艾利所说,南极冰原融失冰体,其时间"提前了 100 年。"[4]

南极冰原的东部和西部

虽然人们一直习惯于简单地说"南极洲冰原",但却有必要区分西部和东部冰原。一方面,南极东部就是一块大陆,而南极西部却是,用一个作者的话来说,"一系列为冰覆盖的岛屿,"犹如"被封冻的夏威夷"。另一方面,东西各在不同的纬度。南极东部冰原位于一块干燥的陆地之上,其三分之二是一片高而冷的沙漠,而南极西部冰原却位于海平面之下,于是越来越温暖的海水就可使

---

① 内奥米·奥利斯克斯和埃里克·康威:《贩卖怀疑的商人:一小撮科学家如何模糊了从吸烟到全球暖化诸多问题的真相》(纽约:布鲁姆斯伯里出版社,2010 年),265 页;詹姆士·汉森和牧子佐藤:"格陵兰冰原冰体融失最新消息:越来越快?"2012 年 12 月 26 日。

② 引用的麦克本的文章"北极冰的危机",《滚石》杂志,2012 年 8 月 30 日。

③ 杰夫·马斯特斯:"格陵兰之热持续,支持了'暗雪项目'的观点",2014 年 6 月 25 日;乔·罗姆:"过去 5 年,格陵兰和南极洲西部冰原之融失超过了翻番,""气候动态"网站,2014 年 8 月 22 日。

④ 乔·罗姆:"南极冰原遇上麻烦,""气候动态"网站,2008 年 1 月 14 日;罗姆:"南极大冰川变稀薄的速度比 10 年前快了 4 倍,""气候动态"网站,2009 年 8 月 13 日;彼得·斯波茨:"科学家警告说:难逃大解冻",《基督教科学箴言报》,2006 年 3 月 24 日。

之游离而不稳定。①

最后,这两块冰原的大小还非常不同:西南极冰原,如果全部融化的话,会将海平面提升约 19 英尺,所以它与格陵兰冰原有一比,后者若融化会提升海平面大约 23 英尺。而东南极冰原,其面积略等于澳大利亚,若全部融化,"则会提升全球海平面约 60 米(197 英尺)。"②

东南极冰原

巨大的东南极冰原长时期来一直被视为是全然稳定的,但最近,它也"开始碎裂了。"自 2006 年以来,科学家们从美国航空航天局的"重力恢复和气候实验项目"得知,"东南极冰原融失的冰超过人们先前的预想。"说得更具体点,"重力恢复和气候实验项目"的卫星调查显示,"东南极冰原每年大约有 570 亿吨的冰融失进附近的海水里。"——这个事实"使得人更加担心,全球海平面的上升,比科学家们预想的快。"③

西南极冰原

西南极则全然不同。陆地温度大量升高后,它的冰原融失了相当的质量:自 1960 年以来,它的温度上升了大约华氏 5 度(摄氏 3 度),使得它成了地球上可能暖化得最快的地区。④

冰原的这一变化情况由于巨大冰架的崩解而更明显了。所谓冰架就是"与一块陆地相连的冰原的永恒漂浮在海面的那些部分。"冰架的崩解始于拉森冰架,它实际上包括三个冰架,拉森 A,拉森 B,拉森 C。拉森 A,它们中最小的一个,于 1995 年崩解。2002 年,科学家们"惊骇地观察到,几乎整个拉森冰架 B"——其面积为 1250 平方英里(3250 平方公里)——"仅在一个多月的时间里便崩塌了"。2013 年,科学家们得知,"一个南极冰架完全消失了,另一个融失

---

① 埃里克·康威:"南极在融化吗?"美国航空航天局喷气推进实验室,2010 年;乔·罗姆:"深海之热正在迅速融化南极的冰","气候动态"网站,2010 年 12 月 15 日。

② 康威:"南极在融化吗?"

③ 迈克尔·雷莉:"在东南极首次看到的融化迹象",《发现新闻》,2009 年 11 月 23 日;伊恩·桑普尔:"世界最大的冰盖融化,快得出乎预料",《卫报》,2009 年 11 月 22 日;康威:"南极在融化吗?"

④ 罗姆:"大片南极冰川以较前快 4 倍的速度变稀薄";"西南极变暖,比全球平均速度快 3 倍,有分解这块不稳定冰原的危险","气候动态"网站,2012 年 12 月 17 日。

了一大块,其大小相当于 3 个罗德岛。"①

但是崩解并未止于此。2012 年,气候科学家安德鲁·莫纳汉说:"越来越多的研究显示,西南极冰原正以惊人的速度变化着,压力来自变暖的海洋和变暖的大气层。"接着,其注意力转向了松岛冰川。该冰川占南极冰体的 10%,是造成海平面上升的最大原因。2013 年,美国全国广播公司的一则新闻报道说,一支考察该冰川的探险队发现,"冰川下温暖的水流以惊人的速度在融化冰,大约每天 2.4 英寸(6 厘米)。"②

然后,在 2014 年,法国科学家宣称,松岛冰川"已开始了一个自我持续的后退时期,且将不可逆转地继续缩小。"这些科学家中有一位说:"我们已经越过了临界点。"③

南极的悖论:增长的海冰

北极的海冰一直在减少,而南极周围海洋里的冰却在一直稳步增长,使得企鹅有可能出现于比以往记载的更朝北的地方。有些非科学家说,全球暖化的说法与南极海冰一直增长的事实不合,所以,那些"大惊小怪者"担心全球变暖会致使海平面上升的忧虑是毫无根据的。但这一说法是混乱的,其根本的错误在于未分清海冰和陆地冰。科学家报告会导致海平面上升的南极冰的融失时,他们说的是陆地上的冰,那是由降水形成的冰。而海冰却"全然不同",因为它是"在冬季由海水凝结而成的,在夏季又几乎会全部融化。"所以,虽然它确实在冬季大大增长,但这一增长却与南极冰融失这一问题毫不相关。④

有时,指责全球暖化与事实不合的说法,所根据的仅仅是海冰。比如,否认气候变化的詹姆士·泰勒就曾在《福布斯》杂志上写道:"一极地周围的海冰在缩小,而另一极地周围的海冰却在增长。这在我听起来确实像是全球暖化危机。"但这确实并不矛盾,其理由有三:

---

① 参见:"国家冰雪数据中心""冰架快讯";R. 林赛:"拉森 B 冰架的崩塌,"美国宇航局地球观测站;"南极冰架消失,北极融化加速,""环境新闻服务",2009 年 4 月 3 日。

② "西南极暖化出乎预料,"《大气新闻》,2012 年 12 月 23 日;丹妮丝·乔:"南极冰川下的温暖水流使融化惊人地加速,""美国全国广播公司新闻",2013 年 9 月 12 日。

③ 阿里·菲利普斯:"巨大南极冰川已开始不可逆转地融化,可致使海平面上升 1 厘米,""气候动态"网站,2014 年 1 月 13 日;劳拉·波皮克:"研究显示,南极巨大冰川不可控制地后退,""活科学"网站,2014 年 1 月 16 日。

④ 马特·金:"南极在融失冰,还是在增长冰?"《怀疑科学》,2013 年 7 月 10 日。

·南极海冰的增长并不意味着南大洋一直在变冷。

·"北极是被陆地包围的一个海洋,而南极却是被海洋包围的陆地。"

·《事实调查》的马克·鲁滨孙曾说,"南极海冰的增加不但与全球温度升高的趋势不矛盾,根据研究它的科学家们的说法,而是意料中的事。"①

这些科学家中的一位就是宾夕法尼亚州的安德鲁·卡尔顿。他对美国公共广播公司解释道,淡水融化入海洋,降低了海水的盐度。盐含量低的水冰点的温度要高一些,所以,虽然变暖的气温使冰川融化,南极海的海冰却继续增长。"这似乎自相矛盾,"卡尔顿说,"但却说得通。"吉普林·刘和朱迪思·柯里在《美国国家科学院院刊》上进一步解释道:"与暖化相联系,南大洋一直都存在着一种加强了的大气水文循环。这造成过去 30 年南极海冰的增加,因为海洋热传输减缓,降雪增加。"②

无论如何,主要的论点是:虽然南极的海冰一直在增长,"总地说来,南极的陆地冰却在融失,而且融失的速度在加快。"实际上,2014 年的一项基于卫星数据的研究显示,自 2009 年以来,西南极冰原融失的速度加快了 3 倍。③

计划 B,A 和 C

现在该来问这一问题了:在我们的三项计划中选择一项,这对于海平面的上升有何意义?

计划 B

根据计划 B 而行动,就意味着立即全面动员起来,与时间赛跑,以防止我行我素的那种处理方法所导致的那类海平面上升。然而,即便这样做,也不能制止继续的海平面上升在今后 30 年里造成很多痛苦,因为导致海平面进一步上升的大量因素业已形成趋势。正如罗姆在"新的研究表明情况会更糟"一文中

① 詹姆士·泰勒:"南极海冰又创纪录",《福布斯》杂志,2012 年 9 月 19 日;迈克尔·D. 莱蒙尼克:"为何南极海冰在增长","地下气象组织网站",2013 年 9 月 24 日;马克·鲁滨孙:"南极海冰创纪录的增长推翻了全球变暖的说法吗?"《事实调查》,RJM. com. 2012 年 10 月 6 日。

② 丽贝卡·雅各布森:"南极的冰悖论",《美国公共广播公司》,2013 年 5 月 1 日;"南大洋的加速变暖以及它对水文循环和海冰的影响,"《美国国家科学院会议录》,2010 年 8 月 16 日;朱迪思·柯里文章中所重复的:"为何有如此多的南极海冰?"《气候等事》,2014 年 2 月 3 日。

③ 罗姆:"格陵兰和西南极的冰原融失两倍多";马特·金:"南极在融失冰,还是在增长冰?"

指出的,全球暖化已经确定会使世界很多地方的人"感觉在地狱",它也会在世界的很多地方造成"高水位"。但是,如果人们采用计划 B,高水位还未来得及迫使数十亿的人迁移或往内陆转移之前,它就会停止上升。

宣传计划 B 的必要性当然会引起争论,因为要解释该必要性就必须指出,根据当前的预计,长期投资沿海昂贵的房产不再是明智的了。北卡罗来纳州参议院 2012 年处理这一问题时通过了一项法律,称,州政府机构有必要将自己的一切关于海平面上升的设想,只立足于根据历史数据而作出的线性预测,意思是,他们应该假设,海平面将只会上升 8 英寸。假装保守主义的喜剧演员史蒂芬·科拜尔于是报告说,"科学家们预计到一个毁坏经济的、39 英寸的海平面上升,然而北卡罗来纳州却起草了一项法律,规定它只能上升 8 英寸。"①

计划 A

如果继续我行我素,海平面"截止 2050 年会上升大约 1 英尺,然后,截止2100 年,4—6 英尺(或更多),即 2050 年后每 10 年上升 6—12 英寸(或更多)",罗姆说。更有甚者,如果继续我行我素,格陵兰和西南极的冰原将崩解,使得海平面再升高 39 英尺,这会全然淹没居住在低于海拔 33 英尺的沿海地区的大约6 亿 5 千万人的土地。② 计划 A,其意思是"继续什么也不干",这简直就意味着不仅要勾销岛国,而且还要勾销中国和许多其他国家的人口最多的地区,及农业区——甚至美国的一些主要城市,包括波士顿,纽约,华盛顿,迈阿密,西雅图,洛杉矶,以及旧金山。比如,2014 年的一份关于华盛顿前景的研究就说,"至少,一次高达 10 英尺的洪水在本世纪几乎肯定会发生。③"

旧金山公共事业委员会的一个委员指出,旧金山的国际机场可能被淹,他说,"对付气候变化的方法很清楚:飞往奥克兰。"然而,他接着又说,"哎呀,可能不行"——因为奥克兰机场的跑道,通道,以及航空站也会被淹没。④ 黑色幽默旁白:很难相信,美国和中国的领导者会认为,还有比拯救美国、中国,和其他国家沿海地区更重要的目标。

---

① "一句话:沉没或逃生",《科拜尔报告》,2012 年 6 月 4 日。

② 乔·罗姆:"用图表说明关于全球暖化后果的科学:我们如何知道,不行动就是人类所面临的最严重威胁,""气候动态"网站,2011 年 9 月 28 日;"喷气推进实验室公布的惊人消息:极地冰原冰体的融失正在加速,截止 2050 年海平面会上升 1 英尺,""气候动态"网站,2011 年 3 月 10 日;布朗:"风暴咆哮,海面升高"。

③ 安德鲁·拜拿:"在华盛顿特区,破纪录的洪水每年都可能发生,"2014 年 9 月 17 日。

④ 赫兹加德:《酷热》,35 页。

计划 C

执行计划 C 就意味着不怎么行动,或什么也不干,直到政治领导们意识到,气候科学家们关于海平面上升的说法是对的。虽然这一计划似乎是计划 A 和 B 之间的一个妥协,但就其对我们子孙后代的影响而言,它与计划 A 并无多大差别。比如,即便在 2025 年,政治领导们终于认识到,海平面任何程度的进一步上升是不可容忍的,大气中的二氧化碳也仍会继续升高全球的温度,至少直到 2055 年,而到那个时候,海平面就可能远不是一个不可容忍的问题了,巨大冰原的临界点也可能已被越过。

结论

因此,计划 B 是唯一合理的选择。

6.淡水短缺

"在过去30多年里,热带安第斯山脉冰川的后退是史无前例的。"

——法国,格勒诺布尔,冰川与环境地球物理实验室,安东尼·拉巴特尔,
2013年

"由于米德湖的水位低如鲍威尔湖的水位,内华达州和其他州的官员们预计,会出现前所未有的水危机。"

——弗朗西丝·韦弗,《一周新闻》,2014年2月

2012年,《纽约时报》的一篇文章说,"气候变化,不是别的问题,而是一个水的问题。"每当我们把气候变化想成是一个水的问题时,我们常常想到的是即将来临的海平面上升。但更多的人所担心的,是有时人们所说的水的"另一个问题":淡水的短缺。2002年《国家地理杂志》的一篇文章说,"21世纪人类面临的诸多环境问题中,淡水的短缺居于首位。"2013年底,波茨坦气候影响研究所完成了一项针对气候变化对人类的影响的国际性的、全面的研究。该研究结论道:"水是人们最担心的。"①

在2002年出版的《蓝金》一书中,莫德·芭露和托尼·克拉克写道:"对于今日地球上的淡水危机,无论怎么说都不为过。"10年后,他们警告道:"除非我们戏剧性地改变我们的生活方式,否则,在接下来的四分之一世纪中,二分之一或三分之二的人类将经历严重的淡水短缺。"就在同一年,即2012年,一份美国的情报报告说,"世界上几乎一半的人类正感到用水紧张。"另外,2012年美国国家情报委员会的一份报告也支持把水称为"蓝金"的说法,它说:"水可能会成

---

① 芬·蒙田:"水的压力",《国家地理杂志》,2002年9月;贾斯廷·吉利斯:"一个暖化世界里的水供应",《纽约时报》,"绿色博客",2012年11月12日;奎林·希尔迈尔:"世界暖化造成水危机",《自然》,2013年12月31日。

为较能源或矿物更重要的竞争对象。"确实,现在人们常常说,水贵于油。①

由于人口过剩,工业化程度提高,以及其他因素,即便不发生气候变化也会有水危机。然而气候变化却恶化了这一危机,而且在不久的将来有可能进一步恶化它。莱斯特·布朗在2013年甚至这样写道:"最近几年,石油峰值已成报刊头条,然而对我们的将来造成真正威胁的却是水峰值。石油有替代物,水却没有。"汤姆·布朗是2012年美国森林服务研究的作者之一,他说:"我们惊奇地发现,较之人口的增长,气候变化可能对将来的水需求有大得多的影响。"②

气候变化以各种方式使得水的可利用性降低,这些方式包括:在不恰当的地方降水(在海洋,或在雨水业已很多的地方),在不恰当的时间降水,使得干旱和大洪水交替出现(那使得水没有时间浸入)。但主要的原因是更暖的天气:更温暖的天气降低了水的可利用性,因为它不仅使得饮水和灌溉农业的水增加,更还融化了我们的"空中水库"——冰川和积雪。③

冰川④

冰川可被视为"天然的水库。它在冬季积累水,当其在夏季融化时,它以一种一贯的速率消融自己。"但如果冰川融化得太多,即超过了冬季补充的雪,后果就会很严重,因为正如莱斯特·布朗所说,"正是夏季从这些冰川融化的冰,在旱季维持着世界上如此多的河流。"如今,这却成了问题,因为据2011年《国家地理杂志》的一篇报道说,"好久以来人们就知道,由于地球的暖化,高山冰川在退缩。而且,这个退缩的过程甚至比以往所认为的更快了。"毫无疑问,人类就是其原因:虽然最近的一项研究显示,地球上冰川所融失的冰体,四分之一都是人类造成的,但我们却认为,过去的20多年,冰体70%的融失都应归咎于我

---

① 莫德·芭露和托尼·克拉克:《蓝金:为阻止公司对世界水的盗窃而作的斗争》(新出版社,2002年);金伯利·多吉尔:"全球趋势,2030年估计有争水之战以及气候变化的挑战",美联社,2012年12月10日;朱丽叶·乔伊特:"商家告知,水'比油重要'",《卫报》,2009年2月26日。

② 莱斯特·布朗:"水峰值:水井干涸怎么办?""地球政策研究所",2013年7月9日;杰夫·斯普罗斯:"研究称,气候变化可能使美国鲍威尔湖和米德湖这样重要的水库干涸,""气候动态"网站,2013年2月25日。

③ 莱斯特·布朗:"融化的冰川对于供水意味着双重的麻烦,"《国家地理杂志》,2011年12月20日;乔恩·哥特纳:"未来是干涸",《纽约时报杂志》,2007年10月21日。

④ 正如第5章所解释的,冰原是陆地的冰川,而这里的"冰川"一语(并无形容词限定),只是用来指小的冰川。

们人类。更有甚者,这种人为的融失,一直在世界的多地发生。①

北美

冰川融化的问题在北美不如其他许多地方那样严重,因为北美依赖冰川融水的人要少些。但是问题依然严重。

冰川国家公园:虽然在某个时候蒙大纳的冰川国家公园曾有 150 处冰川,现在则只有 25 处了,这使得美国有线电视新闻网把它称为"气候变化的范例。"鉴于公园的名字,还算好,总算有几处冰川保留下来了。但是 2003 年的一项研究预计,截止 2030 年,一处冰川也留不下来了。而且,有的科学家甚至预计,截止 2020 年,冰川就会"中暑",一处也留不下来。那时,正如一位环境学家开玩笑说的,公园就只好更名。此话难免有点黑色幽默,但是冰川的全部融失对于公园的野生动物和植物却确实会是一场劫难。②

虽然这个公园的冰川,不像大多数下面要讨论的冰川那样对于饮水和农业十分重要,但是冰川国家公园的湮灭,即它的名字的消失,却提供了一个生动的例子,说明全球暖化正在对我们美丽的世界产生什么样的影响。③

加拿大落基山脉:加拿大的圣埃利亚斯地区的巨大冰川,目前有接近 98 立方英里(453 立方公里)的冰。但如果人类继续维持当前的温室气体排放水平,截止 2100 年,它可能就只有一半的体积了。英属哥伦比亚大学退休的冰川学教授,加里·克拉克说,在加拿大落基山脉的有些地方,一些冰川将退缩得只剩残迹,也许是目前体积的 5%－20%,而其余的则会彻底消失。④

---

① 迈克·迪斐迪南多:"全球暖化威胁全球淡水的可利用性",《美迪尔报告》,2011 年 10 月 11 日;莱斯特·布朗:《计划 B4.0:动员起来拯救文明》,第三章,"气候变化及能源转换:融化的冰川,减少的收成";布朗:"融化的冰川意味着双重的麻烦";阿里·菲利普:"人类过分强调冰河时代是冰川融化的主要驱动者","气候动态"网站,2014 年 8 月 15 日。

② 杰西卡·埃利斯:"蒙大纳的融化的冰川:气候变化的典范",《美国有线电视新闻网》,2010 年 10 月 6 日;安妮·米纳德:"截止 2020 年冰川国家公园就再不会有冰川了吗?"《国家地理新闻》,2009 年 3 月 2 日;约书亚·弗兰克:"冰川国家公园不久需要更名","改变网"网站,2010 年 1 月 20 日。(根据定义,至少 25 英亩的冰方可称冰川。)

③ 埃利斯:"蒙大纳的融化的冰川"。

④ 布朗:"融化的冰川意味着双重的麻烦"。

　　阿拉斯加的冰川：阿拉斯加有数千处冰川，其中大多数都在退缩。最有名的是 12 英里长的门登霍尔冰川，它离该州的首府朱诺如此之近，乃至旅客中心在招贴上称它为"免下车冰川"。但是该冰川退缩得很快，乃至游客中心的主任说："目前我们使用 60 功率的望远镜可发现山顶的山羊，不知还有多久我们就要用望远镜来发现冰川了？"①

南美

　　"冰川，特别是热带冰川，对于我们全球的气候体系，相当于煤矿里的金丝鸟，"世界领军的冰川学家之一，俄亥俄州立大学的朗尼·汤普森如是说。而南美的这些金丝鸟却不健康。安第斯山脉的冰川是很多南美人的"天然水塔"，包括在各国首都的那些人，比如厄瓜多尔的基多，秘鲁的利马，智利的圣地亚哥，以及玻利维亚的拉巴斯。这些"冰冻水塔"一直相当于水库，"在夏季为饮用和农业提供充足的供水"，正如《科学美国人》的一篇文章所说。这些冰川一直在为大约 8000 万人提供用水，但最近一项关于安第斯山脉冰川的研究却显示，这些冰川"自从 20 世纪 70 年代以来已退缩了 30—50%，"而且，如果暖化继续，这些冰川中的很多将会在 20 年内彻底消失。②

　　秘鲁：作为全世界热带冰川 70% 的所在地，秘鲁有 2,900 万人，其中百分之60 生活在半干旱的沿海地区。秘鲁的冰川一直给利马和其他城市的人提供用水，也提供给农民，他们每年旱季完全依赖冰川的融水。但在秘鲁，20% 的冰川已经消失了，专家们还说，所有的冰川会在 20 年内消失。秘鲁人说，如果发生这种情况，他们将不得不改变山脉的名称，因为布兰卡山脉在西班牙语中是"白色山脉"的意思。

　　南美最大的冰体是秘鲁的被称为奎卡亚的冰帽。它的库里卡里斯冰川，由于汤普森的缘故，可能一直是世界上最严格地受到监测的冰川。汤普森表明，它一直在以越来越快的速度退缩。20 世纪 60 年代，它每年退缩 20 英尺（6米），2007 年起，它每年则退缩 200 英尺（60 米）。2009 年，汤普森说，"现在它

---

　　①　柯克·约翰逊："阿拉斯加在冰川的夏季洪水涌浪中去寻求答案"，《纽约时报》，2013 年 7 月 22日；劳拉·波皮克："融化的门登霍尔冰川露出了古森林"，《赫芬顿绿色邮报》，2013 年 9 月 23 日；凯蒂·莫里兹："气候变化……发生在冰川中心"，《朱诺帝国》，2014 年 4 月 1 日。

　　②　卡洛琳·柯俄曼："安第斯山脉的冰川退缩预示了全球的水危机，"耶鲁大学网上杂志，《环境》360，2009 年 4 月 9 日；"巴塔哥尼亚冰川匆匆融化"，《科学美国人》，2012 年 9 月 6 日；"安第斯冰川以前所未有的速度融化"，路透社，2013 年 1 月 23 日。

朝山腰退去,每天退缩 18 英寸。也就是说,你几乎可以坐在那儿,看着它一点一点地失去地盘。"2013 年,汤普森报告说,从冰核得来的数据显示(他多年一直在收集冰核),长期(至少 1600 年)积累在奎卡亚上的冰,在最近 25 年的时间里融化了。最后,2014 年,一份文件报道说,一项研究(汤普森并未参与其中)支持了他的这一长期观点:冰川的退缩主要是由气候的暖化造成的,而不是由于降水量的减少。①

玻利维亚:"最近几十年,"卡洛琳·柯俄曼写道,"玻利维亚有两万年历史的冰川一直在退缩,速度之快,不待一个小孩长成人,80% 的冰就会消失。"玻利维亚最著名的冰川是有 1 万 8 千年历史的嘉卡塔雅(意思是"寒冷之路"),它名副其实,因为它是世界上最高的滑雪场。然而,到 2009 年嘉卡塔雅完全融化了,除了石头和烂泥什么也没剩。这对于滑雪者们来说真太遗憾了,但真正的悲剧还在于,嘉卡塔雅过去一直在为玻利维亚数百万人供水,包括住在拉巴斯的那些人。这一前冰川成了"玻利维亚迅速转变的冰冻圈的最明显标志。"②

巴塔哥尼亚地区:巴塔哥尼亚包括智利和阿根廷的部分地区,它位于南美最南端的那部分。若不算南极,巴塔可尼亚冰原就是南半球最大的冰体。但是它飞快地在退缩。最近的一项研究发现,在 2000 年和 2012 年间,"南部的巴塔哥尼亚冰原冰川每年大约变薄 6 英尺。"③

欧洲

正如世界各地大多数冰川一样,欧洲的冰川自 20 世纪 80 年代以来一直在加速融化。世界冰川监测服务中心的主任,威尔弗里德·黑伯里说,科学家们

---

① "在秘鲁,最大的热带冰川每年以 200 英尺的速度在退缩,""Mongabay 网站",2007 年 2 月 19 日;"冰川后退,抹去历史气候纪录",《科学新闻》,2009 年 2 月 14 日;贾斯廷·吉利斯:"根据暖化迹象,安第斯山脉 1,600 年之久的积冰在 25 年内融化了",《纽约时报》,2013 年 4 月 4 日;吉利斯:"研究显示温度与秘鲁冰川的增长和退缩的联系",《纽约时报》,2014 年 2 月 25 日,指的是贾斯廷·S. 斯特鲁普和梅瑞狄斯 A. 凯利等人的文章,"库里卡里斯注出冰川,奎卡亚冰帽,以及秘鲁安第斯山脉在全新世后期的波动",《地质学杂志》,2014 年 2 月 24 日。

② 科尔曼:"安第斯冰川的退缩";乔·罗姆:"玻利维亚有 1 万 8 千年历史的嘉卡塔雅冰川消失了,"《世界谷物》,2009 年 5 月 8 日;伊丽莎白·罗森塔尔:"在玻利维亚,水和冰表现了气候变化,"《纽约时报》,2009 年 12 月 13 日;科尔曼:"安第斯冰川的退缩"。

③ "巴塔哥尼亚冰川迅速融化,"《科学美国人》,2012 年 9 月 6 日。

相信,欧洲的冰川仅在过去的 8 年里质量就融失了四分之一。①

阿尔卑斯山:欧洲环境局 2009 年的一份报告说,"自 1980 年以来,阿尔卑斯山的冰川融失了剩余冰的 20—30%。2013 年炎热的夏季,使得阿尔卑斯山剩余的冰川实体融失了 10%。"这些数字表明,阿尔卑斯山冰川的退缩,"远远超过可被视为自然气候变化一部分的那一背景率。②

根据 2012 年的一份报告,"自 1850 年以来,欧洲阿尔卑斯山冰川已消失了一半体积,"而且这一消失的过程并不是稳定的:"自 1980 年以来,欧洲阿尔卑斯山冰川的融化加快了,在不到 20 年的时间里,冰川的冰融失了 10—20%。"③对于欧洲来说,继续的融化好几方面都是极端有害的。欧洲环境局在 2010 年声称:

> 阿尔卑斯山是欧洲的一个标志性符号。虽然是欧洲的主要旅游胜地之一,但它所能提供的却远胜过任何度假目的地之所能。欧洲淡水的 40% 都来源于那里,为欧洲低地地区数千万人提供了用水。难怪有时阿尔卑斯山被称为"欧洲的水塔"。这淡水不仅对于 8 个高山国家十分重要(它们是奥地利,德国,法国,意大利,列支敦士登,摩纳哥,斯洛文尼亚,以及瑞士),对于欧洲大陆的广大地区也是十分重要的。④

欧洲有些部分特别依赖阿尔卑斯山来的水。比如米兰,都灵这样的城市,高达 80% 的用水都来自阿尔卑斯山。⑤

比利牛斯山脉:欧洲冰川最快的融化,一直发生在西班牙的比利牛斯山脉。根据世界冰山监测服务处 2009 年的一份报告,在过去的一个世纪里,比利牛斯山脉几乎融失了冰川冰的 90%。威尔弗里德·黑伯里说,以这样的速度,这些冰川有可能在几十年内全然消失。《卫报》2009 年的一份报道说,这一夏季主

---

① 朱丽叶·乔伊特:"专家警告说,本世纪中叶很多冰川将融化,致使海平面升高,"《卫报》,2009 年 1 月 8 日。

② "区域气候变化及其适应:阿尔卑斯山面临水资源变化的挑战,"《欧洲环境局》,2009,32;鲍勃·伯温:"由于欧洲的阿尔卑斯山冰川的融化,一处奥地利的山峰也几乎无冰了","气候动态"网站 2012 年 9 月 10 日。

③ 伯温:"由于欧洲的阿尔卑斯山冰川的融化。"

④ "阿尔卑斯山:今日欧洲气候变化的影响,"《欧洲环境局》,2010 年 3 月 22 日。

⑤ "阿尔卑斯山:山中的人与压力:一瞥的事实,"阿尔卑斯公约的常设秘书处,2010 年。

要水源的消失,对西班牙的农业会有严重的影响。①

非洲

气候变化也在威胁非洲的冰川,包括其最著名的那一冰川。

乞力马扎罗山:欧内斯特·海明威的一篇名为"乞力马扎罗山的雪"的小说使得这座山——非洲最高的——出了名。然而,这山上的雪实际上却是冰川,而且这些冰川正走向消亡。朗尼·汤普森几十年里不断去坦桑尼亚研究乞力马扎罗山冰的融失。最近他说,"不幸的是,在接下来的几十年里,它会继续完全依旧地融失。"②

对于乞力马扎罗山冰川部分的消失,阿尔·戈尔的处理,是他的电影《令人不安的真相》中给人印象最深刻的片段。也许,部分地由于这个原因,那些竭力怀疑戈尔的全球暖化会造成巨大影响那一说法的人,才试图力辩道:虽然乞力马扎罗山冰川退缩了,但这却并不该归于人类的影响。但他们的这一辩护并不成功。

那些认为可对冰川消失作别样解释的人认为,以下这一事实可反驳戈尔(以及联合国政府间气候变化专家小组)的观点:乞力马扎罗山冰川的退缩始于19世纪,而当时并无任何明显的人为的暖化。这一说法后来与别的理论结合起来了,特别是这样一种观点:降水减少了,于是,由于一种所谓的"升华"过程,冰就可能消失。在"升华"过程中,冰在很干很冷的条件下会不融化而蒸发。然而,这一理论并不符合事实。③

肯尼亚山:虽然乞力马扎罗山是最有名的非洲山,至少对西方人来说是如此,但另外一些冰川覆盖的山对于非洲人却更重要,诸如非洲的第二高山,肯尼

---

① 吉尔斯·特里姆勒特:"气候变化损毁西班牙的冰川,"《卫报》,2009年2月23日。

② 约翰·罗奇:"乞力马扎罗山的雪于2022年完蛋?"《国家地理新闻》,2009年11月1日。

③ 升华理论至少与三个事实不合。首先,即便更干燥的条件可用来解释乞力马扎罗冰川在19世纪末的退缩,它也不能解释这一退缩何以可能达到实际上的消失。第二,乞力马扎罗冰川的退缩与全球暖化有关,这一理论符合这个事实:气候的暖化已造成全球冰川的退缩。第三,有1万1千年历史的乞力马扎罗冰川曾经受住了多次降水的波动,其中包括大约发生在4000年前的一次持续300年之久的干旱。乞力马扎罗山的冰川一直在消失,不仅如此,许多其他的气候现象——诸如更热的天气,正在消失的海冰,以及更极端的天气——也在显示人类影响的后果。在这种情况下仍认为乞力马扎罗冰川的消失与人类的影响无关,这是不近情理的。

亚山。但它目前处于深度麻烦之中。莱斯特·布朗写道："肯尼亚山的 18 处冰川已失去了 7 处。靠这些冰川滋养的当地河流渐成季节性河流,这使得在旱季依赖它们供水的两亿人彼此发生冲突。"[1]

非洲的阿尔卑斯山：非洲第三高的山是斯坦利山,它是乌干达鲁文佐里山脉的一部分,有时被称为"非洲的阿尔卑斯山"。在当地语言中,"鲁文佐里"的意思是"造雨者"。但科学家们说,在 20 年内,它的 43 处冰川"将成为赤裸的岩石"。这使得一位英国的登山运动员说："一想到我可能有的子孙将再也无法看到冰雪覆盖的山峰,我就遗憾得很。"更严重的是,持续的水供应即将丧失,这"已经影响了农业的收成,降低了水力发电厂的发电量,"乌干达马凯雷雷大学的一位教授说。[2]

亚洲

单是根据依赖冰川的人数,亚洲的冰川就是最重要的。

印度尼西亚：巴布亚新几内亚岛上的查亚峰是印度尼西亚最高的山,是最高的岛山,是安第斯山脉和喜马拉雅山脉之间的最高点。汤普森曾在 20 世纪 70 年代研究过该山,然而,2010 重返那儿的两周期间,他却天天遭逢大雨。这是他从未在冰川经历过的事。"这些冰川正在死去,"汤普森说。"原来我还以为它们还有几十年,但现在我得说,它们没有几年好活了。"[3]

这处冰川更说明了这一事实：世界各地的冰川正在融化。然而,正如冰川国家公园里的那些冰川,印度尼西亚的冰川并不给人提供大量的水。亚洲的水主要是由喜马拉雅山脉的那些冰川,以及,更广泛地说来,"第三极"的那些冰川提供的。

喜马拉雅,西藏高原,以及第三极冰川：这三个名字,喜马拉雅冰川,西藏高原冰川,以及第三极冰川,被人们以不同的方式使用着。

---

① 布朗：《计划 B4.0》,56 页。

② "鲁文佐里山脉,'非洲的阿尔卑斯山'正在融化,"《新视角》(乌干达),2014 年 3 月 16 日;约翰·维达尔："在非洲的那些被遗忘的冰川彻底融化之前,赶紧将它们绘制在地图上",《观察者》,2012 年 6 月 2 日。

③ 罗宾·麦克道威尔："数年内印度尼西亚的最后一处冰川将会融化,"美联社,2010 年 7 月 1 日。

· 有的文章把第一和第三个名称等同起来,说"喜马拉雅山的冰川就是第三极的冰川。"①

· 有的文章则把第二和第三个名称等同起来,用"第三极冰川"来指"西藏高原上的冰川。"②

· 有的文章径直就说"喜马拉雅冰川",似乎这是个包容性的术语,但随后却又提到"喜马拉雅山和西藏高原的冰川。"③

· 另一些人把"印度库什喜马拉雅冰原"一语用成一个包容性的术语,根据它,这一冰原——"两极之外最大的冰体"——包括喜马拉雅和第三极。④

· 另有其他的人则称"西藏高原和附近地区的"冰川。⑤

可以说,最后一种说法,即汤普森和姚檀栋(青藏高原研究所所长)的说法是最恰当的。简·邱在《自然》杂志中解释道,该说法是一个简称,它代表的是"西藏高原和相邻的山区,喜马拉雅山脉,喀喇昆仑山,帕米尔高原和祁连山。"这个地区形成了"一个所谓的第三极区域,它是10万平方公里冰川的所在地,那些冰川为亚洲大约14亿人供水。"⑥

"第三极"一语指的是这一事实:这个区域有世界上第三大的冰体,它包括成千上万的冰川,估计从1.5万到4.5万。这些冰川储存的可用淡水比任何其他山脉所存的都多(格陵兰冰原和南极冰原的淡水一直不可用)。依赖它们供水的人数,从"数亿"增加到简·邱所说的14亿,后来又增加到"30亿。"⑦

如同世界上大多数的冰川一样,这些冰川的质量正在减少。然而,联合国政府间气候变化专家小组2007年的一份报告却错误地说,"喜马拉雅山的冰川正在迅速退缩,其速度胜过世界上任何其他地区的。如果地球照目前的速度继

---

① "喜马拉雅山的气候变化","Navdanya网站"。

② 简·邱:"以第三极为研究目标的冰河学家",《自然》,2012年4月2日;"西藏高原,'亚洲的水塔'","西藏第三极网站"。

③ 奎林·希尔迈尔:"对冰川的估计应小心翼翼",《自然》,2010年1月21日;杰弗里·利恩:"科学家们说:不管怎么说,喜马拉雅冰川在迅速融化",《科学》,2012年7月27日。

④ 丹增·洛布:"西藏:第三极和喜马拉雅山脉",西藏网站。

⑤ 姚檀栋,朗尼·汤普森等人:"不同的冰川现状与青藏高原及其周围的大气环流",《自然气候变化期刊》,2012年7月15日。

⑥ 简·邱:"西藏冰川迅速收缩",《自然》,2012年7月15日。

⑦ 希尔迈尔:"对冰川的估计应小心翼翼";莫伊尼汉:"西藏的气候变化:亚洲的河流处于危险中。"

续暖化,那么到 2035 年(也许更快),这些冰川极有可能消失。"①

联合国政府间气候变化专家小组(IPCC)给出这一说法时,一反常态地依赖了某一流行杂志的一位科学家的评论,该杂志并非一个科学期刊,该评论也未经同行评审。尽管这个错误是被同行气候科学家发现的,而不是那些否认全球气候暖化的人发现的,但后者却利用它来大谈一个新的气候丑闻,所谓的"冰川门事件"。他们中的有些人甚至宣称,喜马拉雅冰川不是在退缩,而是在膨胀。②

然而,大量的科学研究显示,这些冰川确实在退缩,尽管不如 2007 年 IPCC 的报告所说的那样快。比如,2010 年"怀疑科学网站"就说,"卫星和现场检测观察到,喜马拉雅冰川正在加速消失。"此外,IPCC 的主席拉津德·帕乔里也说过,"在科学上人们一点也不怀疑,喜马拉雅山脉的冰川正在快速地融化,然而它们极不可能在最近几十年内消失。"③

无论如何,由于这些第三极冰川对如此多的人是重要的,它们的崩解就会是一场无与伦比的灾难。姚檀栋在 2012 年曾说过,"这些冰川的大多数正在迅速收缩",不仅如此,他还说,"冰川退缩的速度加快了。"对于姚来说,这远不只是一个学术问题:"高原地区冰川的全面收缩,"几年前他说,"将逐渐导致一场生态浩劫。"④

在 2012 年,冰川迅速收缩的问题需要讨论,因为在该年早些时候,有人就报道说,"美国航空航天局'重力恢复和气候实验项目'的卫星,经 7 年的观测后提出,高纬度的亚洲冰川总地说来在融失冰,但其速度只是以往估计的 1/10,而西藏高原上的冰川实际上却在膨胀。"与此相反,姚檀栋和汤普森领导的一项研究却报告说,在过去的 30 年里,有 82 处冰川退缩,其中喜马拉雅山脉的冰川退缩得最快。(喜马拉雅山脉应理解为西藏高原周围、一起构成"第三极"地

---

① 摘自希尔迈尔的"对冰川的估计应小心翼翼"。

② 约翰·库克:"喜马拉雅冰川:IPCC 如何犯错,科学又是怎么说的",《怀疑科学》,2010 年 9 月 17 日;弗莱德·皮尔斯:"针对 IPCC 的冰川融化说,争论更热烈了",《新科学家》,2010 年 1 月 11 日;理查德·特里朱佩克:"全球暖化的教条在冰川门事件中破灭了",《网上首页杂志》(Frontpagemag. com),2010 年 1 月 27 日;"啊呀!地球上的冰川在膨胀,不是在退缩!"《精明博客》(Astute Blog),2010 年 3 月 12 日;卫斯理·史密斯:"全球暖化的说法是歇斯底里:喜马拉雅冰川在膨胀,而不是在退缩!"《国家评论》,2011 年 1 月 28 日。

③ 库克:"喜马拉雅冰川:IPCC 如何犯错,科学又是怎么说的",《怀疑科学》,2010 年;希尔迈尔:"对冰川的估计应小心翼翼"。

④ 杰克·菲利普斯:"据研究:喜马拉雅山冰川在加速融化",《大纪元时报》,2012 年 7 月 22 日;简·邱:"第三极",《自然》,2008 年 7 月 24 日。

区中的一部分）。①

莱斯特·布朗说过："世界从未面临过像亚洲高山冰川的融化那样的对粮食生产的可预见巨大威胁。"②所以，之所以应停止排放二氧化碳入大气，最重要的理由之一便是，为了挽救10—30亿亚洲人的水资源，他们要利用这些水来饮用、灌溉，和发电。③

积雪

2007年《纽约时报杂志》的一篇标题为"将来会越来越干旱"的报道，专门谈了积雪逐渐消失的问题。2012年的一项研究称，积雪是"数十亿人饮水和农业灌溉的来源"④。这是个问题，斯坦福大学的教授诺亚·德芬葆福说，因为持续的全球暖化会使得积雪在今后30年里明显地收缩。高山积雪——在高纬度累积起来的一层一层的雪——对于含有50%世界人口的地区（包括欧洲，中亚，和美国西部）是十分重要的。在美国西部，大约有7000万人从冬季的积雪中获得年供水的60%至80%。⑤

全球气候模型预计，如果我们依旧我行我素，到2050年美国整个西部的积雪将减少70%（这主要是因为更多的降水会是雨而不是雪）。加利福尼亚是美国大部分粮食的产地，也是世界第六大农业出口地，它极大地依赖来自落基山脉和内华达州山脉积雪所融化的水。事实上，加利福尼亚大约三分之二的用水来自内华达山脉的积雪。在太平洋西北，从1950年到1997年，积雪减少了15%—30%。⑥

2011年美国地质调查局的一项研究说，部分积雪融失的原因"可归于自然的年代际变化，"然而"20世纪末积雪30%至60%的减少，却可能应归于温室气

① 简·邱："西藏冰川迅速收缩"；姚檀栋，朗尼·汤普森等人："不同的冰川现状与青藏高原及其周围的大气环流"，《自然气候变化期刊》，2012年7月15日。

② 简·邱："西藏冰川迅速收缩"；布朗：《计划B4.0》，68页。

③ 贾韦德·莱加里："气候变化：冰川融化，能源前景堪忧"，《自然》，2013年11月15日。

④ 乔恩·哥特纳："将来会逐渐干旱，"《纽约时报杂志》，2007年10月21日；罗布·乔丹："研究显示：气候威胁着数十亿人的淡水资源，积雪"，斯坦福森林环境研究所，2012年11月11日。

⑤ 乔丹："研究显示：气候威胁着数十亿人的淡水资源，积雪"；乔罗姆："美国地质调查局称：全球变暖使得落基山脉积雪融失，800年来所未有，威胁到西方的供水"，2011年6月13日。

⑥ "加利福尼亚的农场和葡萄园会因气候暖化而受到威胁，美国能源部长警告说"，《洛杉矶时报》，2009年2月4日。

体的排放。"①

湖泊与河流

2010 年《国家地理杂志》发表了一篇文章（"全球暖化使湖泊沸腾？"），根据其报道的一项研究，世界最大的湖泊在过去的 25 年里，温度上升达华氏 4 度（摄氏 2.2 度）。这很重要，因为湖泊生态对温度很敏感，所以，正如该篇文章的一位作者说，"温度的一点小小变化，可造成明显的后果。"②

大湖

北美大湖可作为重要例子：苏比利尔湖，密歇根湖，休伦湖，伊利湖和安大略湖。

> 大湖流域聚集着美国十分之一以上的人口，和加拿大四分之一的人口。加拿大整个农业生产的几乎 25%，美国农业生产的 7% 都位于这个流域。③

这五大湖区包括了北美表面淡水的 80% 多，这为 4000 万人提供了饮水和农业用水。但是五大湖区的将来却不容乐观。2013 年美联社的一篇报道说：

> 五大湖中有两个已达到有记载以来的最低水位，据美国陆军工程兵团说，比十多年低于正常的降雨降雪、加快蒸发的更高温度还要厉害。……其余的湖——苏比利尔湖，伊利湖，以及安大略湖——其水位也大大低于平均数。

地区兵团的流域水文局长说，"我们正处于一种极端的情况中。"④

这种极端情况是由几个因素造成的，其中包括疏浚和自然循环。但是，美

---

① 格雷戈里·佩德森等人："最近北美山脉里的积雪减少的反常性质，"《科学》，2011 年 7 月 15 日。
② 理查德·A. 洛维特："全球暖化使湖泊沸腾？"《国家地理新闻》，2010 年 12 月 2 日。
③ 《五大湖，"导言：大湖"》，美国环境保护局。
④ "两大湖降至有记载以来的最低水位，"美联社，2013 年 2 月 5 日。

联社的报道表示,核心的原因却是气候变化的两大特征:干旱和高温;前者显然意味着更少的降水,后者则促使了蒸发。由于更高的温度,2012 年大湖区表面只有 5% 结了冰,而在 30 年前,冰的覆盖面却高达 94%。缺少冰的覆盖,这就意味着大湖因为蒸发而失去了更多的水,因为较之以往,更多的水暴露在阳光之下。此外,更高的温度也加快了蒸发的速度,促使了可产生有毒藻青菌的海藻的生长。[1]

科罗拉多河以及米德和鲍威尔湖

"蜿蜒曲折的科罗拉多河,以及它的那些众多的从落基山脉到亚利桑那南的人造水库",米歇尔·瓦恩斯在 2014 年《纽约时报》的一篇文章中写道,"正在被 14 年的干旱消耗。"结果,"曾经宽阔蔚蓝的河流在很多地方被缩小成了阴暗的棕色细流。水库的容量降到不足原来的一半。"这些水库中,最重要的是米德湖和鲍威尔湖。[2]

米德湖是美国最大的水库,它是由于顽石大坝(如今的胡佛大坝)的修建而形成的,该大坝完工于 1936 年。逆流而上大约 180 英里就是鲍威尔湖,美国的第二大水库,它由格兰峡谷大坝拦河而成,完工于 1966 年。这些大坝控制着科罗拉多河的水流,以利于 7 个州度过夏季和干旱期——亚利桑那,加利福尼亚,科罗拉多,内华达,新墨西哥,犹他,以及怀俄明。对于这些州,科罗拉多河是一条生命线。

这些大坝也可进行水的分配,以便这 7 个州以及墨西哥(科罗拉多河止于该国)得到它们公平的份额。这是通过协商而决定的,主要是通过《科罗拉多河协议》。这个协议大家共同遵守了 80 年,但到了 2013 年,垦务局却削减了鲍威尔湖水流的 9%,于是便减少了注入米德湖的水量,因而使得从拉斯维加斯到洛杉矶诸城的用水减少。垦务局还说,2015 年它可能会削减下游几个州的水量。[3]

如果米德湖水位继续下降导致了水的配额制,加利福尼亚将不会立即受到

---

① 马特·卡斯帕:"气候如何损害着大湖,其环境意义和经济意义,""气候动态"网站,2013 年 1 月 18 日;"两大湖降至有记载以来的最低水位。"

② 米歇尔·瓦恩斯:"科罗拉多河的干旱迫使人对美国作痛心的估算",《纽约时报》,2014 年 1 月 5 日。

③ 同上;汤姆·肯沃西:"这两个水库如何成了广告牌,宣传气候变化怎样伤害美国西部","气候动态"网站,2013 年 8 月 12 日。

这一举措的影响。因为,根据几十年前达成的一项协议,亚利桑那州的用水配额减少一半时,加利福尼亚州的配额才会受到影响。然而,城市和农民业已受到影响。2014 年初,加利福尼亚水资源部就对"服务于 2,500 万居民和 75 万英亩农田的地方机构"削减用水。随后,2014 年 7 月,米德湖下降到历年最低水位。[1]

此外,情况可能会变得更糟,正如"许多专家所相信的,"瓦恩斯写道,"目前的干旱只是一个预报,它预告了一个更干旱的新时代,在那个时代,科罗拉多河流的流量将大幅度地、永久性地减少。"乔·罗姆就是这些专家中的一员,我们在第三章列举过他对美国西南部"灰盆化"的预言。[2]

当然,对于科罗拉多河及其湖泊(除了米德湖和鲍威尔湖,还有其他 8 个)的不良预后,当然将要追溯到积雪的情况。落基山脉积雪的减少可能意味着,2009 年美国国家科学院院刊的一份报告说,到 2050 年,科罗拉多河在 60% 至90% 的时间里,不能全额供应分配的水。[3]

含水层

世界天然的地下水库被称为"含水层",它们使得世界各地的"荒原开花"——也就是说,它们使得人可以在原本不可能的地方从事农业。但是现在,世界各地的含水层被消耗殆尽。

地下水的枯竭源自多种原因,其中包括由于人口过剩和无谓的灌溉而引起的过分抽取。然而气候变化引起的干旱,或依赖冰川的某条河流的断流,或导致植物枯死、土壤干裂的罕见酷热,这些都会导致对地下水的过度抽取。另外,由于大水引起的洪灾,海平面的升高,以及更大的风暴潮,各国的含水层正在遭到污染。[4]

---

① 瓦恩斯:"科罗拉多河的干旱";伊恩·洛维特:"酷热迫使加利福尼亚对地方机构关闭水龙头",《纽约时报》,2014 年 1 月 31 日;肯·克拉克:"米德湖达到最低水位","准确天气网站"(Accu Weather. com),2014 年 7 月 11 日。

② 参见,瓦恩斯:"科罗拉多河的干旱";乔·罗姆:"澳大利亚东部发生'灰盆化'——下一站就是美国西南部","气候动态"网站,2009 年 9 月 24 日。

③ 迈克·斯塔克:"研究称:到 2050 年科罗拉多河可能会缺水",美联社,2009 年 4 月 21 日。

④ 理查德·G. 泰勒等人:"地下水与气候变化",《自然气候变化》,2012 年 12 月 3 日;"地下水的耗失与气候变化有关",《每日科学》,2013 年 1 月 25 日;罗伯特·波:"过度使用及气候威胁奥加拉拉含水层","莫里斯新闻服务网站",2006 年 8 月 6 日;"水处于十字路口",《自然气候变化》,2012 年 11 月 25 日;"气候变化威胁饮水,因为上升的海水渗入了沿海的含水层",《每日科学》,2007 年 11 月 7 日;"地下水耗失与气候变化有关。"

除开这些,现在还有一个致使含水层枯竭的原因:即开采油和气的"水力压裂开采法"(这在 18 章要讨论),这种开采法要耗用大量的水。2014 年的一份报告说,"水力压裂开采法在美国最干旱的地方消耗水"。更有甚者,用于压裂的水被彻底破坏,再也不能进入水的循环了。[①]

显然,所有的这些原因都导致科罗拉多河流域水的耗失。研究者最近发现,这一耗失中的"惊人的"75% 是来自地下水源。[②]

最大的地下水库之一,就是从德克萨斯到南达科他州的高原之下的奥加拉拉含水层。"截至 20 世纪 70 年代,"弗莱德·皮尔斯写道,"曾有 20 万口水井,为美国 1/3 的灌溉农田供水。"这些灌溉农田为世界各地的市场供应粮食。然而现在,奥加拉拉的水被耗尽,许多井开始干枯。2013 年《纽约时报》的一份报道说:

> 横亘在含水层上面的广袤的德克萨斯农田再也得不到灌溉了。在堪萨斯的中西部,含水层上 100 英里长的一幅农田,高达 1/5 的业已干涸。地下水一旦用尽,就永不再来。重新让含水层填满水,即便不需要数千年,也需要数百年。[③]

类似的事情也发生在其他国家。比如,皮尔斯在以立方公里为单位来讨论水时(一立方公里等于二千六百四十亿加仑),报道说,印度每年抽的地下水,比回填的水多出 70 立方公里;巴基斯坦每年多抽出 35 立方公里。更有甚者,"中国的华北平原,这个世界上人口最多的国家的粮仓,地下水的水位每年下降超过 1 米。"沙特阿拉伯,在短短的 40 年里几乎抽尽了沙漠下的庞大水储备。对于撒哈拉大沙漠下的地下水,利比亚也在干着同样的事。[④]

在《满满的地球,空空的盘子》一书中,莱斯特·布朗写道:"面临着地下水位的降低,却没有任何一个国家动员起来节约用水,以期不超过含水层的可持续供应量。除非我们清醒地看待我们所冒的风险,不再任性地不顾这些威胁,

---

① 简·戴尔·欧文:"水力压裂开采法的长期代价是惊人的","气候动态"网站,2013 年 3 月 19 日;乔·罗姆:"遭罹干旱的新墨西哥农民抽干含水层,卖水换取压裂开采法","气候动态"网站,2013 年 8 月 5 日;苏珊妮·戈登伯格:"报道显示,压裂开采法是在美国最干旱的地区消耗水",《卫报》,2014 年 2 月 5 日。

② "卫星显示,干旱的美国西部耗尽地下水",美国航空航天局,2014 年 7 月 25 日。

③ 弗莱德·皮尔斯:"从后代抢夺水",《国家地理新闻》,2012 年 11 月 30 日;米歇尔·瓦恩斯:"水井干涸,沃土变沙漠,"《纽约时报》,2013 年 5 月 19 日。

④ 皮尔斯:"从后代抢夺水"

否则,我们就会像那些早期文明一样,不能扭转破坏粮食经济的那些环境趋势。"①

结论

水的情况现在显然是可怕的,而且肯定会变得更糟。这是气候变化的最大威胁。水的短缺肯定会逐渐引起生死问题,除此而外,它还搅扰着各种企业,正如 2014 年《金融时报》的一篇标题为"一个无水的世界"②的文章所报道的。水的短缺也会逐渐引起冲突。人们一旦充分认识到,水比石油更宝贵,我们可以想象,上个世纪发生的争夺石油的冲突会演变而为争夺水的冲突。这是我们在本书第 9 章要讨论的一类冲突。这一冲突会糟糕到何种程度,这取决于我们到底是采用计划 B,A,还是 C。

计划 B,A,和 C

计划 B

实行计划 B,就是要大而快地降低二氧化碳的排放——与此同时,还要采取其他明确的措施来保护、甚至增加我们的水供应,诸如清理河道和湖泊,禁止任何浪费水的举措,不准使用水力压裂开采法,不准过度抽取地下水,以及实行人口零增长政策。即便采取这一计划,在美国和世界其余部分的很多地区,淡水的可用性仍将不断丧失,因为气候变化所形成的力学规律已深入到地球的运行过程中。但是,计划 B 会防止水的短缺造成文明的崩溃。

计划 A

实行计划 A 会意味着继续我行我素,直到将来在有些地方完全无计可施。澳大利亚和美国西南部,包括加利福尼亚,将成为沙漠,无法维持城市和农业。在其他地方,冰川和积雪几乎消失,那意味着,在春末和夏季,即最需要淡水的时候,淡水却无法得到。没有充足的淡水,数十亿人会死,最后,大多数人会死。

---

① 莱斯特·布朗:《满满的地球,空空的盘子》,18 页。
② 莱斯特·"一个无水的世界",《金融时报》,2014 年 7 月 14 日。

计划 C

根据计划 C,社会应等着瞧,在采取任何实际行动之前,看一看那些可怕的预言(诸如本章中所说的那些)是否兑现。然而,那些预言已经开始兑现了,而且,全球进一步暖化会更悲惨地使它们兑现得更加明显。有一项多国项目,研究的是全球暖化对人类社会意味着什么,根据该研究,一点点暖化就会使得缺水大大地严重:世界上现有 4.5% 的人处于长期的或绝对的水短缺,但只要全球平均温度上升 5 分之 1 度(摄氏),这个数字就会上升到 19%,如果再上升 1 度,这个数字就会上升到 29% ——几乎是全人类的三分之一。①

再者,如果迟迟不作出决定采取行动,就来不及阻止全球平均温度上升到比前工业时代温度高出 4 摄氏度(或更多)。由此看来,计划 C 与计划 A 最终也无甚区别。

结论

所以,计划 B 是唯一合理的,也是唯一道德的方法。

---

① 奎林·希尔迈尔:"世界暖化引起的水风险",《自然》,2013 年 12 月 31 日;杰夫·斯普罗斯:"全球不需变暖多少就可使水更加短缺","气候动态"网站,2013 年 12 月 17 日。

7. 食物短缺

美国西部以及从北达科他州到德克萨斯州的半干旱地区,将变成半永久性的干旱区。……加利福尼亚中部的山谷再也不能得到灌溉。食品价格将上升到历史上的最高。

——詹姆士·汉森:《纽约时报》,2012 年 5 月 9 日

"海洋继续酸化,其速度前所未有。"
——2013 年,关于"一个高浓度二氧化碳世界中的海洋"的第三届研讨会

正如我们在"导言"所看到的,莱斯特·布朗在 2009 年十分严肃地问道:"食物匮乏会弄垮文明吗?"《科学美国人》认真地对待了这一提问,将他的文章发表了。同年,约翰·贝丁顿,英国政府的首席科学家,警告道:2030 年,世界将面临由食物、水、能源的短缺构成的一场"十足的风暴"。"会出现惊人的问题,特别是水和食物。"[1]

2011 年,联合国前秘书长科菲·安南说,气候变化引起的温度上升和水短缺,正对粮食生产造成浩劫般的影响。"然而至今为止,"他说,"我们这一代——我这一代——领导人,包括这儿的那些美国领导人,尚无眼光或勇气去处理它。"几乎 10 亿人尚无食物保障,安南说,"这简直是一种昧着良心的道德失败。"2012 年,乐施会的一份报告,"气候变化与食物保障"说:"越来越多的人挨饿,这可能是气候变化对人类产生的最野蛮的影响之一。……在一个气候失控的将来,食物保障,其前景是暗淡的。"[2]

---

[1] 莱斯特·布朗:"食物匮乏会弄垮文明吗?"《科学美国人》,2009 年 4 月 22 日;伊恩·桑普尔:"首席科学家警告说,2030 年世界将面临一场'十足的风暴',"《卫报》2009 年 3 月 18 日。

[2] "安南:气候变化对于世界粮食供应的影响是浩劫般的,"美联社,2011 年 11 月 10 日;亚当·郭力克:"在斯坦福大学,科菲·安南警告说,如果气候变化继续,世界上会有更多的人挨饿,会有政治骚乱,"《斯坦福报告》,2011 年 11 月 11 人;"气候变化与食物保障:穷人前景黯淡",《国际乐施会》,2012 年 9 月 5 日。

在他 2012 年的《满满的地球,空空的盘子》一书中,莱斯特·布朗打一开始就说:"世界正在从一个食物充足的时代过渡到一个食物短缺的时代。"布朗所说的这一过渡是很明显的。20 世纪的下半叶,"美国农业界的主要问题是,生产过剩,大量的粮食剩余,粮食如何进入市场。结果,世界上挨饿的人数减少了。然而现在,由于气候变化以及人口的不断增长,挨饿的人数增多了,粮食的库存耗尽,于是,"世界现在是活一年算一年,总是希望生产足够的东西来满足增长的需要。"①

2013 年,《卫报》博客作者纳费日·阿姆德发表了一篇文章,标题为"土壤峰值"。该文根据的是世界资源研究所的一份报告。联合国预计,到 2050 年,世界人口可达 93 亿,据此该报告说,"全球可用食物的热量,在 2006 年的基础上应增加 60%,"然而气候变化将会导致粮食生产的下降,而不是上升。阿姆德结论道:"如果我们不改变路线,这个 10 年,就会发生历史上的全球食物重大事件。"②

2014 年,IPCC 的一份报告强调了这同一对比——气候变化导致全球农产品的下降(也许每 10 年下降 2%),而与此同时,世界却会增加 20 亿需要填饱肚子的人。乔·罗姆特别留意到了 IPCC 报告中的这一警告:"食物体系的崩溃与气候暖化、干旱、洪水、降水变化及降水过多,有密切关系"。他强调了该报告中的这一说法:气候变化"业已降低了食物供应的安全。"③

二氧化碳在大气层中的含量仍在增加,至今尚未得到控制。这将是造成全球食物短缺的一个越来越严重的因素。继续上升的二氧化碳含量会通过两种方式造成食物短缺:(1)造成更多的气候变化;(2)增加海洋的酸度。

二氧化碳所引起的气候变化对食物生产的影响

本节要讨论前几章关于全球食物供应的含义。

---

① 莱斯特·布朗:《满满的地球,空空的盘子》(纽约:W. W. 诺顿,2011 年)1—5 页。

② 纳费日·阿姆德:"土壤峰值:工业文明已到自我吞噬的边缘,"《卫报》"地球景象"博客(Earthsight Blog),2013 年 6 月 7 日;"创造一个可持续的食物未来(1):伟大的平衡行动,"《世界资源研究所》,2013 年。

③ 凯蒂·瓦伦丁:"食物短缺却胃口大开:泄露的 IPCC 报告证实,气候变化将缩减世界的食物供应,"2013 年 11 月 4 日;乔·罗姆:"保守的气候研究小组警告说,世界将面临'食物体系的崩溃'和更剧烈的冲突,""气候动态"网站,2014 年 3 月 30 日。

极端天气(普遍意义的)

约翰·波德斯塔是克林顿总统第二任的幕僚长,后来成了奥巴马总统过渡团队的联席主席。他在 2010 年写道:"由于严重歉收而造成的食物短缺,将会更频繁地发生。而且,由于更多的人易于遭逢极端天气事件,恢复起来就需要更长的时间。"①

2011 年,乐施会发表了一份报告,标题是"极端天气威胁着食物保障:2010年—2011 年是否是将来受苦和挨饿的征兆?"根据该报告,极端天气业已使数百万人处于饥饿之中,罗姆认为,该报告就是"年度气候报道。"他说,乐施会的报告"表明,数次极端天气事件自 2010 年以来,是如何造成了地方的、地区的,以及全球的食物无保障的。"②

2012 年,乔治·蒙比尔特给一篇报道安上这样的标题:"如果极端天气成为常态,挨饿就不远了。"2013 年,英国全国农民协会主席,彼得·肯德尔说,极端天气是对农业的最大威胁,使得它无力养活国家。"温度稍稍升高一点没关系,"肯德尔说,"但极端天气事件却把农业完全扼杀了。"③

2014 年彭博社发表了一篇文章,标题是"极端天气使农民遭殃粮食歉收"。该文章开始就说:

> 三年前,华北雨水过少,今年 5 月却雨水过多,这使庄稼受损,于是,作为世界第二大玉米生产国的中国,变成了一个粮食净进口国。……2012 年是英国有记载以来雨水第二多的一年,农民们无法在泥泞的土地上种庄稼,这削弱了国家的小麦生产。④

热

2009 年《科学》杂志上的一篇文章说,"人们更关注亚热带农业所受到的更

---

① 约翰·D. 波德斯塔和杰克·考德威尔:"即将到来的食物危机",《外交政策》,2010 年 8 月 26日。

② "极端天气威胁着食物保障:2010 年—2011 年是否是将来受苦和挨饿的征兆?""乐施会媒体简报"(Oxfam Media Briefing),2011 年 11 月 28 日;乔·罗姆:"年度气候报道:气候暖化造成的干旱和极端天气已对全球食物保障形成主要威胁,""气候动态"网站,2011 年 12 月 21 日。

③ 乔治·蒙比尔特:"如果极端天气成为常态,挨饿就不远了,"《卫报》2012 年 10 月 15 日;达米安·卡林顿:"全国农民协会声称极端天气对英国农业构成最大威胁,"《卫报》,2013 年 7 月 28 日。

④ 参见布莱恩·K. 沙利文等人:"极端天气使农民遭殃粮食歉收",彭博社,2014 年 1 月 17 日。

多的干旱威胁,却常常忽略了热带和亚热带地区季节性平均温度变化的潜在影响。"①文章的主要作者,大卫·巴蒂斯提说:"人们将重点强调气温对全球粮食生产的影响。"暂时的热浪就已致死了大量的作物(欧洲 2003 年的热浪使作物死了多达 36%),那么,一个其平均温度相当于今天的最热的夏天的世界,"肯定会考验全球生产足够食物的能力。"②

巴蒂斯提文章发表后的那几年,几乎像是专门安排来印证它的说法:

· 2010 年俄罗斯发生了史无前例的热浪,期间,全国庄稼损失了 17%,单是小麦就损失了 30%。这一损失使得俄罗斯停止了一年的粮食出口。③

· 2011 年,莱斯特·布朗报道说:"作物生态学家发现,每当温度上升,超过最适度 1 摄氏度,粮食收成便要减少 10%。"④

· 2013 年,世界银行警告说,在撒哈拉以南的非洲地区,越来越高的温度和干旱使得主要作物玉米不可能在目前 40% 的农田里苗壮生长;炎热将毁灭大幅的放牧牲畜的热带稀树大草原,或至少使其退化。同样,堪萨斯州立大学的研究人员也得出这一结论:只要温度再升高 1 摄氏度,该州的小麦收成就会降低 21%。⑤

· 2014 年初,巴西热得如此过分,乃至酷热(加上长期的干旱)烤焦了放牧的田野,导致巴西牛肉(主要是由牧草饲养而成)的价格上涨到历史最高峰。⑥

温度升高也可使水温太高,使海产品和淡水产品受影响,因而影响食物供应。比如,2013 年的一项对加利福尼亚本地鱼的研究就预言,人们如果依旧我行我素,该州的 121 种淡水物种就会灭绝 82%。2014 年,由于缅因湾水温上升

① 大卫·巴蒂斯提和罗莎蒙德·L.内勒:"历史性的警告:将来的食物保障将受到前所未有的季节性热浪的威胁",《科学》,2009 年 1 月 9 日;"2100 年热带地区将面临食物危机,""斯坦福新闻",2009 年 1 月 8 日。

② 大卫·巴蒂斯提和罗莎蒙德·L.内勒:"历史性的警告:将来的食物保障将受到前所未有的季节性热浪的威胁"。

③ "极端天气威胁食物供应","乐施会媒体吹风会",2011 年 11 月 28 日。

④ 莱斯特·布朗:"上升的温度化掉了全球食物保障",国际新闻社,2011 年 7 月 6 日。

⑤ 菲奥娜·哈维:"世界银行警告说,世界上最穷的人会感受到气候变化的冲击",《卫报》,2013 年 6 月 19 日;杰夫·斯普罗斯:"只要上升 1 度,就会削减堪萨斯小麦产量的 1/5","气候动态"网站,2013 年 9 月 5 日。

⑥ 格尔森·小弗雷塔斯:"酷热烤焦牧场,巴西牛肉价飙升",彭博社,2014 年 2 月 4 日。

太高,虾赖以生存的微小生物无法生存,因而缅因州的捕虾季节也就没有了。在加利福尼亚,由于水温太高,鲑鱼便开始死亡,于是人们用卡车将上百万的奇努克鲑鱼运往海洋。①

干旱

正如在第三章指出的,罗姆在 2011 年写道:"干旱是气候变化造成的最具压力的问题。……本世纪中叶,面临迅速恶化的气候,养活 90 亿人将是人类遭逢过的最大挑战。"就在那年,乐施会报告说,东非遭逢干旱,致使"1300 多万人陷入危机。"乐施会还报告说,由于阿富汗严重的旱情,人们面临食物短缺,因为他们的靠雨水养活的小麦苗 80% 由于缺雨而死去。②

2012 年,一份由利兹大学领头的报告警告说,亚洲严重的干旱可能会使食物危机一触即发——在 10—15 年内。它说,危机将源于中国,印度,巴基斯坦和土耳其,因为它们是小麦和玉米的主要生产国。报告的作者之一说:"当我们发现对食物保障的威胁如此迫近,我们的工作竟使我们自己也吃了一惊。严重的干旱,其越来越大的风险,离中国和印度只有 10 年之遥。"③

2014 年,炎热和干旱使巴西的肉牛惨遭劫难,同时,这两者也使世界第三大粮食供应国阿根廷的玉米作物遭到浩劫。④

根据本书第 3 章引用过的 2012 年联合国的一份声明,"干旱是发展中国家食物短缺的唯一最普遍原因。在 20 世纪,干旱造成的死亡胜过了任何其他自然灾害。"就在那年,美国的干旱使得农业部发布了有史以来最详尽的灾情报告,它包括了几乎美国的 1/3 的县,涉及 26 个州。⑤

---

① "气候变化可能会使加利福尼亚当地的鱼灭绝 82%",《每日科学》,2013 年 5 月 30 日;乔安娜·M. 福斯特:"2014 年缅因湾的捕虾季节已经没有了",2013 年 12 月 4 日;凯蒂·瓦伦丁:"由于水温太高,鲑鱼河里的鲑鱼在死去","气候动态"网站,2014 年 7 月 28 日。

② 乔·罗姆:《自然》发表了我的一篇文章,该文谈的是灰盆化以及它对食物保障的巨大威胁","气候动态"网站,2011 年 10 月 26 日;"极端天气威胁食物供应","乐施会媒体吹风会",2011 年 11 月 28 日。

③ "研究显示:如果气候政策不改变,食物危机将发生于下一个 10 年,"世界科技研究新闻资讯网,2012 年 9 月 12 日。

④ 休·勃朗斯坦:"分析——阿根廷玉米作物遭干旱打击;收成无望,"路透社,2014 年 1 月 14 日。

⑤ "世界水日","联合国水机制",2012 年 3 月 22 日;"全球几乎有 8 亿 7 千万人慢性营养不良——新饥饿报告","粮食与农业组织",2012 年 10 月 9 日;达希尔·贝内特:"美国宣布,自然灾害的最大面积是干旱造成的,"《大西洋线》,2012 年 7 月 12 日。

风暴

飓风和引发洪水的极端降水,是两类对农业最具破坏力的风暴。人们预计,它们会更严重,且发生得更频繁。这将对粮食生产发生重大影响,如果过去的经验可用作指导的话。

引发洪水的极端降水:联合国秘书长潘基文把 2010 年巴基斯坦发生的大洪水称之为他所见过的"最严重的灾害"(见第四章)。据时代杂志报道,它损害的庄稼估计价值达 2 亿美元。该杂志还说,"大约 1,700 百万英亩的农田被淹没,10 万动物被淹死。"这一破坏是一场浩劫,因为"巴基斯坦大约四分之一的经济,以及几乎一半的劳力都要依赖农业。"[①]

据乐施会报告,2011 年 8 月和 10 月间,强劲的季风雨"泛滥于东南亚大面积的盛产大米的地区——包括泰国,柬埔寨,越南,老挝,缅甸和菲律宾。"这些洪水对该年的稻田是一场浩劫;在泰国这个世界最大的大米出口国,这些雨"造成了这个国家有史以来最昂贵的自然灾害。"[②]

飓风:一项对 1998 年飓风米奇所造成的损害的总结说:

> 洪都拉斯的作物至少 70% 被毁。……尼加拉瓜的大豆,甘蔗和香蕉作物被夷为平地。……萨尔瓦多多达 80% 的玉米作物被毁。咖啡种植园和甘蔗作物严重受损。

2009 年,缅甸的气旋纳尔吉斯"在它所袭击的三角洲,杀死了四分之三的牲口,其海水涌浪盐化了百万英亩的稻田。"

2012 年飓风艾萨克毁坏路易斯安那州的作物,造成大约 1 亿美元的损失;飓风桑迪"肆虐加勒比海部分地区,引起了人们对食物短缺的担忧,那里的人们此前已在担心食物供应能否保证的问题。"在海地,"高达 70% 的作物——比如

---

① 参见胡安·科尔:"巴基斯坦从未发过的大洪水:不必留意,它不重要,""汤姆报道网站",2010 年 9 月 9 日;"联合国秘书长潘基文:巴基斯坦发生的大洪水是我所见过的最严重的灾害,"美联社,2010 年 8 月 15 日;奥玛尔·沃赖奇:"巴基斯坦的洪水威胁经济和总统,"《时代报》,2010 年 8 月 17 日。

② 参见:"极端天气危及食物保障,"乐施会;杰夫·马斯特斯:"泰国的洪水是历史上费钱最多的,""旺德博客",2011 年 10 月 14 日;记者 Suttinee Yuvejwattana 和苏彭纳布尔·素万纳吉:"Kittiratt 说,泰国的'危机'可能会蔓延至曼谷",彭博社新闻,2011 年 10 月 11 日。

玉米,鳄梨,香蕉和大蕉,被化为乌有。"[1]

海平面上升

沿海的食物供应特别遭到威胁的三个国家是:孟加拉,越南,和埃及。

孟加拉国:IPCC 说,"由于全球海平面的上升,孟加拉国估计会失去最大数量的耕地。海平面只要上升 1 米,该国的土地就会被淹没 20%,"因为该国的种庄稼的土地,大部分只略高于海平面。更有甚者,还不待它被淹没,海水的渗透就会使得它含盐太高而不宜种粮食。"整个西南地区的曾经肥沃的土地,现在已变成了一大块盐水沼泽,那里什么植物也不能生长,"一位农民说,"我们不能种水稻和任何蔬菜。椰子树和香蕉树正在死去。甚至 10 年前都还是那么甜蜜爽口的椰子水,现在也变苦了。"环保科学家联盟的一个报告说,"到本世纪中叶,300 多万人注定要直接受到海平面上升的影响。……大约到 2100 年,孟加拉国会失去它 1989 年所有的土地面积的几乎 25%。"[2]

人们并不能迁移到更高的地方去,以应付这一困难,因为孟加拉国的一亿四千两百万人被锁定在一个非常小的空间:其面积大约相当于纽约州,而人口却相当于全美国的一半。根据两位德国学者的文章:"孟加拉国不剩下任何空余的空间了;它的邻国印度,业已在担心孟加拉国过去和现在的非法移民了。"[3]

越南:奥林·皮尔奇和罗布·杨格写过:"在亚洲的很多地区,水稻作物会因为海平面的上升而遭到毁灭。……海平面上升 3 英尺就会毁掉越南一半的水稻产量"(越南是世界主要的水稻生产国之一)。越南的稻田会被毁掉,因为,由于其长长的海岸线,"它的人口的 74% 都生活在低洼地区,比如受到海平面上升威胁的沿海平原,河流的三角洲。"结果,"越南会面临全球海平面上升的最具

---

① "飓风米奇:损害和损失报告,"国家气候数据中心,国家海洋和大气管理局;"气旋纳尔吉斯",《纽约时报》,2009 年 4 月 30 日;珍妮特·麦康瑞希:"飓风艾萨克造成路易斯安那州作物的损失,估计高达 1 亿美元",美联社,2012 年 11 月 9 日;唐娜·鲍沃特:"遭逢桑迪袭击后的海地面临食物短缺",《电讯在线》,2012 年 10 月 31 日;"飓风桑迪摧毁加勒比海地区作物",《国际农用化学品》杂志,2012 年 10 月 31 日。

② "孟加拉国:上升的海平面威胁农业,"联合国人道主义事务协调办公室,"综合区域信息网"(IRIN),2007 年 11 月 1 日;"孟加拉国,恒河布拉马普特拉河三角洲",环保科学家联盟,"气候热点"。

③ 参见,索尼娅·布岑盖格尔和布丽塔·霍斯曼:"孟加拉国的海平面上升:一个现象,众多后果",《德国观察》,2004 年。

毁灭性的后果。"①

主要的问题在于,湄公河三角洲这个越南的"粮仓"正在盐化。据 2011 年《卫报》的一则报道:"广阔湿润的三角洲地区是 1700 多万人的家园,那些人数代以来都依靠该地区的数千条河流休养生息。而现在全球暖化造成了海平面的上升,使得河流的含盐量升高,威胁着数百万贫穷农民和渔民的生活。"这一盐化尤其影响了水稻的产量。2009 年的一份报告说,如果世界继续排放大量的二氧化碳,海平面就会继续升高,盐水会淹没该三角洲的几乎三分之一。②

埃及:埃及正在经历与孟加拉国和越南同样的问题,这说明海平面上升所威胁的不单单是亚洲国家的食物供应。据联合国人居署说,海平面只要上升 20 英寸左右(50 厘米)(人们预计 2040 年就会达到这个程度),"埃及北部沿海地区和三角洲地区就会有 200 万人被迫抛弃家园"。除了迫使这些人迁移,海平面的上升还会降低埃及养活日益增长人口的能力:

> 整个三角洲的农民正在因上升的水位而丧失作物,因为含盐的海水污染了地下水,使得土壤贫瘠。这特别令人担忧,因为几乎一半的埃及农业——包括小麦,水稻,玉米,和棉花——都是在三角洲地区进行的。③

水的短缺

"在致使世界食物供应萎缩的所有的环境因素中,"莱斯特·布朗说,"最直接的是水的短缺。在一个 70% 的水被用于灌溉的世界来说,这可不是件小事。"但各种水资源都一直在减少。④

冰川:正如我们在第六章看到的,全球暖化引起南美的"冰冻水塔""欧洲的水塔""非洲的阿尔卑斯山"以及"第三极冰川"的融化。在某个时候,这些洲会为生产它们的人口所需的粮食而感到困难。

---

① 罗布·杨格和奥林·皮尔奇:"海平面会升多高? 准备好 7 英尺,"《环境》360,2010 年 1 月 14 日;汤姆·纳林等人:"上升的海平面在何地威胁着人类和自然环境?"《美国地理学家协会》,2010 年。

② 基特·吉勒特:"越南的粮仓遭到上升的海平面威胁,"《卫报》,2011 年 8 月 21 日;马万·莫甘·马卡尔:"海平面上升威胁湄公河流域水稻",国际新闻社,2012 年 4 月 17 日。

③ 乔纳森·斯波伦:"上升的海平面威胁着埃及数百万人,""The National 网站",2008 年 11 月 20 日。

④ 莱斯特·布朗:"食物匮乏的地缘政治学"。《明镜周刊》在线,2009 年 2 月 11 日。

积雪："作为支持数十亿人农业灌溉的一项基本水资源"，积雪所提供的水每10年都在减少。朱棣文任能源部部长时说过：继续实行当前的政策会导致内华达山脉积雪消失，而那里的积雪为加利福尼亚提供了大多数的水。这相当于这样一个方案，他说，"在该方案里加利福尼亚再也没有了农业。"这样一来事情就很严重，因为加利福尼亚的中央山谷"出产全美农产品的三分之一。"①

地下水：同样严重的是地下水的枯竭。莱斯特·布朗在他的2013年的一篇关于水峰值的文章中说，"含水层的枯竭现在威胁着中国、印度和美国的收成。这三处的粮食收成占世界粮食收成的一半。"说到中国，"华北平原（那里生产全国一半以上的小麦，三分之一的玉米）地下水的水位在飞快地下降。"至于印度，"那里的农民掘了2100万口灌溉井，结果几乎每一个邦的地下水位都在下降。"②

布朗又说，"公开宣称含水层枯竭会减少其粮食收成"的第一个国家，是沙特阿拉伯。20世纪70年代，沙特阿拉伯人"推行了一种靠大量补贴的灌溉农业，它主要靠从地表下半英里多的化石含水层抽水。2008年初，由于含水层大面积地枯竭，沙特阿拉伯人便宣布，从现在起到2016年，他们将逐步停止小麦生产。"于是，沙特阿拉伯将开始"进口大约1400公吨小麦、大米、玉米，和大麦。"③

沙特阿拉伯人口相对少，所以这一结果不会造成世界市场吃不消的震动。但是，如果中国或印度出现同样的问题又该怎么办呢？

二氧化碳引起的海洋酸化

"二氧化碳问题"在传统上一直被理解为这样一个事实：过剩的二氧化碳造成了全球暖化。但接近20世纪末，科学家们开始谈到第二个二氧化碳的问题："海洋酸化"（虽然这一术语到2003年才被杜撰出来）。虽然海洋酸化有时简单地就被叫做"二氧化碳的另一个问题"，但简·卢布琴科——美国国家海洋和大

---

① 同上；"人人都要从那儿得到食物"，马克·比特曼，《纽约时代杂志》，2010年10月10日。
② 布朗："水峰值"。
③ 同上。

气管理局的领导——却把它称为全球暖化的"同样邪恶的孪生子"。[①]

海洋之所以酸化,其原因是我们排放的二氧化碳中的30%都被海洋吸收了。这一吸收,降低了大气层原本会被这些排放的二氧化碳暖化的程度。这听起来远不是"邪恶的",反倒似乎是好事,所以科学家们最初集中研究的是这个益处。《发现》杂志的一篇文章就说:"这似乎如此之方便:我们的烟囱和汽车排气管排放了更多的二氧化碳到空气中,海洋便把多余的吸收了。世界上的海洋犹如一个全球性的真空吸尘器,它们直接就将大气中的二氧化碳吸收了,减缓了全球暖化的可怕后果,阻止了冰川的融化,海岸的沉没,以及极端天气造成的洪水和干旱。"然而科学家们现在知道了,海洋不可能吸收大量的二氧化碳而不留下严重的后果。[②]

海洋的酸化涉及海洋的 pH 值的变化,也就是使海水或则更碱性或则更酸性的变化。试验显示,"在 60 多万年里,海洋的 pH 值大约为 8.2(pH 值就是一个有 14 个单位的量表测量出来的某种溶液的酸度)。"然而自从工业革命以来,海洋的 pH 值下降了 0.1 个单位。那听起来好像不多,"但 pH 值是一个对数标度,所以下降的那一点点事实上代表酸度剧增了 30%"。更有甚者,IPCC 说过,如果我们依旧我行我素,pH 值会降到 7.8,"那就相当于自前工业时代以来,酸度增加了 150%。"[③]

为什么酸化具有破坏性? 二氧化碳和水结合会产生碳酸——这种成分不仅会使软饮料冒泡,还会腐蚀石灰岩而形成溶洞。与此处话题相关的地方在于,它会对有灰质骨骼——即钙化骨骼——的动物产生同样的作用,"这些动物占全球海洋生物的三分之一以上。"提高碳酸的百分比,会使得钙化生物——诸如浮游生物,珊瑚,海蝴蝶,软体动物,螃蟹,蛤蜊,贻贝,牡蛎,和蜗牛——越来越难以形成它们的骨骼。[④]

我们多数人当然特别关心我们喜欢吃的那些动物。然而对于生命循环更

---

① 凯思林·麦考利夫:"海洋的酸化:一个全球性的骨质疏松病例,"《发现》杂志,2008 年 7 月;斯科特·C.多尼等人:"海洋的酸化:另一个二氧化碳问题,"《海洋科学年度评论》,2009 年 1 月:169—192页;伊丽莎白·科尔伯特:"美国国家海洋和大气管理局的新领导论述如何在美国的气候政策中恢复科学精神,"《环境》360,2009 年 7 月 9 日;"海洋酸化:全球暖化的邪恶孪生子",《怀疑科学》,2012 年。

② 参见,谢娜·梯斥:"据研究称:卡戴珊姐妹获得的新闻报道比海洋酸化所获得的多 40 倍,"《媒体事务》,2012 年 6 月 27 日;麦考利夫:"海洋酸化";朱利安·西德尔:"海洋生物面临'酸威胁,'"BBC新闻,2008 年 11 月 25 日。

③ 麦考利夫:"海洋酸化";亚历克斯·莫拉莱斯:"由于二氧化碳的排放,海洋酸化成为 3 亿年来最快的,"彭博新闻社,2012 年 3 月 2 日。

④ "海洋酸化:全球暖化的邪恶孪生子,"《怀疑科学》,2012 年;"酸性海洋的警报,"卓越珊瑚礁研究中心,澳大利亚研究理事会,2007 年 10 月。

重要的,却是两种微细的生物:珊瑚和浮游生物,它们是海洋食物链的基础。

浮游植物

有两类基本的浮游生物:浮游植物和浮游动物,前者是微细的植物,后者则是微细的动物。最基本类型的浮游生物是浮游植物,因为它们能进行光合作用,因而是浮游动物的食物(浮游动物反过来又成为更大动物的食物)。浮游植物为生物圈提供一半的氧,除此而外,它们还,且用海洋生物学家鲍里斯·沃姆的话来说,"占全球有机物的大约一半",所以它们"为生活在海洋里的一切生物提供基本的交流媒介。"我们当然并不直接食用浮游植物,但是它们"在根本上养活了我们所有的鱼。"①

所以,海洋里浮游植物的减少,其后果是极端严重的:2010 年的一份研究已表明,浮游植物有了惊人的减少:自 20 世纪 50 年代以来,减少达 40%。"40%的下降,"沃姆说(他是该研究的作者之一),"表明了全球生物圈的一个巨大变化。"他甚至说,他还无法想象比这更大的生物变化。就 2010 年的这项研究,乔·罗姆说:"科学家可能已发现了人为的全球暖化的最具灾难性的后果。"在解释该项研究的重要性时,它的主要作者丹尼尔·博伊斯说,"浮游植物的减少,影响了食物链上的一切。"②

2013 年,进一步的研究显示,浮游植物对暖化了的水特别敏感。在一项研究中,国家海洋和大气管理局的科学家报告了浮游植物在春季里正常的大量繁衍,这给正在产卵的各类鱼提供了食物。2013 年春,北大西洋的水温升到"有记载以来的最高之一",于是新英格兰北部春季浮游生物繁盛的程度便远低于正常,"导致这些微细生物降至人们所见过的最低水平。"③

珊瑚

珊瑚形成珊瑚礁,被称为"海洋的热带雨林",因为它们为大多数的海洋生

---

① 塞思·伯伦斯坦:"作为海洋食物链基础的浮游生物正在大大减少,"美联社,2010 年 7 月 28 日;史蒂芬·康纳:"死海:全球暖化致使海洋浮游植物减少 40%","独立"网站,2010 年 7 月 29 日。

② 丹尼尔·G.博伊斯等人:"上世纪全球浮游植物的减少",《自然》,2010 年 7 月 29 日;康纳:"死海";乔·罗姆:"自然中的惊人事件:'全球暖化致使海洋浮游植物减少 40%'","气候动态"网站,2010 年 7 月 19 日。

③ "气候变化引起了对于海洋生物十分关键的食物资源的下降吗?"美联社,2013 年 11 月 25 日。

物提供了栖息地。① 由于全球暖化,它们本已受到漂白的威胁,现在却又受到全球暖化的又一邪恶孪生子的威胁。珊瑚是通过海水中的碳酸钙来形成它们的骨骼的。由于海水更加酸化,珊瑚便更难以钙化了。在过去的 30 年中,大堡礁珊瑚的钙化率下降了 40%。昆士兰大学的奥维·豪厄格－古尔伯格教授说,"关于钙化率是如何下降的,这一点人们没有太多的争论:排放更多的二氧化碳入天上的空气,它便分解在海洋里了。"②

钙化率的这一下降不仅发生在澳大利亚沿海。2013 年的一份关于加勒比海珊瑚礁的研究发现,它们当中有很多"或则已停止生长,或则即将开始腐蚀,"原因是它们难以积累足够的碳酸钙。

人们发现,新加到珊瑚礁的碳酸盐远远低于历史水平,在有些情况下甚至低了 70%。然而,珊瑚礁若要垂直地生长(那是必须的,因为海平面在升高),就须积累碳酸盐。由于珊瑚是植物,所以必须尽量接近水面,以便阳光照射到它们。该项研究的领导者说:"我们对加勒比海珊瑚礁目前生长率的估计是极令人惊骇的。"③

乔尼·克里帕斯是国家大气研究中心的海洋生物学家。她说,她首次懂得海洋酸化的紧急性是在 1998 年,当时她正参加关于这一课题的首次科学大会之一。"当她意识到迅速上升的酸性对珊瑚礁的生态系统意味着什么时,她跑进洗手间,呕吐了。"④

一个没有海产食品的世界

威胁着浮游植物和珊瑚的酸化已加快了速度。芝加哥大学的蒂莫西·伍顿教授 2008 年报告说,pH 值"的下降,比以往模型所预测的快了 10 到 20 倍。"它越是下降,像珊瑚和浮游植物这样的生物就越难钙化。二氧化碳目前在大气层中的含量大约是百万分之四百。如果它达到百万分之五百,那么,根据奥

---

① 苏珊·所罗门等人:《气候稳定的指标:几十年到千年间二氧化碳的排放、浓度及影响》,美国国家科学院出版社,2011 年;F. M. M. 默里尔等人:《海洋酸化:对付海洋变化之挑战的国家战略》,美国国家科学院出版社,2010 年。

② "当珊瑚由于条件(诸如温度、阳光,或营养品)的变化而受压,它们便排出组织中的共生藻,使自己完全变白,"国家海洋和大气管理局,国家海洋服务处:"珊瑚漂白是怎么回事?";杰夫·古德尔:"气候变化和澳大利亚的终结",《滚石》杂志,2011 年 10 月 13 日。

③ "证据明显证明加勒比海珊瑚礁的生长受到威胁,"昆士兰大学,2013 年 2 月 4 日;也参见道格·博斯特罗姆:"气候的神话:由于海平面上升,珊瑚环礁生长起来,"《怀疑科学》,2013 年 3 月 12 日。

④ 南希·巴伦:"热,酸,窒息","指南针博客",2012 年 9 月 27 日。

维·豪厄格－古尔伯格教授的说法，"海洋中就别谈钙化了。"①

如果发生这种情况，或者一旦发生这种情况，浮游植物和珊瑚就会死。而它们的死则意味着螃蟹，蛤蜊，牡蛎，扇贝等生物将消失。它们业已在消失，一年比一年快。在太平洋西北地区和不列颠哥伦比亚省，海水酸化程度厉害，乃至那里曾经繁荣一时的贝类海产品工业，现在仅能维持生计。2014年，不列颠哥伦比亚省温哥华附近一个地方的扇贝养殖者报告说，在过去的两年中，有1000万扇贝死去，死亡率高至95%到100%。②

浮游植物的消失也会导致沙丁鱼的死亡，在食物链上后者就在它们的上一级。"从加利福尼亚到加拿大，沙丁鱼群正在消失"，这造成了海狮和小海豹挨饿。褐鹈鹕也表现出饥饿的迹象，过去的4年未孵小鸟。最终，浮游植物和珊瑚的消失，将意味着所有的鱼都将消失，这正如一部影片(它的副标题是"想象一个没有鱼的世界")所强调的。"海洋酸度继续升高"，该影片的字幕警告道，"将使得世界上的大多数渔业彻底完蛋。"③

一个没有鱼和其他海产食品的世界是很难想象的。没有海产食品，地球上的人甚至更难生活：海洋是世界上最大的蛋白质来源，26亿多人主要依赖海洋提供蛋白质。除此而外，海洋还是35亿人的主要食物来源。④ 如果35亿人再也不能依赖他们一直的主要食物来源，我们又如何存活下去？"全球暖化十分严重，令人难以想象，"奥维·豪厄格－古尔伯格说，"但是，海洋的酸化甚至更严重。"⑤

然而，尽管世界各国政府多年来一直受到关于海洋酸化的警告，2010年，海洋当时的"酸化速度却居然比5500万年前快了10倍，导致海洋物种的大灭绝。"也许并非巧合，2014年，美国国家海洋和大气管理局在濒危物种的名单上新添了20个珊瑚物种。⑥

---

① 朱利安·西德尔："海洋生物面临'酸威胁'，"BBC新闻，2008年11月25日；"酸性海洋的警报，"卓越珊瑚礁研究中心澳大利亚研究理事会，2007年10月；也参见乔·罗姆："想象一个没有鱼的世界：致命的海洋酸化——难以否认，对于地球工程师更难，""气候动态"网站2009年9月2日。

② 汤姆·刘易斯："由于海洋变酸，数十亿贝类动物死亡，""每日影响网站"，2014年3月24日；兰迪·肖尔："不列颠哥伦比亚省千万扇贝的死亡应归罪于酸化的海水，"《温哥华太阳报》，"绿人博客"，2014年2月26日。

③ 汤姆·刘易斯："西海岸的海洋生物系统可能在崩溃，""每日影响网站"，2014年5月8日；《海洋的变化：想象一个没有鱼的世界》。

④ "海洋网站，联合国地球峰会20年后的里约大会：我们所要的未来，联合国；拯救海洋。"

⑤ "酸性海洋的警报，卓越珊瑚礁研究中心澳大利亚研究理事会，2007年10月。

⑥ 乔·罗姆："自然地球物理研究显示：海洋酸化速度比5500万年前快了10倍，导致海洋物种的大灭绝，""气候动态"网站，2010年2月18日；凯蒂·瓦伦丁："由于气候变化，捕鱼和污染，美国国家海洋和大气管理局在濒危物种的名单上新添了20个珊瑚物种，""气候动态"网站，2014年8月28日。

结论

在《满满的地球,空空的盘子》一书的末尾,莱斯特·布朗写道:"食物是我们现代文明中的薄弱环节——这正如它对于来去匆匆的苏美尔人,玛雅人,以及许多其他的文明也是薄弱环节一样。他们不能将自己的命运和他们食物供应的命运分开。我们也不能。"①

计划 B,A 和 C

计划 B

正如布朗和其他一些人表明的,二氧化碳引起的气候变化业已使得地球上的食物短缺更加严重。在接下来的 30 年中,气候变化将使得它更加严重。这些短缺,会因为二氧化碳引起的海洋酸化而导致的海产食品的减少,而更加恶化。计划 B 就是要尽快降低二氧化碳的排放,它会防止本世纪下半叶食物短缺的进一步恶化。

计划 A

如果继续照现在的路走,即二氧化碳的排放仍然不受控制,也许还有所增加,就会步入前所未有的悲惨境地。在很多地方,夏季的酷热将使得农业成为不可能,干旱将使得它更加糟糕。更具破坏性的降雨、洪水,和飓风将会减少小麦、水稻,以及其他作物的收成。海平面的上升将意味着,世界上大多数最富饶的土地,即便不会全部被淹没,也会因为过于盐化而不能种庄稼。在那些土地干旱的地方,越来越多的旱灾将意味着缺乏充足的水来保证收获。更有甚者,海洋不断的酸化将减少,最后将灭绝,海产食品,而那是 30 多亿人的主要食物来源。所有的这些变化加在一起,会导致一场浩劫,它会使以往的一切浩劫相形见绌。

计划 C

---

① 莱斯特·布朗:《满满的地球,空空的盘子》,122 页。

　　第三种计划可以是一些富裕国家领导人的尝试，即继续当前的作法，但同时却——如果证据证明，那些关于食物供应的不祥预言正在开始应验——筹划如何防止食物的浩劫。人们设想，可通过两种方法达到对其的防止：(1)急剧地减少二氧化碳的排放，让大气中多余的二氧化碳散逸；(2)应用气候工程学的方法更快地排除二氧化碳，扭转海洋的酸化。

　　然而，二氧化碳在很长一段时间内都不会消散；也无证据证实，环境工程的方法对于处理过剩的二氧化碳会起很大的作用(参见本书第 10 章)；而且人们一致认为，对于海洋的酸化我们确实无能为力。[①] 所以，计划 C 可能会有同计划 A 一样的结果。

结论

　　如果我们要防止一种威胁文明的食物浩劫，我们必须实行计划 B。

---

　　①　参见"海洋酸化对环境工程控制下的气候稳定的敏感性"。该文说，"本文的结论支持这一观点：气候工程不能解决海洋酸化的问题"，达蒙·马修斯等人，《地球物理研究通讯》，2009 年 5 月；也请参见乔·罗姆："想象一个没有鱼的世界：致命的海洋酸化——难以否认，对于地球工程师更难，但却并不难制止——这是纪录片的主题。""气候动态"网站 2009 年 9 月 2 日。此外，有些国家的科学院——包括中国和美国的——宣布，"海洋酸化至少在数万年内是不可逆的"；"中国科学院大气物理研究所对海洋酸化的说明，"国际科学院，国际问题小组，2009 年 6 月。

8. 气候难民

"如果让气候变化遵循当前的路径发展下去,那么它会迫使从未有过的那么多人迁居。"

——亚伦·萨阿德:"气候变化,被迫的迁居,以及全球社会公正,"2010 年

"史无前例的气候变化最先影响的是那些最无经济能力应付的国家。具有讽刺意味的是,它们却是对最初的气候变化最无责任的国家。"

——卡米洛·莫拉

"气候难民"一语之所以最近被人广泛使用,主要是由于这三部纪录片:《气候难民》,《旭日东升》和《岛国总统》。①

"环境难民"一语显然于 1976 年首次为莱斯特·布朗所用,而"气候难民"(指的是一类特殊的环境难民)一语却显然首次出现于世界观察研究所 1988 年的一篇论文中。② 气候难民,正如该术语的字面意思,指的是那样一些人,他们由于气候影响造成的环境改变而被迫离开家园,迁居别地。

然而,"气候难民"一语是有争论的,主要是因为它未被国际法律承认。1951 年日内瓦关于难民地位的公约,只规定保护那些因为害怕国家所领导的迫害而逃离家园的人。"气候难民"一语的恰当性将在本章第二部分讨论。现在,我们使用它,权且当它是没有问题的。

我们在前面诸章所讨论过的由于气候的影响而导致的任何变化,都可造成气候难民。但本章只讨论造成气候难民的主要原因:海平面的上升。

---

① 《气候难民》(2010 年),迈克尔·纳什执导,莱斯特·布朗等人主演;《旭日东升》,珍妮佛·雷德费恩执导;《岛国总统》,乔恩·申克执导。

② 莱斯特·布朗等人:"人口问题的 22 个方面,"《世界观察》,1976 年;乔迪·雅各布森:"环境难民:检测可居住性的尺度,"《世界观察》,1988 年。

特别易受海平面上升祸害的国家

人们好久以来就在讨论,海平面的上升会导致很多人流离失所,这可能会是今后几十年内出现的一个问题。然而,有些人已经需要迁移了,还有的人在作迁移的准备,另有一些人——如果人们仍然我行我素地排放二氧化碳——在本世纪的某个时间就需要迁移。这里我要从很多易受海平面上升祸害的国家中选出几个来讨论,以三个岛国开始。

卡特里特群岛

纪录片《旭日东升》拍摄的是小小的卡特里特群岛,它的人口最多只有2600人。《纽约时报》2009年的一篇写它的文章是这样开始的:"卡特里特群岛,位于巴布亚新几内亚大陆东北,岛上椰林摇曳,从林间望去,海面成青绿色,一望无际。这似乎是风景怡人的世外桃源。"然而作者却继续写道,由于海平面的上升,卡特里特群岛不再是田园风光的了。①

2009年的一篇文章开始时这样写它:"卡特里特群岛的人们正在迁居,实际上他们全体都在迁居":

> 他们正被迫迁移他们的整个社会,放弃使他们成为一个独特民族的大多数东西。这既不是因为战争,也不是因为饥馑或疾病,而是因为气候的变化。卡特里特岛人并不愿意在关于全球暖化的全世界争论中充当海报上的人物,然而,在这样一种趋势中(据联合国说,这一趋势在本世纪中叶影响的人会多达两亿五千万),他们却成了首批气候难民。②

是否会有那么多人将如之此快地受到影响,这可能尚有争论。但毫无疑义,气候难民的人数将继续上升,特别是,如果二氧化碳的排放不急剧减少的话。

---

① "气候变化引起的迁徙已开始——但几乎没有人注意到它,"《卫报》,乔治·蒙博特的博客,2009年5月8日。有的文章所提供的人口数要少些,有时是1700人。但珍妮佛·雷德费恩(她是《旭日东升》的导演)却说"2000至3000。"(布瑞恩·克拉克·霍华德:"旭日东升:近看世界的首批气候难民,""每日绿色网站",2009年7月8日);尼尔·麦克法夸尔:"难民被列入气候变化所引起的问题,"《纽约时报》,2009年5月29日。

② 霍华德:"旭日东升"。

卡特里特人将因为气候变化的原因而被迫离开家园,这显得特别残酷,因为他们没有做过任何事情促使气候变化。他们不仅没有公路和机场,"他们甚至很少用电。他们居住在茅屋里,地板就是沙地,主要靠自己收获的海产品和自己在花园里种的蔬菜为生。"①

然而,这一文化的自给自足却被上升的海面毁灭了。由于海水的渗入,人们的习惯性食物——面包果,香蕉,椰子——再也长不好,难以补充他们的海产食品饮食。主持岛民迁移的厄休拉·拉科娃说,"海洋曾经是我们的朋友,现在却基本上是在摧毁我们人民的生命。"除了毁坏他们的食物,海洋现在开始使他们恐惧了。在所谓的"国王潮汐"季节(从 11 月到 3 月),浪潮变得更高了。一位健康专家说,"住在这些环形礁上真是令人害怕,大浪随时都可能将我们席卷而去。"②

在 2008 年的"国王潮汐"期间,这一恐惧大得多了。正如《旭日东升》的导演珍妮佛·雷德费恩解释的,"去年的 12 月,他们遭逢非常高的潮汐,海水淹没了他们的土地。他们的花园……被毁了,有的变成了携带疟疾病菌的蚊虫的繁衍之地。"这些岛上的人对岛有强烈的依恋之情。2016 年,只有三户人接受了迁居的帮助。在影片《旭日东升》中,一个部落酋长说,"他宁可同岛一起沉没,也不愿离开。"但是,2008 年"国王潮汐"季节之后,750 人签字同意迁移。③

卡特里特人遭逢的命运让我们预先知道了,如果继续当前的做法,很多其他有海岸线的国家将会面临什么样的命运。

马尔代夫

纪录片《岛国总统》是关于马尔代夫总统穆罕默德·纳希德的。一篇评论该纪录片的文章将马尔代夫描绘为"由蔚蓝印度洋上 1200 个美得令人窒息的小岛组成的群岛。"《华盛顿邮报》的一篇报道说,该国以"豪华的度假胜地,水肺潜水胜地,高档蜜月胜地而闻名于世。"然而,头篇文章却以这样的话结尾:"马尔代夫是最经不起气候变化的国家之一。"其理由是,全国 80% 的地方高出海平面都不到一米。群岛的大约 1200 个小岛中,约有 200 个一直有人居住,但

---

① "巴布亚新几内亚态度","基思·杰克逊及朋友网站",2011 年 8 月 18 日。
② "巴布亚新几内亚:世界第一批气候'难民'",综合区域信息网,2008 年 6 月 8 日。
③ "巴布亚新几内亚";尼尔·麦克法夸尔:"难民被列入气候变化所引起的问题,"《纽约时报》,2009 年 5 月 29 日。

是到 2012 年,已有 14 个被放弃了。①

2008 年,穆罕默德一获选总统就警告说,国家将被上升的海面淹没,除非迅速采取行动降低碳的排放。他举行了一次水下内阁会议,与会人员都穿着水肺,以此来象征政府承诺的责任。

纳希德特别支持将全球二氧化碳的水平降低到 350ppm. 的运动。他呼吁富裕国家带头努力降低碳的排放。他说,"每一个富裕国家都应懂得,这不同于以往发生过的任何事情。"②

《岛国总统》这部关于纳希德的纪录片,集中纪录了他的两种努力,一是努力在马尔代夫(它经历了 30 年的专制体制)建立民主,二是企图将他的国家从"上升海水的危险中拯救而出。"纳希德的政治生涯始于"他 20 年的反抗穆蒙·阿卜杜勒·加尧姆残酷政权的民主运动;在该期间他遭多次逮捕、酷刑,以及 18 个月的禁闭。"在这个过程中纳希德赢得了"马尔代夫曼德拉的绰号。"③

他努力让世界减少温室气体的排放。这一努力的高潮表现在 2009 年哥本哈根举行的气候变化谈判上。像许多其他的人一样,纳希德认为成功是绝对必要的。他说,如果联合国不能签署一个减少碳排放的承诺,他们实际上签署的就会是一个"全球自杀条约"。对这些谈判,科学家,环保主义者,以及岛民们本来是寄托了很大希望的,但结果却令人失望。据称,纳希德是最卖力的,竭力要使哥本哈根会议成功。尽管那次会议所获微乎其微,主要成果却应归功于他。④

哥本哈根会议之后,纳希德继续了一个两步计划,以拯救他的国家:一方面他相信,马尔代夫和其他岛国能干的最重要的事情,莫过于成为碳中性国家,以此作为榜样,让大国遵循。他保证使用风能和太阳能,以便在 10 年内让马尔代夫成为碳中性国家。此外,他还说服了其他 11 个国家也这样做,并组织了一个

---

① 莫林·南迪尼·米特拉:"一位领袖的战斗,为了他的人民免于沦为气候难民"(电影评论:"岛国总统"),《地球岛》季刊,2012 年 3 月 2 日;西蒙·德尼尔:"被罢免的马尔代夫总统说,政变煽动起了激进的伊斯兰教",《华盛顿邮报》,2012 年 4 月 19 日;"马尔代夫总统:澳大利亚应为气候难民做好准备,"对气候变化的回应,2012 年 2 月 13 日。

② "马尔代夫政府以水下会议强调气候变化的影响。"《每日邮报》,2009 年 10 月 20 日;米特拉:"一个领袖的战斗";"马尔代夫内阁到水下举行正式会议","350. org 网站",2009 年 10 月 17 日;"马尔代夫总统:澳大利亚应为气候难民做好准备,"对气候变化的回应,2012 年 2 月 13 日。

③ 米特拉:"一个领袖的战斗";德尼尔:"被罢免的马尔代夫总统"。

④ "纳希德担心哥本哈根的'自杀条约,'"法新社,2009 年 11 月 9 日;约翰·维达尔和阿莱格拉·斯特拉顿:"低目标,目的下降:哥本哈根谈判以失败告终,"《卫报》2009 年 12 月 18 日;乔斯·加曼:"哥本哈根—历史性的失败,将遗臭万年,""独立"网站,2009 年 12 月 18 日;乔治·蒙比特:"气候变化的启示当其在过去持续时是有趣的,但现在它却是死的",《卫报》2010 年 9 月 20 日;米特拉:"一个领袖的战斗";查尔斯·莫里斯:"岛国总统:气候变化的真正后果,"《全国天主教记者报》,2012 年 6 月 7 日。

"易遭气候危害国论坛"。[①] "一群易遭气候危害的发展中国家,承诺努力成为碳中性国,"纳希德说,"这会给外部世界传递一个响亮的信息。"另方面,由于意识到拯救像马尔代夫这样的低地国家的努力可能失败,他宣布筹集资金,以为他的人民购买一个新的家园。[②]

然而,2012 年的一次政变(显然是前总统组织的)使他下了台。[③] 他后来试图重新获选总统,但没有成功,显然是由于选举中有诈。[④] 纳希德的梦想于是破灭,这一令人惋惜的故事说明,世界上很多政治家都更倾向于看重眼前的政治角逐,而不顾自己的国家可能会完蛋的命运。

孙德尔本斯地区

孙德尔本斯位于恒河三角洲,部分在孟加拉国,部分在印度的西孟加拉邦。它构成了世界上最大的红树林。(在孟加拉语中,"孙德尔本斯"意思是"美丽的森林。[⑤])

红树林不仅是形形色色动物的家园——其中包括梅花鹿,野猪,印度水獭,海龟,260 种鸟类,以及濒危的孟加拉虎——它们还是"一道生物盾牌,保护着沿海的社区,使之免受风暴潮的袭击。"然而在过去的 30 年中,18 万 5 千英亩(7500 公顷)的红树林被上升的海水淹没(其中也有沉降的因素)。恒河的这个三角洲有接近 400 万人,他们占有构成孙德尔本斯的 100 个低洼岛屿中的大约

① "马尔代夫政府以水下会议强调气候变化的影响";马特·麦克德莫特:"马尔代夫总统穆罕默德·纳希德是一个生态的摇滚明星——在哥本哈根获得满堂彩","环保狂网站",2009 年 12 月 14 日;"2009 年底,在马尔代夫政府的提倡下,'易遭气候危害国论坛'建立起来了。11 国政府 2009 年 11 月在马尔代夫首都马累附近相聚,签署了'马累宣言'",该宣言"针对人为的全球暖化所造成的气候变化和危险表示担心,并呼吁立即进行国际合作,以应对这一挑战"(发展援助研究协会:"易遭气候危害国论坛")。

② "纳希德担心哥本哈根的'自杀条约'",法新社,2009 年 11 月 9 日;"马尔代夫政府强调气候变化的影响。"

③ 布莱森·赫尔:"在枪口下被放逐,马尔代夫前总统被带到大街上,"路透社,2012 年 2 月 8 日;奥利维亚·郎:"马尔代夫民主斗士的戏剧性下台",BBC 新闻,2012 年 2 月 8 日;伊丽莎白·弗洛克:"穆罕默德·纳希德:为马尔代夫下台总统签署的逮捕令,"《华盛顿邮报》2012 年 2 月 9 日;"马尔代夫危机:联邦呼吁提前选举,"BBC 新闻,2012 年 2 月 22 日。

④ 史蒂芬·祖尼斯报道说,选举委员会宣布,高达合法选票中的 80%(媒体说是 70%)参加了投票,在亚明受欢迎的选区,投票数比合法选票多出 10%—300%("马尔代夫选举中明显的欺诈威胁着民主的前景,"《开放民主》,2013 年 9 月 16 日);"亚明赢得马尔代夫总统选举",《半岛电视台》,2013 年 11 月 16 日。

⑤ 巴哈尔·达特:"孙德尔本斯的当地人变成了气候难民",印度 CNN – IBN 电视台,2007 年 10 月 17 日。

一半。^① 这些岛屿位置如此之低，乃至它们当中有些已被淹没。根据 2009 年的一篇文章：

> 洛赫切勒岛，曾经从东方两公里以外的格拉玛岛（Ghorama）就可看见它，如今已消失在海浪之下，5 年前就被海洋征服了。它是世界上第一个因气候变化而消失的人居岛，它的消失使得 7000 人无家可归。^②

洛赫切勒岛的命运之所以广为人知，是因为 2007 年好莱坞的颁奖典礼：当时每个奥斯卡主持人——包括杰克·尼克尔森，梅丽尔·斯特里普，以及莱昂纳多·迪卡普里奥——都被给予了一个叫做"洛赫切勒岛雕塑"的小玻璃模型，以纪念该岛，"它在 2006 年，由于全球变暖，而成为第一个被上升的海水淹没的人居岛。"^③

此外，附近的格拉玛岛（从那里可遥望洛赫切勒岛）"最近 5 年已失去了三分之一的土地。"这两个岛让我们预知了整个孙德尔本斯的命运：全球海平面上升 45 厘米（18 英寸）"即可毁掉孙德尔本斯的 75%。"^④而且，尤其是，如果我们继续照现在这样排放二氧化碳的话，此事在以后的 40 至 50 年内便可发生，而很多岛远在那以前就会变得无法住人。

至于孙德尔本斯的气候难民将往何处去，这却不是个有待将来解决的问题。2009 年，据一位中学教师说，"每天至少有两百人迁往大陆。"因为大多数的难民都直奔最近的大城市加尔各答而去，故政府打出广告说："要拯救加尔各答，就得拯救孙德尔本斯。"^⑤

图瓦卢

说到海平面上升造成的威胁，媒体讨论得最多的岛国莫过于图瓦卢。确实，"世界上所有受到气候变化负面影响的国家中，没有哪个国家比图瓦卢更有

---

① "世界第一批气候难民，"《南亚生活及时势》，2009 年 4—6 月；塔克弗："在孟加拉国和印度的孙德尔本斯，红树林遭到气候变化的威胁"，"气候社团网站"，2013 年 1 月 12 日。

② 丹·麦克道尔："世界首批环境难民，"《生态学家》期刊，2009 年 1 月 30 日。

③ 艾琴特亚拉普·雷："洛赫切勒岛重又浮出水面，"《印度时报》，2009 年 4 月 3 日。这篇报道的标题指的是这一事实，即属正常的一个事实：该岛的一部分现在露出了水面。但这却并不意味着，人们可重新在岛上居住。

④ 麦克道尔："世界首批环境难民"；"世界第一批气候难民。"

⑤ 杰伊安塔·巴苏和泽珊·吉厄德："海洋的变化，""电讯"（加尔各答），2009 年 6 月 14 日。

被全然淹没的危险。"这个国家的岛海拔仅有 3 米,却又位于夏威夷和澳大利亚之间的某个地区,那里海平面上升的程度是全球平均数的 3 倍。不久,这个岛上的 1 万居民就得迁居他处了。①

孟加拉国

根据莱斯特·布朗的说法,"海平面上升威胁到最多人数的国家当属中国,那里有 1 亿 4 千 4 百万潜在的气候难民。"照布朗的说法,居于其次的是印度,孟加拉国,越南,印度尼西亚,和日本。② 毫无疑问,在这个名单上最受威胁的国家是孟加拉国。在 2012 年的一篇标题为"从南极到孟加拉国,海面上升"的报道中,艾伯特·戈尔说:"海平面上升 1 米(据有些南极专家说,2050 年就可能发生),就会导致孟加拉国的 2200 万到 3500 万人从他们现在居住和工作的地方迁走。"戈尔还说:

> 对于这个国家的拥挤在一个狭小空间的一亿四千两百万人来说,气候的变化简直就是一个难以想象的挑战。海平面上升的威胁并不简单是洪水,还有盐水的入侵,它会损害该国主要作物水稻的收成。对稻农进一步的损害很快就会导致 2000 万农民失业,迫使他们迁移到拥挤的城市。③

2013 年,《卫报》的约翰·维达尔发表了一篇报道,标题是"孟加拉国的气候难民"。在该文中他说:"许多孟加拉人已从孟加拉湾的正在消失的库图布迪亚岛,撤离到科克斯的巴扎尔(大陆上的一个城市)。"在同一天的另一篇报道中,维达尔说,在过去 20 年中,逃离库图布迪亚岛的人数是 4 万。他还说,"留在岛上的 8 万人都希望步他们的后尘。"④

然而,甚至更多的气候难民,如滚滚浪潮,已撤离了孟加拉国最大的岛,波拉岛,该岛有 200 万居民。截止 2009 年,他们当中已有 100 万人迁居孟加拉国

① "图瓦卢——气候导致迁居,""迁居方案";戴纳·纽西特利:"图瓦卢的海平面正在发生的事,"《怀疑科学》,2011 年 11 月 27 日。

② 莱斯特·布朗:"肆虐的风暴,上升的海面,使气候难民膨胀,"《世界谷物》,2011 年 8 月 16 日。

③ 艾尔·戈尔:"从南极到孟加拉国的上升海洋:上升海洋的故事,""气候现实项目网站",2012 年 1 月 31 日。

④ 约翰·维达尔:"孟加拉国的气候难民:'这是一个生死攸关的问题',"《卫报》,2013 年 1 月 29 日;维达尔:"海洋的变化:孟加拉湾正在消失的岛屿,"《卫报》,2013 年 1 月 29 日。

的首都达卡。① 据 2007 年《华盛顿邮报》的一篇文章说,这一移民浪潮始于 1995 年:

> 首都达卡的科学家们预计,孟加拉国将会有大约 2,000 万人成为'气候难民',无法在他们被水淹的土地上耕作或生存。移民已经开始。1995 年,波拉这个孟加拉国最大的岛,一半已被上升的海水吞没,50 万人无家可归。②

2009 年,达卡的 1,200 万居民中,已有 350 万人居住在贫民区。这显然是呈几何级数在增长,因为孟加拉国 1 亿 4 千万的总人口中,有 4,000 万人居住在沿海地区。国际自然保护联盟的一位代表说,"如果海平面上升 89 厘米(35 英寸),我们国家大约 20% 的土地就会被淹在水下。那样的浩劫会迫使大约 1,800 万人迁居。"③

"我们眼睁睁地看着眼前的浩劫,"一个帮助气候难民的小组领导说。他们丢失他们拥有的一切,土地被冲走了,他们也无法恢复元气了。

> 他们别无选择,只有从岛上迁走,但要迁走他们却又无钱。迁走了,他们就无学校可读书,无医院可看病,无工作,也无未来。④

由于自己本来人口就多,孟加拉国将只好请求其他国家接收那些想移民的人。萨博·侯赛因·乔杜里,孟加拉国的一位重要政治领袖曾说过:"由于气候变化的影响,孟加拉大约会有 3,000 万人要迁居。这个国家本来就人满为患,所以无法安置这些遭难的人群。"⑤

莫桑比克

在那些极受气候变化威胁的国家中,我们最后在非洲选择一个作为例子。莫桑比克本来就是一个惨遭自然灾害影响的国家,2009 年,莫桑比克国家灾害管理机构发布了一个关于气候变化所造成的后果的详细报告。联合国驻莫桑

---

① "孟加拉国的正在消失的岛屿,""You Tube 视频网站",2009 年 12 月 18 日。
② 艾米丽·韦克斯:"易遭洪水的孟加拉国有一个浮动的将来,"《华盛顿邮报》,2007 年 9 月 27 日。
③ 皮纳基·罗伊:"将来的气候难民,""气候变化媒体同仁网",2009 年 5 月 31 日。
④ 约翰·维达尔:"海洋的变化:孟加拉湾正在消失的岛屿,"《卫报》,2013 年 1 月 29 日。
⑤ 西米特·巴嘎特:"3,000 万气候难民怎么办?"《印度时报》,2009 年 12 月 15 日。

比克的协调员说，"这项研究中所说的很多情况使我震惊。"①

据该报告称，尤其令人惊骇的是，如果不立即采取行动抑制全球暖化，很多气候变化的后果，诸如气旋，洪水，干旱，以及海平面的上升，会严重地影响这个国家。"大约到2030年，"该报告说，"更严重的气旋将成为该国海岸的最大威胁。"但是从那时起，"越来越高的海面又会成为最大的危险。"②

海平面的上升到那时之所以会成为最大的威胁，其理由是多种因素的结合：该国的海岸线长达1675英里（2,700公里）；人口的60%（大约1,200万人）居住在离海岸线985码（900米）的范围内；如果人们继续我行我素，海岸会遭到进一步的侵蚀，海岸线会向内陆推进大约550码（500米）。这一连串的事态，该报告说，"对于莫桑比克可能是毁灭性的。"③

"气候难民"一语是否合适

有人争论说"气候难民"一语是不合适的。比如，有位作者在批评迈克尔·纳什的影片《气候难民》的片名时就这样写道："1951年的'难民协议'只对那样的人提供保护：他们居住在祖国之外，而且又有充分的理由害怕迫害。"这位作者说，"我们必须正确使用这一术语。"他坚持说，我们应该使用另一术语，诸如"因气候变化而迁居的人"，或"环境造成的移民。"④

这种态度很关紧要，因为政府可以此理由来否认难民身份。比如，有个基里巴斯岛的人要求在新西兰避难，他说，基里巴斯的珊瑚环礁只略高于海平面，他担心他的孩子们的未来。新西兰当局拒绝了他的申请，举出了这一事实为根据："难民协议"并未提到环境的危害。接着，这个人（他的三个孩子都出生在新西兰）便申请庇护，因为他由于气候的原因而受到被迫迁居的迫害。然而新西兰高等法院裁决说，"'被迫害'的法律概念指的是人为因素"（然而"难民协议"并未提到这一规定，海平面上升这一气候变化显然也是由于人的原因）。⑤

此话不假，关于难民的国际法确实未对因气候变化的原因而迁居的人作出

---

① "莫桑比克：对付气候变化的措施刻不容缓，""综合区域信息网"（IRIN），2009年5月28日。
② 同上。
③ 同上。
④ 戴维娜·沃德利："并无所谓的'气候难民'，""国际难民博客"，2013年1月24日。
⑤ 布鲁克·米金斯："基里巴斯人申请'气候变化难民'身份，遭新西兰移民局拒绝，"《赫芬顿邮报》，2012年9月5日；艾米丽·阿特金："拒绝承认那人自称的难民身份，法庭裁决气候变化不属'迫害'，""气候动态"网站，2013年11月26日。

规定。但这却并不意味着"气候难民"一语不可使用。这个问题非同小可，因为把难民身份给予了人，就意味着国际社会有义务去帮助他们。如果他们没有这个身份，国际社会就没有——或至少较少的——法律义务去帮助他们。

对该问题的一个明智的处理办法是 2008 年的一篇文章提出的，作者是荷兰自由大学阿姆斯特丹环境研究所的弗兰克·比尔曼和英格丽·博厄斯。文章一开始他们就指出，处理难民已是问题，而且可能成为大问题。气候变化可能会造成多少人的迁居，虽然对此大家尚无一致看法，"但大多数的事态都显现出一个总的趋势：在本世纪，全球暖化会迫使数百万人——主要是亚洲和非洲的人——离开家园，移民他地。"2011 年《卫报》的一篇报道说，"去年，在整个亚洲，有 3,000 多万人由于与环境和天气有关的灾难而迁移。"①比尔曼和博厄斯警告说，气候难民的数字将会很庞大，他们在 2008 年写道：

> 据有些估计，截止 2050 年，可能会有 2 亿人因为气候变化的缘故而被迫放弃家园。……单是孟加拉国的气候难民，就可能超过当前全世界（政治）难民的人数。……缺水和干旱也将影响数百万非洲人。……由于南美安第斯山脉冰川的融化而造成的缺水，……在 2050 年会影响 5,000 万人。②

由于联合国难民事务高级专员办事处（UNHCR）仅对那些移居他国的人才称难民，那些被迫在本国移居的人就被称为"国内迁移者"——这个称呼使得国际社团对这些人承担的责任就小于对难民承担的责任。然而比尔曼和博厄斯写道：

> 由于气候变化既会导致跨国逃离，又会导致国内迁移，所以联合国难民署对两类非自愿移民的传统区分是不恰当的。人们很难说明，一个负责保护那些因气候变化而失去家园的人的全球性机构，何以应该根据他们是否跨越了某一边界来给予他们不同的地位和称呼。

这一区分似乎显然与移民本身无关，因为，比如说，从岛上的一个渔民或拥

---

① 弗兰克·比尔曼和英格丽·博厄斯："保护气候难民：须签订全球协议来解决的情况，"《环境杂志》，2008 年 11—12 月；菲奥娜·哈维："据报，2010 年亚洲有 3000 万气候移民，"《卫报》，2011 年 9 月 19 日。

② 同上。

有土地的农民,变成大城市贫民区的一个居民,这中间就有很大的变化。鉴于这些考虑,当说到"气候难民"这一术语时,比尔曼和博厄斯就写道:

> 为1945年后获得国际关注的人们保留"难民"这一有分量的称呼,而对于另一类被迫离开家园、且承受着与前一类人同样痛苦后果的人们,却发明一些不那么合适的称呼——比如,"因气候导致的环境改变而迁居的人"——这是毫无道理的。马尔代夫环形珊瑚岛上的居民,由于有充分的理由害怕2050年被淹没,因而要求迁居,何以他们就不应得到与那些害怕政治迫害的人同样多的保护?

"所以,"他们结论道,"这才似乎是有道理的:继续使用'气候难民'这一称呼,修改联合国过时的术语,承认不同类型的难民(比如,符合1951年"日内瓦公约"的政治难民,以及符合即将制定的"气候难民协议"的气候难民。)"①

> 正如2013年的一本书《受到威胁的岛国》所指出的,目前尚不存在任何国际协议,可规定任何国家接受因气候变化而撤离祖国的人。② 拒绝把难民的身份给予气候造成的移民,这似乎意味着那些移民只好自认倒霉。然而,正如"环境公平基金会"的一份报告所说的,"那些被迫离开家园故土的人,几乎未干过任何促成气候变化的事情。"③之所以存在因气候原因而迁居的人,这主要是因为国际社会——主要是指美国和其他一些富裕国家——对于过去几十年气候科学家所发出的警告置若罔闻。富裕国家一心一意想变得更富,而且,在有些情况下,想力图变得更强大。

对于富裕国家来说,担负起责任来,这不仅仅是合适的。应该说,不这样做,就是不公平的。正如比尔曼和博厄斯所说:

> 对气候难民的保护应被视为一个全球性的问题,以及一种全球性的责任。在大多数情况下,气候难民都是穷人,对于以往温室气体的积累无多大责任。在很大的程度上,过去和现在的温室气体大多数都是富裕的工业国家排放的。正是这些国家,对于那些惨遭全球暖化影响的人,在道德上(如果不是在法律上)负有最大的责任。但这并不意味着,两亿气候难民就

---

① 同上。
② 迈克尔·B.杰勒德和安德鲁·萨宾:《受到威胁的岛国》(剑桥大学出版社,2013年。)
③ 安南·苏丹:"大规模移民:气候难民的巨大危机","地球改革",2012年8月4日。

应移居到发达国家。尽管如此,这却确实意味着,工业化国家应分担起自己的那份责任,在保护和安置气候难民的活动中应提供资金,提供支援,提供方便。①

2014 年,情况有了新的发展:2007 年,一个家庭从图瓦卢移居到新西兰。为了得到工作许可证,该家庭申请难民身份,说,气候变化使得海岸遭到侵蚀,庄稼常被淹没,岛上无法生活。虽然移民法庭 2013 年驳回了该申请,但却在 2014 年批准了它。在那个过程中,虽然它并未说,气候变化可以是获得难民身份的充分理由,但在"例外地出自博爱的考虑"而接受该申请时,它却确实说,孩子们尤其"经不起自然灾难以及气候变化的负面影响。"在写本书时,我们仍将拭目以待,是否这一决定将会为其他人打开通道,使他们至少部分地因为气候的原因而得到难民的身份。②

结论

本章集中讨论了海平面上升的问题,这即便不已经是,也似乎将注定是,造成难民的主要气候变化类型。但是,气候失调引发的其他类型的灾难,诸如干旱,飓风,洪水,淡水的短缺,以及食物的短缺,也可造成气候难民。当我们把所有的这些可能造成气候难民的原因都考虑到,气候难民的数字,如比尔曼和博厄斯所说,就可能是很庞大的。所以需要制定国际法来解决这一问题。除了扩大"气候难民"的定义,联合国还应制定一个,如比尔曼和博厄斯所建议的,"认定、保护、安置气候难民的协议",以补充关于难民身份的公约和协议。③

计划 B,A,和 C

威廉·莱西·斯温,国际移民组织总干事,曾说过,"气候变化中还有比人更重要的吗? 我认为,我们应进一步地承认,最根本的问题是,大批的人将被迫移居。"④这样说可能会更准确:人的迁移是气候变化造成的最严重后果之一。无论如何,国际社会应达成一致意见,决定如何帮助那些人,他们,由于过去几

---

① 比尔曼和博厄斯:"保护气候难民。"
② 瑞克·诺厄克:"'气候难民'的时代开始了吗?"《华盛顿邮报》,2014 年 8 月 7 日。
③ 比尔曼和博厄斯:"保护气候难民。"
④ "马尔代夫总统说,澳大利亚应准备接受气候难民,""对气候变化的回应",2012 年 2 月 13 日。

十年里国际社会未对科学家发出的警告作出反应,因而丧失了家园,丧失了生计。

同样重要的是,国际社会应克服这样一种倾向,"即,将气候导致的移民视为对安全的威胁,而不是与脆弱性,发展与公平等方面紧密联系的一种人道主义的挑战。"正是由于存在着这样一种倾向,世界施食组织,太平洋地区基督教教会大会,世界基督教协进会,才组织了一次大会。该大会发布了一种出版物,论述了教会对于气候难民应起的作用。①

除了立即设法满足迁居者的需要,国际社会最终需要对付全球暖化的问题,这才是造成气候难民悲惨命运的根本原因。就像前几章一样,我们可以考虑一下计划 B,A,和 C 可能产生的后果。

计划 B

即便明天就可消除温室气体的排放,在接下来的 30 或 40 年里,还是会有更多的气候难民,因为在整个体系中已存在着一种动力机制。然而,如果到 2020 年,这些排放大大地减少,可能于 2050 年后出现的气候难民的数量就会减少。

计划 A

如果相反,国际社会我行我素走老路,那么气候难民的数量,由于此前诸章所列举的后果,就肯定会越来越多:今日最极端的天气事件将成为"新常态";很多地方的夏天通常会比今日最热的夏天更热,热浪灼热难耐,人和庄稼都无法生存;地球的大部分地方都处于极度的干旱,种庄稼已不可能;洪水,飓风,以及龙卷风将更具破坏力;海平面的上升将破坏数千万人(最后会是数亿人)的栖息地(2014 年的一份报告警告说,下个世纪,5 亿多人将被洪水吞没②);数十亿人会缺水和食物。所有的这些理由都使得人不可能仍然居留在原来的地方,据此,需要难民身份的人,其数量可能会大于今天最悲观的估计。

计划 C

---

① 该出版物即《气候难民:迫于气候变化而迁居的人们,以及教会应起的作用》(世界基督教协进会,2013 年)。

② "新的分析显示,全球将遭逢海平面上升","气候中心网站",2014 年 9 月 23 日。

根据计划 C,我们应等待,看科学界的预言是否开始应验,然后才决定是否采取什么正经的缓解措施。然而,关于海平面上升和人迁居的预言在世界很多地方已经应验。再等 20 或 30 年,然后才开始减少二氧化碳的排放,这造成的后果可能与计划 A 所造成的不会有什么不同。

结论

据"环境公平基金会"的史蒂夫·特伦特的说法——气候变化"不仅是个环境问题,也是一个人权问题"[①]——唯一符合道德的方法就是计划 B。

---

① 史蒂夫·特伦特:"气候变化:不仅是个环境问题,也是个人权问题","环境公平基金会",2012年 12 月 11 日。

9. 气候战争

"世界正进入一个无处不资源奇缺的时代。"

——迈克尔·L.克莱尔:《争夺剩余物的竞赛》,2012 年

对于大多数人来说,气候失调之所以事关重大,是因为它对生态圈,对文明,对人的生命以及他们的社会正在,而且将越来越严重地,造成损害。然而对于那些考虑国家安全的人来说,气候失调之所以事关重大,也是因为它会以某种方式威胁国家的安全,甚至威胁整个世界政治-经济秩序的安全。本世纪,这已成为人们越来越关心的事,而且,除了前面诸章所讨论过的那些理由,这也是我们何以应该认真考虑对付气候变化的必要性的又一个理由。

这一问题,在一本多人撰写的书《气候变化与国家安全》中,被作为"气候战争"的例子而多次讨论到。该问题在格温·戴尔 2010 的《气候战争:世界超热,拼命求生存》①一书中,得到了进一步的阐释。

有人会说,这不仅是何以应认真对待气候变化的又一个理由,而且是最重要的理由。乔·罗姆早就说过,极端天气,特别是干旱和随之而来的食物短缺,对人有最糟糕的直接影响。他在 2013 年的一次讨论"致命的气候影响"的会上又说,"因农耕地和/或居住地而引发的战争、冲突、竞争"会大大地"直接或间接地影响更多的人。"②

很多政治和军事领导人都表达过这个观点:气候变化是一个安全问题。比如,国务卿约翰·克里在说到"人们尚未足够注意到的一系列共有的挑战时"就说,"这个系列中位居第一的……就是气候变化的挑战,"它"不只是一个环境问

---

① 丹尼尔·莫兰编:《气候变化与国家安全:一个国家层面的分析》(华盛顿特区:乔治城大学出版社,2010 年);格温·戴尔:《气候战争:世界超热,拼命求生存》,(牛津,环宇,2010 年)。

② 乔·罗姆:"今日的叙利亚预演了 2030 年的退伍军人节","气候动态"网站,2013 年 11 月 11 日。

题,也不只是一个经济问题,而是一个安全问题。"①

大多数共和党政治家赞赏军方,但同时又嘲笑那种过分认真对待气候变化的态度,但军方和情报部门的领导却与克里有相同观点。

　　·美军太平洋司令部司令、海军上将塞缪尔·洛克利尔说过,与全球暖化有联系的重大剧变,"可能是那种最有可能发生的事,……即对环境安全的削弱。"②下面的第一节中将会有很多类似的讨论。

　　·2009 年,美国中央情报局创立了"气候变化和国家安全研究中心"。该机构的工作被描述为"并非是研究气候变化,而是研究这些现象,诸如沙漠化,海平面上升,人口迁移,以及对自然资源更激烈的竞争等,对国家安全的影响。"当时的中情局局长列昂·帕内塔说:"决策者需要关于气候变化可能如何影响安全的信息和分析,中情局的地位便于传递这类情报。"③

　　·一个名称稍微不同的中心,"气候和安全研究中心",说,"气候变化被风险分析师称之为'高概率、高冲击'风险,意思是,它极有可能发生(概率为 90%—97%),且对安全有巨大而广泛的冲击。"④

据联合国政府间气候变化专家小组说,关注这一问题的人越来越多了。在头 4 次评估报告中,该专家小组并未讨论气候变化导致资源战争和其他形式的冲突和暴力行为的可能性。但是它的第 5 次评估报告,《2014 年的气候变化》,终于讨论了该问题,正如美联社记者塞思·伯伦斯坦所描绘的,"它将全球更高的温度和全球更大的脾气联系起来了。"该报告说,有"坚实的证据"证明,"人类的安全将因气候的变化而逐渐受到威胁。"该报告更具体地说,持续的气候变化导致的"暖化,干旱,洪水,以及反复无常且极端的降水",会逐渐"致使食物供应体系崩溃",并使得"国内战争,群体内暴力行为等暴力冲突的风险"增加。⑤

---

① 国务卿约翰·克里:"与瑞典首相弗雷德里克·赖因费尔特的谈话",美国国务院,2013 年 5 月 14 日。

② 布莱恩·本德:"美国太平洋部队首领称,气候是最令人担心的问题,"《波士顿环球报》,2013 年 3 月 9 日。

③ "中情局开办了气候变化和国家安全研究中心","中情局",2009 年 9 月 25 日。

④ 弗兰西斯科·菲米亚和凯特琳·沃雷尔:"气候与安全 101:为什么美国国家安全机构如此重视气候变化","气候和安全研究中心",2014 年 2 月 26 日。

⑤ 塞思·伯伦斯坦:"联合国报告:全球暖化使得安全危机更严重,"美联社,2014 年 3 月 30 日;纳费日·艾哈迈德:"联合国——气候变化的'大风暴'业已来临。杀死石油大亨的时刻到了","《卫报》,"洞察地球",2014 年 4 月 3 日。

本章第 1 节将总结把气候变化视为国家安全问题来讨论的一些高层报告；第 2 节将讨论对此表示怀疑的一些意见；最后一节将讨论 4 个地方，在那里，气候变化已经促成了战争，或已经是促成战争的潜在因素。

国家安全报告

本世纪有很多专门讨论气候失调对国家安全影响的特殊报告，它们都表现出对这一问题的重要性的越来越大的关注。

2004 年五角大楼报告

第一个引起明显重视的是 2004 年一份报告，它是由国防部的"尤达"①，传奇式的防务设计者安德鲁·马歇尔委派的。这一报告的标题为"突然的气候变化情况，以及它对于美国国家安全的意义"。②

马克·赫兹加德提出了一个在当时远非寻常的观点。他在《民族周刊》上写道："这一由五角大楼的精英设计小组提交的报告明确地表明，气候变化是对国家安全迫在眉睫的威胁。"③其他一些出版物中的文章也强调了这一观点。

《财富》杂志：有关这个报告的首次报道出现在《财富》杂志上，报告是有人泄露给它的。《财富》的那篇标题为"五角大楼的天气噩梦"的报道有一个摘要标题："气候可能剧变快变。那会是国家所有安全问题的根由。"

《财富》的一位作者大卫·斯蒂普解释道，这些战略策划者们的注意力"集中到了"气候快速变化的威胁："全球暖化并非缓缓地引起跨世纪的变化，而有可能将气候推向一个引爆点。越来越多的证据显示，控制世界气候的海洋－大气系统会在不到 10 年的时间里从一种状态倾斜到另一种状态——好比一条独木舟逐渐倾斜到一定程度，然后突然翻船。"五角大楼的报告，斯蒂普总结道，"可能标志着，在有关全球暖化的争论中，发生了巨大的变化。"④

---

① 《星球大战》中的主角——译者。
② 彼得·施瓦兹和道格·兰达尔："突然的气候变化情况，以及它对于美国国家安全的意义"。
③ 马克·赫兹加德："战胜危机"，《民族周刊》，2004 年 2 月 24 日。
④ 大卫·斯蒂普："五角大楼的天气噩梦"，《财富》，2004 年 2 月 9 日。

伦敦的《观察家》：伦敦《观察家》的一篇报道，将五角大楼马歇尔委派的这个报告与布什政府的态度作了对比，它的标题是："现在五角大楼告诉布什：气候变化会毁掉美国"。这个报告被布什政府扣压了几个月，是一个泄密者让它见的光。①

为何要扣押这个报告呢？据《观察家》说，其理由是很明显的：布什政府强调国家安全，却又"甚至不断否认气候变化的存在"，而五角大楼的报告"则预言，突然的气候变化会使地球陷入混乱。"说得更简洁一点："你的总统说全球暖化是个骗局，而你却发现波托马克河对面的五角大楼在为气候战争作准备。"②

斯特恩报告(2006年)

2006年的一个很有影响的报告，不是从军事的角度，而是从经济的角度，讨论了国家安全问题。该报告是世界最受尊敬的经济学家尼古拉斯·斯特恩写的，标题是"斯特恩报告：气候变化经济学"。斯特恩说，③他的报告中的所有证据"都指向了一个简单的结论"：

> 迅猛而及时的行动所带来的好处，远胜过将要付出的代价。证据显示，罔顾气候变化最终会破坏经济的生长。我们今后几十年的行动会造成风险，经济和社会活动会严重混乱。然后，在本世纪晚些时候和下个世纪，该混乱的规模会相当于20世纪上半叶世界大战和经济萧条所造成的那些混乱。④

国家安全和气候变化的威胁(CAN公司,2007年)

2007年，CNA公司——一家私人非盈利组织，以前被称为"海军分析中心"（Center for Naval Analysis）——发布了一个由其军事顾问委员会（由海军上将和将军组成）准备的报告。该报告的标题是，"国家安全和气候变化的威胁"。打一开始它就说："全球气候变化，表现为对国家安全的一种新的、类型非常不

---

① 马克·汤森德和保罗·哈里斯："现在五角大楼告诉布什：气候变化会毁掉美国"，《卫报》/《观察者》，2004年2月21日。

② 同上，引用绿色和平组织罗布·冈特伯克的话。

③ 《斯特恩报告：气候变化经济学》，"执行概要"（2006年）。

④ 同上。

同的挑战。"接着它说,"今天,人们所注视的气候变化的性质和进展,科学界的共识所预言的后果,都是严重的,对我们国家安全的潜在威胁也同样是严重的。"

该报告使用了一个可能会广为人用的术语,它说:"对于世界上一些最不稳定的地区,气候变化犹如一种促进不稳定的威胁增殖器。"为引申这一观点,它说:

> 亚、非两洲和中东的很多政府,其提供这些基本需要的能力已达极限:食物,水,住房以及社会稳定。预料中的气候变化将使得这些地区的这些问题恶化,并削弱政府的管理效率。传统的安全威胁往往是,一个单一的实体,以特别的方式、在不同的时间点发生作用。气候变化则不然,它有造成多重慢性后患的潜力,在同一时间框架内全球性地爆发。①

在一篇标题为"论风险"的文章中,戈登·沙利文将军——美国前陆军参谋长,也是 CNA 军事顾问委员会主席——对这一事实作了评论:很多人要等到对气候变化有了 100% 的确信后才会对它有所行动。根据他的军事经验,他说:"我们永不可能有 100% 的确信。……如果你要等到有了 100% 的确信才动手,那么战场上就会发生糟糕的事。②

关于对待风险,沙利文说,军事领导相当重视"低概率/高风险"事件。也就是那样的事件,它们"很少发生,但一旦发生则会有灾难性的后果。"在冷战期间,"美国的大多数防卫措施都专注于如何防止苏联的导弹袭击——这正好是对低概率/高风险事件的一个定义。"相比之下,气候变化,如果遭到漠视,就会成为"高概率/高风险事件。……如果我们继续我行我素,我们就会弄到最糟后果不可避免的程度。"③

严重后果的时代(美国战略与国际研究中心,2007 年)

也是在 2007 年,美国战略与国际研究中心发布了一个报告,标题是"严重后果的时代",副标题是"全球气候变化与外交政策和国家安全的关系"。这个

---

① "致读者",见"国家安全和气候变化的威胁",CAN 公司,2007 年。
② 戈登·沙利文将军:"论风险",见"国家安全和气候变化的威胁",CAN 公司,2007 年。
③ 同上。

标题借用了温斯顿·丘吉尔 20 世纪 30 年代一篇著名声明中的话:"因循拖延的时代……即将结束。取代它的,是一个我们正在进入的严重后果的时代。"

在作者们写的执行摘要中,他们说:"有希望的是,2007 年诺贝尔和平奖授予了副总统艾尔·戈尔和联合国政府间气候变化专家小组。这是一种明显的态度,表明对以下事实是承认的:全球暖化不仅是一种对环境的危害,也是对全球和平和稳定的深远威胁。"

"严重后果的时代"包括 3 种"未来世界"。在第 1 种世界中,有"预料到的"气候变化情况,即到 2040 年,全球平均温度会上升 1.3 摄氏度。在第二种世界中,情况会是"严重的",到 2040 年,全球平均温度会上升 2.6 摄氏度,"全球环境中大量的非线性事件,会导致大量的非线性社会事件,"世界上的国家于是"陷入大规模的变化和恶性挑战之中。"在第三种世界中,存在着"灾难性的情况",到 2100 年,全球平均温度会上升 5.6 摄氏度,会出现"几乎无法想象的"挑战,比如"农业永远瓦解,流行病猖獗,风暴凶猛异常,深度干旱,大片沿海土地的消失,海洋渔业的崩溃。这些都会使得最先进和富裕的国家极大地丧失信心。"①

2010 年四年防务评估

美国军方的原计划文件《四年防务评估》,在 2010 年首次提到了全球暖化以及它所造成的气候变化。这份报告除了阐述了以往诸报告中的很多论点,还说,"虽然单是气候变化不会引起冲突,但它却是激化不稳定或冲突的因素,使世界各地的民间机构和军方有责任作出反应。"②

2030 年全球趋势(美国国家情报委员会,2012 年)

2012 年,美国国家情报委员会(NIC)——它就在美国情报总监的办公室——发布了新一版的四年一度的报告,《全球趋势 2030》。这个报告说,"据我们谨慎的估计,10 年之内,某些气候事件"

---

① 库尔特·M. 坎贝尔等人:"严重后果的时代:全球气候变化与外交政策和国家安全的关系","执行摘要"。美国战略与国际研究中心与美国新社会研究中心,2007 年。
② 布拉德·约翰逊:"五角大楼:'气候变化,能源安全,以及经济稳定彼此紧密相连'","气候动态"网站,2010 年 2 月 1 日。

将造成严重后果,使得受影响的社会或全球的体制无力应付,也将严重影响全球安全,迫使国际社会作出反应。

这个报告还说,气候变化的后果所形成的威胁,大于恐怖袭击。[①]

2014 年四年防务评估

这一新版的评估大量重复了前一版的内容。最明显的修改就是,不再把气候变化描绘成"激化不稳定或冲突的因素",而更认为它是一种"威胁增殖器"。该报告说,气候变化所造成的压力"是威胁增殖器,它们会使国外那些造成压力的因素——诸如贫穷,环境恶化,政局不稳,社会局势的紧张——进一步恶化,成为滋生恐怖活动和其他形式的暴力活动的条件。"[②]

全球暖化,冲突,以及"气候战争"

一些大人物和大组织都将由全球暖化引起的气候变化描绘为对安全的威胁,因为它增加了冲突、甚至战争的可能性。尽管如此,有些评论者却对以下这一越来越一致的意见进行了批评:全球暖化可能引起的后果使人们更有理由认真对待气候变化。

对"气候战争"这一提法的批判

2012 年"综合区域信息网"上的一篇文章就批判了"气候战争"这一提法,说该提法把气候变化"安全问题化"了,也就是说,它"把气候变化单单视为了安全威胁,"因而把人道的责任推给了军方。[③] 我们确实应该避免在这种意义上把气候变化问题变成一个安全问题,但是"气候战争"一语却并不必然具有这一含义,人们通常也并不如此理解它。

"综合区域信息网"的这篇文章,其标题是"气候变化:超越'气候战争'的

---

① 约翰·M.布罗德:"气候变化报告概述了美国军事方面的危险,"《纽约时报》,2012 年 11 月 9 日;"新报告强调了气候变化和国家安全的联系,"《美国之音》,2012 年 11 月 9 日。

② 史蒂夫·霍恩:"五角大楼称气候影响是'威胁增殖器',会滋生恐怖主义,""desmog 博客",2014 年 3 月 5 日。

③ "气候变化:超越'气候战争'的炒作","综合区域信息网",2012 年 10 月 29 日。

炒作",把"气候战争"的提法批评为一种"危言耸听",一种"炒作"——夸大了气候变化引起战争的可能性,也许是想政治和军事领导者们更认真地对待它。①如此的夸大显然应当避免。然而,说到"气候战争"的威胁——意思是在相当程度上受到气候变化影响的战争——却并不一定含有夸大之意。"综合区域信息网"的这篇文章批判了"联合国环境规划署的一篇论文",说它"错把与气候变化有关的环境恶化,说成是苏丹达尔富尔地区冲突的根本原因之一。"该文章批评说,这个观点"企图把当地的危机过分简单化。"然而,把气候变化视为"根本原因之一",这怎么会是一种简单化呢?

当"两种或多种因素"都需要考虑时,却做了"非此而彼"的选择,这才是简单化。"综合区域信息网"本身就犯了这类简单化的错误:它赞许地引用了这一说法:"事实表明,达尔富尔危机并非气候变化的结果,而是当地的政治和社会情况所致。"显然,两者都是其原因。这正如"综合区域信息网"的一篇不同的文章所说。该文章的标题是,"苏丹:气候变化仅是达尔富尔冲突多种原因中的一种"。②

当然,此话不假:气候很少成为战争的唯一原因,无论是两国之间的战争或是一国内的战争。但是使用"威胁增殖器"——意思是,一种"可能促使很多现存的环境和资源问题恶化"的因素——就避免了这一问题。确实,自从 2007 年,CNA 军事顾问委员会使用这一说法以来,它便逐渐广为人用,比如 2014 年版的《四年防务评估》就使用了它。③

所以,那些负责国家安全的人就不应因此而无视气候战争(即气候在其中发挥了相当作用的战争)的可能性。

全球暖化引起冲突

在一篇标题为"气候战争的神话"的文章中,布鲁诺·特尔特拉伊斯批判了

---

① 同上。

② "环境恶化在苏丹造成紧张和冲突","联合国环境规划局",2007 年 6 月 22 日;"气候变化:超越'气候战争'的炒作";"苏丹:气候变化仅是达尔富尔冲突多种原因中的一种","综合区域信息网",2007 年 6 月 28 日。

③ 乔安娜·I. 刘易斯:"中国",见于丹尼尔莫兰所编《气候变化与国家安全:一种国家层面的分析》(华盛顿特区:乔治城大学出版社,2010 年),9—16 页,引文见 12—13 页;罗斯·唐纳德:"威胁增殖器:采访气候冲突专家伊恩·希尔兹","气候动态"网站 2012 年 8 月 16 日。欲知该说法的杜撰过程,参见弗朗西斯科·菲米亚和凯特琳·沃雷尔:"气候与安全 101:为什么美国国家安全机构如此重视气候变化",2014 年 2 月 26 日。

那种将全球暖化和冲突联系起来的做法。他说,"历史表明,'温暖'时期比'寒冷'时期更多和平。"他进一步引申道:"自文明破晓以来,温暖的时代都意味着更少的战争。其理由很简单:在其他条件都一样的前提下,更冷的气候意味着收成减少,更多的饥馑,更不稳定的局势。"①然而,造成冲突的那些理由,同样也可被全球暖化引起,因为全球暖化可使人不易得到水和食物。

特尔特拉伊斯承认,"某些地方性的气候变化(比如干旱),诚然会增加集体暴力的可能性,"然而,他争辩道:"仅从这一观察便得出最后结论,未免太以偏概全。"②然而,很少有人会仅从气候的变化就得出最后的结论,似乎缺水少吃总是会引起冲突。正确的说法不过是:在某些情况下,气候变化可能会使得暴力冲突更为可能。

最后,谁也未说过,温暖的天气总是比寒冷的天气更有利于暴力活动。毋宁说,就温度本身作为一个问题而言,真正酷热的天气易于使暴力升级。

这一观点,在 2013 年的一项由加州大学伯克利分校的三位研究人员所作的研究中得到广泛的引证。该项研究基于对人际和群际冲突的 60 份量化研究的分析。这些研究的结论是从考古学,犯罪学,经济学,地理,历史,政治科学,以及心理学得来的。它们表明:通常,异常高的温度将使人际暴力行为增加 4%,群际暴力行为增加 14%。人们也发现,极端地降水会使暴力行为增加,但不如酷热导致的暴力行为那样多。托马斯·荷马—狄克逊,是环境压力对暴力行为的影响这项研究的奠基者之一。他曾告诉安德鲁·弗里德曼,这项研究"提供了令人信服的例证,说明气候压力和暴力行为之间有很强的联系。"③

当然,酷热天气会使暴力行动(包括战争)更可能,这一观点一点也不新奇。雷蒙德·钱德勒在他 1933 年的报道"红色的风"中写到了"热如烤箱"的圣安娜风。就人际层面,他就说过:"每一场酒宴都以打斗结束。温顺的小妻子一边试探雕刀的锋刃,一边打量丈夫的脖子。"④基于伯克利研究的那篇论文,其独特处就在于,它分析过大量的研究,它涉及了大量的领域。

---

① 布鲁诺·特尔特拉伊斯:"气候战争的神话",《华盛顿季刊》,2011 年夏。

② 同上。

③ 安德鲁·弗里德曼:"气候与冲突:气候越温暖,暴力活动越多","气候中心网站",2013 年 8 月 1 日。

④ 引自蒙特·莫林的文章"科学家预言,气候变化会引起暴力频发",《洛杉矶时报》,2013 年 8 月 1 日。

气候战争的一些例子

2008 年,瑞典政府的一项研究说,"有 46 个国家——容纳了 27 亿人——在那里,由于气候变化的结果使得经济、社会、以及政治的问题恶化,将会有暴力冲突的高风险。"①本节将讨论 4 个地方,在那里,气候变化业已促使了一场战争的启动,或可轻易地促使它的启动。

格温·戴尔在他的《气候战争》中,对超热的后果作了一般性描述,同时他还说:"如果温度升高 2—3 摄氏度,……就有爆发战争的可能。"他说,"气候变化对人类首要的影响,就是食物供应的严重而长期的危机。"说了这话后他又说,"不能养活自己人民的那些国家,不可能在这个问题上'是有道理的'。"②

非洲:苏丹

苏丹达尔富尔地区的冲突就证明了戴尔的观察——2014 年的一份报告说,它是那样一次冲突,"它可能会是气候引起暴力活动的首发地。"③

这儿指的当然是达尔富尔地区 2003 年开始的那次战争。在该战争中,造反的人们攻击了政府,指控它压迫达尔富尔地区的非阿拉伯人。政府对此的回应则是发动了一场反对非阿拉伯人的种族清洗运动。据估计,被杀的人数达 30 万到几乎 50 万。

这场战争应被视为气候变化引起的战争,这一观点是杰弗里·萨克斯 2006 年提出的。他在《科学美国人》上论证道,该战争"其根源在于气候剧变直接导致的生态危机。"那些根本原因表现为 20 世纪 80 年代的一场干旱,当时那些依赖降雨的社区里的人——无论是定居的农民,抑或是无定居的牧民——"为了生存都袭击他人,争夺或保卫稀少的水和食物供应。"萨克斯并未论证随后的饥馑是后来那场战争的唯一原因,他却是这样说的:

> 在任何物质和财政资源都枯竭了的地方,干旱造成的饥馑更容易引起冲突。达尔富尔地区当时也被推向了种族和政治冲突的边缘,野心勃勃的

---

① 参见丹·史密斯和佳纳妮·维韦卡南达合著《引起冲突的气候:气候变化与和平和战争的联系》(斯德哥尔摩:瑞典国际发展合作署,2008 年),第 7 页。

② 格温·戴尔:《气候战争:世界超热,拼命求生存》,(牛津,环宇,2010 年),xii,xi 页。

③ "苏丹可能会是气候引起的暴力活动的首发地","苏丹国家人类发展报告",《苏丹景象》(SudanVision),2014 年 5 月 8 日。

领导人自恃武力,肆无忌惮,利用种族分裂大得好处。

但是萨克斯对以下的事实还是执批判态度的:"人们通常只从政治和军事的角度来讨论"达尔富尔的大屠杀,因为我们的公开争论"都专注于政治,只有极少的时候才关注潜在的环境压力。"①

第二年,这个观点就被联合国环境规划署明确地表达出来了。在《卫报》的一次总结中,它说,"冲突的真正根源是在 2003 年前,我们可在雨水的减少和逐渐的沙漠化中发现它。"降水的减少多达 30%;沙漠化的进程迅速,以往的 40 年里,苏丹北部的撒哈拉沙漠推进了 60 英里。环境规划署的执行理事说,"无须天才"就可想到,"随着沙漠的南移,生态系统的承受能力会达于物理的极限,所以从事农业的人会被从事其他行业的人代替。"

作为对杰弗里·萨克斯的回应,联合国秘书长潘基文说:

> 几乎一贯地,我们讨论达尔富尔地区的问题时,都是用的一种方便的军事和政治的速记式的方式——那就是一次种族冲突。……然而,当你注视它的根源时,你会发现更复杂的动力因素。达尔富尔地区的冲突固然有各种不同的社会和政治原因,但最开始时,它却缘于一种生态危机,至少部分地是起源于气候变化。

从这段话可以看出,他并没有说气候变化是原因,而是与"各种不同的社会和政治原因"并列的一个原因。②

同样,2007 年,"综合区域信息网"上有篇文章,标题是"苏丹:气候变化——仅是达尔富尔地区冲突的诸多原因之一"。该文章开始时说,把气候变化视为"唯一的原因会模糊其他重要的因素",然而它却没有引用任何一个执这一单一原因观点的评论者的话。它只引用了一位作者的这句话以示反对这一观点。该作者说,全球暖化"已成为时尚话题,乃至人们不惜将一切都包装成与气候变化有关。"然而它并未否认,对资源的竞争已"决然成为冲突中的主要问题之一。"它只是反对"不恰当地强调气候变化,而不提其他原因",因而试图"把危机简单化"的那种做法。尽管如此,它还是未能举出执这种观点的任何一

---

① 杰弗里·D. 萨克斯:"生态与政治动荡",《科学美国人》,2006 年 6 月 26 日。
② 朱利安·博格:"联合国的报告警告说,达尔富尔地区的冲突预示了一个气候变化引发战争的时代",《卫报》,2007 年 6 月 22 日。

个例子。①

"综合区域信息网"上的这篇文章,并未纠正一种普遍执有的片面观点,而是简单地重复了这个一致看法:达尔富尔地区的冲突是一场气候战争,意思是,一场在相当程度上受气候变化影响的(尽管不是全然由它引起的)战争。

中东:叙利亚

食物短缺的原因当然可能是由于缺乏淡水,而淡水的缺乏就可能导致暴力行为。就这一点,戴尔引用了美国中央司令部前指挥官安东尼·津尼将军的话:

> (中东)当前的形势使得这地方更易出现问题。……就水的问题,情况已很紧张。这是些常常建立在单一水源周围的文明,所以,任何关于河流、含水层的争执都可能导致冲突。②

发生在叙利亚的冲突始于2011年,它是一个极好的例子,说明气候变化如何能成为一种"威胁增殖器"。

叙利亚在2006—2011年间曾遭可怕旱灾,有的评论者说是有史以来最糟的。美国国家海洋和大气管理局在2011年指出,这次旱灾是过去20年地中海国家干旱的一部分,它"太严重,乃至无法单纯地解释为自然界的反复无常"。这一干旱证实了气候科学的预言:人为的二氧化碳排放会使得这个地区更加干旱。③

人们普遍同意,此次旱灾在引发冲突上发挥了作用。媒体方面,托马斯·弗里德曼在《纽约时报》的一篇文章"无水,则革命"中作了说明。他说,虽然这次旱灾并未引发内战,但阿萨德政权未能对这场旱灾采取措施,却是引发冲突的主要原因。④ 这一评价与多位学者的分析相合,比如威廉·R.波尔克,以及"气候与安全中心"的创办者,弗朗西斯科·菲米亚和凯特琳·沃雷尔。波尔克

---

① "苏丹:气候变化——仅是达尔富尔地区冲突的诸多原因之一"。

② 安东尼·津尼,美国海军陆战队退役将军:"论气候变化,不稳定及恐怖主义,""国家安全和气候变化的威胁",CAN公司,2007年。

③ 马丁·霍尔林等人:"关于日渐频繁的地中海地区干旱,"《气候期刊》,2011年3月;在乔·罗姆的文章中也讨论过:"国家海洋和大气管理局的惊人消息:人引起的气候变化已是造成地中海地区更频繁干旱的主要因素","气候动态"网站,2011年10月27日。

④ 托马斯·弗里德曼:"无水,则革命",《纽约时报》,2013年5月18日。

在《大西洋月刊》上对叙利亚的冲突作了详尽的分析,他说,这次战争应参照这次旱灾来理解。他写道:

> 在一些地区,所有的农业活动停止了。在另外一些地区,作物减产达75%。普遍地,高达85%的牲口因饥渴而死。成千上万的叙利亚农民放弃了农业,他们弃家而走,逃往城镇,以求几乎不存在的工作以及本已严重短缺的食物供应。据外面的观察家(包括联合国的专家)估计,叙利亚的1000万乡村居民中,有300万人沦为"极度贫穷"。

情况更糟糕的是,前些年,有成千上万的巴勒斯坦人和伊拉克人在叙利亚避难,现在,新的叙利亚难民只好与他们争夺工作、水,和食物了。

2008年,联合国粮食和农业组织的代表把叙利亚的形势描绘为"一场完美风暴",有导致叙利亚"社会崩溃"的风险。他指出,叙利亚的农业部长承认,来自旱灾的经济和社会余波"已超出一个国家的应付能力"。他是在向美国国际开发署的一个项目求助时说的这些话。然而布什-切尼政府的国际开发署的主任却说(在一份电传中,后被"维基解密"发布),"我们要问,是否有限的政府资源应在此时去满足这一请求。"

阿萨德政府不仅不去寻求帮助,反倒使国家的情况恶化。"受到国际市场小麦高价的诱惑,它出售它的储备。"于是,波尔克说,"上万的惊骇、愤怒、饥饿且贫穷的前农民成为了'易燃物',随时可能爆发大火。2011年3月15日,终于有火星触发了大火。一群相对说来数目不多的人聚集在德拉市,抗议政府不帮助他们。"①

大卫·阿诺德说,抗议是这样引起的:一群小孩"在一个老农业社区的学校的墙壁上涂写反政府的话",遭到逮捕而且遭到折磨。政府的这一过激反应激怒了抗议者,他们于是进城抗议。在那儿,他们遭到"残酷的镇压"。这于是"引发了全国范围的反叛。"②阿萨德政府随即用武力平息造反,这样一来内战爆发了。

波尔克和阿诺德所作的这一分析解释了,正如菲米亚和沃雷尔指出的,何以"叙利亚反对运动中对政府不满的乡村社区的作用,与其他'阿拉伯之春'国家的对等社区相较,显得突出。"虽然乡村农业社区以"无水"而告终的这一事实

---

① 威廉·R.波尔克:"你的劳动节,叙利亚读者,第二部分:威廉·波尔克,"《大西洋月刊》,2013年9月2日。

② 大卫·阿诺德:"干旱是叙利亚起义的一个动因",《美国之音》,2013年8月20日。

部分地是由于干旱,但正如人们所知的,部分地也是由于阿萨德政权的错误管理。①

这个政权不看重农业社区,而亲睐城市精英。虽然取消了对普通农民的补贴,另方面它却补贴了高需水的小麦和棉花的种植,以及非持续性的灌溉技术。然后它允许这些大农场主从含水层抽取他们所需的水,虽然这是不合法的。阿萨德政府对水的滥用也意味着,乡村人需钻井取水。结果,含水层的水位迅速下降——除了印度而外,它下降得比任何其他国家都快。②

因此,菲米亚和沃雷尔说,这场内战的最大原因,就是阿萨德对叙利亚水的有罪的错误管理,以及他对抗议的残酷镇压。然而,他们还说,这并非"全部原因"——超常的干旱也是原因之一。

这一把原因归于两者或多者的方法,在弗朗西丝卡·德·夏德尔的一篇文章中遭到反对,她是在奈梅亨就读的一位研究生。文章开始时,她似乎同意其他学者的意见,说,"造成这场起义的原因之一并非是干旱本身,而是政府的失职,即未能及时应对随之而来的人道主义危机。"然而她随后就质疑,将气候变化说成是一种"威胁增殖器"于事何补。她确实同意这一说法,"气候变化可能促使了干旱后果的恶化。"但是她说,"执意地追究气候变化在这场起义中可能的作用,似乎不会有什么结果。"事实上,她最后说,气候变化可能起的作用是"不相干的"。何以如此? 因为这是一种"于事无补的跑题。"跑题? 跑离了什么? "跑离了这一核心问题:对自然资源长期的错误管理。"所以,学者们不应说,气候变化可能在这场起义中发挥了作用,因为这一说法"为阿萨德政权的借口撑了腰;这个政权可是抓住每一机会把自己的种种失败归于外部因素的。"

所以,很显然,她之所以否认气候变化的重要性,其判断的根据与其说是历史的,不如说是政治的。"母板网站"(Motherboard)的布莱恩·默钱特的这一说法更准确:气候变化"使叙利亚越来越热,终于导致战争。"说了此话,他又说,气候变化"也会使它的数百万牺牲品的基本生存条件恶劣不堪。"③

---

① 弗朗西斯科·菲米亚和凯特琳·沃雷尔:"叙利亚:气候变化,干旱和社会不安,""气候和安全中心",2012 年 2 月 29 日。

② 同上;托马斯·弗里德曼:"无水,则革命";乔·罗姆:"气候暖化引起的干旱点燃了叙利亚的战火","气候动态"网站,2013 年 9 月 8 日;大卫·阿诺德:"干旱是叙利亚起义的一个动因",《美国之音》,2013 年 8 月 20 日。

③ 布莱恩·默钱特:"气候变化如何使叙利亚越来越热,终于导致战争","母板"网站,2013 年 9 月 4 日;布莱恩·默钱特:"气候变化造成的干旱即将使叙利亚的情况更糟糕,""母板"网站,2014 年 4 月 9 日。

亚洲:中国

中国对国家安全的关心,除了涉及海平面上升引起的洪水泛滥而外(这是我们在第5章提到过的),主要还在于,在今后的几十年里,确保有充足的食物和水来供应它的人民。这一关心可能会使它导致严重的冲突。根据戴尔的说法,更强的风暴,季风的弱化,海平面的上升,这些因素都会使得粮食减产。

然而,乔安娜·刘易斯——丹尼尔·莫兰所编《气候变化与国家安全》一书中的"中国"一章是她写的——指出:冲突最有可能因为西藏的冰川融化而引起。冰川的融化最初会造成严重的洪灾,然后导致流经中国的那些河流缺水。刘易斯写道:"缺水会使中国设法让这些河流改道,使之不流入周边的国家。这就会造成与邻国,诸如越南,缅甸,老挝,巴基斯坦,尼泊尔,以及印度,之间的紧张。"①

亚洲:印度和巴基斯坦

在南亚,戴尔说,为那些发源于喜马拉雅山脉和青藏高原的河流(包括恒河,印度河,湄公河,和长江)供水的冰川和积雪,一旦融化,"将会导致印度次大陆上的食物短缺和跨界争水的冲突。拥有核武器的印度与巴基斯坦将面临因印度河而发生的战争风险。"②

布拉玛·切兰尼2011年的获奖著作《水:亚洲的新战场》,提供了这一风险的相关背景知识。切兰尼写道:"水成为战争的诱因,或外交上的坚强武装,这一风险在亚洲特别高,那儿是全人类五分之三的人的家园,但在所有的洲中,却是人均淡水可利用度最低的地方。"③

切兰尼所关注的问题受到人们的重视,因为当前的形势中潜藏着暴力冲突的可能性。一方面,印度河对于印度的旁遮普邦(它被视为印度的"面包篮子";切勿与巴基斯坦的旁遮普省相混)是最重要的。印度也需要建立更多的水电站"来填补阻碍它经济的严重能源短缺。"另方面,"巴基斯坦则不同于印度,它整个国家都全然依赖印度河水系。"此外,巴基斯坦还是个干旱的国家,在那里,大多数的人都以农业为生,然而"它的所有河流,或则是发源于印度,或则是流经

---

① 刘易斯:"中国",见于莫兰所编《气候变化与国家安全》,引文见于17页。

② 同上,19—20页。

③ 布拉玛·切兰尼:《水:亚洲的新战场》(乔治城大学出版社,2011年)。所引部分来自"编者按语"中的"作者的话";可在亚马逊网站查。

印度"——因此印度可以在任何时候掐断流向巴基斯坦的水流。①

1960 年,在世界银行的调停下,印度和巴基斯坦签订了"印度河河水条约"。根据该条约,印度河水系的 3 条支流由印度控制,印度河本身以及它的两条支流——杰卢姆河和奇纳布河——则由巴基斯坦控制,条件是:允许印度在巴基斯坦控制的河流上修建大坝发电,只要这些大坝不减少流向巴基斯坦的水流量。②

该条约这些年仍然有效,但双方关系一直紧张,巴基斯坦不断地指责印度扣下了本属巴基斯坦的水。之所以有这一怀疑,部分地是因为,水的问题与双方长期以来就克什米尔的争执紧密相关;该争执导致两国在 1947 年、1965 年以及 1999 年爆发战争。这一怀疑部分地也是基于这一事实:最近,印度一直在河上修建发电站,致使巴基斯坦认为印度在扣压水。③

2008 年的一篇标题为"克什米尔水中之血"的文章,开始一句话就表明了这个问题的重要性:"今后数年,水注定要成为南亚地区性冲突,尤其是印巴之间的冲突,的决定性因素。"④

说到巴基斯坦的抱怨,它确实没有充足的灌溉用水,这导致"巴基斯坦即将发生水供不应求的问题。昔日葱翠的农田(它使得一半的巴基斯坦人有活干,并完成了全国 GPD 的四分之一)现在经常焦干"。而且,人们认为,"它之所以缺水,其直接原因就是因为印度在上游修建发电站和其他水利工程。"⑤

然而,印度却拒不承认所谓的"窃水的神话"。⑥ 这一否认得到了一些中间立场的观察者的支持,甚至得到一些巴基斯坦领导者的支持,其中包括当时巴基斯坦的印度河水专员查马特·阿里·夏哈,以及巴基斯坦当时的外交部长库雷希。⑦

---

① 阿霞·斯迪基(Ayesha Siddiqi):"克什米尔:被遗忘的冲突","半岛电视台",2011 年 8 月 1 日;丽迪雅·博格林和塞布丽娜·塔弗尼斯:"关于水的争执使得印—巴关系更紧张",《纽约时报》,2010 年 7 月 20 日。

② 斯迪基:"克什米尔:被遗忘的冲突"。

③ 拉斯纳姆·印德茜:"争水之战",印度和巴基斯坦何以就他们的河流摆开了架势",《时报》,2012 年 4 月 16 日。

④ 桑卡尔·雷:"克什米尔水中之血",《亚洲前哨》,2008 年 6 月 18 日。

⑤ 曼德哈纳(Mandhana):"水之战"。

⑥ 同上;博格林和塔弗尼斯:"关于水的争执使得印—巴关系更紧张"。

⑦ 哈立德·艾哈迈德:"'水之战',巴基斯坦人的风格",《星期五》周报,2012 年 11 月 30 日——12 月 6 日。哈立德·艾哈迈德报道说,查马特·阿里·夏哈说,巴基斯坦之所以得到的水少了,是因为雨下得少。除此而外,他还引用了布拉玛·切兰尼的报道:库雷希在 2010 年说,"印度在偷你的水吗? 不,没有。请别愚弄自己,也别误导整个国家。我们自己对那些水管理不善"(切兰尼:《水:亚洲的新战场》,223 页)。

巴基斯坦之所以缺水,似乎有两个原因(且不算它的不善管理):它的人口增加了,而降雨却因为气候的变化而减少了。最近的一项研究显示,克什米尔的年降水量自 1975 年以来一直在下降。对于今后几十年来说,更重要的是这一事实:巴基斯坦大多数的灌溉用水都依赖冰川的融化,而据估计,到 2050 年冰川会大量地减少。① 它们之所以减少,部分地是因为越来越高的温度,部分地是因为黑色的炭黑,它使得雪变脏,于是雪吸收更多的阳光,因而融化得更快。②

2009 年,《预言:气候变化的后果》一书的作者史蒂芬·法理斯写道:"有时候看来,似乎巴基斯坦的可怕事情都到顶了。"然而,他说,"较之 25 年后它可能面临的问题,它今日的困难便黯然失色不算一回事了。说到这个世界上最不稳定的地区之一的稳定情况时,喜马拉雅山冰川的命运又会使人晚上睡不着觉了。"其理由在于:"印度河河水条约"的成功"取决于对现状的维持,"然而这一现状却因气候的变化而正在改变。③

不管怎么说,由于水的原因和其他矛盾的原因交织在一起,许多观察家便担心,战争会在不远的将来爆发。比如:

·2010 年,《金融时报》的一篇报道说:"新德里担心,来自喜马拉雅山的水,会成为两个拥有核武器的对手之间的一个新的民粹主义纠纷,相当于二者在克什米尔上的领土纠纷。在过去的 63 年里,两国已发生过 3 次交战了。"

·同年,国际新闻社一篇报道的标题为:"印—巴:喜马拉雅山降雪减少会触发战争。"

·2011 年有篇文章,标题是"克什米尔:被忘记的冲突"。它是这样结尾的:"由于印巴两国能源和水奇缺,潜藏危机,而且在克什米尔问题上又毫无达成一致意见的可能,再加上气候变化和人口压力的影响,因此两国关于水的问题及克什米尔问题,其前景绝不可能是积极的。"

·2012 年巴基斯坦总理水资源特别助理卡毛尔·马吉都拉说,"不幸的是,我们正在走向冲突,而不是走向解决冲突的方案。"④

---

① 亚瑟·帕维兹:"印巴问题:喜马拉雅山脉降雪的减少会引发争水之战,"国际新闻社,2010 年 1 月 18 日;帕维兹:"克什米尔融化的冰川会减少冰,也会减少人的怀疑",国际新闻社,2012 年 8 月 31 日。

② "黑炭导致喜马拉雅山的融化",《太空日况》,2010 年 2 月 8 日。

③ 史蒂芬·法理斯:"最后一根稻草",《外交政策》,2009 年 6 月 22 日。

④ 杰姆斯·拉蒙特:"巴基斯坦在加剧水纠纷",《金融时报》,2010 年 3 月 29 日;帕维兹:"印巴问题";阿霞·斯迪基:"克什米尔:被忘记的冲突","半岛电视台",2011 年 8 月 1 日;曼德哈纳:"水之战"。

计划 B,A 和 C

气候变化可能引发战争,本章从这个角度讨论了气候变化。正如前几章我们对待所讨论的问题那样,我们且来看看对本章讨论的问题的三种可能回应方式。

计划 B

二氧化碳导致的气候变化,一旦成为严重的气候混乱,就会引发,或至少加剧,世界各地国与国之间的冲突。对这一点,似乎很少有人怀疑了。当气候混乱导致食物和水的短缺,甚至导致不必要的难民时,情况尤其如此。对于国际社会来说,要缓解这样的冲突(它们在有些情况下会发展而为战争),最好的方法是,立即采取应急措施,尽量降低全球暖化的程度。

计划 A

如果国际社会不如此,而是罔顾一切警告,径直让温室气体照以往的量排放,那么,气候战争——至少部分地由气候变化引起的战争——就肯定会越来越可能。全球温度比前工业时代上升了尚不足摄氏 1 度,就造成了现今的诸多紧张状态,所以,这样想绝不能算作"炒作":如果全球温度升高 2 摄氏度,然后,如果人类继续我行我素,升高 3、4、5,乃至 6 摄氏度,那么,就会出现更严重的紧张局势。到那时,詹姆斯·伍尔西预计说,美国和其他国家会面临"几乎不可想象的"挑战——包括也许由数十亿气候难民引起的安全担忧。

如果我们继续实行计划 A,那么,我们的子孙后代就会不仅面临 1—8 章所讨论过的那些前所未有的问题,还会面临前所未有的资源战争。避免这一后果的唯一方式,似乎就只有第 10 章提出的那种可能性了——生态系统的崩溃会结束他们的痛苦。

计划 C

很多政治和商业领袖可能会根据第 3 种选择来思考问题:他们会让二氧化碳照旧排放,直到他们 100% 地确信——且用戈登·沙利文将军的话——二氧化碳引起的气候变化将带来灾难性的后果。到那时,他们会采取应急措施来防止任何进一步的暖化。然而,到那个时候,由于二氧化碳排放和全球暖化之间的滞后,地球可能注定要经历至少 4 摄氏度的上升。所以,正如计划 A 将导致前所未有的气候战争,计划 C 也会有大致相同的结果。

结论

再次地,我们必须选择计划 B。

10. 生态系统的崩溃和灭绝

"全球驱动者,其变化的规模、范围以及速度,都是史无前例的。增长的人口和经济,正把环境系统推向不稳定的极限。"

——联合国环境规划署,2012 年

"如果当前的趋势继续下去,……政府将面临前所未有的大规模破坏和退化。"

——联合国环境规划署,阿希姆·斯坦纳,2012 年

此前各章讨论了二氧化碳引起的气候变化所导致的各种后果——极端天气(包括热浪,干旱及风暴)的增加;海平面的上升;淡水的短缺;以及部分地因为海洋的酸化而导致的食物短缺。这些后果中的任何一项本身,特别是如果人类继续我行我素的话,都足以使人警醒。更严重的甚至是这一事实:所有的这些后果会同时发生。然而,还存在一种更糟的可能性:大气层和海洋中二氧化碳的增加,它的后果会导致全球生态系统的崩溃。

生态系统的崩溃

一个生态系统是由有生命的生物(植物,动物,以及微生物)组成的一个网络。这些有生命的生物与无生命的事物(包括空气,水,土壤,以及矿物)相互作用,作为一个整体而运行。一个生态系统可非常小,比如一个小湖泊,也可非常大,比如几大洋之一,或可更大,比如几大洋作为一个整体。地球囊括了所有局部的生态系统,它作为一个整体,也可被视为一个生态系统。[①]

---

① 查尔斯·J.克雷布斯(2009 年):《生态学:分布与量的实验分析》,第 6 版,572 页。旧金山:本杰明·卡明斯出版社。

小的局部生态系统可崩溃,于是它们再也不能供养动物,比如一个水池再也不能供养鱼。更大的生态系统,比如一个湖或一个海,也可崩溃,也就是说,它们再也不能供养动植物生命了。比如,死海就是死的,因为它太咸,除了微生物,任何东西都无法在其间生存。

海洋的有些地区已成"死区",有些科学家甚至已开始讨论这一可能性(这是在本书第7章讨论过的):由于海洋的酸化,海洋生态系统作为一个整体有可能崩溃。最后,近几年,地球科学家也开始考虑一种前所未有的生态系统崩溃:全球生态系统的崩溃。

全球生态系统崩溃:2004 年—2009 年

从 2004 年到 2009 年,有一些重要的文章直接论及全球生态系统崩溃的可能性。我们讨论其中的 3 篇。

2004 年:"灭绝的风险":克里斯·托马斯是英国利兹大学的一位资源保护生物学家,他领导一个小组研究"来自气候变化的物种灭绝风险"。其结论是:如果人类继续我行我素,到 2050 年,他们所研究的陆地植物和动物中的 15% 到 37% 将"注定灭绝"。[①] 在一篇讨论全球暖化和生态系统崩溃的文章中,记者保罗·布朗报道说,托马斯发现他的研究小组所作出的结论"骇人听闻。"[②]

2007 年:"基本物种":下一年出现了一篇重要的文章,它"讨论的是 4 种基本物种的困境,那些物种对于人类的生存绝对是必不可少的。它们是:浮游生物,食用鱼,蜜蜂,以及表土。"几位作者如此结论道:

> 维护生态系统中最基本的物种,应成为人类进展过程中的首要目标,所以,显然应制止对那些物种的破坏。而现在,供养大量海洋生物的浮游生物正在死亡,作为世界各地很多人主食的鱼类正被捕打得几乎灭绝,为

---

① 克里斯·托马斯等人:"来自气候变化的物种灭绝风险",《自然》,2004 年 1 月 8 日;把表土归于物种,这不同寻常。这些作者为他们的这一用语是这样辩护的:"表土虽然不是有生命的机体,但它却是地球陆地生态系统的基础,大致类似于浮游生物。表土指的远不只是泥土,它实际上是由无数不同形式的生物组成的一个非常复杂的微生态系统。一勺表土就含有 50 亿个细菌和 2000 万真菌。……自然地形成仅仅一英寸的表土,就需耗费数个世纪的时间。……没有健康的表土,食物生产实际上是不可能的。"

② "全球暖化——生态系统崩溃——一种非自然的灾难","Anaspides 网站",2004 年 1 月 8 日。

作物传授花粉的蜜蜂受到很多因素的威胁,支撑农业的表土正在消失。①

2009 年:"地球的边界": 2009 年,出现了这样一篇文章,标题是:"地球的边界:为人类探寻安全的可行空间"。这篇文章算是在研究全球生态系统崩溃方面迈出了重要的一步。这篇文章的主要作者是约翰·洛克斯特罗姆,其他的 28 位科学家包括保罗·克鲁琛,詹姆士·汉森,汉斯·约阿希姆·谢伦胡柏,以及威尔·斯蒂芬。②

在这篇文章中,"地球边界"的说法,指的是从全新世向人类世转换的那个边界,后者始于工业革命。由于工业化的社会一直在"将地球推出全新世,使得很多重要的地球系统过程超出了全新世的变异界限,"所以人类世时期的出现就提出了一个新问题:

> 为了避免从一个洲到全球的、有害的或甚至是灾难性的环境变化,人类必须尊重什么不容讲价的先决条件?③

作者们称这些不容讲价的地球先决条件为"临界点",意思是,正如一个局部的生态系统有临界点或"爆发点",到达了那个点,该生态系统就会经历一个突然的"状态变化",同样,越过了一个或更多的全球的临界点,就会导致整个地球生态系统突然的状态变化。作者们写道:

> 从局部性的到地区性的生态系统,诸如湖泊,森林,以及珊瑚礁,都有足够的证据证明:某些关键的控制变量(比如生物多样性,收获,土壤质量,淡水流动,以及养分循环)的逐渐变化,当其越过了关键的临界点时,会引发突然的系统状态变化。④

广而言之,作者们说,科学家需研究"在某一洲以及在全球起作用的临界点

---

① 保罗·阿洛伊斯和维多利亚·程:"物种灭绝概述",阿灵顿学院,2007 年 7 月。关于表土的消失,作者举了萨拉·谢尔的这篇文章为例:"土壤退化:到 2020 年这是否是对发展中国家食物安全的一个威胁?"国际粮食政策研究所,1999 年。

② 约翰·洛克斯特罗姆:"地球的边界:为人类探寻安全的可行空间",《生态与社会》,总 14 期(2009 年第 2 期)。

③ 同上。

④ 作为证据,该文引用了 T. P. 休斯等人的话:"相位变换,草食动物,以及珊瑚礁复原",《当代生物学》,2007 年 2 月 20 日;马腾·谢弗等人:"生态系统中的灾难性转换",《自然》,2001 年 10 月 11 日。

和反馈之间的动力关系。"所谓"临界点",作者们指的是"人－环境系统的固有特性。"有些临界点,比如温度达到某一点时淡水就会结成冰,我们是知道的。然而,科学家却不能确切地知道地球的临界点,比如,表面平均温度达到何点地球就会发生状态变化。

因此,洛克斯特罗姆和其他几位作者提出:我们都同意这样的估计:存在着"人类可在其范围内安全活动的某些地球的界限"——意思是,如果我们不越过这些界限,我们就不必担心"越过了临界点,在全球生态系统内引发突然的非线性环境变化。"①

比如,很多科学家和政治家都认为,只要全球温度的上升不超过摄氏4度(华氏7度),生态系统就会是安全的。但近来,很多气候科学家却一致认为,如果,而且只有当温度的上升不超过摄氏2度(华氏3.6度),我们才会是安全的。然而洛克斯特罗姆和其他几位作者(包括汉森)则认为,临界点应该是1.5摄氏度。

不管怎么说,这些作者认识到了地球的9个不可逾越的界限。而且他们还说,其中有3个已被逾越。这表现为大气层中二氧化碳的过多含量,生物多样性的丧失,以及对氮循环造成的改变。②

有人认为,逾越了界限也不会立即发生灾难性的后果。对此,这些作者说:对于全球的环境管理,他们的理论提供了一个双重任务,尽量纠正对界限的逾越,同时确保没有进一步的逾越。③

全球生态系统的崩溃:2012—2014年

2012年和2014年出现的一些文章,进一步推进了对全球生态系统崩溃的可能性的研究。

2012:面临一种状态转移:2012年,加利福尼亚大学(伯克利分校)的安东尼·巴诺斯基领导的一个由22名知名科学家构成的小组,作出了一项重要的研究,题目是"地球的生物圈面临一种状态转移。"关于此项研究的结果,小组的一位成员,加拿大西蒙菲莎大学的阿恩·穆尔斯说,他的同行们"相当担忧。"事

---

① 洛克斯特罗姆:"地球的边界"。
② 其他6个不可逾越的界限为:海洋的酸度,平流层臭氧的浓度,磷流入海洋的量,全球淡水的用量,化学污染的程度,以及大气中气溶胶的负载量。
③ 洛克斯特罗姆:"地球的边界"。

实上,他又说,"他们中有些人吓坏了。"另一位成员,新墨西哥大学的詹姆斯·布朗则说,这项研究的结论"吓破了我的胆。"使这些科学家惊骇的是,全球生态系统可能崩溃。①《温哥华观察家》上的一篇精彩文章是这样说的:

> 在气候变化的问题上,科学家们几乎达成了一致意见。然而根据那项新的研究,一旦你把其他的变量——诸如人口的增加,过度消费,农业和物种灭绝——与引起气候变化的混合因素结合起来,整个生态系统就可算是徘徊在崩溃的边缘了。事实上,正如谚语所说,一切皆可变于一瞬之间(至少,从地球的整个历史来看)。这就是所谓的"地球的状态变化",据该报告估计,如果我们继续遵循当前的道路,在本世纪下半叶它就可能发生。②

这些突然变化,科学家们说,可能大大削减地球生物的多样性——当然这并非首次物种大灭绝,而是首次由人类引起的大灭绝——而且,可利用的食物和淡水也会大大减少。"从生物意义上来说,那时的世界真的将是个新世界,"该小组的组长巴诺斯基说。阿恩·穆尔斯结论道:"这个考察给人印象深刻——它完全是实话实说。有可能,不仅这一状态的转换对于人类社会意味着困难,而且新的状态对于人类社会还可能是完全不利的。"③

2014 年:地球面临物种大灭绝:一个由 9 位科学家组成的国际小组,在 2014 年将历史上物种灭绝的速度与今日的作了一番比较。领衔的科学家,杜克大学的生物学家斯图尔特·皮姆说,"物种灭绝的速度比它们所应该的速度快了千倍。"他说,这意思是,"地球即将发生物种大灭绝事件,其规模可比之于 6500 万年前灭绝恐龙的那次事件,"从该次事件的恢复,花了"500 万年到 1000 万年的时间。"④

---

① 安东尼·巴诺斯基等人:"地球的生物圈面临一种状态转移,"《自然》,2012 年 6 月 7 日;"科学家们认为:环境崩溃现在是一桩严重威胁,"法新社,2012 年 6 月 6 日;布莱恩·默钱特:"科学家担心,一旦地球 50% 的自然景观消失,全球生态就会崩溃,""环保狂网站",2012 年 6 月 6 日。

② 大卫·贝尔:"西蒙菲莎大学一项新的研究警告:全球即将发生'不可逆转的'生态系统崩溃",《温哥华观察家》,2012 年 6 月 6 日。

③ "环境崩溃现已是一严重威胁";贝尔:"西蒙菲莎大学一项新的研究警告:全球即将发生'不可逆转的'生态系统崩溃"。

④ "有研究称,地球即将爆发物种大灭绝,"路透社,2014 年 6 月 18 日。

结论

当全球温度比前工业时代高出 4 摄氏度时,地球会是怎么回事呢?在讨论这一问题时,伦敦廷德尔气候变化研究中心的主任凯文·安德森说:"我认为,上升到摄氏 4 度时,我们极不可能避免大规模死亡。……可能会有 5 亿人活下来。"[1]这似乎是一幅凄凉的景象,然而,一个温度升高了摄氏 4 度的世界会发生全球生态系统的崩溃,据此,安德森所描绘的景象可能又太乐观了。

甲烷的威胁

上节讨论了全球生态系统崩溃的可能性,却未谈对全球生态系统的最大威胁,即甲烷(CH_4)的威胁。因北极永久冻土的解冻而释放出来的甲烷,罗姆曾说过,"是整个碳循环过程中最危险的放大反馈。[2]

所谓"冻土"(意为常年冻土),是最近的冰川时期在北极形成的。它含有大量的来自死去的动植物的碳,北极的极端寒冷的气候防止了它的外泄。这些碳存在于甲烷包合物(亦称水合物)之中。它们是结晶的固体,看起来像冰,其中水分子环绕甲烷分子形成笼状结构。

"在数十万年的时间里,"2013 年美国宇航局的一篇文章解释道,"北极冻土的土壤里积累了大量的有机碳——估计是 1400 到 1850 五角"(一个五角略多于两个万亿磅)。"这相当于人们所估计的地球土壤里所含碳的一半"。如果是这样,那么北极冰冻的碳,其数量就比人类自 1850 年以来所排放的(主要是通过化石燃料)350 五角多出 4—5 倍。[3]

四个因素结合起来使得这些数字很具威胁性。首先,北极正在变暖,其速度相当于地球其余部分(南极不算)的两倍。第二,如果所谓的永久冻土开始解冻,它就将释放出它所蕴含的碳。第三,大多数的碳都位于永久冻土最易解冻的部分,即地表以下 10 英尺(3 米)内的部分。第四,如果冻土在干地之上,有机物质通气很好,那么,吸氧的细菌就会将这些物质分解成二氧化碳。然而,如果冻土在湖底或湿地之上,有机物质就会作为甲烷进入大气层。它是一种温室

① 珍妮·法伊奥:"廷德尔气候变化研究中心称,全球暖化将致死地球人口的90%",《真科学》,2009 年 11 月 29 日。

② 乔·罗姆:"关于自然的重磅炸弹般的惊人消息:气候专家警告说,永久性冻土解冻所造成的气候变暖,2.5 倍于砍伐森林所造成的气候变暖!""气候动态"网站,2011 年 12 月 1 日。

③ 艾伦·比伊斯:"北极的气候巨人正在从沉睡中惊醒吗?"美国宇航局,2013 年 6 月 10 日。

气体,比二氧化碳强劲几十倍。①

科学家们一度曾认为,这只是将来的一个问题,而且,即便到那时,也是个小问题。然而在过去的 10 年里,越来越多的证据证明:永久冻土的解冻决不是个小问题,它业已在发生。

2008 年和 2010 年,阿拉斯加费尔班克大学的斯娜塔利·夏克霍娃,和其他一些北极专家,在对西伯利亚东部(它与阿拉斯加北部平行)作了多年调查之后,报告说,表面的水表现出"甲烷超饱和。"然后,在 2010 年,她和她的同事们作出了解释,说,水下的永久冻土"再也无能力成为不可渗透的冰帽了。"对此,国家基金会回应说,"储存在冰架里的甲烷,哪怕只释放出一小部分,就会引起气候的突然变暖。"②

"西伯利亚东部的北极冰架,"罗姆也说,特别令人担心,"因为它如此之浅。"在深水里,甲烷气体还未来得及到达水的表面,便氧化成了二氧化碳。在西伯利亚东部北极冰架的浅水处,甲烷简直就没有足够的时间氧化,也就是说,它们大多数逃逸而进入了大气层。③

2010 年,"国家冰雪数据中心"的一项研究预言,如果人类继续我行我素,到 2100 年,因永久冻土的解冻而排放到大气层的碳,就会达 1000 亿吨。更快地,它预言道,在 21 世纪的 20 年代,永久冻土将从碳的吸纳地变成碳的排放源。④

也是在 2011 年,《自然》上一篇文章的几位作者,在指出了"北极的温度在上升,永久冻土在解冻"之后,说:"我们估计,永久冻土的解冻所释放的碳,其数量级相当于砍伐森林(如果当今砍伐森林的速度继续的话)所释放的。"甚至更糟糕的是,他们说,由于排放物中含有相当数量的甲烷,"对气候的总的影响,就可能比不含甲烷大 2.5 倍。"⑤

① 同上;贾斯廷·吉利斯:"由于永久冻土解冻,科学家开始研究它的风险,"《纽约时报》,2011 年12 月 16 日。

② 斯娜塔利·夏克霍娃等人:"西伯利亚东部冰架上空大气层中甲烷的异常情况:在浅冰架水合物中是否有甲烷泄露的迹象?"《地球物理研究摘要》,2008 年;夏克霍娃等人:"西伯利亚东部北极冰架的沉积物中大量的甲烷喷入大气层",《科学》,2010 年 3 月 5 日;"从北极冰架释放出的甲烷可能比预计的多得多,快得多,"《国家科学基金会》,新闻稿,2010 年 3 月 4 日。

③ 乔·罗姆:"科学惊人发现:广袤的西伯利亚东部北极冰架中储存的甲烷不稳定,大量外泄,""气候动态"网站,2010 年 3 月 4 日。

④ 凯文·谢弗等人:"随着气候暖化,永久冻土碳释放的数量和时间",水文气象学杂志"Tel-lusB.",2011 年 2 月 15 日。

⑤ 爱德华·A.G.舒尔和本杰明·阿博特:"气候变化:永久冻土解冻的风险,"《自然》,2011 年 12月 1 日。

2012年，前石油大亨安迪·斯丘斯在《怀疑科学》上写道，如果人类继续我行我素，从永久冻土解冻而来的碳反馈将可能"成为自给自足的，可抵消将来海洋和生物圈中的碳汇，"从而在2100年使全球变暖华氏1.5度。① 2013年以前，几乎所有的关于永久冻土解冻的讨论都说的是北极地区。但是，那年，一项关于南极沿海永久冻土的研究显示，那儿的永久冻土融化得比预想的快得多——事实上，与北极永久冻土融化的速度相当。②

温度与威胁

大部分永久冻土的融化将会有毁灭性的后果，据此，一个关键的问题就是：全球温度达到什么地步，永久冻土就会开始明显地解冻？2013年，牛津大学的安东·瓦克斯领导的一个小组，对西伯利亚岩洞中的石笋和类似的岩石50万年的形成历史进行了研究。他从该研究得知，"全球气候只要比今日的略为暖和一点"，——更精确地说，只要全球温度比全新世时代（即人类世出现之前）高出1.5摄氏度——"就足以解冻大片的永久冻土"。③

让永久冻土解冻何以如此具有威胁性，其主要理由（比此前所给的理由都更重要）就是：那种解冻会自我放大，于是会发起一个正反馈循环。相当量的永久冻土的解冻，便会造成失控的全球暖化——这当然会导致生态系统的崩溃。④

永久冻土融化的经济成本

最后，即便不说全球暖化和随之而来的生态系统崩溃，永久冻土解冻所引起的甲烷释放也肯定会使得经济成本极端高昂。2013年7月，《自然》发布了一项研究，它说，如果西伯利亚东部冰架的永久冻土解冻，在本世纪和下个世纪，全球经济将为之付出60万亿美元的代价。虽然有些批评者发现这个估计过高，但这项研究却由于它的作者们而自有其可信度，这些作者中有经济和管

---

① 安迪·斯丘斯："截止2100年，从永久冻土的解冻而来的碳反馈可能会使全球温度上升华氏0.4－1.5度"，《怀疑科学》，2012年10月4日。

② "研究者说，'稳定的'南极永久冻土比预期的融化得快"，《自然世界新闻》，2013年7月24日。

③ 安东·瓦克斯等人："洞穴石笋揭示西伯利亚永久冻土50万年的历史"，《科学》2013年4月12日；也在迈克尔·马歇尔的这一文章中讨论过："大量的甲烷释放几乎已不可避免"，《新科学家》，2013年2月21日。

④ 安德鲁·格里克森："甲烷和全球暖化失控的风险"，《对话》，2013年7月26日。

理教授,再加上北极专家彼得·瓦德汉姆斯。①

预计的成本:虽然新闻报道中60万亿的数字使人倒抽一口冷气,实际的研究却说,成本可能会高得多。"北极融化,其成本将是巨大的,"说了这话后,该项研究预计道,"单是东西北利亚海之下的永久冻土的解冻,……一般就会使全球花费60万亿美元,这还不算为缓解这一解冻所采取的措施的成本。"正如《每日科学》的一篇报道指出的,"东西伯利亚海所释放的甲烷……在北极那一巨大的甲烷库中,只算很小一部分。"另一篇报道说,据估计,北极解冻所引起的总的花费,大约是400万亿美元。②

根据本书第16章要讨论的那些经济学家的看法——他们提出,强有力的气候减排是没有成本效益的——这项研究是靠谱的。

物种灭绝

虽然物种灭绝一说在上面已数次被提到,但此问题本身却需要一小节来说明。确实,即便物种灭绝的问题很少上晚间新闻,但它却是我们这个时代的主要问题之一。因为我们现在正处于自这个星球有生命以来六次物种大灭绝中的一次。前5次物种大灭绝分别是:

·奥陶纪末的物种大灭绝(史称"奥陶纪末物种大灭绝"),发生在大约4.4亿年前;

·泥盆纪末大灭绝,发生在大约3.7亿年前;

·二叠纪末大灭绝。它是至今为止最严重的一次物种灭绝,发生在大约2.45亿年前,显然是因西伯利亚大量的熔岩流引起的。熔岩流使得全球温度上升了摄氏6度,融化了冰冻的甲烷沉积物,这反过来使得全球温度升得更高。这次所谓的"大灭绝",显然引起了地球上大约95%的复杂生物的灭绝——如此之大的浩劫,"乃至5000万年后,生命才发展出大灭绝事件前的那些多样物种来。"③

---

① 盖尔·惠特曼,克里斯·霍普,以及彼得瓦德·汉姆斯:"气候科学:北极变化的巨大成本,"《自然》,2013年7月24日;"专家警告:北极甲烷释放的成本会是'全球经济级别的'",《每日科学》,2013年7月24日。

② 同上。

③ 达尔·雅迈尔:"我们是否正陷入气候危局?科学家们考虑物种灭绝,""汤姆报道网站",2013年12月17日,该文章总结了大气和海洋科学家艾拉·利夫的观点;也请参见汤姆·哈特曼的"大灭绝:但愿我们不会,"《气候状况》,2013年9月28日(录像);詹姆斯·汉森:《我的孙辈们的风暴》,150页。

·三叠纪末大灭绝。这发生在大约2.1亿年前(哺乳动物和恐龙进化后不久),其引起的原因是,"大气中二氧化碳的增加(这被认为是火山造成的)导致了海洋的酸化和全球的暖化"。①

·白垩纪末期大灭绝。发生在6500万年前,被灭绝的动物包括最后的恐龙。

所有的这些灭绝都是由不同的自然原因造成的,而第6次物种大灭绝(它可能会被证明是最严重的一次),其独特的地方却在于,它是由人类造成的。它始于大约10万年前,那时,人开始从非洲向世界各地发展。在全新世,农业出现之后,这一灭绝在本质上就加速了,工业革命之后,速度就更快了。②

现在,人类排放的二氧化碳比火山所排放的大约多100倍。所以,据英国皇家学会2010年特刊发表的一篇关于生物多样性的文章,事实上,人类显然正在灭绝物种,"比化石记录上的任何东西都要快得多。"③

同期发表的斯克里普斯海洋研究所杰里米·杰克逊所写的文章,讨论了海洋酸化所引起的物种灭绝问题。杰克逊解释说,"在古新世末期,大量的碳的流入使得全球急剧变暖,海洋酸化,深海里大量物种灭绝,以及世界各地珊瑚礁消失。"他接着说,除非立即采取决定性的保护措施,否则,"一场可影响所有海洋生态系统、可与过去的地质剧变匹敌的物种大灭绝,似乎就是不可避免的。"④

伊丽莎白·科尔伯特在她2014年《第6次物种大灭绝》一书的末尾问道:"在一次我们自己造的物种灭绝事件中,我们自己会出什么事?"很多人似乎认为,我们这些自命的"智人"如此聪明强大,没有什么能使我们灭绝。然而,她指出:"当一次物种大灭绝发生时,它会灭绝弱小的,也会削弱强大的。"她又说,著名的人类学家理查德·李基曾警告说,"智人不仅可能是第6次大灭绝的发动者,也有风险成为它的牺牲品之一。"⑤

---

① 乔·罗姆:"三叠纪末大灭绝中二氧化碳的翻番灭绝了陆地和海洋物种的四分之三,""气候动态"网站,2013年3月24日。

② 奈斯·埃尔德雷奇:"第6次物种大灭绝,""行动/生物科学网站"(Action/Bio Science.org),2001年6月。

③ 约翰·库克:"火山比人排放更多的二氧化碳吗?"《怀疑科学》,2012年8月10日;安妮·马格伦和玛利亚·多恩拉斯:"变化世界中的生物多样性,"《英国皇家学会哲学会刊》,2010年10月27日。

④ 杰里米·杰克逊:"海洋过去之未来",《英国皇家学会哲学会刊》,2010年10月27日。这篇和上篇文章都被总结在乔·罗姆的这篇文章里:"据皇家学会说,'很明显的迹象表明,当前物种灭绝的速度远胜过化石记载中的任何速度'","气候动态"网站,2010年11月15日。

⑤ 伊丽莎白·科尔伯特:《第6次物种大灭绝:一种非自然历史》(纽约:亨利·霍尔特出版社,2014),267—268页。2013年的一份录像,名为"大灭绝:但愿我们不会",是由汤姆·哈特曼解说的(他也是作者之一),该录像很好地介绍了一些科学家关于甲烷威胁的想法。

现在有些科学家相信,人类的灭绝,或至少接近灭绝,会在不久的将来发生。

伦敦廷德尔气候变化研究中心的主任凯文·安德森在 2009 年说,如果全球温度上升摄氏 4 度,地球上大约 90% 的人会死——虽然人类的灭绝不会是完全的,因为"一些有恰当手段的人会让自己居于世界上恰当的地方,因而存活下来。"①

有人认为安德森的观点太乐观了,比如,加利福尼亚大学巴巴拉分校的大气和海洋科学家艾拉·利夫就这样认为。人类中的哪一部分人能够适应全球温度上升摄氏 4 度呢? 利夫答道,他认为,"只有在北极或南极(避难)的数千人。"②

照其他一些科学家看来,甚至利夫的观点也太乐观了。比如,澳大利亚微生物学家弗兰克·芬纳就是这个看法——他在 1980 年向世界卫生大会宣布天花已被消灭。2010 年,芬纳,这位 22 部书和数百篇文章的作者,说,"也许在100 年之内,智人将绝种。"③

一些预计人类即将灭绝的科学家认为,因为永久冻土的解冻而引起的甲烷释放最可能是人类灭绝的原因。2013 年的一份录像,名为"大灭绝:但愿我们不会",是由汤姆·哈特曼解说的(他也是作者之一),该录像很好地介绍了一些科学家关于甲烷威胁的想法。④ 鉴于甲烷危险的严重性,目前这本书或许最好加个副标题:"文明能幸免于二氧化碳 - 甲烷危机吗?"

也许,有关人类将在今后数十年内灭绝这一题目,写得最多的科学家是盖伊·R. 麦克弗森,亚利桑那大学的进化生物学荣誉教授。在博客"自然蝙蝠存活下去"中的各类文章中,以及 2013 年的一本标题为《走向黑暗》的书中,麦克弗森设想了一系列的人类灭绝的可能原因,其中一个就是,因为永久冻土解冻而导致的甲烷排放。⑤

人类将因甲烷的排放而灭绝,这一预言是退休的地球系统科学家马尔科

① 珍妮·法伊奥:"廷德尔气候变化研究中心称,全球暖化将致死地球人口的 90%",《苏格兰人》,2009 年 11 月 29 日。

② 雅迈尔:"我们是否正陷入气候危局?"

③ 斯蒂芬妮·罗杰斯:"著名科学说,人类可能在 100 年内灭绝","自然母亲网络",2010 年 6 月25 日;相关文章请参阅,谢丽尔·琼斯:"他看不到人类有任何希望,"《澳大利亚人》,2010 年 6 月 16 日。

④ 汤姆·哈特曼:"大灭绝:但愿我们不会",《气候状况》,2013 年 9 月 28 日(录像)。

⑤ 盖伊·R. 麦克弗森:"人类通向即将灭绝的三条道路","加拿大人对气候变化的紧急行动"网站,2011 年 11 月 9 日;"目前气候变化的 19 种方式,"《过渡之声》,2013 年 8 月 19 日;《走向黑暗》(巴尔的摩:"国人欲读书出版社",2013 年)。

姆·赖特的核心思想。2012 年,赖特写道,始于 2010 年的相当量的甲烷释放,"将以几何级数加速,释放出大量的甲烷到大气层,在本世纪中期以前,导致地球上所有生命的死亡。"据赖特的观点,人类存活的唯一希望就是大量减少二氧化碳的排放,并立即采用地球工程的方法,"给北极降温,以抵御甲烷聚集的后果。"①

是否有一种地球工程学的拯救方法?

地球工程学被解释成"有意地改变地球的物理或生物体系,以抵御全球的暖化。"②这被描绘为一种防止气候变化成为大灾、却又无须与化石燃料工业作对的方法。克莱夫·汉密尔顿在他 2013 年的一本书里预言,"随着全球暖化开始威吓我们,地球工程学将逐渐主宰全球政治。"③

在 2006 年前,关于地球工程学的文章很少,因为这是一个禁忌的话题。实际上,汉密尔顿说,所有的气候科学家都担心,"某一减少排放的方法,即便明显是落后的,其可用性却吸引了政治领导们,于是他们做必做之事的决心便会遭到削弱。"但保罗·克鲁琛却担心政治家们不行动,于是他写了篇文章,呼吁将地球工程的研究当作后补。

克鲁琛的文章打开了闸门。记者约翰·维达尔报告说,今天,"有数百小组和机构提出搞实验。"克鲁琛和一些其他的科学家也在为拯救文明而提出建议。但是有些建议"却遭到企业家和商人们的强烈反对,因为吸引他们的是赚数十亿美元的那种可能性。"④

无论如何,地球工程(有时也被称为"气候工程")有两种基本形式。一是太阳辐射管理,目的是"减少阳光到达地球的量"。二是二氧化碳排除技术,致力于抽出大气中的二氧化碳,"并将其存储在某个不太危险的地方。"⑤

---

① 马尔科姆·赖特:"在人的一生之内,可能会发生全球性的物种灭绝,其原因是北极甲烷在大气中扩散所引起的热浪和地表的火风暴",《北极新闻》,2012 年 3 月 6 日。
② 亚伦·斯特朗等人:"海洋的富营养化:该行动了!"《自然》,2009 年 9 月 17 日。
③ 克莱夫·汉密尔顿:《地球主人:气候工程学时代的黎明》(纽黑文:耶鲁大学出版社,2013 年)。
④ 约翰·维达尔:"地球工程:在给地球降温的比赛中,绿色与贪婪的竞争,"《观察家》,2011 年 7 月 10 日;引自《地球主人》,17 页。
⑤ 汉密尔顿:《地球主人》,第 1 页。

太阳辐射管理

最为人所知的那类地球工程,就是太阳辐射管理(SRM)。就是 2007 年《华尔街日报》专栏版一篇文章所宣扬的那类,该篇文章的标题是"重视全球暖化"。文章是前里根政府的官员弗雷德·伊克尔,和五角大楼前武器专家洛厄尔·伍德合写的。后者一直是爱德华·特勒的下属。正是特勒,启发了影片"奇爱博士"中奇爱博士这一角色。他自己也一直被人玩笑地称为"邪恶博士"。伊克尔和伍德写道:"我们知道(地球工程)会起作用,因为它一直在自然地发生。"也就是说,"云彩照例地使阳光偏斜,从而给地球降了温。火山——当其爆发,并将数百万吨的微细颗粒物质(主要是硫酸盐气溶胶)注入平流层时——也给地球很多地区降了温。"①

在进行太阳辐射管理过程中,工程师把硫酸盐气溶胶注入平流层,而且/或者将镜子置入空间,以反射太阳的光线——这种方法,罗姆说,简直就是"烟雾与镜子",使人捉摸不定。② 正如罗姆的这句俏皮话所暗示的,同大多数气候科学家一样,他也并不看好太阳辐射管理,认为它会是无效的,或有害的,或两者都是。

使云增白:太阳辐射管理的类型之一被罗姆总结为"镜子",其方法是这样的:对层积云喷洒海水微粒,从而使其亮度(白度)增加 10% ,于是它们就能反射更多的太阳光。喷洒要靠特殊构建的、卫星控制的船只来进行。这些船只漫游于海上,将水粒喷入空中。但这一方案有几大困难:

· 欲提高 10% 的反射率,据估计就需 1500 艘船只,每艘船需要 280 亿个微细的喷嘴——每个喷嘴的直径小于一微米。

· 水微粒必须是合适的大小。但正如一位研究人员指出的,这一想法——"你会注入某一特定大小的水粒"——有一个缺陷,"因为水粒不会长时间保持那一大小。"

· 喷液的盐分残留物(它引起增白)须洗去,如此,喷射方可继续。

· 这个过程还须永远持续,因为"任何太阳辐射技术的突然终止,都会

---

① 弗雷德·伊克尔和洛厄尔·伍德:"重视全球暖化",《华尔街日报》2007 年 10 月 15 日。

② 乔·罗姆:"独家新闻:不善交往的、观点片面的地球工程小组试图发起相当于刷绿的运动,即'对气候的补救'","气候动态"网站,2011 年 10 月 6 日。

是灾难性的,因为人为手段所抑制住的热,会以快得多的速度反弹回来。"

· 长期喷液会对气候模式产生什么影响,人们对此几乎一无所知。模型显示,比如,南大西洋云的增白,会引起亚马逊的干旱。①

喷硫:云增白的诸多问题并不必然使太阳辐射管理的倡导者们丧气,因为一种使用硫酸盐颗粒的不同方法被普遍认为是有前途的。正如伊克尔-伍德的专栏文章表明的,这一方法受到了火山爆发导致降温这一现象的启发。汉密尔顿说,这一建议是这样的,"喷洒微细的气溶胶粒子入平流层,以反射大约2%的额外太阳辐射,"这会抵消本可因温室气体的翻番而造成的变暖。然而,又会出现一些困难:②

· 火山爆发最多会影响气候数年,但谁也预计不到在大气里喷注硫酸盐会产生什么样的后果。

· 就算科学家对将会发生的事有好的想法,他们也相信,喷硫会弱化全球的水文循环,那意味着,亚洲季风期间的降水会减少——这会影响20亿人的粮食供应。

· 喷硫对于非洲也会是灾难性的。2013年的一项研究,研究的是萨赫勒地区20世纪4次大旱。该项研究显示,它们当中的3次发生在大的火山爆发之后。

· 喷硫也会破坏臭氧层:对此问题的最全面的研究结论道,注入足够的硫以抵消二氧化碳的翻番,这会使臭氧洞的弥合延迟30—70年。③

· 启动这一方案,然后又停止它,这一做法的问题,汉密尔顿说,"被人视为(并无讽刺之意)终止的问题",它会引起全球温度的迅速上升,乃至,比如,世界上的森林只有6分之1能存活。

最终的观察:2014年,一项研究发布在《自然通讯》上,该项研究首次对不同类型的地球工程作了重大比较。由戴维·凯勒领头的几个作者结论道:这些

---

① 所有的这些问题都被列举在汉密尔顿的书中(52—55页),只是要除去第二条,该条在乔·罗姆的这篇文章中得到讨论:"关键的'地球工程'战略会产生暖化,而不是降温,""气候动态"网站,2011年4月10日。

② 汉密尔顿:《地球主人》,59页。

③ 这些观点在汉密尔顿的书中(57—68页)得到讨论,唯独第3条没有。该条在蒂姆·拉德福的这篇文章中被讨论到:"地球工程会在非洲有些地方引起灾难,""气候中心网站",2013年4月7日。

方法中的任何一个都不能被称为是最好的,因为效果总是与风险同步。特别是,他们说,太阳辐射管理可以是最有效的,但也包含着最大的风险。[①]

二氧化碳排除

另一类重要的地球工程,二氧化碳排除技术,瞄准的是全球暖化的根源,即"大气里过多的碳"(而太阳辐射管理的方法"瞄准的却是全球暖化的症状:过多的热")。[②]

以铁施肥于海洋:这些方法中最出名的就是海洋施肥法。所施的主要是铁,所以这种方法也被称为以铁施肥于海洋(OIF)。这种方法将硫酸铁投入海洋,以刺激浮游植物的大量繁殖。人们所希望的是,它们将吸收二氧化碳,然后沉入海底,把碳留在那儿。然而,有几个理由使我们怀疑这一方法是否有用。

2010 年冰岛的一次火山爆发提供了一次"自然实验"。它造成大量的火山灰,乃至横跨欧洲的航路陷于停顿。根据 2013 年的一份科学报告,这次火山爆发给冰岛盆地带来了相当量的熔解铁,但证据表明,"浮游植物的数量仅有微细的增加。"此外,这次火山爆发造成了冰岛盆地生物地球化学方面的紊乱,所以总地说来,其结果是负面的。[③]

2012 年,一位想发财的加利福尼亚商人胡搞了一次试验,他沿加拿大西海岸扔硫酸铁。这确实产生了大量的浮游生物。[④] 但是,研究显示,总地说来,以铁施肥于海的方法(OIF)坏处大于好处。关于好处比预期的少,见如下证明:

・虽然 OIF 在短期有效,"但长期却并不如此。"
・OIF 没有长期效果:当其不持续,"海洋便更快地停止了吸收二氧化碳。"[⑤]

---

① 戴维·P.凯勒等人:"在二氧化碳高排放背景下,气候工程的潜在效果和副作用",《自然通讯》,2014 年 2 月 25 日。
② 汉密尔顿:《地球主人》,20 页。
③ 亚历克斯·柯比:"火山'未能怎么降低二氧化碳'","气候新闻网络",2013 年 3 月 21 日;埃里克·阿西特尔伯格等人:"艾雅法拉火山爆发造成的铁施肥",《地球物理研究通讯》,2013 年 3 月 16 日。
④ 马丁·卢卡奇:"世界最大的地球工程试验'违反'了联合国的规则,"《卫报》2012 年 10 月 15 日。
⑤ 凯勒等:"气候工程的潜在效果和副作用"。

·OIF 所产生的浮游生物在南海三分之二的地区不起作用,因为它不含硅,所以浮游植物就没有抵御天敌浮游动物所需的壳。①

关于其害处,见如下证明:

·虽然 OIF 增加了局部海洋浮游生物的繁殖,但它却打乱了施肥区域的生态系统。

·OIF 引起那些区域的 pH 值的下降,因而增加了海洋的酸度。

·OIF 还使得氧降低,而且停止了 OIF 也不会使氧回到它先前的状态。②

·也许,最重要的是,经人工以铁施肥之后,藻花"便可吸收大量的其他营养物质,比如磷和硝酸盐",因而破坏了"分布磷和氮的大循环",而这正是 9 大"地球界限"之一。③

简言之,OIF 只能在短期增加浮游植物的繁殖,但却有相当数量的有害后果。

给海水撒石灰:大多数地球工程的方法都着眼于降低地球的热,但有一种方法却着眼于扭转海洋的酸化。其具体做法是,"把石灰(一种碱)撒入海洋,以便把海洋的碱度恢复到正常水平。"不幸的是,从石灰石里提炼石灰(如同制造水泥),需要耗费大量的热,这些热通常是由天然气提供的。

这一问题可这样避免:直接把打碎的石灰石丢入海洋就是。但要达到预定的效果,却"需要粉碎大量的石灰石,这本身就是一个耗费大量能源的过程,"还需要成千上万的轮船。再者,须几十年后这些被粉碎的石灰石才会显现出效果。

从大体上看地球工程:总结

凯勒及其同事们 2013 年所作的比较研究结论道:即便是最有效的方法,"或则只能有限地降低暖化,或则有严重的潜在副作用。"④至于普遍的地球工

---

① 汉密尔顿:《地球的主人》,35 页。
② 凯勒等人:"气候工程的潜在效果和副作用"。
③ 汉密尔顿:《地球主人》,29,33,34 页。
④ 凯勒等人:"气候工程的潜在效果和副作用"。

程所具有的危险,有三项特别值得提出。

第一,若要证实某一类地球工程方法是否有用,就需要采取一种截然不同于对待新药的方法。新药一旦发明出来,它是以一种模式开始的,这种模式然后在实验室得到测试。如果测试成功,便开始在有限数量的病人身上进行临床试验。唯有当这一实验成功了,该新药才被广泛使用。但就地球工程的程序而言,就无法不进行"全面实施"而单独对模型进行测试。于是,如果实施出人预料,产生了灾难性的后果,甚至肯·卡尔代拉这样强烈支持地球工程的人也说过:"我们就一筹莫展了。"①

第二,克莱夫·汉密尔顿在《纽约时报》的一篇专栏文章里说,"也许,研究地球工程方法的最大风险是,它会削弱人们制止排放的积极性。且想一想:(如采取地球工程的方法)就无须与强大的化石燃料公司较量了,无须对油或电征税了,无须改变我们的生活方式了。"②

第三,可能,削弱人们制止排放的积极性,正是某些地球工程提倡者的愿望。2009 年,一位煤炭工业的长期发言人就说过:

> 我坚信,危险的人为暖化不是一个问题,也不可能成为一个问题。但我确实认为,应该坚信地球工程成功的可能性。我这样说的理由是一个政治策略,……政治家若要放弃他们支持限制温室气体的主张,同时又不丢失面子,就需要一个说得通的理由。地球工程就提供了一个说得通的、且又不牵涉人为暖化问题的理由。③

结论

我们似乎不能期待地球工程来拯救我们。洛厄尔·伍德说过,"我们设计过我们们居住的每一其他环境——为何不能设计地球?"但是麻省理工学院的一位科学家问道:"你怎么能设计一个你不理解的系统?"④既然缺乏这一理解,

---

　　① 乔·罗姆:"马丁·邦兹尔论'对于地球工程最后的致命反对意见甚至把它说成是一个临时的解决办法,'""气候动态"网站,2010 年 9 月 27 日;乔·罗姆:"卡尔代拉称隆伯格的设想,是一个'出自科幻故事的错位世界'","气候动态"网站,2010 年 11 月 15 日。

　　② 克莱夫·汉密尔顿:"地球工程:我们的最后希望,或是一个虚幻的承诺?"《纽约时报》,2013 年 5 月 26 日。

　　③ "理查德·S. 考特尼论地球工程,""Big City Lib Strikes Back"博客网站,2009 年 8 月 12 日;也被引用于罗姆的"英国煤炭行业宣传推动地球工程的'策略'","气候动态"网站,2009 年 8 月 12 日。

　　④ 汉密尔顿:"地球工程:我们的最后希望?"

企图设计拯救,就可能事与愿违。

计划 B,A,和 C

计划 B

正如巴诺斯基领导的一项研究中的那些科学家们所表明的,他们并不确切地知道,哪些生态变化结合起来可导致全球生态系统的崩溃。所以,有可能,在本世纪内,某一崩溃已注定要发生。

然而,我们必须基于这一假设而行动:情况并非如此——也就是说,仍然有可能预防一切情况中最糟糕的这一情况。鉴于前几章讨论过的动力学必然昭示的后果——热浪、干旱、风暴、海平面的上升、淡水的短缺(部分地由于海洋的酸化而导致的)、食物的短缺——这显然业已注定:本世纪后半叶,人类的生活会更危险、更不舒适。然而,如果我们立即启动一项应急计划,以大大降低我们对温室气体的排放,我们或许能够避免一场全球的生态系统崩溃。

计划 A

如果世界上的政治和经济领导人继续实行计划 A,也就是说,听任地球的平均温度继续上升,那么,一场全球的生态系统崩溃可能会发生在将来,也许就在本世纪的后半叶。这场崩溃之后,正如阿恩·穆尔斯所说,地球可能"不再有利于人类社会了。"如果这样,天使们就需要——再次用克莱夫·汉密尔顿的话来说——"为某一物种写上一首安魂曲。"①

计划 C

在讨论"地球的生物圈面临一种状态转移"时,作者之一詹姆斯·布朗说,我们的社会可能会"以这些日子我们似乎所采取的最佳方式来作为回应,即交叉手指祈求:但愿科学家们的观点是错误的。"这一描绘可能适于计划 A。但在这个意义上可能也适于计划 C:那些有权发起应急措施以防止全球生态系统崩

---

① 克莱夫·汉密尔顿:《某一物种的安魂曲:我们为何要抗拒关于气候变化的真相》(劳特利奇出版社,2010 年)。

溃的人会说:"我们现在认为科学家们是错的,所以继续燃烧化石燃料不会断送文明。然而,一旦我们发现有迹象证明科学家们是对的,我们就会发起应急措施。"

这一回应的问题是双重的。首先,我们业已有足够的证据证明:正在发生一个重大的变化,诸如冰川和冰原的融化,北极冰的消失,海洋 pH 值 40% 的上升。其次,如果我们等待,直到全球生态系统崩溃的危险更加明显,那么,由于二氧化碳的排放与其造成的后果之间有一段滞后期,我们就会失去防止崩溃的机会。那时,政治领导者们就只能说:"看来那些科学家当初说的话是对的。"所以,实际上,计划 C 与计划 A 没有什么不同。天使们将只好做好准备谱写他们的安魂曲了。

结论

地球在继续暖化,只要该暖化突破了地球的任何界限,它就会导致物种(包括人类)的大灭绝。鉴于这一事实,显而易见,我们应迅速而全面地动员起来,实行计划 B。

第二部分 史无前例的挑战以及我们的失职

11. 否认气候变化

"人的天性使我们易于混淆什么是前所未有的和什么是不可能的。"
——艾尔·戈尔："被拒绝承认的气候变化",2011 年

"我们正在见证媒体和政治中至今为止最强烈的拒绝承认气候变化的呼声。……我从未见过像这样的事。……这使得科学成为头条新闻。"
——蒂姆·弗兰纳里,澳大利亚气候理事会,2014 年

伯特兰·罗素曾写道:"自亚当夏娃偷吃禁果以来,人类从来就禁不住要犯他所能犯的任何错误。"①若针对特殊的愚行和个人,罗素此话未免夸张。然而,我们可以提出确切的证据来证明,对于人类社会,此话不假。

无论如何,这是真的:社会的一些部门犯下了很多大错,其中,我们这个时代所犯的,可能会毁掉文明。那些竭力否认气候变化的人所犯的,显然就是这样的错误。他们否认,气候变化是由于过度的二氧化碳排放而引起的全球暖化,因而也否认,这是一种需要政治领导人采取行动来对付的危机。

那些采取这一否定态度的人,可被恰当地称为"否定论者"。虽然有时他们也被称为"气候变化怀疑论者",但怀疑论者却是那样的人,他们怀疑某些特殊的说法,但一旦那些说法有了足够的证据,他们就停止怀疑了。怀疑主义是科学家正当的态度。相反,气候变化否定论者却执一种反科学的态度。马克·胡夫纳格尔(他建立了"气候变化否定论"博客)曾写过:

否定论就是采用修辞手段装出争论或合理辩论的样子,实际上却并不存在那样的辩论。当人们少有或全无事实来支持自己的观点,以反对某一科学共识或否认成压倒之势的证据时,他们就会采用这些谬误的争论

---

① 伯特兰·罗素:《世界简史》(供火星幼儿学校使用)。

159

方法。①

气候变化否定论所采用的论据,往往基于化石燃料公司最初提供的那些谈话要点。有些否定论者被这些公司买通,通常是通过由这些公司资助的傀儡组织。然而,有些否定论者可能认为,他们之所以作出否定是为了追求真理。但他们却并未意识到,正如记者马克·赫兹加德所说,"他们不过是在不动脑筋地重复原本由巨大的利益集团提出的观点。"②

不过,不管怎么说,否定论者掀起的运动还是有效果的,乃至很多美国人相信,很多气候科学家反对这一观点:气候的变化是由于温室气体的排放,然而实际上这样的科学家为数极少。

以往否定气候变化的运动

本章首先要谈一谈以往的一些否定气候变化的运动。2010 年,内奥米·奥利斯克斯和埃里克·康威出版了一本书——《怀疑的贩卖者》,该书的副标题是"一小撮科学家如何模糊了从吸烟到全球暖化诸多问题的真相"。③ 正如该副标题所暗示的,全球暖化否定论的策略,不过是烟草工业深谋老算的那一谋略的一部分,它竭力否认吸烟会致癌。奥利斯克斯和康威把这称为"烟草策略"。④

吸烟

烟草工业知道,它不必证明吸烟无害(那不可能)。他们只须植入怀疑。来自烟草工业某高管的一份 1969 年的内部备忘录说:"怀疑就是我们的产品,因为它是对抗公众头脑中'一批事实'的最佳方法。它也是引起争论的手段。"⑤

---

① 马克·胡夫纳格尔:"不要把气候变化否定论当做辩论","气候变化否定论"博客。

② 马克·赫兹加德:《酷热:今后 50 年如何在地球上活下去》,264 页(纽约:豪顿·米福林·哈考特出版社,2011 年)。

③ 内奥米·奥利斯克斯和埃里克·康威:《怀疑的贩卖者:一小撮科学家如何模糊了从吸烟到全球暖化诸多问题的真相》(纽约:布鲁姆斯伯里出版社,2010 年)。(罗伯特·肯纳执导的同一名字的影片将在 2014 年末上映;参见彼得·辛克莱:"注意:影片'怀疑的贩卖者'将很快上映",《怀疑科学》,2014 年 9 月 25 日。)

④ 同上,第 7 页。

⑤ 同上,34 页(引用了《抽烟及健康建议》,传统烟草文档库,1969 年。)

　　然而,吸烟实际上确实致癌的这一事实,却早在 20 世纪 30 年代就被德国科学家揭示出来了。① 在美国,公共卫生署在 1957 年就认定,吸烟是"肺癌多发的主要原因。"②一些领军的研究者在经同行评审的文章中宣称,癌症与香烟有关,其证据"不容争辩"。③ 1964 年,美国军医总监发布了一个报告《吸烟与健康》。该报告是一个委员会撰写的,他们复阅了 7000 多项科学研究,从 150 多个医生那里获得了证据,最后结论道——全体一致地——吸烟者患肺癌的几率比不吸烟者大 10% 到 20%。④

　　事实上,烟草工业自己的科学家也结论道,香烟使人上瘾并致癌。1963 年,布朗 - 威廉姆森烟草公司副总裁就结论道:"我们做的生意就是贩卖尼古丁,一种使人上瘾的药品。"然而,到了 1994 年,香烟公司的 7 位总裁却(厚颜无耻地)在国会面前宣誓证明:香烟中的尼古丁不使人上瘾。⑤ 但在 1965 年,布朗 - 威廉姆森烟草公司从事研究的负责人却说过,烟草工业科学家"一致认为,吸烟是……致癌的。"⑥

　　然而,1967 年,布朗 - 威廉姆森烟草公司却这样回复军医总监的报告:"并无证据证明吸烟会导致肺癌。"⑦为了支持这一说法,布朗 - 威廉姆森烟草公司同其他香烟公司一起,投资数百万美元延聘科学家来帮助他们制造假情报,这被称为"制造不确定"。⑧

　　比如,雷诺兹烟草公司就给了弗雷德里克·赛兹——他有段时间曾是著名的物理学家,后来成了美国国家科学院院长——4500 万美元,让他拿去分发给各类科学家和组织。那笔款子号称是为了科学研究,然而该研究却局限于很狭窄的范围:据奥利斯克斯和康威说,那笔钱"是用于生物医学研究的,目的是要找出证据并培养专家,以便在法庭上为自己的'产品'辩护"。⑨

----

　　①　同上,15 页。

　　②　马克·帕拉斯坎多拉:"公共卫生署的今昔:上个世纪 50 年代香烟与美国公共卫生署",《美国公共卫生杂志》,总 91 期(2001 年 2 月第 2 期),196—205 页。

　　③　马克·帕拉斯坎多拉:"病原学的两个方法:上个世纪 50 年代关于吸烟与健康的争论",《奋进》,总 28 期(2008 年 6 月第 2 期),81—86 页,引文见 85 页。

　　④　伦纳德·舒曼:"吸烟与健康顾问委员会呈军医总监的报告之来由",《美国公共卫生杂志》,2/1(1981 年 3 月)19—27 页。

　　⑤　参见"尼古丁和香烟,""美国公共电视网,前线",1994 年 4 月 14 日,或"七个小矮人:我认为尼古丁不使人上瘾,""YouTube 网站",2006 年 11 月 26 日。

　　⑥　斯坦顿·A.格兰兹等人:《香烟论文集》(伯克利:加利福尼亚大学出版社),15,18 页。

　　⑦　"布朗 - 威廉姆森烟草公司关于吸烟与健康问题的声明,"1967 年 5 月 12 日。

　　⑧　戴维·迈克尔斯和塞莱斯特·蒙福顿:"制造不确定:有争议的科学及公共健康与环境的保护",《美国公共卫生杂志》,2005 年 9 月 1 日。

　　⑨　奥利斯克斯和康威:《怀疑的贩卖者》,第 5 页。

赛兹——由于他所提供的服务,他得到 58 万 5000 美元的报酬——自己后来也承认,研究所关注的是被硬性规定了的,因为雷诺兹烟草公司"并不要我们去研究吸烟对健康的影响。[1] 公司所要的,是培养证人来"证明,疾病并非因吸烟引起。"[2]

二手烟

20 世纪 70 年代,出现了一桩针对烟草工业的新威胁。美国的很多州开始立法,反对在公共场所吸烟,其根据是:吸入他人抽的烟可能会导致癌症。当时,并无多少科学证据来支持这一疑虑。然而,烟草工业的科学家们业已私下认定,二手烟——亦称"环境性吸烟"和"被动吸烟"——导致癌症。[3] 烟草工业当然未将此公布于众。

然而,证明环境性吸烟有危险的科学证据却不断增加。其中最重要的是 1981 年日本国立癌症中心研究所的首席流行病学家北野武平山所作的一项研究。该研究显示,与不吸烟者的妻子相比,吸烟男人的妻子患肺癌的死亡率要高得多。

烟草工业对北野武平山及他的报告发起了攻击,动用了那些当初作为顾问的科学家。其中一位是生物统计学家内森·曼特尔,他声称,平山的报告基于一个严重的统计错误。烟草工业于是大肆炒作曼特尔的工作,并说服主要的报纸公平对待"当事的双方"。结果,报上的通栏大标题说,科学家质疑二手烟有害的观点。烟草工业然后打出整版的广告,突出这些大标题。[4]

尽管烟草工业知道,正如我们上面所说的,环境性吸烟会致人于死,但它仍然这样干。一份内部的备忘录说,"平山(以及他的辩护者们)是对的,曼德尔和烟草研究所是错的。"又一份内部备忘录说,"平山是对的;烟草研究所明白;烟草研究所攻击平山,尽管知道他的工作是对的。"[5]

医学科学的普遍结论认为平山是对的。1986 年。卫生与公众服务部部长说:"非自愿吸烟使不吸烟的健康者染上疾病,包括肺癌。"(执行摘要是助理秘

---

① 马克·赫兹加德:"当华盛顿睡着了时,"《名利场杂志》,2006 年 5 月;引用于詹姆士·劳伦斯·鲍威尔的《气候科学探究》,61 页(纽约:哥伦比亚大学出版社,2011 年)。

② 奥利斯克斯和康威:《怀疑的贩卖者》,第 14 页。

③ 格兰兹等人:《香烟论文集》,第 10 章。

④ 奥利斯克斯和康威:《怀疑的贩卖者》,第 414 页。

⑤ 同上,第 138 页。

书罗伯特·温德姆博士写的,他当时是由罗纳德·里根总统任命的)。同年,国家研究委员会得出了那一结论,军医总监的一份报告结论也是如此。①

烟草工业知道,科学家的说法是明确的,是对的,持续的环境性吸烟会威胁数百万人的生命。他们也意识到,环境性吸烟甚至比吸烟更严重。正如奥利斯克斯和康威所说:"抽烟者以不确定的风险换来确定的享乐,这样说是一回事,但如果说,他们正在杀害他们的朋友、邻居,甚至他们自己的孩子,这样说就完全是另一回事了。"②

然而,这些事实不足以阻止烟草工业赞助虚假信息运动,以预防法律禁止人在公共场所吸烟,因为它要考虑它自己的"生存",这是情理之中的事。用菲利普·莫里斯烟草公司副总裁的话来说就是:

> 我们所有的这些生计(直接或间接)系于烟草买卖的人,必须联合起来组成一股力量,(因为我们面临这一问题):"在接下来的数年里,我们还能活下来继续在这个行道挣口饭吃吗?"(烟草工业会萎缩,因为,)"如果烟民们不能在上班路上,在工作时,在商店、银行、餐馆、商场以及其他公共场所抽烟,他们就会抽得更少。"③

烟草工业为了确保其生存和利益而进行的这一虚假信息运动,采取了一些新颖的形式,比如,布朗-威廉姆森烟草公司就曾付给西尔维斯特·史泰龙50万美元,让其在五部故事片中使用它的产品,于是将"吸烟与活力和强健,而不是与疾病和死亡联系起来"④

烟草工业不仅使用这样的新颖形式,更重要的是,它的虚假信息运动还依赖它的一些标准方法:让媒体报道"双方"的意见,以及,如同在"白大褂项目"中的,雇佣科学家帮忙作证。那些证人之一是生物医学研究者马丁·克莱因,十多年里,人家给了他300万美元。在一桩涉及25位年轻空姐感染癌症的审判中,克莱因被问及,他是否因他的作证而收受了他人的钱财。克莱因回答说,

---

① 《非自愿吸烟给健康造成的后果》(美国卫生与公众服务部,1986年);奥利斯克斯和康威:《怀疑的贩卖者》,第139页。

② 奥利斯克斯和康威:《怀疑的贩卖者》,139页。

③ 同上。引艾伦·默洛《烟草供应商会议草案》,1993年12月。

④ 同上。几乎同时,史泰龙这个从年轻时就吸烟厉害的瘾君子,据说已决定戒烟,因为,他认为,"抽烟会使人早死。"此外,他还认为,"成年人叼着烟看起来有点蠢"。参见"再玩一回",《烟草控制》期刊,1988年。

他没有,那些钱仅仅是礼物。①

弗雷德里克·赛兹曾出手帮助烟草工业挫败禁烟规定,同赛兹一样,另一位物理学家,弗雷德·辛格,也在烟草工业企图挫败环境性吸烟条例的活动中帮了忙。在安可公关公司,一个由菲利普·莫里斯烟草公司雇佣的公关公司的帮助下,辛格炮制出了他的"科学与环境政策项目",提倡他所谓的"健全科学",谴责他所谓的"垃圾科学"。②

"'健全科学'一语",奥利斯克斯和康威指出,"是奥威尔式的③。真正的科学,即科学家所做的,且发表在科学期刊上的,被视为'垃圾'而排除,误传瞎编却被赋予了地位。"④

辛格,同赛兹一起,成了一个叫做"健全科学促进联盟"组织中的顾问。该组织由史蒂芬·米洛伊提议,却是由安可公关公司创办的。菲利普·莫里斯烟草公司利用安可公关公司出面创办,而不是它常用的博雅公关公司,以掩盖该联盟与它的从属关系。⑤ 所以,由于菲利普·莫里斯烟草公司,辛格和米洛伊据称就有了自己独立的组织,便于把美国环保署的关于二手烟的报告当作垃圾科学来攻击(米洛伊甚至创建了一个网站,名叫"垃圾科学网站")。

辛格与哈特兰德研究所联手,后者"提倡以自由市场的手段来解决社会和经济问题,"而且后者与菲利普·莫里斯烟草公司长期有共生关系。哈特兰德研究所的网站标有一横幅,上有该所所长,约瑟夫·L.巴斯特,还有其他一些人,包括本杰明·富兰克林,托马斯·杰佛逊,以及詹姆斯·麦迪逊。显然,言外之意就是,这些人的著作,诸如《独立宣言》《美国宪法》,在质量上并不比巴斯特的最著名的作品《别在我的色拉上拉屎》更高级。⑥

即便如此,"垃圾科学"的指责还是对准了美国环保署,那是因为它1992年的一份报告,《被动吸烟对呼吸健康的影响》。⑦ 环保署审阅了很多从各国收集来的研究,那些研究最后结论道(且用奥利斯克斯和康威的话来说):"大量的烟造成大量的癌。少量的烟造成少量的癌。"环保署下判断说,证据确凿,是"结论

① "马丁·克莱因的证词记录","传统烟草文档库",46。奥利斯克斯和康威:《怀疑的贩卖者》一书,30—31页引用。

② 同上,14页。

③ 即靠误传和瞎编来影响社会的那种做法。——译者。

④ 同上,236页。

⑤ 《烟,镜子和热风:埃克森美孚公司如何使用大烟草公司的策略来炮制关于气候科学的不确定性》,17—18页。(环保科学家联盟,2007年)。

⑥ 鲍威尔:《气候科学探究》,97—98页。

⑦ 《被动吸烟对呼吸健康的影响:肺癌和其他疾病》,环保署,1992年。

性的。"①

　　为了防止环保署的报告导致禁止在公共场所吸烟的规定,辛格,伙同菲利普·莫里斯烟草公司,利用他的"健全科学"的概念"来支持他们喜欢的科学,并将他们不喜欢的科学诋毁为'垃圾'"。他们当然不喜欢环保署的报告,于是辛格写了一篇文章,名为"环保署的垃圾科学",烟草工业也根据辛格的工作出了一本书《低劣科学》。②

　　然而,将环保署的报告称为低劣科学岂可服众?"同行评审,"奥利斯克斯和康威指出,"才是使科学成为科学的评判。"由于同行审查通常是由三位专家执行的,于是环保署的报告就受到一个由九位专家组成的委员会的审查,其中包括"耶鲁大学的一位医学教授,劳伦斯伯克利国家实验室的一位资深科学家,以及加利福尼亚卫生局空气和工业卫生处处长"。不仅如此,审查了该报告两次后,那个委员会还说:"委员会同意环保署的判断:环境性吸烟应列为第一级致癌因。"③

　　当然,辛格和菲利普·莫里斯烟草公司早就知道被动吸烟致癌,所以他们也知道,环保署的报告并非低劣科学。然而他们仍然攻击该报告,声称,比如,该报告已遭受严厉批评——尽管"批评不是来自科学界,而是来自烟草工业,以及一些受它资助的团体和个人。"④

　　该批评并非为了改进科学,而只是为了"维持争论",以便预防禁止在公共场所吸烟的立法。其最终的目的是为了让烟草工业"生存下来,并活下去"。在这一立法被阻止的期间,由于二手烟而感染的癌症,已使得美国,以及由于其影响而使得其他国家,数百万人丧失生命。但为了让烟草公司赚更多的钱,相较之下,这就相对地不重要了。

　　反对针对气候变化立法的否定主义运动,也包括针对酸雨和臭氧耗竭问题的争论。

酸雨

　　有必要通过一些法规来对付日趋严重的环境问题,这就需要从审美的环境

① 奥利斯克斯和康威:《怀疑的贩卖者》,142页,该页引用环保署的"情况说明:被动吸烟对呼吸的影响"1—6页。
② 同上,143—144页。
③ 同上,154—155页。
④ 同上,159页。

主义转换到基于科学的规定。美国环保署的创办使得这一转换制度化了,它最初的胜利包括清洁空气法案和清洁水法案,但两者都只局限于美国。全球首次讨论的环境问题是关于酸雨的,因为科学家们意识到,一地的污染可造成全球的后果。

20世纪70年代初,各国科学家开始提供证据证明,酸雨损害树木、鱼类,以及其他东西,并结论道:"酸雨中含有人为硫"。这一结论使得人们去作研究,以回答这一问题:"我们是否确定酸雨中的硫磺是人造成的。"①

1978年的一项研究回答了这一问题,其方法是原子同位素,因为"萨德伯里(加拿大安大略省)酸雨中的硫同位素特征与正在那儿开采的镍矿中的硫是相同的。"②

这项研究和其他研究导致了1979年的一篇发表于《科学美国人》的论文。该论文说,问题已得到解答:"雨的酸化,其主要原因是由于燃烧化石燃料而排放的硫和氮。"③

基于这些研究,美国和加拿大于1979年发布了一项联合声明,表示有意图达成一个正式协议,"它将在缓解空气污染和酸雨方面做出真正的贡献。"④

1981年《自然》上的一篇文章甚至提供了更强有力的证据,证明酸雨有人的作用。它说,"现在这一点是确信无疑的了:斯堪的纳维亚南部的降水,由于空气污染的远距离传送,变得更加酸性了。"⑤

同年,美国国家科学院(它是亚伯拉罕·林肯总统建立的,目的是为政府在科学事务上提供咨询)发布了一个报告说,现在"证据已很清楚,人类的健康和生物圈都面临严重的危险。"⑥

1983年,环保署发布了一份1200页的报告,该报告由工业界、政府、高等院校的46位科学家花两年多的时间完成,目的是提供一个"在科学上无懈可击的

---

① 同上,67—71页。

② 同上,71—72页,其中引用了杰罗姆·O.内里亚古和罗伯特·科克尔的文章:"安大略省萨德伯里附近大气降水中的硫同位素含量",《自然》,1978年8月31日。

③ 同上,72页,其中引用了吉恩·莱肯斯等人的文章:"酸雨",《科学美国人》,1979年10月,43—51页。

④ 格斯·斯佩思:"西西弗斯综合症:空气污染,酸雨,以及公共责任,"《关于酸降水的行动研讨会论文集》,1979年2—3(加拿大:尽快组织委员会,1979年),170页。

⑤ 同上,引用J. N. B.贝尔的文章:"酸性降水——一项来自挪威的新研究",《自然》,1981年7月16日:199—200页。

⑥ 戴维·辛德勒(项目主持人):"大气-生物圈相互作用:更好地理解燃烧化石燃料的生态后果",国家研究委员会大气与生物圈委员会(华盛顿特区:国家科学院,1981年)。

评估。"①

反映在这些报告中的科学共识,本应很快促使美国政府通过法案以减少酸雨,其中应有这样一个法案,它批准美国—加拿大最后制定出一个协议。然而,1981 年上台的里根政府,却禁止任何对酸雨的承认——这和它减少联邦法规的承诺是一致的。②

白宫态度的转变始于 1982 年,当时它的科技政策办公室决定复审关于酸雨的证据。国家科学院当时也正好完成了那样一个审查,而且环保署当时也正在写一个更加完善的审查报告。然而这个新的审查要基于一个由不同人员组成的小组。该小组的组长,白宫选择的是比尔·尼伦贝格,"他从来未做过关于酸雨的研究",但是,正如他的长期助手弗雷德里克·赛兹,他却"仇恨环保主义者"。(1984 年赛兹和尼伦贝格本打算和罗伯特·贾斯特罗一道成立一个保守的智囊团,名叫乔治·C.马歇尔学院。)③

由尼伦贝格挑选小组的大多数成员,但白宫提议加上弗雷德·辛格,他同赛兹一样,反对烟草立法。尼伦贝格知道辛格对酸雨的态度,因而接受了这一提议。④ 科技小组办公室包括几位优秀科学家,但加上尼伦贝格和辛格后,后来却出台了一个相当不同于早先那些的报告。

一方面,尼伦贝格让白宫单方面地修改了小组的同行评审报告。虽然该小组说到有必要立法以防止酸雨造成长期的损害,白宫却把这些说法修改成,现在所知的情况尚不足以证明,采取控制措施是合理的。⑤

另一方面,虽然其他 8 位成员根据大家一致的意见共同写了该报告,辛格(他有很不同的看法)却被允许写了一个附录(这并未得到小组其他成员的同意)。结果是:虽然在那些共识章节里大家一致同意,科学知识证明立法是正确的,但该报告却以这一说法作结:科学现在尚拿不准;就算酸雨是个问题,市场也可以解决它。⑥

该附录达到了预期的效果。比如,《新闻周刊》就说,里根政府说过,"去证明它吧",却并不指出,如《怀疑的贩卖者》所说,"事实上,科学家已经证明了

① 杰克·卡尔弗特(项目主持人):《酸沉降:北美东部的大气动态:对当前科学理解的回顾》,国家研究委员会,酸性降水中的大气传输和化学转化研究会(华盛顿特区:国家科学院出版社,1983 年)。

② 奥利斯克斯和康威:《怀疑的贩卖者》,77 页。作者把这一评估归于理查德·艾尔斯,后者当时是全国清洁空气联盟的主席。

③ 同上,38,78—79 页。

④ 同上,81—82,86 页。

⑤ 同上,87—88,95—100 页。

⑥ 同上,91—94 页。

它。"美国环保署署长威廉·拉克尔肖斯,就反映了辛格-白宫的看法。当其被问到关于酸雨的证据是否是决定性的时,他答复道:"我们不知道是什么引起了它"——尽管头年完成的环保署的 1200 页的审查报告说过:该证据"在科学上无懈可击。"①

不出所料,众议院负责酸雨的小组委员会以 10 票对 9 票的结果否决了美国-加拿大立法,该立法基于 1980 年处理酸雨的《意向备忘录》。美-加委员会 1983 年的"技术报告"说:"环境酸化严重,这一问题……不容怀疑。"②然而里根政府,由于它任命了尼伦贝格和辛格,却使人感到,似乎怀疑依然存在。在评论拉克尔肖斯的说法时,奥利斯克斯和康威说:

> "我们不知道是什么引起了它",这一说法成了里根政府的正式立场,尽管 21 年的科学工作所表明的情况与之不同。"我们不知道"一语,也成了烟草工业的搪塞语。在科学家早已证明了烟草的害处之后,(P.161) 它用此语来躲避法规。然而,……怀疑尚存的意思却被媒体捕捉到了,它不断地将酸雨报道成是一个尚且悬而未决的问题。

媒体也捕捉到了白宫与辛格的这层意思:要落实这一不明确的问题会花费太多的钱。比如,1984 年《财富》杂志上的一篇文章,"也许酸雨不是恶棍",就说:由于一项减少二氧化硫的大工程可能会花上 1000 亿美元,"所以我们应该更明白,酸雨事实上对国家的环境到底是不是一个大威胁。"③

一群科学家——包括吉恩·莱肯斯,他曾写过 1979 年《科学美国人》上的那篇文章——努力想真实地记载事实。他们发表了一篇文章,题目叫做"酸雨研究中的眩惑之言"。然而,奥利斯克斯和康威指出,"科学事实发表在普通人很少去读的那些刊物上,而不科学的说法却发表在大众传播刊物上。"④由于虚假信息,"很多人都搞混了,误以为酸雨问题尚无定论,科学家尚无共识。"虚假信息也使得里根政府在其在位的 8 年期间在这方面未有任何立法。

辛格和里根政府(《财富》和其他刊物也竞相呼应)对他们所谓的"生态危言"不屑一顾,但却陷入经济危言。然而,后几十年,事情却越来越清楚,关于生

---

① 同上,94,101 页。

② "北美的酸沉降:根据加拿大和美国之间的意向备忘录而制备的文献综述",加拿大皇家学会 1983 年 5 月的《技术报告》。

③ 威廉·M. 布朗:"也许酸雨不是恶棍",《财富》1984 年 5 月 28 日,170—174。

④ 玛格达·哈瓦斯等人:"酸雨研究中的眩惑之言",《环境科技》(1984 年)18/6:176A—186A。

态浩劫的警告是有道理的,而关于经济浩劫的警告却是无根据的:1990 年,立法机构批准了一个"总量管制与交易"制度,该制度在不到 20 年的时间里导致(虽然尚不充分)二氧化硫的水平下降了 54%,而控制污染的成本仅为 90 亿美元,这给美国经济带来的利益却超过 1000 亿美元。[①]

正如在吸烟的问题上,辛格在酸雨问题上也已是错得不能再错。然而,这些错误却并未使他三缄其口:不管怎么说,是对是错,他已无所谓。他一心想的是如何实现烟草巨头的愿望,拖延立法或削弱立法。当然,他一心想的还有:烟草工业会付给他的钱。

臭氧洞

20 世纪 70 年代初期,科学家开始思考,人类的活动有可能损害平流层中保护地球的臭氧层。一些首次提出这类证据的科学家被指责为危言耸听,因为有人对他们的工作作出了误导性的总结。[②]

但后来,一群采取了不同方法的科学家却表明:到达平流层的氯可能会破坏臭氧。1974 年,由舍伍德·罗兰和马里奥·莫丽娜写的一篇言之凿凿的文章论证说,氯氟碳(CFCs)——它被用于喷雾器,电冰箱,以及空调——到达平流层后,会破坏臭氧,因而增加皮肤癌。[③]

国会迅速对此作出反应,召开了听证会,而且,福特政府建立的一个小组宣称:除非有相反的证据提出,否则国会禁止任何人向大气排放 CFC。关于证据的任务就指派给了国家科学院。[④]

气溶胶工业希望影响国家科学院,于是建立了一个关于大气科学的委员会。它的那些炫目的科学证据将那种认为臭氧在耗损的观点斥责为"用来吓人的故事"。它论证说,人类的活动太微细,不足以损害大气层。但这一说法,当其被揭露为一种"被雇佣的科学武器"时,[⑤]立即失去了效力。气溶胶工业随即又论证说,氯是火山产生的。然而,这一假设不仅有理论上的问题,而且也得不到经验的支持。然而,气溶胶工业并不罢手。一本标题为《臭氧之战》的书报

---

① 奥利斯克斯和康威:《怀疑的贩卖者》,103 页。

② 同上,107—111 页。

③ 马里奥·莫利纳和舍伍德·罗兰:"平流层因氯氟甲烷而下陷:氯原子促成了臭氧的损坏",《自然》,1974 年 6 月 28 日:810—812 页。

④ 奥利斯克斯和康威:《怀疑的贩卖者》,113 页。

⑤ 同上,114 页。

告道：

> 它们(氯氟碳工业)逐一挑战理论。它们说,甚至没有任何证据证明碳氟化合物进入了平流层,没有证据证明它们分解而产生了氯,即便它们产生了氯,也没有证据证明它们在破坏臭氧。

然而,所有的这些假设都迅速地遭到反驳。[①] 绝望之下,气溶胶工业采用了"我们不知道"的防御方法,说,科学研究业已表明的一切就是:"我们不知道是怎么回事。"作为一种替代的方法,里根的内政部长唐纳德·霍德尔提出,由于"个人有防护手段",比如人们会戴上帽子穿上长袖衬衫,所以不必制定任何法规。[②]

弗雷德·辛格从 1987 年到 1988 年是运输部的首席科学家,他在《华尔街日报》头版上发表了一篇文章,谴责他所谓的"臭氧恐慌"。然而,他的论点,即"臭氧根本就没丢失,不过是在移动",错误地导致了这样的结论:臭氧从一个地区的移动,会导致别的地区臭氧的增多。辛格后来又试着提出其他的论点,但都无外乎他的这一基本主张:科学家们反应过头了,而且腐败了,所以不能信任他们;臭氧层的变化反映了自然的变异性,完全没有必要去管控它。[③]

辛格曾提出,"平流层的氯大多数是自然的原因","关于臭氧的耗损科学界尚无共识"。就在他说这话不久,即 1995 年,舍伍德·罗兰,马里奥·莫利纳,和保罗·克拉兹,因为他们关于平流层臭氧化学的研究成就而共同获得了诺贝尔化学奖。于是辛格便攻击诺贝尔奖评审委员会。[④]

以一种科学观点来评价,辛格的所有论点都站不住脚。然而,正如奥利斯克斯和康威指出的,他的主张,即认为"臭氧恐慌"是由"腐败的"、不可信任的科学家们捏造的,却被其他人顺手捡来使用:

> 弗雷德·赛兹在 1994 年马歇尔学院的一份关于臭氧耗损的"报告"中就含有(那样的)主张。……它暗示,氟氯碳不能进入平流层——这一说法甚至大学物理系一年级的学生都知道是错误的,更不用说国家科学院的前

---

① 丽迪亚·多托和哈罗德·希夫:《臭氧之战》(加登城:双日出版社,1978 年),225 页;奥利斯克斯和康威:《怀疑的贩卖者》,115 页。

② 奥利斯克斯和康威:《怀疑的贩卖者》,117、125 页。

③ 同上,126—129 页。

④ 同上,133 页。

院长了。①

最后,当"氟氯碳被禁止,而且臭氧洞开始自我修复时",辛格的论点于是"被证明是错误的了。"②

石油巨头采用了烟草巨头的策略

上面所说的烟草企业的那些举措显示,它们关于吸烟、二手烟、酸雨,以及臭氧洞的宣传,是在传播虚假信息。主持宣传的那些人心知肚明,自己的说法是不符合事实的。

在一份惊人地相似的揭发材料中,1995 年,石油工业自己的科学顾问们告诉了它关于全球暖化的真相。这些科学家构成了全球气候联盟(GCC)的一个顾问委员会,该联盟是针对联合国政府间气候变化专家小组的创立而在 1989 年建立的一个组织。有趣的是,它是由美孚石油公司的伦纳德 S. 伯恩斯坦领导的(在该公司 1999 年与埃克森石油公司合并成埃克森美孚公司之前)。在它对联盟的简介中,该委员会写道:

> 温室效应的科学根据,以及人类排放像二氧化碳那样的温室气体对气候的潜在影响,这些都是既定事实,是无法否认的。……相反的理论却提不出令人信服的论据,以反驳这一说法:惯常的排放温室气体的方式导致了气候变化。③

科学委员会的情况简介被全球气候联盟采纳了——只是,据《纽约时报》报道,"执行委员会要求顾问们略去反驳了相反论点的那一小节。"④虽然全球气候联盟私下也知道科学顾问们的这一说法:温室效应"是无法否认的",但它还是继续否认它(虽然有几位创始成员退出了)。比如,1992 年,联盟成功地游说了老布什政府,避免了在里约的地球峰会上通过对排放进行强制性控制的规定;1997 年在日本京都召开的大会上,它又发起广告攻势,反对美国同意在国际

---

① 同上,134 页。

② 埃里克·普利:《气候战争:真正的信徒,权力经纪人,以及拯救地球的战斗》(纽约:海伯利安出版社,2010 年),36 页。

③ 安德鲁·C.拉夫金:"工业不顾它的科学家关于气候的意见",《纽约时报》,2009 年 4 月 24 日。

④ 同上。

上对排放进行控制(参见第 13 章)。

正如烟草公司为虚假信息的传播付钱,以防止不利于他们那些致命产品的立法,化石燃料工业,为了达到同样的目的,也因为人为的全球暖化而花费数百万美元。比如,1997 年,它发起了广告攻势,阻止美国同意在国际上对排放进行控制。正如"烟草策略"视怀疑为烟草工业最有价值的产品,美国石油学会 1998 年内部的一份关于它的行动计划的备忘录也说:"如果一般的公民'理解'(承认)气候科学中的诸种不确定,(于是)对不确定的承认成了普遍的看法,那么,我们就算取得胜利了。"这一不确定已被视为是绝对需要的。在一份泄露出来的备忘录中,共和党的政治顾问弗兰克·伦茨写道:"科学争论正朝着对我们不利的方向结论,但结论尚未作出。……如果公众逐渐相信,这些科学问题已有结论,他们关于全球暖化的看法就会因此而转变。正因为如此,你的首要工作就是,让人相信,这些科学问题尚无定论。"[1]

煤炭工业和许多石油公司采用了这一战略,但这样干的最重要的石油公司却一直是埃克森美孚石油公司(从前,它不过就是埃克森石油公司)。自 1997 年来,情况尤其如此,期间大多数其他的重要石油公司退出了全球气候联盟。[2] 所以,我们的讨论将专注于埃克森美孚石油公司,引用《怀疑的贩卖者》和环保科学家联盟的报告,《烟,镜子和热风:埃克森美孚公司如何使用大烟草公司的策略来炮制关于气候科学的不确定性》。[3] 埃克森美孚石油公司炮制不确定性的策略包括几个方面:利用前沿组织;利用成名的科学家;创造新面孔;否认气候科学;以及利用友好的政客。

利用前沿组织

埃克森美孚公司策略的一个主要特征就是创立很多前沿组织,它们起两个作用:"清洗"宣传,于是宣传表面上就不是出自埃克森美孚公司;制造一种印象,似乎很多组织都反对联合国政府间气候变化专家小组关于气候变化的观点。

---

① 乔·沃克:"全球气候科学交流行动计划",美国石油学会,1998 年 4 月;奥利弗·伯克曼:"备忘录揭示布什的新绿色战略",《卫报》,2003 年 3 月 3 日。

② 2001 年,一个新的科学报告使得更多的人退出。2002 年,全球气候联盟解散了,宣称——影射小布什政府的政策——该组织再无存在的必要("全球气候联盟","源泉观察"网站)。

③ 《烟,镜子和热风:埃克森美孚公司如何使用大烟草公司的策略来炮制关于气候科学的不确定性》(环保科学家联盟,2007 年 1 月)。

1998 年—2014 年期间,埃克森美孚公司给了大约 100 个组织超过 2200 万美元,让它们否认气候变化。环保科学家联盟曾写道:

这些组织中的很多都有一群重叠的——有时是相同的——代言人,他们或则充当员工,或则充当董事会成员,或则充当科学顾问。通过出版、再版一小群科学代言人的未经同行评审的著作,埃克森美孚公司资助的那些组织支持和夸大了被声名卓著的气候科学家怀疑的那些工作。[1]

下面是一些那样的组织的名字,后面是它们自 1998 年以来从埃克森美孚公司接受的钱,括弧里面是发表过关于气候变化文章的、且附属于这些组织的科学家的姓名:

健全科学联盟(TASSC):3 万美元(1998—2002 年)(弗雷德·辛格,帕特里克·迈克尔,弗雷德里克·赛兹)

健全科学发展中心:5 万美元(2000—2004 年)

美国立法信息交换理事会(ALEC):1474,200 美元(弗雷德·艾德索)

阿特万拉斯经济研究基金会:1,082,500 美元(表面上没有科学家;待下面详说)

卡托研究所:125,000 美元(帕特里克·迈克尔,弗雷德·辛格,约翰·克里斯蒂,理查德·林德生)

建设性明天委员会(CFACT):582,000 美元(萨莉·巴柳纳斯,帕特里克·迈克尔,舍伍德·艾德索,克雷格·艾德索,弗雷德里克·赛兹)

竞争企业研究所:2,005,000 美元(约翰·克里斯蒂,萨莉·巴柳纳斯,帕特里克·迈克尔)

---

[1]　"绿色和平组织提出了'埃克森秘密'项目",特别请参见"埃克森美孚公司数据库中的组织";《烟,镜子和热风》,1 页。

自由边界:1,272,000 美元(弗雷德·辛格,威利·苏恩)

哈特兰德研究所:676,500 美元(萨莉·巴柳纳斯,约翰·克里斯蒂,理查德·林德生,帕特里克·迈克尔,弗雷德·辛格,威利·苏恩,罗伊·斯宾塞)

国家政策分析中心:615,900 美元(弗雷德·辛格,弗雷德里克·赛兹)

科学与环境政策项目:20,000 美元(1998—2000 年)(弗雷德·辛格,弗雷德里克·赛兹)

技术中心站(技术中心科学基金):95,000 美元(萨莉·巴柳纳斯,理查德·林德生,帕特里克·迈克尔,威利·苏恩,罗伊·斯宾塞)

乔治·C.马歇尔学院:840,000 美元(萨莉·巴柳纳斯,约翰·克里斯蒂,克雷格·艾德索,舍伍德·艾德索,理查德·林德生,帕特里克·迈克尔,弗雷德里克·赛兹,威利·苏恩)

利用成名的科学家

为了加强自己的这一说法,即,气候科学家之间尚无共识,埃克森美孚公司支持并宣传一小撮否认那一共识的出名气候科学家。他们当中的 6 个人是:弗雷德里克·赛兹,弗雷德·辛格,帕特里克·迈克尔,罗伊·斯宾塞,约翰·克里斯蒂,以及理查德·林德生

弗雷德里克·赛兹:在一篇《名利场》杂志的文章中,马克·赫兹加德把弗雷德里克·赛兹描绘成"一群怀疑者中最高级别的科学家;那些怀疑者在 20 世纪 90 年代早期,就执意反对气候变化确实是当前的一桩危险的那些说法。"赫兹加德还说:

> 他畅言他的理由,诋毁说 1995 年联合国政府间气候变化专家小组发表在《华尔街日报》专栏版的一个报告是不符合事实的。他签署了一封给克林顿政府的信,指责该报告歪曲科学,并写了篇论文表明:所谓的全球暖化和臭氧耗损,是环保主义者们和无节操的科学家们为了推动某项政治议

程而编造出来的夸大其词的威胁。①

　　赛兹的最后行动之一就是他对所谓的请愿活动的支持。该活动表现为这一说法的最极端形式:关于气候变化科学界尚无共识。这一说法的根据是:3 万多名气候科学家签名的一份请愿书说:"目前尚无令人信服的科学证据,证明……人所释放的……温室气体……在可预见的将来……会引起地球气候的紊乱。"截止 2013 年 6 月,请愿活动的网站说,"31,487 名美国科学家在这份请愿书上签了名"——以此表明,不同意联合国政府间气候变化专家小组观点的气候科学家,远多于同意的气候科学家。②

　　这一请愿是由一个叫做"俄勒冈科学和医学研究院"的组织发起的,它于1998 年将请愿书发送给数千名科学家。该邮件包括:(1)一篇文章,它是根据一定版式安排的,看起来像是美国国家科学院院刊,是由一组科学家撰写的,其中包括威利·苏恩和萨莉·巴柳纳斯(埃克森美孚公司的两张"新面孔",在下面将得到讨论);(2)赛兹的一封附信,在该信中他指出,他曾是美国国家科学院的院长。③

　　但国家科学院并未被买账。正如《纽约时报》赛兹的讣告所指出的,它"采取了非同寻常的一步,驳斥了它的前院长之一的主张。"④

　　《科学美国人》揭穿了所谓请愿书有超过 3 万气候科学家签名的谎言。("气候科学家"的标准极其宽松,签名者只要有理学士的学位,或在诸如天文学、计算机、数学、机械工程和一般科学等中的任何领域有一个学位即可)⑤更有甚者,签名者只须说自己是科学家就行,而他们当中一些人显然就不是——比如小说家约翰·格里沙姆,辣妹之一,美国电视连续剧"MASH"的剧组成员。⑥在考查了该请愿书后,《科学美国人》"估计,签名者中大约 1% 的人可能实际上在与气候科学相关的领域有博士学位。"⑦

　　然而奥利斯克斯和康威评论道:"弗雷德·赛兹是死了,但他的信还活着,

　　①　马克·赫兹加德:"当华盛顿睡着时",《名利场》杂志,2006 年 5 月。

　　②　"关于全球变暖的请愿书"(http://www.petitionproject.org)。

　　③　奥利斯克斯和康威:《怀疑的贩卖者》,244—245 页。

　　④　丹尼斯·海韦希:"弗雷德里克·赛兹,引领怀疑全球暖化人士的物理学家逝世,享年 96 岁,"《纽约时报》2008 年 3 月 6 日。

　　⑤　布莱恩·安格利斯:"审查俄勒冈科学和医学研究院请愿活动中的 31000 个科学家",《怀疑科学》,2010 年 3 月 11 日。

　　⑥　鲍威尔:《气候科学探究》,22—23 页。

　　⑦　乔治·缪塞:《不明确的气候》,《科学美国人》,2001 年 10 月 16 日,14—15 页。

在互联网上完好无损。"它还活在美国国会里。就在 2013 年 6 月,议员戴维·麦金利在一次与能源部长厄内斯特·莫尼斯的交谈中(WV 电台),还质疑了莫尼斯的这一说法:"这一领域 98% 的科学家"同意,"(全球暖化)中的一个主要因素是人为的。"麦金利回答道:"请愿活动中有 32,000 名科学家和物理学家不同意此说!"①

弗雷德·辛格:在关于酸雨和臭氧层的争论中,辛格使用了"垃圾科学"一语,随后在埃克森美孚公司的关于气候变化的虚假信息运动中又使用了该说法。虽然辛格不断否认他接受过石油公司的钱,但是埃克森美孚公司 1998—2000 年间确实给了他的"科学与环境政策项目"两万美元。更有甚者,虽然辛格在 1993 年发过誓,但他却承认,他常常作为有偿顾问为全球气候联盟和埃克森美孚公司工作(还有德士古石油公司,阿科石油公司,壳牌石油公司,太阳石油公司,以及优尼科石油公司)。② 辛格迟至 1998 年还辩称"全球暖化并未发生。"但是截至 2007 年他与人合写的一本书却说,虽然它在发生,但却是因为自然的力量,因而是不可阻挡的。③

2010 年,辛格是哈特兰德研究所一份 400 页的报告,《再思气候变化》,的三位主要作者之一。该报告论证说,全球暖化是"明确的好消息",并说,"上升的二氧化碳水平促使了植物的生长,并使之更能抗旱,抗害虫。它不仅对世界的森林和草原有利,对于农民和牧场主也是一大幸事。"《滚石》杂志上的一篇关于世界上 17 大"气候杀手"的文章引用了他这一说法的部分,赫然将辛格列为杀手之一,称他为"黑客科学家"。④

帕特里克·迈克尔:帕特里克·迈克尔从前是弗吉尼亚大学的一位教授,他出版过很多书和文章,诸如《被粉碎的共识》(2005 年),"全球变暖的神话"(2008 年),以及《极端的气候》(2009 年)。他争辩道:"我们知道地球会暖化到

---

① 奥利斯克斯和康威:《怀疑的贩卖者》,244—245 页。

② 弗雷德·辛格:"我的沙拉日",给编者的信,《华盛顿邮报》2001 年 2 月 12 日;"埃克森秘密"网站,"科学与环境政策项目";"关于弗雷德·辛格与贾斯廷·兰开斯特的争论",1993 年 9 月 24 日。

③ 对凯文·川伯斯的回应:"全球暖化:确实在发生,"《自然科学》,1998 年 1 月 29 日;弗雷德·辛格和丹尼斯·埃弗里:《不可阻挡的全球暖化:每 1500 年发生一次》,修订扩大版(罗曼 - 里特菲尔德出版社,2007 年)。

④ 克雷格·D. 艾德索等人:《再思气候变化:非政府气候变化研究国际小组的报告》,第一卷(哈特兰德研究所,2009 年);蒂姆·迪肯森:"气候杀手,"《滚石》杂志,2010 年 1 月 6 日。

什么程度,程度不高,而且我们对此也无能为力。"①

同行的科学家对他的业务质量一直都毫不客气。一位批评者将迈克尔描绘为"对不方便数据进行连续删削的高手"。为了说明这一指责,他提到了迈克尔对詹姆士·汉森 1988 年向国会提供的证据的评论。当汉森发现迈克尔删去了他的三个图表中的两个时,他说,迈克尔的行为"迹近科学造假"。哈佛的约翰·霍尔德伦——他后来成为奥巴马的科学顾问——这样说到迈克尔:"他在专业文献中发表的东西少有新意;他之所以出名,毋宁说是因为他的那些言辞刻薄的专栏文章,以及他对主流气候科学几乎每一发现的一味指责。"②

迈克尔和他的"倡导科学咨询公司"("新希望环境服务公司")的资金,一直都主要与煤炭工业有联系。比如,据"源泉网站"报道说,"2006 年,一家煤电公司(山间农村电力协会),为了让帕特里克·迈克尔帮忙弄混全球暖化的问题,私下付给了他 10 万美元(客户买单)。当此事被揭露时,群情激愤了。"③然而,正如上文所说的,他还与我们上文列举的埃克森美孚公司资助的 7 家组织有瓜葛。曾经有一次迈克尔说:"我的大部分资金,绝大多数,都来自纳税人支持的实体,"然而他后来承认,也许他的资金的 40% 来自石油工业。④

罗伊·斯宾塞:作为阿拉巴马大学(亨茨维尔)地球系统科学中心的一位研究科学家,罗伊·斯宾塞有着过硬的文凭。然而,2011 年,他与地球系统科学中心的一位同事合写了一篇文章,该文章虽然被福布斯和福克斯新闻慨然接受,却遭到气候科学家们的强烈批评。凯文·川伯斯写道:"显然,这篇文章没有得到充分的同行评审。它本不该发表,因为它毫无价值可言。"这一灾难性事件导致该刊物的编辑道歉并辞职。⑤

更有甚者,20 世纪 90 年代,斯宾塞和地球系统科学中心的一位同事约翰·

---

① 约翰·凯里与莎拉·R.夏皮罗:"全球暖化",《彭博商业周刊杂志》,2004 年 8 月 15 日。

② 戴纳·纽西特利:"帕特里克·迈克尔:对不方便数据进行连续删削的高手",气候动态"网站,2012 年 1 月 17 日;引用詹姆士·汉森,"迈克尔·克莱顿的'科学方法'",2004 年 9 月 27 日;约翰·霍尔德伦对"国会决议中气候变化意识背后的站不住脚的科学"的评论,2003 年 6 月 9 日。

③ "帕特里克·J.迈克尔——资金","源泉观察网站"

④ 马克·费希尔:"关于全球暖化,弗吉尼亚战斗正酣",《华盛顿邮报》,2006 年 8 月 8 日;布拉德·约翰逊:"卡托研究所的帕特·迈克尔承认,40% 的资金来自石油巨头","气候动态"网站,2010 年 8 月 16 日。

⑤ 罗伊·W.斯宾塞和威廉·D.布拉斯韦尔:"根据地表辐射能量的平衡变化而对地表温度反馈所作出的误判",《遥感》杂志,2011 年 7 月 15 日;苏·斯特吉斯:"气候科学与罗伊·斯宾塞的石油工业关系背道而驰",《南方研究所》,2011 年 9 月 7 日。

克里斯蒂,发表了几篇文章,声称,对流层并未与地表一同变暖。① 这些文章创造了最持久的否认全球暖化的神话之一,即卫星数据并未显示任何暖化迹象。《真正气候》博客写道:"斯宾塞和克里斯蒂10年中的大多数时间都在袖手旁观,听任——其实是鼓励——怀疑全球暖化的人们将他们的数据当作偶像般的标准来使用。他们在数据分析中犯了一系列的错误,但是,……却懒于、或根本不去查找错误的可能的根源,将烂摊子留给他人去收拾。"②

斯宾塞的网站声称,"从未有过任何石油公司要求他提供任何形式的服务,甚至埃克森美孚公司也从来没有过。"然而,一篇标题为"气候科学与罗伊·斯宾塞的石油工业关系背道而驰"的文章却报道说,他"并未暴露,他在一些由埃克森公司以及绰号为'气候否认机器'的组织中的主要成员所资助的气候怀疑小组中充当领导。"③

斯宾塞曾充当马歇尔学院的院长,该学院如我们所知,曾从埃克森美孚公司接受过84万美元。除了在康沃尔造物管理联盟顾问委员会充当成员而外(该委员会与受埃克森美孚公司重金资助的建设性明天委员会密切相关),斯宾塞还在"关于全球气候暖化的福音派宣言"上签了名。该宣言说:"地球和它的生态系统是上帝的智慧和他那无边的伟力创造出来,并被他那可信赖的天道所维持的。它们茁壮而富有弹性,可自我调节,自我修正。"换言之,世界在一位善良而万能的神的掌控之中,所以我们无须担心全球暖化的问题。④

约翰·克里斯蒂:正如我们已看到的,约翰·克里斯蒂与罗伊·斯宾塞合写过数篇遭到气候科学家批评的文章。克里斯蒂以无知作强辩,说,对于气候,我们所知的不比20世纪70年代的科学家多。在一次美国参议院听证会上,他说,"全球暖化的问题被高度夸张了。……我们对气候体系是非常无知的。我们根本不能预测多少。"在一次国会听证会上,他说,如果声称我们应该努力减少温室气体的排放,那么就会牵涉到对这一问题"妄下结论":是什么引起了气候变化? 他好像真地认为,他有充分证据说,气候的变化可用自然的变异性来

---

① 比如,罗伊·斯宾塞和约翰·克里斯蒂所写:"卫星网格点的温度异常,它的精确度以及无线电探空仪对其探测的可信度,第二部分:1979—1990年平流层的再生及发展趋势",《气候期刊》,第5期(1992年):858—866页。

② 乔·罗姆:"你竟然相信约翰·克里斯蒂和罗伊·斯宾塞说的话?""气候动态"网站,2008年5月22日;雷·皮埃尔亨伯特:"如何在简单的三课里炮制一幅图表",《真正气候博客》,2008年5月21日。

③ 斯特吉斯:"气候科学与罗伊·斯宾塞的石油工业关系背道而驰"。

④ 乔治·C.马歇尔学院,组织,埃克森秘密网站。

178

解释。①

　　然而,根据他2007年宣誓提出的证词,他承认他执有科学家的共识。在总结他的证词时,法官说:"原告自己的专家,克里斯蒂博士,同意联合国政府间气候变化专家小组的这一估计:过去50年人们观察到的气候变暖的大多数情况,可能主要是由于温室气体含量的增加,……由于燃烧化石燃料。"②然而,克里斯蒂却继续参加那些由埃克森美孚公司资助的出版物,包括由迈克尔编辑、由马歇尔学院出版的书:《被粉碎的共识》。③

　　理查德·林德生:在所有的气候变化否定者中,理查德·林德生所具有的文凭使他最有讨论气候变化的资格。作为麻省理工学院的气象学教授,他曾帮助制定联合国政府间气候变化专家小组1995年和2001年的报告(虽然他未帮助撰写"政策制定者的总结")。作为美国国家科学院的成员,他曾参加对于全球暖化证据的考察。如同人们对待弗雷德里克·赛兹一样,人们承认他做了第一流的科学工作。据此,人们可能会认为,林德生的文章或高于其他那些气候变化否定者的文章。然而,事情却似乎是,与其说他是让证据来形成他的信念,还不如说他是让他的信念来形成他对证据的评价。这似乎类似他对待烟的态度:同弗雷德里克·赛兹一样,他轻视人们的担忧,说它们与肺癌只有些微的联系。汉森就曾这样评价林德生:对于反映健康与抽烟的关系的那些数据,他的处理"简直就类似他对气候数据的处理。"④

　　林德生处理这些数据的方式非常轻率,乃至他并不自称"气候变化怀疑论者",因为"如果怀疑,就会假设一个合理的假定情况,而你却有自己的怀疑。我认为,……不存在一个合理的假定情况。"他把同事们的那些警告全球暖化的告诫,通通称为"危言耸听",他说,他们表现出担忧,"这很像小孩把自己锁在黑暗的衣柜里,想看看到底能把对方和自己吓成什么样子。"⑤

---

①　戴纳·纽西特利:"克里斯蒂的1号鬼话:上个世纪70年代气候的变凉",《怀疑科学》,2011年4月8日;"参议会听证会现场博客,戴维·阿佩尔烹制的夸克汤",2012年8月1日;克里·伊曼尔尔:"克里斯蒂的2号鬼话:妄下结论吗?"《怀疑科学》,2011年4月10日;纽西特利:"克里斯蒂的3号鬼话:内部变异性",《怀疑科学》,2011年4月14日。

②　威廉·K.塞申斯,美国地区法院佛蒙特州首席法官,2007年9月12日。《有利于塞拉俱乐部的执政》,2007年9月12日:44—45页。

③　《烟,镜子和热风》;罗姆:"你竟然相信约翰·克里斯蒂和罗伊·斯宾塞说的话?"

④　弗雷德·古特尔:"关于全球暖化的真相",《新闻周刊》,2001年7月22日;罗姆:"你竟然相信约翰·克里斯蒂和罗伊·斯宾塞说的话?"

⑤　接受英国广播公司国际广播节目"一个地球"节目采访,2010年10月3日;"全球暖化会置我们于死地吗?"拉里·金,"美国有线电视新闻网"实况广播,2007年1月31日。

　　林德生不仅嘲笑他的科学家同事,而且还指责他们出卖自己的正直。他说,他瞧不起他们的全球暖化科学,而且还说:"支持全球暖化的观点使得他们的生活更滋润了。"比如,他说,华利·布勒克"坚持鸣鼓报警,因此而得到丰厚回报"(然而正是林德生自己,得到了化石燃料公司的"丰厚回报",尽管他自称"未接受能源公司的任何资助")。林德生还指责道,"那些不同意危言耸听的科学家们发现,原先答应给他们的资金没有了"(尽管自1975年以来,林德生自己就从国家科学基金会获得了350万美元的资助)。①

　　林德生何以如此不关心全球暖化,乃至他认为他的同事们的说法都不可信? 因为他相信,气候的敏感度是很低的,即便二氧化碳的含量翻了番,也不会使地球的温度提高,至少不会提高多少。他之所以如此预言,是因为他深信,如他在哈特兰德研究所的一次大会所讲,"自然与其说是通过破坏正反馈的稳定来控制的,还不如说是通过稳定负反馈来控制的。"②

　　由于并未说服他的同事们,使他们相信存在着强大的负反馈,他于是在2009年的一篇论文(与一位崔姓的韩国博士后合作)中宣称,他找到一个例子了。该论文利用了林德生的关于"虹膜"的假设,即随着大气的变暖,地球的高空云层会散开,以疏散更多的热。据此,该论文论证道,由于云层,地球的气候敏感度将会是大约0.5摄氏度,这极端低;联合国政府间气候变化专家小组给出的可能范围是2—4.5摄氏度,而汉森则将它置于这一范围的最高部分。③ 林德生和崔永上的论文遭到几位科学家的严厉批判,其中包括凯文·川伯斯,他说,该论文"对于气候敏感度什么也未说,"而且也"经不起独立的检验。"当那些错误得到纠正后,川伯斯说,结果气候敏感度是4.1摄氏度。林德生在回应时也承认,他犯了"某些愚蠢的错误。"④

----

　　① 林德生:"关于气候的鼓噪";"源泉观察"网站评论林德生;林德生:"令人生惧的气候:全球暖化危言耸听者吓唬不同意见的科学家,使之闭口不言,""地球研究:《华尔街日报》社论",2006年4月12日;鲍威尔:《气候科学探究》,64页。

　　② 理查德·S.林德生和崔永上:"气候敏感性的观测确定及其含义",《亚洲太平洋大气科学学报》,总47期(2011年第4期);林德生:"气候危言:我们面临什么以及怎么办",哈特兰德研究所,2009年3月8日。

　　③ 理查德·林德生和崔永上:"对来自地球辐射平衡实验的气候反馈的测定",《地球物理研究通讯》,36/16(2009年8月);乔·罗姆:"汉森的研究:气候敏感度很高,全使用化石燃料将使得地球的大部分地区'不宜人居'","气候动态"网站,2013年9月17日,此处指的是詹姆士·汉森等人的这篇文章:"气候敏感度,海平面,以及大气中的二氧化碳","皇家学会哲学学报",2013年10月28日。

　　④ 戴纳·纽西特尔:"从卫星的测量中计算出气候敏感度,"《怀疑科学》,2012年7月6日;安德鲁·C.拉夫金:"对凉爽气候报告的一种反驳",《纽约时报》,2010年1月8日;贾斯廷·吉利斯:"云对气候变化的影响是意见不同者的最后堡垒",《纽约时报》,2012年4月30日。

2011 年,林德生和崔永上将修改了的论文投寄给《国家科学院院刊》。然而,同行评审者再次发现论文中的错误。4 位评审者——其中包括林德生自己选的两位——说,该论文,由于其未经合理证明的结论,应被驳回。该论文后来发表在一家不起眼的韩国刊物上。[①]

林德生说:"如果是我对,我们就会省钱了(因为可以免去了限制排放的措施)。如果是我错,我们 50 年后才会知道,到时也可采取措施。"然而,林德生的主张是迂回的:他认为该问题 50 年后才会见分晓,这一说法实际上是以他的这一观点为前提的:气候敏感度很低。《纽约时报》的作者,贾斯廷·吉利斯指出,如果 50 年后我们才明白"大难临头","恐怕为时已经太晚。"[②]

气候变化否定论者普遍认为,理查德·林德生是他们的智识领袖,他们最可靠的成员。倘若果真如此,那么我们应该承认,气候变化否定运动穿的是皇帝的新衣。

创造新面孔

为了说服公众,让他们相信,气候科学家中是没有共识的,埃克森 2008 年的行动计划书说,气候变化否定论者的团队应该"发现、招募并培训一个由 5 位独立的科学家组成的小组去参加媒体宣传。这应该是些在关于气候变化的论辩中尚未露过面的人。直白地说,这个小组将由新面孔组成。"最有成果的两张新面孔是威利·苏恩和萨莉·巴柳纳斯,隶属于哈佛 – 史密森天体物理中心的两位天体物理学家,他们的研究主题是太阳辐射对地球的影响。宣传苏恩和巴柳纳斯的一个手段就是上面提到过的那一事实,即把他们的一个报告包括在 1998 年由赛兹上呈的那份俄勒冈请愿书里。

那以前,巴柳纳斯受指派为马歇尔学院写了几篇文章。那些文章提出,全球变暖可能是由于太阳的活动。随后她和苏恩合写了一篇文章,论证说,在过去 1000 多年的时间里,气候并无大的变化。该文 2003 年被《气候研究》接受,同意发表。然而,该文却被气候科学家评价为太糟糕,乃至他们诧异,何以该文居然被接受。三位编辑因此愤而辞职,十三位其著作被该文引用的科学家说,该文严重歪曲了他们著作中的意思。[③]

---

① "从卫星的测量中计算出气候敏感度";理查德·S. 林德生和崔永上:"气候敏感性的观测确定及其含义",《亚洲太平洋大气科学学报》,总 47 期(2011 年第 4 期)

② 吉利斯:"云对气候变化的影响"。

③ 威利·苏恩和萨莉·巴柳纳斯:"过去 1 万年中气候和环境的变化",《气候研究》,2003 年 1 月 31 日;《烟,镜子和热风》,15 页。

尽管如此,苏恩和巴柳纳斯的文章却被埃克森美孚公司所资助的那些组织广为宣传,并被参议员詹姆士·英霍夫用来支持他的这一说法:全球变暖是一个骗局(参见第 13 章)。该文受到气候科学家普遍而强烈的批评,然而"科学界的这一骚动在公众中却少有影响。然而回声室却已开始发挥作用,回响在主流媒体之间荡漾。"苏恩和巴柳纳斯正式隶属于埃克森美孚公司负担的几家组织。[①]

气候科学否定论者主张的虚假性

否定论者的虚假信息运动产生了很多主张。关于否定论者主张的《怀疑科学》网站(到 2014 年 7 月为止)就提供了 176 条那样的主张,最流行的那些排列在前。这里我们要简略讨论其中的一些。(注解中会提供更多的信息)。

1. 关于气候变化科学界尚无共识:3 万多科学家签名参加了请愿活动。

然而,弗雷德里克·赛兹所支持的请愿活动却远不是一次科学抽样,其远离的程度真是匪夷所思!相比之下,内奥米·奥利斯克斯(她在 2004 年进行了一项科学测试)却查阅了她所能找到的、1994—2003 年间相关刊物上的有关"气候变化"的所有论文。这 928 篇文章中,到底有多少提出了理由来反对 IPCC 所表达的科学界的共识? 她发现,其数字是"零"。她于是结论道:"科学界存在着共识:人类确实造成了气候的变化。"[②]这一结论已被后来的研究证实:

2009 年的一项研究发现,当被问到,"人类活动是否是改变全球平均温度的主要因素"时,积极发表气候变化研究成果的气候学家中,97.5% 的人都回答说:"是的。"[③]

---

① 同上;引文出自参议员詹姆士·英霍夫的"气候变化的科学",美国参议院,2003 年 7 月 28 日。

② 内奥米·奥利斯克斯:"超越象牙塔:关于气候变化的科学共识,"《科学》,2004 年 12 月 3 日。本尼·佩西声称,奥利斯克斯所列举的文章中实际上有 34 篇"反对或怀疑"科学界的共识;但经多次反复后他承认,只有一篇那样的文章——不过是美国石油地质学家协会一个委员会的一个声明;参见"内奥米·奥利斯克斯对科学界共识的研究表明了什么?"《怀疑科学》。

③ 彼得·T. 多兰和麦琪·肯德尔·齐默尔曼:"考察科学家关于气候变化的共识",《地球与环境科学》90/20(2009 年 1 月 20)。

2010 年一项对 1372 位气候研究者的调查显示,"在该领域积极发表成果的气候研究者中,97—98% 的人都支持联合国政府间气候变化专家小组所总结的人为气候变化的结论。"①

2012 年,詹姆士·鲍威尔修正了奥利斯克斯 2004 年的论文。他只考虑 1991—2012 年间经同行审查过的文章,他用关键词"全球暖化"或"全球气候变化"查阅了"科学网"上所有的文章。他找到了 13,950 篇文章,其中他发现,"24 篇,即 0.17%,或 581 分之 1,明确地不承认全球暖化,或认为人们观察到的暖化并非由于二氧化碳的排放,而是另有原因。"简言之,发表过经同行评审的文章的科学家中,99.8% 的人都说,二氧化碳引起全球暖化,此说不虚!②

2. 气候变化反映了自然的变异性:在以往,远在有燃煤发电厂之前,气候就在自然地变化着,所以,认为是人造成了目前的全球暖化,是毫无道理的。

虽然,在以往,气候确实因为形形色色的自然力量而变化着,然而气候却总是对抗过去任何迫使它变化的东西,而人类现在就是迫使它变化的最主要力量。事实上,过去 60 年气候的变化不能用任何自然的过程来解释,而只能解释成是由于人类造成的温室气体的增加。③

3. 自 1988 年以来,气候并无变化:1998 年到 2005 年,温度并无增加,即便越来越多的二氧化碳被注入大气。

然而,2005 年比 1998 年热,且 2010 年又同 2005 年一样热。更重要的是其趋势:1980 年到 2010 年的 30 年间,全球温度持续升高,尽管每年有上下的波动。④

4. 曲棍球棒折断了:迈克尔·曼的结论源于错误。气候科学家迈克尔·曼 1998 年的一张图表描绘了过去 1000 年全球的温度。在显示了温度的逐渐变凉

① 威廉·R.L. 安德雷格等人:"气候变化专家的可信度",《美国国家科学院会议录》,2010 年 6 月 21 日。

② 詹姆士·鲍威尔:"气候科学现状:全面审阅关于全球暖化的科学文献,"《科学动态》,2012 年 11 月 15 日。欲进一步了解这一问题,请参见格雷厄姆·韦恩:"科学界对全球暖化有共识吗?","怀疑科学"网站。

③ 史蒂芬·莱希:"这是一种自然循环,""怀疑科学"网站。

④ 戴纳·纽西特利:"1998 年以来全球暖化造成了什么?""怀疑科学"网站。

之后,该图表显示出温度在 20 世纪的陡然升高,结果该图看起来就有点像是一根曲棍球棒。2005 年,史蒂芬·麦金太尔和罗斯·麦基特里克指出,该图表基于严重错误,使得曼的结论不可信。

曼的结论已被数项研究证实。大量涉及不同资料的研究——包括钻孔,珊瑚,冰芯,石笋,以及树的年轮——都证实了曼 1998 年那篇论文的结论:"20 世纪是 1000 年间最温暖的 100 年,1920 年后,暖化的趋势最为明显。"更有甚者,1999 年以来的研究,使用了各种不同的资料和方法,它们都"发现了同一结果——在过去的 500—2000 年间(取决于重建要回溯到多远的过去),过去的几十年是最热的。"2013 年,"全球变化研究"的巨大项目的发布,进一步证实了这些研究。该项目有来自世界 60 个不同机构的 78 位研究人员,它证实,2000 年之久的冷却趋势在 20 世纪大大逆转了,这个时期的暖和程度甚至胜过中世纪的温暖期。①

5. 如果联合国政府间气候变化专家小组的模型是正确的,那么地球本会比现在温暖得多。

林德生之所以有这个论点,是因为他忽略了:(1)地球的惯性(主要是海洋的原因),这意思是,添加了温室气体,要待几十年后才会使温度升高;(2)气溶胶的冷却效应,比如亚洲的"棕色云"。当我们根据这两个因素进行计算,"地球就几乎完全是如我们所预计的那样变暖的。"②

6. 气候门事件:存在着一个顶级阴谋,欲引诱全球公众相信关于全球暖化的胡言乱语:在被称为现代科学最大丑闻之一的那一事件中,人们认为,从东安格利亚大学气候研究单位黑客来的邮件显示,那些声称全球暖化是人为的著名科学家,如博主安德鲁·博尔特总结的,他们大多数都犯有"阴谋、共谋夸大全球暖化之罪。可能还曾非法销毁于己不利的信息,共同抵制揭露,篡改数据,私下相互包庇各自公开主张中的错误,等等,不一而足。"

然而,这却是一个并不存在的丑闻。大量的调查得出了这一结论:这些科

① 约翰·库克:"有什么证据来证明曲棍球棒图形?"《怀疑科学》;"'全球变化研究'的两篇网上文章证实了曲棍球棒图形,"《怀疑科学》,2013 年 4 月 22 日。
② 戴纳·纽西特利:"地球是如预计的那样变暖的吗?""怀疑科学"网站。

学家中无一人有不法行为。调查包括以下的：

> ·宾夕法尼亚州立大学，迈克尔·曼执教的学校，结论道："对迈克尔·曼博士的指控并无实据。"
> ·英国下议院科学技术委员会结论道：对气候研究单位的批评有误，该单位"琼斯教授的行为符合气候科学界常规。"
> ·东安格利亚大学，通过与皇家协会磋商，声明，"未发现任何证据可证明，气候研究单位在任何工作中有过故意的科学上的舞弊行为。"
> ·美国环保署发现，那些邮件不过反映了"在编制和阐述大型复杂的数据集的过程中，科学家在解决出现于其中的问题时的一种坦率讨论的态度。"
> ·美国国家基金会结论道："未发现研究上的任何不端行为。……此案到此了结。"

这些报告还表明，气候科学家被人广为引用的那些说法，并无那些认为全球暖化之说是一桩阴谋的人们所设想的那种意义。比如，"迈克尔·曼的自然诡计"不过是"一种统计的方法，即通过某种被同行广泛审查过的技术，以一种合理的方式将两类或更多的不同数据集结合起来。"菲儿·琼斯的"隐藏下降"一语，并非指下降的温度，而是指的"1960 年后，树的年轮反映温度变化的可靠性的下降。"众所周知，这是一个发散性问题。至于凯文·川伯斯的"搞笑模仿"之说，"我们不能解释何以没有变暖"，指的不过是他自己 2009 年的一篇关于地球能量预算的文章。在该文中，他哀叹这一事实：我们的观察系统不能跟踪所有的能量流。①

然而，否定论者并未停止谈论"气候门"。比如，这些报告中的头 4 个发表于 2010 年 8 月之前，然而，福克斯新闻频道同月却有一个节目叫做"绿色欺诈"，其中，格伦·贝克说，被黑客的邮件"揭露了世界顶级气候科学家中的一个阴谋，即企图隐瞒这一对其不便的真相：证明全球暖化乃人为的证据远不是结论性的。"②

针对人们对他科学诚信的攻击，曼诉诸法律。2013 年，哥伦比亚特区的一

---

① 可参见"气候门中被黑客的气候研究单位的邮件告诉了我们什么？""怀疑科学网站"，2012 年 3 月 18 日。

② 威廉·马斯登：《傻瓜的规则：在失败了的气候变化政治之内》（加拿大，艾尔弗雷德 A. 克诺夫出版社，2011 年），216 页。

家高级法院发现了足够的证据证明,竞争企业协会有"实际的恶意",于是让曼的诉讼进行下去;2014 年,对于曼对马克·斯泰恩和《国家评论》的诉讼,法院仍执旧说,因为他们以儿童性骚扰者为比喻,说曼"骚扰并折磨了数据"。①

7. 太阳是原由:目前的气候变化可能应归于太阳的活动。

然而,如果太阳对地球的影响有什么变化的话,自 1970 年以来,也是一个冷却的趋势;但地球的大气层却不断在变暖。②

8. 水蒸气是最主要的温室气体:所以二氧化碳一点也不重要。

虽然水蒸气确实是主要的温室气体,但它也是主要的反馈方式。由于二氧化碳的排放使得温度升高,因而加大蒸发,于是就使更多的水蒸气进入了大气,这便使得温度进一步升高。水蒸气的反馈,使得单是增加的二氧化碳所引起的变暖翻了倍。所以,水蒸气在很大程度上解释了,何以地球的气候对二氧化碳的增加如此敏感。

9. 联合国政府间气候变化专家小组(IPCC)是危言耸听者:正如罗伊·斯宾塞指出的,之所以组建 IPCC,"其目的就是要建立起科学的例证,以证明人类是全球暖化的主要原因。那样的目的在根本上就是不科学的,因为它对说明气候变化原因的其他解释怀有敌意。"

然而,IPCC 的预测,正如众多的研究证明了的,与其说是高估了二氧化碳的上升在气候变化中的作用,还不如说是低估了它。比如,海平面的上升和北极冰的融化,其程度都胜过 IPCC 的估计。③

10. 阿拉斯加、加拿大、新西兰、格陵兰,以及挪威的冰川,非但没有融化,反

---

① 乔·罗姆:"特区法院率直肯定迈克尔·曼有权以诽谤罪起诉《国家评论》和竞争企业协会","气候动态"网站,2013 年 7 月 29;安德鲁·拜拿:"一个气候科学家的诽谤罪起诉会导致全国一家领军保守杂志关闭吗?""气候动态"网站,2014 年 2 月 3 日。

② 史蒂芬·莱西:"太阳活动与气候:太阳在引起地球变暖吗?""怀疑科学"网站,中级程度的困难。

③ 戴纳·纽西特利:"在最无戏剧性的那一边犯错的气候科学家们","怀疑科学"网站,2013 年 1 月 30 日;格伦·谢勒:"特别报告:IPCC,估计气候风险,一味低估,"《气候每日谈》,2012 年 12 月 6 日。

而在生长。

虽然一些冰川一直在生长,但一项对长期趋势的考察却显示,全世界90%的冰川一直缩小。①

11. 南极洲的很多冰正在扩张:这个事实与ICPP的这一说法相冲突:极地冰帽正在融化。

在第5章我们就讨论过,虽然南极的海冰在增加,陆地冰却以越来越快的速度在减少。②

12. 全球暖化并不危险:对于人类,暖化一直都是好事。暖化也不威胁植物和动物,因为它们能像过去一样,适应变化的气候。

正如本书第一部分显示的,由于持续的暖化导致越来越多的热浪、干旱、风暴、海平面升高、以及淡水和食物的短缺,所以它给人类带来的坏处远远大于好处。③ 至于说到植物和动物,由于目前的气候变化比以往的更迅速,所以物种以往的那些适应方式总地说来都无用了。④

总结:否定论在很大程度上使得媒体和政治未能有效地处理气候变化问题,据此,我们明显地看到,甚至最流行的否定论主张,也是何等地虚弱。正是看到了这一虚弱性,厄内斯特·莫尼斯在新任能源部长不久,就在一份关于气候变化的声明中机智地说:"我在这儿不争论那些无须争论的东西。"⑤

虚假信息活动再次兴起

据说,有900多篇经同行审查过的文章,支持那种否认全球暖化是由人类

---

① 戴纳·纽西特利:"冰川在生长还是在后退?""怀疑科学"网站,2011年12月17日。

② 约翰·库克:"南极的冰是在融失还是在增长?""怀疑科学"网站,2012年5月4日。

③ 格雷厄姆·韦恩:"全球暖化的积极意义和消极意义","怀疑科学"网站,2010年8月17日。

④ 丹尼尔·贝利:"动物和植物能适应全球变暖吗?""怀疑科学"网站,2011年12月22日。

⑤ "白宫领导人峰会,讨论妇女、气候及能源问题,"美国能源部,2013年5月31日;"能源部部长厄内斯特·莫尼斯首次发布重要政策演讲,""绿色科技媒体",2013年8月26日。

引起的怀疑论。最近的一项研究在分析了这一说法后结论道:这些文章的作者中,90%的都同埃克森美孚公司有牵扯。① 虽然这个公司现在显然已不再需要任何人在虚假信息活动中来帮上一手了,但最近,其他一些感兴趣的团体却再次把它的热情煽动起来了。

科氏工业集团

2010 年,绿色和平组织报道说,自 1997 年以来,科氏工业——即查尔斯·科赫和大卫·科赫兄弟拥有的石油、煤炭、木材,以及化工公司,它即便不是美国最大的也算是第二大的私营公司②——给了气候变化否定论者诸团体 6,700 万美元。③ (这可不是一笔小款子。然而 2010 年,据估计科赫兄弟资产达 350 亿美元,所以 6,700 万对于他们不过是小钱而已。)2011 年,绿色和平组织写道:

> 科氏工业已成否定气候科学和反对清洁能源的金融支撑。这个私人的、隐身的社团,现在已是埃克森美孚公司、美国石油组织的合伙,也是反对进步清洁能源和气候政策的那些组织和前沿团体的捐助者之一。事实上,科氏工业近年资助这些团体的费用已超过埃克森美孚公司。从 2005 年到 2008 年,埃克森美孚公司在这方面花了 890 万美元,而科氏工业所控制的基金会却出资 2490 万美元,以资助否定气候变化的那一系统的诸组织。④

黑钱信托

然而最近,再也不可能看到埃克森和科赫公司花钱的多少了,因为自 2008 年始,它们再也不让自己的捐助公开,使人可查询了。这一保守秘密的作法是它们更普遍政策(即对公众隐瞒它们对气候变化否定论者的资助)的一部分。

---

① "分析900篇支持气候变化怀疑论的论文后,结果发现:主要作者的十之九与埃克森美孚公司有牵扯",《碳简介》,2011 年 4 月 15 日;米哈伊·安德列:"气候变化否定论者十之九与埃克森美孚公司有牵扯",《ZME 科学》,2011 年 5 月 10 日。

② 丹尼尔·费希尔:"大块头先生",《福布斯》,2006 年 3 月 13 日;简·迈耶:"秘密行动",《纽约客》,2010 年 8 月 30 日

③ "科氏工业:仍然在煽动对气候变化的否定",《绿色和平组织》,2011 年。

④ 同上。本书第 13 章讨论了科氏工业的政治活动。

有一项研究,它针对的是"大批的黑钱被用来资助对气候变化的否定"。据该项研究,支持否定气候变化行动的钱,75%是无法追踪的。① 这些黑钱有两大来源,一是捐助者信托公司,一是捐助者资金管理机构。

2010 年有个报道说,科氏工业资助气候变化否定论者的钱胜过埃克森美孚公司。接着,2013 年的一篇报道又揭露,甚至存在着一个更大的资助者。捐助者信托公司和捐助者资金管理机构施舍了 1 亿 1800 万美元给 102 个团体,让它们帮助"建立一个庞大的思想库网络,并给一些行动团体,让它们瞄准这一唯一的目标:重新解释气候变化,使之从一个中性的科学事实变成一个高度两极化的'分歧问题。'"这一资金流"远远超过了那些反对对气候采取行动的更公开的反对者,诸如石油工业,或者保守的亿万富翁科赫兄弟,所提供的资助。"②4

然而,根据这一事实:这些信托公司并未公布他们的捐助者,再者,惠特尼·鲍尔,这些信托公司的创立者和总裁,与科赫公司有密切联系,我们便可猜想,大多数的资金可能是由科赫公司提供的。确实,2014 年《华盛顿邮报》的一篇报道似乎暗示,它们不过就是属于一个"由科赫公司支持的政治网络"而已,这个网络在 2012 年为右翼的政治事业提供了 4 亿多美元的资助。③

气候变化否定论者无国界

又一类对否定论者的虚假信息运动的资助,是由阿特拉斯经济研究基金会提供的,该基金会"根据安·兰德的那个自由市场不道德的故事《阿特拉斯耸耸肩》而命名"。由埃克森美孚公司、科氏工业,以及其他来源出资金,阿特拉斯基金会"资助了 30 多个拥护对气候变化科学采取怀疑态度的外国智库。"④

进一步说来,阿特拉斯基金会,像哈特兰德研究所一样,不过是资助过大约 500 个团体的众多组织之一。那些被资助过的团体,"分布在世界的几十个国家,它们常常得到美国基金会的资助,而那些基金会,反过来又得到那些排放碳的美国工业的资助。"所以,虽然气候变化否定论源于美国,它现在却遍布几十

---

① 罗伯特·布鲁尔:"新研究揭露,大批的黑钱被用来资助对气候变化的否定",德雷塞尔大学,2013 年 12 月 23 日;乔治·佐尼克:"气候变化中的黑钱",《华盛顿邮报》,2013 年 12 月 17 日。

② 苏珊妮·戈登伯格:"秘密筹资以帮助建立气候变化否定智库的庞大网络,"《卫报》,2013 年 2 月 14 日。

③ 安迪·克罗尔:"被揭露的保守运动的黑钱提款机,""琼斯妈妈网站",2013 年 2 月 5 日;马特亚·戈尔德:"科赫公司支持的政治网络,设计来保护捐助者,2012 年筹资 4 亿美元",《华盛顿邮报》,2014 年 1 月 5 日。

④ 乔希·哈金孙:"气候变化否定论者无国界","琼斯妈妈网站",2009 年 12 月 22 日。

个国家。"由于美国资助的海外智库用几十种语言鹦鹉学舌地宣扬气候变化否定论者的观点,回声室的效应已在显现。"①

请注意:埃克森美孚公司策略的最后一招是利用友好的政客。这个问题将在 13 章"政治的失败"中讨论。

前所未有的愚蠢

否认气候失调,其愚蠢至少表现为三种情况:

那些受否定论主张欺骗的人,包括曾帮助过虚假信息运动的人,其愚蠢在于:他们没有意识到,虚假信息运动是由化石燃料公司组织的。宁可相信这一虚假信息运动的否定论主张,也不愿相信大量气候科学家审慎的结论,这是愚蠢的。

还有媒体的愚蠢和政治领导人的愚蠢(这将在下两章讨论),后者居然让自己的政策受到化石燃料公司提供的虚假信息的影响。

最后是化石燃料公司的老板和执行总裁的愚蠢。表现突出的是埃克森美孚公司,它同科氏兄弟以及其他亿万富翁一起,策划了这场虚假信息运动。虽然这些人由于这场运动变得越加富有,但他们的孙辈却将生活在一个越来越糟糕的地狱般的世界。难道他们不会感到纳闷,何以他们的孙辈对他们不爱也不关心。对圣经上的一个问题略加修改,我们便可以这样提问:成为肮脏的富人而失去家人的敬重,这对人究竟有何好处?

这一三重的愚蠢是前所未有的,因为它威胁着文明的生存。这一威胁之大也是前所未有的,它甚至胜过了核灾难:核战争造成的灭绝,唯有当人们干某事时,即他们确实发动核战争时,才会发生;然而气候变化却是,即便人们除了我行我素什么也不干,它也会灭绝文明。如果我们听任这样,那么,我们就会兑现T.S.艾略特的"空心人"一诗最后几行所说的:

> 世界将会这样了结
> 世界将会这样了结
> 世界将会这样了结
> 不是在轰鸣声中,而是在啜泣声中。

---

① 同上。

12. 媒体的失职

"在报道气候变化这一世纪大事方面,整个主流媒体对不起我们。"

——汤姆·哈特曼:"主流媒体对气候的可耻报道",2014 年。

美国政府何以没有对气候危机勇敢地作出回应? 理由之一是——这是詹姆士·汉森指出的,他退出了他的全职工作,以便将更多的时间花费在政治活动和与公众的交流上——要使联邦政府对全球变暖的问题采取行动,这"可能需要公众的压力。"①

然而,这是一场艰巨的战斗:根据 2013 年佩尤民意调查,只有 33% 的美国公众认为全球暖化是一个"非常严重的"问题,只有 28% 的人认为这应该是华盛顿政客们的"头等大事"。更有甚者,在 21 个被测试的问题中,全球暖化的问题位居头等大事之末。《华盛顿邮报》在报道该次民意测验时,所用的标题是:"美国人几乎比任何其他人都更不担心气候变化。"②

汉森说,主要的问题是,"公众对形势的理解与科学家的理解二者间存在重大差异。"在详细解释这一差异时,他说:

> 科学的报道与公众的说法明显地不一致。过去的 5 年中,科学的说法愈显强势,公众的认识却全然朝着相反的方向发展而去。

然后他又说:"这可并非是偶然的。那些宁可让事情照原样进行的人,其行

---

① 贾斯廷·吉利斯:"在气候问题上自行其是的人从航空航天局退休",《纽约时报》,2013 年 4 月 1 日;朱丽叶·艾尔珀林:"公众对气候变化的兴趣正在衰减",《华盛顿邮报》,2013 年 4 月 2 日。

② 格雷戈里·吉鲁:"彭博社的数字:33",彭博社,2013 年 4 月 22 日;"气候变化:来自皮尤研究中心的关键数据点,"《皮尤研究中心》,2013 年 4 月 2 日;马克斯·费希尔:"美国人几乎比任何其他人都更不担心气候变化",《华盛顿邮报》,2013 年 9 月 27 日。

动是非常一致的。他们采取大量的对策赢得了公开的辩论。"①(P.182)汉森这儿说的是前章讨论过的虚假信息运动。

气候变化的否定论者,手段不少,重量级的科学家却不多。然而问题在于:何以他们却偏偏打赢了这场反对气候科学家共识的战斗?根据科学家们的共识:全球暖化,实有其事;它是由于温室气体;如果我们继续我行我素,就会发生可怕的、甚至灾难性的气候失调。这一看法确实是科学家的共识,至少是98%的气候科学家的观点。这些科学家中——据上章报道——99.8%的曾就该题目写过由同行审查过的文章。②

科学家们既有此共识,那么它与公众认识的差异之所以会发生,就只可能是媒体造成的了。马克·赫兹加德把那些为碳排放而进行的游说活动说成是"一种欺骗运动,它只顾自己的金钱利益,而不顾我们的子孙后代以及我们的文明"。他写道:"作为一个记者,使我感到羞愧的是,为碳排放而进行的游说,没有媒体的帮助是不会成功的。"③媒体何以会这么干呢?

一个比喻

媒体未能抵制碳游说的宣传,这一失职被美国的著名记者埃里克·普利用了一个比喻来描绘:

> 假设我们的领军科学家们发现,一颗陨星直奔地球而来,本世纪晚些时候肯定会撞上地球,世界上各国政府只有10年的时间设法引开它或毁掉它。那么,新闻组织该如何报道这个事?甚至在财政拮据的时期,它们也应派出成队的记者去采访此事,并提供充足的资金让记者们尽量深入、尽量全面地追踪此事。不管怎么说,这场阻止陨星的竞赛就是本世纪新闻报道的大事。

普利描绘了这一情况后,然后解释道,在他的比喻中,使用碳的人类就是那

---

① 理查德·格雷:"气候科学家在关于全球暖化的公开辩论中失败,"《每日电讯报》,2012年4月8日。

② 詹姆士·鲍威尔:"气候科学现状:对全球暖化科学文献的全面评审",《科技动态》,2012年11月15日。

③ 马克·赫兹加德:《酷热:今后50年如何在地球上活下去》(纽约:霍顿·米夫林·哈考特出版集团,2011年),263页。

颗陨星,它有毁灭人类文明的可能。这一威胁,普利说,是"我们这个时代的大考验,是最值得报道的大事。然而,新闻组织却一直并未如此对待它。"①

媒体的历史性失职

普利只是谈到媒体失职的几位记者之一。2009 年,乔·罗姆写道:"关于全球暖化,科学界原本预言人们不妨我行我素。虽然那种理解现已发生了明显的变化,"但美国公众,"对于情况到底有多可怕,大多数仍处于黑暗之中。为什么呢?因为美国媒体大多数不屑于对此大事进行报道。"②罗姆和其他一些记者曾力图用一个短语来描绘媒体所错过而未曾报道的事件的重要性:

·罗姆说,2010 年是"气候科学使人震惊的一年,"它揭示,"人类文明处于危险之中。"罗姆说,媒体一直都错过了"对这一百年(如果不是千年的话)大事的报道。"他还说,"温室气体的排放所造成的对国家和世界的危险,无疑是前所未有的值得报道的大事。"

·普利策奖的获得者,记者罗斯·格尔布斯潘曾说,气候危机"威胁着我们这个文明的生存","这无疑是这一千年最值得报道的大事。"格尔布斯潘甚至说,"在我们身边,地球正在坍陷,"这一事实确实是"我们这个星球历史上最大的值得报道的事。"

·2014 年,汤姆·恩格尔哈特说:"所有的其他报道,新闻,甚至报道本身,它们的将来都取决于在今后的 10 多年里或甚至一个世纪里,气候变化表现得怎么样。……气候变化不是新闻,它也不是一系列的新闻报道。它是一切新闻的可以预期的终结。"③

---

① 埃里克·普利:"为了拯救地球你会付出多少? 美国新闻界和气候变化经济学",哈佛肯尼迪学院,"琼·肖伦斯坦新闻政治公共政策研究中心",2009 年 1 月。普利说,他是在埃里克·罗思顿的《碳时代》一书中首次碰到将人类比作陨星的那一比喻的。

② 乔·罗姆:"媒体大多数不顾来自气候科学家的最近的警告,""气候动态"网站,2009 年 3 月 19 日。

③ 罗姆:"气候科学惊人的一年揭示,人类文明处于危险之中,""气候动态"网站,2010 年 11 月 15 日;罗姆:"沉默的羔羊:2010 年媒体群对气候变化的报道'一落千丈',""气候动态"网站,2011 年 1 月 3 日;罗斯·格尔布斯潘:"美国报刊对气候危机的报道:对公众信任的该死背叛,""热不可耐网站",2010 年 6 月;罗斯·格尔布斯潘:《沸点》(作者写有新的前言)(纽约:基础丛书,2004 年),xv,xvii;汤姆·恩格尔哈特:"以人类方式结束世界:气候变化的反新闻,""汤姆报道网站",2014 年 2 月 2 日。

且回到普利的比喻：我们无法想象，如果我们知道，我们只有 10 年的时间来避开或毁掉一颗直奔我们而来、要毁灭人类的陨星，各国政府和媒体居然会继续我行我素。政府，至少那些有技术能力的政府，应合作起来，不分日夜地设计出最好的方法，然后提供一切所需的资金——如果必要，数万亿美元——以避免人类文明的毁灭。

美国媒体，如它们在第二次世界大战中所为，应解释这一威胁的性质，以及为什么公民将必须作出牺牲——也许是巨大的牺牲，因为任何牺牲都是值得的。

在那种情况下，可能会出现一个反对派的运动，宣称关于陨星的报道是一个科学骗局。但是即便那样，媒体肯定也不应把它当回事——除非，我们的很多最优秀的科学家也同意那一说法。意识到它们有了自人类文明以来最大的新闻要报道，各类新闻组织就应不遗余力地报道它，而不应散布反对者的谎言。

然而，对于气候变化，媒体——特别是美国媒体——却是以一种非常不同的方式行动的。由于它们远未将二氧化碳的威胁视为自文明以来最大的值得报道的事件，它们就未能将其视为近千年、近百年、近十年，或甚至当年的值得报道的事件。

媒体失职的诸方面

美国媒体未能让美国人准确地理解全球的暖化以及气候的变化，这表现在几个方面。

虚伪的公平

也许，媒体失职的诸多原因中，最常见的涉及公平报道的新闻规范。正如某一讨论所说："公平以中立为目标。它要求记者报道任何有意义的争论中双方合法发言人的观点，并对双方给予大致一样的关注。"[1]

然而，2004 年，一篇由马克斯韦尔·博伊考夫和朱尔斯·博伊考夫所撰写的标题为"公平即偏见"的文章指出，"公平的报道有可能是某种形式的信息偏见。尽管存在着 IPCC 的受人重视的一贯主张，……但公平的报道却还是让一

---

[1] 罗伯特·M.恩特曼：《没有公民的民主：媒体，美国民主的腐朽》（纽约和牛津：牛津大学出版社，1989 年），30 页。

小撮全球气候变暖的怀疑论者的观点得到了扩散。"①为了解释何以这本不该发生,两位博伊考夫引用了罗斯·格尔布斯潘的话,后者写道:

> 新闻公正这一职业准则,要求报道争论的记者将对立的观点都报道出来。当所报道的问题是政治性质的或社会性质的时,公正——即以同样的分量报道出双方最主要的论点——就是对偏见报道的根本遏制。然而当这一准则用于科学问题时,却出现了问题。因为它要求记者将关于某个科学问题的对立观点都报道出来,似乎二者具有同样的科学分量,而实际上它们却并非如此。②

关于这一新闻规范——根据它,对意见的公正报道,必须给予对立的"双方"同样多的时间——内奥米·奥利斯克斯和埃里克·康威也说:

> 一旦某个科学问题议决,就只存在一"方"了。我们且来想象一下,如何给予这样一些问题一种"公平":地球是否围绕太阳转;陆地是否在移动;DNA 是否负载着遗传信息。在科学家的头脑中,这些是早有定论的问题。谁也不能在某个科学期刊上发表一篇文章,宣称太阳围绕地球转。③

詹姆士·汉森也认为,方法的误用是将科学结论传播给公众这一过程中的主要问题。他写道:"科学的方法要求对一切数据进行客观的分析,阐明正反两方面的证据,然后才得出结论。为了在科学上取得成功,这一方法行之有效,也很必要。然而现在,在公开的辩论中,科学是被用来与脱口秀的方法对抗的,后者选择性地引用一些支持某一前定主张的零星轶事。为什么要对公众同时报道科学方法与脱口秀方法的结果,似乎它们两者值得同等的尊重?"说到这一问题并非总是存在,汉森又说:

> 几十年前,那种事并未发生。1981 年,我写了一篇当时有争议的文章,

---

①　马克斯韦尔·博伊考夫和朱尔斯·博伊考夫:"公平即偏见:全球变暖与美国有名望的报刊,"《全球环境变化》杂志,2004 年第 4 期,125—136 页。

②　罗斯·格尔布斯潘:《热不可耐:气候危机,掩盖,对策》(珀尔修斯出版社:剑桥,1998 年),57—58 页。

③　内奥米·奥利斯克斯和埃里克·康威:《贩卖怀疑的商人》(纽约:布鲁姆斯伯里出版社,2010 年),214 页。

它是关于二氧化碳对气候的影响的。科技作家沃尔特·沙利文联络了世界上几位顶级的相关专家来评论。他并没有为了某种勉强而不自然的"公平",而通过收集和夸大反面意见来误导公众。今天,大多数的媒体,甚至受到公众支持的媒体,也被迫用反对者、气候变化否定论者的意见来平衡每一篇关于气候的报道,似乎它们也有同等的科学可信度。①

内奥米·奥利斯克斯和埃里克·康威把全球暖化描绘成科学已有定论的问题,这并非夸张。早在1997年,《华盛顿邮报》便发表了一篇文章,标题是"已有共识,地球在变暖——现在怎么办?"②然而最近,媒体在很大程度上忽略了尚有争论的意见和已有定论的事实二者间的区别。结果,媒体造成了偏见。两位博伊考夫研究了1988—2002年间美国"有名望的报刊"(《纽约时报》《华盛顿邮报》《洛杉矶时报》以及《华尔街日报》)关于全球暖化的报道,他们报告说,这些报道中的大多数是"公平的",意思是,"这些报道对以下两种观点都给予了'几乎同等的关注':一种观点认为,是人类促成了全球暖化;另一种观点却认为,地球温度的升高只能用纯粹自然的波动起伏来解释。"③

这些报道使不知内情的读者有这样的印象:科学界在这个问题上是分歧的。这一被歪曲了的"公平"仍然在继续,特别是在《福克斯新闻》,《华尔街日报》,《华盛顿邮报》这些报刊中,近来路透社也是如此。这些报刊假意采用公平的态度,并非是为了遵从新闻的理想,而是为了张扬否定。比如,路透社,它下面的报刊曾经是登载气候报道最多的,现在却将保罗·英格拉西亚,一个自称"气候变化怀疑论者"的人,提升到编辑管理层。于是,有关气候的报道陡然下降,而且,据从前负责报道亚洲气候变化的记者约翰·福格蒂说,关于气候变化报道,出现了一种"恐惧气氛",记者们"感到来自管理层的压力:凡报道气候暖化都要包括全球暖化否定论者的观点,以示'公平'。"④

由于这一有悖常情的公平态度,诚如2012年《气候动态网站》一篇报道的标题所说,"美国的报刊在气候变化否定方面已成老大。"那篇报道披露了一个报告——该报告将《纽约时报》和《华尔街日报》与巴西、中国、法国、印度,以及

---

① "气候学家詹姆士·汉森论'我们民主制度中的懦夫:第一部分'","气候动态"网站,2012年1月27日。

② 乔比·沃里克:"已有共识,地球在变暖——现在怎么办·《华盛顿邮报》,1997年11月11日。

③ 两位博伊考夫:"持之以见即偏见"。

④ 丹妮丝·罗伯茨:"在'怀疑论'编辑的领导下,路透社关于气候的报道继续减少",《媒体事宜》,2014年2月26日;亚历克西斯·索贝尔·菲茨:"路透社对全球暖化的态度大转变,"《哥伦比亚大学新闻评论》,2013年7月26日。"

英国的主要报刊作了一个比较——然后说：

> 当美国开始给予气候变化否定论者和怀疑论者一个平台时，它便成了独一无二的。根据一项对 2011 年发布的数据的最新分析，美国报刊远远更有可能发表出自气候变化否定论者的无可争辩的主张，那些否定论者中有很多人质疑地球究竟是不是在变暖。[①]

所以，并不令人吃惊地，2014 年 20 个富有国家的一份民意测验发现：美国俨然执世界气候变化否定论之牛耳。它的人口中有 52% 的人说，气候变化是一桩自然现象；他们不承认，如果我们不迅速改变我们的习惯，我们将遭逢环境巨灾。[②]

无论如何，报道若要真正公平，在报道气候科学界内部共识的程度时，给予反对者观点的关注，其百分比不应超过给予支持者的。2014 年 5 月，约翰·奥利弗在他那假设的电视新闻节目"上周的今夜"中，幽默地展示了所谓的一种"统计学意义上的代表制气候变化辩论"到底是什么意思。在描述了气候科学家和气候变化否定论者之间典型的电视辩论之后，他指出，该辩论应当真正地代表两种主张。所以在否定论者一方添加了两个人之后，奥利弗给科学家这方添加了 96 个人。[③]

虽然有人宣称，气候变化方面的虚假公平问题在美国媒体中已得到克服，[④] 2014 年 7 月的一份报告却显示事情并非如此。反对科学共识的那些边缘科学家们仍然得到媒体最多的报道，而那些认为"温室气体已引起全球急剧暖化"的人，却只有 15% 得到了媒体的报道。[⑤]

一个特别令人震惊的虚假公平的例子，就出现在美联社的一篇本可是优秀的报道中。它所报道的，是关于当时即将出台的 ICPP 的报告。该报告说，如果

[①]　史蒂芬·莱西："美国的报刊在气候变化否定方面已成老大"，"气候动态"网站，2012 年 10 月 14 日。

[②]　乔安娜·B. 福斯特："民意测验：美国俨然执世界气候变化否定论之牛耳"，"气候动态"网站，2014 年 7 月 22 日。

[③]　乔·罗姆："97%：仔细看看约翰·奥利弗的搞笑的'统计学意义上的代表制气候变化辩论'"，"气候动态"网站，2014 年 5 月 12 日。

[④]　乔·罗姆："将一个虚假的说法扼杀于襁褓之中"，尼曼基金网站：尼曼看门狗：2011 年 4 月 18 日。

[⑤]　约翰·亚伯拉罕和戴纳·纽西特利："新的研究发现，边缘的气候暖化反对者们得到了媒体的不成比例的关注"，《卫报》，2014 年 8 月 11 日；讨论的是巴特·沃海根等人的"科学家们关于全球暖化之分布的意见"，《环境科技》，2014 年 7 月 22 日。

全球暖化继续，"对于人和生物圈将会有严重的、无处不在的、不可逆转的影响。"美联社的报道然后引用了约翰·克里斯蒂的话："人类是聪明的。无论发生什么我们都能适应。"正如乔·罗姆所说，"在气候变化问题上引用约翰·克里斯蒂的话，犹如在伊拉克问题上引用美国副总统迪克·切尼的话。"①

由于它们是在一个虚假公平的框架内报道气候科学的，所以它们传递的实际上是错误信息，而错误信息可能会是极有害的。斯蒂芬·莱万多夫斯基在《卫报》上写道："媒体未能在伊拉克战争前准确报道事实；气候报道也以同样的方式失败。"有些记者曾支持过布什-切尼政府的关于大规模杀伤武器的说法，后来他们感到痛苦，因为他们使用了"现在已知是伪造的'证据'"来支持发动战争。"十年前虚假信息造成的致命后果，"莱万多夫斯基写道，"主要害了伊拉克人民。"然而，"关于气候变化的虚假信息造成的后果，却可能会危害我们全体。"②

喜爱冲突，喜爱金钱

虽然对于公平这一新闻规范的误用，在美国媒体未能充分报道关于气候变化的科学共识的这一失职行为中，发挥了核心作用，但这一规范本身却并不能解释美国媒体给予否定论的关注。无论如何，有名望的报刊的记者和老板都是聪明人，他们知道，公平并不适合一切问题。他们并不把同等的关注给予，比如，这样的学说：地球只有几千年的年龄，尽管成百万的美国人相信它。所以，要解释美国媒体何以接受、甚至煽动否定论，似乎还应添加一个因素。

那些反对关于气候变化科学共识的科学家们，汤姆·恩格尔哈特提出，"提供了主流媒体所喜的'公平'，'双边'。"③媒体喜爱这些"双边"，因为它们为无止无休的争论提供了一个根据，同时也使那些污染的公司继续对媒体进行财政资助（见下）。较之准确性报道，媒体更重视煽动性报道。这方面的表现之一，就是它们对所谓"气候门"丑闻的处理（在本书第 11 章讨论过）。赫兹加德写道：

---

① 乔·罗姆："从新近泄露的报告中气候科学家们看出了不作为的极端危险和不道德，""气候动态"网站，2014 年 8 月 27 日；这指的是塞思·伯伦斯坦的"由于气候变化仍在继续，IPCC 即将发布的报告草案表达了对将来的鲜明观点"，美联社，2014 年 8 月 26 日。

② 斯蒂芬·莱万多夫斯基："媒体在报道伊拉克战争上的失误在气候报道上重演"，《卫报》，2013 年 12 月 6 日。

③ 汤姆·恩格尔哈特："让你转向气候变化论何以如此艰难，""汤姆报道网站"，2013 年 3 月 4 日。

2009 年 12 月,当哥本哈根气候峰会召开时,几乎世界上每一个主要新闻机构都在头版报道了否定论者对领军气候科学家欺诈大众的无端指控。……唯一花时间进行调查,而不人云亦云的新闻机构,就是美联社。一组美联社记者阅读和分析了 1073 份盗取的电子邮件中的每一份,大约有 1 百万字,结果发现:欺诈的证据为零! 后来,英国政府机构的两项正式调查得出了同一结论。①

未能疏远化石燃料广告商

媒体之所以就是不报道这一实情:全球暖化是因为人们燃烧化石燃料引起的,还有一个原因就是埃里克·普利说的:"它们不想被指责为袒护某方,部分的原因是,那会得罪资源方。"最重要的恐怕是,那会得罪资金的提供方。化石燃料公司以及汽车公司,通过打广告,给予了各种媒体以及它们的老板们大量的钱。记者马克·赫兹加德说,媒体继续"给否定论者提供平台,而且一般也不质疑它们的主张,"同时它们"高兴地从雪佛龙那样的能源公司接受价值数百万美元的广告。"②罗斯·格尔布斯潘讲了个中内情:

几年前,我问过美国有线电视新闻网的一位高级编辑,报道极端天气的新闻预算的比例既然提高了,它们何以不把极端天气与全球暖化联系起来。他告诉我,"我们曾经这样做过。"但那使得石油公司和汽车制造商抱怨不已。它们扬言,如果电视新闻网继续把极端天气与全球暖化联系起来,它们就将撤出它们所有的广告。大体上说来,是工业部门恫吓住了媒体,使之闭口不谈连一般识见者都能轻易看出的极端天气与全球暖化之间的联系。③

公开执否定论的新闻报道

除了打着公正幌子的暗中的否定论,美国媒体也有大量的公开执否定论的报道。

---

① 马克·赫兹加德:《酷热:今后 50 年如何在地球上活下去》,262 页。
② 普利:"为了拯救地球你会付出多少?"赫兹加德:《酷热》,266 页。
③ 格尔布斯潘:"美国新闻对气候危机的报道"。

《华尔街日报》和《福克斯新闻》：散布虚假信息最为严重的两大媒体就是《华尔街日报》和《福克斯新闻》，它们都属于鲁珀特·默多克新闻集团。2012年9月，环保科学家联盟考察了《华尔街日报》"舆论栏目"前一年报道气候科学的文章。它发现，"在81%的时间里，关于气候科学的报道都是误导性的。"一项研究考察了《福克斯新闻》2012年6个月期间关于气候科学的报道，它发现，"在93%的时间里，它们都是误导性的。"误导的报道包括，"对作为一个知识体的气候科学进行恶搞，以及选择性地利用事实和研究，以使人对公认的气候科学产生怀疑。"①

比如，2013年，《华尔街日报》"舆论栏目"发表了一篇文章，标题是"保卫二氧化碳"，该文的作者们就说："传统观点认为，二氧化碳是一种危险的污染物。情况完全不是如此。和有人欲使我们相信的相反，大气中二氧化碳增加会提高农业生产率，造福于地球上越来越多的人口。"②

马特·里德利有几年为《华尔街日报》写一个专栏，好久以来他就一直在宣扬这一观点——全球暖化，程度极小，而且实际上对人有益。2012年，他写了篇文章，标题是"给担心全球暖化的恐惧心理降温"，其中充满了科学的、甚至数学的错误，乃至乔·罗姆发问道：《华尔街日报》如何可能维持它作为新闻的可靠来源及财经分析的可靠根据的声誉？"后来，在2014年9月，里德利写了一篇专栏文章，该文问道："全球暖化到底怎么了？"在一篇评论中，哥伦比亚大学的杰弗里·萨克斯把里德利称为"鲁珀特·默多克的帮凶中无知而妄为"的典型。该评论解释了为什么里德利的专栏文章全然是错误的。里德利在一个答复中却宣称，那篇评论实际上不是萨克斯写的。③

美国全国广播公司财经频道：《媒体事宜》对2013年上半年美国全国广播公司财经频道（CNBC）对"全球暖化"或"气候变化"的报道进行了考查，它发现，51%的报道"对是否存在人为的气候变化表示怀疑。"CNBC请来主持气候节目的唯一科学家就是威廉·哈珀，即由埃克森美孚公司资助的乔治·C.马歇尔学院的院长，他就是《华尔街日报》专栏文章《保卫二氧化碳》的作者之一。这一处理报道的手法与这一事实是吻合的："CNBC的几位人物，包括主持人拉

---

① "科学小组呼吁新闻公司改进有关气候科学的内容，"环保科学家联盟，2012年9月21日。

② 哈里森·施密特和威廉·哈珀："保卫二氧化碳"，《华尔街日报》，2013年5月9日。

③ 杰弗里·萨克斯："《华尔街日报》炫示气候谎言"，《赫芬顿邮报》，2014年9月7日；"马特·里德利回应对他的气候变化观点的批评"，《华尔街日报》，2014年9月9日；乔·罗姆：《华尔街日报》信誉扫地，里德利又发表错误百出的文章，""气候动态"网站，2014年9月10日。

里·库德洛,联合主持人乔·科伦,以及定期撰稿人瑞克·桑塔利都否认气候变化是人为的。"①

《华盛顿邮报》:该报的社论版长期充斥着气候变化否定论者的文章。那些否定论者中首屈一指者是乔治·威尔,他的反科学主张年复一年地被很多人揭穿——其中包括世界气象组织的秘书长,甚至包括他的邮报同行们,他们在2009年揭穿威尔这一主张的荒谬:自1979年以来,北极冰并未大量减少。2011年,令人惊奇的是,邮报社论版的编辑在允许发表威尔的胡言乱语达数年之久后,突然写道:"共和党对气候变化的否定可能是其最有害的欺骗。"然而后来,邮报又继续发表威尔的否定论文章。②

比如,在批评总统对气候变化(包括熊熊大火)的评论时,威尔问道:"大火比以往发生得更多吗?(2012年,美国的野火就比2006年少了1/3。)"威尔作此诘问时耍了一个花招,他故意选择了2006年。那一年,美国发生的野火比以往年多得多。于是他便提出,因为自那以来野火一直都没有那样多,所以它们是在下降。③此外,威尔还不顾这一事实:正如我们在第三章所说,在2012年野火季节,野火最终"毁坏的森林面积超过了有记载以来的任何一年"。2014年,威尔嘲弄这一发现:97%的气候科学家相信碳污染正在引起全球暖化。威尔诘问道:"谁做的民意调查?"然后他提出,如同一家纳粹出版公司制造的谣言"100位作者反对爱因斯坦"不可信一样,这一发现也同样不值得相信。④

邮报的查尔斯·克劳萨默同样地罪过,发表了谬误的主张。他执气候变化否定论的观点如此之久,乃至2014年2月罗姆将他当时才发表的一篇文章称为"他的无数次错误的再次重复"。那文章也使得迈克尔·曼说,克劳萨默的"那些陈词滥调"猜也猜得到,"只可作为酒后茶余供人一晒的谈资"。在那篇文章("'既定科学'的神话")中,克劳萨默攻击奥巴马总统2014年的国情咨文,把总统称为"头号宣传家"。他引用了奥巴马总统国情咨文中的两句话,"争论已有定论",以及"气候变化是一桩事实",然后回应道:"真的吗?没有什么

---

① 肖娜·赛尔:"CNBC 对气候变化的否定对商业不利",《媒体事宜》,2013 年 6 月 18 日。

② 乔·罗姆:《华盛顿邮报》发表两篇文章,揭穿乔治·威尔双剂量的虚假信息,""气候动态"网站,2009 年 3 月 21 日;乔·罗姆:"《华盛顿邮报》记者前所未有之举:在一篇新闻文章中反驳专栏作家乔治·威尔","气候动态"网站,2009 年 4 月 7 日。

③ 乔·罗姆:"无耻的熄火:《华盛顿邮报》再次发表乔治·威尔反科学的胡言乱语,""气候动态"网站 2013 年 1 月 17 日。

④ 乔罗姆:"呼叫杰夫·贝佐斯:乔治·威尔居然把气候科学家比作纳粹,""气候动态"网站,2014 年 2 月 28 日。

比这一说法更反科学了:科学已成定论,它是静止的,不容挑战的。"①

克劳萨默此处未弄明白一个基本的区别:"科学"不会成定论,因为人们在不断发现新的事实,其中一些需要新的理论来解释;然而,虽然如此,这却并不意味着不存在既定的事实。虽然人们曾经就板块构造论争论得很厉害,但现在却再也不了。气候科学尚在发展,还有很多有待解决的问题(比如气候的敏感度问题)。但核心的问题却已有定论,其中包括这一事实:大气中二氧化碳的增加提高了地球的平均温度,这一全球暖化引起了气候的紊乱。

一般说来,优秀的报刊不发表以否定基本科学为立论根据的读者来信。2013 年 10 月,《洛杉矶时报》针对气候科学制定了这一政策,它的读者来信栏编辑保罗·松顿解释道:"我竭力不让读者来信栏有事实错误。……说'没有迹象证明人类引起了气候变化',这不是在陈述一个意见,而是在坚持一个不准确的事实。"格雷厄姆·里德费恩在他的《卫报》博客上说:"松顿的决定会使一些编辑思考,他们是否应该照他那样干。"②

早在 2014 年,"预测事实"网站希望加快进程,就提出一个倡议:

> 《洛杉矶时报》最近宣布,他们将拒绝发表否定气候变化的来信。……请在下面的倡议书上签名,并告诉《纽约时报》《华盛顿邮报》《今日美国》以及《华尔街日报》的编辑:我们国家最受尊敬的报刊应拒绝刊登否定基础科学的来信。

针对全国各报刊的倡议是由"信条传播网站"提出的。比如,它对《福布斯》杂志是这样说的:

> 要求詹姆士·泰勒遵守新闻道德。《福布斯》定期刊登詹姆士·泰勒的文章,其标题耸人听闻,其信息虚假无凭,歪曲他人已发表的著作肆无忌惮。③

---

① 罗姆:"无耻的熄火";林赛·艾布拉姆斯:"揭穿查尔斯·克劳萨默关于气候的谎言:酒后茶余供人一晒的谈资而已",沙龙网站,2014 年 2 月 25 日。
② 保罗·松顿:"关于气候变化否定论者的来信,"《洛杉矶时报》,2013 年 10 月 8 日;格雷厄姆·里德费恩:"报刊是否应拒绝气候科学否定论者的来信?"《卫报》,"Oz 行星栏目",2013 年 10 月 16 日。
③ 布莱恩·杨格:"告诉《华盛顿邮报》和《纽约时报》:不要煽动对气候变化的否定,""信条传播网站",2014 年 2 月;"《福布斯》:停止煽动对气候变化的否定,""信条传播网站"。

《洛杉矶时报》发布通知后,汤姆·哈特曼说:

> 是该其余媒体效法的时候了。所有的媒体渠道,电视、广播、报刊或其他,都应立即停止刊登否定气候变化的、事实不确的文章。……是主流媒体说出事实真相、不再将呓语当真理的时候了。无论怎么说,地球上一切生命的将来处于危险之中。①

也许BBC是注意了的:它的领导机构已宣布,为了消除虚假的公正,它的节目从今以后将只给予气候变化否定论者其突出优点所值的那点报道。②

报道减少

虽然美国媒体对气候变化的报道一直就不多,但在2009年,那类报道却上升了;那年发生了"气候门"指控,召开了哥本哈根气候大会,人们普遍议论说,那是世界预防灾难性气候变化的最后一次机会。然而,虽然当时有很多"气候一门"丑闻,但据《能源日报》,"美国只有几家新闻渠道刊登了关于哥本哈根大会的报道,而欧洲和亚洲的新闻机构却对其大肆报道。"更有甚者,自2009年以来,尽管天气愈显极端,冰川融化加快,有关气候的报道却持续下降。虽然2006年提到全球暖化的文章就有2286篇,然而从那时到2013年,该类文章却只有1353篇。③

《纽约时报》取消气候部:该类报道最重大的减少发生在2013年的《纽约时报》。那年初,该报取消了它的气候部,该部原有7位记者和2位编辑。该报的执行编辑吉尔·艾布拉姆森将那一变动描绘为"结构调整",他宣称:"我们仍将继续大量地报道国内国际生活的这些领域。"然而,诚如资深记者丹·弗鲁姆金质疑的:"那怎么可能?"玛格丽特·沙利文,时报的公共编辑,对此也表示质疑,

---

① 汤姆·哈特曼:"主流媒体关于气候的可耻报道,"2014年2月26日。

② 艾米丽·阿特金:"为了更精确,BBC告诉它的记者们不再给予气候变化否定者任何播放时间了,""气候动态"网站,2014年7月7日。

③ 引自乔·罗姆:《直线上升:美国最激烈的气候博主描述媒体现状,政治家,以及清洁能源解决方案》(海岛出版社,2010年),58页;道格拉斯·费希尔:"2011年有关气候的报道再次减少,""气候每日谈"网站,2012年1月17日;杰克·谢弗:"我们为什么对全球暖化漠不关心,"路透社,2014年8月30日。

她说,如此调整却又能让气候报道不受损失,"那将是特别困难的事。"①

弗鲁姆金和沙利文的警告不幸而言中。接近 2013 年底时,沙利文检阅了自所谓的"结构调整"以来时报环境报道的进展情况。她报告说,2012 年 4 月至 9 月,有 362 篇文章突出报道了气候变化,而 2013 年同期,这一数字却下降到 247。更引人注目的是,头版的这类报道从 9 篇滑到 3 篇。"国内气候新闻"网站的创始者和出版者,戴维·萨松说,"这正是取消了环境编辑和副编辑后你可预料到的结果。"②

全年结果显示,《纽约时报》提到"全球暖化"或"气候变化"的报道陡然下降了 40%。科罗拉多大学是追踪这类变化的,根据它的研究,这一下降胜过所有其他报纸。这是 2012 年来的一次剧变;当年《纽约时报》"在美国 5 大日报中这方面的报道上升是最多的,"而且当年时报的助理总编辑格伦·奎蒙还说:"气候变化是不多的几个重要题目之一,我们不必顾忌重复,应尽量报道之。"③

《纽约时报》取消了环境博客:似乎时报在 2013 年初取消它的气候部还不够糟糕,两个月后它又取消了它的"绿色博客",该博客除了两位编辑而外,还有 10 多个撰稿人。此事的来龙去脉要回溯到 2008 年,当时时报创建了一个"绿色公司博客"。该博客专注于商业与环境的交汇,它的使命声明说,它的存在就是为了让读者在"追求绿色地球的高风险活动中保持最新意识。"然后,在 2010 年,"为了把事情升一个档次,"时报提出了一个"更为雄心勃勃的在线计划,要扩大我们眼界,让我们之所见包括……政治和政策,环境科学,以及消费者选择。"这很及时,报纸的编辑们解释道,因为《华尔街日报》已关闭了它的绿色博客"环境资本"。

博客的编辑,汤姆·泽勒详述了该博客的扩大了的使命。他说:

> 我们的报道将来自国会的大厅,新德里的街道,来自绿色的家庭,绿色的厨房,来自莫哈维沙漠,大沼泽地,和郭瓦纳斯运河,来自全国正在进行绿色实验的社区。

---

① 玛格丽特·沙利文:"维持环境报道的强势并非易事,"《纽约时报》,2013 年 1 月 11 日。

② 乔安娜·M. 福斯特:"自取消环境部后,《纽约时报》关于环境的报道急剧下降,""气候动态"网站,2013 年 11 月 25 日。

③ 乔·罗姆:"沉默的羔羊:美国主要报纸的气候报道下降,电视上也未增加报道,""气候动态"网站,2014 年 1 月 14 日;道格拉斯·费希尔:"以古怪天气为主的气候报道 2012 年进一步下降,""气候每日谈"网站,2013 年 1 月 2 日。

为了强调扩大了的报道范围，"绿色公司博客"一名就简化成了"绿色博客"。泽勒结论道："见识更广的公民对于构建一个更好、更为绿色的文明是很重要的。"①

然而，三年之后，该报的编辑们写道，"时报打算中止绿色博客，它原本是创建来追踪有关环境和能源的新闻、并鼓励人们对该两领域的发展进行热烈讨论的。"这一意外的通知并不受人欢迎。柯蒂斯·布雷纳德，《哥伦比亚大学新闻评论》的编辑写道：

> 对于不能挤进印刷版业已萎缩的新闻栏目的那些报道，"绿色博客"是一个重要的平台。……而且它还是记者们可以为报纸上的那些文章补充有价值的背景和信息的地方。

布雷纳德继续说，那些作出这一决定的编辑们

> 应感到羞愧。他们作出了一个可怕的决定。在这样一个时代，即关于气候变化、能源、自然资源，以及可持续性的争论，对于公众的福祉最为重要的时代，它肯定会致使日报的环境报道质量大降。②

同样，德雷塞尔大学的罗伯特·布鲁尔——据时报说他是"一位环境传播方面的专家"——曾告诉罗姆："《纽约时报》对环境的报道继续每况愈下。它继续推卸自己为公众提供有关重要问题的信息的责任。"更具讽刺意味的是，《记事》杂志回应时用了这样的标题："时报关掉环境博客以便集中报道赛马和颁奖节目。"③

没多久，时报减少气候报道的事就被人注意到了。比如，2013年8月，《纽约时报》就没有报道美国国家海洋和大气管理局那份258页的气候报告，而该报告是美国据以制定气候政策的。《媒体事宜》说，未报道该报告的事"使得人们不禁怀疑，我们到底能在多大的程度上信任该报，相信它即便在面临最近组

---

① 汤姆·小泽勒："绿色：一个新名字，一种更广泛的使命，"《纽约时报》，2010年4月21日。

② 柯蒂斯·布雷纳德：《纽约时报》取消了'绿色博客'，"《哥伦比亚大学新闻评论》，2013年3月1日。

③ 乔·罗姆："重大错误：《纽约时报》和《华盛顿邮报》几乎放弃了对专门气候科学的报道，""气候动态"网站，2013年3月4日。

织变化的情况下,也仍可让读者关注到环境问题。"①

为什么《纽约时报》取消了该部和该博客? 柯蒂斯·布雷纳德把取消"绿色博客"的通知称为"可怕消息",他继续说:

> 当《纽约时报》1 月份宣称,它将撤掉有三年历史的环境部,把该部的编辑和记者重新分配到其他部门时,主编迪恩·巴奎特坚持说,该报将一如既往地致力于环境报道。显然,那是彻头彻尾的谎言。②

为什么时报把它的环境部和环境博客都砍掉了呢?该报对此什么也未说(除了欲掩其丑地宣称,这些改变实际上会有好处)。撤掉这些部门台面上的理由之一是为了省钱,但另一个理由可能就暗含在史蒂文斯理工学院的约翰·霍根的一个说法中。2010 年他写道:

> 《纽约时报》"科学时代栏"的两位内部人士告诉过我,该栏目大多数编辑人员并不认为,人为的全球暖化对人类是一桩重大威胁。③

如果那两位内部人士的话不假,那么这就可以解释,何以时报以省钱为借口对环境问题而不是其他不那么要命的问题开刀。

《华盛顿邮报》也干同样的事: 就在《纽约时报》取消它的"绿色博客"的同一周末,《华盛顿邮报》调离了它的顶级环境记者——在一篇饱受气候变化否定论者(诸如乔治·威尔和查尔斯·克劳萨默)诟病的文章中,他曾是一个亮点。为了自掩其丑,邮报的编辑们宣称:

> 我们的政治团队曾是线上的一支有助于引领日间新闻的突击队。现在我们高兴地宣布它的最新进展:朱丽叶·艾尔珀林将回到政治世界去报道白宫。朱丽叶在环境报道方面一直表现不俗,已是环境变化报道方面的

---

① 马克斯·格林伯格:"你在《纽约时报》读不到的两桩重大气候事件:时报在关闭环境部和绿色博客后不久就略去了该类报道,"《媒体事宜》,2013 年 8 月 7 日。
② 柯蒂斯·布雷纳德:"《纽约时报》取消了'绿色博客'"。
③ "'科学时代'栏目的惊人之事:'……该栏目大多数编辑人员并不认为,人为的全球暖化对人类是一桩重大威胁,'",气候动态"网站,2013 年 8 月 13 日。

领军记者之一。

罗姆说，"不错，将环境变化报道方面的领军记者之一局限在世纪报道上确实不好。她曾有不俗的表现，但没有了她，5分钟以前的环境报道也仍然不俗呀。"①

然后，第二年，邮报调离了明星博客写手以斯拉·克莱因——他们的唯一坚持以科学为根据报道气候变化的记者之一——将他调到了一个被称为"沃洛克阴谋"的网站。《世界谷物》的一位作者指出，这一网站可谓名副其实，因为它的很多博主都宣扬这一观点：全球暖化是一个阴谋，一个骗局。罗姆说，这太惊人了，"《华盛顿邮报》的新老板杰夫·贝佐斯居然认为如此无知地兜售阴谋论适于该邮报。"②

电视报道的覆盖面不足

媒体不仅减少了它的报道范围，而且通常对重要事件的报道也少得可怜，有时甚至是全然不顾。媒体批评家托德·吉特林说，"电视新闻简直是一桩耻辱"，他写道：

> 尽管2012年创纪录的高温，加剧的风暴，干旱，野火，以及其他极端天气事件，北极冰帽的消失，格陵兰冰盾有记载以来最大的融失，他们的新闻部门仍然坚持装聋作哑。

吉特林甚至说，"本是为观众提供可以反复咀嚼的东西而不是悦人耳目的片言只语的'星期日脱口秀'，现在也被其他东西霸占着。"为演绎这一观点，他说：

> 星期日节目花了不到8分钟的时间在气候变化上。……美国广播公司的节目"本周"，报道气候变化是最多的，但也不过5分多钟。……美国全国广播公司的节目"相遇媒体"，报道气候变化最少，只有1分零6秒。……被引用的政治家，大多数是共和党总统候选人，包括瑞克·桑托

---

① 乔·罗姆："重大错误：《纽约时报》和《华盛顿邮报》几乎放弃了对专门气候科学的报道"。

② 乔·罗姆：《华盛顿邮报》调离了气候记者霍克·以斯拉·克莱因，添加了一个乱七八糟的沃洛克阴谋博客，""气候动态"网站，2014年1月23日。

勒姆,他在美国广播公司的节目"本周"上把全球暖化称为'垃圾科学',却未受到挑战。星期日节目提到的一半以上都是共和党人,他们批评那些支持对气候变化采取措施的人。……在4年里,星期日节目没有引用过任何一位研究气候变化的科学家的话。[①]

2013年6月,奥巴马总统发表了一个重要讲话,其中透露了他的减少碳污染的计划。然而除了微软全国有线广播电视公司的梅丽莎·哈里斯-佩里节目而外,星期日上午的新闻节目对此都不屑一顾,而它们原本就该报道本周重大事件的。除了全国有线广播电视公司而外,那些原本依靠电视转播它们的新闻的广播公司,只好依赖杰伊·利诺,戴维·利特尔曼,以及乔恩·斯图尔特了。[②]

联合国政府间气候变化专家小组(IPCC)曾在它的第5次评估报告上花费了数年时间,2014年,那份大部头的报告出版了。微软全国有线广播电视公司很得体地几乎花了20分钟来报道此事,披露了该报告所详细说明的无效的降低碳的举动会带来的风险。然而《福克斯新闻》和美国有线电视新闻网对此的报道却少得可怜。

《福克斯新闻》干了有人希望它干的事:它只花了5分钟来报道此事,而且大多数时间用来攻击气候变化的观点;在节目中,比尔·奥赖利指责气候科学家们想用他们的"虚幻的全球暖化理论"来毁灭经济。虽然美国有线电视新闻网没有攻击联合国政府间气候变化专家小组的报告,但它实际上却忽略了它,只花了1分零8秒提及它。美国有线电视新闻网的杰克·塔珀确实承认过,"整个人类文明会面临风险,"但该新闻网却认为这一观点只值48秒钟。[③]

讨论极端天气却无视气候变化

由于以往数年越来越极端的天气,媒体实际上是被迫讨论该问题。然而,它们通常并不感到必须将极端天气与气候变化联系起来。甚至在2013年,情况仍然如此。那年是"气候的大年",尤其是"我们的天气的凶猛度增加了。"那

---

① 托德·吉特林:"媒体过于庞大不会垮吗? 它是愚蠢新闻,愚不可及",见于"新闻的浮华时代","汤姆电讯网站",2013年4月25日。

② 乔·罗曼和安德鲁·拜拿:"星期日新闻节目无视奥巴马的气候计划,但《深夜喜剧》却顺便报道了这样冷门话题","气候动态"网站,2013年7月1日。

③ 安德鲁·拜拿:"CNN忽略重要气候报道,而《福克斯新闻》干的事却更糟","气候动态"网站,2014年4月2日。

年的极端天气事件包括"科罗拉多的致命的洪水,整个美国西部的一连串的森林大野火,全国数次爆发的气温的反常。"然而根据《报告中的公正与准确》,一项对夜间新闻中的450份报道的研究却表明:"对极端天气的报道中,96%从不谈人对气候的影响。"①

《媒体事宜》在提到2013年春中西部的洪水时,实际上报告了同样的事实。虽然美国广播公司,哥伦比亚广播公司,美国全国广播公司,以及美国有线电视新闻网动用了全体74个部门来报道该次中西部洪水,但却无一提到气候变化(哥伦比亚广播公司几乎都要提到了,然而也只是说暴雨增加了)。《媒体事宜》发现,报纸的报道说不上更好。在报道那些洪水的整个35篇文章中,只有《今日美国》的一篇提到了气候变化。美联社,《洛杉矶时报》,《纽约时报》,路透社,以及《华尔街日报》,它们的报道对此问题统统三缄其口。②

甚至国内公用无线电台也罪在失职。2013年,它播放了一篇报道,说的是"加拿大北极区的一种植物,在冰川下埋了400年,现在又开始生长了。"随着世界上更多冰川的退缩,该报道结尾时说,"我们有可能看到更多的苔癣植物出现,并又开始生长。"然而,罗姆评论道,"显然,我们听不到它进一步解释,为什么越来越多的冰川在退缩,或者为什么越来越快地在退缩——或者,所有的这些,比如整个海平面上升这类事,对于人类到底意味着什么。"③

2014年,美国有线电视新闻网一个电视节目的主持人,在思考如何才能改变普通美国人的思维方式和行为时,写道:

> 我们这个国家关于气候变化的对话中缺少的就是:一种打中你心窝的情感指控。……我们需摆在面上的因果关系。似乎每天美国的某个地方都在发生新的极端天气灾难,而媒体又无处不在,为我们描绘普通老百姓如何被森林大火、干旱、洪水、大地陷、龙卷风消灭。但是那些报道人物、事件、时间、地点、经过的记者们,他们谈到过事情的真正原因吗?……没有。目前人们仍然认为,谈论如同田野里的大象那样显明的问题——即长期被我们视为是上帝行为那样的东西,现在却越来越变成了一桩人的行为——

---

①　艾米丽·阿特金:"网络晚间新闻对极端天气的报道,96%不提气候变化,""气候动态"网站,2013年12月19日。

②　吉尔·菲茨西蒙斯和谢娜·梯尔:"媒体无视中西部洪水的气候背景,"《媒体事宜》,2013年5月7日。

③　乔·罗姆:"国内公用无线电台报道了冰川融化但却并未解释它们何以在融化,""气候动态"网站,2013年5月30日。

是不合适的。①

至于一篇好的报道应该是怎样的,美国广播公司新闻的记者克莱顿·桑德尔提供了一个好的范例。在一段以"来自大自然母亲的极端天气"为题的报道中,桑德尔写道:

> 科学家们说,人类引起的气候变化已在促使地球自然平衡的改变,导致了更多的热浪,干旱,以及剧烈的大雨。我们即将面临多风波的、更昂贵的现实。

另外,一位《纽约客》的撰稿人解释了,在通常的报道中,很小的变化如何可能有助于人们把天气与气候变化联系起来。虽然出奇冷的天气通常使得美国人不再坚定地相信气候的变化,但在英国,它却坚定了人们的信念。卡迪夫大学的研究者们结论道,之所以有这一区别,是因为英国的媒体"把天气置于气候变化的背景中,它强调天气是不自然的,而不是简单地说它冷。"那位《纽约客》的撰稿者说,"也许,如果这儿的人们被告知,外面的天气不仅仅是严酷,而且是不自然地严酷,他们也可能得出一个不同的结论。"②

被冲突驱动的媒体的又一选择

正如很多人论证过的,如果媒体(至少是它的新闻部)献身于大众的福祉,而不是老板的银行账户,美国的民主就会健康得多。当然,那方面的战斗早就失败了,③不过在气候危机这事上,媒体仍有一些方式可将事情干得更漂亮。

"不存在第 2 号地球"

一种方式就是采用这一口号:"不存在第 2 号地球"。现在这一口号已出现

---

① 简·贝莱斯 – 米切尔:"让我们说出极端天气的真相",美国有线电视新闻网,2014 年 5 月 16 日。

② 克莱顿·桑德尔:"来自大自然母亲的极端天气",美国广播公司新闻,2013 年 6 月 24 日;玛丽亚·科尼科娃:"天冷而头发热",《纽约客》,2014 年 2 月 7 日。

③ 参见,比如,罗伯特·W.麦克切斯尼:"媒体的问题:21 世纪美国的传播政治"(《每月评论》,2004 年)。

于体恤衫和保险杠贴纸上。随着这一口号广泛地深入人心，媒体就再也用不着伪造什么"双边"的争论来激发人的兴趣了。就我们所知，地球是唯一能养活智慧生命的星球，所以，还有什么比了解并促进拯救地球生存力的运动更吸引人的呢？

没有第2号地球，这意味着，如果化石燃料公司和政客们如此彻底地改变了我们的这颗星球，乃至人类生命再也不可能存活，那么我们的孩子，或孙子辈，或曾孙辈，就将成为人类的最后一代。当然，有人会对此漠不关心，但是大多数的人不会如此。

一种不同类型的"双边"

只要媒体感到双边的争论是必要的，那么，一旦媒体承认人类造成气候失调这一实情，并进而质问对此我们该怎么办，也还会有大量的争论。充分领会了"不存在第2号地球"一语的含义，很多人会同意肯尼迪总统1961年就职演讲中的这句话（略有修改）："为了确保文明的生存，我们将不惜付出任何代价，承载任何重负，迎接任何艰难，对抗任何强敌。"

然而，即便我们承认，人们将这样干，也还会有很多引起争论的问题——比如，到底是现在缓解气候失调更有利，或是以后适应它更有利；到底是彻底根除煤炭发电，还是采取生物工程的办法减低大气中二氧化碳的含量。所以媒体的老板们不必担心，不要以为，一旦不再重视否定论就意味着关于气候变化的剧烈争论会结束。

失职的媒体报道：前所未有之罪

著名的人权领导人之一，佐治亚州的众议员约翰·L.刘易斯说过："没有媒体，人权运动就会是没有翅膀的小鸟。"[1]迄今为止，"拯救我们气候"的运动尚未发动起来，因为它一直像一只没有翅膀的小鸟。

即便媒体承认，全球变暖对人类的威胁是百年以来——甚至千年以来，甚至自有文明以来——值得报道的最大事件，但它却让（实际上是促成）科学事实与公众认识之间存在一条鸿沟。尽管媒体知道，实际上气候科学家之间存在统

---

[1] 众议员约翰·刘易斯：西奥多 H.怀特新闻和政治讲座，哈佛大学肯尼迪学院，"琼·肖伦斯坦新闻政治公共政策研究中心"，2008年11月20日；摘自普利："为了拯救地球你会付出多少？"

一的共识,但它仍然这样干了。

人类文明已进步到具有全球媒体的程度了,这样的媒体可将事件和信息传播给地球上几乎所有的人。人们就可利用这些媒体告知全球的人关于气候危机的事,并向他们清楚地解释,人类文明正面临一桩前所未有的挑战。媒体就可突出这一观点:如果我们不迎接这一挑战,我们的孩子将继承一个不舒适的地球,我们的孙辈将继承一个地狱般的地球,而我们的曾孙辈,则将继承一个生物系统崩溃了的地球。媒体也可明白地说出这一事实:气候危机可能会断送文明。

同时,媒体就可强调这一事实:之所以有这一史无前例的危机,就是因为在过去的两百年间,人们史无前例地燃烧化石燃料。然后,提供了这一信息之后,媒体就可花大量的时间来讨论,政府应采取什么步骤以防止气候失调毁灭我们。

然而,媒体却远未把气候危机视为事关文明存亡的最重大报道事件,只简单地将其等同于其他寻常事件,甚至不是最重要的事件。媒体本已具备帮助世界解决气候危机的技术,但它们却用它来——这可是它们自己说的——达到它们自己和公司的目的。

汤姆·哈特曼在"主流媒体有罪的气候报道"一文中说,"当主流媒体开始报道本世纪的大事时,它却辜负了我们。"温·史蒂芬森曾在国内公用无线电台,美国公共广播电视公司,《大西洋月刊》,《波士顿环球报》工作过,他给他过去的新闻同行写了封公开信,他也同样说:

> 你们失败了。你们所谓的"客观性","不流血的公正性",不过是个方便的借口,用以开脱这一罪责:你们未告诉大家我们所面临的最紧迫的实情。现在需要的是危机级别的报道。……在危机中,只要一个事件突出了危机话题,最高新闻的标准就明显地改变了。在危机报道中,有这样一个设定:读者要知道、也有权知道尽量多的情况。在危机报道中,你们会"占满篇幅"。气候危机是这一代人或任何一代人的最值得报道的大事——那么,你们究竟为什么不占满气候的"篇幅",把这一大事放在头版,而且让新闻广播每天播放它呢?①

---

① 汤姆·哈特曼:"主流媒体有罪的气候报道",2014 年 2 月 26 日;温·史蒂芬森:"一个方便的借口",《凤凰》,2012 年 11 月 5 日。

　　媒体的这些失职,即在文明毁灭的过程中起到推波助澜的作用,使其犯下了史无前例的大罪。

13. 政治的失败

"世界所见过的政治的最大失败，就是它对气候变化的反应。"

——乔治·蒙比尔特，2010 年

"重要的挑战就是致使国会两院瘫痪的那一史无前例的政治两极分化。"

——罗布·斯塔文斯，2013 年 3 月

　　我们上面所引用的英国记者乔治·蒙比尔特的话，是对经济学家尼古拉斯·斯特恩的这一著名说法的回应："气候变化是世界所见过的最大市场失败的一桩后果。"①在第 11 章，我们看到了化石燃料公司，特别是埃克森美孚公司和科氏工业集团，如何愚蠢地掀起虚假信息运动来阻止气候立法。在第 12 章，我们记下了一些媒体如何愚蠢地帮助这一运动。当然，正如我们在第 12 章也强调的，化石燃料公司和媒体的愚行也是犯罪——史无前例之罪。

　　本章基于威廉·马斯登的《傻瓜当权：失败了的气候政治之内》，它要考查一些例子来说明，"世界所见过的政治的最大失败"如何来源于这一事实：在气候变化的全球政治中是傻瓜在当权——造成史无前例之罪的那些傻瓜。②

全球纪录：警告与反应

　　马斯登说，科学告诉我们，气候变化是"我们这个时代的生死挑战。"这一描述与联合国秘书长潘基文 2007 年在巴厘岛气候大会上的说法不谋而合："气候变化是我们这个时代的生死挑战。"③然而，政治世界尚未起而应对这一挑战。

---

　　① 艾丽森·本杰明："斯特恩说：气候变化是一桩'市场失败'，"《卫报》，2007 年 11 月 29 日；乔治·蒙比尔特："过程已死，"《卫报》，2010 年 9 月 21 日。

　　② 威廉·马斯登：《傻瓜当权：失败了的气候政治之内》，特别是 255 页。（加拿大，艾尔弗雷德·A.克诺夫出版社，2011 年）。

　　③ 同上，第 3 页；"气候变化的'危机时刻'，"英国广播公司（BBC），2007 年 12 月 12 日。

2012年比尔·麦克本指出,科学家们说了30年了,继续因循苟且会导致巨灾。他写道:"那样的呼吁少有效果。我们的立场仍然是四分之一世纪以来我们的立场:科学警告之后,随之而来的是政治上的不作为。"①这一警告加不作为的历史正好说明了,政治的失败何其大:

　　·1998年,就是IPCC成立的那年,一次多伦多大会说,截止2005年,二氧化碳的排放应减少20%。

　　·1989年,当年的《世界年度报告》说:"这些年中的某一年,我们希望能够写出一本乐观的《世界年度报告》。即这样一本,其中我们可有幸报告,损害人类前景的趋势已经逆转。现在的情况似乎是,如果我们不能在90年代写出那样一本书,我们就可能根本写不出了。(所以)90年代必须成为'转折的10年。'"②

　　·同样也是在1989年,工业化国家的很多政府在一次荷兰的部长级大会上打算承诺,截止2000年,他们将使二氧化碳的排放量稳定下来,但是美国和日本却拒绝作任何特别的承诺。结果,后来发布的宣言仅仅泛泛地提到限制二氧化碳的排放量。③

　　·丹尼斯·海因斯曾是第一个地球日的主席,在1990年的地球日,他说:"自第一个地球日,20年过去了,我们当中的那些原本打算改变世界的人,现在正面临彻底的失败。无论用什么标准来衡量,今日之世界都比20年前的世界更糟。……时间越来越少,如果我们不打算越过某些环境的临界而遭逢灾难,我们最多还剩10年的时间可采取一些举措。"④

　　·也是在1990年,IPCC预言,我行我素的方法会使温度在2100年上升摄氏3度。它说,如要将二氧化碳的含量维持在1990年的水平,就须减少60—80%的碳排放量。在世界气象组织的第二次世界气候大会上,一些政府想让工业化国家承诺,在2000年将二氧化碳的排放维持在1990年的水平——虽然小岛屿国家联盟认为这个指标太保守了。然而,"由于美国的再次固执,宣言中关于目标和国家战略方面的语言又是空泛模糊的。"⑤

---

① 　比尔·麦克本:"全球暖化的可怕新数学",《滚石杂志》,2012年7月19日。
② 　1989年《世界年度报告》。
③ 　洛林·埃利奥特:《全球环境政治》,67页。(华盛顿广场:纽约大学出版社,1998年。)
④ 　丹尼斯·海因斯:"1990年地球日:绿色10年的临界,"1989年11月8日。
⑤ 　埃利奥特:《全球环境政治》,67页。

·联合国大会决定采取另一种方法,它成立了一个政府间谈判委员会,授权它制定一个公约在1992年巴西里约热内卢地球高峰会议通过。结果出台了"联合国气候变化框架公约",它的目标是:将大气中的温室气体含量维持在一定水准,以便在"足以让生物系统自然地适应的时间框架内",全球气候系统不至于发生危险的变化。然而,在里约签署的"框架条约"并无具体的目标或最后期限的规定。①

·这些目标后来在1995年柏林举行的大会上提出来了。大会草案说,发达国家有必要在2005年前将二氧化碳的排放量降低到比1990年的水准少20%。它获得了发展中国家(包括中国)的赞同。然而,大多数的发达国家——特别是石油生产国和"日美加澳新集团"(日本,美国,加拿大,澳大利亚和新西兰)却更喜欢讨论发展中国家作出承诺的必要性。结果,柏林的"决议"只是承认了"框架公约"承诺之不足。但它确实重申了里约峰会的这一原则:发达国家应该带头减少二氧化碳的排放量。②

·那些国家于是同意在1997年召开一个会议,后来在那个会议上签署了具有法律约束力的《京都议定书》。然而,美国却不接受由很多其他国家提出的20%的下降量。于是该议定书规定,创建一种市场体制,允许公司买卖污染的权利。虽然克林顿总统签署了这一约束力微弱的议定书,美国却早就在一项对"参议院意向"决议的表决中以95比0声明:美国不会批准任何关于减排的协议,除非它们也同等地约束发展中国家。③

·2007年,200多位世界领军气候科学家给巴厘大会上的政府领导递交了一份请愿书,说他们的社会"简直受够了",敦促领导采取紧急行动。然而,该次大会却可用两篇报道的标题来总结:"美国在巴厘倒霉"(路透社),"巴厘大会提出的2020年温室气体减排目标因美国的反对而僵住了"("沙龙网站")。IPCC的主席帕乔里说:"如果在2012年前不采取任何行动,那就太晚了。我们在今后两三年所做的事将决定我们的未来。现在是决定性的时刻。"④

·2008年詹姆士·汉森和他的9位同事声明,二氧化碳的安全含量实

① 同上,第69页。

② 同上,第71页;克里斯托弗·弗莱文:"直面气候变化的风险,"见于莱斯特·布朗等人的《1996年世界年度报告》,33—35页,(纽约和伦敦:诺顿出版社,1996年);"从1995年3月28日到4月7日在柏林举行的缔约方会议第一次会议的报告,""联合国气候变化框架公约",1995年6月6日。

③ "伯德·哈格尔决议",美国参议院,1997年7月25日。

④ 塞思·伯伦斯坦:"科学家乞求对气候采取行动",美联社,2007年12月5日;伊丽莎白·罗森塔尔:"联合国报告描述了若不采取行动将会有什么风险,"《纽约时报》,2007年11月17日。

际上应该是"350ppm 或更少",而不是人们以往所认为的 450ppm。汉森还说,"这是最后的机会了。"①

·2009 年的哥本哈根大会,事实上被宣传为世界防止灾难性气候变化的最后一次机会。英国的尼古拉斯·斯特恩爵士称它为"以危险而论自第二次世界大战以来最重要的一次集会"。② 然而,再次地,新闻报道的标题又透露了事情的真相:"哥本哈根——将遗臭万年的历史性失败"("独立报");"哥本哈根——我们时代的慕尼黑?"("BBC 新闻");还有的标题说,"随着世界的燃烧,它又一次地失去了避开灾难的机会"("滚石杂志")。

·关于 2010 年在墨西哥坎昆举行的会议,《卫报》的苏珊妮·戈登伯格说,"其最有意义的结果,就是把难以作出的决定推迟到了下一年头。"威廉·马斯登在提到会议人员下榻的豪华旅馆时说,"世界在燃烧,而代表们却在玩沙槌。"③

·2011 年在南非德班举行的会议更有成果,会议同意"(2015 年之前)制定出一个新的……有法律约束力的协议。"环保科学家联盟作了一个好 - 坏消息评估:"好消息就是,我们避免了一场事故。坏消息就是,我们此次会议几乎没有影响排放的曲线。④

·2012 年,地球峰会 20 年之后,联合国在里约组织了又一次大会。"里约 + 20 峰会",弗莱德·皮尔斯说,"发布了一个极无意义的文件,它未能处理世界所面临的严重环境挑战。"乔治·蒙比尔特把那份文件称之为"283 段空话",他写道,"190 个政府花了 20 年,准备去'承认','认可'并表达对世界环境危机的'深切关注',但却什么措施也未采取。"⑤

·后来,2012 年,卡塔尔多哈举行的峰会,与会国几乎达 200 个,历时两周,但其成就则可用路透社一篇报道的标题来表达:"气候峰会在抱怨声

---

① 詹姆士·汉森与他人合写:"大气中二氧化碳含量的指标:人类应以什么指标为目的?"《开放大气科学杂志》,2008 年第 2 期;塞思·伯伦斯坦:"美国航空航天局科学家的全球暖化的警告:'这是最后的机会了',"美联社,2008 年 6 月 23 日。

② 帕特里克·温图尔:"戈登·布朗说,哥本哈根气候会谈是最后一次机会,"《卫报》,2009 年 10 月 18 日;路易丝·格雷:"斯特恩勋爵说,哥本哈根峰会是拯救地球的最后机会,"《英国每日电讯综合门户网》,2009 年 12 月 2 日。

③ 苏珊妮·戈登伯格:"坎昆协议挽救了联合国的信誉但却无计救地球,"《卫报》,2010 年 12 月 12 日;马斯登:《傻瓜当权》,255 页。

④ "气候大会,"美联社。

⑤ 弗莱德·皮尔斯:"超越里约的失望:寻求一条通向未来的途径,"耶鲁大学网上杂志,《环境》360,2012 年 6 月 28 日;乔治·蒙比尔特:"里约 + 20 峰会的文本草稿是 283 段空话,"《卫报》,2012 年 6 月 22 日。

中落幕。"这次大会确实也有成功处,那就是批准了"京都议定书"又一个7年的承诺期。但这除了"保住了'京都协议'而外",其他效果甚微,因为加拿大,俄国,新西兰,甚至日本选择了退出,而剩下的支持国仅占全球温室气体排放量的15%。①

·2013年5月,中级官员们进行的一周谈判无果而终。②
·2014年,ICPP新的报告显示,全球的顶级科学家"'绞尽脑汁',不知如何才能使世界的领导们意识到,如果他们不协力减排,地球就会面临一场气候大灾,"而且,美国国家海洋和大气管理局2014年的报告,"2013年气候年度报告",也显示,地球"比现代文明的任何时期都变化得更快。"③

解释政治失败的原因

正如这一简短的历史回顾所示,政府失败的原因并非是由于信息误传。"我们之所以没有集体采取行动对付全球变暖,"马克·赫兹加德指出,"是出自一个自觉的决定,是无数次正式辩论的结果;在那些辩论中人们殚精竭虑地考虑了减排温室气体的问题,最后却蓄意否决了它。"④

鉴于过去30年专家们不断的警告,我们不禁感到奇怪,政府,特别是美国政府,怎么就居然作出了这样一个自觉的决定?且回想一下伊丽莎白·科尔伯特的名言:"一个技术上先进的社会居然在实质上选择自毁,这似乎是不可想象的。但这却正是我们正在干的事。"⑤

虽然我们承认,我们无法充分想象,人类——他们大多数有他们所爱的孩子和孙子——怎么居然会作出有助于毁坏文明的选择,但也许我们可以列举一些原因,它们会提供部分的解释。也许,最大的疑问是:政治领导人,特别是美国的政治领导人,怎么会不顾那么多基于科学的警告。马斯登为写他的书而作

---

① "气候峰会在抱怨声中落幕,"路透社,2012年12月9日;安德鲁·赖特等人:"多哈气候峰会落幕,标志着通向2015年的漫漫长途,""气候动态"网站,2012年12月10日。

② 斯蒂芬·利希:"气候谈判再次无果而终,"《半岛电视台》,2013年5月7日。

③ 德西蕾·西松:"科学家们警告,2050年前会发生灾难性的气候变化,"《中国时报》,2014年4月14日;乔·罗姆:"美国国家海洋和大气管理局2013年气候年度报告:'我们的地球正在变成一个更温暖的地方,'""气候动态"网站,2014年7月18日。

④ 马克·赫兹加德:《酷热:今后50年如何在地球上活下去》,12页。(纽约:豪顿·米福林·哈考特出版社,2011年)。

⑤ 伊丽莎白·科尔伯特:《巨灾现场记录》,189页。布鲁姆斯伯里出版社,2006年。

研究时发现,"科学家们感到彻底的绝望,因为当他们提供一次又一次的证据时,那些证据或则如泥牛入海,或则因为政治和经济上的方便那一借口而碰了钉子。"①正如早先我们引用过的,诺贝尔奖获得者,科学家舍伍德·罗兰问道:"虽然我们所发明的某种科学足以作出警告,但如果我们到头来只能眼睁睁地看到该警告应验,那么发明该科学来又有什么用?"②既然有如此的风险,那么政治家们何以仍然就径直等着让气候科学家们的警告应验呢?

只是因为愚蠢

一个原因当然就是,人,包括政治领导人,常常干傻事。这一原因很重要,这从马斯登决定将他的书(关于失败了的气候政治的)命题为《傻瓜当权》就看得出。被马斯登视为特别愚蠢的是,甚至在危险变得明显时,却仍然因循苟且我行我素。③ 但是,如何来解释如此的不管不顾的愚蠢呢?

我们在 11 章开始所引用的伯特兰·罗素的话——"人类从来就禁不住要犯他所能犯的任何错误"——也可用来表明:人类也一直是愚蠢的;人类那终结文明的愚蠢之所以不同于以往的愚蠢,就是因为他现在已有了以往并不存在的技术能力。然而,虽然我们现在已有了技术能力,可将车开得飞快,以至达到威胁自己和家人的程度,但我们大多数却并不这样干。科尔伯特的困惑还不能简单地解释成愚蠢与现代技术结合的一种倾向。

科学遭政治否决

一个更特别的原因是,政治世界中的人,还有媒体的大多数,显然没有分清科学与政治的重要区别。众所周知,政治被人定义为"关于可能的艺术",做政治上可能的事常常意味着妥协。然而科学则不同。正如赫兹加德所说,"与人的规律不同,物理和化学的规律不能妥协。"④

马斯登也提出了类似的观点,他说,太多的人"似乎把这些(气候)谈判当作了通常的政治谈判。"在这点上,他引用了奥巴马前气候谈判者乔纳森·珀欣的话:"谈判的政治从不以任何方式针对必须要干的事。"马斯登曾对加拿大的主

---

① 马斯登:《傻瓜当权》,第 3 页。
② 舍伍德·罗兰:1995 年,诺贝尔奖获奖演说。
③ 同上,255 页。
④ 赫兹加德:《酷热》,285 页。

谈判手迈克尔·马丁提出过这一问题:"你怎么可能一方面说你信仰科学,一方面却又反对科学所证明了的、为了减少出格的气候变化的风险而必须作的事?"马丁答道:"那正是这些谈判的目的。目的就是做一切可能的事。"马斯登又问:"那么,必需的事呢?"马丁答道:"那也是谈判要解决的。"马斯登说,然而,"融化的冰川、冰原,冰帽,上升的海平面,衰亡的珊瑚礁,以及正在改变的天气模式,却不受政治,即那一关于可能的艺术,的操纵。"①

乔治·蒙比尔特承认科学规律是不妥协的,他写道:"自然不会等我们。"格尔布斯潘也指出,自然不等我们,他说:"我们没有遵照自然的最后期限,"所以,"要制止气候变化就太晚了。"②

然而,要防止由不快变为地狱般的痛苦,再而至于彻底的崩溃,也许为时尚不晚。但是,政治过程的失败还在继续:尽管过去10中天气的变化十分明显,有些情况甚至百年未遇,然而各国政府仍拒绝采取任何有效措施。

未能理解风险

马斯登指出,富裕的工业化西方,"积极否认风险之所是。"虽然很多经济学家似乎认为,自然的价值可单纯用经济的尺度来评估,尼古拉斯·斯特恩却并不这样认为。他说:"当我开始关注气候变化时,作为经济学家,我印象很深的第一个事情就是风险的巨大,以及威胁全世界人生命的潜在灾难性后果。我们是拿地球在赌博。"③

赫兹加德提醒我们,继续我行我素很快就会导致温度高出前工业时代摄氏4度。他说,"温度升高摄氏4度会造成那样的地球状况,那几乎肯定会毁掉我们所知的文明。"④风险不可能再高了。

被实利主义战胜了的科学

也许,希腊神话此处可帮助说明问题。在埃斯库罗斯的《阿伽门农》中,阿

---

① 马斯登:《傻瓜当权》,5,67 页。

② 乔治·蒙比尔特:"过程已死,"《卫报》,2010 年 9 月 21 日;罗斯·格尔布斯潘:"要制止气候变化就太晚了,罗斯·格尔布斯潘争辩道——那么现在我们该怎么办?"《世界谷物》,2007 年 12 月 11 日。

③ 马斯登:《傻瓜当权》,第 4 页;尼古拉斯·斯特恩:《全球形势:气候变化与进步和繁荣的新时代的创立》[公共事务图书集团(珀尔修斯图书集团)年],第 2 页。

④ 赫兹加德:"酷热",第 252 页。

波罗企图引诱卡桑德拉,"世界第二美的女人"。她拒绝了他的勾引,惹得阿波罗大怒。于是阿波罗对她施行了诅咒:她可正确地预言将来,但却永不会为人相信,一种会使她发疯的命运。

保罗·克鲁格曼在他2009年的一篇文章中说,"气候科学家全体成了卡桑德拉——天生有预言未来灾难的能力,但却遭了诅咒,无法使任何人相信他们。"①12年,理查德·福尔克更充分地引用了该神话,他说:

> 卡桑德拉的悲惨故事使人联想起研究气候变化的科学团体所面临的两难境地。在现代文明中,解释科学证据,预言趋势,这就是这个文明可能得到的接近于可信任的预言了。……这种文化得把科学界视为理性的声音而给予最高的信任。……何以科学界的强烈共识在这个问题上遭到如此的冷遇呢?何以科学界的不祥警告实际上都被置于不顾呢?整个情况复杂而多争议。

然而,福尔克继续说,关于阿波罗对卡桑德拉施行诅咒的神话这儿可用来比附一下:

> 在一个主要对金钱的诱惑作出反应的主权国家,进行政治运作就会使科学的指导被边缘化。更明确地说,当大量的金钱不想让某事发生,而且又无可与之抗衡的金钱资源来抵消其施加的压力时,知识便只有屈从。我们已经成为,或者说好久以来就是,一个实利主义的文明,而不是一个科学的文明。②

这一描述与马斯登的观点相合。马斯登说,"除了节制化石燃料的使用,我们并无任何技术上的手段来对付全球变暖",然后他又说,"然而我们似乎并不热衷于减少哪怕是一丁点化石燃料的使用量。社会仍然几乎病态地追求着物质私利,其势头一点也未减弱。"③

恐惧,贪婪,以及自私

与之紧密联系的是,马斯登说,"该问题还主要归结为人性的基本弱点:恐惧,贪婪,与自私。"这一解释当然可说明该问题的大部分。关于恐惧,环保科学

---

① 保罗·克鲁格曼:"气候的卡桑德拉",《纽约时报》,2009年9月28日。
② 理查德·福尔克:"阿波罗的诅咒与气候变化,""理查德博客",2012年9月29日。
③ 马斯登:《傻瓜当权》,第163页。

家联盟的奥尔登·迈耶于 2013 年说：

> 直面气候危机的主要障碍并非缺乏有关该问题的知识，也并非没有具有成本效益的解决方案，而是大多数世界领导人缺乏政治勇气，不敢直面那些特殊的利益集团，那些长期竭力阻碍人们通往一种可持续的低碳未来的利益集团。①

说到贪婪的私心，马斯登指出，各国政府现在有必要"为一个后化石燃料的未来做好准备，以直面我们这个时代的实际情况。"然而，"现在此事尚无动静。相反，我们却照旧全然否定，同时又垂涎于融化的北极下埋藏的矿物。"同样地，"太多的美国立法者似乎因为哥本哈根大会的失败而高兴得飘飘然起来。"②

当然，这种短视的自私远不限于美国。比如，马斯登曾引用过印度环境部长这样的话："我到哥本哈根来，不是为了拯救世界，而是为了保护印度的国家利益。我得到的授权是保护印度的促使经济生长的权利。"③

贪婪的自私之心这一指责特别适合化石燃料公司。比如，埃克森美孚这个最成功的公司，它每年的利润是 400 亿美元，总裁的年薪达 3000 多万美元，然而该公司却仍然竭力将税率维持在一般美国人之下，似乎埃克森美孚公司需要靠税收减免来维持生意。虽然马斯登所说的"恐惧，贪婪，以及自私"的第一条似乎不适合埃克森美孚公司，然而它之所以发起虚假信息运动却是出于恐惧，即担心气候立法会大大影响它的利润。这一担心胜过了任何对气候失调的担心，因为，正如赫兹加德所说，埃克森美孚公司"将它的直接经济利益置于人类将来的福祉之上。"④

正如我们在上章看到的，媒体公司贪婪的自私之心致使它们刻意修饰它们的报道，以便有利于化石燃料公司的利益，以便继续接受化石燃料的广告，即便化石燃料有损公众健康，正如香烟有损个人健康，已是广为人知的事。

人们之所以请愿，要求不允许污染者参加气候谈判，是因为曾经有过烟草游说团体的先例。不管你信不信，进行气候谈判时，居然允许有石油工业的游

---

① 同上，第 17 页；斯蒂芬·利希："气候谈判再次无果而终，"《半岛电视台》，2013 年 5 月 7 日。

② 马斯登：《傻瓜当权》，第 7、241 页。

③ 同上，第 80 页。

④ 克里斯·伊西多尔："埃克森美孚公司的利润缺乏记载，"美国有线电视新闻网货币网站，2013 年 2 月 1 日；瓦列里·瓦斯奎克斯："埃克森美孚公司躲避收税人，""美国进步研究中心"，2011 年 5 月 11 日；赫兹加德：《酷热》，第 13 页。

说者在场。过去,游说者被允许参加关于烟草的谈判,但是 2005 年,联合国烟草控制框架公约获 178 个国家批准,该公约不允许"有烟草工业的商业利益和投资利益的人"接触政策制定者。现在,人们打算在气候谈判中使用这一"防火墙策略":用"环境行动"德鲁·哈德森的话来说就是,"当成年人在商量解决问题时,不应允许撒谎的、破坏的、污染的那些心怀仇恨的人坐在旁边。"2014 年 9 月,企业社会责任国际组织向联合国秘书长潘基文和气候变化框架公约的常任理事克里斯蒂娜·菲格雷斯呼吁,"不能让大能源公司参加这些(气候)谈判,应制定不受公司影响的、有实际意义的全球政策。"[1]

美国参议院中与工业界友好的政客们

在第 11 章我们就描述过,埃克森美孚公司的虚假信息运动——有科氏工业集团和捐助者信托公司参加——其手段包括"利用友好的政客",这正是留到本章来讲的题目。美国参议院中一直有几位成员,几乎全是共和党人,他们不管在什么情况下都支持化石燃料利益集团。

参议员詹姆士·英霍夫(代表俄克拉何马州)

就资历和言谈而言,最重要的参议员是詹姆士·英霍夫,他有段时间曾是参议院环境和公共事务委员会的主席。2013 年,英霍夫宣称:"我提供了人们不得不信的证据,证明所谓的灾难性全球暖化是个骗局。如今这一结论得到了国家顶级气候科学家艰苦研究工作的支持。"2010 年,英霍夫曾试图利用"气候门"的指控起诉 17 位气候科学家,其中包括迈克尔·曼,迈克尔·奥本海默,苏珊·所罗门,凯文·川伯斯。2012 年迈克尔·马多奥就这一说法向他提出质疑:"97% 的科学家都认为全球暖化是真实的",英霍夫回答道:"并不是那么回事。……这个 97% 并不能说明任何问题。可以说,我在参议院提到过数千名(否认气候变化的)科学家。"[2]

① 亚历克西斯·戈德斯坦:"'防火墙策略'能阻止大能源公司参加气候谈判吗?它在烟草谈判中成功过",《Yes 杂志》,2014 年 9 月 19 日。

② 参议员英霍夫就气候变化科学所作的主旨发言,"灾难性的全球暖化系耸人听闻之说,并未立足于客观科学,"2003 年,第二部分;詹姆士·M. 英霍夫,来自俄克拉何马州的美国参议员;约翰·吉齐:"英霍夫是第一个宣称全球暖化是'最大骗局'的人,""人类事件网站",2012 年 8 月 6 日;瑞克·皮尔茨:"参议员英霍夫设法宣布 17 位领军气候科学家犯罪并要起诉他们,""气候动态"网站,2010 年 2 月 25 日;丽贝卡·莱伯:"对于同意全球暖化是真实的那 97% 的科学家,英霍夫评论说:'那不能说明任何问题。'""气候动态"网站,2012 年 3 月 16 日。

2012 年,英霍夫出版了一本书,标题是《最大的骗局:全球暖化的阴谋如何威胁你的未来》。一个关于化石燃料工业虚假信息运动的纪实节目,名字叫做"贪婪的撒谎坏蛋们"。听说自己成了该节目攻击的对象,英霍夫说,能上此节目,他感到"自豪"。他还说,他也为自己来自俄克拉何马州而自豪。但他却避而不吹嘘这一事实:他是参议院中收受油气工业金钱最多的人之一,据称,截止 2012 年,已达 130 万美元。①

可能的总统候选人们

特德·克鲁兹(代表德克萨斯州):作为一个很可能打算竞选总统的人,特德·克鲁兹,一个茶党共和党人(见下),一直在做一些受共和党基层欢迎的事,其中包括,他表明他反对关注全球暖化。他称气候变化一事"尚有争论",坚持在参议院关于世界妇女日的一项决议中删去这样一个说法:发展中国家的妇女,"不同程度地受到气候变化的影响,因为,为了生计,她们必须要有水,食物,和燃料。"一位克鲁兹的发言人解释道:"表现参议院对'气候变化'这类有争议的问题的意见的规定,不能出现在要求 100 名参议员全体同意的一项估计不会有争议的决议中。"②

马可·卢比奥(代表佛罗里达州):当他还是佛罗里达州众议院议长时,马可·卢比奥支持基于市场的解决气候变化的方法。然而,2013 年,虽然他仍然承认气候在变化,但却说:"问题在于,人的活动是不是造成它的最大原因。我知道,人们说,在这个问题上科学界相当多的人已达成共识,然而我实际上也看到了合理的争论。"他还说,"我们可以通过一大堆将会损害我们经济的法律,但是那却并不会改变天气。"2014 年,他再次让步,说,"我不相信,像这些科学家所描绘的那样,人的活动造成了这些明显的气候变化。"卢比奥似乎只是因为政治的原因而改变了他的公共立场——这特别是因为,当被问到他的判断根据何

---

① 华盛顿,WND 图书网站,2012 年;"最大骗局","基督教美国之声",2012 年 3 月 7 日;露西亚·格拉夫:"詹姆士·英霍夫为成为气候变化纪实节目攻击的对象而'自豪'",《赫芬顿邮报》,2013 年 3 月 29 日;丽贝卡·莱伯:"支持石油公司减税的参议员们从石油大亨那儿收受了 23,582,500 美元,""气候动态"网站,2012 年 3 月 29 日;布拉德·约翰逊:"英霍夫:上帝说,所谓全球暖化是场骗局,""气候动态"网站,2012 年 3 月 9 日。

② 柯林斯:"冷对暖化问题。"

在时,他无言以对。①

其他友好的参议员

参议员奥林·哈奇(代表犹他州):"究竟全球暖化——且不管它的起因——会给地球上的生命带来利益或是损害,科学家们意见尚不统一,"哈奇在2010年写道。不管怎么说,他又说:"科学研究成压倒之势地表明,人类可能在气候变暖的期间比在变凉的期间过得更好。"②

参议员罗恩·约翰逊(代表威斯康星州):还在2010年竞选参议员的时候,约翰逊就说过:"我绝对不相信人造成气候变化的说法。无论如何想象,也无法证实它。"③

参议员罗杰·威克(代表密西西比州):2009年,威克写道:

> 科学显示,地球大气层中二氧化碳的含量在增加。但并无令人信服的证据可证明,是人类造成了大气层中二氧化碳的上升,而且也不清楚,二氧化碳对地球的温度到底有何影响。④

美国众议院中与工业界友好的政客们

众议院中有很多成员支持埃克森美孚公司所执的立场。以下就是其中的一些人:

议员乔·巴顿(代表德克萨斯州):2007年艾尔·戈尔向国会陈述,二氧化碳的排放引起了全球温度的升高,对此,巴顿回应道:"你可不是略有偏差,而是

---

① 亚当·佩克:"共和党的'救星'卢比奥嘲笑气候变化之说,""气候动态"网站,2013年2月13日;安妮-罗斯·斯特拉瑟:"卢比奥说不出一个根据来证明他的气候变化否定论","气候动态"网站,2014年5月13日。

② 美国参议员奥林·G.哈奇:"问题与立法",2010年。

③ 史蒂夫·贝伦:"政治动物,"《华盛顿月刊》,2010年8月17日。

④ "威克:美国不应冒经济之风险、不顾科学之怀疑而签署气候公约,"2009年12月14日。

全然大错。"①

议员丹·本尼谢克:(代表密歇根州):他被环境保护选民联盟称为"认定地球是平面的 5 个死硬分子"之一。他说过,气候变化之说是"未经科学证明的东西",通通是"胡扯。"②

议员约翰·博纳(代表俄亥俄州):在接受乔治·斯特凡诺普洛斯的采访时,博纳——2009 年他是众议院少数党领袖——说:"乔治,认为二氧化碳是一种致癌物,对我们的环境有害,这一观点几乎可说是滑稽的。我们每一次呼气,"他解释道,"都要呼出二氧化碳。世界上的每头奶牛,你知道,只要它们干它们所干的事,我们都会得到更多的二氧化碳。"③

议员邓肯·亨特(代表加利福尼亚):亨特嘲笑对全球暖化的担心,他说:"每年,成千上万的人因寒冷而死,所以,如果我们能让地球暖和起来,那会拯救很多生命。"④

议员詹姆士·森森布伦纳(代表威斯康星州):在 2009 年关于"气候门"指控的听证会上,众议院能源独立和全球暖化委员会中最资深的共和党人森森布伦纳说,被盗的电子邮件"显示了被意识形态、居高临下的态度和利润激发起来的一种压制、操纵和地下的模式。它们读起来与其说是科学的过程,不如说是科学的法西斯主义。"⑤

议员约翰·史穆克斯(代表伊利诺斯州):众议院能源商业委员会,其职能是监督有关空气质量和环境健康方面的立法。作为该委员会的成员,史穆克斯反对限制二氧化碳排放的立法,其理由是否定论者的这一陈腐观点——二氧化

① "戈尔把全球暖化的警告带到国会,"微软全国有线广播电视公司,2007 年 3 月 21 日。

② "密歇根来的丹·本尼谢克,"环境保护选民联盟,2012 年 7 月 24 日。

③ "谈话记录:拉姆·伊曼纽尔和议员约翰·博纳,"本周接受乔治·斯特凡诺普洛斯的采访,ABC 新闻,2009 年 4 月 19 日。

④ 米里亚姆·拉夫特里:"天堂政治:菲尔纳,亨特在保健、预算、气候变化等问题上展开激辩,""东部郡杂志网站",2013 年 6 月 10 日。

⑤ 瑞克·皮尔茨:"议员森森布伦纳指责科学家中的'法西斯主义'和'欺诈',在听证会上遭到反驳,"《气候科学观察》,2009 年 12 月 9 日;"森森布伦纳要告诉哥本哈根:只有结束了'科学法西斯主义',才说得上气候规律,"《福克斯新闻》,2009 年 12 月 9 日。

碳是"植物的食物",所以减少它就意味着"从大气中拿走植物的食物。"①

议员詹姆士·布里登斯汀(代表俄克拉荷马州):2014年,IPCC发布新报告,警告说,由于温室气体未得到减少,极端天气增加了。就在这一报告发布的两天后,也就是美国国家海洋和大气管理局发布它的新的国家气候评估报告(它也发出了同样的警告)的前一个月,众议院投票通过了一项拒绝法案。如果该法案被参议院接受,它就会告诉海洋和大气管理局,应优先预报风暴,而不是研究气候变化。意思是,那样做能"保护生命和财产。"具有讽刺意味的是,布里登斯汀代表的是俄克拉何马州,该州头年才遭到龙卷风的肆虐,这是他注意到了的——但也许他并不知道相关的最新研究(在第4章报道过):气候的变化很可能影响龙卷风的频率和强度。②

共和党向绝对的否定论蜂拥而去

2011年,高度受人尊敬的记者罗纳德·布朗斯坦写道:"在气候变化这个问题上,这个国家的共和党人围绕着一种独特的拒斥立场而联合起来。"他又说,"这个大佬党正向一种对气候科学绝对否定的立场蜂拥而去,在这点上,全球主要政治党派似乎难与其比肩。"③举例来说:

·"自从2011年,参议院的共和党人举行过7次有利于石油大亨利益的投票,3次反对清洁能源的投票。"④

·2005年,参议员约翰·麦凯恩与人共同提出了一个《限量及交易法案》。但是,2011年,参议员林赛·格雷厄姆拟定了两党限量及交易立法之后,他却连一个共和党的共同发起者都吸引不了,甚至连约翰·麦凯恩也吸引不了。

·在2012年共和党总统初选期间,所有的候选人——除了乔恩·亨

---

① "史穆克斯说,限制二氧化碳的排放将'拿走植物的食物',""伊利诺斯州动态网站",2009年3月27日。

② 艾米丽·阿特金:"众议院通过法案,要求机构暂时搁置气候变化的问题,""气候动态"网站,2014年4月2日。

③ 罗纳德·布朗斯坦:"共和党这个大佬党给气候科学一个冷遇,"《国家杂志》,2011年2月16日。

④ 丽贝卡·莱伯:"投票赞成石油公司减税的参议员们,从石油大亨处共得到好处23,582,500美元,""气候动态"网站,2012年3月29日。

茨曼,因为他没有机会——都拒绝关注全球暖化的问题。

· 2012 年共和党的宣言批评了奥巴马,因为他把气候风险包括在国家安全计划里了。该宣言说:"奥巴马的战略把我们国家的安全利益看得不如环境、能源、国际卫生等问题重要,而把'气候变化'提升为与外敌侵犯层次相当的'严重威胁'。"

· 共和党总统候选人米特·罗姆尼嘲笑奥巴马 2008 年(当时奥巴马是总统候选人)的这一说法:"我们将能回顾往事且告诉我们的孩子们:这是那样一个时刻,……海平面的上升开始放缓,我们的地球开始恢复"。罗姆尼在接受共和党总统提名的演讲中说:"奥巴马总统承诺的是要减慢海平面上升(稍停,等待听众发笑),并让地球恢复。而我的承诺却是帮助你们及你们的家庭。"①

· 截止 2013 年,新国会(第 113 届)的共和党成员中,65% 的人否认气候科学,且 90% 的领导位置为气候科学的否定者占据。②

· 2013 年的又一项研究显示,共和党议员投票记录与投票者的与气候有关的经验之间毫无"气候情绪方面的联系":"来自遭受高温最厉害打击的那些地区的共和党议员,执的是气候变化否定论的立场,占当时选票的 96%。"③

· 2014 年,环境保护选民联盟发现,截止 2013 年,众议院共和党人采取了一种几乎全然反环境的态度,投票支持环境利益的人只占当时的 5%——从 2008 年的 17% 到 2012 年的 10%,一路下滑。④

· 到 2014 年,参议院的共和党人反环境居然到了如此的地步,凡包括有助于清洁能源或能源效应方面内容的法案均不获通过。⑤

---

① 乔安娜·泽尔曼:"米特·罗姆尼在总统提名演讲中抨击奥巴马在气候变化上的观点,"《赫芬顿邮报》,2012 年 8 月 31 日。

② 蒂法尼·杰曼等人:"反科学的气候否定论者骨干团体:第 113 届国会版,""气候动态"网站,2013 年 6 月 26 日。

③ 杰夫·斯普罗斯:"新报告显示,在共和党议员投票记录中并无'气候情绪'的表现,""气候动态"网站,2013 年 7 月 9 日,讨论议员亨利·韦克斯曼(加利福尼亚民主党人)所作的一个报告。

④ 凯蒂·瓦伦丁:"2013 年众议院共和党人投票反对环境利益的占当时的 95%,""气候动态"网站,2014 年 2 月 11 日。

⑤ 艾米丽·阿特金:"参议院阻止了一项 850 亿美元税收减免的法案,因为它可能有助于风能,""气候动态"网站,2014 年,5 月 16 日。

此外,众议院共和党领导人一直安排气候变化否定论者负责各委员会:

· 议员拉玛尔·史密斯(代表德克萨斯州):他把那些提出全球暖化警告的人称为"危言耸听者"。2010 年他负责主要的电视网络,由于心怀偏见,就没有播放足够的"反对意见"。2013 年,他写道:"有人要求严格控制二氧化碳的排放,与这些人的要求相对的是,气候科学中尚有很多不确定的东西。"史密斯的这些说法并未表现出他有何突出的地方——只是,2012 年他却被任命为众议院科学、太空和技术委员会的主席。2014 年,国家气候评估报告发布后,史密斯否定了它,说它是"一个企图恐吓美国人的政治文件。"①

· 议员克里斯·斯图尔特(代表犹他州):2013 年众议院科学、太空和技术委员会任命斯图尔特为一个负责气候变化的下属委员会的主席。斯图尔特说,气候变化"也许并不如有些人所想象的那样直接,"而且他还怀疑,认为气候变化是由人引起的那一观点是否是基于"健全科学"。他告诫人们不要制定"任何会给我们的经济造成负面影响的长期政策性决定。"②

贪婪的科赫兄弟和否定论的团体

虽然埃克森美孚公司长期以来被视为世界上最贪婪的公司,但它的头把交椅现已被科氏工业集团夺走。科赫兄弟出大价钱(我们在第 11 章提到),这是共和党人向绝对的否定论"蜂拥"而去的主要原因;其中,茶叶党的兴起也给予了助力。

茶叶党在 2009 年成为了当时的头条新闻,媒体通常将其运动描绘成似乎是一个自发的草根运动。然而它却是一个"阿斯特罗特夫"的典型例子(语出"阿斯特罗特夫尼龙草皮",即一种人工草皮,被设计为自然草皮的样子),其中人们制造出表面的草根运动,以掩盖发起者的身份。在那一运动中,茶叶党是由作为自由主义者的科赫兄弟泡制的(他们的父亲就是约翰·伯奇协会的创始

---

① 阿曼·达特克尔:"拉玛尔·史密斯,一个怀疑全球暖化的人,被任命执掌众议院科学委员会,"《赫芬顿邮报》,2012 年 11 月 27 日;史蒂芬·莱西:"批评'人为全球暖化观点'的拉玛尔·史密斯议员被任命执掌众议院科学小组","气候动态"网站,2012 年,11 月 28 日;拉玛尔·史密斯:"关于气候变化的过激言论不利于好的政策,"2013 年 5 月 19 日;弗兰克·里奇:"共和党何以仍然否认气候变化,"《纽约杂志》,2014 年 5 月 10 日。

② 丽贝卡·莱伯:"气候科学的否定者执掌众议院的下属委员会,""气候动态"网站,2013 年 3 月 20 日。

人之一）。

简·迈耶在 2010 年《纽约客》的一篇文章中报道说,多年来,科氏兄弟一直在开展活动,以将其观点灌输到政治过程中去。比如,他们为第一个自由主义智囊团卡托研究所,提供资金（该所 2008 年在《纽约时报》打了满版的广告,以反驳当时的总统候选人贝拉克·奥巴马的这一观点:全球暖化的科学根据是"不容争辩的"）,也为乔治·梅森大学的莫卡斯特中心提供资金（对布什提出的针对"特别对象"的 23 条规定,该中心提出,其中有 14 条应取消或修改）。①

但是后来,用迈耶的话来说,科氏兄弟"结论道:单是智囊团还不足以造成变化。他们需要一种能将那些观点散布到街头巷尾的机制,以吸引公众的支持。"1984 年,他们创办了一个貌似草根性的组织,名叫"追求健全经济公民团体"。科氏兄弟给了该团体数百万美元,它很快就在"全国 26 个州有了 50 个拿工资的办事人员,他们召集选民支持科氏集团的事项。"比如,1993 年,它成功地领导了对克林顿提出的碳税的攻击。②

2004 年,"追求健全经济公民团体"分裂成了两个组织:由迪克·阿米领导的"自由行动",以及由大卫·科赫领导的"追求繁荣美国人团体"。这两个组织然后创办并指导了"茶叶党"运动。虽然"追求繁荣美国人团体"声称自己是一个草根组织,虽然大卫·科赫竭力否认自己对"茶叶党"负有责任,证据却显示,该组织主要是他创办的。这一点,迈耶的那篇《纽约客》文章的标题"秘密行动",还有一篇标题为"亿万富翁的党"的《纽约杂志》文章就表明了。③

这一亿万富翁的党,人们实行它的秘密行动,代表的是支持科氏利益的事业。这些利益通常不是加入到茶叶党内的那些人的利益。在一篇标题为"茶叶党运动:被亿万富翁欺蒙和怂恿"的文章中,乔治·蒙比尔特说,"它主要是由冲动而好心的人组成的,他们自认为是战斗的精英力量,没想到他们却正是被他们自认为正在对抗的利益集团组织起来了。"④

科氏兄弟为维护其自身利益,其核心举措就是要阻止气候的立法。在一篇标题为"对气候变化的怀疑就是茶叶党的信条"的《纽约时报》的文章中,约翰·布罗德报道说:根据 NYT 和 CBS 民意测验,"茶叶党支持者中只有 14% 的人说,全球暖化是个正在影响我们的环境问题。"⑤

---

① 简·迈耶:"秘密行动,"《纽约客》,2010 年 8 月 30 日。
② 同上。
③ 同上;安德鲁·戈德曼:"亿万富翁的党,"《纽约杂志》,2010 年 7 月 25 日。
④ 乔治·蒙比尔特:"茶叶党运动:被亿万富翁欺蒙和怂恿",《卫报》,2010 年 10 月 25 日。
⑤ 约翰·布罗德:"对气候变化的怀疑就是茶叶党的信条",《纽约时报》,2010 年 10 月 20 日。

　　所以,茶叶党的出现给科赫－埃克森美孚公司提供了突击部队,有助于他们阻止有关气候的立法。《卫报》的苏珊妮·戈登伯格报道,于是,国会中的共和党人开始从各个方面同时攻击奥巴马 2011 年的气候保护措施。她写道:"极端主义的茶叶党在 2010 年选举中的获胜,给反环境的议程提供了大部分的动力。"①

　　大卫·科赫甚至更直接地影响了国会对气候变化的否定。2008 年——在最高法院说了,美国环保署可以把温室气体规定为污染物之后——追求繁荣美国人团体设计了一个"无气候税承诺书"。签署人包括简·迈耶,2013 年报道说,

　　　　众议院整个共和党领导,众议院全体成员的 1/3,美国参议员的 1/4。……2010 年新选入众议院的 85 名共和党国会议员中,有 76 人签署了"无气候税承诺书"。②

　　正如弗兰克·里奇在 2010 年的一篇文章所说,"科赫集团的应办之事正在转换成共和党的应办之事,这是国会当前的共和党成员所明确表达的。"所以,虽然"否定团体"一语原本指的茶叶党,但现在却越来越适合整个共和党了。2013 年,盖尔·柯林斯说,虽然曾经有一个时候,"共和党是一群庸人自扰地关心环境的人士的温床,"而现在,作为一个共和党的政客,除了极少例外,就是投票反对气候方面的立法以及赞成否定论——这是本章早先阐述过的一个事实。③

　　富有的共和党人乔治·索罗斯"支持与他的商业利益无关的事业,除非它们会增加他的纳税。"里奇写道,与他不同的是,"科赫兄弟就不是这么回事了。"他们会破坏"任何或则阻碍他们的商业利益或则增加他们纳税的政府企业。"调查报告工作室的执行编辑查尔斯·刘易斯说,"照我看来,今日美国没有哪一家公司为了自身的利益会如此恬不知耻、在任何一个方面会如此毫不手软。"2012 年,"国内气候新闻"网站的戴维·萨松发表了一篇关于科氏工业集团投资加拿大焦油砂的文章。该文记载了他们的行动主义是以什么方式来追逐其经济利

　　① 苏珊妮·戈登伯格:"共和党人从各个方面攻击奥巴马的环境保护措施,"《卫报》,2011 年 3 月 4 日。

　　② 简·迈耶:"科赫的承诺书与国会的不作为大有联系,"《纽约客》,2013 年 7 月 1 日。

　　③ 弗兰克·里奇:"亿万富翁们资助茶叶党,"《纽约时报》,2010 年 8 月 28 日;盖尔·柯林斯:"冷对变暖问题,"《纽约时报》,2013 年 3 月 27 日。

益的。一篇标题为"美国的最大贪婪者"的更新近的文章,表达了对科氏工业集团的同样看法。汤姆·哈特曼曾将科氏兄弟比成威廉·克拉克,后者在20世纪初不仅是"公众的头号敌人",而且还被马克·吐温说成是"美国最堕落的人",是"美国国家的耻辱。"①

科氏也厚颜买通媒体来维护其利益。众所周知,科氏企图购买8家报纸,包括《芝加哥论坛报》和《洛杉矶时报》,几乎于此同时人们还知道,大卫·科赫说服了美国公共广播电视公司(给了2300万美元),不要播放一部标题为"公民科赫"的重要纪录片。(这个事件象征了这一事实:美国已不复有公共电视——迈耶的一篇关于这一事件的报道,其标题,"来自我们老板的命令",就表达了这一事实。)②

科氏对于迈耶所写的报道尤其放肆无礼,后者被《华盛顿邮报》2013年的一篇文章指为他们"媒体中的头号敌人"。为了反驳自迈耶2010年那篇文章以来近些年出现的负面报道,科氏建立了一个网站"科赫事实"。这个网站攻击了迈耶关于他们的所有文章,除此而外,他们甚至写信给"美国杂志编辑协会",解释该协会2010年的一篇文章(该文章获全国杂志报道奖提名),何以不该获奖。③

弗兰克·里奇指出了这一事实:科氏兄弟应办之事常常有悖于"《福克斯新闻》所传播的那些政治场面中充当龙套角色的人们的利益。"无论如何,指出了这之后,他还说:"科氏兄弟一定在去银行的途中一路暗笑不已,因为他们知道,干活的美国人在帮助和支持他们私自的利益。"而且,顺便说一下,科氏兄弟确实不断地往银行去。他们的财产在2010年就价值350亿美元,截止2013年,更是达到680亿美元。④

在准备2014年的选举时,民主党决定用科氏集团的财产和越来越坏的名声来攻击他们。比如,在"共和党沉溺于科赫集团"的口号下,民主党参议员选

---

① 里奇:"亿万富翁们资助茶叶党,";迈耶引用的刘易斯的话:"科赫的承诺书与国会的不作为大有联系";戴维·萨松:"科赫兄弟的政治行动主义保护了他们加拿大重质油的50年股权""国内气候新闻"网站,2012年5月10日;杰森·萨特勒:"美国的最大贪婪者:科氏兄弟,仇恨自由市场的'自由主义者'",《国家备忘录》,2013年12月28日;汤姆·哈特曼:"科氏兄弟是新的'铜王'吗?","汤姆·哈特曼秀",2013年10月22日。

② 简·迈耶:"来自我们老板的命令",《纽约客》,2013年5月27日。

③ 保罗·法伊:"亿万富翁科氏兄弟利用网络来诋毁他们不喜的媒体报道,"《华盛顿邮报》,2013年7月14日。

④ 里奇:"亿万富翁们资助茶叶党,";帕姆·马尔滕:"科氏兄弟的财产3年增加了330亿美元,而美国学校报告说,有1百万无家可归的儿童,""华尔街示众网站",2013年4月24日。

举委员会的战术就是,揭露各位共和党候选人与科氏兄弟政策的联系。①

我们且回到有关愚蠢这一主题来结束本节:大卫·科赫,他直至晚年才结婚,现有三个很小的孩子。② 到 2075 年,这些孩子就将是 70 多岁的人了,可能也关心着自己的孩子和孙子。这些孩子、孙子,以及曾孙,当其遭受更严重的酷热、干旱、野火、洪水,以及全球暖化的其他后果时,会不会感到奇怪,难道他们的祖父科赫当时就对他们没有一点爱和关心——或者,他是否仅仅就是太贪婪了,或太愚蠢了。

美国总统们关于气候的决定

美国在应对气候变化方面的失败,在很大程度上要归罪于最近几届总统。以下是对从约翰逊到奥巴马这几届总统的声明和决定的一个非常有选择性的总结。

林登·约翰逊

在收到总统科学顾问委员会的环境污染委员会的一份报告后,约翰逊 1965 年 2 月在给国会的一份特别咨文中说:"这代人燃烧化石燃料,不断地排放二氧化碳,已改变了全球大气的结构。"③

理查德·尼克松

尼克松担任总统期间的 1970 年,防治污染的最重要对策中有三项是:一个大大扩展了的清洁空气法案;国家环境政策法案;环境保护局。提出这三项对策时,并未提到全球暖化的问题——它尚未成为公众关心的问题,而且二氧化碳也未被视为污染物。④

---

① 艾希礼·帕克:"民主党的新策略追究科氏兄弟,"《纽约时报》,2014 年 3 月 5 日。
② 戈德曼:"亿万富翁的党"。
③ 内奥米·奥利斯克斯:"对气候变化的长期共识,"《华盛顿邮报》,2007 年 2 月 1 日。
④ "尼克松为环境干的 6 件好事,""自然母亲网络";亚历克西斯·麦德利高:"展示:尼克松何以创建美国环保局,"《大西洋月刊》,2010 年 12 月 2 日。

吉米·卡特

卡特是第一位"绿色"总统,他鼓励人们使用清洁能源,在整个任职期间他都在为清洁能源而战。最为人所知的是,卡特让人在白宫的屋顶上安装了 32 块太阳能电池板。他说:

> 一代人之后,这一太阳能加热器或则会成为一件古董,一件博物馆里的展品,一个说明一条我们未曾踏上的道路的例子;或则会成为美国人民所经历过的最伟大、最令人激动的冒险之一中的一小部分;在逐渐摆脱我们对外国石油的无可奈何的依赖的同时,我们要利用太阳能来丰富我们的生活。①

罗纳德·里根

也许,里根任期内关于气候变化的最重要事件是象征性的:在他的第二任期,太阳能电池板被拆除了。根据政策,里根有义务,正如我们在 11 章所看到的,削减联邦法规。作为给最近的共和党政客们提供的一个样板,里根指责支持对酸雨采取措施的人"危言耸听",消除了应付酸雨的压力。他说,目前的知识尚不足以证明政府施行控制是合理的,而且,那毕竟会花费太多的钱。

乔治·H.W.·布什

1988 年,美国遭逢最严重的热浪,汉森对国会作了陈述。在竞选总统时,布什说过,"那些认为我们对'温室效应'无能为力的人忘掉了'白宫效应'。作为总统,我打算对它采取措施。"他还说,"在我就任的第一年,我将在白宫召集一个关于环境的全球大会。……我们将讨论全球暖化的问题……然后我们将采取行动。"然而,一年后,《纽约时报》却说,"布什先生既未召集会议,也未讨论或行动。"②

---

① 约翰·维哈比:"吉米·卡特的太阳能电池板:一段使我们不断想起的历史,"《耶鲁气候变化及媒体论坛》,2008 年 11 月 11 日;汤姆·莫斯:"白宫太阳能电池板简史","About 门户网站":美国政府信息。

② 莫斯:"白宫太阳能电池板简史";大卫·比罗:"卡特的白宫太阳能电池板到哪儿去了?"《科学美国人》,2010 年 8 月 6 日;"热空气与白宫效应,"《纽约时报》,1989 年 11 月 24 日。

1990 年，联合国政府间气候变化专家小组发布了它的第一份报告，该报告根据过去一个世纪全球温度升高的情况，吁请对二氧化碳施行重大减排。然而，在一次关于全球暖化问题的会议上，布什却说，关于气候变化，"科学尚无定论"。①

1992 年，虽然尚无"白宫效应"，布什却签署了"联合国气候变化框架公约"，因而使美国有义务防止"对气候系统的人为干扰"。该条约认为，美国和它的同盟——澳大利亚，加拿大，欧洲和日本——应主要为该问题负责，因而为他们设立了一个特别标准，其中规定，美国"应带头与气候变化及其有害影响作斗争"（这是一个对于 1995 年柏林决议非常重要的原则，它为《京都议定书》奠定了基础）。在签署该文件时，布什意识到发达国家的特别责任，于是说，他们应该比其他国家"走得更远"。他提出了"他们将会实行的、限制温室气体排放的详细计划和措施。"然而，直到他离职时，布什也未提出美国作如此带头的倡议②

比尔·克林顿

"在比尔克林顿当政期间，"伊丽莎白·科尔伯特说，"美国并未采取任何实质性的行动来减少排放。"③这一判决，即便合理，但责任也不能完全归于克林顿。1993 年，克林顿欲施行"英热单位"税（碳税），以减少排放同时又提高政府收入消除赤字。然而国会否决了它，部分的原因是由于大卫·科赫的"追求健全经济公民团体"发起的一场运动。④

克林顿还宣布了一个气候变化行动计划，其中有 50 项举措，在 2000 年要将美国的碳排放降低到 1990 年的水平。他的碳税失败后，这些举措也就成了自愿的而非强制性的了。然而国会不愿提供资助——尤其是在 1994 年的中期选举之后，因为那以后共和党控制了两院。

1995 年，克林顿重申柏林决议所说的"发达国家带头"的原则。1996 年，他首次公开提出，由美国来支持一个有法律约束力的协议，这实际上开始了引导气候变化政策制定的程序。

1997 年，克林顿支持在京都召开缔约国大会。他说，"我们知道，工业时代大大地增加了大气中的温室气体，要消散得要花一个世纪或更多的时间；温室

① A. C. 汤普森："时间表：全球暖化的科学与政治，"《前线》，2007 年 4 月 24 日。
② 伊丽莎白·科尔伯特："领军事业"，《纽约客》，2009 年 10 月 5 日。
③ 同上
④ 简·迈耶："秘密行动"。

气体进入大气的过程必须放慢,然后停下来,最后停止,如果我们想继续我们的经济进步、维持美国的、以及全球的生活质量的话。"在京都,美国同意减少5%的温室气体排放量。①

然而4个新情况阻碍了成功。一是参议院95比0的伯德·哈格尔决议,它坚持,任何条约必须对发展中国家有同等的约束力,因而否定了柏林条约;第二是,克林顿虽努力让中国、印度,以及其他发展中国家参加,但成效甚微;第三,有人说,照那些提议干会很费钱,这得到化石燃料工业集团的支持;然后就是1998年1月克林顿与莫妮卡·莱温斯基的绯闻,这使得任何政策都难以推进。②

在1999年的国情咨文中,克林顿把全球暖化称为"我们最可怕的新挑战。"在2000年的国情咨文中他称它为"新世纪最大的环境挑战",并在预算中拨出24亿美元以解决气候变化。然而,国会不同意。克林顿因未将《京都议定书》呈送参议院批准,就作出令人难以接受的妥协,在上面签了字,而受到绿党和欧洲人的指责。即便他后来作出妥协,国会也不支持他,伯德·哈格尔决议使得批准一事绝无可能。③

尽管克林顿作了努力,但"美国却并不满足他的那一自愿承诺,终结了他的10年任期。在2000年减排至1990年水平的那一理想,顿时化为了泡影。"④

乔治·W.布什

小布什当政的第一个月,也就是在IPCC的2001年报告刚刚发布之后——该报告声称,全球暖化确实是人的活动造成的——他就接受了埃克森美孚公司的建议,将IPCC的负责人罗伯特·沃森撤换了。⑤

同时,埃克森美孚公司要求布什任命哈伦·沃森(与罗伯特·沃森并无亲属关系)为新的气候谈判官员——他曾是里约大会上老布什的气候谈判官员,而且和那些反对对全球暖化采取措施的国会议员合作得很密切。这一要求一

---

① 艾米·罗伊登:"回顾克林顿总统在位期间美国的气候变化政策",《金门大学法律评论》,32/4(2002年)。本节整个基于罗伊登的文章。

② 同上。

③ 同上。

④ 同上。

⑤ "埃克森美孚公司的说客亚瑟·G.兰迪·兰多尔给白宫环境质量委员会约翰·霍华德的便函",2001年,2月6日;安德鲁·劳勒:"争夺IPCC头把交椅的战斗再次引发对美国气候政策的争论",《科学》,2002年4月12日。

经揭露,就使得绿色和平组织质问道:"现在谁还会怀疑,美国的政策是由世界最大的石油公司掌控的?"①

布什－切尼政府的又一次失误的任命,就是将石油工业的说客菲利普·库尼任命为白宫环境质量委员会的主席。作为一个并无科学文凭的律师,库尼利用他的职位审查、甚至歪曲政府报告,"以便夸大科学在全球暖化问题上的不确定性"——这一行为导致瑞克·皮尔茨,气候变化科学项目中的一位高级助手,愤而辞职,以示抗议。②

在与艾尔·戈尔竞选总统时,布什曾保证控制二氧化碳的排放,他说:"我们将要求所有的发电站符合清洁空气的标准,以便在一个合理的时期内减低二氧化碳的排放。"但在入主椭圆形办公室两个月之后,布什却说,他不会控制二氧化碳的排放,因为控制会增加美国人的成本。再一个原因就是,"关于全球气候变化的原因,科学知识目前尚不完备。"《纽约时报》写道,迫使布什改变立场的压力"部分地来自那些依赖煤炭的煤炭企业和公用事业,以及共和党保守的右翼。任何控制二氧化碳的倾向,都被它们视为对《京都议定书》目的的默认。"③

虽然埃克森美孚公司在2003年声称,它未曾"与美国政府或任何政府对抗,采取任何有违《京都议定书》的立场",副国务卿保拉·多布里扬斯基却告诉"全球气候联盟"(埃克森公司仍属于该联盟):"美国总统反对《京都议定书》,其根据部分地来自你们提供的信息。"④

顺便说一句,"全球气候联盟"曾夸口,白宫从它那儿收到过"大量的信函"。2002年,该联盟解散,据说是,由于布什政府的新政策,该联盟没有存在的必要了。⑤

这些新政策显然在切尼副总统和他的能源工作队的成员之间讨论过的,那些成员的姓名是被视为秘密而不外传的。特别是因为切尼和布什都是石油出身,环保主义者很久以来一直在怀疑,石油公司是否有人渗入了能源工作队。

① 查尔斯·克洛弗:"美国的气候主谈判手'由石油公司推荐'",《英国每日电讯综合门户网》,2002年5月15日。

② 《烟,镜子和热风:埃克森美孚公司如何使用大烟草公司的策略来炮制关于气候科学的不确定性》,环保科学家联盟,2007年1月;引用瑞克·皮尔茨:"关注气候变化科学规划的治理与方向的诸问题",给机构负责人的便函,2005年6月1日。

③ 同上;道格拉斯·杰尔和安德鲁·拉夫金:"布什反悔了,不再提遏制与全球变暖有关的气体",《纽约时报》,2001年3月14日。

④ 约翰·维达尔:"真相大白:石油巨头是如何影响布什的",《卫报》,2005年6月8日。

⑤ 杰尔和拉夫金:"布什反悔了";"全球气候联盟","源泉观察"网站。

2005 年,5 家石油公司的总裁被国会询问,是否参加该工作队。壳牌和英国石油公司说,他们说不准,而埃克森美孚公司,雪佛龙石油公司,和康菲石油则断然说没有。然而不久,一份文件揭露,这些否认都是与事实不符的。[①]

2008 年底,一份 100 多位历史学家所作的调查显示,他们当中几乎三分之二的人将布什列为美国有史以来最差的总统。话说得更重的是国际环境与发展研究所的萨利姆·胡克(胡克是 IPCC2007 年报告的作者之一),他断言:布什可能是"会断送地球"的总统。[②]

贝拉克·奥巴马

2009 年,伊丽莎白·科尔伯特写道:"贝拉克·奥巴马的当选(就气候变化而言)似乎提出了一个新的开始。竞选获胜的几周后,奥巴马就发誓要在气候变化问题上开启一个'新的篇章'。然而,几乎一年之后,美国又再次被阻于——或者实际上是尚未解脱出——同一老式模式。我们不断地说,我们要走在队伍的前面,结果却退居队尾,踯躅不前。"奥巴马确实说过他意在领导队伍,比如,2009 年在联合国总部的气候大会上他说:

> 我们有可能将后代置于一种不可逆转的灾难。……在过去的一个世纪中,发达国家造成了大多数的对我们气候的损害,这些国家仍有责任带头。

科尔伯特于是问道:"不作空谈而是带头行动,这实际上会让美国付出什么呢?"[③]

这一对奥巴马的抱怨——说他常常言行不一——成了一个模式,致使比尔·麦克本描绘了"奥巴马在气候变化上的两张面孔",乔·罗姆用"哲基尔和海德"这样的双重人格来描绘"奥巴马能源策略的两面"。[④] 2008 年,奥巴马说,"从现在起的这几代人,我们将能回顾往事且告诉我们的孩子们:这是那样一个

---

① 戴纳·米尔班克和贾斯廷·布鲁姆:"有文件说,石油大亨与切尼的工作队相聚,"《华盛顿邮报》,2005 年 11 月 16 日。

② 乔·罗姆:"布什可能会成为一个断送地球的人而遗臭万年,""气候动态"网站,2008 年 12 月 13 日。

③ 伊丽莎白·科尔伯特:"领导事业",《纽约客》,2009 年 10 月 5 日。

④ 比尔·麦克本:"奥巴马在气候变化上的两张面孔",《旅居者杂志》,2014 年 2 月;乔·罗姆:"哲基尔和海德:奥巴马能源策略的两面","气候动态"网站,2014 年 1 月 28 日。

时刻，……海平面的上升开始放缓，我们的地球开始愈合。"①但是，到 2012 年，他却夸口，他的政府"安装了新的输油输气管道，通达全球。"②

2009 年，奥巴马的国情咨文说到了必须"拯救我们的地球，使之免遭气候变化之灾。"然而，该年年底，关于哥本哈根气候大会（它被说成是拯救地球的最后机会）的报道却有这样的大标题："奥巴马破坏了联合国气候大会"（杰弗里·萨克斯），以及"哥本哈根峰会的失败归于奥巴马"③

麦克本写道，在 2010 年，"就在英国石油公司旗下墨西哥湾油井爆炸事故发生的几天前，白宫还开放了大部分海岸给新的石油钻探"，它作如是说以证明自己的作法是对的："今天的石油钻塔不会造成泄漏。"④

在 2011 年的国情咨文中，奥巴马连提也不提任何气候变化、全球暖化、甚至环境的话题。当年晚些时候，前副总统艾尔·戈尔写道："奥巴马总统从不对美国人民说一说气候危机的程度。他简直不把这一情况当作采取行动的理由。他没有捍卫科学，以反对那些持续的、无力且又无德的攻击。他也没有以总统的身份为科学界——包括我们自己的国家科学院——说话，以把科学的真相昭示公众。"⑤

2012 年，"自有记载以来北极最大的融化正在发生，"麦克本写道，在这种情况下，"他的政府居然给壳牌石油公司开绿灯放行，允许它在阿拉斯加的波弗特海开采石油。"奥巴马是这样解释的："由于这一区域所呈现的经济机遇，我们的开拓精神便自然地被吸引到这里来了。"⑥

2012 年奥巴马赢得竞选后发表获胜演讲说："我们要我们的孩子生活这样一个美国，它不会受到一个日渐变暖的地球的毁灭性力量的威胁。"但是，在他获选后的第一次新闻发布会上，他却说到了问题的两方面。一方面，他说，"气候变化是实在的，"而且"我们也有义务在这个问题上为后代做些事情。"另方

---

① 奥巴马 2008 年 6 月 3 日在圣·保罗的演讲。

② "美国总统谈美国人造就的能源，"奥巴马 2012 年 3 月 22 日在俄克拉荷马州库欣石油管道施工现场的讲话。

③ 杰弗里·萨克斯："奥巴马破坏了联合国气候大会"，《报业辛迪加》，2009 年 12 月 20 日；内奥米·克莱因："哥本哈根峰会的失败归于奥巴马"，《卫报》，2009 年 12 月 21 日。

④ 比尔·麦克本："奥巴马与气候变化：实情"，《滚石杂志》，2013 年 12 月 17 日。

⑤ 苏珊妮·戈登伯格："分析揭示：贝拉克·奥巴马不如布什对气候变化感兴趣，"《卫报》，2011 年 1 月 26 日；"艾尔·戈尔强烈抨击奥巴马在气候变化问题上未能采取'大胆行动'，"美联社，2011 年 6 月 22 日；艾尔·戈尔："否认气候变化：科学和真理能抵御贩卖毒品的商人吗？"《滚石杂志》，2011 年 6 月 22 日。

⑥ 麦克本："奥巴马与气候变化"。

面,他却说,"忽略就业和增长而只顾应对气候变化"也是错误的。①

2013年,在他的第二次就职演讲中,奥巴马说:"我们将对气候变化的威胁作出反应,因为我们知道,不那样做就会辜负我们的后代。……通往可持续能源的道路将是漫长的,有时也是艰难的。但是美国无法抗拒这种转变,我们必须引导它。我们不能把推动新工作和新工业的技术转让给他国——我们必须要求得到它所承诺的东西。……那就是我们将如何保护我们这个星球,这个上帝托付给我们的星球的方法。"然而,就在同一周,奥巴马手下的官员却透露,他们"无意提出一种碳税,"即便最内行的人——包括一些经济学家,甚至像威廉·诺德豪斯这样的人——曾宣称过,这是能通过的唯一最重要的立法。②

下个月,在他的国情咨文演讲中,奥巴马说:"我们必须干更多的事,以应对气候变化"。而且他还敦促"国会,研究出一种两党合作的、以市场为基础的应对气候变化的方案。"然后他宣称:"如果国会不尽快行动以保护我们的后代,我将行动。我将指示我的内阁拿出我们能够施行的行动方案来。"然而,就在那年要结束时,奥巴马却说:"过去的三年里,我指示我的政府,在23个不同的州,为天然气和石油勘探开发了数百万英亩的土地。我们将要开发75%以上的海上潜在石油资源。"③

2013年6月,在乔治城大学演讲时,奥巴马说:"现在的问题在于,我们是否将在为时尚不太晚时有勇气采取行动。而我们如何回答这一问题,则将会对这个世界,即我们将留给你们的、你们的孩子的、以及你们的孙子的这个世界,产生深远的影响。"然而,麦克本对奥巴马的勇气却并未留下什么印象。他承认,奥巴马迈出了一些重要的步伐:"奥巴马使用了刺激资金来促进绿色技术,他从底特律获得了更高的汽车里程标准协议;在他的第二任期,他努力让环保署的规定约束新的燃煤发电厂。"然而,麦克本又说,"这些步伐只说明了奥巴马政府愿意进行的那类战斗:其中另一方是很弱小的那类战斗。更高的汽车里程标准出自那样一个时刻,当时华盛顿掌控着底特律——这些标准从根本上来说是政府救助汽车业的一个条件。至于约束新的燃煤发电厂的战斗,则实际上是环保

---

① "总统选举之夜的讲话,"白宫,2012年11月7日;约翰·布罗德:"奥巴马谈气候政策:不光是现在,谢谢,"《纽约时报》,"绿色博客",2012年11月16日。

② "贝拉克·奥巴马总统就职演说,"白宫,2013年1月21日;尼尔·蒙罗:"卡尼反对碳税","每日来电网站",2013年1月23日;托马斯·L.弗里德曼:"两输对四赢",《纽约时报》,2013年3月16日;威廉·D.诺德豪斯:《气候赌场》,221页("今日所缺失的唯一最重要的市场机制,就是对二氧化碳排放收高价")。

③ "奥巴马2013年国情咨文演讲,"《纽约时报》,2013年2月12日;"美国总统谈美国人造就的能源"。

主义者们打响和打赢的。"关于奥巴马许诺的,美国截止 2020 年会将碳排放降低 17%,麦克本指出,"气候科学家们早就认定,这些目标太保守了。"①

表现奥巴马作出勇敢决定的一个例子,当数他反对天然气液压开采的事。正如 17 章指出的,天然气,特别是当其用液压法开采出来,会比煤炭排放更多的碳——连同二氧化碳和甲烷——进入大气。尽管奥巴马反对此事,麦克本指出,"他却是全力支持液压开采法的,"他甚至夸口,美国已成为"天然气的沙特阿拉伯。"如果在这种形势下能反对天然气液压开采,那会是很勇敢的。然而,奥巴马却并未如此干,他虽然通常把自己打扮成是赞成顶级气候科学家的观点的,但迟至 2014 年却还在违背他们的观点,把天然气说成(即便是液压法开采出来的)"过渡性燃料,它能促进我们的经济,同时,却造成更少的、引起气候暖化的碳污染。"虽然奥巴马这样的说法引起了气候科学家、环保主义者,以及那些深受液压开采之害的社区的不快,但却讨好了石油和燃气公司(包括埃克森美孚公司),后者洋洋自得地说,奥巴马称液压开采法是安全的。②

另一个可称勇敢的决定就是,鉴于美国煤炭出口他国的数量的增加,禁止这样的出口,于是本国不用的煤炭便可留在地下。然而,虽然奥巴马提出过,他的环保署的新规则将降低煤污染,但它却并未将其降下来;它只是改变了一些污染物排放的地点。在奥巴马执政期间,"美国取自地下的碳的量并未下降。"事实上,"'美国碳'较前更快地流入了全球经济和大气层。"③

在 2014 年的国情咨文中,奥巴马说:

> "气候变化是个事实。当我们孩子的孩子直视我们,问我们是否尽了最大努力给他们留下一个更安全、更稳定、且有新的能量资源的世界时,我希望我们能够回答:是,我们办到了。"奥巴马在系列节目"多年危险地生活着"中接受托马斯·弗里德曼采访时,弗里德曼引用了这段话,然后问总统:"你和你的女儿相处得如何?"奥巴马答道:"每天我都在想,我将留给她

---

① "总统谈气候变化,"乔治城大学,2013 年 6 月 25 日;麦克本:"奥巴马与气候变化"。

② 麦克本:"奥巴马与气候变化";贾森·凯博勒:"奥巴马说,美国已成'天然气的沙特阿拉伯',"《美国新闻》,2012 年 1 月 26 日;"奥巴马总统承认气候变化,同时却在国情咨文中全力支持液压开采,"《生态环境监测》,2014 年 1 月 28 日;"奥巴马支持对天然气的开采,对于深受液压开采之害的社区是'痛苦的时刻'","民主,就现在!"节目,2012 年 2 月 2 日;凯文·贝戈斯:"奥巴马气候谈话中对液压开采的支持使环保团体忧虑,"《赫芬顿邮报》,2013 年 6 月 27 日;肯·科恩:"奥巴马政府说液压开采法是安全的,""埃克森美孚观点博客",2013 年 11 月 22 日。

③ 克罗:"正在下降的煤的价值";邓肯·克拉克:"美国碳越来越增加,"《卫报》,2013 年 8 月 5 日。

们什么。……事实上,我们尚未干我们必须干的一切。所幸在过去 5 年中,美国取得了明显的进步。"然而,正如麦克本指出的,虽然美国在那 5 年极大地增加了它的清洁能源,"但是,白宫所同意的所有的这些开采、挖掘、燃烧,加起来已足以否定政府的实际成就。"①

可以被描绘为奥巴马的双面立场的东西——一方面他本人肩负"消除碳污染,对付气候变化"的使命,另一方面,他的化身却同样肩负着"扩大国内化石燃料生产"的使命——反映在他的"最终解决策略"的能源政策里。这一策略虽被"奥巴马组织行动网站"吹得神乎其神,它不过就是"降低我们对外国石油的依赖,开发我们所有能源的一个最终解决方法。"2014 年 1 月,这一策略在两个报告中遭到批评:

一是一封来自 18 个主要环保组织的信。这些组织包括"环境美国","环境保护基金会","自然资源保护委员会"以及"塞拉俱乐部"。信开始赞扬了奥巴马所作的承诺,即"采取勇敢行动减低碳污染",以及"领导一场对付气候变化的协同作战。"然而,该信却说:

我们认为,继续依赖一种"最终解决策略"的能源政策,在根本上与你的减低碳污染的目标相违背,而且会损害我国对气候失调的威胁作出反应的那种能力。……美国能源政策应该降低我们对化石燃料的依赖,而不是降低我们对外国石油的依赖。②
· 再一个就是,由科罗拉多前州长比尔·里特执掌的新能源经济中心说:联邦对能源资源的支持,其方向与其说应该是"最终解决策略",还不如说应该是"最佳解决策略"。③

杰夫·古德尔在《滚石杂志》写文章说,奥巴马就职时,曾把气候变化称为他任总统期间的 4 大任务之一;但是在这 4 大任务中,古德尔说,奥巴马对气候

---

① "贝拉克·奥巴马总统国情咨文",白宫,2014 年 1 月 28 日;乔罗姆:"爹爹,我们还能把我们的星球要回来吗?""气候动态"网站,2014 年 6 月 15 日;麦克本:"奥巴马与气候变化"。
② "环保主义者致总统:信奉气候行动胜过信奉'最终解决策略'","塞拉俱乐部",2014 年 1 月 16 日。
③ "推动向前:总统和执行部门采取行动促进美国的清洁能源","新能源经济研究中心",2014 年 1 月。

变化下的功夫最少,常常小觑了"人类文明自古以来所面临的这一最大挑战,似乎它的紧迫性不过就如改革教师工会那样。"这如何解释呢? 也许从奥巴马的一次谈话可发现线索,那是他接受《纽约客》的大卫·雷姆尼克采访时的讲话。"我认为我们现在是很幸运的,"奥巴马说,"我们没有面临林肯或罗斯福当时面临的那样大、那样广泛的危机。所以,如果有人提出要我像那两位总统那样缩小关注的范围,我认为是不现实的。"①

奥巴马怎么能说这话? 在 2013 年国情咨文中,他曾宣称,我们应该接受"压倒性的科学判断——趁为时尚不太晚,采取行动。"正如本书表明的,顶级气候科学家的压倒性判断就是:气候变化是一种生死存亡的威胁。"对于地球上所有的生命,"詹姆士·汉森和他的同事在 2008 年说,"这种风险超过了以往的任何危机。"朗尼·汤普森说,"实际上我们大家(气候学家)现在都相信,全球暖化对文明形成了明显而迫近的危险。"20 位"蓝色星球奖"的前获奖者说,"社会别无选择,唯有采取紧急行动防止文明的崩溃。"②林肯和罗斯福当时面临的危机再大,也不能与威胁文明生存的危机相比。

2014 年 5 月,国家气候评估报告发布了(它每 4 年发布一次)。这一评估报告根据的是 300 多位科学家的意见,篇幅达 1000 多页,并经美国国家科学院审阅。这份报告,用罗姆的话来说,"明确地说明了碳污染目前及今后对美国的影响,"它并未描绘出一幅美妙的图景。《纽约时报》的贾斯廷·吉利斯是如此总结的:

> 星期二科学家们报道说,人类造成的气候变化,其影响在美国的每一个角落都感受得到,干旱地区水资源逐渐稀少,湿润地区则暴雨增多,热浪更频繁、更凶猛,野火更严重,森林遭嗜热昆虫的咬噬而濒临毁灭。

"母亲协会网站"给自己的报道安上这样的标题:"白宫对气候变化的勾画,正在毁灭文明。"③

奥巴马于 2014 年开始给予气候变化更大的关注,白宫要继续这一关注,所以花了异乎寻常之多的时间在这个报告上。奥巴马不是简单地在白宫玫瑰园

---

① 杰夫·古德尔:"奥巴马的最后一枪",《滚石杂志》,2014 年 4 月 23 日;大卫·雷姆尼克:"与贝拉克·奥巴马同行:时而在道上,时而却偏离大道,"《纽约客》,2014 年 1 月 27 日。

② 詹姆士·汉森等人:"大气中二氧化碳的含量:人类应瞄准什么目标?"《开放大气科学杂志》,2008 年第 2 期;朗尼·汤普森:"气候变化:证据及我们的选择"。《行为分析师》,总 33 期,2010 年秋第 2 期,153—170 页;"蓝色星球奖"获奖者:"环境与发展的挑战:必须立即采取行动,"2012 年 2 月 20 日。

③ "母亲协会网站",2014 年 5 月 6 日。

发表演讲,而是接受全国著名气象学家的采访。美国全国广播公司表示,相关信息表现出,继续我行我素其后果何其严重,于是它把它的报道标题为"美国末日:白宫警告气候灾难。"①

然而,奥巴马的两张面孔不仅继续,更有甚者,关心气候的奥巴马变得越来越从属于那个"最终解决策略"的奥巴马了。2014 年 9 月,迈克尔·克莱尔发表了一篇文章,标题是"石油回来了!"尽管所有的这些警告和减少使用石油的政策,克莱尔写道,美国人"每天驾车的行程更多,而不是更少,油箱里装了比以往更多的油,显然对此感觉一如既往地好。……当今所售的汽车,几乎三分之一都是多功能越野车。"对此的部分解释是,克莱尔说,"奥巴马一转身又回到石油上来了。"

> 虽然奥巴马总统曾说过,有必要不再把石油当作主要能源来依赖,但他现在却夸口他提高了美国石油的产量,并吹嘘他为进一步提高产量所作的努力。……他在 1 月份告诉为他欢呼的国会,"国内产的石油超过了我们从世界其余地方买的石油——这在近 20 年来还是首次。"

美国既明白不断地使用石油会导致全球的灾难,但却同时又不太担心后果地继续使用石油和汽油,这种行为,克莱尔说,可被描写为一种"集体的精神分裂症"——是目前存在于高层的一种情况:"我们有一个既关心全球暖化,又主持大规模化石燃料生产的总统。"②

总之,虽然在第一任期奥巴马在气候问题上的表现比他的前任好,但还算不上足够好。

史无前例的政治失败

乔治·蒙比尔特曾正确地说过,政治领导人未能挺身直面气候变化的挑战,这是"世界所见过的最大失败。"它之所以是最大的失败,是因为,用麦克本的话来说,它与"人类自古以来所面临的最大挑战相关。"③在 2013 年的一次题

---

① 马修·德卢卡,美国全国广播公司新闻,2014 年 5 月 6 日。

② 迈克尔·克莱尔:"石油回来了! 一个关心全球变暖却又声言'钻探吧,乖乖'的总统,""汤姆报道网站",2014 年 9 月 4 日。

③ 乔治·蒙比尔特:"过程已死,"《卫报》,2010 年 9 月 21 日;比尔·麦克本:"全球暖化的可怕新数学",《滚石》杂志,2012 年 7 月 19 日。

目为"是苏醒的时候了"的演讲中,参议员谢尔登·怀特豪斯说:

> 我们必须直面这一事实:气候变化否定论只立于一条腿:金钱。污染者送钱、花钱,以营造虚假的怀疑,购买政治的影响。……就那么回事。他们依据的并非真理、科学、经济学、安全、政策,当然也不是宗教,不是道德。除了金钱,没有任何东西在支持气候变化否定论。但是在国会,在这个神圣的殿堂,金钱才是老大。……在国会,我们往往不可一世,居然认为我们政治立法之权以及我们自己的政治影响,可以某种方式不顾或胜过地球的自然规律。然而,作如此之想,我们简直就是傻瓜!①

我们必须盼望,傻瓜当政尽快结束。

---

① 参议员谢尔登·怀特豪斯(罗德岛州民主党人):"是苏醒的时候了:关于气候变化的奇幻思维,"2013 年 5 月。

14. 道德挑战

"气候变化是一个迄今为止范围最大的道德问题,是代际间不公平的问题,因为今日的成年人使用化石燃料得了好处,而其后果却主要由年轻人和后代去感受。"

——詹姆士·汉森,2012 年

"减少我们的碳足迹……这是我们这个时代的人权挑战。"

——大主教德斯蒙德·图图,2014 年

化石燃料公司,在政治领导者和主要媒体的支持和煽动下,特别是在美国,业已在大气和海洋中排放了相当多的二氧化碳,它足以使我们的后几代人生活在一个更不令人愉快的星球。现在的关键问题已不是,这个仍不采取行动的政治世界是否会让后代承受一个只是令人不愉快的星球,而是会不会让他们承受一个地狱般的星球——一个地狱般的星球,如果人类仍不采取行动,就会导致文明的毁灭。或者,这个政治世界会不会最终团结起来,采取迅速而果断的行动,以留给我们的后代一个尚可居住的星球? 这是一种前所未有的道德挑战。

国家气候伦理运动(它发起于 2011 年)的基本声明是这样说的:

> 美国未能对气候变化大规模地采取进取的行动,因为这个问题一直被它局限在经济自我利益的框架里:反对者声称,若采取行动,就业和经济付出的成本太高;赞成者则说,减少排放会创造就业机会,对经济有好处。这一争论的双方都没有想到,气候变化所蕴含的、深深地令人不安的道德和伦理的含义。①

---

① "关于我国对付气候变化的道德义务",国家气候伦理运动,2011 年 11 月 30 日。

这一挑战,诚如比尔·麦克本所说,"是人类面临过的最大挑战。"①若想获得迎接这一挑战的机会,人类至少在今后的 30 年,应重点关注这一任务。在此期间,人类应以一种道德的态度来行动。这种态度远不是贬低这一任务的重要性,而是给人提供动力,使之不惧任何牺牲。同时,严峻的决定也将被证明是必要的。换言之,需要根据气候道德作出决定。

气候道德

要充分地处理气候道德所包括的问题,会需要很长的时间,也会很复杂,但我们可以提到一些主要的问题。

一种全球的伦理标准

虽然人们有时声称,不存在普遍的道德原则,但这种说法未免夸大了文化相对论的真理性。很多评论者已指出,在形形色色的传统中,存在着共同性,足以支持一种全球的伦理标准。②

罗马天主教神学家汉斯·昆,在一本标题为《全球政治和经济的一种普遍伦理标准》的书中指出,所有的(至少是大多数的)宗教传统都肯定某种被基督徒称为黄金原则的东西——至少是用否定形式表达出来的,有时被称为"白银原则":己所不欲,勿施于人。③

甚至迈克尔·沃尔泽这个先前强调文化相对论的人也坚持认为,不同的传统"为一种微弱而又普遍的道德提供了构成因素。"那样的道德可能会是"一套所有的社会都能遵守的标准——一套否定性的训谕,最有可能是反对杀人、骗人、折磨人、压迫人,以及残暴待人的一套规则。"在西方文明中,他又说,"这些标准也许会以关于权利的语言来表达,""这样来谈任何人都不应经受的伤害和

---

① 比尔·麦克本:"全球暖化的可怕新数学",《滚石》杂志,2012 年 7 月 19 日。

② 吉恩·奥特卡和约翰·P. 小里德主编:《展望共同道德》(普林斯顿:普林斯顿大学出版社,1992年);亨利·苏:《基本权利:生存,富裕,以及美国的外交政策》,第二版(普林斯顿:普林斯顿大学出版社,1996 年);汉斯·昆:《全球政治和经济的一种普遍伦理标准》(纽约:牛津大学出版社,1998 年);大卫·雷·格里芬:"伦理与宇宙的结构",见于晴雄村田编:《怀特海与当代世界的伦理学:追求可持续性和共同的善》,7—17 页(日本过程研究协会,2010 年。)

③ 汉斯·昆:《一种普遍伦理标准》,98—99 页。

冤屈,不失为一种好的方式。"①

气候十诫

这样来谈与全球暖化有关的道德,也不失为一种好的方式。用否定训谕的措辞来表达,用圣经语言的形式来包装,我们便可这样表达气候十诫:

> 汝不可剥夺人的清洁空气。
> 汝不可剥夺人的清洁用水。
> 汝不可毁坏人的土地
> 汝不可淹没人的庄稼和村庄。
> 汝不可以另外的方式剥夺人的生存方式。
> 汝不可毁灭人的海洋。
> 汝不可烧毁人的森林和家园。
> 汝不可强迫人迁居。
> 汝不可用谎言来为任何那样的行为辩护。
> 汝不可毁坏人的气候和天气。

化石燃料公司违反了所有的这些戒律。美国政府,还有很多其他国家的政府,由于未能保护人民,使其免遭这些侵害,所以对于这些戒律的违反,同样负有责任。为了说明人们可期待于当今全球治理体系(是由美国领导的,虽然正式说来是由联合国)的最低保护,伦理学家亨利·苏用了卢旺达的大屠杀作为例子:

> 任何全球治理体系,苏说,如果它允许人每天拿着大砍刀一户一户地杀手无寸铁的老百姓,杀掉 50 万,又使得两倍于那个数量的人吓得逃离家园,那么,那样的体系便是极其荒唐的。②

---

① 迈克尔·沃尔泽:《无论情况如何:国内外的道德争论》,xi,10(圣母大学出版社,1994 年);也请参见大卫·雷·格里芬:"一种普遍的伦理标准是可能吗?"见路易斯·卡布雷拉编《全球治理和管理:对一个发展中的世界体系结构的展望》,101—126 页(奥尔巴尼:纽约州立大学出版社,2011 年。)

② 亨利·苏:"让郁结的任何东西爆发?有条件的主权,可不断重复的干预,以及 1994 年的卢旺达,"见于艾伯特·保利尼等人编《在主权国家、全球治理机构之间:联合国,国家,以及公民社会》60—84 页,引文见于 60—61 页(纽约:圣马丁出版社,1993 年。)

　　这极其类似于正在发生的气候变化。我们的国家的和全球的治理体系是荒唐的,因为它允许那些拥有石油、煤炭、天然气公司的人日复一日、年复一年、十年复十年地污染我们的空气和海洋,违反气候十诫而赚够了臭钱,使得地球越来越不宜人居。这些道德败坏者——化石燃料公司以及让它们放手干、甚至给它们提供补贴和低税率的政府——已经迫使上百万的人离开其栖居地,上千万的人将被迫步其后尘。早就该强行实施气候十诫了!

基本人权

　　虽然"十诫"的说法指的是一种特殊的传统,但亨利·苏,正如迈克尔·沃尔泽一样,却指的是普遍权利——那种属于作为人类的人的权利。在提到《世界人权宣言》时(那是联合国大会 1948 年通过的),詹姆士·尼克尔写道:它指的是"普遍的、只要是人就有的"权利。①

　　这一观念——它至少起源于斯多葛学派的哲学家——1789 年被表达在《法国人权宣言》中。在该宣言中,人权被说成是"天赋的",因而是"不可剥夺的"。这一同样的基本观念也表达在《美国独立宣言》中,该宣言也说到了"不可剥夺的权利。"这一观念当然具有重大影响。比如,哲学家艾尔弗雷德·诺斯·怀特海就指出,"有关人类基本权利的观念,其来源就是人类的人道精神",对于 19 世纪西方奴隶制的弱化和废除,它是一个必要条件。②

　　人权的观念同样与弱化和废除基于化石燃料的能源体系有关,如果人类欲在将来的几十年和几百年里有权享有一种舒适的气候,一个繁荣的海洋,清洁的空气和水,那么,这一观念就是必要的。

　　基于人权观念,亨利·苏在一本标题为《基本权利》的书中区分了基本权利和次基本权利。有些人权是基本的,因为"享有它们是享有其他权利的必要条件。"这些基本权利之一——它被表述在《独立宣言》的开端——即享有生命的权利。这一权利包含与生命所必要的一切事物有关的权利。虽然美国政府最近特别关注对身体安全的侵害,但伦理学家约翰·文森特(他同意苏的意见)却写道:"享有生命的权利既意味着保护生命使之不受侵害,更意味着提供必要的

---

　　①　詹姆士·尼克尔:《弄懂人权:对"世界人权宣言"的哲理思考》,第 3 页。(伯克利:加利福尼亚大学出版社,1987 年。)

　　②　比安卡玛里亚·丰塔纳:"民主与法国革命,"见于约翰·邓恩所编:《民主,未完成的旅途:从公元前 508 年到公元 1993 年》(牛津:牛津大学出版社,1992 年),107—124 页,引文在 115 页;艾尔弗雷德·诺斯·怀特海:《观念的冒险》(1933 年;纽约:自由出版社,1967 年),13—28 页。

资金维护它。"①

再者,苏指出,约翰·斯图尔特·米尔甚至提出维护生命为先。他说,"除了身体营养而外,最必不可少的必需品"就是不受侵害的安全了。1980年总统府世界饥饿问题委员会也表达了这一观点,它说:"不管人们说什么人权或人的基本需要,享有食物的权利才是最基本的。如果这一权利不首先得到满足,保护其他的人权就成笑话了。"②

当然,食物并非享有生命的权利中唯一的基本权利。饮水的权利,生产食物的权利,对于生命同样是必要的,正如享有无毒空气和其他必需品的权利。说到这一区分的主要含义,它是这样的:基本权利,就因为是基本的,所以胜过所有的非基本权利。对于生命必不可少的那些权利,就是人的那些严格意义上的切身利益。人的切身利益应该总是比他人的非切身利益更重要。即便这些非切身利益被视为权利,但它们却并非基本权利,因而可以让位于基本权利。

有人认为,人若有尽量挣钱的兴趣,他便有权去挣,因而也有权得到他所想得到的一切奢侈品。然而,即便存在获得那样的财富和奢侈品的权利——它其实是一种欲望,并非一种权利——让它胜过他人的切身需要,进而胜过他人的基本权利,也是不道德的。苏注意到,约翰·洛克——他的作品启发早期美国思想良多——"曾将这视为理所当然:积累私人财产的权利受制于一种普遍的生存权。"③

根据这些道德准则,埃克森美孚公司、雪佛龙石油公司,以及科氏兄弟,他们积累金钱的"权利",在一个国家和全球治理的道德体系中,就会受制于全世界人享有无毒空气、无污染饮水、充分的农业灌溉用水、陆地和海洋生物的繁荣、不致迫使他们迁居的海平面等等基本权利。

代际公平

关心气候的伦理学家和活动家通常正确地专注于代际公平,这意思是,"今日的年轻人和将来的几代人,应该至少有如同当今领导者所有的同样的满足自

---

① 亨利·苏:《基本权利:生存,富裕,以及美国的外交政策》第二版(普林斯顿:普林斯顿大学出版社,1996年),第19页;约翰·文森特《人权与国际关系》(剑桥:剑桥大学出版社,1986年),第90页。

② 亨利·苏:《基本权利》,188页注16,其中引用约翰·斯图尔特·米尔《功利主义》(印第安纳波利斯:鲍勃斯—美林出版社,1957年),第67页;菲利普·奥尔斯顿:"国际法与享有食物的权利",见于阿斯布佐恩·艾德等人编《作为人权的食物》(东京:联合国大学,1984年),162—174页,引文在162页。

③ 亨利·苏:《基本权利》,153页。该处提到约翰·洛克的《政府论》(下)第5章。

己需要的机会。"比如格雷姆·泰勒就说过:"维持地球上的生命,保护我们孩子的将来,这不仅是我们的任务之一,更是人类所面临的最重要的伦理和实际问题。如果我们不立即采取行动来遏制气候变化,我们的孩子和孙子就会继承一个濒临死亡的世界。"[1]

关于代际公平的最著名的说法就是《易洛魁国家宪法》中的"大约束法",该条法这样说:

> 在你的所有正式活动中,自我利益应该隐退。……以全体人民的福祉为准,不仅总是关注当代人,也要关注后代,甚至,……未来国家尚未出生的人。[2]

多少代后代呢? 奥内达加国家(易洛魁联盟中的一个国家)的首领奥伦·里昂说:"我们向前瞻望(那是赋予我们这些酋长的第一批天命之一),以便内心踏实,并让我们所作的每一个决定都与今后的第 7 代人的幸福和福祉有关。"[3]

这片大陆的早期居民如此地肯定了代际公平,除此而外,代际平等也是典型地美国的,当初托马斯·杰弗逊在写给杰姆斯·麦迪逊的那封谈人权法案的信中,就肯定了它。杰弗逊在讨论时把它说成是不言自明的,用了一个老式的字眼"用益权",意思是在不损害某物自身实体的前提下充分使用和利用某物。错误的是,杰弗逊说,"吃光用益权",意思是使下一代人完全不能平等地分享某一自然资源的好处。杰弗逊指出,这一原则不言自明,同时他说,我们中任何人都"不会认为上代人有权耗尽他们国家的整个土壤。"所以,我们这代人若耗尽我们国家的表土——或任何其他自然资源,包括大气——不用说,也是错误的。[4]

代际公平也是气候科学家阐释得很清楚的道德原则。

> ·"基本的问题,"詹姆士·汉森说过,"不是经济学的问题,而是道德问题——代际公平的问题。如果我们未能挺身而要求改变路线,罪责就会

① 格雷姆·泰勒:"人类处于十字路口:是作出承诺和采取行动的时间了,"《蒂昆》杂志,2009 年。

② 《易洛魁国家宪法》:"大约束法"。

③ "一种易洛魁观点,"见于克里斯托弗·维克赛和罗伯特·维纳布尔斯等人所编:《美国印第安人环境:土著美国人历史中的生态问题》(雪城大学出版社,1994 年)。

④ 乔·罗姆:"独立宣言与杰弗逊'关于代际公平原则的精彩说法',""气候动态"网站,2013 年 7 月 4 日。

落到我们这些当代成年人的头上。①

·"作为一个 6 岁女儿的父亲,"迈克尔·曼 2012 年写道,"我认为我们有伦理上的责任把此事落实:她今后不会回头来质问我们,我们为何留给她那一代人那样一个星球,与当初我们的那个相较,它已在根本上退化了。"②

·"仅仅三代人以上,"托马斯·洛夫乔伊说,"我的曾祖父主持纽约地铁系统设计委员会。他当时怎么预计得到部分地造成飓风桑迪祸害的海平面上升? 只两三代人之后,事情会是什么样? 我们能避免历史上最大的代际环境不公平吗?"③

·斯坦福大学的肯·卡尔代拉写道:"经济学家们估计,若要改变我们的能源系统,使之不再把大气层当作一个垃圾场,那大约要花费我们生产总值的 2%。当我们燃烧化石燃料并排放二氧化碳到大气层时,我们实际上是在说:'我愿将大量的气候风险强加给全世界的后代,以使我个人今天能增加 2% 的财富。'我认为,这在根本上是不道德的。"④

卡尔代拉的话说出了人们对付气候变化之所以失败的根本原因,那也是我们前几章讨论过的,即:贪婪。人们之所以未能根据代际公平的观点来思考,这主要是因为我们当前的政治经济中所含的价值观。"照今天资本主义的道德计算法,"诺姆·乔姆斯基曾说过,"明天的一份红利比孙辈的命运还重要。"⑤

问题部分在于,当代最有影响的道德理论并未提出任何根据来肯定客观道德原理,于是人们就没有根据说,为后代保全地球是一种道德责任。⑥ 这一问题

---

① 詹姆士·汉森等人:"年轻人和自然的情况:通往一个健康、自然、繁荣将来的道路,"来自詹姆士·汉森的博客,2011 年 5 月 5 日。汉森还进一步说:"我们为年轻人和后代创造的情况是这样的:我们传递给他们一种潜在地不为他们所控制的气候系统";塞维林·卡雷尔:"航空航天局科学家说:气候变化同奴隶制一样是个道德问题,"《卫报》,2012 年 4 月 6 日。

② 迈克尔·曼:"气候变化否定论的危险,""气候动态"网站,2012 年 4 月 23 日。

③ 托马斯·洛夫乔伊:"气候变化的残局,"《纽约时报》,2013 年 1 月 21 日。

④ 肯·卡尔代拉:"唯一的伦理道路就是停止将大气层作为温室气体污染的垃圾场来使用,""气候动态"网站,2012 年 4 月 15 日。说到"2% 的成本",卡尔代拉当然指的是国家生产总值或世界生产总值。这些"总的"(毛的)数字是高度抽象的概念,它们几乎不能告诉我们气候失调的成本,或不同的城市、社区、个人的减排情况。但是,由于他说到了减排成本,2% 就是对国家和全球严格减排所花的成本的一个粗略估计。所以他的说法提出了这样一个观点:减排成本将会是很低的。更有甚者,正如本书 16 章和其他地方所表示的,严格的减排,对于国家和世界经济来说,估计花费会更少。有些研究甚至显示,实际上减排有助于国家和世界经济。

⑤ 诺姆·乔姆斯基:"人类生存的黯淡前景,"奥尔特网,2014 年 4 月 1 日。

⑥ 参见马克·弗农:"不信仰道德原理,我们如何能关心气候变化,"《卫报》,2011 年 5 月 25 日。

将在下章讨论。

气候责任

在讨论代际公平时,汉森写道:"大气层结构今天的种种变化,将主要被今天的年轻人以及尚未出生的人们感受到。换言之,将被那些今日无可能保护他们自己的权利也无可能保护他们将来的福祉的人们感受到。"①汉森那样说,实际是暗示了又一条气候道德的原则——那些造成全球暖化、并通过燃烧化石燃料获利的主要国家和公司,应承担主要责任,出钱缓解全球暖化(有些气候失调已成定局无可挽回,但应防止它进一步恶化),并帮助贫穷国家适应(即如何应付已不可防止的气候失调)。

虽然没有任何富裕国家对这一抽象的原则有过任何异议,但它们大多数却使用了各种手段来回避它的具体含义。正如环境公平基金会 2012 年指出的,"联合国气候谈判的结果是,美国和其他发达国家正式承认了,要对付气候变化造成的浩劫,就将付出一笔钱,它们将承担至少其中的部分费用。"然而,基金会又说,至今为止,"这些谈判仅止于承认气候变化的原因和它将造成的成本,尚未涉及如何投入资金和采取行动来解决这些问题。"②环境公平基金会继续说:

> 我们对生活方式的选择,对他人有明显的影响。最能说明这点的,就是气候变化的影响。我们的工业化、发展,以及消费主义是有代价的——但是在发达世界中的我们,现在却并未在补偿这一代价。③

比如,全球暖化已造成了巨大的不公平,因为它使得海平面上升,毁灭了数百万的生命。"地球改革网站"上的一篇文章就是根据公平的观点来讨论这个问题的,它说:

> 气候难民所蕴含的荒唐可笑之处在于:那些被迫离开家园国土的人们,在促使气候变化方面,几乎什么也未干。这些发展中国家排放温室气体的水平,与发达国家比较起来,几乎不值一提。所以,当工业化国家继续

---

① 汉森:"年轻人和自然的情况"。

② 史蒂夫·特伦特:"气候变化:并不单单是个环境问题,也是一个人权问题,""环境公平基金会",2012 年 12 月 11 日。

③ 同上。

成吨地排放污染物并享受着作为奢侈品的无知幸福时,污染的后果却被遥远的、居住在自食其力的社区里的村民们感受到了,在那里,人们被迫为发达国家的错误付出代价。①

但是,在科学研究已经显示,燃烧化石燃料会给岛屿和海岸地区造成浩劫的情况下,富裕国家,特别是美国,20 年里却加快了燃烧的速度,因而继续增大了这一不公平。虽然如此,它们至今为止都几乎还未表现出尽力弥补的倾向。2009 年的哥本哈根气候大会,意在让各国谈判迟迟未决的气候条约问题。然而,丽贝卡·索尔尼特写道,大会却僵住了,"因为富裕国家既不愿意有效地减少它们的排放,又不愿意保证提供足以解决问题的资金来帮助贫穷国家过渡到更绿色的经济。"她进一步说:

> 美国,这个花几乎万亿美元拯救摇摇欲坠的金融公司、每年花大约 7000 亿美元军费的国家,却小家子气地提出不足 12 亿美元的区区救助款。②

在 2010 年坎昆的气候会议上,来自 190 多个国家的政府领导人才为时太晚地说到了正确的事,同意气候移民有资格得到联合国绿色气候基金的帮助。该基金据说每年增加,到 2020 年将达到每年 1000 亿美元,用来帮助那样的人们。但至今为止,美国尚未迈出第一步,付出它合理的份额。事实上,托德·斯特恩,美国国务院气候问题特使,2013 年 11 月曾直言不讳地说过,最富裕的国家不会为那些遭受气候变化严重打击的贫穷国家提供大规模的补助(说这话完全没有顾忌他的上司当初的那些漂亮的言辞)。③

平等

在上一章我们看到,美国,从老布什开始,赞成这一原则:由于美国和另外一些先期工业化了的国家一直是造成气候变化的主要推手,所以它们应该带头

---

① 安南·苏丹:"大规模移民:气候难民的巨大危机","地球改革",2012 年 8 月 4 日。

② 丽贝卡·索尔尼特:"2009 年终结者:哥本哈根的审判日,"见于"汤姆电讯网站:丽贝卡·索尔尼特,地球,大得不会衰退?""汤姆报道网站",2009 年 12 月 20 日。

③ 马万·莫甘·马卡尔:"气候难民将得到许诺的帮助吗?"国际新闻社,2012 年 4 月 8 日;史蒂芬·李·梅尔斯和尼古拉斯·库里希:"关于气候危机不平等的越来越多的议论,"《纽约时报》,2013 年 11 月 16 日。

对此作斗争。美国参议院一项 95 对 0 票的决议,之所以在反对《柏林条约》的名义下,先发制人地就反对了《京都议定书》,主要就是为了反对这条原则。这一决议反对这个观点:次发达国家不受与美国同样的标准的约束。这是对以下这一原则的公开反对:那些造成损失最大、获利最多的,应付出最多的补偿。

有些美国人争辩道,让我们付更多的补偿,这恐怕不公平,因为现在中国和印度也不断地加快它们的排放,它们同样也应对全球的暖化负责。然而,气候的变化并非主要是由当前的排放,而是由累积的排放造成的。自 1750 年以来,中国造成了 10% 的二氧化碳排放,而美国则是 27%,几乎是中国的 3 倍。即便把中国和印度视为一个国家,它们两者累积的排放也不到 13%,仍然大大小于美国的 27%。[①]

再者,责任和公平应以人均排放量计算而不应以国家排放量计算(否则,人们就会说,中国的排放量应该与卢森堡这样的小国家差不多。)根据这样的标准,对比就更大了。美国和欧洲,作为世界首先工业化的地方,共有人口大约 10.5 亿,这既少于中国的 13.5 亿,也少于印度的 13 亿。然而美国和欧洲的累积排放大约是世界总量的 58%——几乎比中国(10%)多 6 倍,大约比印度(3%)多 19 倍。

此外,如果我们把美国和欧洲的排放总量与中国和印度的排放总量作一比较,二者之间的对比就不过是小有不同:58% 比 13%,虽然中国和印度的人口是大约 26.5 亿。所以,与美国和欧洲的人均累积排放量相较,中国和印度的人均排放量是很小的。所以,美国人和欧洲人不应该说,中国和印度现在或不久的将来应与他们同等地对气候暖化负责,以此来让自己的特权合理化。德国的安吉拉·默克尔是八国集团国家中第一位赞成人均原则的领导人。[②]

因此,所有关于平等的讨论都应以两个无可置疑的事实为前提:(1)全球暖化是累积温室气体排放造成的,而不是当前排放,或当前加上预计的将来的排放,造成的。(2)气候变化——由于它,冰川和北极冰在融化,海平面和温度在上升,天气变得更加极端——其原因主要是美国和欧洲的累积排放。

为了防止气候失调的进一步恶化,需要花钱采取必要的补偿措施,据此,平等就只能根据累积的、人均的排放来讨论。但迄今为止,西方国家,尤其是美国,却拒绝接受这个意义上的平等。根据内奥米克莱因的说法:"使得联合国每一轮气候谈判陷入僵局的,就是这一基本原则:主要造成这一危机的人们,应带

---

① 参见詹姆士·汉森:"一个新的风险时代",2012 年 9 月 22 日。

② 马克·赫兹加德:"一项吓人的新的气候研究会使你说:'啊,妈的!'"2009 年 10 月 14 日。

头采取行动,并承担更重的负担。"①

那些最应对全球暖化负责的国家,也是那些从中获得最大利益的国家。所以,存在着一个双重根据来判断,为了让贫穷国家的暖化减缓以及让其适应暖化,各国所付的补偿份额如何才算公平。然而,虽然基于这一双重原则(责任与福利)上的平等,是衡量帮助贫穷国家适应和减缓的职责的主要根据,但号召大家拯救文明的实际动员却应基于这一原则:"我们应同舟共济",所有的国家,所有的人,都应尽最大努力。当船有沉没的危险时,乘客就不应为是否得到最好的衣服、是否看到最好的景致而犯愁,而只应关心如何防止船沉没。

撤资

反抗温室气体毁灭文明的一个方法就是,鼓励人们和机构从化石燃料公司撤资,这一鼓励不仅立足于道德方面的理由,也立足于经济方面的理由。

道德方面的理由

道德方面的理由,用比尔·麦克本的话,是这样说的:"如果破坏气候是错,那么,从那一破坏中获利也是错。"现在是"抨击化石燃料公司"的时候了,因为它们的工业是"流氓工业。""麦克本先生的目的,"《纽约时报》的记者贾斯廷·吉利斯说,"是让拥有这些公司的股票成为一桩不体面的事,就像拥有烟草公司的股票一样。"又一个吸引麦克本的先例就是南非撤资运动,该运动在废除种族隔离上发挥了关键作用。通过把化石燃料工业打成"贱民",便可削弱它们"对政治的钳制"。②

大主教德斯蒙德·图图就这样写过:"在 20 世纪 80 年代,我们论证过,那些与种族隔离的南非做生意的人,其实是在帮助和教唆一个不道德的制度。同样,现在我们也可以说,任何人都不应该从燃烧化石燃料而引起的温度和海平

---

① 内奥米·克莱因的话,引自温·史蒂芬森:"'我宁愿拼命战斗':内奥米·克莱因为气候公平而战的激烈新决定,"《凤凰》,2012 年 12 月 14 日。

② 比尔·麦克本:"从化石燃料撤资的例子,"《滚石杂志》,2013 年 2 月 22 日;史蒂芬·莱西:"做那数学题吧:麦克本先生去华盛顿,""气候动态"网站,2012 年 11 月 19 日;贾斯廷·吉利斯:"为了阻止气候变化,学生们瞄准了大学的投资项目,"《纽约时报》,2012 年 12 月 4 日。

面的上升以及人类的痛苦中获利。"[①]

麦克本的撤资运动是从学院和大学开始的,在那里,教职员工和学生都竭力说服校方和受托人,他们应该撤资。虽然几所学校很快就发现干此事是对的,但很多学校却并不如此。在哈佛,72%的学生说,学校应该撤资,但校长德鲁·福斯特却说,撤资既不会被批准,也非明智之举;校方和受托人的任务是保护和增加学校的捐资,捐资不应用于社会目的。她的观点遭到当时西雅图市长迈克·麦金的公开质疑;西雅图当时业已撤资。他同意她的说法:她必须保证哈佛所得的捐资遗传到后代,正如他这位市长应保护好该城的养老保险金制度。但是,他又说,"我们也共同承担着一个更大而重叠的责任——对我们的星球和对我们后代的责任。"所以他们必须想好,如何干好这两件事。他还坚持认为,哈佛承担着特殊的责任:它得到的是"全世界最大的学术捐资,可与很多国家的经济规模相比。所以它的地位独特,应在这个问题上带头。"

对于福斯特的这一说法:撤资意味着"将捐资用作政治和社会变化的工具,"他提醒她道,哈佛以往干过这类事,即 1990 年它从烟草工业撤资。当时的校长德里克·博克曾解释说,之所以作出这个决定,是因为哈佛不愿"作为股东与那样的公司联系起来,它们大肆贩卖可能会给他人造成实质性的、不合理的损害的产品。"[②]

虽然撤资的计划已扩展到所有的公共利益机构,特别是神学院和教会——包括世界基督教会联合会,它代表了 5 亿人[③]——但撤资运动明智的做法却应从学院和大学开始,因为,正如当初的学生作为主力发动了反越战运动(他们不愿他们自己或他们的朋友为一场不道德的战争而死),现在的年轻人也不愿他们的将来被气候失调毁掉。一个学生说:"到我们准备要孩子、买房子的时候——如果我们现在不及时刹车,那时已经是一个迥然不同的世界了。"另外一些学生则深感失望,因为大学董事会不听他们的撤资呼吁。他们说:"我们的呼吁传到董事会时,它的成员并非是将要继承气候问题的人。我们才是。"[④]

---

① 德斯蒙德·图图:"我们曾经与种族隔离斗争,现在气候变化是我们全球的敌人,"《观察者》,2014 年 9 月 20 日。

② 迈克·麦金:"让我们来防止一危机:致哈佛大学校长福斯特的信,"西雅图市长办公室,2013 年 10 月 17 日。

③ 安东尼奥·布隆伯格:"在纽约的协和神学院一致投票同意从化石燃料企业撤资,"《赫芬顿邮报》,2014 年 6 月 10 日;保罗·布兰代斯·劳申布施:"从化石燃料公司撤资的策略已在基督教联合会通过,"《赫芬顿邮报》,2013 年 7 月 2 日;艾米丽·阿特金:"一个代表 5 亿基督徒的团体说它将不再支持化石燃料,""气候动态"网站,2014 年 7 月 11 日。

④ 麦克本:"从化石燃料撤资的例子";吉利斯:"为了阻止气候变化"。

然而,吸引学生的并非单单是他们的自身利益。麦克本告诉他们:"这不仅是你们生命的危机——这也是一场关系到我们这个物种生死存亡的危机。"①

经济方面的理由

从经济上来论证撤资是这样的:化石燃料股票的风险越来越大,如果持有它们的个人和机构不将它们抛售,就有可能丢失一大笔钱。这一论证是由"碳追踪者"提出的,它指出,因为现在我们知道,大多数地下的碳必须呆在那儿,以防止全球暖化失控,所以那些持有化石燃料股票的人,其资金就最终注定要被套牢,即股票将变得一文不值。②

艾尔·戈尔现在是一家投资公司的老总,他提到过多国能源公司账上的7万亿碳资产。他说:"对那些公司及其资产的估价现在是基于这一设想:所有的那些碳资产将被出售并被燃烧使用。然而它们却并非如此。"虽然有人可能会认为,戈尔的意见是偏颇的,因为他反对使用化石燃料,但是"汇丰银行全球研究"所作的一项研究("再看石油和碳:'不可燃烧的'资源,其价值岌岌可危"),也曾提出过这种警告。③

这种情况也被克雷格·麦肯齐的"苏格兰寡妇投资公司",劳埃德银行集团下面的的一个分公司,所证明。该公司管理着大约2300亿资产。麦肯齐说过,"很多人误信人言,因而有一种错误的观点,认为只有当有了一个全球性的条约,对碳制定了统一的价格,碳资产才会处于困境。"麦肯齐的机构,事实上已经卖掉了它所有的碳股票。④ 汤姆·斯泰尔创办了一个对冲基金,现在是一位亿万富翁。据他说,另一个误信人言而导致的错误观点就是,人们可在泡沫破裂之前逃离。对此,斯泰尔说,"天下愚行,莫过于此。"⑤

结合两方面来论证

有些人专注于两种论证方法中的或一种,而另有些人则结合这两种方法来

---

① 麦克本:"从化石燃料撤资的例子"。
② "碳无法燃烧的2013年:浪费的资金和套牢的资产,""碳追踪者",2013年。
③ 亚伦·塔斯克:"艾尔戈尔说,'碳的泡沫'要破裂了——别买石油股票,"《每日行情》,2013年10月18日;"气候的行为能使能源公司的价值库减半,""每日气候网站",2013年2月4日。
④ 汤姆·兰达尔:"石油的将来要吮吸投资的血,"彭博社,2013年11月18日。
⑤ 比尔·麦克本:"从化石燃料撤资的例子"。

论证。康奈尔大学的教授们写道:

> 虽然在执行我们学校的职责的过程中,在经济上作些牺牲是合理的,但我们……却认定,撤资不仅对学校捐资的增加影响甚微,而且可能大大降低学校投资的风险。

丹尼尔·卡门是加利福尼亚大学教授能源研究的,他也说:

> 加利福尼亚大学伯克利分校和大多数机构在财政上投资的是毁灭我们将来的项目。我们不应投资那样的有问题的项目,而应投资那些作为解决方案的项目,它们既有助于向低碳经济的过渡,也有助于提高大学的盈亏底线。既在财政上也在环境上是可持续的再投资,那样的机会是不缺少的。①

最后,这一结合两者的论证是由最大的基金会之一,在作出迄今为止最大撤资决定时进行的。这个基金会就是洛克菲勒基金会。撤资决定的通知是在2014年9月联合国气候会议上发布的,就在那个会议之前,史提芬·洛克菲勒——他是一位哲学教授,也是该基金会的董事会成员——说:"我们认为这既有道德意义又有经济意义"②

废除

越来越多的作者说,我们需要一个新的废除运动:就像历史上曾经有一个时候必须废除奴隶制一样,现在也必须废除化石燃料经济。

奴隶制,类似的事

现代工业虽然现在成为了对文明的威胁,但最初它却是一大恩典,对奴隶

---

① 伊拉莉亚·贝尔蒂尼:"美国的大学教师说,从化石燃料撤资降低了长期的经济风险,""蓝－绿明天",2013年12月5日。

② 约翰·施瓦兹:"洛克菲勒,石油财产的继承人,将撤资,不再惠顾化石燃料",2014年9月21日。

制(当时一直被看成是高度文明所必需的一种制度)的废除发挥了关键的作用。①

英国人和美国南部的人都是这么想的,在那些地方,奴隶是主要的劳力和财富来源。"奴隶制是最有效的方法,"历史学家约翰·麦克尼尔曾写道,"通过它,有抱负、有能力的人会变得更加富有、更有能力。它是解决能源短缺的方法。"戴维·布里翁·戴维斯也说,"奴隶制之所以如此吸引人诱惑人,特别是在自动装置,发动机,以及其他省劳力的器械发明之前的那一个长时期内,就是因为它给奴隶主带来了自由。"②

道德难题

然而存在着一个难题:奴隶制是不道德的。最初,只有一些白人,主要是一小群基督徒,感到这一理由强有力,足可用来证明奴隶制应该废除。这些"废奴主义者"振振有词,观点令人信服,他们虽然人数不多,却开始组织一个运动。然而当时的主导观点却是:废奴既不可能,也无必要。"奴隶制,"让-弗朗索瓦·穆霍写道,"似乎是正常而不可或缺的。"③

当废奴主义者在英国开始他们的活动时,安德鲁·霍夫曼说,"反应是清楚而不含糊的:这样的运动不可能,因为它会造成英帝国经济和生活方式的崩溃。"在美国,查尔斯·贾斯特斯说,"南部所有的白人都团结在奴隶制的目标之下。"利亚·谢德总结了他们的两个理由,他写道:

> 我们的经济靠"奴隶燃料"运转已 200 年了。它是由被征服者的劳动推动的。要让我们国家的经济在没有奴隶的条件下运转,这是不可想象的,况且,使用奴隶还有圣经和神学的根据。④

---

① 在《埋葬锁链:争取一个帝国奴隶解放的战斗过程中的预言家和造反者》一书中(纽约:霍顿·米夫林·哈考特出版集团,2006 年),亚当·霍克希尔德估计,工业革命以前,全球大约有 75% 的人受到奴役,或者是奴隶,或者是农奴。

② 安德鲁·J. 霍夫曼:"气候变化引起化石燃料废除主义者的注意,"《伦理团体》,2008 年 3 月 28 日;查尔斯·贾斯特斯:"奴隶制与化石燃料","地球正义博客",2008 年 1 月;约翰·R. 麦克尼尔:《世间新事:20 世纪世界环境史》(纽约:诺顿出版社,2006 年),第 179 页。

③ 让-弗朗索瓦·穆霍:"我们犹如奴隶主",《生态学家》,2010 年 12 月 29 日。

④ 霍夫曼:"气候变化引起化石燃料废除主义者的注意";贾斯特斯:"奴隶制与化石燃料";利亚·谢德:"化石燃料废除主义者",《生态学鼓吹者》,2012 年 11 月 9 日。

即便奴隶制可废除，南部邦联的领导对林肯争辩道，转向一种不同的经济制度还得花太多的钱。与所有的这些说法作斗争，废奴主义者们只使用了一张"王牌"："强迫劳动在道德上是错误的。"这一理由最终获胜：

> 缓慢但却明确地，以下这些想法逐渐被视为在道德上是不正当的了：买卖人口，隔开奴隶的家人，鞭打奴隶或用其他折磨方式惩罚奴隶。①

新近，"沙龙网站"上有一篇文章说："一旦争议话题转化成为道义上的责任，原来不可能的事有时就会服从新的现实情况。"以很快承认同性恋者的平等权利为例，该文章坚持认为，同样的情况也会发生在移民和枪支控制的问题上。据此，乔·罗姆坚持说，正如奥巴马总统在他的第二任期开始做的那样，我们应该强调，气候变化的问题，由于我们对后代所承担的义务，是一个道德问题。此话不错。然而，气候变化，如同奴隶制，有很重要的一点不同于同性恋者的权利、移民，以及枪支控制。② 由于奴隶制给统治阶级带来了好处，所以道德论据本身还不足以使得废奴运动获胜。技术上的进步是一个必要条件。

化石燃料技术上的进步

正如劳埃德·奥尔特尔所说，这绝非"巧合：废奴运动发生在那些由于工业革命而不再需要奴隶的国家。"让－弗朗索瓦·穆霍阐述了类似的观点，他说，"奴隶制逐渐被质疑，最终被废除，那是因为人们想到了一种替代物——蒸汽动力。"化石燃料能源有很多好处，因为它使人创造出了巴克明斯特·富勒所谓的"能量奴隶"（化石燃料发动的机器）。这些机器，富勒说，"远比奴隶有效，因为它们可以在人无法忍受的条件下工作，比如，在华氏5000度的高温下。"③

由于这些能量奴隶，人的生活标准提高"到了前所未有的水平。"更精确地说，能量奴隶使得这一提高惠及大众："人形奴隶只能使少数人享有豪华的奢侈，

---

① 安德鲁·温斯顿："气候变化废除主义者"，《卫报》，2013年2月27日；贾斯特斯："奴隶制与化石燃料"。

② 克里·艾利威尔德："让枪械控制不可避免"，《沙龙》，2013年2月13日；乔·罗姆："道德多数：奥巴马团队最终接受了令人信服的、对气候采取行动的理由"，2013年6月27日。

③ 劳埃德·奥尔特尔："能量奴隶越来越贵，养不起了。"《公司骑士榜》，2013年3月11日；让－弗朗索瓦·穆霍："曾经有一个时候，人类滥用奴隶，现在我们滥用化石燃料"，《卫报》，2012年2月3日；巴克明斯特·富勒等人："文件1：世界资源一览表，人的倾向和需要，"《世界设计科学》1965—1975年10年合刊本（卡本代尔：南伊利诺伊大学，1965—1967）29—30页。

而化石燃料却可使世界上大多数人享受如此的奢侈。"最重要的是,能量奴隶能够"做过去曾由人形奴隶在我们家中、田地里,以及工厂里所做的那些工作。"①

新的道德难题

由于化石燃料能源解放了统治阶级,使其不必一定要奴役他们的同类,所以这一能源"当然是一巨大的道德进步,"穆霍说,但是,"待我们逐渐知道了化石燃料消费的后果,"它就不再是这么回事了。② 正如我们在前几章所看到的,那些后果是很多的,包括有可能毁灭文明本身。因此,这是一个废除化石燃料经济的强有力的理由。

克雷格·奥尔特摩斯提出了全盘废除的双重理由,他写道:首先,"我们从'350ppm 科学网站'得知,大气中已有太多的碳。"第二,他指出,当初的废奴主义者并未号召我们"减少奴隶的数量",人权运动也并未号召我们"减缓隔离制度"。他宣称:

> 以往,当某事出错时,人们有勇气说,错了,必须停止。他们并未要求减少它,而是要求终止它,废除它。某事出错,你就该这样干。③

然而,问题不是完全废除化石燃料,就像宣布露营者的丙烷灯为非法那样。安德鲁·温斯顿问道:"我们在'废除'什么?"接着他说:"我们所要废除的,毋宁说,应该是我们那过时的、虚弱的、威胁着我们生存的经济和能源体制。"同样,虽然利亚·谢德给她文章的标题是"化石燃料废除主义者们",但她要证明的却是:"化石燃料经济应全然废除。"④

两种废除的类似处

不管怎么说,我们的社会至今尚未接受这一观点:化石燃料经济须废除。

---

① 杰里米·霍夫:"优先考虑外在性:奴隶制的废除和化石燃料的燃烧",佛蒙特州法学院,2004年;穆霍:"我们犹如奴隶主"。

② 穆霍:"曾经有一个时候,人类滥用奴隶"。

③ 克雷格·奥尔特摩斯:"怎么回事,'减少排放(实际上)是杀害我们'? ——废除化石燃料的理由,""这儿正在变热网站",2010 年 7 月 7 日。

④ 谢德:"化石燃料废除主义者"。

提出理由反对废除(甚至减少)化石燃料的先锋,当然一直都是化石燃料公司,以及石油、煤炭、和天然气工业的其他那些间接受惠者。这正如当初的废奴运动,特别遭到奴隶贩卖者、种植场主、和其他会因废奴运动而经济受损的人的反对。劝人别太执着于化石燃料废除主义,其理由与当初劝人别认真对待废奴主义的理由,相当类似:

· "18 世纪,很少有人看出奴隶制的道德问题,同样,21 世纪,很少有人看出燃烧化石的道德问题。"①

· 即便意识到那个道德问题,"我们社会中的大多数仍不能想象,除了化石燃料,还有什么别的能源可推动我们的经济。"②

· 当初邦联曾说过,就算有可能废除奴隶制,那也会太费钱了。现在和当初一样,说到"对付气候变化,我们总是听到人们最激烈地表达这种反对意见。"③

· 对气候科学的强烈抵制就不足为奇了:"我们的社会,犹如拥有奴隶的社会,无视科学的共识,其中是含有既得利益的。"④

· "美国国会议员往往不顾气候对于后代的风险而为化石燃料说话,这正如当初美国南方的国会议员不顾关于平等的理想而为奴隶制说话。"⑤

· 当初人们虽然意识到奴隶制的不道德,但奴隶所提供的悠闲和财富,却使人不想采取任何行动;今日的"能量奴隶"同样促使当代社会"置气候变化于不顾。"⑥

以上观点表明,只要似乎别无选择,废奴的理由就仍然不起作用;同样,只要人们相信,不存在代替化石燃料能源的可靠替代物,废除它的道德和科学理由都将仍然不起作用。

现在有可靠的替代物了

所以,废除化石燃料的关键问题在于,必须让人们广泛认识到清洁能源的

---

① 霍夫曼:"气候变化引起化石燃料废除主义者的注意"。
② 谢德:"化石燃料废除主义者"。
③ 温斯顿:"气候变化废除主义者"。
④ 穆霍:"曾经有一个时候,人类滥用奴隶"。
⑤ 同上。
⑥ 穆霍:"我们犹如奴隶主"。

可行性;这种能源,既能供应所需的能量,其价格,即使有所增加,也不会很高。这些都将在 17 章予以说明。已经认识到这点的人们,一直都在提倡废除化石燃料,比如:

· 2004 年,杰里米·霍夫写道:"效率将为我们买得时间,而发现更多的石油却甚么也不会为我们买得。风能解放了奴隶,使之不必使用桨。……要让我们脱离自身的束缚,就要利用所有的太阳能。"①

· "随着可再生能源在经济中逐渐可行,且化石燃料又有破坏气候的势头,"罗伯特·斯克里布勒论证道,"掀起一场停止使用化石燃料、迅速转换到可持续性能源的大运动,此其时也!"②

· "继续以化石燃料为主要能源,其最大的不公平在于,"詹姆士·汉森 2011 年写道,"它把气候和环境损害的后果堆积到发展中国家和发达国家的年轻人和尚未出生的人头上。这一情况的悲剧性在于:走向一个清洁能源的将来,这一通道本来就不仅是可能的,而且在经济上还是划算的。"③

· 虽然"化石燃料在创造我们的现代世界、让数十亿人脱贫的过程中起了核心作用,"安德鲁·温斯顿写道,"但是,我们有替代它的能源,而且我们也知道我们所必须停止干的事。"④

我们需要做的最重要的事情是,尽快并富有人性地让化石燃料公司停业。正如查尔斯·贾斯特斯说的,"为了石油公司赚钱而把整个人类置于风险中,这是没有道理的。"这确实没有道理,因为我们现在已有不同类型的清洁能源了,如果把至今为止给予化石燃料公司的那些补助和税收优惠给予它们,它们很快就能满足我们的能源需要,而且费用也会比化石燃料低。实际上,劳埃德·奥尔特尔说过,"我们的能量奴隶贵得养不起了。"⑤

所以,废除化石燃料的理由只有到 17 章讨论清洁能源时才会是全面的。当初,人们意识到化石燃料能源可用之后,才发觉奴隶制在道德上是可恨的。同样,只有当人们意识到清洁能源可用之后,才会出现那样的日子,利亚·谢德

---

① 杰里米·霍夫:"优先考虑外在性:奴隶制的废除和化石燃料的燃烧",佛蒙特州法学院,2004 年。

② 斯克里布勒:"当燃烧不再道德"。

③ 詹姆士·汉森等人:"年轻人和自然的情况:通往一个健康、自然、繁荣将来的道路,"来自詹姆士·汉森的博客,2011 年 5 月 5 日。

④ 温斯顿:"气候变化废除主义者"。

⑤ 贾斯特斯:"奴隶制与化石燃料";奥尔特尔:"能量奴隶越来越贵,养不起了。"

写道,"那时,用化石燃料来推动我们这个世界的想法,简直就是可恨的。"①

结论

在电影《林肯》中,亚伯拉罕·林肯总统说——据说这是基于他当初实际演讲的一份发言——"废除奴隶制解决了千秋万代人的命运,不止是遭受奴役的数百万人的命运,还包括尚未出生的数百万人的命运。……我们必须祛除我们身上的奴隶制之疾。"在一篇标题为"奥巴马继承的遗产"的文章中,艾米·吕尔斯写道:"将世界转化到一种低碳经济,这不仅会解决今日受空气污染之苦的数百万人的命运,也会解决数百万尚未出生的孩子们的命运,使他们免遭气候变化引起的逐渐积累的灾难。"②

这确实是一个史无前例的道德挑战。起而直面它,将会面临史无前例的宗教和经济的挑战。

---

① 谢德:"化石燃料废除主义者"。

② 这些话是电影《林肯》的编剧托尼·库什纳当时根据麻省国会议员约翰·B.阿里提供的一份演讲写成的。那时,阿里正努力让第 13 修正案通过三分之二的票数。参见:"林肯:历史的形象,"《社会主义行动》,2013 年 1 月 11 日;艾米·吕尔斯:"奥巴马继承的遗产:医治世界的化石燃料瘾?""参加"网站,2012 年 11 月 26 日。

15. 宗教的挑战

"我们不该、也不能留给我们的孙辈一个在根本上不同的星球。也许,我们竟然会把站在一小块浮冰上的北极熊的古典形象,换成我们孙辈排队领取自己那份水配额的形象。"

——吉姆·沃利斯,2014 年

"如果我们不把全球的暖化限制在摄氏 2 度或 2 度以下,我们注定就要进入一个史无前例的不稳定、不安全、物种灭绝的时期。……我们的宗教社区应该在它们各自的布道坛宣讲这一问题。"

——大主教德斯蒙德·图图,2014 年

前面我们已经讨论了,我们的某些基本道德原则对二氧化碳威胁的态度,本章我们要考查,一种宗教的世界观如何可能与这些原则发生联系,或则支持它们,或则破坏它们;这种宗教世界观是否能给我们提供动力,使我们足以对付我们这个物种所面临的最大挑战。因为我们最深层次的动力(超越对生存的关注)来自道德和宗教的信念,所以为了应对这一挑战,我们需要一种既是道德的又是宗教的世界观。

由于美国这个国家最应对全球暖化负责,而且它又是一个气候变化否定论最为活跃的国家,所以,这种宗教世界观就需要与美国文化发生紧密联系。然而,说某物"被需要"并不意味着,单单因为它被需要,就可凭空创造出一种新的世界观来。毋宁说,这一任务就是要找出我们宗教传统中与目前任务特别相关的那些特点,并强调它们。

从宗教上来说,美国文化一直主要是基督教的。更普遍地说来,它包含了表现于犹太教、伊斯兰教,以及基督教中的有神论。最普遍地说来,这一有神论认为,世界是由通常被称为"上帝"的某种神性实在创造和引导的。

众所周知,马克斯·韦伯说过,现代性已归结为对世界的"祛魅",因为"终极的、最崇高的价值已从公共生活中退出。"说得更直白些,韦伯的意思就是:人们不再相信宇宙能提供支撑一种公共道德的客观道德范式。于尔根·哈贝马斯,近代最著名的社会哲学家坚持认为,这一祛魅是不可逆转的,因为,唯有宗教才能提供一种着魅的世界观。而宗教已经"被现代性剥夺了那一提供世界观的功能。"①

许多思想家虽然承认现代性祛魅了世界,但却坚持认为,只有回到(或干脆就是保留)前现代的世界观,连同它的超自然的神,才可能有一个复魅的世界。在拙著《复魅何须超自然主义》中,我应用了所谓过程哲学和神学那一思想流派的学说,论证了这一说法的谬误。② 然而,即便这一说法是对的,气候道德也会遭到超自然主义的破坏。

超自然主义:一种破坏气候道德的世界观

虽然有神论能支持气候道德,但它同样也能很厉害地破坏它。破坏气候道德的有神论,其核心特点就是超自然主义。超自然主义的定义特征就是,它认为上帝创造了世界,他无所不能。也就是这样一个观点:这一神性存在能做任何事情(可能要除开逻辑上不可能的事情)。福音派的神学家米勒德·埃里克森就提供了一个例子。他说,他的宗教团体的"运转,根据的是一种明确的超自然主义——上帝居于世界之外,他通过神迹定期介入自然过程。"③

埃里克森明确地说出了这一超自然主义的含义,他说,自然"在上帝的控制之下;虽然自然通常以统一的、可预知的方式遵照上帝给它安排的规律运行,但上帝也能够并确实以违反这些正常模式的方式在自然中发挥作用(即行神迹)。"④这一超自然主义的世界观,连同它的上帝万能论,可产生形形色色的破

---

① 马克斯·韦伯语,见于 H. H. 格特和赖特·米尔斯编《来自马克斯·韦伯》(纽约:牛津大学出版社,1958 年),122,155 页;于尔根·哈贝马斯:"答批评者"见于约翰·B. 汤普森和戴维·赫尔德编:《哈贝马斯:辩论》(剑桥:麻省理工学院出版社,1982 年),219—283 页,引文见 248 页;哈贝马斯:《后形而上学思维:哲学文集》(威廉·马克·霍恩加藤译)(剑桥:麻省理工学院出版社),51 页。

② 参见大卫·雷·格里芬:《复魅何须超自然主义:过程宗教哲学》(伊萨卡:康奈尔大学出版社,2001 年)。过程哲学主要基于阿尔弗雷德·诺斯·怀特海后期的思想,他于 20 世纪 20 年代从英国来到哈佛大学教授哲学。他早年致力于数学和逻辑学(他和他从前的学生伯特兰·罗素合写了《数学原理》一书),后来致力于自然哲学(举例来说,他以另一种方式写出了爱因斯坦的相对论)。但到哈佛后,他创立了一种将科学和逻辑学与道德、美学,以及宗教结合起来的哲学体系。正是在致力于哲学之后,他放弃了他的无神论,或至少他的不可知论,信奉了(一种非传统形式的)有神论。(参见拙译:《复魅何须超自然主义》,译林出版社,2014 年——译者。)

③ 米勒德·J. 埃里克森:《基督教神学》(大急流城:贝克书屋,1985 年),304 页。

④ 同上,54 页。

坏气候道德的信仰和态度。

满足于气候现状

根据这种世界观,基督徒便能自满而无视本书前 10 章所讨论过的那些问题。当这一世界观被政治领导人执有时,它便特别危险。比如,参议员詹姆士·英霍夫(我们在 13 章提到过他的书《最大骗局》),就引用过圣经创世纪第 8 章第 22 句:"地还存留的时候,稼穑、寒暑、冬夏、昼夜就永不停息。"①然后,英霍夫引用了一位布道者的话,布道发生在一个奇寒的早上。该布道者说,"3000 多年前,上帝曾许诺,寒热不会停息。今天的天气应验了上帝的许诺,使我对它更加坚信不疑了。"英霍夫结论道:"这正是很多危言耸听者所忘记了的。上帝仍然在那上面,他许诺过要维持这些季节。"在引用了"创世纪"中的那句话,并说了"上帝仍然在那上面"之后,他还批评了"那些人的妄自尊大:他们居然认为,仅只是人类的我们,能改变上帝在气候中所做的事。"②

这种基于上帝万能的自满是很多众议院成员都有的。比如议员约翰·史穆克斯(也在 13 章讨论过),他也表达出那种漠不关心。他说:"只有上帝宣布地球该完蛋了它才会完蛋,人是不能毁灭它的。"③以同样的腔调,拉尔夫·霍尔(代表德克萨斯州)在 2011 年说(那时他主持国会的科学、空间和技术委员会):"我不相信我们能够控制上帝控制的东西。"④

加尔文·贝斯纳,康沃尔造物管理联盟(11 章所讨论的请愿活动下属的一个组织)的发言人,也表现出这种满足于气候现状的情绪。上帝是万能、全知、言必诺的,贝斯纳说,据此,如果相信全球暖化会导致浩劫,那简直是"对上帝的侮辱。"⑤

拉什·林博表达了类似观点:就国务卿约翰·克里的这一说法——气候变化,"是对我们这些上帝造物的守护者的职责的一大挑战"——林博争辩道,"如果你信仰上帝,那么,在理智上,你就不能相信人为的全球暖化。"在林博的头脑

---

① 译文借用中国基督教协会《新旧约全书》——译者。

② 参议员詹姆士·英霍夫:《最大的骗局:全球变暖的阴谋如何威胁你的未来》(华盛顿:WND 图书网站,2012 年),70—71 页。

③ 布瑞恩·塔什曼:"詹姆士·英霍夫说,圣经反驳了气候变化论,"《右翼观察》,2012 年 8 月 3 日;"欲执掌能源委员会的议员说,上帝不会允许全球暖化,"《原始报道》,2010 年 11 月 11 日。

④ 杰弗里·梅尔维斯:"拉尔夫·霍尔就气候变化的发言",《国家杂志》,2011 年 12 月 14 日。

⑤ 梅瑞狄斯·贝内特 – 史密斯:"加尔文·贝斯纳,福音派基督徒,宣称环境主义是对文明的巨大威胁",《赫芬顿邮报》,2013 年 3 月 21 日。

中,之所以两者是矛盾的,是因为,信教者坚信世界是万能的神创造的,而克里却暗示,"我们是…万能的,我们能…毁灭气候。"①

这一观点也影响了商业世界。比如,2014 年雀巢公司的老总说:"难道我们是上帝,可以说,今日之气候,就是我们必须维持的? 那就是正道? 我们可不是上帝。"②

不会出错的经文

原教旨主义基督徒反对气候科学的理由,一般以这样一个观点为前提:圣经是无误地(严格照字面意义就是"不会出错"的意思)被上帝赋予了灵感的,正如史穆克斯和英霍夫所阐释的。

史穆克斯先是引用了"创世纪"中的一段话,其中,上帝在大洪水之后说,他将再也不"灭各种的活物了",然后他说:"我相信那是上帝的绝无谬误的话,而且是他后来创世的方法。"第二年,他强调,他对自己的观点确信无疑。他说:"我信仰圣经,把它视为上帝的结论。"英霍夫"并未自命圣经学者,"但这个事实却并未使得他的这一自信稍减:他能保险地用圣经中的段落,比如"创世纪"第 8 章 22 句,来证明:绝无必要关注全球暖化的问题。③

对圣经的科学研究显示,这种应用经文的方法是站不住脚的。对圣经进行认真的科学研究,可以说始于 17 世纪的本尼迪克·斯宾诺莎(1632—1677)。④虽然这一科学研究的历史很复杂,难以一言以蔽之,但这一方法在诠释圣经方面的根本改变却在于:应该像解释任何其他书那样来解释圣经,而不应将它视为直接来自造物主的各种真理汇集之宝库。诉诸圣经来解决关于全球暖化的真理,同时却又不顾对这一文集的科学研究,这就类似于用勒内·笛卡儿(1596—1650)的著作,加上柏拉图和亚里士多德的著作,来解释物理学和宇宙学的真理。

相信圣经(或任何著作)有无误的神灵感应,相当于相信神有无所不能的能力。正如我在另外的地方所写:

① 戴维·爱德华兹:"林博认为:基督徒'不能相信人为的全球暖化'",《原始报道》,2013 年 8 月 14 日。

② 乔·康菲诺:"雀巢老总反对在气候变化问题上利用上帝",《卫报》,2014 年 1 月 31 日。

③ "上帝不会允许全球暖化";戴伦·塞缪尔索恩:"约翰史穆克斯引用'创世纪'于气候变化",美国政治新闻网站"政治",2010 年 11 月 10 日。

④ 参见马克·S. 基格利亚特:《旧约批判简史:从本尼迪克·斯宾诺莎到布雷瓦德 S. 蔡尔兹》(宗德文出版公司,2012 年)。

那种相信存在神的无误启示和灵感的观点,预设了这一前提:发生过超自然的干涉。为什么呢? 因为人建立其信念的正常方式是一个极易出错的过程,在这个过程中,偏见、愿望性思维、党派精神、因时和地的限制而得到的有限信息,以及数不清的其他因素,都可使人染上谬误的信念。认为某些特殊的人提出的观点是无误的,肯定脱离了错误,这一信念的前提是:在这些特殊的人身上,人类信念形成的正常过程已被超自然地否决,于是纯粹的、不掺杂的真理出现了。①

末世信念

对气候失调的关心,也被相信"耶稣基督第二次降临"的那一传统的基督教信念破坏了。根据那一信念,耶稣将会在世界的末日再次降临。2013 年,发表在《政治研究季刊》上的一篇文章发现,"相信基督教末世神学的人,较之其他的美国人,更不可能支持抑制全球暖化的政策。"虽然大多数美国人"支持为后代维护好地球的说法,"这是合情合理的,但另一方面,"末世信仰者也自有其道理,他们认为,这样的努力在根本上无济于事,因而是不明智的。"②

反对进化论

认为圣经无误的观点,不仅提出了一种相信世界很快会终结的世界观,而且还提出了一种与科学进化世界观对立的另一种世界观。根据前者,人类和其他哺乳动物的发展历经数百万年的生物进化,它前面还有数十亿年的宇宙变化和地质变化。而超自然主义,它那万能的神赋予经文灵感的学说,却让人接受这一观点:我们这个世界仅是数千年前形成的。根据佩尤民意调查中心 2013 年的一份调查,33% 的美国人不接受进化论,却认为"人类和其他生物自打有时间以来,就一直是以现在的形式存在的。"③

当然,很久以来,进化论在美国就遭到从原教旨主义到保守基督徒的反对。近来,共和党人不断在州议会提出排除气候科学和进化论科学的议案,或至少

---

① 大卫·雷·格里芬:《两大真理新的结合:科学自然主义和基督教信仰》(路易斯维尔:西敏寺约翰·诺克斯出版社,2004 年),第 64 页。

② 戴维·C.巴克和戴维·H.贝尔斯:"末世神学,未来的阴影,以及公众如何抵制应付全球气候变化的举措",《政治研究季刊》,2013 年 6 月。

③ "公众对人类进化的看法,"《佩尤研究》,2013 年 12 月 30 日。

是可为这两者提供替代物的议案。共和党人的这一双重目标,使得国家科学教育中心不得不扩大它的使命。该中心建立于 1981 年,其初衷原本是致力于"维护对进化论的传授"。但是从 2012 年起,它便致力于"维护对进化论和气候科学的传授"了。①

气候科学否定论现在与进化否定论结合起来了,这一事实表明:排斥气候科学家的共识是一种反科学的立场,所以,结合了这两种否定论的议案径直就被称为"反科学的"议案。共和党的政客们已成功地将这两种否定论结合在共和党的政治里了,这从下面这一事实就可看出:正如 2012 年共和党的总统候选人否认气候科学,2016 年那些可能的候选人中,无一人承认过他们信仰进化论。如今这一双重否定已成为共和党候选人中的准则,这一点,局外人乔恩·亨茨曼 2011 年推特上的一篇微博说得最为到位:"我信仰进化论,而且信任认为全球在暖化的那些科学家们。把我叫疯子吧,悉听尊便!"②

对进化论的否认,使得否认全球暖化那一科学共识的主张更具反科学性质,同时也使得上帝万能的信仰所滋生的满足于气候现状的倾向更加强烈。如果我们的世界是过去一万年内创造出来的——根据 2012 年盖洛普民意测验,46% 的美国人相信这个说法——那么,我们的地球变得来不适宜人类生命就算不上什么大不了的悲剧,因为上帝在"一眨眼的功夫"就能创造出一个"新天新地"。③

此外,相信我们的地球是年轻的,这个信仰使人无法充分意识到全球暖化对于文明危害的严重性——它将把我们带出全新世时代(这在下面要讨论)。

极端天气是"上帝的行动"

末世信仰者通常也认为极端天气事件是"上帝的行动"。比如,当末世宣扬

①　史蒂芬·D. 小福斯特:"奥克拉荷马州共和党提出攻击进化论和气候变化的议案","诱人信息网站",2012 年 1 月 22 日;凯瑟琳·斯图尔特:"针对美国学校的新的反科学攻击,"《卫报》,2012 年 2 月 12 日;"2013 年反进化论和反科学立法的记分卡,""国家科学教育中心",2013 年 5 月 20 日;"人们常问的关于国家科学教育中心的问题","国家科学教育中心"。

②　斯图尔特:"针对美国学校的新的反科学攻击";珍妮·麦卡锡:"反进化论立法更新——10 个州中有 9 个都否决了反科学的议案,""怀疑猛禽网站",2013 年 5 月 28 日;"美国生物科学研究所关于传授进化论的新闻","美国生物科学研究所",2013 年;佩玛·利维和埃文·麦克莫里斯 - 桑托罗:"神创论的争论:共和党 2016 年潜在的竞选者,"《谈话要点备忘录》,2012 年 11 月 20 日;贾斯廷·辛克:"亨茨曼说:'把我叫做疯子吧,'我信仰进化论,相信全球暖化","小山网站,E2 线",2011 年 8 月 18 日。

③　弗兰克·纽波特:"在美国 46% 的人执人类神创说","盖洛普民意测验",2012 年 6 月 1 日;《圣经·启示录》21 章第 1 句;《哥林多前书》,15 章第 52 句。

者,约翰·哈吉(他在圣安东尼奥市主持一个大教堂)被人问道,他是否相信卡特里娜飓风是神对不道德的惩罚时,他答道:

> 所有的飓风都是上帝的行动,因为上帝控制着天。我相信新奥尔良曾犯有触犯上帝之罪。……卡特里娜降临的那个星期一,正好要发生一次同性恋者的游行。……我相信,卡特里娜飓风是上帝为了惩罚新奥尔良城而下的判决。①

戴维·克罗,"复兴美国"网站的执行董事,也说到何以飓风卡特里娜会发生的问题:"这个问题的答案在于,"他解释道,"我们应懂得,人是不能控制的,上帝才能! 天上、海上、地上的一切都臣服于他的控制。"说到卡特里娜是"上帝对美国的判决",克罗提到了当时即将到来的"男同性恋、女同性恋,以及变性人的劳动节盛会是'南方的颓废'。"②

根据这一观点,夜空危险的飓风(还有干旱,洪水,龙卷风,以及热浪)就要根据神的政策来解释,而不是根据人对化石燃料的燃烧来解释。人肯定有责任,但却不是因为使用了过多的化石燃料,而是因为性犯罪和性放纵。

当前的既得利益者,利用人们相信世界掌控在上帝手中的这一信念,来促进人们的这一自我陶醉的假设:继续燃烧化石燃料不会摧毁文明,因为"上帝不会允许这事。"然而,历史上却满是这样的例子:人们愚蠢地认为自己在神的荫庇之下。认为整个人类文明都在神的保护之下,这一假设,不过是这种愚行的又一个例子而已。

亲气候福音派信徒的失败

气候道德明显地遭到上面所描述的超自然主义世界观的破坏,那一世界观可被称为极端超自然主义。但是还有一种修正形式的超自然主义,它并不支持这种否定论。这种主张仍是超自然主义的,因为它声称,它信仰某个万能的神———一个有能力控制世界一切事件的神。然而信仰这一修正形式的信徒却

---

① K.C.博伊德:"牧师约翰·哈吉的末世政治","改变网"网站,2013年1月23日;瑞安·查切尔和凯思琳·亨内汉:"全国有线广播电视公司报道麦凯恩欢迎哈吉的支持时,会花如同报道奥巴马反对法拉克汉那样的篇幅吗?"《媒体事务》,2008年2月28日。
② 戴维·克罗:"卡特里娜:上帝对美国的判决,""信念网络",2005年9月。

认为，上帝实际上并不运用这一能力来控制一切事件。毋宁说，他们说，上帝允许自由，所以将来是未定而开放的。

这一主张——它被称为"自由意志有神论"或"开放有神论"——在福音教派内发展起来了，较之传统的超自然主义，它为福音派信徒提供了一个更好的气候道德的根据。当然，问题在于，福音世界是否接受这一根据。这个世界帮助了越来越多的人同意稳健的、开明的基督徒的这一观点：教会应在化石燃料减排这事上助一臂之力。

理查德·西齐克

这些人中的一个就是理查德·西齐克，他曾很长时间是全国福音派协会（福音派教徒最大的伞形组织）负责政府事务的副主席。他相信，政府应设法对付全球暖化，此事已刻不容缓，所以他成为了福音派气候倡议的主要发起人。他说，这个倡议"提出了基于圣经的道德证据，可在这个星球上最强大的国家里帮助制定公共政策，因此而有利于全世界的福祉。"①

西齐克的修订版的超自然主义，既反映在"福音派气候倡议"的这一声明中："当上帝创造了人类，他就委托我们对地球以及地球上的造物施行管理，"也反映在它的这一现实的说法中：如果气候变化加强了，"成百万的人会因为气候变化而在这个世纪死去，他们当中的大多数都是我们在这个星球上的最贫穷的邻居。"②

"福音派气候倡议"得到 80 位著名福音派领袖的支持，其中包括大教堂的牧师乔尔·亨特和瑞克·沃伦，救世军的领袖，以及 39 所福音基督学院的校长。③

西齐克的希望是，"福音派气候倡议"会导致福音运动成为一种对付气候变化的强大力量。最初，事情似乎会是那样。《华盛顿邮报》的 E. J. 迪翁说，"美国的福音派新教正在经历一场新的改革。"弗朗西丝·菲茨杰拉德在《纽约客》上写到了"新的福音派教徒"。《华盛顿邮报》的朱丽叶·艾尔珀林说，西齐克，

---

① "气候变化：福音派呼吁采取行动，"《福音派气候倡议》，2006 年。

② 同上；欲更多了解西齐克，请参见保罗·罗加特·勒布：《一位公民的灵魂：在挑战的时代怀抱着信念生活》（圣马丁的格里芬，2010 年第二版），以及勒布的"一位公民的灵魂：耶稣与气候变化——理查德·西齐克的旅途"，"保罗·勒布网站"。

③ 李斯特·菲德："花的多数"，《新共和》，2008 年 12 月 30 日。

亨特,以及其他像他们那样的人,"已经开始重铸气候变化的政治。"①甚至像帕特·罗伯森和迈克·哈克比这样的很保守的福音派教徒也开始来为气候问题说话了。②

然而,到 2011 年,莫莉·雷登在《新共和》杂志上问道,"福音派环保联盟到底怎么啦?"③对此的答案部分地是:老派的福音派开始了一场反击。2006 年,"康沃尔造物管理联盟"发表了一篇文章,"福音派对全球暖化的回应",那是对"福音派气候倡议"的逐点批判。

这份康沃尔的文件——主要是前面提到过的加尔文·贝斯纳写的——特别反驳了"福音派气候倡议"中的这一说法:气候变化的后果将"最厉害地损害穷人。"相反,贝斯纳的组织说,企图通过削减化石燃料来缓解气候变化,这比任何由全球暖化引起的气候变化更能伤害穷人。第二年,康沃尔联盟"敦促全国福音派协会发布一个明确的公开声明,与西齐克的个人行为划清界限。"④

与此同时,詹姆士·多布森(他专注于家庭研究)和托尼·帕金斯(家庭研究委员会成员)——在那个重生的水门事件罪犯查克·科尔森的帮助下——说服了全国福音派协会的主席不要在"福音派气候倡议"上签字,理由是,对气候变化的关心并非是一个"共识问题"。他们还说,对气候变化的关心会冲淡福音派的"家庭价值"问题,特别是会冲淡反对堕胎和同性恋的斗争。⑤

他们早就想解雇西齐克,2008 年他们发现一个好机会。虽然西齐克很久以来一直从事反对同性婚姻的工作,那年他却在国内公用无线电台上宣称,他认可民事结合。那以后,全国福音派协会主席就强迫西齐克辞职。虽然关于民事结合的那一声明是解雇他的起因,但西齐克,多布森,帕金斯都说,真正的原因是多布森所说的西齐克那反对全球暖化的"不懈努力"。⑥

对于雷登的问题的答案,其中还有这一因素:公众中的否定论生长起来了,

---

① E. J. 小迪翁:"不守规矩的基督徒",《华盛顿邮报》,2007 年 3 月 16 日;弗朗西丝·菲茨杰拉德:"新的福音派教徒",《纽约客》,2008 年 6 月 30 日;朱丽叶·艾尔珀林:"暖化使得福音派教徒结成了环保的团体",《华盛顿邮报》,2007 年 8 月 8 日。

② 莫莉·雷登:"福音派环保联盟到底怎么啦?"《新共和》,2011 年 11 月 3 日。

③ 同上。

④ 加尔文·贝斯纳等人:"呼吁真理、谨慎,以及对穷人的保护:福音派教徒对全球暖化的回应","康沃尔造物管理联盟",2006 年;"与媒体报道相反,全国福音派协会并不认可最近关于全球暖化的声明,""康沃尔造物管理联盟",2007 年。

⑤ 阿德尔·M.班克斯:"多布森和其他人企图让副主席下台",《今日基督教》,2007 年 3 月 2 日;J.李斯特·菲德:"花的多数",《新共和》,2008 年 12 月 30 日。

⑥ 菲德:"花的多数";理查德·西齐克:"我的通向'新福音派'的旅途",《宗教与政治》,2012 年 9 月 13 日;西齐克:"我的通向'新福音派'的旅途";班克斯:"多布森和其他人企图让副主席下台"。

茶叶党的兴起对此是一种支持。参议员英霍夫把 2009 年称为"怀疑之年"。正由于这些情况,雷登便说:

> 神创论以及"上帝掌控世界"的信念再次变得突出了,与此同时,还有这种看法:凡是欲认真对待气候变化的作法都是对上帝有点不忠的表现。…这种情绪现在竟然发展到如此地步:共和党候选人不仅必须放弃任何对环保有利的政策,还必须对自己以往对其的支持作出解释。

乔尔·亨特告诉雷登,"他这一代人恐怕不能如他们所希望的那样,使关于气候变化的争论有所改变。"①

凯瑟琳·海赫

西齐克并非福音派政治中对气候变化的新的敌意的唯一受害者。另一位受害者是一位第一流的气候科学家,凯瑟琳·海赫。她是德克萨斯理工大学气候中心的主任,也是 IPCC 的一位审稿者。她那温和的超自然主义反映在她的这一说法中:大多数基督徒都相信,"上帝创造了这个星球,然后将它托付给人类照料,"所以,"人类实际上有责任保护地球。"②

2009 年,她和安德鲁·法利——一位牧师,也是她的丈夫——共同出版了一本书,副标题是"全球暖化的事实,供人作出以信仰为基础的决定"。如同西齐克,她清楚地陈述了事实,描述了问题的紧迫性。2014 年,她被《时代周刊》列为全球最具影响力的 100 人之一,娱乐时间电视网的气候系列节目"多年生活在危险之中"③,也将其用着嘉宾。

由于她的福音派立场以及关于气候变化的专业知识,她被要求在纽特·金里奇(他当时正在竞选共和党总统候选人提名)正在编的一本书里写上一章。但是,当得知拉什·林博因这一计划批评过他时,金里奇便将该章删除了。在2012 年的一次访谈中,海赫说:"作为一个基督徒团体,我们目前允许政治塑造

---

① "英霍夫把 2009 年称为'怀疑之年'"(新闻稿),参议院环境和公共事务委员会,2009 年 11 月 18 日;雷登:"福音派环保联盟到底怎么啦?"

② 阿什利·波特洛:"基督徒有何理由反对气候科学?"《国际商务时报》,2012 年 2 月 14 日。(她所说的话没有引号,但却似乎是一个直接引语。)

③ 凯瑟琳·海赫和安德鲁·法利:《变化的气候:全球暖化的事实,供人作出以信仰为基础的决定》("信仰团体",2009 年);乔·罗姆:"凯瑟琳·海赫博士,娱乐时间电视网的气候系列节目的嘉宾,被《时代周刊》列为全球最具影响力的 100 人之一","气候动态"网站,2014 年 4 月 24 日。

我们的信仰,而不是允许我们的信仰塑造我们的政治。"①

虽然在采访中未提到康沃尔联盟,然而发言人加尔文·贝斯纳却把海赫的说法用作一次对她进行全面攻击的机会。他说,她的观点遭到了这一事实的反驳:没有任何政治家在联盟的出版物上写过文章。然而,在竭力证明康沃尔联盟的动机全然是神学上的关怀时,贝斯纳却遮掩了这一事实:康沃尔联盟是建设性明天委员会的掩护机构,后者又是埃克森美孚公司的掩护机构。② 充当石油游说的"托儿",当然就说不上是与政治无关的了。

无论如何,就像他对待西齐克和福音派气候倡议一样,贝斯纳攻击了海赫,因为她说了这样的话:对穷人的关心,就是减少燃烧化石燃料的一个理由。恰好相反,贝斯纳说,这种关心正是增加燃烧矿石燃料的理由。贝斯纳和他的康沃尔联盟(还有其他一些个人和组织)的这种攻击,雷登评述道,颇具讽刺意味,因为,"对那些因气候变化而处于危险中的更贫穷的国家的关怀,一直是造物关怀的主要卖点之一。"③

这一卖点,在西齐克离开后,在 2011 年的一本出版物《关爱这些人中的最卑微者:对付变化的环境》,被全国福音派协会利用。它的主要作者,多萝西·布尔斯说:"这本小册子可算作一个起点,人们就此开始思考和讨论气候变化如何影响穷人,以及我们,作为基督的追随者,可为此做些什么。"该小册子又说:

> 富有的人和国家可能会受到气候变化的影响,但我们有办法适应,穷人却没有。作为基督的信徒,致力于正义与同情,我们应竭力懂得不利于穷人和无助的人的生命和福祉的那些潜在威胁。④

关于究竟谁对的问题——是贝斯纳和康沃尔联盟对,抑或是凯瑟琳·海赫,多萝西·布尔斯,全国福音派协会,理查德·西齐克,福音派气候联盟

---

① 凯特·谢波特:"纽特攻击基督教气候科学家,""琼斯妈妈网站",2012 年,2012 年 1 月 6 日;马克·莫拉诺:"海赫遭撵!林博在电台读了气候报告后,金里奇将反对气候暖化的教授踢出新书——纽特取消关于气候的一章,""气候站",2011 年 12 月 30 日;波特洛:"基督徒有何理由反对气候科学?"

② E. 加尔文·贝斯纳:"福音派中批评全球暖化论的人是受到政治的驱动吗?"《康沃尔联盟》,2012 年 2 月 28 日;李芳:"独家新闻:以宗教气候为幌子的石油经营商改换了否定论的掩护机构:康沃尔","气候动态"网站,2010 年 6 月 15 日。(建设性明天委员会与埃克森美孚公司的关系在本书 12 章提到过。)

③ E. 加尔文·贝斯纳:"福音派中批评全球暖化论的人是受到政治的驱动吗?";雷登:"福音派环保联盟到底怎么啦?"

④ 多萝西·布尔斯:《关爱这些人中的最卑微者:对付变化的环境》,"全国福音派协会",2011 年。

对——2013 年《卫报》一篇文章的标题说，"世界银行警告说，世界上最穷的人将首当其冲，感受到气候的变化。"世界银行的报告说：

> 任何国家不会幸免于气候变化的影响。不过，影响的分布却可能原本就是不均衡的，会向世界上最穷的地区倾斜，那些地区在经济上、制度上、科学技术上最无对付和适应的能力。①

正如"福音派气候倡议"和"全国福音派协会"的文件所说，一种温和的超自然主义能支持对全球暖化的关怀，并支持关于全球暖化的精彩说法。虽然这一主张未能引起气候变化讨论的革命，但它的失败却可在很大程度上归于各种外部因素，特别是传统的福音派、（埃克森美孚公司资助的）康沃尔联盟，以及（科赫公司资助的）"茶叶党"所制造的那种敌对的气氛。

一个内部问题

然而，新福音派的温和超自然主义，其内部也有一个问题。由于它仍然是一种超自然主义，所以它坚持认为，万能的神可以随时介入。这是一个在科学与宗教的争论中讨论得很多的问题。② 虽然执自由意志论超自然主义的神学家说，科学不能描绘像神奇的"上帝行为"那样的任何事件，但他们往往又说，不过那样的事件是能够发生的。③

这一主张可降低全球暖化的严重性。比如，海赫的书中就有这样的描述，一位质疑的人问道："既然我们这些基督徒知道世界不会那样终结，我们又何必去关心全球暖化的问题呢？""福音环境网络宣言"，"论对造物的关怀"，最后是这样说的："我们发出这一宣言，因为我们知道，在基督复临调和万物之前，是我

---

① 菲奥娜·哈维："世界银行警告说，世界上最穷的人将首当其冲，感受到气候的变化。"《卫报》，2013 年 6 月 19 日；"降低酷热：为何应避免一个平均温度升高了摄氏 4 度的世界"，《世界银行》，2012 年11 月。

② 参见大卫·雷·格里芬："过程神学和基督教好消息：对自由意志有神论的回应"，见于约翰·B. 小科布和克拉克·平诺克编：《寻求一个充分的上帝：过程有神论者与自由意志有神论者之间的对话》（大急流城：埃尔德曼出版社，2000 年），1—38 页，引文见 12—16 页。

③ 参见大卫·雷·格里芬：《宗教与科学自然主义：克服冲突》（奥尔巴尼：纽约州立大学出版社，2000 年），55—61 页。顺便说一下，基于该讨论，著名的福音派神学家霍华德·范·悌尔放弃了超自然主义，而赞成一种不承认神介入的有神论；见霍华德·范·悌尔为格里芬《两种伟大真理》写的序言。

们受命充当神美好花园,即我们的尘世家园,的管家。"①

这一派,至少是这一派的大多数成员,坚信:世界不会毁于全球暖化。他们坚执的这一信念会不会使得防止文明毁灭的这一任务看起来不那么重要呢?提倡这一主张的人肯定会说,不会。乔尔·亨特说:"我认为这样的说法在道德上是错误的:'这个嘛,这都是上帝的意志,无论如何他不久就要复临,所以我们不该管这事。'"②这种态度确实不对,但它却可能使得关注气候变化这事好像不那么紧迫。

接受温和的超自然主义的人们肯定会说,对上帝的信仰并不会减缓制止气候变化这一行动的紧迫性。比如"全国福音派协会"的《关爱这些人中的最卑微者》中就说:

> 这样的设想虽然诱人但却不明智:上帝会防止我们厉害地伤害地球。上帝至高无上,但却让我们去经受我们自己的行为所造成的自然结果。……人类有自由作出甚至损害生态系统基本功能的决定,诸如污染海洋,有意无意地造成森林大火那样的决定。上帝并不总是介入,以拯救我们,使我们免遭我们在生命的其他领域的行为所造成的后果。我们不应认为,一旦我们未尽地球管家之责,他就会这样来救我们。③

然而,很多福音派教徒相信,虽然上帝听任了犹太人和亚美尼亚大屠杀,以及很多其他的难以言说的事件,但他肯定会插手阻止人类过早地毁灭文明。这一信念进一步解释了,何以福音教徒,正如民意测验所显示的,较之一般美国人,较少关心全球暖化。只有当一种不相信神介入的福音派基督教信仰传播开来,这种情况才有可能改变。④

与之紧密联系的一个问题是,福音派的观点是否提供了根据,使得人们不

---

① "论对造物的关怀","福音环境网络",2011年。最近有两本书可充当例子,它们是两位认真对待气候变化的传统神学家写的。一本是迈克尔·S.诺斯科特写的《一种关于气候变化的政治神学》(埃尔德曼出版社,2013年),另一本是他和彼得·斯科特合编的《系统神学与气候变化:普遍的基督教观点》(劳特利奇出版社,2014年)。

② 詹姆士·卡尔森:"耶稣会拿全球变暖怎么办?"《奥兰多周刊》,2006年4月13日。

③ 见布尔斯《关爱这些人中的最卑微者》中标题为"基督教活动的圣经根据"的那一节。

④ "福音派教徒支持某些气候变化政策,"《环保杂志》,2013年6月,这指的是尼尔·史密斯和安东尼·莱泽罗威兹的"美国福音派教徒与全球暖化",《全球环境变化》,2013年5月28日。另一个不承认神介入的福音派神学的例子(除了霍华德·范·梯尔),可参见托马斯·杰伊·奥尔德的《爱的性质:一种神学》(密苏里,圣路易斯:卡利斯出版社,2010年)。

仅可以说,缓解全球暖化会是好事,而且还可以说,从基督教的观点来看,缓解全球暖化是一桩天命。说到《关爱这些人中的最卑微者》,理查德·西齐克颇感欣慰,因为全国福音派协会正在讨论气候变化。然而,"由于该协会就此问题不采取立场,他则报以尖锐的批评态度"(全国福音派协会发布的文件与其说是一份"正式的政策声明",还不如说是"一份对话录")。西齐克说:

> 你说你关心气候变化的后果,但就采取法律行为制止它这事,你却不愿表态。这相当于在上个世纪 60 年代说,嗯,非裔美国人在争取平等,我认为这事很好,但我们不打算对此做任何事。①

结论

修正了的超自然主义比传统的超自然主义要高级得多。但若要全心全意地支持气候道德,就还需要某种更好的东西。

进化有神论与气候道德

还有另一种世界观,可被称为"进化有神论",它可毫不含糊地接受气候道德。说这种世界观是进化有神论,就是要表明,它既是科学的,又是宗教的。大多数的美国人都既接受进化论又接受有神论,鉴于此,这种世界观总地说来应该是吸引人的。然而,这两个术语——"进化论"和"有神论"——对于很多人,却一直是不可接受的。

进化论

认为人的生命是经历了一个长期的进化过程而形成的,这一观点遭到很多美国人的反对,因为他们把进化等同于一种特殊的进化论,根据该理论,进化就是一种无神的、无意义的过程。虽然这种世界观通常被称为"达尔文主义",但这一称呼却是不恰当的:达尔文自己就确认一种常被称为"自然神论"的有神论,根据该理论,自创造世界后,上帝不再影响世界。达尔文肯定,上帝创造了

① 利思·安德森(全国福音派协会主席):"布尔斯《关爱这些人中的最卑微者》序言";纳兹华斯:"福音派教徒与气候变化"。

世界,因而世界会演化,就这样,他把这一自然神论与进化论结合起来了。他说,宇宙不可能被想象成是偶然的结果——"即未经设计或没有目的的。"具体到人,达尔文说,我们不可能"把这个巨大而奇妙的宇宙,其中包括具有回顾和前瞻能力的人,想象成是盲目的偶然或必然的结果。"虽然达尔文放弃了他早期的神学观点——该观点认为,世界的一切细节都反映了某种神的安排——但他仍然肯定,具有道德和理智性质的存在物是神有意创造的。①

把进化视为一个无神、无意义的过程,这种观点,就是被称为新达尔文主义的那一20世纪学说的观点。根据这种观点,进化的过程是没有方向的。新达尔文主义不承认宇宙的方向性,它认为,进化的过程不过是来自作用于随意变异的自然选择。比如,史蒂芬·杰伊·古尔德就宣称,认为进化是全然"无目标的"那种观点就是"新达尔文主义的核心。"威廉·普罗文,一位研究新达尔文主义的历史学家,则如此描绘该学说的要点:"宇宙对我们全不关心。……甚至在地球上的进化过程中,人类也不算一回事。……不存在对于人类的终极意义。"②

只要美国人相信,他们必须在新达尔文主义和超自然主义二者间作出选择,很高百分比的人将会选择后者。"智能设计论"把进化的时间表置于神创论中,于是进化的每一个细节都是由某位万能的设计者决定的。罗伯特·彭诺克是一位这种理论的批判者,他说,提倡"智能设计论"的运动,其基本的动因是,人们相信,接受进化论就会导致万物无意义的结论。③

虽然新达尔文主义使得很多人反对进化论,但新达尔文主义不过是一种关于进化的特殊理论,而对于进化本身的相信则仅仅是这样一种观点:当前活着的物种是通过"遗传变异"而形成的,而并非每一个物种都是一个分离的造物。这一学说,有时被称为"宏观进化论",是达尔文主要关心的事,其他关于进化如

---

① 达尔文说到了"造物主铭刻给物的规律"(《物种起源》[纽约:门特丛书,1958年],448页),他说,"某些不多的有机存在物最初被创造时,就被赋予了很高的生殖能力,以及某种微细的遗传变异能力"(罗伯特·斯托弗编:《达尔文的自然选择:本书系他写于1856—1859年的那部大部头的物种著作的第二部分》[剑桥:剑桥大学出版社,1975年],224页);尼尔·C.吉莱斯皮:《查尔斯·达尔文与创世的问题》(芝加哥:芝加哥大学出版社,1979年),140—145页;查尔斯·达尔文:《查尔斯·达尔文自传》,诺拉·巴洛编(纽约:诺顿出版社,1969年),92页;多佛·奥斯波瓦特:《达尔文理论的发展过程:自然历史,自然神学,以及自然选择,1838—1859年》(剑桥和纽约:剑桥大学出版社,1981年),72—73,226页。

② 史蒂芬·杰伊·古尔德:《熊猫的拇指》(纽约:诺顿出版社,1982年),38页;威廉·普罗文:"进化的过程以及生命中的意义",见于马修·尼特基编:《进化的过程》(芝加哥和伦敦:芝加哥大学出版社,1988年),49—74页,引文见64—66,70页。

③ 罗伯特·彭诺克:《通天塔:质疑新神创论的证据》(剑桥:麻省理工学院,1999年)311—327页。

何发生的任何观点都退居次要。[①]

因此，不能因为进化暗示了一个无意义的宇宙就反对进化。那个结论确实是从新达尔文主义得出的，然而还有其他的，可能更好的，关于进化如何发生的理论——其中有些是有神论的。[②]

进化论与有神论

大多数关于"有神论"的讨论，与大多数关于进化的讨论，同样地混乱。主要的问题是，有神论在西方通常被等同于犹太教、基督教、伊斯兰教的上帝观，即把上帝视为一个从无中创造了世界的万能的存在物。由于这一等同，其他的神灵观就被视为非有神论的，因此是无神论的。

众所周知，在18世纪的启蒙运动中，有神论变得声名狼藉。其原因，部分地是关于恶的问题，也就是如何调解对至善万能的造物主的信仰与世界之恶二者间的矛盾(参见伏尔泰《老实人》)。但在那些基于科学的领域内，人们也普遍认为，有神论与科学对于世界的看法相冲突。一方面，科学的世界观说，不可能存在打破正常因果关系的干扰，另一方面，(传统的)有神论却坚信，存在一个万能的、从无中进行创造的造物主，他时不时地行神迹(意思是没有自然起因的事件)。

比如，哈佛的理查德·利翁廷在一篇针对卡尔·萨根的书评中就讲述了一个二难境地。一方面，以唯物论的、因而是非有神论的立场对现象所作的解释，有时会归于"明显的荒谬"。另方面，利翁廷说，这一立场必须维持，因为"我们不能允许神的脚伸进户内。……诉诸万能的神，就是同意，任何时候自然的规则都可被打破，神迹随时都可能发生。"[③]

由传统有神论造成的这两个问题——恶的问题，以及有神论的世界观与科学相冲突的问题——是导致无神论的、新达尔文主义的进化观的主要原因。然而，如此的发展却并无好的理由。如果接受进化论的世界观，即认为，我们现在的存在是经历了一个数十亿年的过程而形成的，那么，这(连同其他的事实)就会破坏对上帝万能的信仰。也就是说，只要人们相信，宇宙是数千年前一下子

---

① 吉莱斯皮：《查尔斯·达尔文与创世的问题》，130页。

② 参见约翰·B.小科布所编《回归达尔文：一种对进化的更丰富的解释》(埃尔德曼出版社，2008年)。(该书包括我写的两章："新达尔文主义及其宗教含义，"和"怀特海的自然主义与一种非达尔文的进化观"。)

③ 理查德·利翁廷："数十亿的魔鬼"，《纽约书评》1997年1月9日：28—32页，引文在31页。

创造出来的,最后创造出来的是人,那么,他们就只有相信以下这一事实才是合情合理的:宇宙是由某个万能的神创造的。然而,人的这一发现,即世界是通过一个缓慢而长期的进化过程创造出来的,却使得他们的这一信念极端地不合理:如果那个神性的造物主想要创造出那样一个世界,其中除了其他事物而外,还要有具有科学、艺术、道德,以及宗教能力的人形造物,那么,该造物主,如果真是万能的话,何以让宇宙在它的大多数存在期都没有那样的造物呢?人们恐怕应该好奇地思考一下:何以这个星球拥有人类的时间还不到它存在期的百万分之一。

进化论的观点暗示:任何神性的造物主都必须具备那样的能力,它极不同于传统有神论归于上帝的那种能力。正是由于人们一直拒绝接受一种改革的、新式的有神论,才使得无神论的进化观滋生起来。

道德虚无主义与世界的构造

新达尔文主义的无神论观导致了这样一个观点:宇宙是无道德规范可言的。比如,普罗文就说,进化论的生物学,还有普遍的现代科学,"直接就暗示,不存在固有的道德或伦理的规律。"古尔德同意此说,他说,"'那外面'不存在待人去发现的'自然规律'。"在哲学界,新达尔文主义对进化论的调节,由于认可了无神论,促进了道德虚无论——用普林斯顿道德哲学家吉尔伯特·哈曼的话来说,"这种学说认为,不存在道德事实,道德真理,以及道德知识。"[①]

牛津大学的哲学家约翰·麦基出版了一本标题为《伦理学》的书,其副标题是,《发明对与错》。在解释这一副标题时,麦基说,道德价值并非"世界构造的组成部分",所以,"不存在客观的价值。"他进一步阐释其含义说,"如果有人在你眼前极度痛苦地挣扎,"并不存在客观的要求,规定:"如果你能,就应该帮一下忙。"[②]

麦基认为,道德价值不属于宇宙的构造,他的这一观点出自他的这一信念:无神论是真的。"如果必要的神学教义是有根据的,"麦基让步道,"那么某种客观的伦理规定性就是有根据的。"[③]他早些时候的一本著作,《有神论的奇迹:赞

---

① 普罗文:"进化的过程以及生命中的意义",马修·尼特基编,《进化的过程》,64—66页;史蒂芬·杰伊·古尔德:"弹劾一位自封的法官",《科学美国人》,1992年7月;118—121页,引文在118页;吉尔伯特·哈曼:"道德的性质:伦理学导言"(纽约:牛津大学出版社,1977年),11页。

② 约翰·麦基:《伦理学:发明对与错》(纽约:企鹅出版社,1977年),24,15,79—80页。

③ 同上,48页。

成和反对上帝存在的根据》,就表明这一论点是无根据的。在该书中,麦基论证说,上帝的存在之所以是高度不可能的,主要是因为恶的问题。然而,麦基只是根据传统的有神论在讨论上帝的存在,根据该有神论,上帝的特性之一就是"能够做一切事(即万能的意思)。"[1]

吉尔伯特·哈曼不仅定义了道德虚无主义,而且还赞成它。他坚持他所谓的"合理的论点:一切事实都是自然事实",因而他宣称:"我们的科学的世界观中,没有上帝的位置",而且,说到道德规范时,他还说,"也没有这类实体的位置。"[2]据此——虽然他表示过他欲避免"支持某类虚无主义"——他说:"并不存在对或错的绝对事实,"只存在"关于何为对何为错的相对事实,"意思是,相对某一具体社会所遵守的习俗而言。然而,这却正是虚无主义所坚持的观点。[3]

确实,很多人已否定了认为无神论必然导致虚无主义的那种观点。这种否定已表现在杰弗里·墨菲1982年的那本书中:《进化,道德,以及生命的意义》。他说,道德并不取决于对上帝的信仰,于是他认为尼采的那一宣称,"上帝死了",卑之无甚"高论"。不过,后来墨菲意识到,越来越多的人怀疑哲学(世俗的,非宗教的)有可能支持道德。他发现,在非有神论思想家之中,人们普遍认为,"没有理由相信人的固有尊严或神圣性,"于是他提出了一个更广泛的问题(反诘式的):"人如何可能一方面抛弃上帝和一种宗教的宇宙观,同时却维持着关于任何事物神圣性的一种强烈概念?"[4]

宗教的视角

墨菲的新观点与著名的人类学家克利福德·格尔茨的观点相合。格尔茨说,传统的道德动机的根据,就是他所谓的"宗教视角"。这一视角包括"这样一个信念:人所信奉的价值观是植根于实在的固有结构的;人之应然和事物之已

---

① 约翰·麦基:《有神论的奇迹:赞成和反对上帝存在的根据》(牛津:克拉伦登出版社,1982年),第1页。麦金曾指出,他的论点不会对那类不认为神的力量万能的有神论造成困难(同上,151页),但在进行论述时,他却忽略了关于神的别样观点。

② 吉尔伯特·哈曼:《道德的性质:伦理学导言》(纽约:牛津大学出版社,1977年),17页;吉尔伯特·哈曼:"存在着哪怕是一种道德规范吗?"见于迈克尔·克劳兹编,《相对主义:解释与对抗》(诺特丹:圣母大学出版社,1989年),363—386页,引文在381,366页。

③ 哈曼:《道德的性质》,11—13,131—132页。

④ 杰弗里·墨菲:《进化,道德,以及生命的意义》(新泽西州,托托瓦:罗曼—利特菲尔德出版社,1982年),16页;墨菲:"宪政,道德怀疑论与宗教信仰",见于阿兰·S.罗森鲍姆编:《宪政:哲理的维度》(纽约:格林伍德出版社,1988年),239—249页,引文见于241,244页。

然,这二者间存在着一种打不破的内在联系。"正是宗教视角的这一特色,解释了宗教的道德活力。

> 人们感到,具有强烈强制性的"应然"出自某种全然确凿的"已然"。……神圣的符号之所以有力量,是因为人们相信,它们能将事实与最深层次的价值等同起来。①

肯定事实与价值之间的这一同一性,就是肯定某种神圣物的实在性。对神圣物的信念,会滋,生我们应如何生活的感觉,因为我们自然地就有与神圣的东西保持一致的欲望。众所周知,大卫·休谟曾论证过,应然的结论不可能产生自已然的结论。那一说法在非宗教的话语中是对的,但在宗教的框架中就不对了,因为关于神圣实在的已然结论确实会产生应然的结论。然而,承认休谟的主张在非宗教话语中的真理性,仍然是重要的:如果实在被理解为既不是神圣的,又不是植根于某种神圣物,那么,从一个关于实在之性质的纯粹事实性结论,就不可能产生出我们在道德上应该何为的任何结论。所以,一旦伦理学脱离了对任何神圣实在的信仰,它就不能为某种道德生活提供证明和动机。这,就是我们所发现的。

比如,在剑桥大学执教的伯纳德·威廉就说,道德"不可能被哲学证实。"鉴于现代人对有神论的反对,威廉说,我们不得不得出这样的结论:道德规范并非"世界构造中的一部分。"我们不能说,从宇宙的角度来看,成为道德的是重要的,威廉说,因为,"对于宇宙来说,……没有什么是重要的。"②

于尔根·哈贝马斯也得出了类似的结论。有神论的式微导致了"对世界的祛魅",据此,哈贝马斯说,哲学不能"对我们何以应该是道德的这一问题,……提供一个激励性的回应,"因为我们不能在没有上帝的情况下,挽救一个绝对的意义,让其能自圆其说。所以,据哈贝马斯的观点,一种非有神论的世界观就不能给我们一个道德上的理由,使我们为了后代的缘故而作出任何牺牲。③

---

① 克利福德·格尔茨:《从伊斯兰教看,宗教在摩洛哥和印度尼西亚的发展》(纽黑文:耶鲁大学出版社,1968 年),97 页;格尔茨:《对文化的阐释:论文选》(纽约:基础书籍出版社,1973 年),126—127 页。

② 伯纳德·威廉:《伦理学,以及哲学的局限》(剑桥:哈佛大学出版社,1985 年),22 页;威廉."伦理学与世界的构造",见于特德·杭德里奇编《道德与客观性:致 J. L. 麦基》(伦敦:劳特利奇—基根·保罗出版社,1985 年)182,205 页。

③ 于尔根·哈贝马斯:《理由与应用:杂谈话语伦理学》(剑桥:政体出版社,1993 年),71,146 页。

气候道德虚无论

道德虚无论认为,不存在客观的道德真理和道德价值,因而不存在道德规律或伦理规定。这样的虚无论当然会导致具体的气候道德虚无论。于是,我们上面引用过的那些哲学家就不能说,我们有责任降低碳的排放,以便为后代维持一个体面的气候。因此,代际公正,这一气候道德的核心元素,就被看成是毫无根据的了。

一些学界中人在气候变化问题上公开地表达了这一道德虚无论,比如,有人编的一本书标题是《对后代的义务》,其中第一章就反对人们所相信的这一说法:"我们欠后代一些东西",诸如"足够的自然资源,以及一个清洁的环境。"①

这一对气候道德的反对当然也表现在不那么学术性的一些文章中。一个例子就出现在对乔·罗姆的一篇博客文章"我们地狱般的将来"的回应中。该博客文章在本书第二章说到过,它讨论的是美国国家海洋和大气管理局领导下的权威报告发出的警告:"截止 2090 年,美国大多数内陆地区的平均温度可能将升高华氏 9—11 度"。一位自称"80 年代生人"的人回应道:

> 谁会在乎呢?那时我可能已死。即便那时我没有死,我也不会在乎。为了温度的几度差别而放弃香车华屋美食,我或其他很多人都不愿作这样的交易。②

这种态度似乎主要属于科赫兄弟和埃克森美孚公司以及其他化石燃料公司的老板们,他们显然以此话为座右铭:"获利最多者,虽死犹胜"。

总之,正如超自然主义不支持气候道德,虚无主义的无神论也不支持它。后者认为,我们没有客观的根据可以说:毁掉后代过满意生活的条件,在道德上是错误的。

对有神论的一种更佳定义

无神论导致道德虚无论,这一说法已遭到普遍反对。像麦基和有些人那样

① 托马斯·施瓦兹:"对后代的义务",见于 R. I. 西科拉和布莱恩·巴里编《对后代的义务》(费城:开普大学出版社,1978 年)3—13 页。

② 乔·罗姆:"我们地狱般的将来:国家海洋和大气管理局领导下的权威报告发出警告,截止 2090 年美国大多数内陆地区平均温度将升高华氏 9—11 度","气候动态"网站,2009 年 6 月 15 日。不过,我们尚不明白,这位回应者是否说的反话。

把无神论定义为对西方传统有神论的反对,这确实是错误的。然而,对有神论,不应作如此狭隘的理解。正如查尔斯·哈茨霍恩和威廉·里斯在《哲学家说上帝》一书中所显示的,存在着很多神灵观,其中有些相当不同于犹太教、基督教和伊斯兰教中所阐述的那种主要的神灵观。而且,同它们一样,这些神灵观中的大多数都认为,道德规范属于世界的构造。①

比如,儒家就没有照西方有神论的路子来思考,但它却显然认为道德植根于事物的性质。佛教也是如此:虽然它常被人视为无神论的,但,由于它那众生"相依而生"的教义,它所必然否定的唯一观点却是:我们的宇宙是从虚无中创造出来的。任何形式的佛教,即便有,也很少否认宗教—道德价值属于实在的构造。② 对于基督教、犹太教、伊斯兰教以外的其他宗教,也可作类似的结论。

所以,我们需要对"有神论"和"无神论"这些术语作更宽泛的定义。首先,这些术语应包括,就像它们本身一样,十足的对立面。这样的定义的形成可始于这样一个事实:反对传统的有神论并不必然导致虚无论;它仅仅是这一观点导致的:在有限实体和过程的整体之外,不存在任何东西。正是这一观点导致了这一说法(用哈曼的话来说):(在我们的科学世界观中)任何神性实在是"没有位置的",因此,道德规范也是"没有位置的"。

这一起点允许我们将"有神论"和"无神论"定义为全然的对立物,于是一个便是对另一个的否定:或则道德规范有某个存在的"位置",或则没有。据此,最广义的无神论便可定义为这样一种学说:宇宙间无道德规范存在的位置,所以它们并非世界构造中的一部分。所以,最广义的有神论便是这样的学说:有道德规范存在的位置。这个"位置"可被视为上帝,神,神性实在——无论什么可想象的更特殊的构想。更特殊的构想可能会将上帝视为一个有别于宇宙的存在,或者被视为,如佛教徒杰里米·海沃德所说,"宇宙的整体",或者,"宇宙被视为在上帝的统一之中。"与此类似的是,继怀特海之后的领军过程哲学家查尔斯·哈茨霍恩把上帝说成是"宇宙的灵魂"。他把自己的主张描述为"万有在

---

① 查尔斯·哈茨霍恩和威廉·里斯编:《哲学家说上帝》(芝加哥:芝加哥大学出版社,1953 年)。

② 参见杜维明:《"中"与"庸"——儒家的宗教性》(奥尔巴尼:纽约州立大学出版社,1989 年),以及伊万斯—普里查德:《原始宗教理论》(牛津:克拉伦登出版社,1965 年),普里查德写道:"当人们说,佛教和耆那教是无神论的宗教,那就可能产生严重的歪曲"(119 页)。另外,研究《法华经》(被南亚佛教徒视为最重要的经文)的专家吉恩·里夫斯也指出,佛教只可能被那样的人说成是无神论的,他们坚持认为,任何主张,只要是反对传统有神论的神灵万能观,就可贴上这一标签("法华经与过程思想",《过程研究》总 23 期,1994 年夏第 2 期:98—118 页)。

神论"（它既不同于泛神论又不同于传统的有神论）。① 任何观点，只要它认为，宇宙有、或者是，一个可容道德规范存在的地方，那么它就可被视为是有神论的——意思是反无神论的。

且结论如下：正如反对新达尔文主义并不必然反对进化论，反对传统有神论的上帝万能观也并不必然导致一种无神论的宇宙观，进而导致道德虚无论。

有神论与进化论

有些基督教超自然主义者的团体常常把进化论与气候科学紧密联系起来，因而只要一反对，就反对它们两者。同样，从自然主义有神论的视角来看，进化论与气候科学也是紧密联系在一起的，但二者得到了肯定，因为进化论的观点，提高了基于气候科学的道德规范的重要性。

神学家保罗·蒂利希当年离开纳粹德国以示抗议；众所周知，他将宗教定义为"终极关怀"。根据那一定义，终极关怀的诸问题可界定为宗教性的。② 有些人认为，地球是仅在几千年内由一位万能的神创造的，如果毁灭了，也能容易地恢复。照这些人的这一观点，全球暖化可能会毁灭文明，这是一个次于终极关怀的问题。以进化有神论的观点看来，事情就大不相同了。

进化的过程反映了一个方向，也就是，越来越复杂的存在物出现了，这使得更成熟的经验成为可能。然而进化过程背后的那个精神，却远不是传统的有神论者所想象的那样是万能的（根据那种上帝万能论，是上帝单方面造成了变化），而只能缓慢地造成变化。

进化背后的那个精神普遍被称为"上帝"。很多人发现，甚至在得知新近的神学反对传统的上帝观之后，"上帝"一语已遭毁灭，不可修复。然而，没有必要让此语挡住人们的路，妨碍他们肯定一种宗教的宇宙观。人们可用另外的称呼，也许简单地就可称之为"神"。重要的是要理解，这个造成生命、并最后造成人类的进化过程，是植根于某种神性实在的，因而道德规范也属于宇宙的结构。

我们的宇宙的创生，根据权威的理论，显然发生在大约 130 亿年前。然后，大约 90 亿年后，地球形成了。地球的形成发生在大约 45 亿年前，那以后，地球

----

① 杰里米·海沃德：《理解普通巫术：科学与直觉智慧》，241 页（博尔德和伦敦：香巴拉出版社，1984 年）；查尔斯·哈茨霍恩：《上帝万能以及其他神学错误》（奥尔巴尼：纽约州立大学出版社，1984 年），52—62 页；在拙著《复魅何须超自然主义》140 页，讨论了这一问题。我也在拙著《万有在神论与科学自然主义》中为万有在神论作了解释和辩护。（克莱蒙：世纪出版社，2014 年）

② "终极关怀——麦肯齐所描绘的对话中的蒂利希"（宗教在线）。

经历了大约10亿年的转变,然后才出现了最基本的生命形式。这些简单细胞出现(大约35亿年前)之后,又过去了大约15亿年,然后那类细胞(真核细胞),即可形成植物体和动物体(大约20亿年前)的细胞才出现。几乎又一个10亿年过去了,才出现了多细胞生物(大约12亿年前)。那以后,大约过了5亿年,才在大约5亿年前,在"寒武纪生命大爆发"期间出现了大多数的现代类型的动物。

直到大约又一个4亿年过去了(1亿年前),哺乳动物才出现,首批原始人出现于大约600万年前,人属的首批成员是2百万年前出现的,至于解剖学意义上的现代人,则是20万年前出现的。最后,文明在大约1万年前出现了。

伊甸园

正如导言中指出的,文明的先决条件就是全新世的出现。用圣经的话来说,全新世可被设想为伊甸园,在那里,生命的条件是(相对)理想的。

全新世使得文明的出现,连同农业和城市的出现,成为可能。于是出现了哲学(以柏拉图,亚里士多德,康德,怀特海为代表),现代科学(以牛顿,达尔文,爱因斯坦为代表),现代医学(以居里,巴斯德,·索尔克,萨宾为代表),艺术的繁荣(戏剧以埃斯库罗斯、索福克勒斯、莎士比亚、易卜生,以及阿瑟·米勒为代表;小说以奥斯汀、狄更斯、艾略特、梅尔维尔,以及托尔斯泰为代表;还有莱昂纳多、梵高,以及莫奈的绘画,多纳泰罗、贝尔尼尼、米开朗基罗,以及罗丹的雕塑,维瓦尔第、巴赫、莫扎特、贝多芬,以及甲壳虫乐队的音乐)。据我们所知,文明——这儿当然是根据西方文明来描绘的——只能存在于全新世的全球气候里。

至于说到逐出伊甸园,圣经神话的细节却并不适用于我们当前的危机。据圣经,人类被逐出伊甸园,因为其违反了神的一条专断的命令。虽说它的细节不适用,但其普遍观念却是适用的:我们被赋予了理想的生存条件,然而现在我们却正在被放逐(或者,毋宁说我们正在放逐我们自己),因为我们正在违反有神性根据的那些自然规律。那些并非是专断的规律,而是我们所理解的规律:生态规律,它们植根于物理学、化学,以及生物学的规律之中。

一桩前所未有的对宗教的挑战

对于宗教思想和行为,今日的挑战是前所未有的。我们正面临着一个任何宗教传统都未曾对付过的问题。以往,人们从前总是认为,人类会无限期地延续下去。或者,他们现在认为,如果人类会消失,那也是神的力量所致,所以人类的消失是神的意图。我们以往从未想过,人类是否会自杀。

虽然自从核武器出现以来,人类一直在思考人类是否可能灭绝,但当前的危机却在根本上与之不同。核灭绝,只有当人类干了很出格的事,比如发动核战争,才会发生。而全球暖化却可在任何出格的事都未发生、人们"我行我素"的惰性照旧继续的情况下,造成人类的灭绝。正由于这些理由,我们才说,当前对宗教思想和行为的挑战是前所未有的。

更直接地说,根本的宗教挑战就是要宗教界的个人、宗教组织、宗教机构大胆地说出自己对各种问题的意见——就像教皇弗朗西斯说,对亚马逊热带雨林的毁坏是"一桩罪恶"。① 在本书第 19 章讨论大动员时,我们将再举出一些宗教界领袖的例子。

---

① 杰克·詹金斯:"教皇弗朗西斯说,毁坏热带雨林是一桩罪恶","气候动态"网站,2014 年 7 月 7 日。

16. 经济挑战

"气候变化对全球提出了前所未有的挑战,对人类广泛的经济活动产生了影响。"

——布拉德利 J. 康登和塔朋·辛哈,2013 年 8 月

"我们所需的是一桩前所未有的投资调整,即将今日的经济调整为明日的低碳经济。"

——联合国环境规划执行理事阿希姆·斯坦纳,2014 年

社会拯救文明使之不受气候失调之害,这一任务不仅受到有局限的道德观的阻碍,也受到消极的经济观点的阻碍。所谓消极的经济观点即那样的一些观点,它们消解人们的积极性,阻碍他们进行必要的转变,即转变到一种与文明的持续生存协调一致的经济。为了获得拯救文明的机会,我们需要那样一种经济学,它极不同于那类将我们带到自杀边缘的经济学。最必要的变化就是重塑地球的经济,以便停止再向大气层排放温室气体。换言之,所谓的挑战,就是要在经济政策中作出改变,那些改变将有利于把肮脏能源经济转变成清洁能源经济——而且是以一种合乎伦理的方式。

用弗兰克·阿克曼和伊丽莎白·A.斯坦顿的话来说,"气候经济学是科学与政策之间的桥梁,它把科学关于自然界的预言转化成政策制定者们最易接受的、有助于经济生长和人类福祉的具体方案。"[①]气候经济学家说的话特别重要,因为他们对气候变化所作的陈述,政策制定者们会非常认真地对待。

本章第一节为新近的讨论提供了一个小小的背景。第二节总结了自 2006 年以来发生在气候变化经济学中的剧烈变化,变化主要是由于那年发布的《斯特恩报告》。第三和第四节讨论两项最重要的国家经济政策:制定碳价格,以及

[①] 弗兰克·阿克曼和伊丽莎白·A.斯坦顿:《气候经济学:艺术的状态》(斯德哥尔摩环境研究院,2011 年)。此书最初发布在网上,后来作为纸质书于 2013 年再版。此处用的是 2011 年网上的版本。

取消化石燃料补贴。第五和第六节讨论了为消除全世界碳排放而最急需的两项全球政策。

背景

几个世纪前,出现了现代经济思想,那时,与拥有庞大资源的自然相较,人类的经济微乎其微。当时的经济观点都是基于这一假设:人类的工业永不会耗尽地球的资源,或损害它的海洋和大气。所以,人们认为,经济生长可以永远持续。

事实上,这一假设成了不可挑战的教条。这,在有人对1972年的一本书,《生长的极限》,所作的吹毛求疵的反应中看得出来。(该书是由"罗马俱乐部"资助的。该俱乐部的建立,旨在"反对对人类状况的那种自杀性的无知"①)。在总结该书的结论时,作者们说:

1. 如果世界人口、工业化、污染、粮食生产,以及资源消耗等等中当前的这种增长趋势继续不变,这个星球上的生长在某刻将达于极限。最可能的结果是,人口和工业能力突然而不可控制地下降。

2. 改变这些生长趋势,建立可持续到遥远将来的生态和经济稳定的某种条件,这是可能的。我们可以设计全球均衡状态,以便地球上每个人的基本物质需要都得到满足,每个人都有实现自己个人潜能的平等机会。②

虽然该书仅仅是警告:如果达不到"全球均衡状态",在"接下来的100年内"就会发生人口和工业能力的突然下降,但经济界的反应却是尖酸刻薄的,指责该书是"末日预言"。耶鲁大学的经济学家亨利·沃利克称此书是"不负责任的胡言乱语",另一位耶鲁经济学家威廉·诺德豪斯则写了一篇书评,标题是"毫无数据的测量",质疑《生长的极限》一书的根据何在。20年后,该书出了新版,诺德豪斯便又写了篇书评,标题为"致死模型2"。他说,若把该书提出的建议付诸实践,"就会把人类送回黑暗时代的生活标准",他还向读者保证,"一种

---

① 克里斯琴·帕伦蒂:"'生长的极限':一本发动了一场运动的书",《国家民族政坛杂志》,2012年12月5日。

② "生长的极限:爱德华·佩斯特尔建立的摘要。都尼勒·H.梅多斯,丹尼斯·梅多斯,乔根·兰德斯,威廉·W.贝伦斯三世呈交给罗马俱乐部的报告(1972年)。"

有效管理的经济不必担心触上资源枯竭或环境崩溃的暗礁。"①

认真对待这本书的一位经济学家是赫尔曼·戴利,他1977年的那本书,《稳态经济学》,其副标题是《生物物理平衡经济学与道德成长》。戴利后来被称为"生态经济学之父"。他说,稳态经济,是挑战"增长癖"的一种另类选择。增长癖则出自这样一种看法:经济增长既是"至善,也是治愈一切问题的灵丹妙药"。戴利并不反对增长本身,而是批判了"使人穷而非使人富"的"不合算的增长",因为额外的国民生产总值所"增加的成本,大于它所增加的利益。"②

2008年,戴利问道,"克服对增长的盲目崇拜",这对于我们的社会是否可能。"对增长的盲目崇拜"这个观点,在戴利1977年与神学家约翰·小科布合写的《为了共同的福祉》一书中得到阐述。保罗·蒂利希说过,当"某种在根本上是片面的东西被提升为普适性的东西"时,就会产生盲目崇拜。根据蒂利希此说,科布和戴利将盲目崇拜定义为"最终致力于某种非整体的东西。"③

后来,在谈到今日盲目崇拜的主要表现时,科布使用了"经济主义"一语。该术语被定义为这样一种"信念:人们应主要致力于经济的发展。"自20世纪中叶以来,科布说,经济主义开始成为支配性宗教。据此观点,我们便可理解何以经济界对《生长的极限》一书的反应如此尖酸刻薄了:因为它是宗教异端。

从诺德豪斯时代到斯特恩时代

20世纪70年代,威廉·诺德豪斯基本上建立起了气候变化经济学,自那以来,他被视为该行道卓越的权威。照他的一位经济学家同行的说法,最近几十年的最优经济政策,不过是"比尔·诺德豪斯所说的话。"这一说法直到2006年才遭到质疑,当时英国政府发布了一个由尼古拉斯·H斯特恩爵士牵头的新气

① 亨利·沃利克,《新闻周刊》,1972年3月13日;威廉·D.诺德豪斯:"世界动力学:毫无数据的测量,"《经济期刊》,83/332(1973年12月),1156—1183页;威廉·D.诺德豪斯:"致死模型2:再读《生长的极限》,"布鲁金斯学会,1992年。

② 赫尔曼·戴利:《稳态经济学:生物物理平衡经济学与道德成长》(自由人出版社,1977年);戴利:"稳态经济:挑战增长癖的后现代另类选择,"见大卫·雷·格里芬《灵性与社会:后现代视角》,110页(奥尔巴尼:纽约州立大学出版社,1988年);戴利:"不合算的增长:冲突范式",1996年12月9日"健全民生奖"领奖发言。

③ 戴利:"气候政策:从'知其如何干'到'干其所该干'",联邦气候政策的主题演讲,美国气象学会,2008年9月4日;保罗·蒂利希:《系统神学》,第1卷,13页(芝加哥大学出版社,1951年);赫尔曼·戴利和约翰·小科布:《为了共同的福祉》(1977年扩充了的新版),389页(波士顿:灯塔出版社,1994年)。

候变化报告。① 斯特恩,伦敦政治经济学院教授,曾任世界银行首席经济师。他所主笔的报告以这一标题发表:《气候变化经济学:斯特恩报告》,通常简称《斯特恩报告》。这个报告给世界提供了一种绝然不同的气候变化经济学观点,把该领域引向了一个新时代——从诺德豪斯时代过渡到了斯特恩时代。

这样地对一个新时代的命名,却并不意味着每一个人都认可。记者们,至少是美国的记者们,仍然称诺德豪斯为"关于气候变化的世界领军经济思想家",正如他2013年的一本书(《气候赌场》)的护封上所写的。毋宁说,我们之所以能够说向斯特恩时代的过渡,是因为他的工作,还有受到其激励的另外一些经济学家的工作,在该领域造成了剧烈的变化。关于此题目的最有裨益的一本书,弗兰克·阿克曼和伊丽莎白·A.斯坦顿的《气候经济学》,在2011年说:"斯特恩开辟了在气候经济学中进行广泛革新的道路。在《斯特恩报告》发布以来的五年里,新的经济方法可谓百花斗艳。"② 从诺德豪斯时代到斯特恩时代的过渡,可用几组对比来描述:

从平衡到紧迫

诺德豪斯是平衡说或成本—收益论的突出代表。虽然他说,全球暖化是"现代的主要环境挑战",他却并未对此表现出紧迫感。在他2008年的书中,他说:"任何一个极端——或则听之任之,什么也不做,或则制止全球暖化,使其刹车——都不是明智的行动。"于是诺德豪斯说明了他的核心关怀:平衡——正如他的书名所示:《一个平衡的问题》。问题在于:"如何平衡成本和收益。"③

在讨论格陵兰和南极冰原的融化可能造成的海平面上升时,他曾说:"虽然很难预见这些冰原的融化所造成的生态和社会的后果,但这一情况显然是我们极不情愿的,应该避免,除非预防手段奇贵,会使我们倾家荡产。"令人吃惊的是,我们发现,他居然提出,如果避免这些冰原的融化是"奇贵"的话,我们就应任其融化。④

诺德豪斯2013年的书则表达了稍大一点的紧迫感。虽然他在该书开始时说"应尽快制定出减缓排放的政策",且在结尾时也说,"应立即采取行动,以减

---

①　保罗·乌森:"以冷静头脑对待全球暖化",《历史回顾》,2013年11月4日。

②　弗兰克·阿克曼和伊丽莎白·A.斯坦顿:《气候经济学:艺术的状态》。

③　同上;威廉·R.诺德豪斯:《一个平衡的问题:如何权衡关于全球暖化政策的诸种选择》,1—2页(耶鲁大学出版社,2008年)。

④　同上,144页。

缓、乃至逐渐遏制二氧化碳和其他温室气体的排放",但他却继续专注于成本—收益平衡,说,"好的政策应居于破坏经济和破坏世界二者之间的某个地方。"①

诺德豪斯专注于平衡金融成本与地球的收益,这使得他向政治领导者建言:他们应为气候变化的缓解付出代价,但却只应到此为止:"损失的进一步减少,其好处不应值不起额外减排的成本。"目标应该是成本与世界之间的一种妥协:"除非是浩劫般的影响,"诺德豪斯写道,"否则,在致力于任何特别的目的之前,我们应考虑一下费用。"②

相比之下,《斯特恩报告》却发现,气候变化"要求一种急迫的全球反应",因为"我们在下十年或二十年所干的事,会对下半个世纪或下一个世纪产生深远影响。"然而,《报告》并未反对成本—效益的方法。它只是在它那些最为人引用的说法之一中说:"对气候变化采取及时而迅猛的行动,其收益胜过成本的花费。"③诺德豪斯缺乏紧迫感,故提倡一种渐进的"气候政策的缓冲斜坡",其中,"有效的或'最优的'减缓气候变化的政策包括在短期内缓慢地减排",待以后再加速。相比之下,斯特恩却号召"迅速地过渡到一种低碳的经济",换言之,就是过渡到"一场能源工业的革命。"④在几年内稳住碳的排放,《斯特恩报告》指出,"就意味着立即采取实际的、全球性的行动,以为这一过渡做好准备。"诺德豪斯则对斯特恩的"需立即采取极端行动的结论"提出反对意见。⑤

从过时科学到当前科学

经济学家对气候变化的分析,阿克曼和斯坦顿说,"很少描绘了气候科学的最新进展。"他们往往"滞后数年,如果不是数十年的话"。"科学与气候变化经济学的这一几乎是普遍的脱节,可谓是惊人的",说了此话后他们又说:"若想在政策制定上切题且实用,气候经济学就必须赶上气候科学。"⑥

---

① 威廉·D.诺德豪斯:《气候赌场:风险,不测,以及对付一个暖化世界的经济学》,146,76页。耶鲁大学出版社,2013年。

② 同上,6,325,198页。

③ 尼古拉斯·斯特恩:《气候变化经济学:斯特恩报告》(剑桥大学出版社,2007年),"执行摘要"。(《斯特恩报告》包括"执行摘要",可在网上查。)

④ 诺德豪斯:《一个平衡的问题》,165—166页;尼古拉斯·斯特恩:"气候变化潜在影响的经济建模结构:对风险的严重低估与业已狭隘的科学模型有关",《经济文献杂志》,2013年第3期,总51期,838—859页。

⑤ 《斯特恩报告》,第34页(在线分页);诺德豪斯:《一个平衡问题》,191页。

⑥ 阿克曼和斯坦顿:《气候经济学》,18,26,145页;弗兰克·阿克曼,伊丽莎白·A.斯坦顿和雷蒙·布埃诺:"理性,共鸣和公平竞争:气候政策的缺陷",《网上交流文选》,2012年4月。

他们从诺德豪斯 2013 年的书中举了一个例子：诺德豪斯引用了 2011 年《纽约时报》的一篇文章"一个暖化的星球努力养活自己"，然后他说到"科学的证据如何与流行的说法形成对比。"但他用作证据的，是联合国政府间气候变化专家小组 2007 年评估报告的预言，该预言说，全球暖化若在"1—3 摄氏度的范围"，粮食产量会增加。但是《纽约时报》是对的：科学家们在 2011 年说过，任何温度的进一步升高，尤其是高于摄氏 2 度，都会引起农业多达 20% 的减产，在非洲的有些地方，会达到 50%。"甚至本世纪摄氏 2—3 度的暖化，就会在很多发展中国家导致农业毁灭性的损失。"①

所幸的是，阿克曼和斯坦顿说，"《斯特恩报告》综合了气候科学的最新知识，为优秀的气候经济学分析建立了一个新的标准，使用了气候科学的最新成果，从而开辟了新的天地。"②

从自满到风险和不确定性

诺德豪斯的渐进论和缺乏紧迫感与这一事实是相合的：他一直基于对证据的乐观解读而自满于气候变化，这也许部分地是由于他使用了过时的科学证据。

相比之下，斯特恩的紧迫感却是被他的这一信念激发起来的："气候变化表现出非常严重的全球风险。"确实，经济分析有必要"让风险和不确定性经济学处于核心位置。"减缓气候变化，时不我待，因为"今后几十年的行动，有可能使本世纪晚些时候以及下个世纪的经济和社会活动，有严重失调的风险，其规模会相当于两次世界大战和 20 世纪上半叶经济大萧条所造成的结果。"更有甚者，与那两次创伤不同的是，逆转这些变化是困难的，甚至是不可能的。③

有人说，气候变化的影响太难确定，所以无法立即采取迅猛的行动。对此，斯特恩针锋相对地回应道："由于在最糟的情况下，不利气候变化的影响其规模是巨大的，所以，不确定性正是更高目标而不是更低目标的理由。"④然而诺德豪斯却说，虽然人们普遍认为，"不确定性会导致对碳排放的更严格的限制，"但这

① 诺德豪斯：《气候赌场》，83 页；阿克曼和斯坦顿：《气候经济学》，11，58—63 页。

② 同上，18 页。

③ 弗兰克·阿克曼："辩论气候经济学：斯特恩报告对它的批评者"，全球发展与环境研究所，2007 年 7 月。

④ 《斯特恩报告》，"执行摘要"。

却"并非必然正确。"①

从否认风险到管理风险

诺德豪斯虽无否认科学之过——确实,他还公开地与科学否定者们辩论②——但他的分析,斯坦顿、阿克曼,以及布埃诺曾写道,"却可被称为是否认风险的,因为他接受对最可能的气候后果的一种(非常乐观的)描绘,而很少注意或甚至不注意最糟情况的风险。"这种对风险的否认是危险的,因为,"当气候经济学家——以及他们对之建言的政策制定者们——不理解气候科学的公认结论时,其后果就可能是:减排太少,且太晚。"③虽然诺德豪斯2008年的那本书还充满了对风险的否认,但他2013年的那本书就显现出更认真对待气候变化的迹象来:他把全球暖化说成是一桩"重大威胁";他说到了"气候和地球系统中的危险变化";他说,我们必须预想到"讨厌的"突发之事;他把海平面上升描绘成是"史无前例的";他说到"有必要让全球变暖的那辆货运列车减速";他在他的书的副标题中用了"风险","不确定性"等词。④然而,虽然他比以往更加注意不确定性,但他却继续小觑风险。他引用了《斯特恩报告》中的这段话:"全球温度上升1摄氏度……就会使年死亡率翻倍",然后他说,"这都听起来极端严重,"但是,"当人类社会的收入增加后,它们就会不断地投入更多的资源,以使人的生命和财产不受环境条件的影响。"⑤关于海平面上升,他说,"人类社会可在无巨大损失的情况下适应它。"他确实承认,海平面上升是"人类目前的能力无法制止的。"他甚至承认,格陵兰和南极的冰原可能要比以往预想的融化得更快。然而他却提出,在本世纪,这些冰原不会提升海平面很多,格陵兰的冰原可能只会提升3英寸。然而,诺德豪斯虽然承认,这些冰原的显著融化可能会是"临界点",他的估计却是基于2008年蒂莫西·伦顿及其同事所写的一篇文章,该文章估计,只要全球温度不至上升摄氏3度(诺德豪斯相信2100年前不会发生),就不会出现临界点。⑥

诺德豪斯的论证有两个问题。首先,2011年《科学美国人》上有篇文章(本

① 诺德豪斯:《一个平衡的问题》,193页。
② 威廉·D.诺德豪斯:"何以怀疑全球暖化的人是错误的,"《纽约书评》,2012年3月22日。
③ 斯坦顿等人:"理性,共鸣和公平竞争"。
④ 诺德豪斯:《气候赌场》,3,66,76,108,221页。
⑤ 诺德豪斯:《气候赌场》,91,99页。
⑥ 同上,146,56—57,60,61,66页。

书第 5 章曾提到过)预计,随着全球继续暖化,海平面会上升 3—6 英尺。其次,伦顿在 2013 年提出了一种修改了的观点。他说,即便上升的温度不足摄氏 2 度,引发浩劫的临界点"都不能完全排除。"①

无论如何,尽管近 10 年来科学界越来越达成共识,认为海平面上升对人、对农业都是灾难性的,但诺德豪斯却继续散布乐观主义,说,"人类社会可在无巨大损失的情况下适应它。"因为大多数穷国在将来会富裕得多,他提出,它们"将有能力保护自己不受极端气候的困扰,犹如今日的迈阿密和鹿特丹那样。"当那行不通时,他们还可以一走了之。②

关于气候经济学家现在该作什么,斯特恩 2013 年所写的文章却提供了一幅全然不同的图画。虽然在 2006 年的报告中"不能发现什么大错,"他说,"它却淡化了气候变化的风险。"他新写的文章更关注风险,说,经济学家们必须把气候变化描述为"一个大规模的风险管理问题,"而大多数经济学家并未那样干。③

为了强调这点,斯特恩在他的一篇文章的标题中用了"严重低估"一语。这种严重低估之所以发生,斯特恩说,不仅是由于科学的模型不充分,也是由于经济模型几乎"认为,影响和成本不会很大",而且,"还几乎排除了灾难性后果的可能性。"④

斯特恩的方法——连同阿克曼和斯坦顿的——在联合国政府间气候变化专家小组(IPCC)2014 年的报告中显然获胜。IPCC 的新闻稿说,该方法不仅考虑到了高概率的结果,而且还考虑到了"概率低得多但后果却大得多的那些结果";而且,它还将气候变化描绘成"管理风险中的一种挑战。"为了强调这一关注,IPCC 还提供了与报告相匹配的录像,该录像开始就说:"气候变化是管理风险中的一种挑战。"⑤

从最佳猜测到建议如何制定对付最糟情况的政策

诺德豪斯对付海平面上升和临界点的方法是成问题的,这说明了一个重要的问题,即,对付不确定性,经济学家不应该怎么干:他们不应该只向政策制定

---

① 蒂莫西·伦顿和胡安—卡洛斯·西斯卡:"评估气候影响应同时考虑临界点","气候变化",2013 年 4 月。

② 诺德豪斯:《气候赌场》,103,112—113,145,146 页。

③ 尼古拉斯·斯特恩:"伦理,公平,以及气候变化经济学:论文 1,科学与哲学,"气候发展经济学研究中心以及格兰瑟姆气候变化及环境研究所,2013 年 11 月。

④ 尼古拉斯·斯特恩:"气候变化潜在影响的经济建模结构"。

⑤ 詹姆士·佩因特:"IPCC 关于气候变化的冒险讲话,"博客,"碳简介",2014 年 4 月 4 日。

者们提出他们或气候科学家认为最可能的事,即他们的最佳猜测。"我们很少只是根据我们行动的最可能结果来制定最重要的决定,"阿克曼和斯坦顿说。"我们还要考虑到那些虽不大可能但却非常严重的后果。今日对气候变化影响的预测,就要考虑那些可被低调地描述为世界变化的低概率事件。"[1]这一方法是绝对需要的,阿克曼和斯坦顿说,因为"最新科学显示:气候的后果本质上是不确定的",而且"气候变化最糟情况的后果似乎是无限的,包括危及我们共同未来的那些不知有多么巨大的威胁。"[2]

从乐观主义到"悲观定理"

说到最糟情况的"无限的"后果,阿克曼和斯坦顿暗指的是哈佛经济学家马丁·韦茨曼对"不确定性"的研究,主要指的是他的"这一论点:最小的不确定性,其风险也是无限的。"他们把这一研究成果称为"自斯特恩报告以来对这一领域最大的贡献",声称,它"重塑了气候经济学。"[3]

韦茨曼戏称他的这一基本观点为"悲观定理"。根据这一定理,减少温室气体排放的效益"确实是无限的",因为(1)地球的气候是如此地不确定,乃至可能的负面结果的范围是巨大的;(2)"极端结果"造成的经济后果"是无限的",甚至接近于"威胁人类生存的临界点"。根据韦茨曼,这些情况,"是不能排除的,甚至消解到足够不可能的程度也不行。"[4]

在 2009 年的一篇文章中,诺德豪斯反对这一"悲观定理",说,气候变化造成的经济后果不会是无限制的,因为韦茨曼不现实地"暗含有这样的意思:甚至为了避免威胁人类生存的极小风险,人们也情愿毫无节制地付出代价。"但韦茨曼答道:全球利益的共享者们,不敢为了省钱而甘冒遭受灾难性气候变化的风险。[5]

虽然诺德豪斯一再声称,他对不同层次的全球暖化所造成的货币损失的估计基本上是准确的,但韦茨曼却不认可。2009 年韦茨曼就说过,诺德豪斯对高温灾难造成的经济损失的估计,不过是"推断性猜测",最近他又重复了这一观

---

① 斯坦顿等人:"理性,共鸣和公平竞争",第 37 页。
② 阿克曼和斯坦顿:《气候经济学》,第 6 页。
③ 同上,第 20 页。
④ 对韦茨曼的悲观定理的这一总结是由阿克曼和斯坦顿提供的(见上书)。
⑤ 威廉·D. 诺德豪斯:"对悲观定理的分析",耶鲁大学考尔斯基金会讨论论文,2009 年 1 月 16 日;马丁·韦茨曼:"再谈气候变化经济学中的肥尾不确定性",哈佛大学,2011 年。

点："无人可以确定地说,高度不确定的气候变化——它可能造成那样一个地球,其平均温度会上升摄氏 3 度(华氏 5.4 度)多——到底会造成多少美元的损失。"经济学家竭其所能,但他们的估计"大多数都是根据较低温度所作的恣意推断,或者不过是纯粹的想象。"①

韦茨曼的批评得到了麻省理工学院罗伯特·平代克的支持,他说,诺德豪斯那样的经济学家所作的分析,"造成了一种假象的、误导性的对知识和精度的认识。"关于某一温度将造成多大的经济损失的估计,平代克说,"那全然是想象的,毫无理论根据或经验根据。"即便关于在温度上升摄氏 2 度后会出现多大损失的估计是正确的,"这也不会告诉我们,如果温度上升更多,我们会看到什么,"也不会告诉我们,"会不会有灾难性的后果,以及它们的性质是什么,"虽然"正是那些后果,对于制定对付气候变化的政策才是最重要的。"②

在他的 2013 年的书中——其标题中有"风险"、"不确定性"等词——诺德豪斯令人惊奇地在实际上认同了韦茨曼和平代克的批评。他说:

·"关于有无临界点以及它们可能何时发生,我们都无可靠的估计。……临界点被人设想为摄氏 3.5 度",但是,"对于到底何时达到临界点,人们却并无多少了解。"

·"关于它们对经济的影响,……我们尚无可靠的估计。……我估计,整个损失开初大约是收入的 0.5%,但,那只是一个估计,并无经验的根据。"

·"温度的上升如果超过 3.5 摄氏度,临界点的损失就会迅速上升。如果达到摄氏 4 度,损失会达世界收入的 9%;若达到摄氏 4.25 度,损失会飙升至 29%;而且,从那点会直线上升。这些设想……对于损失的估计都无经验上的坚实根据。"

·"对于这些参数中的任何一个,甚至一个第一近似值,我们都不知道。"③

然而,虽然诺德豪斯承认了这些事实,他却并未利用它们来提出一种新的

---

①　韦茨曼:"灾难的可能性:一个经济学家关于全球暖化的警告,"美国公共广播电视公司,2013 年 5 月。

②　罗伯特·S. 平代克:"气候变化政策:模型告诉了我们什么?"《经济文献杂志》,2013 年第 3 期,总 51 期。

③　诺德豪斯:《气候赌场》,213—215 页。

气候变化经济学——即这样一种学说,它公开地承认,反对悲观定理是无根据的,因此,这样的信念也是无根据的:即坚信社会能保险地说,即便全球暖化的减缓程度达到"最佳"水平,它也不能算是到顶了。

从自满到关心文明的生存

诺德豪斯反对悲观定理,与此相应的是,对于文明的生存是否处于危险之中这一问题,他一直是自满的。当其在他 2008 年的那本书中讨论不确定性时,他说,他认为,"不存在会灭绝人类或毁坏人类文明结构的真正灾难性的后果。"①在他 2013 年的那本书中,诺德豪斯似乎仍然认为这种灭绝实际上是不可能的:在讨论了"气候变化的特别难对付的影响"之后,他说:"它们对于人类并非必然是灾难性的,虽然对其他物种或珍贵的自然系统,它们可能造成严重的后果。"既然气候变化的持续已在造成"第六次物种大灭绝",它又怎么不可能最终灭绝我们人类呢?②

相比之下,尼古拉斯·斯特恩在 2013 年却说,《斯特恩报告》低估了风险。在说到新近经济模型(包括他的《斯特恩报告》中使用过的那一模型)所描绘的那些气候变化可能造成的损害时,斯特恩说,那些模型是无用的,因为"它们与科学严重脱节。"为了强调气候变化对文明生存的威胁,斯特恩说:"人们书写玛雅文明没落的历史,是把它当成不懂得风险且未采取行动的一段历史。"③2013年,当其在《世界经济论坛》发言时,斯特恩说过:文明的风险"极具潜在的威胁,我们必须采取迅猛的行动。难道我们要用一颗子弹或两颗子弹来玩俄罗斯轮盘赌的游戏吗?"④

从对未来福祉打折扣到代际伦理学

斯特恩与诺德豪斯之不同,还在于被经济学家称为"打折"的那样一个观点:之所以估计当前的货币或商品超过将来某个时候的货币的价值,这常常是因为现在的钱投资将来会赚更多的钱。经济学家算出了"折扣率",以将预期的

---

① 同上,第 28 页。
② 同上,第 134 页,122—125 页。
③ 斯特恩:"气候变化潜在影响的经济建模结构"。
④ 希瑟·斯图尔特和拉里·埃利奥特:"尼古拉斯·斯特恩说:'我发现它的关于气候变化的观点是错误的——它糟糕得多'",《卫报》,2013 年 1 月 26 日。

未来价值折合成当前的价值。如果经济学家说，未来的财产几年后或几十年后对我们值不了什么，那么他们就给予了那些财产很高的折扣率，也许每年6—10％。但如果说，我们现在的财产在未来仍具有现在的价值，那么，他们给出的折扣率就是零，或接近零。

斯特恩的气候经济学方法，回到了威廉·R.克莱茵开创的那一方法。克莱茵在1992年出版了美国在此题目上的第一本书：《全球暖化经济学》，该书提出的方法青睐"一种积极的减排过程"。积极的减排，他说，"唯有在经济的基础上是合理的。"而诺德豪斯，他说，则"提出了过分的总折扣率。"①

打折未来利益的方法，在市场上和其他财务事项中，是有意义的。比如，为你40年后要收到的钱打折，因为若你现在就收到那笔钱，你能在这期间用它创造利息。然而，基于市场的打折，对于50年或100年后对人形成的利益是合适的吗？

那些回答说"是"的人认为，虽然我们应该花很多钱来缓解气候变化造成的当前后果，但对于50年后或100年后才会发生是损害，我们就应花费更少、更少。然而，究竟多少多少？诺德豪斯说，为减缓气候变化而进行的折扣投资应"与市场实际利率和储蓄率一致，"他因此而提出一个3—4％的折现率，那就意味着，一个在100年后价值1亿美元的气候预测效益，现在对于我们只值几百万美元。②

相比之下，克莱茵却提出了一个低得多的折现率——1％，或甚至零。由于"避开温室气体的损害而实现的利益，往往比限制温室气体的排放而付出的成本要来得晚得多，"所以，高折现率"会致使政策倾向于不作为。"诺德豪斯并不反对这一估计，他说，更高的折现率"会使得将来的损害看起来更小，我们今天所作的减排工作也就会更少。"③

克莱茵还论证说，一个相当大的折现率是不合乎道德的。一个武断的折现率则意味着，用诺德豪斯自己的话来说，"与离我们较近的那几代人比较，更遥远将来几代人的福利被减少了或被'打折了'。"然而，克莱茵说，"一个单个的人之所以在他的一生中宁可早些而不是晚些消费，"虽然不耐烦"可能是个合理的理由"，但我们却没有任何理由称，将来数代人的福利不如我们自己的重要。但是，从诺德豪斯的观点来看，克莱茵提出的极低的折现率解释了他何以（错误地）提出"以有形的、人力的和环境的资本进行大规模的投资。"④

---

① 威廉·R.克莱茵：《全球暖化经济学》（国际经济学研究所，1992年），307，311，256—257页。
② 诺德豪斯：《一个平衡的问题》，第191页。
③ 克莱茵：《全球暖化经济学》，第235页；诺德豪斯：《一个平衡的问题》，第11页。
④ 诺德豪斯：《一个平衡的问题》，第60页；克莱茵：《全球暖化经济学》，第249，256页；诺德豪斯："对气候变化经济学的思考"，《经济展望期刊》总第7期，1993年第4期，11—25页，引文见于第15页。

诺德豪斯和克莱茵两者观点间的这一对比,被称为描述性的和指令性的对比,它一直在诺德豪斯和斯特恩二者间的比较中重复着。认为折现率应为零的那一观点,斯特恩说,是"出自平等对待类似情况中的人的那一原则。"从伦理道德上说,我们应该"平等对待不同个人的生命,而不应以人生命开始的不同日期来区分生命。"[1]

斯特恩把6%的折现率当作太高折现率的一个例子,他指出,100年之后,一个利益单位的价值会比现在的低339倍,意思是,我们对生活在100年后的那些人的关心,会比我们对当前这代人的关心少339倍。这几乎等于说,我们应该"忽略100年或更多时间之后的问题。"[2]

诺德豪斯坚持认为,高折现率"并不意味着对将来漠不关心",也不意味着"将不同的价值施加于人",其理由有二:一方面,"资本是有生产性的",另方面,社会可在"一个极大范围的生产性投资中作选择。"其中的一个投资类型,肯定就是要减缓气候变化。"然而其他投资方式也是有价值的。"所以,由于资本稀缺,"气候投资就应与其他领域内的投资相竞争。"[3]"改进今后数代人的生活质量",这是我们的职责,但要把此事干好,诺德豪斯说,就应进行有效投资。虽然一个"高效投资组合肯定应包括减缓全球暖化的投资,"但投资也应在"其他优先领域进行——诸如国内卫生系统,对热带疾病的治疗,以及世界各地的教育。"[4]

置"折现率于福利"并非是不道德的,诺德豪斯辩解道,因为"持续增长是一个不错的选择,"我们的儿孙辈会因此而更富裕。所以,虽然为了保护自己的钱财,我们会使子孙的世界退化,但他们将来会更富有,因而有能力"花钱消除"退化。再者,这一增长的情况将惠及穷国和中等收入国家,因为在下个50年至100间,它们的人均国内生产总值预计会上升"500%—1000%。"[5]

对此斯特恩反驳道,提倡高折现率主要是基于"这一无根据的假设:将来的收入几乎肯定会比现在高得多。"这一假设,他说,当面临着"可能对资本和基础设施造成大规模破坏、可能导致大规模移民、冲突等等"的高温时,"简直就是不可信的。"经济建模者应考虑到这一可能性:全球暖化会造成"一个如此敌对的

---

[1] 尼古拉斯·斯特恩:"伦理,公平,以及气候变化经济学:论文2,经济学与政治学,"气候发展经济学研究中心以及格兰瑟姆气候变化及环境研究所,2013年8月。

[2] 同上,91,99,103—104,145页。

[3] 同上,187,191,188,193页。

[4] 同上,第193页。

[5] 同上,189,91,99,103—104,145页。

环境,乃至物质的、社会的、以及组织的资本将遭到破坏,生产过程将急剧失调,"所以,"我们的后代将会穷得多。"①

斯特恩的预言得到多项研究的支持,其中包括2013年美国国家海洋和大气管理局的一项研究。该研究说,上升的高温在夏季会造成劳动生产率50%的下降。乔·罗姆在复阅了一些报告后也说,对劳动生产率的负面影响始于摄氏26度(华氏79度),然后,"在华氏90度,生产率便开始直线下降,到华氏100度,就跳岩了。"更普遍地说来,罗姆说,"听任碳排放及暖化所造成的劳动生产率的崩溃"将给"社会造成成本,它远超气候变化造成的其他成本的总和。"②

对于气候变化下的经济增长,诺德豪斯不仅有不切实际的乐观主义,他还把气候风险单纯地等同于其他风险,说,制止气候变化的投资应同"其他优先领域内"的投资相竞争。那一方法,斯特恩说,"真是错得无可救药。"③把人类生命可能的终结与其他的威胁等而视之,这显然是错误的。

从成本－收益分析到基于标准的方法

诺德豪斯不仅不自认他长期执有的方法不起作用,反倒打算在估计其他情况下可能产生的经济损失时,简单地加上一笔保险金,以此来解决不可知的风险。"我们需要纳入一个风险溢价,它不仅包含已知的不确定性,诸如那些与气候敏感性和健康风险相关的不确定性,"诺德豪斯说,"而且还包含诸如临界点那样的不确定性。"然而,一笔保险金的说法是令人糊涂的。在为家庭买火险时,你给保险公司交保险金,公司则承诺,如果你的家遭烧毁,你将得到一笔重建家园的费用。然而,诺德豪斯的"风险保险金"却不是交给一个将会补偿世界和所有后代的公司的。毋宁说,诺德豪斯所谓的"保险金",正好加大了他对气候失调造成的经济损失的估计。在他的成本—收益分析中加上一笔"保险金",只是在这个意义上提供了"保险":它可催促政客们增加他们应该提供的、用来

---

① 斯特恩:"气候变化潜在影响的经济建模结构"。2014年发布了一个关于21世纪海平面的上升造成的沿海洪水成本的报告,该报告支持斯特恩的这个观点。它估计,单是气候变化的这一结果就会将全球经济下降到多达9.3%;约亨·欣克尔等人:"21世纪海平面上升造成的沿海洪水损害以及适应所需成本",《美国国家科学院会议录》,2014年3月4日。

② "国家海洋和大气管理局的一项新的研究估计了气候变暖将造成的劳动生产率的损失,"国家海洋和大气管理局,2013年2月25日;乔·罗姆:"2050年的劳动节:全球暖化以及劳动生产率面临崩塌","气候动态"网站,2014年9月1日。

③ 斯特恩:"伦理,公平"。

缓解全球暖化的资金。①

即便避开这一问题,诺德豪斯对风险保险金的讨论也是无用的。如果照他所说的那样,他就本应粗略地估计,到底应纳入哪类"保险金"方可包含所有的不确定性:海洋的酸化、冰原的融化、高温、干旱、野火、水和食物的减少、气候移民和战争、形形色色的生物系统和物种的灭绝等等可能造成的经济损失。但他却并未作如此的估计。"我们可满怀信心地说的只是,"他说,"我们不应忽略风险。"②

提供一个实际的估计当然是不可能的。然而,没有那样一个估计,他就不算是提供了一种成本—收益的分析。诺德豪斯欲对气候变化作出一种成本—收益的分析,但他40年的努力算是自毁了。

斯特恩所关注的,是"大范围的风险",他说,"存在着世界数千万年从未见过的重大高温风险,远在现代智人的经验之外。"更有甚者,他说,这些变化可能会改写对这一问题的答案:"世界上还有哪些大一点的小块之地可供居住? 可能会造成数千万人或数十亿人的迁居,可能会有导致数亿人重大冲突和死亡的风险。"斯特恩于是问道:"针对那类风险,我们应如何着手构想某种对政策的经济分析?"

对这一问题,可根据埃里克·普利的这一问题作答:"为了拯救这个星球,你打算付出多少?"他的隐含的答案是:"需要多少付多少。"这是唯一合理的回答,因为拯救文明,其价值是无限的。

阿克曼和斯坦顿建议,气候经济学家应从成本—收益的方法转向一种"预防的、或基于标准的方法。"这一方法制定出"温度升高的最大量,或二氧化碳最大的浓度水平,超过了它,预料中的损失就会被视为是不可接受的。"比如,人们长期以来认为,温度的升高,不应超出19世纪水平摄氏2度。然而汉森在2011年却称这一目标是"为长期灾难所开的处方,"他因此而提出把目标改为摄氏1.5度,同时伴之以必要的碳预算,以便达到这一目标。基于标准的方法会树立起那样一个限度,然后付出任何必要的代价来达到那一标准。③

相比之下,诺德豪斯却一直倡导基于成本—收益的方法。他说,科学并未

---

① 诺德豪斯:《气候赌场》,第142页。

② 同上,142—143页。

③ 阿克曼和斯坦顿:《气候经济学》,第7页;阿克曼是汉森领导的那一研究项目的成员之一,该研究提出,温度的上升应最多是摄氏1度(华氏1.8度)。参见詹姆士·汉森等人的"评价'危险的气候变化':为保护年轻人、后代,以及自然,需将二氧化碳的排放下降到什么程度?"《PLOSONE 学术期刊》,2013年12月;也请参看2013年12月3日《大众科学》上,汉森与 J. 普希克尔·卡拉恰对这一文章所作的总结和评述。

"提供在摄氏 1 度或摄氏 2 度或摄氏 3 度时的明确目标",所以他建议:"最好的目标取决于为达到目标而付出的成本。我们应追求一个较低温度的目标,如果实现它花费不大的话。但如果成本太高,我们恐怕就只好忍受更高的温度了。"人们肯定感到奇怪,不知诺德豪斯最近是否了解科学家们对那样的温度到底说过些什么。《气候红色代码》的作者之一,大卫·斯普拉特,就质问过那些人——他们自感得意地说到一个温度升高了摄氏 3 度的世界。他问他们,是否"真正明确地懂得温度升高摄氏 3 度意味着什么"。他说:

> 在上新世,即三百万年前,地球的温度比我们前工业时代的水平高出摄氏 3 度,所以上新世就能让我们知道一个温度升高了摄氏 3 度的世界是个什么样。当时北半球没有冰山和冰原,山毛榉树生长在横断山脉,海平面比现在高出 25 米。[①]

使用基于标准的方法,经济学家们就不必根据预计的成本来决定一个最佳的减排水平;不如说,他们会指望科学家们制定出标准。但经济学家们仍然有一个任务:"当其有了一个合适的标准,"阿克曼和斯坦顿写道,"经济问题就成了一种成本—效益分析,它要追求一种最低成本的策略来达到标准。"转向基于标准的方法后,气候科学家和气候经济学家的意见最终将会一致,经济学家可成为"问题解决方案的一部份,而不是问题的一部分。"[②]

最后,基于标准的方法还可被视为一种新的成本—收益的方法。根据斯特恩的结论——"少作为或不作为的成本要远高于作为的成本"——这两种方法最终一致了。正如阿克曼和斯坦顿所说,"福利优先的考虑和预防的、基于标准的政策制订会导致同样的结果。"[③]斯特恩打一开始所说的,得到了 IPCC2014 年的一份关于减排的报告的充分证实。据该报告的估计,把地球温度的上升控制在摄氏 2 度(华氏 3.6 度),可能将使全球总产值减少 0.06%。这会意味着,比如,年增长将是 2.24%,而不是 2.30%——很小一个差别。然而,那一估计的前提是,立即采取强有力的减排措施,因为,耽搁就会"实实在在地增加向长期低排放水平转换的困难。"

---

① 诺德豪斯:《气候赌场》,第 198 页;大卫·斯普拉特:"摄氏 3 度意味着什么","红色代码"网站,2010 年 9 月 1 日。(《气候红色代码:是采取紧急行动的时候了》,墨尔本:斯克奈普出版社,2008 年,是由大卫·斯普拉特与菲利普萨顿合写的。)

② 阿克曼和斯坦顿:《气候经济学》,98,148 页。

③ 同上,第 98 页。

2011 年,国际能源机构表达了同样的意思。它说:

> 拖延的行为是不合算的:能源部门 2020 年前在更清洁技术上少投资 1 美元,2020 年后就需额外付出 4.30 美元来为增加了的排放做出补偿。

在它 2014 年的"能源技术展望"中,国际能源机构甚至更强调地说,前两年的延误使得避灾的成本增加了 4 万亿美元。要将全球温度的上升维持在摄氏 2 度以下,将会是很昂贵的,大约要耗费全球经济的 1%,或者,从现在到 2050 年的这个期间,每年将耗费 44 万亿美元。然而这一投资会带来 115 万亿美元的储蓄,即 71 万亿美元的净储蓄。[1]

确实,要把温度的上升维持在摄氏 1.5 度,现在就会花更多的钱,但不是太多。事实上,2013 年,有一组科学家和经济学家,包括詹姆士·汉森和杰弗里·萨克斯,就估计了同样的耗费量——全球经济的 1%——用以将温度的上升维持在摄氏 1 度以下。更有甚者,2014 年世界银行的一份标题为"气候—智慧发展"的报告说,如果世界最大的经济体采取鼓励清洁运输及室内能源效应的政策,那么,到 2030 年,全球经济的增长会多达每年 2.6 万亿美元。[2]

2014 年,有更多的报告作了类似的估计。新气候经济项目发布了一个报告,标题是《更好的增长,更好的气候》。针对"这一观点:我们必须在这两者间作一个选择:是与气候变化作斗争,抑或是增长世界经济,"墨西哥前总统,费利佩·卡尔德龙说,"那是一个伪二难选择。……我们在提出一种维持或甚至加大经济增长的方式的同时,也承担着保护环境的责任。"保罗·克鲁格曼总结了这一报告,与此同时他还总结了国际货币基金组织的一篇新论文。他说,"拯救这一星球,将会是便宜的,甚至可能分文不花。"事实上,克鲁格曼说,它可能比分文不花还要好得多。他这样说,是指的一份报告,该报告说,如果气候变化继续,其成本可能会是"令人震惊的 1240 万亿美元。"《自然气候变化》2014 年的一项研究总结道,给碳排放定一个价,就像一项碳税或"限量和交易"制度,会比该制度本身花费的少花 10 倍以上的钱。该研究的主要作者说:

---

① 乔·罗姆:"气候研究小组的惊人发现:躲开气候浩劫几乎不用花钱——但是我们必须马上行动起来","气候动态"网站,2014 年 4 月 13 日;罗姆:"4 万亿美元的错误:耽搁了气候行动就是否定了气候行动","气候动态"网站,2014 年 5 月 14 日,所指的是 2014 年的《能源技术展望》,国际能源机构,2014 年 5 月 13 日。

② 芬·蒙田:"新的论文提出全面的计划,对全球经济施行去碳化,"《环境》360,2013 年 12 月 4 日;指的是汉森等人的詹姆士·汉森与他人合写:"评价'危险的气候变化';"乔·罗姆:"世界银行说,阻止气候变化会使全球经济每年增长 2.6 万亿美元,""气候动态"网站,2014 年 6 月 24 日。

如果针对气候政策的成本—收益分析没有包括从更清洁的空气获得的明显的健康收益，那么，它们就大大低估了这些政策的好处。①

在我发言之前，一所以，为缓解气候变化而花钱，会为保健提供更多的而不是更少的钱。

这些报告显示了，诺德豪斯在多大程度上误导了美国的决策者们。虽然他告诉他们，他们不应为全面的气候缓解付账，因为这不符合成本—效益规律，但事实却相反：省钱的唯一途径就是立即投资全面的气候缓解。

这一结论在美国尤其重要，因为它的政治领导人常常不谈减低碳排放的伦理理由。唐纳德·布朗是宾州大学的环境伦理学和法律教授，他在下文报告了他访问苏格兰议会、讨论有人提出的一项气候变化法律的情况：

在我发言之前，一位苏格兰议员就提出了一种我从未听任何美国政客说过的论点。……该议员说，苏格兰应采纳这一严厉的新法规，尽管这可能要花一大笔钱，因为苏格兰人有义务为世界其余地方这样做。换言之，那些最应对造成气候变化负责的国家，有伦理上的责任减排，即便那样做是昂贵的。

相比之下，布朗却说：

在美国的关于气候变化的争论中，或在媒体发布的关于美国公开的立法辩论的报道中，均无片言只语涉及美国对世界其余地方负有责任和义务去缓解气候变化的威胁。……美国继续争论这一问题，似乎唯一合理的考虑就是：我们的经济可能会受到怎样的影响。②

由于美国辩论的范围有限，所以重要的是要宣传这一事实：减排在经济和

---

① "全球委员会发现，经济增长和对气候变化采取的行动现在可同时实现，"为"更好的增长，更好的气候：新气候经济报告"所发的新闻稿，全球经济和气候委员会，2014 年 9 月 16 日；贾斯廷·吉利斯："有报告称，调整气候变化可不增加成本，"《纽约时报》，2014 年 9 月 16 日；保罗·克鲁格曼："错误和排放：与全球暖化作斗争是便宜和免费的吗？"《纽约时报》，2014 年 9 月 18 日；奥德丽·里苏特克："研究表明：减排即付成本"，麻省理工学院，2014 年 8 月 24 日；这儿指的是塔米·M. 汤普森等人的"美国碳政策空气质量效益评价的系统方法"，《自然气候变化》，2014 年 8 月 24 日。

② 唐纳德·A. 布朗的话，见于乔·罗姆的"美国媒体关于气候变化的报道中漏掉了最重要的一点：温室气体减排的伦理责任"，"气候动态"网站，2009 年 8 月 14 日。

道德伦理上都是有根据的。

关于从诺德豪斯向斯特恩的那一转换的结论

气候经济学的这一长达40年的发展,已导向了一个很简单的结论。正如詹姆士·汉森在2013年所说的,"科学告诉我们,应制定政策尽快减少排放。"[1]如果政治领导者们1990年,或甚至2000年,便开始对付这一问题,或许现在还有选择的余地。然而现在,碳预算已被用尽,即便到2050年全面消除碳排放,只要人类还继续存在,我们仍然会给所有的后代遗留下糟糕得多的天气,遗留下更严重的食物和水的问题。所以,现在唯一合理且道德的政策,就是尽快地消除排放,尽量少给后代造些额外的罪孽。

市场未能反映真正的成本

在保守人士圈内一直都有这样一个普遍的观点:一切商品的价格都应由市场决定,因为市场建立起了成本和收益之间的适当平衡。但是,市场只有在没有"外部效应"的情况下才能如此,所谓"外部效应",意思是在制定产品价格时未包括的那些成本。一旦有了外部效应,乃至成本与收益不平衡了,市场便不能起作用了。诺德豪斯和斯特恩(还有克莱茵)都同意这一会最有效地放慢排放的政策:对碳排放定价。

给碳排放定价的必要性

世界上最重要的外部效应,在美国和大多数其他国家,就是没有一个碳排放的价格。由于没有这个,《斯特恩报告》就说:

> 那些排放温室气体的部门,正在造成气候变化,因而强制世界和后代付出代价,而它们却并不面临它们的行为所造成的全部后果。

"气候变化,"该报告说,是"我们所见过的市场失灵的最显著例子。"斯特恩进一步解释道:"气候变化的问题包括市场的一个根本失灵:那些排放温室气

---

① 詹姆士·汉森等人:"评价'危险的气候变化'",第21页。

体损害他人的人,并未付钱。"①当然,消费肯定是要付钱的,不过是由社会付的——那些成本被"社会化了。"每一个化石燃料公司于是都获得巨大收益——得以免费向大气层倾倒废物。于是,污染继续。

修复这一市场失灵的办法就是内化"碳的社会成本,"意思是内化由于燃烧化石燃料而使社会承担的全部成本。这一解决方案是经济学家的共识,所以,斯特恩和诺德豪斯在这点上意见一致,这并不令人惊奇。内化该价格的意思是,给碳排放定个价,使之成为市场的一部分。

"给碳排放定个合适的价,"斯特恩解释道,

> 意思是,人们要直面他们的行为所造成的社会成本。这将引导个人和公司远离高碳商品和高碳服务,而投资于其他的低碳行业。②

同样地,诺德豪斯说,"今日缺失的唯一最重要的市场机制,就是对二氧化碳实行的高价,或称'碳价。'"对碳定价,他解释道,使得有高碳含量的东西和服务更贵,于是,"强烈地促使人降低碳排放。"所有的那些受到气候变化影响的人都会感谢诺德豪斯,因为他在过去的40年里提出了这一论点。"如果我们照着比尔20世纪70年代末所建议的去做,"斯坦福大学的约翰·威央特说,"我们现在就会好得多。"③

按这一方法,碳燃料(比如煤)按碳单位收费,它远比《京都议定书》所采用的按量收费的方法有效(也更简单)。当《京都议定书》的方法"被证明是无效果和无效率的时,"诺德豪斯说,决策者们"便应考虑这一事实:像碳的统一环境税这类收费的方法,是协调政策和减缓气候变化的强有力的工具。"诺德豪斯把全球暖化称为"一切外部效应中的巨人歌利亚",④他说,"对碳施行一种几乎普遍的和统一的价或税,这是减缓将来全球暖化威胁的一个必要的、也许是有效的条件。"⑤在据称是《气候赌场》一书中最好的几章中(19—21章),诺德豪斯用三点来解释了何以是如此:

① 《斯特恩报告》,"执行摘要";《斯特恩报告》,1;英国皇家经济学会演讲,被引用于艾莉森·本杰明的"斯特恩:气候变化,一种'市场的失灵'",《卫报》,2007年11月29日。

② 《斯特恩报告》,"执行摘要"。

③ 诺德豪斯:《气候赌场》,224—225页;约翰·P.威央特的话,被引用于保罗·乌森的"以冷静头脑对待全球暖化",《历史回顾》,2013年11月4日。

④ 诺德豪斯:《气候赌场》,17—18页。

⑤ 威廉·D.诺德豪斯:"京都后的生活:不同于全球暖化政策的方法",耶鲁大学,2005年12月9日;《气候赌场》,17—18页;《一个平衡的问题》,第29页。

· 给碳定一个显著的价,所有高碳含量的商品和服务都将会更贵,这便会促使消费者们少用它们。

· 一个显著的价也会促使生产者们,如欲赢得更大利润,转而使用其他低碳或无碳的材料——比如,用风能和太阳能,而不是煤、石油,或天然气,发电。

· 显著的碳价"将给予发明者和革新者市场激励,鼓励他们去发明和引进低碳的产品和工艺,以取代当前的技术。"①

人们普遍支持对碳标价

虽然对碳标价的主张在美国未曾得到记者和政客多大的讨论,但这一主张却在美国和世界各地得到人们广泛的支持。

· 2012 年底的一次民意测验显示,几乎 3 分之 2 的美国选民,即便在得知碳税反对者的意见之后,也宁可通过碳税解决赤字危机,而不愿削减开支。②

· 对碳标价一事也得到世界银行行长金墉的赞同。③

· 虽然过去人们长时期认为,商业世界会反对为碳定价,但现在再也不是这么回事了。100 多家国际公司,包括壳牌石油公司和联合利华,要求有一个政策来"支持本世纪中叶温室气体实质性减排所需的投资"。这些公司签署了一项声明,说:"为碳排放标一个明确的、透明而不含糊的价格,这应该是政策的一个核心目标。"④

· 为碳定价一事,也得到大多数其他大石油公司(不止壳牌石油公司)的支持,或至少为其所接受。这些公司包括英国石油公司,雪佛龙能源公司,康菲石油公司,埃克森美孚石油公司,以及挪威国家石油公司。"一些石油部门的经理私下说,"据罗斯·格尔布斯潘报道,他们能够为他们的石油供应进行去碳化,但他们"需要各国政府来规范程序,以便所有的公司步

---

① 同上,第 225 页。

② "国家碳税调查,""地球之友",2012 年 12 月 16—19 日。

③ "世界银行行长提倡对碳标价,"《绿色市场箴言》,2013 年 5 月 15 日。

④ 亚历克斯·莫拉莱斯:"壳牌和联合利华率领 100 家公司要求为二氧化碳定价,"《彭博商业周刊》,2012 年 11 月 19 日。

伐一致地进行这一转换,而不至于让竞争对手夺去了市场份额。"①

· 更有甚者,2013年底,一项研究显示,至少有29家在美国经营的大公司,在它们的经营策略中,已经在使用一个"内部碳价"。这些公司将这一碳价用作"一种规划工具,以助其确定收入机会和风险,也将其用作一种激励手段,以推动最大的能源效益,降低成本,指导投资决策。"比如,英国石油公司和壳牌石油公司就认定,截止2030年,每吨碳它们将花40美元,而埃克森美孚公司认定的则是每吨60美元。②

· 建立碳价之事不仅得到自由智囊机构,诸如布鲁金斯研究所,美国进步研究中心,的拥护,也得到为一些保守组织写作的作家们的拥护;那些保守组织包括美国企业研究所,卡托研究所,以及哈德森研究所。③

· 事实上,似乎长时期就对制定碳价的问题不关心的总统奥巴马,在电视系列节目"多年生活在危险之中"接受汤姆·弗里德曼采访时,就赞成了这一做法。

最重要的一点是,只要在全世界建立了碳价,就不会有人反对它。这样,有碳价的公司和国就不会处于不利地位。

碳税,或是碳市场?

"一个人对于解决世界暖化的问题是否认真",诺德豪斯说,"只要听他/她说说对碳价的看法就可测试出来。"然而,存在两种相当不同的定价方式:碳税规定了碳排放的价格,并听任碳排放量的波动。而碳市场却是根据所谓的总量管制与交易制度的方法运转的,"它规定了碳排放的量,而听任价格波动。"④

---

① 史蒂芬·莱西:"埃克森说:碳税会'在对付升高的排放上发挥有意义的作用,'""气候动态"网站,2012年11月15日;瑞安·科罗诺斯基:"定一个价是对的:碳税得到广泛的、(国会以外的)两党的支持,""气候动态"网站,2013年5月8日;杰夫·斯普罗斯:"石油巨头和白宫意见一致:碳污染得花钱,"2013年12月5日。

② "石油公司把碳价用作激励手段和策略规划工具,""碳排放披露项目",2013年12月。

③ 奈吉尔·珀维斯和阿比盖尔·琼斯:"建立全球碳市场储备:一种低成本—高回报的气候解决方案",布鲁金斯研究所,2013年12月5日;理查德·W.卡珀顿:"一个进步的碳将如何对抗气候变化和刺激经济","气候动态"网站,2012年12月6日;瑞安·科罗诺斯基:"定一个价是对的:碳税得到广泛的、(国会以外的)两党的支持,""气候动态"网站,2013年5月8日。

④ 《一个平衡的问题》,第22页;"碳定价,""气候组织",2013年5月。

每一方法都有自己的长处,因而都有自己的支持者,这些支持者包含经济学家和国家。然而碳税却高级得多,这在马丁·韦茨曼最近发表的文章中得到解释。他赞成一种"由国际协调,但由国家保留的碳税",这得到斯坦福大学两位学者的支持。[①] 他们提出很多理由证明碳税好得多,下面是其中的4条:

·碳税可防止价格的反复无常,而总量管制与交易制度却允许价格极度波动,这削弱了欧洲的排污权交易制度。(到2012年,排污权交易制度基本上瓦解了;2013年,它的碳排放许可证被说成"不如垃圾债券";而到2014年,市场,由于已将碳排放价降到可怜的6英镑1吨,被说成"比无用还糟。")[②]

·"来自国际间协调好的碳税的收入,被每个国家保留在了本国之内,"而总量管制与交易制度所得的收入却不是如此。[③]

·"较之总量管制与交易制度,碳税更易管理且更加透明","在一个囊括了所有主要排放国家的全面国际背景下,它尤显重要。"

·碳市场,"对于江洋大盗式的人物,是一个巨大诱惑,他们可盗窃这些宝贵的排放许可证,拿到国际市场上去出售。"这种事是发生过的:据国际刑事警察组织披露,1760亿美元的碳市场已成为吸引犯罪集团的磁石。[④]

对碳税的广泛支持

虽然人们不能从美国国家新闻中知道这点,但通过碳税对碳排放定价的主张却广得人心。

---

① 马丁·L. 韦茨曼:"谈判出一种统一的碳价就有助于内化全球暖化的外部效应吗?"哈佛大学,2014年1月8日;劳伦斯·H·古尔德和安德鲁·沙因:"碳税相较于总量管制与交易:一份重要的评论,"斯坦福大学,2013年8月。
② 菲奥娜·哈维:"全球碳交易制度已'基本瓦解,'"《卫报》,2012年9月16日;特里斯坦·埃迪斯:"碳排放许可证不如垃圾债券,"《气候观众》,2013年4月17日;"欧洲气候政策:比无用还糟,"《经济学家》,2014年1月25日;韦茨曼:"谈判出一种统一的碳价就有助于内化全球暖化的外部效应吗?";约书亚·希尔:"欧洲的碳排放价格2021—2030年间将上升到每吨23英镑,""清洁技术网站",2014年9月2日。
③ 韦茨曼:"谈判出一种统一的碳价就有助于内化全球暖化的外部效应吗?"
④ 同上;"国际刑事警察组织警告,犯罪分子觊觎1760亿美元的碳市场","RTCC. org网站",2013年8月7日。(国际刑事警察组织的报告为:"碳交易犯罪指南",2013年6月。)

·自由主义的斯特恩和保守的诺德豪斯最终也取得一致意见,这说明大多数经济学家是赞成征收碳税这一主张的。一份民意测验对来自7个领军经济系的52名经济学家作了调查,他们被问到是否同意这一说法:"根据燃料的碳含量来征税,以减少二氧化碳的排放,这一方法,较之如像要求汽车的'公司平均燃油经济性标准'那样的一整套政策,更便宜。"只有2%的经济学家不同意此说,90%的都同意。①

·其他支持碳税的经济学家包括里根经济学家亚瑟·拉弗,他觉得此事颇为怪异:"美国居然允许人排放我们不想要的东西(二氧化碳污染)而不予以惩罚。"②

·碳税也得到国会的一些保守党成员的支持,其中包括前议员鲍勃·英格利斯,他称其为"根本的保守主义"以及"货真价实的保守主义"③

·参议院财务委员会和国会研究服务中心曾提出过一项碳税,它们说,一种适中的碳税(每排放1吨征收25美元)在10年内可削减超过1万亿的联邦预算。④

·赞成征收碳税的报纸包括《华盛顿邮报》,该报说:"最聪明的防护措施就是国家碳税,"它会"利用市场的力量将碳从经济中挤干,把决定能源及其生产的权力交到消费者和经营者手中,"而不是国会和院外说客的手中。⑤

·就连格罗弗·诺奎斯特,这个曾让全国数百名共和党政治家作出不征新税承诺的人,也说,用碳税来代替所得税应该是可以接受的——直到他遭到科赫集团资助的美国能源联盟的抨击,方才改口。⑥

①　西塔·斯拉沃夫:"碳税打破了一项真空禁令,"《美国新闻与世界报道》,2014年1月23日。

②　艾米·沃尔夫:"经济学家亚瑟·拉弗提出,对污染而不是对收入征税,""范德比尔特新闻",2012年2月20日。

③　科罗诺斯基:"定一个价是对的"。

④　乔纳森·L.拉姆索尔等人:"碳税:削减赤字以及其他考虑,"国会研究服务中心给国会的报告,《国会研究服务》,2012年9月17日;杰夫·斯普罗斯:"一项碳税将削减1万亿美元的赤字,""气候动态"网站,2013年11月14日。

⑤　"一个闷人的行星议程",《华盛顿邮报》,"编者",2013年1月12日;也请参见"碳税是国会的最佳选择,"《华盛顿邮报》,"编者",2013年5月7日。

⑥　科勒尔·达文波特:"诺奎斯特说,用碳税替代所得税削减并不违反无税收上调的承诺,"《国家杂志》,2012年11月12日;塔尼娅·斯奈德:"格罗弗·诺奎斯特在碳税问题上屈从于科赫集团资助的团体,""街道博客"2012年11月13日。

对税收、经济,和穷人的影响

批评碳税的人常说,碳税会弱化一个国家的经济,加重公民的税负,并会伤害低收入的公民,他们已为交通和取暖付出了收入的相当比例。但是,并非必然会出现这些后果,瑞典和不列颠哥伦比亚省的情况就说明了这点。

·C. 弗雷德·伯格斯滕,彼得森国际经济研究所的前所长,说过:"瑞典的通货膨胀率在欧洲是最低的;它每年都有预算盈余;而且,它的企业税率比美国的要低得多。"[1]

·在实行了碳税 5 年之后,不列颠哥伦比亚省的国内生产总值便与加拿大其余地方的持平,它开发了加拿大的最低所得税(个人和企业的),与此同时,它的燃料消费比加拿大其余地方减少了 19%。再者,提出碳税的自由党,不仅未遭到选民的唾弃,反而赢得了更多的席位。[2]

更有甚者,2014 年的一份报告说,美国的碳税以每吨 10 美元起,然后每年增加 10 美元,这一敢作敢为的税收会有助于经济,增加 200 万个就业机会(截止 2015 年,它还消除了全国 1/3 的碳排放,防止了 1 万个过早死亡)。[3]

虽然反对者把碳税描绘为一个额外的税种,但大多数的赞成者却谈到了税转移。碳税在遏制环境违法行为的同时会提高人的税收负担,但从中得到的收入却可用来减少更具社会效益的部门、或更贫困阶层的税收。正如莱斯特·布朗指出的,税转移已在欧洲实行很久:

德国 1999 年的一项 4 年计划,按部就班地将税收从劳动力转移到了能源。……2001 年和 2006 年之间,瑞典将大约 20 亿美元的所得税转移到环境破坏活动税。……环境税转移在欧洲已成家常便饭,法国,意大利,挪

---

① 瑞安·科罗诺斯基:"奥巴马为何把瑞典称为能源政策的一个模式,""气候动态"网站,2013 年 9 月 4 日;C. 弗雷德·伯格斯滕:"经济恢复的瑞典模式,"《华盛顿邮报》,2013 年 8 月 29 日。

② 斯图尔特·埃尔吉和杰西卡·麦克莱:"不列颠哥伦比亚省碳税转移 5 年后的结果:一段环境和经济的成功史,""持续繁荣"网站,2013 年 7 月。

③ 杰夫·斯普罗斯:"为什么一个国家的碳税会是惊人的——用四个图表来说明,""气候动态"网站,2014 年 6 月 23 日;这儿指的是区域经济模型有限公司和突触能源经济有限公司 2014 年所写《国家费用和股息税对经济、气候、财政、权力和人口的影响》,2014 年 6 月。

威,西班牙,和英国都在使用这一政策工具。①

从碳税来的钱可有多种用途:帮助财政部;补贴清洁能源;返还纳税人;或这些用途的综合。大多数关于碳税的建议都包括退税。美国进步研究中心列举了这样一个政策的三大好处:减缓全球暖化,减少赤字,保护低收入美国人。②

一个设计得很差的计划肯定最终会伤害经济和/或伤害穷人。但如果设计得好,它就会有很多好处。哈佛的保守派经济学家格雷戈里·曼昆就曾这样写过:

> 减少所得税,增加汽油税,这会导致更快的经济增长,更少的交通拥堵,更安全的道路,并会减少全球暖化的风险——而且这一切都不会危害长期财政偿付能力。这可能是经济学必须要提供的、最接近于免费午餐那样的东西。③

市民气候游说团(它们是赞成汉森的建议的),针对三个典型的反对碳税的意见进行了反驳。对于那个最常见的反对意见,即碳税会增加税负,特别有害于穷人,他们说,碳税计划将会符合税收中性的原则,所有的税款将会回归于公民(每个成年人一份,每个儿童半份,每家最多以两个儿童计算)。除了那些烧炭最多的人,大多数的美国人拿回的钱会多于他们为碳税所付出的。针对碳税会成为"就业杀手"的那一反对意见,区域经济模型有限公司的一项研究结论道:在第一个 10 年,碳税会增加 220 万个就业机会,所以碳税计划会有助于就业和经济。至于说到碳排放,碳税以每吨二氧化碳征收 10 美元起,以后逐年以此比例递增,到 2025 年,会减少 33% 的排放,到 2035 年,其减少可达 52%。④

总之,除了以下的人反对而外,没有任何理由不实行碳税:国会共和党人,一些能源公司,一些受大卫·科赫和查尔斯·科赫两兄弟资助的极端自由企业组织,以及一些非常自私的个人,诸如他们两人的兄弟比尔·科赫,他说,任何

---

① 莱斯特·布朗:《计划 B4.0:动员起来拯救文明》,第 10 章:"我们能尽快地动员起来吗? 税转移和补贴"。
② 卡珀顿:"新近提出的碳税将减缓全球暖化。"
③ N. 格雷戈里·曼昆:"立即实行碳税!"《财富》杂志,1999 年 5 月 24 日。
④ 詹姆士·汉森:"气候游戏结束了,"《纽约时报》,2012 年 5 月 9 日;"一项对经济也有好处的气候解决方案",《公民气候政策》,2014 年 6 月 9 日。

要求对二氧化碳排放收税的人都是"服了致幻药"——我们不知道,同为亿万富翁的比尔·盖茨,是否也是服了致幻药。①

确定碳税的高低

虽然斯特恩和诺德豪斯在为碳定价这点上意见是一致的,但在关于碳的社会成本上却看法迥然不同,因此在什么才是恰当的碳税上(或同等的事情上)意见相左。诺德豪斯的估计总是很低。1992 年,诺德豪斯说,"就成本和收益的比较来看,每吨最多 5 美元至 10 美元的碳税可算是合理的。"2005 年,诺德豪斯算出了碳的社会成本为每吨碳 28 美元(那意味着每吨二氧化碳 7.40 美元),他并计算出,最优碳税为,"在 2005 年,每吨碳 27 美元。"《斯特恩报告》则估计,碳的当前社会成本为,"以 2005 年的价,每吨碳 350 美元,"诺德豪斯说这个估计太高了。②

然而太高了吗?确实,2010 年,碳社会成本跨部门研究小组甚至把碳的社会成本定得更低,中心价值被定为 24 美元。2013 年,该研究小组发布了新的定价,中心价值被提高到 37 美元。虽然这一更高的数字仅反映了这样一个事实:2010 年那项研究中所使用的三个估价,其所估计的升高了,但国会共和党人,由于怀疑奥巴马总统当时是把碳社会成本中一个升高了的价作为了事实上的碳税,所以要求政府问责局出面调查(该局发现,并无任何不妥当的事情发生)。③

然而,碳社会成本跨部门研究小组 2013 年所发布的报告的真正问题却在于:即便就依碳社会成本中的那一升高的数字,政府的估计仍然低得可怕。事实上,不光是同其他几位经济学家(见下面)所估计的相较它算低的,即便与以保守出名的联合国政府间气候变化专家小组所估计的相较,它也算低的。正如劳丽·约翰逊指出的,碳社会成本跨部门研究小组忽略了联合国政府间气候变化专家小组 2013 年报告中所讨论的很多问题,诸如极端天气事件,海洋酸化,农业缺水,大规模的移民,以及资源匮乏造成的暴力行为。④

① 艾米丽·阿特金:"亿万富翁科赫兄弟说,支持碳税的人服了致幻药了,""气候动态"网站,2013 年11 月 8 日。(盖茨说:"有了碳税后,我们应该将其中的一些用于革新。")
② 诺德豪斯:《一个平衡的问题》,196,186 页。
③ 瑞安·科罗诺斯基:"'碳的社会成本'几乎是政府先前估计的两倍,""气候动态"网站,2013 年6 月 5 日;杰夫·斯普罗斯:"据新报告称,政府对碳价的预算是光明磊落的,""气候动态"网站,2014 年 8月 26 日。
④ 劳丽·约翰逊:"碳的社会成本:与联合国政府间气候变化专家小组玩赛跑游戏",自然资源保护委员会,"员工博客",2014 年 4 月 22 日。

该研究小组的估计如此之低,并不令人惊奇,因为那一估计部分地是基于诺德豪斯最近的估计的。阿克曼和斯坦顿指出,很多学者定的价都远高于诺德豪斯的最优价:迈克尔·哈内曼估计道,实际成本是它的 4 倍,马丁·韦茨曼,正如前面提到过的,则说,高温会导致高得多的成本。①

正如大多数提倡碳税的人一样,诺德豪斯认为,开始时应该是一个相对低的价,以便让个人和公司有时间减少他们的碳用量,然后逐渐加价。根据诺德豪斯的"最优发展轨迹",碳税以每吨碳 27 美元始,"到 2050 年涨到每吨 95 美元。"然而,根据阿克曼和斯坦顿的说法,2010 年碳的真正社会成本可能已多达每吨 893 美元,然后,到 2050 年,会升至每吨 1,500 美元。他们引用了韦茨曼的这一说法:排放一吨所造成的损失可能是无限的,然后说:"我们的估计倒不一定是无限的,但对于所有的实际目的,其损失却几乎是无限的。"②

对碳定高价,以使得使用化石燃料和其他碳产品成本太贵而无钱可赚,这样做就是要充分考虑到有必要防止额外的碳进入大气层(当然,假定要有一种可替代碳的能源。关于这点,请参见本书第 17 章)。

然而,就现在碳的情况而言,它不仅未被征税,甚至还得到资助。"隐藏在免税代码下的,"约瑟夫·施蒂格利茨写道,"是对石油和燃气工业的数十亿美元的补贴。"③

取消对化石燃料工业的补贴

给碳定个价,以遏制碳产品,这样做的前提就是:不给予碳产品(特别是化石燃料)任何补贴。诺德豪斯和斯特恩在这点上的意见是一致的。很久以来,就有人提出化石燃料补贴是不必要的,应取消。近来,这样的补贴被视为"不道德的",继续补贴被视为一种"丑闻"。然而,化石燃料工业仍旧说补贴得有理。

补贴的理由

有人提出了几条理由来证明补贴化石燃料是合理的:

① 弗兰克·阿克曼和伊丽莎白·A.斯坦顿:"气候风险与碳价:修订碳的社会成本,""平等与环境的经济学",2011 年 7 月;马丁·韦茨曼:"制定温室气体指标,为灾害性气候损害保险",哈佛大学经济系,2010 年。

② 诺德豪斯:《一个平衡的问题》,第 197 页;阿克曼和斯坦顿:"气候风险与碳价"。

③ 约瑟夫·E.施蒂格利茨:"对全球暖化的一种冷静估算",《世界报业辛迪加》,2006 年 11 月 9 日。

·在工业文明的最初几十年里,这样的补贴对公众有益。

·当煤炭、石油、天然气的发现和生产极具风险且回报也不高时,补贴会有激励作用。

·补贴也可为新的文明提供各类基础设施。

·补贴有助于穷人参加进这一新文明。

然而这些理由已不再存在了:

·化石燃料远非有益于公众,它现在使得人类的生活更困难了,甚至有毁灭它的危险。

·化石燃料工业现已非常富裕。正如奥巴马总统在 2011 年的国情咨文中所说:"不知你们注意到没有,他们正在那儿独自发大财。"①

·一大笔钱——有人估计是 12 万亿美元——已投入了直接的成本和基础设施,径直就是为了基于化石燃料的各类运输。②

·根据国际货币基金组织,化石燃料补贴中只有7%施惠于20%的最穷的人,而 20% 的最富裕的人却享受了补贴的几乎50%。③

·甚至前石油大亨和当时的总统小布什在 2006 年也说,当石油的成本是当前的一半时,"我会告诉你,55 美元一桶的价,我们用不着激励油气公司去开采了。激励已远远地够了。"④

然而,在化石燃料工业及其说客的努力下,补贴继续着。

决定对化石燃料补贴的多少

这些工业部门有时声称,它们没有得到任何补贴。比如,美国石油学会——油气工业的游说协会——的会长声称,"油气工业未获任何补贴,零,什么也没有。"他之所以能这样说,是因为他认为,所谓补贴,就是政府直接付给公司的钱。然而,"政治真相网站"反驳了他,说,化石燃料公司得到了大量的免

---

① 引文见"参议院为石油巨头充当'托'",《纽约时报》社论,2008 年 3 月 3 日。

② 大卫·罗伯特:"化石燃料的直接子公司是冰山一角",《世界谷物》,2011 年 10 月 27 日。

③ 杰夫·斯普罗斯:"国际货币基金组织的惊人研究:美国是世界头号化石燃料补贴国,""气候动态"网站,2013 年 3 月 29 日。

④ "总统对美国报纸编辑协会大会的讲话,"白宫,2006 年 4 月 14 日。

税，"虽然美国财政部并未给公司送支票，然而免税的实际效果是一样的，它使得公司将本可能付的税款保留下来了。""政治真相网站"于是回顾了世界贸易组织对"补贴"的定义："所谓补贴，就是政府或其代理部门给予的、能给接收者带来利益的任何财政资助。"①

至于说到税，大石油公司"付的可是低得荒唐的税率。"虽然美国石油学会声称，石油工业付了44.3%的有效税率，而法定的公司税率是35%，但是"纳税人常识"组织2014年的一份报告却说，从2009年到2013年，大石油公司，诸如雪佛龙和埃克森美孚石油公司，只付了11.7%的税。"实际上，"该报告说，"这些公司使用从纳税人那儿得来的无息贷款，为自己的很多生意筹措资金。"②

化石燃料工业承认它接受补贴，并宣称，它需要保有补贴，以便保持与清洁能源的"公平竞争"，因为后者接受了大量的补贴。但这一说法大谬不然。据国际能源机构称，化石燃料所获的补贴，比清洁能源所获的多出12倍。正如《彭博商业周刊》的一篇文章的标题所说，"说到政府补贴，脏能源依旧净赚。"③

在2013年的一份标题为《能源补贴改革：教训与启示》的报告中，国际货币基金组织表示，全世界对化石燃料的补贴甚至更多了。该组织报告说，给予化石燃料的补贴，在2011年累计1.9万亿美元，其中有4800亿美元是直接补贴。其余的是间接补贴，其中有1.4万亿美元的花费是由于"错误定价"而造成的——意思是，消费者所用的化石燃料，其价格并不包括燃料所引起的各类损害的成本。④

再者，国际货币基金组织之所以提出因为错误定价而付出了1.4万亿美元，是由于它认定碳的社会成本仅仅是每吨25美元，而这个比例是很低的。英国最近测算出，每吨应是83美元，这样一来，全球对化石燃料的补贴就几乎是3.5万亿美元。乔·罗姆则判断，碳的实际社会成本至少是每吨135美元，照此计算，全球对化石燃料的补贴就至少是8万亿美元。若照阿克曼和斯坦顿的计

---

① 丽贝卡·莱伯："石油大亨游说集团声称，石油工业"未获任何补贴，零，什么也没有，""气候动态"网站，2013年1月9日；"比尔·约翰逊说，奥巴马总统所指责的对石油公司的补贴是不存在的，""政治真相网站"，2012年4月17日。"

② 乔安娜·罗特科普夫："大石油公司付的可是低得荒唐的税率"，"沙龙网站"，2014年8月4日；讨论的是"油气公司的有效税率：利用特殊待遇获利"，"纳税人常识"组织，2014年7月30日。

③ 乔纳森·沃茨："活动人士欢呼推特风暴反对化石燃料补贴的成功"，《卫报》，2012年6月18日；艾米丽·亚当斯："能源游戏被操纵：化石燃料补贴2011年逾6200亿美元"，地球政策研究所，2013年2月27日；查里斯·肯尼："说到政府补贴，脏能源依旧净赚"，《彭博商业周刊》，2012年10月21日。

④ 布拉德·普卢默："国际货币基金组织：欲遏制气候变化？那么就取消对能源的1万9千亿美元的补贴，"《华盛顿邮报》，"政策专家博客"，2013年3月27日。

算方法,补贴还会更高。①

补贴化石燃料是不道德的

保罗·霍肯说过,"我们在盗窃未来,在当前将其出卖,并把它称为国内生产总值。"大卫·罗伯茨引用了他的这一说法,并说:

> 我想不出更好的词语来描绘这些化石燃料补贴。当我们给碳损害定一个更实际的成本时,我们就进一步地认识到,我们从我们的后代那儿盗窃了多少——每年数万亿美元。不顾一切的激进主义和它那不道德的荒诞做法使人惊诧得透不过气来。

至于说到哪个国家的不道德荒诞做法最厉害,国际货币基金组织报告说,迄今为止,最大的犯规者是美国,它对化石燃料的补贴是502万亿美元,是第二名和第三名,即中国和俄罗斯,总量的两倍多。②

世界自然基金会称,维持化石燃料补贴是"一桩丑闻。"③由于国会与化石燃料工业之间的那种卖淫似的关系(后者买到了立法者持续的支持),这一丑闻一直在继续。资深记者丹·弗鲁姆金在一篇标题为"石油公司的说客们如何为华盛顿的车轮上润滑油"的文章中说:

> 石油部门用它们那鼓胀的钱包能做很多事,其中的一件就是,雇佣由一群舌如利刃的说客组成一支名副其实的团队,然后以支持竞选开销的名义资助他们大肆大钱。最终的结果便是,石油部门便有相当的能耐在国会山为所欲为。据"反应性政治中心"网站称,自1998年以来,石油和燃气工业在游说上化的钱,已超过了10亿美元,其中包括2010年骇人听闻的1.47

---

① 劳丽·约翰逊和克里斯·霍普:"美国监管影响分析计算出的碳的社会成本:导言与批判,"《环境科学期刊》,2012年8月20日;大卫·罗伯茨:"国际货币基金组织称,全球对化石燃料的补贴已达每年1.9万亿——那可能是个保守的估计,"《世界谷物》,2013年3月28日;乔·罗姆:"气候变化经济学在一个图表中的错误,""气候动态"网站,2012年3月8日。

② 罗伯茨:"国际货币基金组织称,";杰夫·斯普罗斯:"国际货币基金组织的惊人研究:美国是世界头号化石燃料补贴国,""气候动态"网站,2013年3月29日。

③ "维持对化石燃料的补贴是一桩全球丑闻,支持国际货币基金组织的研究结果,"世界自然基金会,"酷星博客",2013年9月26日。

亿美元。[①]

化石燃料补贴的破坏性

海外发展研究所说,"如果各国政府的目的是避免危险的气候变化,那么它们现在就是在对自己的两只脚开枪。"它进一步解释道:"它们正是在补贴那些将世界推向危险的气候变化的活动,"因而在鼓励"对碳密集能源投资。"更有甚者,补贴还会打消了人们投资清洁能源的积极性。世界货币基金组织说,如果取消对化石燃料的补贴,二氧化碳的排放会减少13%。[②]

如果这些补贴中相当一部分转移到清洁能源,排放的减少会更大。鉴于补贴的历史规范,这一转移全然不是例外的。根据DBL投资公司南希·芬德和本·希利的一份重要报告,"联邦政府当初对早期化石燃料生产和初生核工业的激励性补贴,远远大于今天对可再生能源的补贴。"说得更准确些:头15年对油气工业的补贴,比同期对清洁能源的补贴多5倍。[③]

根据补贴的原始意义——帮助新兴工业起步——化石燃料工业在其早期接受补贴,是完全合理的,特别是当世界尚不知道化石燃料的负面效果时。但现在,是该清洁能源接受大量补贴是时候了,是该尽快地进行必要的转移的时候了。如果清洁能源只是略比煤、油、气便宜,那么就可作渐进的转移,而现在,简直就没有时间来进行那样的转移了。

为关于补贴的讨论作结论

《华盛顿邮报》的博客写手布拉德·普卢默问:"解决全球暖化的最简单方法是什么?"然后他自答道:"确保给碳定个合适的价,不再给它补贴。"同样地,罗姆,鉴于太阳能电池的成本下降了99%,说:"如果太阳能是严格根据成本而这样增长的,那么,想象一下,如果二氧化碳有那样一个价,它反映了二氧化碳

---

① 弗鲁姆金:"石油公司的说客们如何为华盛顿的车轮上润滑油"。

② 引自艾米丽·阿特金"全世界化石燃料每年接受政府5000亿美元补贴","气候动态"网站,2013年11月7日;斯普罗斯:"国际货币基金组织的惊人研究"。

③ 南希·芬德和本·希利:"杰弗逊会怎么干? 联邦补贴在塑造美国能源未来中的历史作用,""DBL投资公司",2011年9月;普卢默:"国际货币基金组织:欲遏制气候变化?"

实际上对环境和人的健康的损害程度,太阳能便将会以何等快的速度增长。"①

当然,这一方案的前提是:对化石燃料的这一双重处理普及全球。

在全球碳价问题上达成一致意见

虽然有些国家一直在努力减排,但是要减缓全球暖化并最终制止它,却只能靠所有国家的共同努力。所以,解决全球暖化是一个国际合作的问题。

京都剖析

正如京都气候谈判方法的创始人们所意识到的,达于这样的合作,就意味着不同的国家需将自身利益置于国际共同利益之下,而且,要这样干,就需要一个一致的承诺。无论如何,大气是人类的一份共餐食物:它对每一个国家都是珍贵的,而每一个国家的排放都在损害它,所以,所有的国家都须减排,以保护人类的共同利益。然而,每个国家的排放只占全球排放的一小部分,于是照每个单一的国家看来,它们的减排似乎是,大牺牲,小利益(如果真有利益可言的话)。如果大家都以这样的逻辑思维,大气层就将会被毁灭。全球暖化,显而易见,是"全体人类的悲剧"。唯有一个一致的承诺,才能使每个国家的牺牲显得合理。

此前的几段文章总结了马里兰大学的彼得·克拉姆顿和他的两位同事在他们的一篇标题为"如何协商雄心勃勃的全球减排问题"的论文中所作的解释。京都谈判的发起者们意在制定一个一致的承诺,这一想法虽然不错,但《京都议定书》最后却化为一场惊人的失败。该议定书规定的目标太微小,不能带来大的好处,不仅如此,京都现在还只占全球排放量的15%。到底是怎么失败的?

他们说,一旦决定根据一个国家的排放量来制定一个一致的承诺,即每个国家都依照大家同意的某个百分比,将自己的排放量降低到1990年的水平之下,失败就是不可避免的了。不同的国家,就其财富而言,就其造成全球暖化的程度而言,差别巨大,所以,即便取得大致一致的意见都是不可能的。② 如施蒂格利茨解释的:

---

① 普卢默:同上;乔·罗姆:"必须看到的费用:自1977年以来,光伏电池的成本已惊人地下降了99%,致使太阳发电成本下降至与传统发电成本相当,"2013年10月6日。

② 彼得·克拉姆顿等人:"如何协商雄心勃勃的全球减排问题",2013年5月30日。

发展中国家问道:为何只是因为发达国家过去污染得更多,就允许它们现在污染得更多? 事实上,由于发达国家已经排放了如此之多,所以应强制它们更多地减排。世界似乎陷入僵局:美国拒绝再谈,除非发展中国家浪子回头不再坚持己见;而发展中国家则认为,没有任何理由不允许它们与美国和欧洲的人均污染量相等。确实,鉴于它们的贫穷,以及为减排而付出的成本,人们可能应给它们甚至更大的余地。然而,就它们的低收入水平而言,这可能就意味着在几十年之内不应对它们施加任何限制。①

既然如此,京都会议的领导者们就决定让每一个富裕国家提出它们的指标(而穷国则无须提出任何指标)。由于作了这样的决定,京都会议的领导者们就放弃了一致承诺的观点。于是,一个需要全球合作的问题,却实际上以不合作而告终,大多数的国家关心的是它们排放的权利,而不是克服全球的排放。

达成一个承诺:是根据价或是根据量?

然而,施蒂格利茨说:"还是有办法的,那就是通过一个针对排放的(全球)共同环境税来解决。排放是有社会成本的,共同的环境税就是让每个人为社会成本付钱。"②克拉姆顿和他的两位同事同意施蒂格利茨的此说,他们说:

> 虽然一个关于量的一致承诺最终证明不可行,但一个关于价的一致承诺却是可行的,因为大家几乎一致同意,每个国家应该承担同样的价格。那样的一个一致承诺,可能使人达成一类超越自身利益的一致意见:"如果你愿意,我也愿意承担一致价格。"

转向一个一致价格,会消除所有的关于公平的激烈争论。有了关于价格的一致意见,所有的国家都会为自己的排放付出大家一致同意的价,而不至于穷国家说,富国家应带头,而有些富国家则拒绝采取任何行动,除非崛起的穷国家作出同样的承诺。没有比这更公平的了。

据说,有的国家很穷,付不起一个很高的碳价——一个高得足以带来很多好处的价。但这个问题可通过"绿色气候基金"来解决。该基金是联合国在

---

①　约瑟夫·施蒂格利茨:"全球暖化的新议程",《经济学家之声》,2006 年 7 月。

②　同上。

2012 年建立的,旨在帮助穷国家,尤其是那些最受气候变化威胁的国家。克拉姆顿和他的两位同事提出,也许,该基金会能作的一件事就是,让那样的国家有可能支持对一个高价的承诺。①

无论如何,要点在于,承诺一个一致的价就极大地改变了国家的自身利益。依当前的制度,每个国家的自身利益与世界的共同利益是冲突的,正因为如此,大多数国家只同意少量减排。但若有了一致的碳价,选一个高价就是符合各国自身利益的。因为它们知道,碳价越高,它们就会得到更多的帮助来挽救它们的食物、水,和经济。当然,一致达成碳价的最好方式是,以一个适度的价格水平开始,然后每年、或每两年增加。这样,各国就可在碳价仍然适度时开始减少对化石燃料的使用,但同时它们也知道,碳价会不断上涨,很快就会涨到它们无力继续使用化石燃料的程度。

有了一个一致的价,自身利益与共同利益就不再冲突了。当然,一些国家有可能想自行其是,但这个问题,克拉姆顿和他的两位同事指出,可通过贸易限制措施来解决,也许就是遵照世界贸易组织的先例。

决定一个一致的碳价:是通过税或是通过市场?

剩下的一个问题是,一致的碳价是与税相关,或是与市场机制相关。克拉姆顿和他的两位同事说,两种办法中的任意一种都可能导致不必要的争论。所以,虽然税收可能是一种太简单的办法,但却应该允许那些受限于《限量及交易法案》的国家和地区保留它。然而,韦茨曼指出,碳税的办法比市场的办法简单得多,而且,用极端不同的两种方法很难达成一个一致的价格。所以,特别是根据上面所讨论的、之所以更应采取税收的理由,便应该坚定地建议各国选择税收的办法,那样一来,对一个价格的一致承诺就会成为对一种碳税的一致承诺。

平等与自身利益:一个最终的因素

如果在高碳价上(加上一种强制实施它的有效措施)达成了一致意见,如果能找到化石燃料的实用的替代物(这将在第 17 章讨论),那么,开始尽快地取消化石燃料以使之不超过碳预算,进而防止气候变化成为灾难性的甚至不可治的,这在原则上就是可能的了。或者说,再加上一个因素它就是可能的了。

---

① 联合国气候变化框架公约,"绿色气候基金"。

众所周知,"发达"世界中的大多数国家,凭借大量使用化石燃料而增长了经济,因而达到了"发达"的程度。而发展中国家却仍须依靠经济的增长来帮助数百万国民摆脱赤贫,鉴于这一事实,若要求这些国家放弃经济增长的努力以帮助解决全球暖化的问题(这个问题几乎完全是由富裕世界造成的),那就未免太不公平。实际上,它们根本就不愿那样干。虽然它们也同富裕国家一样,有兴趣挽救文明,但它们却有压倒一切的兴趣帮助国民摆脱贫困。再者,如果发展中国家继续增加化石燃料排放,那么,无论业已发达的世界如何努力,维持在碳预算以下很快就会成为不可能。

各国只有在这样一个框架结构内才会为了共同的利益而行动:在该框架结构内,这样的行动不会与它们直接的利益发生冲突。一旦认识到这一点,剩下的问题就是:这样的一个框架是否可能。这个问题,虽然是联合国气候会议的核心,但至今为止却未成为大多数经济学家论著中的核心。虽然人们讨论过代际伦理,但全球平等同样是重要的:"我们不光可以根据气候政策对于后代是否公平来判断它们,"阿克曼和斯坦顿,以及雷蒙·布埃诺指出,"也可根据它们对世界各地区以及各收入群体是否公平来判断它们。"[①]

全球平等:对公平的吁求

全球平等意味着三方面的公平:首先,岛屿国家和其他一些穷国对全球气候变化所起的作用非常微小。其次,它们却是最受气候变化威胁的国家。第三,那些对全球暖化一直要负主要责任的国家,正是有钱为缓解气候变化和减排付账的国家(之所以应付账,主要是由于它们那些造成暖化的活动)。所以,显然,富裕世界应该——在道义上应该——为在贫穷国家所进行的缓解和减排提供大量的资金。

联合国绿色气候基金,如上面所提到的,正是为了这一目的而建立的。一半的基金将用于缓解气候变化,一半用于减排。[②] 5 到底需要多少钱呢? 正如本书诸章节所显示的,贫穷国家减排所需的资金是很庞大的,因为要对付诸多问题:岛国和沿海国家海平面的上升,依赖冰山和积雪的那些国家的越来越严重的缺水,世界很多地区的横扫一切的风暴,以及愈显严重的酷热、干旱、食物

---

① 伊丽莎白·A.斯坦顿,弗兰克·阿克曼,以及雷蒙·布埃诺:"理性,共鸣和公平竞争:气候政策的缺陷",《网上交流文选》,2012 年 4 月。

② 梅甘·罗琳:"绿色气候基金拨出一半的钱用于适应性变化",路透社,2014 年 2 月 24 日。

短缺。

为了缓解气候变化,所需的财政拨款以及对各种形式的绿色(清洁)能源的前期投资,诸如对大规模的风力和太阳能发电场的投资,至少会同样庞大。唯有这样,低收入国家才能既进行必要的从化石燃料能源的转移,又不至于停止它们克服贫穷的努力。

至于说到这意味着多少钱,斯特恩提出过,将需要"每年针对气候投资1万亿美元。"①实际上将提供多少? 至今为止,富裕国家的成绩尚未给人留下深刻印象。

在2009年的哥本哈根会议上,富裕国家承诺在接下来的三年内提供300亿美元的"快速启动"资金,以后逐年增加,到2020年增至每年1000亿美元。在三年里每年提供100亿美元,这已经是个很慢的"快速启动"了,更有甚者,乐施会指出,这些援助中的大多数并非如那些国家所许诺的,是"新的和额外的",而是早已记录在案的外援,现在被重新包装成了气候援助。至于具体说到美国,乐施会在2013年说,"对气候变化的国际援助仍然是美国的一个主要优先事项"。不过,据报道,美国那年(只)提供了74.5亿美元的资金。②

即便这是"新的和额外的资助",这对于世界上最富裕的国家也是个微不足道的数目,况且这个国家还是造成全球暖化的最有力者。然而,非但没有承诺将来会更多出力,美国的首席气候外交官托德·斯特恩还表示,每年1000亿美元的许诺可能不会很快兑现。"美国和其他发达国家的财政现状不会允许这样做,"斯特恩说,因为我们还有义务应对"老年化人口的问题,以及基础设施、教育、卫生保健等方面的迫切需求。"③

所以,虽然尼古拉斯·斯特恩说过,每年需要1万亿来解决低收入国家的减缓和减排的问题,但托德·斯特恩却表示,富裕国家甚至不打算提供那个数字的1/10。

2011年,世界银行给出了一个小得多的估计:每年1000亿美元。2014年,联合国政府间气候变化专家小组(IPCC)在它的一份2500页的报告中提到这个数字,但在那份"供世界最高政治领导人阅读的48页的执行概要中",它却被删

① "联合国气候变化大会第19次缔约方大会:尼古拉斯·斯特恩勋爵谈不行动的成本和风险会很大,""如何应对气候变化,"2013年11月19日。
② 菲奥娜·哈维:"绿色气候基金谈论富裕国家许诺的1000亿美元,"《卫报》,2012年8月23日;"气候危机财政:穷国全不知情,""逆流网站",2013年11月11日;布拉德·普卢默:"富裕国家承诺数十亿,以帮助穷国适应气候变化。那些钱都到哪儿去了?"《华盛顿邮报》,"政策专家博客",2013年11月18日。
③ "气候危机财政"。

掉了,《纽约时报》的贾斯廷·吉利斯报道说。"该概要出自几个富裕国家(包括美国)之手,它提出了关于用语的问题。"吉利斯解释道,该用语是有争议的,因为,"人们希望,今年9月在纽约举行的世界领导人峰会上,贫穷国家修改它们对援助的请求,"而且与此同时,"许多富裕国家争辩道,每年1000亿美元是一个不现实的要求,因为这实质上是要求它们,在国内经济不景气的情况下,让外援的预算翻番。"

正如人们可能预料到的,"这一说法在穷国领导人中煽起了愤怒的情绪。他们感到,他们的国民为西方人数十年的挥霍消费买了单。"[1]

全球平等:有利于富裕国家的自身利益

美国和大多数的富裕国家似乎不打算以公平的名义给予非富裕国家很多的帮助。这样要求它们恐怕也是奢望。如果说,只要不与它们的自身利益相冲突,大多数的贫穷国家都愿努力减缓全球暖化,那么富裕国家同样也是如此。所以问题就在于:它们是否能懂得,出自它们自身的利益,它们有必要为贫穷世界的减缓和减排提供大量的资金。

斯坦顿,阿克曼,以及布埃诺指出,"发展中国家不可能将其全部资源用于减排,而不解决自己的贫穷问题"。指出了这点后,他们又说,帮助这些国家提高生活标准,是符合富裕世界的自身利益的。人们认为,富裕国家有志于留给后代一个体面的世界,既然如此,如果它们不提供大量的资金帮助发展中国家,这一点实际上是不可能实现的。

可用"政策与既定目标的差距"来说明他们的情况:即便欲极力将二氧化碳的排放降低到我行我素的水平之下,也仍然会存在一个100多亿吨的缺口,必须将其减去我们方可维持在碳预算之内。[2] 这可通过一个四步论据来证明:

1. 除非全球温度的上升维持在一个很低的程度——最好是1摄氏度,或者,充其量,标准降低到1.5摄氏度,绝对地不能超过2摄氏度——否则,后几十年的人们会生活在越来越可怕的世界。

2. 温度的上升达到这些温度的任何一个时,特别是摄氏2度,地球便

---

[1]　贾斯廷·吉利斯:"专家小组关于气候风险的警告:情况会更糟糕,"《纽约时报》,2014年3月31日。

[2]　斯坦顿,阿克曼,以及布埃诺:"理性,共鸣和公平竞争:气候政策的缺陷"。

不能稳定自身,除非,在发达世界将自己的碳排放下降到几乎是零的同时,世界的其余部分虽继续发展却不增加自己的总排放量,也就是说,事实上将其降到接近零。

3. 唯有得到发达世界的大量资金——即用来减排、缓解气候暖化、克服贫穷的资金,发展中国家才会愿意并能够干成此事。

4. 所以,如果富裕国家的国民希望为自己的后代保护气候,并把拯救文明当作一份红利,那么,他们和他们的政府就须提供数万亿的美元来帮助发展中国家。

到底好多万亿? 埃里克·普利问道:"为了拯救地球你会付出多少?"唯一站得住脚的答案便是:需要多少付多少。不过,虽然美联储承诺用 7.7 万亿美元挽救美国银行,美国政府却表示,它和其他的富裕国家不打算承诺用 1 万亿美元,或甚至 1000 亿美元来挽救气候,进而挽救文明。

相反的行为:全球的庞氏骗局

作为现代经济学之父,亚当·史密斯强调,经济应体现道德原则。气候道德,正如本书第 14 章所讨论的,强调代际公平,据此,当代人应小心地保证后代人不至于仅享有减缩了的自然资本。我们至少应关心后面七代人。

庞氏投资计划这一术语是因查尔斯·庞氏而起,他在 20 世纪 20 年代组织了一场骗局。该术语正常的意思是这样一种投资运作,它在未产生任何新的资金的情况下许诺投资者高回报率。该计划是如此运作的:它用新投资者的钱作为回报付给原始投资者,然后又用更新投资者的钱作为回报付给新投资者,如此循环不已。

这是一种欺骗行为,因为,它不是用利润来付给投资者,而是用投资者自己的或后继投资者的钱来付给他们。由于它只能通过吸引越来越多的投资者来维持,这一运作便不可能永远继续下去:在某个时候,很多投资者会失去他们所有的投资。伯纳德·麦道夫运作了最大的庞氏骗局,据说他从投资者那里诈骗了 650 亿美元。

在全球经济中,人类当前数代人消费掉了将来数代人的财富。当前这代人远不是在增加地球的财富,或甚至不是在维持财富,而是每隔 10 年就更快地耗尽它。当前这代人,靠夺取后代的不可再生资源来满足自己。用乔·罗姆的话来说:

　　为了长期维持近几十年来尤其是富裕国家所得到的高回报,我们一直在耗掉更大部分的不可再生资源(特别是碳氢化合物资源)和自然资本(淡水、可耕地、森林、渔场),以及一切不可再生自然资本中最重要的:宜居的气候。

　　这就相当于庞氏骗局,因为我们正在用从后代那里夺取来的财富满足自己,占了那些可能还未出生的牺牲者的便宜。唯有以后他们才会意识到,是我们抢劫了他们。我们不是在为至少后 7 代人维持这个世界,而是在抢劫后 7 代人——如果人类有幸能延续那样久的话。

　　"麦道夫被骂成怪物,"罗姆又说,"因为他以慈善团体为欺骗目标。而我们的对象却是我们自己的孩子、孙子,以及往下的后代。那么,照此看来,我们又算什么呢?"全球经济的运作似乎是旨在尽快地破坏气候,只关注当前的利润,而远不是为后代维持一个对人友善的生物圈。且重复一下诺姆·乔姆斯基的话:"照今日资本主义的道德计算法,明日的一份更大红利,比后代子孙的命运还重要。"[1]

　　进行庞氏骗局是犯罪。麦道夫使得成千上万的人倾家荡产,他为此被判处150 年监禁。但我们这代人犯的罪大得多,远非麦道夫的罪行可比。若其沿此轨道继续下去,它将毁灭正属于我们亿万后代(以及其他物种)的自然财富。我们这代人,罗姆说,"使得麦道夫相形见绌:他不过就算个小扒手。"2009 年,在与《纽约时报》托马斯·弗里德曼的谈话中,罗姆说:

　　　　我们创造了一种我们不可能传递给后代的提高生活标准的方法。……你可得到我们通过这种打劫似的行为创造的突来财富。……它将来肯定会垮台,除非成年人现在就挺身揭露:"这是一种庞氏骗局。我们并未生产真正的财富,我们正在破坏一种宜居的气候。"

　　罗姆在2014 年又说,内奥米·克莱因的书——《这改变了一切:资本主义对气候》,以不同的论据提出了同一核心论点——"肆无忌惮的资本主义将导致灾难。"[2]

---

　　① 乔·罗姆:"全球经济是一场庞氏骗局吗?""气候动态"网站,2009 年 3 月 9 日;诺姆·乔姆斯基:"人类生存的黯淡前景","改变网"网站,2014 年 4 月 1 日。

　　② 戴安娜·B.亨里克斯:"麦道夫因庞氏骗局被判 150 年监禁,"《纽约时报》,2009 年 6 月 29 日;乔·罗姆:"这改变了一切:内奥米·克莱因说得对:肆无忌惮的资本主义将毁灭文明,""气候动态"网站,2014 年 9 月 16 日;参见内奥米·克莱因《这改变了一切:资本主义对气候》(西蒙—舒斯特出版社,2014 年)。

结论

正如本章所示,由威廉·诺德豪斯领军的美国气候经济学,鼓励决策者们信奉经济主义,因而看重持续的经济发展胜过对气候变化的缓解。

· 美国的气候经济学将《生长的极限》视为异端邪说,它因而忽略了该书和赫尔曼·戴利的这一警告:经济增长的极限已被突破——以下的事实就可表明此话不假:今天,需要一个半地球来为我们提供资源并消化我们每年排除的废物。①

· 美国的经济学因此也反对"罗马俱乐部"所呼吁的那种反抗,即"反抗对人类状况的那种自杀性的无知"。这种反抗是必要的,因为越来越多的经济学家、科学家,以及另外一些有思想的人警告说:我们正在自杀。

· 大多数的美国经济学家,在诺德豪斯的带领下,继续不顾《生长的极限》一书所提出的警告:如果继续我行我素,全球经济最终会迅速下滑——这一警告被韦茨曼的"悲观定理"证明是有先见之明的。根据该定理,气候变化的经济成本现在可能是无限的。

· 美国经济学家们也不顾戴利的这一警告:经济增长业已成为"不合算的增长",它使资源枯竭而不是丰富——气候变化所引起的大量成本,以及即将要来的更多的,也许是无穷无尽的成本,将会证实此言不虚。

· 美国经济学家同样不顾戴利和科布的警告:经济学已成了经济主义,一种崇拜偶像的宗教,该宗教教导说,第一忠诚应献给持续的经济增长——我国政府以下的这一信念就很好地说明了这点:经济的持续增长比文明的生存更重要。

当前最需要的就是,断然拒绝这一偶像崇拜,同时排除诺德豪斯的气候经济学,代之以另一种气候经济学,即以克莱茵、戴利、斯特恩、韦茨曼,以及阿克曼—斯坦顿那样的经济学家的学说为基础的一种气候经济学。

---

① "世界足迹:我们是否适合这个星球?"环球足迹网络。

第三部分　怎么办

17. 向清洁能源的过渡

"从化石燃料到可再生能源的伟大能源过渡已经开始。"

——莱斯特·布朗:"伟大过渡,第一部分,"2012 年

"德国的能源变化确实是史无前例的。……上次能源供应的变化发生在工业革命时期。"

——《地球编辑》,2014 年

本书第十四章论证过,取消化石燃料,是有很坚实的道德理由的。然而,若无一个实用的替代物,化石燃料的使用恐怕还得一直继续下去。这种情况提出了两个问题:化石燃料能被几乎不产生任何温室气体的清洁能源代替吗? 清洁能源是否已是人们能承受得起的了——是否对于穷人不再是太贵,是否不再可能削弱经济?

"清洁能源"有时被称为"绿色能源",这两个术语可互换使用。"可再生能源"一语也常常和这两个术语互换使用,但其实是不应该的。如果某种能源不会越用越少,或减少得非常缓慢,于是它会永远维持下去,或至少,对于实际的使用是永不枯竭的,这样的能源就是可再生的——比如太阳,这个第一可再生能源,它的燃料数十亿年也用不完。然而,"清洁"和"可再生",两者的含义是有区别的,某些类型的可再生能源可能就不是清洁的。比如,如果石油在地下补充得非常快,乃至我们永远也用不完它,尽管如此,石油能源仍然是脏的。然而,大多数可再生能源是清洁的,而且大多数清洁能源是可再生的,所以互换地使用它们是可以理解的。据此,两者中的任意一者通常都被理解为"清洁而可再生的。"但在有些情况下,二者间的区别却至关紧要(请特别参见关于生物质的那一节)。

部分地由于化石燃料工业的宣传,人们普遍认为:清洁能源只可能提供世界所需能量的一小部分,至少在最近的将来是如此;人们将继续使用化石燃料,直至发明了某种革命类型的清洁能源。但是,越来越多的科学家和工程师却另

执一词。比如,早在 2004 年,普林斯顿大学的两位科学教授就解释了,到 2050 年,只需使用现有的技术,美国的能量需求就可由不同类型的清洁能源提供。①

本章将考查各种清洁能源,并以这样一个讨论作结:100% 的清洁能源如何可能在 2050 年实现。然后第 18 章将讨论各种脏能源,以及它们的推动者。

能源效率:"隐形燃料"

除了清洁能源或可再生能源而外,能源效率被普遍视为降低化石燃料使用的主要方式之一。比如,奥巴马政府就有一个"能源效率和可再生能源办公室"。然而,能源效率也可纳入清洁能源范畴。事实上乔·罗姆曾论证过,能源效率是最重要的清洁能源类型。②

执此说者并非只有他一个人。世界自然基金会称能源效率为"首要及最优'燃料'"。它就说过,在向清洁能源体系过渡的过程中,能源效率是"唯一最重要的因素"。③ 玛丽亚·范·德·胡芬,国际能源机构的执行理事,曾把能源效率称为"隐形燃料",并特别指出,它也是"最大的资源,"利用起来"最便宜"、"最快"。④

2009 年的一份由著名的全球管理咨询公司,麦肯锡公司编制的报告,"释放美国经济中的能源效率",记载了,通过提高能源效率,可节约巨大的能源。如果成规模地干,该报告说,"一个全面的方法会节约价值 1.2 万亿美元的能源,……每年潜在地减少 1.1 亿吨的温室气体。"⑤

虽然能源效率是清洁的,但它却并未被广泛视为可再生的,因为人们普遍认为,触手可获的利益犹如低挂的水果,一旦被摘,就不会有什么更多的收益

---

① 史蒂芬·帕卡拉和罗伯特·索科洛:"稳定楔:用现有的技术解决未来 50 年的气候问题,"《科学》,2004 年 8 月 13 日;乔·罗姆:"索科洛重申 2004 年的'楔子'文章,催促尽快积极进行低碳部署,""气候动态"网站,2011 年 5 月 18 日。

② 乔·罗姆:"能量效率是解决气候问题的方法:第 1 部分:最大的低碳能源,""气候动态"网站,2011 年 6 月 1 日。

③ 世界自然基金会和荷兰爱科菲斯公司:"能源报告:至 2050 年,可望达 100% 可再生能源"(2010 年)。

④ 玛丽亚·范·德·胡芬:"我们能有安全而可持续的能源,"《卫报》,2012 年 4 月 24 日;"唯能源效率才有意义",见于《国际能源机构期刊》,2013 年春;"展望能源效率中的'隐形燃料'";范·德·胡芬确实使用了"可再生"一语,她说,能源效率是可再生的,因为"效率的潜能用之不竭。"然而她的讨论主要强调这一事实:能源效率是一类清洁能源,因为它降低了对化石燃料的使用。

⑤ "释放美国经济中的能源效率","执行摘要",麦肯锡公司,2009 年。

了。但是罗姆却争辩说,能源效率实际上是不可竭尽的,他根据陶氏化学公司路易斯安那州分部的成果解释了这点。那里的能源经理肯·纳尔逊1982年组织了一场竞赛,选择最佳节能计划。27个获胜的计划共获得170万美元的资助,但却为公司赢得173%的回报。第二年的投资获得340%的回报。到1989年,回报率达470%,因为64个项目(成本为7500万美元)该年为公司节约了3700万美元,随后的数年每年也为公司节约如此多。①

罗姆也根据自己在能源部门的经验谈了一下。他曾在一个叫做"废物最小化和污染预防"的项目中充当执行理事,当时他雇佣了肯·纳尔逊(他那时已从陶氏化学公司退休)来训练全国能源部门的员工进行那样的竞赛。其结果类似陶氏化学公司的竞赛,其中一个项目给投资带来了1300%的回报。②

能源效率是最便宜的能源类型,就此罗姆说,"能源效率项目的成本已达平均每千瓦2—3美分——相当于新核电、煤,和天然气发电厂发电成本的5分之1."比如,在上个世纪70年代中期,加利福尼亚就严格规定了对能源效率的要求,结果,它的人均能量消费就几乎维持在不变的水平,而且成本一直在下降,而全国的能量消费却翻了番。2004年,加利福尼亚能源委员会报告:"能源效率项目的平均成本下降了一半,每千瓦小时不到1.4美分,比全国的任何一种新能源供应都便宜。"③

然而,虽然加利福尼亚在能源效率方面成绩突出,但整个国家却并不。《洛杉矶时报》在2012年就报道说,美国在这方面还不如中国。显然,要利用"隐形燃料",还有大量的工作要做。幸好,在2013年IPCC在波兰举行的会议上,美国和其他"经济大国能源与气候论坛"成员国——该组织有17个成员国,包括中国,美国,和欧盟,它们占了全世界温室气体排放的75%——一致同意推出一项重大举措来改进能源效率建设。④

进行这种改进与否,其结果是不同的。且举丹麦为例:自1980年以来,丹麦(它不是"经济大国能源与气候论坛"的成员国)就没有增加它的能源消费,即便它的经济增长了80%,而在同一时期,美国的能源消费却增加了70%。更

① 乔·罗姆:"能源效率是解决气候问题的方法:第2部分:无限的资源,""气候动态"网站,2008年7月15日。

② 同上。

③ 罗姆:"能源效率,第3部分:唯一剩下的便宜能量,""气候动态"网站,2008年7月27日;"能源效率,第4部分:加利福尼亚是如何一直下来并获得成本效益的?""气候动态"网站,2008年7月30日。

④ 许玮宁:"美国的能源浪费胜过欧洲和中国,"《洛杉矶时报》,2012年7月12日;本·杰尔曼:"白宫寻求通过提高能源效率来降低碳排量,"《希尔》,2013年7月18日。

有甚者,丹麦还通过了立法,要求截止 2020 年它的能源消费再下降 12%。[①]

2014 年晚些时候,出现了一本出版物,它会激励美国更像丹麦。那是国际能源机构的一份重要报告,标题是《抓住能源效率的多重效益》,它说,人们总是认为,能源效率的主要价值在于它节约了能源。然而,此项研究结论道:"生产率和由之而来的经营效益的价值,可高达能源节约价值的 2.5 倍(250%)。"确实,能源效率投资有"潜力在 2035 年将累积经济产出提高到 18 万亿美元"。这,乔·罗姆评论道,"大于美国当前经济规模!"[②]

太阳能

就"燃料"一语的通常意义而言,最重要的问题是,当实现了从效率得来的好处后,单单是清洁能源能否提供足够的电。除了水力发电,最为人知的清洁能源就是太阳能了。它能提供地球清洁能源的主要部分吗? 有三个理由证明它不能:

· 太阳能永不能提供发电所需的大部分能量。

· 虽然太阳能可补充化石燃料发电,但却永不可能取代它,因为太阳能是间歇性的:只有当太阳照耀着时它才提供能量。它不能提供"基本电荷"能量(即一个公用事业必须提供来满足需要的最低量)。

· 如果发电主要依赖太阳能,那么,电就会太贵,尤其对于穷人是如此。

如果在不久前,这一三重理由尚可算正确,但现在,却再也不算了。其理由如下:

太阳能电池改进了

太阳能电池的技术一直在不断地改进。2013 年,牛津光伏公司宣称,它发

---

① "丹麦获国际能源效率奖,"《绿色国度》,2014 年 5 月 21 日;安德鲁·拜拿:"丹麦削减 12% 的能源消费,获能源公司拥护,""气候动态"网站,2013 年 10 月 10 日。

② 乔·罗姆:"18 万亿飞来之财:效率最高节能给健康和生产率带来的效益,""气候动态"网站,2014 年 9 月 11 日。

明了一种新型电池,叫做"钙钛矿太阳能电池"。它可用锡代替铅(铅是有毒的),除此而外,它还是15%以上有效的(即可把15%以上的光能转化为电),这是5年内400%的改进。虽然它很昂贵,但另一位科学家在2014年发明了一种钙钛矿太阳能电池,它不贵,有16%的转化率,而且,转化率有可能高达50%。①

同年,硅谷的一家太阳能公司发明了超薄太阳能电池,其有效转化率几达31%;德国研究者宣称,一种新电池,其转化率为44.7%;麻省理工学院的研究者发表了一篇论文,说,通过纳米技术,有可能制造出更薄的电池。"在同样的重量下,新的太阳能电池"——如果它们被制造出来了,论文的一位作者说——"可产生比传统太阳能电池多1000倍的能量。"因此,同样数量的太阳能电池板,将能产生多得多的电。②

2014年晚些时候,牛津光伏公司宣称,它的薄膜钙钛矿太阳能电池技术可用于传统的太阳能电池,将其转化率从5%提高到20%。③

储能的方法改进了

技术改进了,能量可存储很多个小时,所以即便太阳没有照耀,太阳能也可得到使用。虽然2014年前这方面的技术已得到很大的发展,但该年哈佛的科学家们宣布了一种新型的电池,它在质量上会很高级。与常见的、采用化学固体的电池相对,还有"流动电池",它将电荷存储在液体里。于是,电池所能保持的电量就是无限的了。第一代流动电池的唯一问题就是,它们需要昂贵的金属,比如铂。然而,哈佛的研究者们发明了一类无须任何金属的新型电池。如果试验成功,这种新电池便可彻底解决储能的问题。④

---

① 约书亚·S.希尔:"新型太阳能电池在转化效率上有了新的突破","清洁技术网站",2013年6月11日;杰夫·斯普罗斯:"排除铅:一种新型高效太阳能电池的技术何以更好,""气候动态"网站,2014年5月5日;伯尼·布尔津:"钙钛矿:太阳能的未来?""卫报专业网站",2014年3月7日。

② 杰夫·斯普罗斯:"新型超薄太阳能电池大大提高个人移动设备电池的寿命,""气候动态"网站,2013年3月24日;凯蒂·瓦伦丁:"研究者在太阳能电池效率方面创下新世界纪录,""气候动态"网站,2013年9月26日;詹姆士·艾尔:"超薄太阳能电池即未来吗? 新发明的太阳能电池,同等重量下,比传统太阳能电池多产生1000倍的能量,"《太阳能爱好者》,2013年6月28日。

③ 蒂娜·凯西:"硅太阳能电池的涡轮增压器可能会注定柴油机的灭亡,""清洁技术网站",2014年9月12日。

④ 杰夫·斯普罗斯:"现在,一种新型的大黄电池可极大地提高可再生能量的使用","气候动态"网站,2014年1月13日。

有纳米技术了

纳米技术应用于硫化锗,便产生了"纳米花",从而产生了新一代的太阳能电池和储能设备。由于纳米花有极薄的花瓣,它们便能"在很小的空间提供很大的表面积。①

有了聚光太阳能热发电技术

太阳能光伏发电只能提供一种太阳能。还有光聚太阳能热发电(亦称聚光太阳能热发电),这被一位物理学家称为"一项将拯救人类的技术。"以这种技术(简称 CSP),镜子可造成聚光太阳能,其方法是让太阳光聚集于海水,将其转化为蒸汽,蒸汽然后推动涡轮机发电。与太阳能光伏发电不同的是,聚集的太阳能储存的是热而不是电,这便使得用聚集太阳能的技术进行的能量储存潜在地要便宜得多。……这一储存能力允许聚光太阳能发电厂生产基荷电力。……由于光聚太阳能可全天候地支持全国的电网,无须昂贵的电池设备,它便可与天然气和其他传统的化石燃料能源相竞争。

比如,2011 年,西班牙的一家聚光太阳能热发电厂就表示,它能够全天 24 小时地发电。②

再者,聚光太阳能热发电(CSP)平均每英亩可比使用光伏技术的发电厂多发 3 倍的电,而且 CSP 技术不需要任何稀有且昂贵的材料:"CSP 发电厂是用低成本的、耐用的材料建造的,比如钢和玻璃。"③

也许 CSP 发电厂的最大优势是,它们能提供"可分派能",意思是"所发的电可按需要开关。"据此,它们可在最需电的时候送电。"目前的 CSP 发电厂可储存热能长达 16 小时,这意味着,它们的生产可与需求匹配(正如传统的发电厂)。"④

---

① "研究人员发明了储能的'纳米花',新型的太阳能电池",北卡罗来纳州立大学,2012 年 11 月 11 日;詹姆士·艾尔:"纳米花有助于发明下一代能量储存和太阳能电池","清洁技术网站",2012 年 10 月 12 日。

② 克里斯托弗·凯特尔:"能量储存研究预计,到 2022 年将有大发展","能源集体网站",2013 年 3 月 21 日;史蒂芬·莱西:"太阳能可以成为基荷能源:西班牙的一家聚光太阳能热发电厂 24 小时发电,""气候动态"网站,2011 年 7 月 5 日。

③ 肖恩·普尔和约翰·多斯·帕索斯·柯金:"实现聚光太阳能热发电的承诺:低成本的刺激可激发太阳能市场的创新","美国进步研究中心",2013 年 6 月。

④ "国家可更新能源实验室量化聚光太阳能热发电的有效值",国家清洁能源实验室,2013 年 4 月 24 日;罗梅乌·加斯帕尔:"太阳能光伏发电是如何争取 CSP 的","清洁能源世界"网站,2013 年 3 月 12 日。

CSP 主要用于大型的(公用事业级规模的)太阳能发电系统(SEGS)。全世界最大的当数位于加利福尼亚莫哈韦沙漠的伊凡帕太阳能发电系统。该系统包括 9 个太阳能发电厂,生产 354 兆瓦电。(兆瓦,缩写为 MW,等于 1000 千瓦,或 100 万瓦。)CSP 自上个世纪 80 年代就有人推行,沉寂了 30 年,如今才开始复兴,其复兴始于西班牙。西班牙领军 CSP 数年,但由于该国的一次政治变故,再则也由于亚利桑那州和加利福尼亚南部大量 CSP 设施的建立,领军地位便转向了美国。①

世界其他地方也有些大型的 CSP 发电厂在运行中或在发展中,比如印度古吉拉特邦的太阳能公园中的那个,阿联酋富有石油的阿布扎比的一个巨大设施。截止 2013 年,世界各地的 CSP 发电厂生产的电,总量达 2.5 千兆瓦(GW)(1 千兆瓦等于 10 亿瓦),还有很多额外的发电厂正在进行之中。世界绿色和平组织预计,到 2030 年,CSP 能满足那时世界电需求量的 7% ,到 2050 年,会上升到 25% 。②

有了大型光伏发电厂

光伏发电的主要优势,除了需要的阳光和水较少,就在于它能以千瓦(而不是兆瓦)来提供电,于是它就可为单独的住户和公司提供电。然而,光伏发电也可用于大型的太阳能发电系统。自西班牙 2008 年开始建立大型的光伏发电系

① "西班牙政府将 CSP 领域'怔住'了",《今日 CSP》,2013 年 2 月 4 日;扎卡里·沙汉:"2012 年 10 大太阳能发电事件,""清洁技术网站",2012 年 12 月 31 日;贝琪·冈萨雷斯:"2013 年,对美国的 CSP 重要的一年,"《今日 CSP》,2013 年 1 月 28 日。2014 年,事情发生了——有些极具煽动性。据说,发电厂的高塔烧死了飞过顶上的鸟,估计数字是 1000 只到 28000 只,到 10 万只("亮源能源公司的太阳能发电厂烧死飞鸟,"美联社,2014 年 8 月 18 日;塞巴斯蒂安·安东尼:"加利福尼亚的新太阳能发电厂实际上是杀死飞鸟的一束死亡之光,"《极端技术网站》,2014 年 8 月 20 日)然而,夸大其辞的估计并非基于证据(亮源能源公司争辩道,实际的数字甚至不到 1000),不仅如此,这些估计还没有将它们所说的死鸟数字和大背景进行比较:据估计,每年输电线杀死的鸟多达 1.75 亿只,化石燃料勘探和燃烧致死的鸟达数百万只(杰克·理查德森:"有的媒体夸张了死于太阳能发电厂的鸟的数字",《清洁能源网站》,2014 年 8 月 22 日)。由于有这样的争论,《美国新闻与世界报道》汇编了各种能源工业造成的鸟死亡的数量。它发现,各种研究显示,太阳能发电致死的鸟每年在 1000 到 28000 只之间;风能发电所致死的鸟在 14 万到 32 万 8 千只之间;核发电每年杀死 33 万只鸟;石油和天然气发电致死的鸟在 50 万到 100 万之间;煤发电每年杀死 790 万只鸟。(艾米丽·阿特金:"用图表显示:风力、太阳能、石油和煤发电每年杀死多少只鸟?""气候动态"网站,2014 年 8 月 25 日。)

② 沙汉:"2012 年 10 大太阳能发电事件";"世界最大的 CSP 项目在阿联酋的阿布扎比落成,"《世界绿色组织》,2013 年 3 月 18 日;贝伦·加列戈:"2013 年新消息:聚光太阳能发电工业的情况,"《今日 CSP》,2013 年;"2009 年全球聚光太阳能发电展望,"《绿色和平组织》,2009 年 5 月 25 日。

统之后,更大的光伏发电项目发展起来了。2013 年,世界最大的光伏发电项目在加利福尼亚的羚羊谷建立起来了,发电 230 兆瓦。紧接着,在加利福尼亚的圣路易斯奥比斯波县又建立了一个。然而,2014 年,这一领军地位却让给了中国,在那儿的青海省,一个 329 兆瓦的、与一个 1.28 千兆瓦的水电站相联的太阳能发电站联上了电网。[①]

大型光伏发电厂在其他国家也建立起来了或正在建立,这些国家包括加拿大,墨西哥,中国,以及印度,后者甚至在 2014 年热衷太阳能的首相当选之前,就决定每年都要增建新的太阳能发电厂。[②]

太阳能的价格

用太阳能发电曾一度比用煤发电贵(假定我们继续补贴煤而不顾它的健康和其他成本)。然而,用太阳能发电的成本却一直在明显地下降。

· 1977 年,单个的光伏电池在美国每瓦值 77 美元,而在 2013 年就降到了每瓦 0.65 美元。[③]

· 在美国建立的太阳能发电系统,2009 年至 2011 年间,成本下降了 20%,2012 年又降了 27%,到 2013 年,它与新建的煤电厂在电网上达到同价。事实上,在埃尔帕索,太阳能和电力公司合作卖电,其价格甚至低于煤电。[④]

· 2013 年,出现了一个特别明显的新形势的迹象:印度煤炭有限公司,世界上最大的煤炭公司,在全印度自己的设施上安装了光伏板——以减少

---

① 皮特·丹科:"世界最大的太阳能光伏发电站正在南加州筹建,"《地球技术网站》,2013 年 4 月 29 日;"世界上最大的太阳能 - 水力发电站正在联网,"《中国电力》,2014 年 1 月 2 日。

② 2011 年 12 月 29 日;"世界最大的 10 个太阳能光伏发电站,"《太阳广场》,2011 年;扎卡里·沙汉:"世界最大的太阳能光伏发电设备在加拿大建成","清洁技术网站",2010 年 10 月 11 日;"青海在光伏发电上领先,"《中国日报》,2012 年 3 月 2 日;"太阳神计划:用太阳能重振希腊经济,""绿色能源解决方案中心",2013 年;阿里·菲利普斯:"墨西哥修建拉丁美洲最大的太阳能农场,以代替老式的石油发电厂,""气候动态"网站,2014 年 2 月 25 日。

③ 基利·克罗和杰夫·斯普罗斯:"2013 年清洁能源的 13 个突破,""气候动态"网站,2013 年 12 月 18 日。

④ 托尼·杜茨克和罗伯特·萨金特:《照亮道路:从 12 个顶级太阳能州我们从美国能学到什么》,《环境美国》,2013 年 7 月;克罗和斯普罗斯:"2013 年清洁能源的 13 个突破";蒂娜·凯西:"德国的一位太阳能公司总裁预计,太阳能比煤便宜,""清洁技术网站",2013 年 7 月 10 日。

自己的公用事业费用。①

　　·天然气也在市场上销售，之所以这样干是基于这一想法：它比太阳能要便宜得多。然而2013年的一篇文章——"德克萨斯电力可靠性委员会的一份新报告显示：德克萨斯风能和太阳能可与天然气一较高下"②——反驳了那一想法。

　　·2014年，人们预计，在德国，带储存的光伏发电在该年底可与电网的电价格持平；同一报告导致《今日CSP》网站发表了一篇文章，警告"电储存对CSP的威胁。"③

　　·2013年和2014年，开始出现了一些报道，说，太阳能发的电现在比天然气发的更便宜。加州帕洛阿尔托市签了一项购买太阳能的合同，价格是每千瓦/小时7美分。相比之下，据加利福尼亚能源委员会估计，天然气发电厂发的电却是每千瓦/小时28—65美分。奥斯汀能源公司甚至以最低价与再生能源公司签署了一项25年的合同——每千瓦/小时不到5美分。在明尼苏达州，一位行政法法官裁定，太阳能发的电对客户会便宜些。④

　　由于光伏电同煤电一样的价，有时还比它便宜，于是有些靠化石燃料发电的公用事业部门，如某位作者说的，"被太阳能吓到了。"大卫·罗伯茨发表了一篇文章，标题就是："根据美国公用事业部门的看法，太阳能电池板会毁了它们。"作为回应，化石燃料利益集团已开始提出立法动议，以期提高太阳能电的价格。在亚利桑那州，公有事业部门，在外部团体（包括科赫公司）的帮助下，使得州政府让太阳能电的用户每月多付5美元的费用（虽然远少于公有事业部门

　　①　瑞安·科罗诺斯基："世界最大的煤炭公司正转向太阳能，以降低自己的公用事业费用"，"气候动态"网站，2013年6月6日。
　　②　科林·米汉："德克萨斯电力可靠性委员会的一份新报告显示：德克萨斯风能和太阳能可与天然气一较高下"，"气候动态"网站，2013年1月29日。
　　③　扎卡里·沙汉："太阳能光伏+储存很可能意味着今年在德国实行电力零售，""清洁技术网站"，2014年8月11日。
　　④　约翰·法雷尔："公用事业公司同意：（他们的）太阳能将取代天然气，""清洁技术网站"，2013年9月16日；辛西娅·沙汉："奥斯汀的超便宜太阳能合同（每千瓦/小时5美分）是与再生能源公司签署的，而不是与爱迪生太阳能工程公司，""清洁技术网站"，2014年5月21日；扎卡里·沙汉："法官裁定，在明尼苏达州，太阳能比天然气划算，""清洁技术网站"，2014年1月2日。

所期待的)。[①]

如果大多数的立法机构相信化石燃料公司的存活不如文明的存活重要,因而学加利福尼亚的样,反对用收费来打压太阳能的使用,那么,整个美国就会和很多其他的国家一起——包括澳大利亚,智利,德国,希腊,以色列,意大利,日本,南非,以及南韩——让太阳能与煤电价格对等,于是价格再也不会是一个障碍,阻碍从化石燃料发电到太阳能发电的过渡。[②]

当然,如果政府停止对化石燃料能源的补贴,并且/或者收很重的碳税,那么战斗就会结束,因为太阳能会比任何一种脏能源便宜得多。

全世界的太阳能情况

每年,全世界新安装的太阳能设施都在增加。若以最重要的标准,即人均太阳能产能,来看,大约 15 个国家干得不错,其中,保加利亚,德国,意大利,比利时,以及捷克共和国处于领先地位。[③] 然而,可惜的是,5 个最大的二氧化碳排放国——美国,中国,印度,俄国,以及日本——无一在 15 个国家之内。那可不是好消息。然而,这些国家中有 4 个——除了俄国——一直在迅速增加太阳能。

过去十年中,中国太阳能能源部署的增长,实际的和计划中的,一直是惊人的。截止 2003 年,中国的太阳能安装容量仅为 42 兆瓦(0.042 千兆瓦),但截止 2011 年,中国已经安装了 7 千兆瓦,并计划到 2015 年再增加 5 千兆瓦。后来,

---

① 吉尔斯·帕金森:"何以发电厂都害怕太阳能,""复兴经济网站",2012 年 3 月 26 日;大卫·罗伯茨:"根据美国公用事业部门的看法,太阳能电池板会毁了它们,"《世界谷物》,2013 年 4 月 10 日;莱尼·伯恩斯坦:"公用事业部门和太阳能的倡导者在未来会拉开架势对决,"《华盛顿邮报》,2013 年 6 月 9 日;克里斯·米汉:"太阳能的势头面临来自化石燃料使用者立法的反对,"《清洁能源网站》,2013 年 3 月 19 日;瑞安·兰达佐:"APS 企图提高太阳能新用户的费用,"《合众国》,2013 年 7 月 12 日;埃文·哈尔珀:"科赫兄弟和大型公有事业部门攻击太阳能绿色能源政策,"《洛杉矶时报》,2014 年 4 月 19 日;基利·克罗:"美国住宅太阳能首次击败商业装备,""气候动态"网站,2014 年 5 月 31 日;凯蒂·瓦伦丁:"非洲在 2014 年将增加更多的可再生能源,其数量超过以往 14 年的总和,""气候动态"网站,2014 年 8 月 21 日。

② 杰夫·斯普罗斯:"加利福尼亚监管部门决定公有事业部门不能收取打压太阳能的费用,""气候动态"网站,2014 年 4 月 17 日;斯普罗斯:"在意大利和德国,太阳能现在与传统的电一样便宜,""气候动态"网站,2014 年 3 月 24 日;杰夫·斯普罗斯:"亚洲对太阳能的巨大需求向我们显示了,产业正在走向何方",2013 年 8 月 9 日。

③ 扎卡里·沙汉:"根据人均太阳能产能和人均国内生产总值评定的顶级太阳能国家","清洁技术网站",2013 年 6 月 26 日;"太阳能打破世界第一季度纪录,据行业研究咨询公司 HIS 预测,2014 年会达 45000 兆瓦,""清洁技术网站",2014 年 4 月 8 日。

单是 2012 年,它所增加的就超过了计划,于是它把 2015 年的指标增加到 15 千兆瓦,随后又增加到 40 千兆瓦,并计划到 2020 年达到 50 千兆瓦。为了达到这一目标,中国在 2013 年作出惊人之举,在太阳能安装容量上创立了世界纪录,那一年就增加了 12 千兆瓦(那等于美国从始到今太阳能安装容量的总量)。①

中国可能很快就会在太阳能安装容量上超过所有其他国家的总量——虽然由于其人口庞大,它的太阳能电量的人百分比仍然很小。

提倡某类清洁能源的政府会提供一种"上网电价补贴",旨在消除当前市场电价与该类清洁能源实际成本的差别。2012 年,日本为太阳能提供了一种特别慷慨的电价补贴,使国家的太阳能装机容量极大提高。结果,2013 年,日本在太阳能装机的投资方面,胜过了任何其他国家。2010 年为止,中国和日本的太阳能装机容量只占全球的 10%,而截至 2013 年底,已达 45%。②

印度,起步虽晚,却在 2010 年授权了一项"国家太阳能任务"。到 2013 年,它增添了 1 千兆瓦的太阳能,并接着宣布,它计划在 2017 年装机 10 千兆瓦,2020 年 20 千兆瓦。2014 年,印度人民党赢得大选,任命了新总理纳伦德拉·莫迪——古吉拉特邦前首席部长,该邦曾建立印度三分之二的太阳能发电。当选后,莫迪承诺增加印度的清洁能源,特别是太阳能,使之在 2019 年前足以让全国的每个家庭至少一些电。那以后不久,印度最大的集成太阳能公司答应通过提供无息贷款帮忙。该年晚些时候,一个报告说,到 2024 年,印度的太阳能装机量可相当于政府目前计划的 6 倍。③

至于美国,本世纪它迈出了巨大步伐。从 2002 年的 52 兆瓦,它跃升到 2012 年的 7200 兆瓦的装机量,然后,在 2013 年,它成了 4 个装机量达 10 千兆

---

① 亚当·约翰斯顿:"中国欲在 2013 年增加 10 千兆瓦的太阳能容量,""清洁技术网站",2013 年 1 月 16 日;扎卡里·沙汉:"中国的太阳能新目标:2015 年达到 40 千兆瓦(是预定目标 5 千兆瓦的 8 倍),""清洁技术网站",2012 年 12 月 13 日;艾米丽·阿特金:"中国 1000 兆瓦的太阳能新项目标志着全球市场的'明显转移,'"2014 年 1 月 2 日;布拉德·普卢默:"中国在 2013 年的太阳能安装容量创纪录,但煤炭发电仍然占上风,"《华盛顿邮报》,"政策专家博客",2014 年 1 月 30 日。

② 苏珊·克雷默:"日本通过上网电价补贴使太阳能潜在地赚了 96 亿美元,""清洁技术网站",2012 年 6 月 21 日;鲁道夫·顿·霍特:"太阳能在日本繁荣起来,""清洁技术网站",2014 年 5 月 17 日;"日本和中国的爆炸性增长,使得年度太阳能光伏需求飙升到 35 千兆瓦以上",NPD 太阳能研究咨询公司,2013 年 7 月 2 日。

③ 阿里·菲利普斯:"2013 年印度的太阳能几乎翻番,尚有宏伟计划更上一层楼,"2014 年 1 月 21 日;阿里·菲利普斯:"大额无息贷款已对印度的太阳能消费者宣布,""气候动态"网站,2014 年 7 月 17 日;索菲·瓦拉斯:"由于莫迪将注意力转向太阳能,澳大利亚煤炭业前景黯淡,""复兴经济网站",2014 年 5 月 20 日;艾琳·西姆:"印度有大计划,要让每个家庭在 2019 年前通电,""Policy Mic 网站",2014 年 5 月 22 日;姆里达尔·查达:"据报:截止 2024 年印度可增加 145 千兆瓦太阳能装机容量,""清洁技术网站",2014 年 9 月 4 日。

瓦的国家之一。① 然而,鉴于美国的财富和技术,同其他 3 个国家比较起来,尤其是同相对小的意大利和德国比较起来(它们的太阳能装机容量要大得多),这个数字就并不引人注目。

然而,重要的是美国现在所干的事。2013 年《环境美国》的一份报告指出,"美国的太阳能发电潜力实际上是无限的。"为什么呢? 因为"美国有潜在的太阳能,足以赋予它数倍的电力。"此外,"50 个州中的任何一个,在技术上都有潜力从太阳生产比它平均每年所用的电量更多的电。"19 个州"都有进行太阳能光伏发电的技术潜力,其发电量超过年电消费量的 100 倍或更多。"更有甚者,迄今为止,85% 的太阳能电还只出现在 12 个州,这 12 个州因而被戏称为"炫目的 12 州"(就连它们,也只是在开始实现它们的潜力——成绩最好的加利福尼亚至今仅实现了其潜力的 6%)。②

依一个尺度来衡量,美国可算一直干得不错,2010 - 2013 年间太阳能几乎增长了 420%。但是以另一个尺度来衡量,可以说美国的太阳能发电几乎还未开始,因为它只占了美国电量的 1% 略强。③

风能

太阳能有替代化石燃料发电的巨大潜力,与此同时,据说风能的潜力更大——莱斯特·布朗的以下愿望就暗示了这一点:世界将开始"建设一种以风为核心的经济。"④风能,事实上,一直为人所喜。

风能时兴了

世界上大多数的地方,包括中国和美国,风能的发展起步甚缓,近些年在世界的很多地方,它迅速地发展起来。

欧洲:世界上第一个大规模安装风能发电的地区,欧洲,一直都看重风能。

---

① 西尔维奥·玛卡泽:"美国超越了 10 千兆瓦太阳能光伏装机量的里程碑,""清洁技术网站",2013 年 7 月 9 日。

② 杜茨克和萨金特:《照亮道路》;杰夫·斯普罗斯:"大石油公司的出生地即将修建最大的太阳能发电厂,""气候动态"网站,2014 年 5 月 17 日。

③ 基利·克罗:"美国太阳能容量在过去 4 年增长了 418%,""气候动态"网站,2014 年 4 月 24 日。

④ 布朗:"伟大的转换,第二部分"。

按人均风能计算,丹麦居世界之首,截止 2012 年底,它的 30% 的电是风力涡轮机生产出来的(而且它还承诺,到 2020 年会增加到 50%)。西班牙,葡萄牙,瑞典,德国,爱尔兰,以及英国,其风能发电的比例已从 10% 上升到 25%。英国特别擅长使用海上风能,其占全欧洲海上风能的 60%——而且这还是在伦敦阵列,即世界上最大的海上风电场,2013 年运行之前。2014 年,英国更上一层楼,开始安装数个 6 兆瓦和 8 兆瓦的大型风力涡轮机,由于它们的规模大,它们所供应的电便更便宜。[①]

　　美国:虽然欧洲仍然处于领先地位,但由于近年大力发展风能,美国也已跃居世界第 7 位。尽管关于天然气的呼声甚嚣尘上,但美国 2012 年增加的风力发电却多于天然气发电。由于最近的风力发电热潮,几个州的风力发电装机量超过了大多数国家。"比如说,德克萨斯州所装的 12,200 兆瓦,以及加利福尼亚所装的 5,500 兆瓦,就会使它们分别名列世界风能发电的第 6 名和第 11名。"2013 年,风力发电所减少的美国电力部门的排放量超过 5%。[②]

　　近些年美国风电之所以大繁荣,部分的原因是因为风能生产税收抵免政策(PTC),该政策在头 10 年补贴涡轮产电。该政策一直受到中部各州(包括德克萨斯州,所谓的"风能沙特阿拉伯")共和党立法者的支持。即便这些共和党人并不关心气候变化,他们也喜欢风能发电,因为它有利于他们州的就业和经济。但是,该政策于 2012 年到期之后,由于不知国会是否会再次批准它,2013 年–2014年间风能发电便下降了 90%——导致美国生产的绝大多数涡轮机出口他国。[③]

---

　　① 扎卡里·沙汉:"以人均风能计算居首位的几个国家,""清洁技术网站",2013 年 6 月 20 日;马修·罗尼:"丹麦,葡萄牙,和西班牙,在风能方面居世界之首,"地球政策研究所,2014 年 5 月 28 日;"肯尼斯·马修斯:风电产业并无半点堂吉诃德式的疯念头,"《爱尔兰独立报》,2013 年 3 月 27 日;詹姆士·蒙哥马利:"风能发电在英国、丹麦、美国达到最高峰,""清洁能源世界",2013 年 3 月 25 日;约书亚·希尔:"涡轮机的最终调试完成了世界上最大的海上风力发电场,""清洁技术网站",2013 年 4 月 9 日;希尔:"英国在北海首次安装 6 兆瓦风力涡轮机,"2014 年 8 月 18 日;希尔:"西门子为英国海上风电场提供67 台涡轮机,"2014 年 8 月 22 日;希尔:"维斯塔斯风力技术公司登记净利润,打算提供最大的海上风力涡轮机,""清洁技术网站",2014 年 8 月 22 日。
　　② 沙汉:"以人均风能计算居首位的几个国家";亚当·约翰逊:"2012 年美国风力发电超过天然气发电,""清洁技术网站",2012 年 12 月 24 日;马修·罗尼:"在创纪录的 2012 年之后,世界风能发电在2013 年达到 30 万兆瓦,"地球政策研究所,2013 年 4 月 2 日;凯蒂·瓦伦丁:"2013 年的风能发电相当于从公路上取消了 2000 万辆车,""气候动态"网站,2014 年 5 月 27 日。
　　③ 戴纳·纽西特利:"低排放并非堪萨斯减缩清洁能源的理由,"《卫报》,2013 年 2 月 21 日;"被吹掉了,"《经济学家》,2013 年 6 月 8 日;西尔维奥·玛卡泽:"2013 年风电装机量在美国停滞,却在中国剧增,""清洁技术网站",2014 年 2 月 6 日;艾米丽·阿特金:"更多的美国造风力涡轮机正被出售国外,因为国会不支持风能发电,""气候动态"网站,2014 年 8 月 18 日。

然而,美国很快也会生产大量的海上风能,因为能源部宣布了,它将致力于发展风能,"到 2030 年,它会生产出 54 千兆瓦的海上风能——比目前全球装机量的 10 倍还多。"①

中国:截止 2013 年,另一个要从化石燃料能源断奶的最重要国家,中国,由于过去几年风电的巨大增长,已跃居世界第 19 名②:2012 年,中国的风电增长了41%,因而成为国家三大电源之一,居于煤电和水电之后——这意味着风能发电已超过核能发电。2013 年,中国风能装机容量超过 16 千兆瓦,"几乎占全球新增容量的一半!"③

印度:在这方面极端重要的还有印度,目前其风电装机容量居世界第 5 位,且是世界第 4 大市场。④ 在该国的可再生能源证书制度下,风电已得到相当的增长。自该制度 2010 年开始执行以来,截止 2012 年,已有 7 个邦的 520 个项目获得批准。2014 年,印度宣布了一项国家风能任务,这甚至是在纳伦德拉·莫迪成为总理之前,所以我们尽可以期待更大的发展。⑤

澳大利亚:又一个在这方面势头正旺的大国是澳大利亚,特别是它的南澳大利亚州,该州业已有 24% 的风电。整个国家——它在 2013 年开办了南半球最大的风力发电场——计划在 2020 年让风电达到 20%,至少在一个反绿色的政府 2013 年当政之前要做好此计划。⑥

日本:尽管目前按人均风电计算,日本只排名 24,但它在 2012 年却为风能

① 迈克尔·科纳森:"在经济上为海上风能说话,""美国进步研究中心",2013 年 2 月 28 日。
② 沙汉:"以人均风能计算居首位的几个国家。"
③ "中国达到 2015 年的目标,风电增长 41%,""气候领导小组",2013 年 4 月 9 日;安德鲁·伯格:"风能发电超过了核能发电,成为中国的三大电源之一","清洁技术网站",2013 年 1 月 29 日;马修·罗尼:"在中国,风能超过核能",地球政策研究所,2013 年 2 月 19 日;玛卡泽:"2013 年,风电装机在美国停滞,在中国剧增。"
④ 罗尼:"在创纪录的 2012 年之后,世界风能发电在 2013 年达到 30 万兆瓦";瑞安·科罗诺斯基:"我们位居第一:2012 年美国风能装机量最大,美国通用风能公司是头号风能供应商,""气候动态"网站,2013 年 3 月 27 日。
⑤ "可再生能源证书批准的风能份额在 2012 年增加了 22%,整个装机容量超过 2000 兆瓦,"《气候沟通新闻》,2012 年 10 月 31 日;马修·罗尼:"自 2013 年放缓后,世界风电现准备反弹,"地球政策研究所,2014 年 4 月 10 日。
⑥ 罗纳德·布拉科尔:"南半球最大的风电场在澳大利亚开张,""清洁技术网站",2013 年 4 月 15 日;马修·罗尼:"在创纪录的 2012 年之后,世界风能发电在 2013 年达到 30 万兆瓦。"

（同时也为太阳能和地热能）设立了一项极其吸引人的为期三年的电价补贴。因此,到2015年,日本有可能在人均风能方面成为世界领军国家之———让它的大多数能源来自海风,"一种足以满足三倍多全国电需要量的能源。"①

其他国家:在很多其他国家——包括加拿大,墨西哥,巴西,波兰,罗马尼亚,土耳其,埃及,以及南非——也有令人注目的发展,然而上面所举的例子已足以表明,风能正时兴,全世界对风能的使用还在不断增加。

风能总量:虽然很多人习惯于将清洁能源主要等同于太阳能,但风能业已超过了太阳能。2012年全世界太阳能的装机量大约是100千兆瓦,而风能的装机量却已是大约240千兆瓦了。②

虽然现在人们普遍意识到,我们应该停止使用煤,但他们未必意识到,清洁能源可以替代它。2014年《卫报》的一篇专栏文章说,"风显然能发电,这是好事,但它发的电却不多,"所以,"即便加上太阳能发的电,也不能为全球的电需求作出像样的贡献。"然而,这一说法已过时了。很多人认为,取消了煤炭,我们就必须利用风能和核能。然而,在中国,风能已超过了核能,③其他国家如能像中国那样执着,也会如此。

对风能的另外指责

人们除了指责风不能提供大量的能而外,对它还有其他的指责。

指责它时断时续:人们指责风能不能提供稳定的电力,因为"风有时吹,有时不吹。"但这已不成问题,理由如下:

· 在大国,只须让全国装满风力涡轮机就可大致解决这个问题。正如《经济学家》指出的,"只要足够的地方建立起了足够的风能发电场,供求就

---

① 杰克·理查德森:"到2016年,日本能达到24.9千兆瓦的清洁能源装机量?""清洁技术",2012年10月2日;瑞安·科罗诺斯基:"并网试验汽轮机在缅因州安装完毕,美国的海上风能租赁拍卖会开始,""气候动态"网站,2013年6月10日。

② 布朗:"伟大的转换,第二部分。"布朗说,全世界大约有70千兆瓦的太阳能装机量,但他说的是太阳能电池板,而未提到CSP。所以我把他所说的70千兆瓦太阳能装机量改成了100千兆瓦。

③ 西蒙·詹金斯:"可再生能源不会使我们摆脱对煤的担忧,"《卫报》,2014年5月15日;马修·罗尼:"发电的巨大进步:在中国风电大大领先核电,"地球政策研究所,2014年3月4日。

会平衡。随时都有地方在刮风。"①

· 假设无论是太阳能或是风能都不能满足一个国家的总的电需求,那么,同时使用两者总可以大致解决该问题:"太阳在白天照耀的时候产生太阳能,它可补充风能,而风能的产量往往在夜晚最高。"所以,把两者都输入电网,能量的问题一般说来就解决了。②

· 人们发现,太阳能—风能混合发电站在某个固定的区域所生产的电,可以是它们两者中任何一个所生产的电的两倍。因为"那样的发电站在不同的间隙以及两者相互补充的季节里生产电,"它们便平衡了对电网的总的输电,所以电网一年到头都能保持高度的稳定。③

· 通用电气与风能公司目前已成为世界头号风力涡轮机供应商,它在2013年推出了一款新型的涡轮机,名叫"辉煌机"(Brilliant)。它比以往涡轮机的功效高25%,除此之外,它还配置了一种电网规模的电池存储系统。以往,当风产生的能超过了所需的量时,风电场的人员只好"让风溢出——即减少他们收集到的风能的量,将风能转化为电,并输入电网——结果造成了通用风产品公司老总所戏称的'美元随风飘去'的现象。""随着更多的这类风力涡轮机的并网,可再生能源的可靠性增强了,成为了电网实用而坚强的支撑。"莱斯特·布朗同意此说,他说,"风正在成为新能源经济的基础。"④

指责它成本高:长期以来人们都说,风电比火电贵得多。然而,此话当初无论正确到什么程度,现在都已不是事实了。

· 人们之所以认为化石燃料能源的价格低,其中一个原因是这种能源得到了补贴。再则,在计算它的价格时,也并未将"化石燃料能源的真实成本"计算在内——即形形色色的外部成本,诸如污染引起的医疗问题,极端天气和全球暖化的其他后果造成的越来越多的财政成本。如把这些计入

---

① "被吹掉了,"《经济学家》,2013年6月8日。

② "风能和太阳能,"《清洁线能源伙伴》。

③ 蒂姆·泰勒:"太阳能–风能混合发电场其效率大约是两倍,"《太阳能爱好者》,2013年5月1日。

④ 安德鲁·德普尔:"通用电气公司的'辉煌'型风力涡轮机——风电比火电和气电便宜(第1部分),""清洁技术网站",2013年6月29日;瑞安·科罗诺斯基:"游戏规则改变者:下一代配有储电系统的风力涡轮机便宜、可靠,而且高效,""气候动态"网站,2013年7月14日;布朗:"伟大的转换,第一部分:从化石燃料到清洁能源,"地球政策研究所,2012年10月25日。

价内,显然,风能和其他形式的清洁能源就要便宜得多。

· 更有甚者,即便不考虑这些成本,风能现在也与大多数的化石燃料能源有一比,甚至比它们更便宜。据 2013 年汇丰银行的一份报告,风电已与新建发电厂的火电价格相当。事实上,在一些国家,比如肯尼亚,尼加拉瓜,和澳大利亚,风电比新建的化石燃料发电厂所发的电便宜。彭博新能源金融公司老总在 2013 年就说,"那种认为化石燃料便宜,可再生能源昂贵的观点已经过时了。"①

· 美国的一些州情况也是如此。比如,2012 年密歇根公共服务委员会所作的一项分析就结论道:风电(还有其他的可再生能源)现在已经比新建火电厂发的电便宜了,而且,价格差距实际上还在加大。在德克萨斯州,2012 年和 2013 年,风能的成本其便宜的程度就与天然气的成本有一比,在中部的几个州,与核电和火电的成本有一比。2014 年,风能与天然气形成竞争,在有些地方甚至比它更便宜。②

指责它有损人的健康:有些筹建中的风能发电站,特别是在澳大利亚,被封闭,原因是公众担心风力涡轮机发出的次声(人听不到的声音)。据说那种声音会造成各种各样的症状,诸如耳压,疲乏,头痛,甚至恶心。然而,大量的科学研究显示,这些说法是无根据的:

· 一项研究发现,只是当反对风能发电站的活动家们提出那一说法后,人们才出现了那些症状。

· 双盲实验显示,即便人们有了身体上的症状,它们也是出自"反安慰剂效应",即某种本来无害的东西却产生了有害的效应(这正好和"安慰剂效应"相反,即本来无价值的药物却产生了积极的效应)。

---

① 索菲·瓦拉斯:"据汇丰银行,在印度,风电与新发的火电价格已持平,到 2018 年太阳能电也会如此,""复兴经济网站",2013 年 7 月 11 日,这指的是汇丰银行 2013 年 4 月 20 日的一篇文章"印度清洁能源发展:告别冬天,迎接春天";扎卡里·沙汉:"在肯尼亚和尼加拉斯,风是最便宜的能源,""清洁能源网站",2012 年 5 月 13 日;"在澳大利亚,现在清洁能源比当前的化石燃料便宜,"《彭博新能源财经》,2013 年 2 月 7 日。

② 西尔维奥·玛卡泽:"在密西根,清洁能源现在比煤更便宜,可能是 50 亿美元产业","清洁技术网站",2012 年 2 月 28 日;杰夫·斯普罗斯:"风能在德克萨斯州达到其产电量的最高水平,预示其会对天然气形成挑战,""气候动态"网站 2014 年 3 月 31 日;康威·欧文:"中西部的风能,其成本与天然气和煤形成竞争,"《创新能源》,2013 年 12 月 7 日;阿里·菲利普:"由于怀俄明州的巨大风电场,加利福尼亚便可在能源方面节省 7.5 亿美元费用,""气候动态"网站,2014 年 2 月 11 日;蒂娜·凯西:"风能可便宜到什么程度? 每千瓦/小时 2.5 美分仅仅是开始,""清洁技术网站",2014 年 8 月 23 日。

·这些研究中的一项是由澳大利亚国家卫生与医学研究委员会作的，结果使得澳大利亚医学协会作出这样的结论：这些症状基于错误的信息。①

指责它影响了房产价：又一个指责是说，附近的风电场使得房产价格下降。然而在 2013 年，在作了至今为止最全面的研究之后，劳伦斯·伯克利国家实验室发现："没有任何统计意义上的证据可以证明，运转的风力涡轮机对房产出售价有可察觉的影响。"②

风能的好处

以上诸指责都经不起检验，不仅如此，莱斯特·布朗还指出，除了其成本在迅速下降而外，风能还有诸多好处：

·风能是不含碳的，除了在制造涡轮机时的一次性碳排放（制造涡轮机所耗费的能，在 6 个月之内就被它偿还了）。③
·风能无处不有，数量巨大（北达科他，堪萨斯，以及德克萨斯诸州"都有足够的可控风能，很容易满足全国的电力需求"）。
·风能是不竭之源（"今日所耗的风能，不会影响明日风能之量"）。

·风能无需水（鉴于越来越严重的水短缺，这一点是非常重要的）。
·风能所用土地不多。（虽然风力发电场会占据很多平方英里，但风力涡轮机只占该面积的 1%，所以"农场主和农民实际上可从土地得到双重收获，既收获了电，又养了牲口，生产了粮食。"）
·安装便捷。（建造一个标准的风力发电场只需一年，而建造一个核电厂却需 10 年。）
·并网迅速。

---

① 格雷厄姆·里德费恩："研究发现，对风能发电站会带来健康问题的忧虑，可能是反风能的恐吓活动引起的，"De Smog 博客，2013 年 3 月 14 日；菲奥娜·克里奇顿："暗示之力如何产生了风能症状，"《对话》，2013 年 3 月 15 日；奥利弗·米尔曼："澳大利亚医学协会证明风力发电场对健康无害，并批评了'错误信息，'"《卫报》，2014 年 3 月 17 日。

② 艾伦·陈："劳伦斯·伯克利国家实验室的一项新研究发现：没有证据证明，居住在美国风力涡轮机附近会影响房产价"，伯克利国家实验室，2013 年 8 月 27 日。

③ 乔·罗姆："一种新型的涡轮机 6 个月内所产生的能就可偿还制造它时所耗费的能，""气候动态"网站，2014 年 6 月 27 日。

·它给地方经济和土地所有者带来收入。(土地所有者每年可从安装在他土地上的每台风力涡轮机获得上千美元的租用费,所以,虽然有些人——诸如科赫兄弟的老三——高喊"不要安装在我的后院",很多的农民,农场主,以及社区却说:"请安装在我的后院"。)①

满足文明电需求的潜力

当说到某种以风能为核心的经济时,莱斯特·布朗的意思并不是说,风能本身就能提供世界所需的电。然而,在考查了诸多计划和研究之后,人们可作如此的结论:风能可达到比人们的普遍预期更大的目标。且看:

·丹麦计划在 2020 年前让风电达到它的总电量的 30%。②

·截止 2013 年,苏格兰的清洁能源中,风能已占 68%。它计划到 2020年,它所需的电基本上全由清洁能源供应。③

·德国和英国两国都有"足够的潜在风能,让 100% 的电由风能生产。"④

·北达科他,堪萨斯,以及德克萨斯诸州"都有足够的可控风能,很容易满足[美国]全国的电力需求"⑤

·一项由哈佛和北京的教授领头的研究说:"如果国家彻底改革农村电网,并提高对风能的补贴,单是风能便可为全国提供电。"⑥

水电

水电——亦称"水力发电"和"水力电"——是移动的水发出的电(此处如此定义,是为了有别于海洋的能所发出的电,这在后面要讨论)。水力早就被用

①　布朗:"伟大的转换,第二部分"。
②　马修·罗尼:"在创纪录的 2012 年之后,世界风能发电在 2013 年达到 30 万兆瓦,"地球政策研究所,2013 年 4 月 2 日。
③　瑞安·科罗诺斯基:"英国和爱尔兰的风能在增长,更加可靠了,惊得唐纳德·特朗普毛发上竖,""气候动态"网站,2013 年 3 月 28 日;凯瑟琳·布拉希克:"风将激发苏格兰人的绿色野心,"《新科学家》,2014 年 5 月 30 日;"苏格兰可再生能源部门的数量,"《苏格兰可再生能源》,2013 年。
④　罗尼:"丹麦,葡萄牙,和西班牙,在风能方面居世界之首。"
⑤　布朗:"伟大的转换,第二部分。"
⑥　陆熙等人:"全球的风电潜能,"《美国国家科学院会议录》,2013 年 7 月 29 日。

来发电,现在水力电约占世界总电量的 20%。在一些国家,诸如加拿大,挪威,和巴西,大多数的电都是水力生产的,在另一些国家,水力电则占了相当的百分比,比如在美国,水力电就占了 7%。水力电是最大的清洁能源,它在美国占了总清洁能源的 80%,在世界总清洁能源中,它占 97%。[1]

然而,自 20 世纪 80 年代以来,水电大坝,由于其对环境、社会和文化的损害,便引起了争论。确实,"大规模的水电发展,在可再生能源领域内,一直被视为某种类似贱民的东西。"[2]

确实,由于大多数的水电大坝都有这类负面影响,于是很多州就头脑糊涂地(不如美国环保署清醒)不把水力电——至少不把大坝发的电——归于可再生能源,因为它们有一种倾向,即把"可再生的"等同于"好的",而且它们也不想把它视为是在完成可再生能源的任务,还因为"那外面已有那么多水电站了。"[3]还不如把任务修改一下,让它适于清洁而可再生、但却是非水的能源。

不管怎么说,喜欢也罢,不喜欢也罢,大规模的水电又回潮了,部分的原因是,人们极望用更清洁的能源来代替煤炭。这一回潮甚至现在正得到世界银行的支持,"这种支持 10 年前差点被它放弃,现在它却认识到,要遏制碳的使用,"要消除贫困,"这一支持是极其重要的。"[4]

虽然某些地方的一些大型水坝不一定会造成很大的损失,但在很多其他地方的那些水坝却不可避免地要造成损失。然而,一些国家相信,它们对水电的需要重于可能会产生的问题,于是,修建大坝的新动力在一些国家,包括巴西,智利,中国,便导致了反大坝运动。[5]

这些水电大坝,由于其方法是造成一类灾难以防止另一类灾难,所以在那些追求积极结果的人士中间激起了不同的观点。一方面,那些支持水电大坝的

---

① 《可再生电力的生产及储备技术》,"水电",国家可再生能源实验室,2012 年;"水力电",美国环保署;"为什么用水?"国家水电协会;"水力发电,"《替代能源新闻》。

② 戴维·阿普尔亚德:"2014 年水电展望:水电工业在全球会进一步发展,"《可再生能源世界》,2014 年 1 月 28 日。

③ 伊丽莎白·戴略沃:"水力是不是可再生能源?""统治网站"2013 年 9 月。

④ 霍华德·施耐德:"世界银行重新考虑对大型水电项目的立场",《卫报周刊》,2013 年 5 月 14 日;伊恩·塔利:"世界银行欲投资非洲水电项目",《华尔街日报》,"实时经济学博客",2013 年 8 月 6 日。

⑤ 查尔斯·里昂:"水电大坝在亚马逊的繁荣,"《纽约时报》,2012 年 6 月 30 日;史蒂芬·博德津:"智利民众抗议政府批准的五个巴塔哥尼亚大坝",《基督教科学箴言报》,2011 年 5 月 10 日;迭戈·阿库波洛:"智利面临难题,抗议使巴塔哥尼亚大坝项目无法进行,"《颠倒世界》,2013 年 2 月 20 日;安德鲁·贾鲍勃:"控制中国一条河流的计划威胁到一个地区",《纽约时报》,2013 年 5 月 4 日;榆利姆·李:"中国在湄公河上的水坝让 6000 万人大吃一惊,"彭博社,2010 年 10 月 26 日;瑞秋·努威尔:"能源拮据,印度打算建立大量水坝,"《纽约时报》,"绿色博客",2013 年 1 月 7 日。

人们指出,虽然它们不可避免地要造成损害,但继续使用煤炭造成的损害却会更大。另方面,反对者们虽然承认,炸毁大多数的大坝并不实际,但他们却指出,同样量的能源可由"更小的、更灵活的、更容易符合人们对社会和环境关怀的水电项目"来供应。挪威就是个例子,目前它所有的电几乎都是来自水电。[1]

在美国,自 20 世纪 70 年代以来,由于环保运动的原因,很少有新的水电站建立,因为环保运动使得新水电站难以得到执照。然而,虽然美国目前的水电来自大约 2,500 个水坝,全国的水坝却高达 8 万个。由于认识到,人们之所以反对水电大坝,并非是因为水力发电站,而是因为大坝,于是政府便于 2005 年通过了一项提供税收抵免的法律,以及一项简化的认证程序,以便在更短的时期内让已有大坝上建立的水电站获得执照,这导致申请剧增。能源部门判定,这些已修建的大坝中大约有 600 个适合建立水力发电站,它们一起会使美国的水电量增加 15%。[2]

此外,现在出现了一种被称为"流体发电"的新兴技术。它应用的涡轮机,可置放于溢洪道,水处理厂,以及特别是水渠(成千英里的都是美国回收局拥有和管理)。当然,这些涡轮机是很小的。但目前也有了计划,要将更大的涡轮机置于密西西比河和其他河流。[3]

环保科学家联盟总结了反对大坝的各种论点,对水电提出了一种持平之论。它说:"如果运作得好,水电可成为一种可持续的、无污染的能源,它可降低我们对化石燃料的依赖,减少全球暖化的威胁。"[4]

海洋能源

有时,水电动力被人与两类海洋动力,波浪能和潮汐能,归为了一组。然而,通常,这两类海洋动力与水电动力是有区别的。这两类动力利用海洋来发电,它们远不如水电发达。(还有一类海洋能源,它被称为"海洋温差转化能源"(OTEC),它尚待发展,故此处姑不论。)[5]

---

[1] 本特·傅以斌及阿提夫·安萨:"对于新兴经济,水电大坝坏处多于好处,""卫报专业网站",2014 年 4 月 7 日。

[2] 戴维·皮特:"美国大坝上的水电重新剧增,"美联社,2013 年 9 月 15 日。

[3] 约翰·厄普顿:"最新型的水力发电:小涡轮机有大潜力,"《世界谷物》,2012 年 6 月 4 日。

[4] "水电如何运行,"环保科学家联盟,《清洁能源网站》,2006 年。

[5] 第一个运转的海洋温差发电站是一个实验性质的,1980 年建于日本("我们的 OTEC 研究简史,"日本佐贺大学,海洋能研究所)。而一个商业性质的则将由洛克希德·马丁在中国的海南岛沿岸建成(丹尼尔·库斯克和《气候电讯》,"海洋温差电将出现在中国沿海,"《科学美国人》,2013 年 5 月 1 日)。

海洋占地球面积的71%,它有潜力产生大量的可再生和清洁的能。然而至今为止,它尚未得到大量的开发,尽管世界人口的40%居住在海岸70英里(100公里)的范围。①

问题在于,如何把这一潜力转化为电。转化的两种方式——转化波浪能和转化潮汐能——迥然不同,虽然"公众和媒体常常错误地将'波浪能'和'潮汐能'看成是可互换的称呼。"它们极不相同,因为它们来自不同的能源:波浪能是海洋表面的波浪转化而来的有用动力,而潮汐能则是从变化的潮汐获得的有用动力。②

1. 波浪能

"波浪能本质上是风能的积累,"但是它要强大得多,因为水的密度比空气大800倍。③ 波浪能还有更多优点。它清洁,而且永不枯竭地可再生;无需花钱,既不需要燃料,也不会排除废物;操作和维持的费用都不高;遍布全球,很多国家都可从中获益;可预料的,因为波浪可提前一两天预计;永不会弱得不能发电。

此外,波浪能与风能相当相合,这使得它们二者上电网无困难:虽然波浪能派生自风能,它的运动距离常常很大,所以"通常越出局部风力条件所限制的地区。"④

潜力

"波浪能源的吸引力是显而易见的:未开发的资源是庞大的。"根据某个估计,它可提供2000多千兆瓦的电。然而,海洋能的潜力不是以兆瓦和千兆瓦而是以每年太瓦小时来计算的。一太瓦小时是相当大的;"仅仅每年一太瓦小时

---

① 埃里克·斯托顿伯格:"将海上风能发电场和波浪能发电场结合起来,以方便不同可再生能源的并网,"斯坦福大学,2012年。

② 费利西迪·琼斯和罗伯特·罗林森—史密斯:"波浪能和潮汐能需要不同的政策,"《可再生能源世界》,2013年6月10日;约翰·达文波特:"新的波浪和潮汐能技术回顾,"《每日新闻汇通》,2013年7月10日。

③ 柯克·约翰逊:"有计划要驾驭波浪能,"《纽约时报》,2012年9月3日;埃里克·索夫奇:"能源稳定了:工程战胜了波浪和潮汐的力量",《科普杂志》,2013年6月12日。

④ 埃里克·斯托顿伯格:"将海上风能发电场和波浪能发电场结合起来,以方便不同可再生能源的并网"。

就可供应美国 93,850 户寻常人家的全年用电，"美国每年使用大约 4000 太瓦小时的电。至于说到美国可用波浪能源的量，有人估计美国沿海的可回收资源可达那个数量的大约三分之一，即每年 1,170 太瓦小时。至于说到整个地球，联合国曾估计，理论上，波浪能源的潜力是每年 29,500 太瓦小时（尽管并非全都可使用），比 2010 年全球的总电量 21,500 太瓦小时要多得多。[1]

虽然波浪能源尚处于婴儿期，但也有了多项发展。2014 年在澳大利亚的珀斯海岸，波浪能被首次商业运作，巨大的浮标通过管道喷出强有力的水，推动了岸上的发电机和涡轮机。由于澳大利亚的那段海岸具有世界上最好的波浪能源，这类清洁能源可提供该国用电量相当的百分比。[2]

发展得最充分的另一个国家是苏格兰，它具有欧洲波浪潜能源的 10%，且正准备修建至今为止世界上最大的波浪能发电场——这是《科普杂志》一篇名为"波浪能源惊人的潜力"的文章所报道的。[3]

在美国，波浪能发电的项目已在夏威夷、阿拉斯加和俄勒冈发展起来了，[4]然而加利福尼亚却最终会取得领军地位，正如 2013 年《洛杉矶时报》的一篇评论文章指出的：

> 加利福尼亚今夏会面临近 10 年来最大的一次电力短缺，因为圣奥诺弗雷核电站已关闭，预计的水电产量也不高。尽管如此，该州的 1,100 英里长的海岸却蕴藏着未使用过的潜在的可持续能源。只要干得正确，加利福尼亚就会领军而不是殿军下一波将绿色能源变成蓝色能源的革新。[5]

困难

然而将波浪能转变成人们负担得起的电被证明是困难的，主要是因为建立波浪能发电厂很昂贵。之所以昂贵，一个原因是，水的密度大，而且海浪如此强劲，很难生产出既有效，又"能抗得住巨浪和强风的装置，更不消说还要对抗腐

---

①　琼斯和罗林森—史密斯："波浪能和潮汐能需要不同的政策"；"海浪能源，"海洋能源管理局。

②　奥利弗·米尔曼："澳大利亚西部波浪能源项目即将商业化"，《卫报》，2014 年 4 月 9 日。

③　"波浪能源惊人的潜力"；"世界上最大的海洋能发电场已在苏格兰获准修建，"《每日新闻汇通》，2013 年 5 月 27 日。

④　戴维·费里斯："俄勒冈欲在波浪能源方面奋力赶上欧洲，"《福布斯》杂志，"绿色技术博客"，2012 年 10 月 3 日；柯克·约翰逊："有项目旨在驾驭波浪能，"《纽约时报》，2012 年 9 月 3 日；皮特·丹科："海洋能电力技术公司的俄勒冈波浪能源项目再次延期，"《绿色技术新闻》，2013 年 3 月 28 日。

⑤　戴维·赫尔维格："加利福尼亚，赶上下一波能源大潮"，《洛杉矶时报》，2013 年 7 月 13 日。

蚀性的盐水,海藻,漂浮物,以及千奇百怪的海洋动物了",伊丽莎白·鲁施在史密森学会如此写道。①

无论如何,由于高昂的前期费用,公司就不愿投资波浪能源,因为它们要等很久才能得到回报。如果"波浪能源的吸引力"在于,它会导致将波浪能普遍地化为电,因而在废除化石燃料能源的事业中作出主要贡献,那么,就需要政府采取行动。俄勒冈的波浪能源信托执行董事说:"以我之见,最大的问题是未能对碳定价,"因为目前"我们正在一个不平等的竞争领域竞争。"如果给碳定一个现实的价,或取消对化石燃料的补贴,或给予波浪能源充分的补贴,直到它发展到一定的程度使它的价格降下来,如果有这些,那么,在美国争取成为100%的清洁能源国的过程中,波浪能源就能发挥巨大的作用。根据能源部的说法,波浪能可提供美国耗电量的四分之一以上。②

吸引力

尽管波浪能源面临着这些困难,伊丽莎白·鲁施却说:

> 但是,它的吸引力仍是不可抵御的。一种机器,它可利用某种用之不竭的、不污染的能源,且能经济省钱地以足够的数量部署起来,生产相当量的电——发明这样的机器岂非时代的壮举!

> 气候变化,淡水越来越短缺,在这种情况下,波浪能特别有吸引力,因为它有能力将高压水注入海水淡化厂,于是无须泵,因而也无须电,就可制造出淡水。③

2. 潮汐能源

潮汐能当然是基于潮汐,它产生自太阳和月亮的引力场,再加上地球围绕

---

① 伊丽莎白·鲁施:"驾驭海浪,就能给电网送电?""史密森学会",2009年7月。

② "美国的第一个波能发电场起航了,"《替代能源新闻》,2010年3月14日;戴夫·列维坦:"为什么波浪能作为一种能源远远落后,"《卫报环境网络》,2014年4月28日;蒂娜·凯西:"美国开发了1400太瓦小时的清洁海洋电力,""清洁技术网站",2013年8月30日。

③ 鲁施:"驾驭海浪?";杰夫斯普罗斯:"在碳零排放的情况下海浪动力如何能产生淡水,""气候动态"网站2013年8月30日;米尔曼:"澳大利亚西部波浪能源项目即将商业化"。

轴线的旋转,便造成了高潮和低潮。由于月球的引力对于潮汐是最重要的因素,所以潮汐能——相对于太阳能——亦可称为"太阴能"。存在着两类将潮汐能转化为电能的系统:潮汐堤坝和潮汐流(或"潮流")涡轮机。

潮汐堤坝

潮汐堤坝是第一类转化潮汐能的系统,就是用一个大坝封堵住潮汐海湾或河口。潮汐能来源于高低潮的落差。落差必须很大,至少 16 英尺(约等于 5 米)。开始时,洪水大门(水闸大门)让潮水进来,流入一个水库。一旦水达到最高水平,水闸就关了,将水保持住,直到低潮创造了一个充分的下降高度。水然后就通过涡轮机释放出去了,由此便产生了电能(与水力发电站的道理一样)。

第一座潮汐电站建于 1966 年,在法国北部的郎斯河口。然而除此而外,全世界具有商业实用价值的潮汐电站只有 4 座(它们分别在俄罗斯,加拿大新斯科舍,中国和韩国)。之所以这么少,是因为有一大堆问题:

　　·他们造成巨大的生态破坏:严重淤积,侵蚀,以及对海洋生物的伤害。

　　·前期成本非常高——安装发电站,水下电缆,以及输电入网的设备。

　　·由于高低潮之间需要巨大的落差,所以全球适于建立潮汐电站的地方只有大约 40 处。[1]

因为潮汐堤坝发电是第一类发展的潮汐能,人们便生出这样的想法:潮汐电站必然造成对环境的大量损害;能建立潮汐电站的地方是不多的。然而还存在着第二类潮汐发电,近几十年来,大多数的研究都转向了它。

潮汐流涡轮机

这第二种潮汐发电的方法就是将涡轮机安装在有潮汐流(或水流)的海床

---

　　① 　亚瑟·考尔迪科特:"不列颠哥伦比亚省的海洋能源,"《分水岭哨兵环境新闻》,2008 年 6、7 月;也请参见"潮汐能",《国家地理杂志》;"潮汐能",美国能源部;安迪·戈德曼:"潮汐能(潮汐电)的优缺点,"《可再生绿色能源》,2013 年 1 月 27 日。

上,那是些有加速水流的地方。这些水流是因为月球的引力在海洋中造成的巨大水体的运动而形成的。水流推动发电机叶片旋转,就像风推动风力涡轮机的叶片那样,不同的是,潮汐流涡轮机的叶片可背靠背地安装,于是它们便可随时利用潮汐,无论它是进或出。① 由于尚在实验阶段,这些"水轮机"目前只在三个地方可运行,但还会有大计划,因为涡轮机可安装在数百个地方,其中有些地方潜力巨大。

·安装在苏格兰奥克尼群岛中一个岛上的涡轮机已经过了测试,为修建世界上第一个潮汐流发电站铺平了道路。这个发电站有一个由10台涡轮机组成的阵列,安装在艾莱海湾的海床上,该海湾有一个"峡谷",其中有强劲而稳定的潮汐流。② 一位牛津的工程学教授称苏格兰的彭特兰湾"几乎肯定是世界上最好的潮汐流发电地",他还说,"它潜在的发电量几乎等于苏格兰每年电消费的一半。"接近2014年的年底,世界上最大的潮汐发电阵列开始建设了,装机量为2691.5千瓦。③

·英国欲在潮汐流发电方面成为世界的领军之国。据估计,它具有欧洲大约一半的潮汐能资源,在理论上,这可满足英国目前电需求的大约12%。2014年,世界上首批并网潮汐能源之一,一座7层楼的潮汐发电站,在威尔士开始了为期12个月的试机期。英国希望它的潮汐能和波浪能将能代替它那些老化的火力和天然气发电厂的五分之一。④

·新斯科舍湾的芬迪湾"将1600亿吨水推向了涨潮;这是世界上任何一条淡水河总流量的4倍以上,"这里边有极大的能量可供开发。⑤（既在加拿大、也在新斯科舍有建潮汐流电站的地方,所以加拿大有可能会挑战英国在潮汐流能方面的领军地位。）

·美国在阿拉斯加、华盛顿、缅因州、纽约、麻省,特别是在阿拉斯加,

① "潮汐能体系,"《集团能源和环境信息》。
② 塞维林·卡雷尔:"苏格兰政府同意修建10兆瓦的潮汐流发电站",《卫报》,2011年3月17日。
③ 达米安·卡林顿:"彭特兰湾的潮汐能'能供应苏格兰一半的电'",《卫报》,2013年7月10日;詹姆士·艾尔:"研究发现,苏格兰可从潮汐能获得它的50%的电","清洁技术网站",2013年7月25日;凯蒂·瓦伦丁:"苏格兰正在修建世界上最大的潮汐发电阵列","气候动态"网站,2014年8月25日。
④ "波浪和潮汐能:英国能源总量中的一部分","英国能源部与气候变化";阿里·菲利普斯:"潮汐发电的里程碑挟'海洋精神'而出现,""气候动态"网站,2014年8月7日;瓦伦丁:"苏格兰正在修建世界上最大的潮汐发电阵列"。
⑤ "新斯科舍的潮汐能",新斯科舍能源部;"芬迪海洋能源研究中心,"加拿大自然资源部;"阿卡迪亚大学开办潮汐能源研究所",阿卡迪亚大学,2011年9月1日。

都有建立潮汐发电站的地方：虽然福尔斯帕斯，阿留申群岛里的一个阿拉斯加城镇，"以其强流速度著称"，然而，因为 2013 年的一份研究，对它的期望却在水中破灭了。①

据国际能源机构说，世界上潜在的潮汐能是 2200 太瓦小时，另据消息说，其中大约 700 太瓦小时可实际使用。② 因此，除了可为世界用电提供相当大一部分，潮汐能在某些地区，"还可在提供基荷可再生能源发电方面发挥重要作用，极类似集中太阳热能和地热能在其他地方发挥作用。"③

潮汐能源：优点和缺点

潮汐能源可提供大量的能（一个在流涡轮机可产生高达 2 兆瓦的电，而且它们中的很多都可安装在任意地点），除此而外，它还是：

·可再生的，可如太阳、月球和海洋那样持久。
·清洁的，不需要燃料，也不会排放温室气体。
·高效的，可将 80% 的动能转化为电（而相比之下，煤却只能转化 30%）。
·可预计的，无论天气如何，（在一个地点）能产出同样量的能。
·操作起来不昂贵的（只要涡轮机已制造成并安装好）。④

目前，潮汐能电，正如任何新技术一样，是很昂贵的，所以它需要得到补贴，直至成本降下来（除非取消对化石燃料的补贴）。无论如何，虽然在流涡轮机发电没有那些困扰着潮汐堤坝发电的问题，但是，除了前期成本高的问题外，它确

---

① "美国的潮汐发电首次从缅因州并网"，哥伦比亚广播公司，"财经网站"，2012 年 9 月 14 日；布莱恩·温菲尔德："能源涡轮机将于 2013 年前在纽约的东河转动起来，"彭博社，2012 年 1 月 24 日；"华盛顿在利用潮汐能方面领军，但挑战不断，"《三城先驱》，2011 年 8 月 7 日；乔恩·切斯托："潮汐能的这一大进步，对于类似的马萨诸塞州的项目来说，可能是个好兆头"，麻省，《市场报》，2012 年 1 月 29 日；汉娜·海姆布鲁奇："阿留申群岛的潮汐能使期望破灭于水中，"《阿拉斯加报道》，2013 年 5 月 5 日。

② 丹尼·哈维："潮汐能，"《能源与新实在》（地球瞭望出版社，2010 年）；马蒂亚斯·阿雷·迈赫伦："潮汐能的优缺点，"《能源信息》，2013 年 5 月 5 日。

③ 阿利斯代尔·卡梅伦："新斯科舍加入了潮汐发电大潮，"《可再生能源世界》，2011 年 3 月 15 日。

④ "潮汐能体系，"《集团能源和环境信息》。

是还是有一些不利之处：

- 离电网太远：大多数的潮汐发电站都远离电网，这使得并网昂贵。
- 由于风暴和海水侵蚀所造成的损坏，不时地需要检修。
- 与航运和娱乐活动有潜在的冲突。

但这些都是可以设法解决的问题。

结论

虽然海洋能的两种形式的实施将造成一些问题，但是，较之来自波浪能和潮汐能的巨大利益，尤其是由于它们最终能帮助我们取消化石燃料并解决该燃料带来的诸多问题，这些问题都微不足道了。美国能源部说，截止2030年波浪能和潮汐能可提供全国用电的15%，而英国政府则说，海洋能潜在地可提供全国用电的75%。[①]

地热能

正如我们所看到的，世界，尤其是美国和中国，所需的电，都可由与太阳能、风能和海洋能相结合的能源效应来提供。然而一些专家相信，地热能可能会变得与这些能源中的任何一种同样重要。据一位科学家在2012年说，地热能正"期待被使用。"尽管如此，在大多数的国家，大多数的地热能却被浪费掉。虽然"美国在地热装机容量上领先世界，"然而，这一资源"在美国实际上却等于尚未开发。"同样，中国至今也说不上已开始使用地热来发电。[②]"地热能"，确如其名称所示，即"地球之热"。这些热源来自被称为岩浆的熔岩体，它们存在于与地表火山活动有联系的某些深处：

> 大多数的时间，岩浆呆在地表下，给周围的岩石以及被封闭在岩石里

---

① 肯·西尔弗斯坦："海洋能有巨大的潜力，但有很多巨浪要去躲避"，"能源商业网站"，2013年9月3日。

② 张宝强："地热亟待开发，"《德国之声》，2012年1月29日；"气候变化更新：基荷型地热是一个最低排放能源技术之一，"美国能源部，地热技术办公室，2013年6月26日；黄少鹏："中国的地热能，"《自然气候变化》，2012年8月。

的水加热。有时,那些水从土里的裂缝逃逸出来,形成了热水池(温泉),或热喷泉和蒸汽(地热田)。其余的热水仍呆在地表下的水池里,被称为地热库。[①]

虽然温泉被用来提供热是数千年的事了,但使用现代的管道利用地热来给屋子加热,却始于 19 世纪末,第一个地热发电站建于 20 世纪头 10 年。虽有很多不同种类的地热发电站,但它们却都是利用蒸汽来转动涡轮机发电的。[②]

地热能是清洁而可再生的

地热能是清洁的,因为这样的能不用燃烧化石燃料便可产生,而且运行一个地热发电站所排放的温室气体几乎为零。地热能是可再生的,因为以人类的时间尺度来衡量,地球深处的岩浆是用之不竭的热源,而且只要一个热源点有时间恢复热,它便可无穷尽地持续下去。[③]

传统的和革新的地热技术

有两类地热技术:传统的和革新的。传统的地热发电技术,利用在相对浅表地层自然形成的水库里的水,而革新的地热技术系统(EGS)则在更深的地层打碎很热的岩石,以此人工地造成地热库,然后流体被抽入新建的孔道系统。接着,热流体便被用来推动涡轮机。[④]

传统的系统应用于商业已经 100 多年了,而革新的技术系统(EGS)方处于襁褓之中,目前只有一些研究和试点项目。[⑤] 潜在地,EGS 可提供多得多的能源,因为它可应用于任何有岩浆体的地方,不单是有自然地热库的地方。然而,有两个障碍限制了它的发展。

---

① 斯蒂芬妮·华生:"地热能如何发挥作用,""原来如此网站",2009 年。

② 华生:"地热能如何发挥作用";"地热电",气候和能源解决方案中心,2013 年。

③ 华生:"地热能如何发挥作用";"地热电",气候和能源解决方案中心,2013 年;张宝强:"地热能亟待开发"。

④ 克里斯托弗·米姆斯:"冰岛的地热救助",《科普杂志》,2009 年 6 月 19 日。

⑤ "革新了的地热系统,"气候和能源解决方案中心,2012 年。

障碍

地震：一个问题是，EGS 会造成地震。通常，它所引起的震颤不为人所察觉，但在几个事情上，它却造成了严重的问题。2009 年两个 EGS 项目——一个在瑞士的巴塞尔，另一个在美国加州的地热田——被政府采取行动永久性地阻止了。那以后政府强行规定了安全措施，以避免发生事故：EGS 项目不得在断层线和人的居住区附近发展；须特别小心，不要向人造裂缝太快地注入太多的水。①

更新近的研究表明，危险甚至可能会比原来想象的更严重，而且人们正在研究，什么时候，在不引起不可接受的损害的情况下，方可采用 EGS 技术。②

在法国，之所以有争论，是因为 EGS 对于岩缝的"刺激"，类似用于从页岩中提取石油和天然气的"水力压裂开采法"，或"液压破碎法"（参见下章关于天然气的那一小节）。现在，法国已禁用液压破碎法，但那些为油气行业游说的说客们却辩护道，既然政府同意 EGS，它就应对液压破碎法解禁。EGS 的辩护者们则说，虽然 EGS 和液压破碎法在表面上类似，但实质上并不相同：虽然 EGS 最初使用了水力破碎技术，但现在却再也不用了，而只是利用现成的岩石裂缝。③

成本：另一个重大的障碍就是，"地热项目前期的测试钻探，昂贵且风险巨大。"④虽然在机械器具的整个生命期间，地热发电比大多数的其他类型的发电都要便宜，但前期的成本，加上钻探可能失败的风险，却使大多数有地质潜力的国家望而却步，不敢动手开发。

然而，2013 年，有人提出了解决方案。《彭博新能源财经》建议设立一个地热勘探钻井基金，它会分散金融风险。而且，世界银行也从它对可再生能源的

---

① 詹姆斯·格兰茨："岩床深处，既有清洁能源，也有地震威胁，"《纽约时报》，2009 年 6 月 24 日；丽贝卡·波义耳："因为据估计有地震危险，两项大的地热项目被取消，"《科普杂志》，2009 年 12 月 14 日；伊丽莎白·斯沃博达："地热之力会引发地震吗？"《科普杂志》，2010 年 3 月 23 日；詹姆斯·格兰茨："强制施行地热钻探安全规定，"《纽约时报》，2010 年 1 月 15 日。

② 娜塔利·斯塔基："科学家说，抽地下水可能会触发地震，"《卫报》，2013 年 7 月 11 日；艾米丽·E·布罗茨基和利耶·J. 拉乔伊："索尔顿湖地热田的人为地震活动率和运行参数，"《科学》，2013 年 8 月 2 日。

③ 塔拉·佩特："用液压破碎法开采地热引起法国石油界的愤怒"，彭博社，2013 年 4 月 5 日；詹·亚历克："法国地热'液压破碎法'的难题，"《基督教科学箴言报》，"能源之声"，2013 年 4 月 11 日。

④ "世界银行呼吁全球主动在发展中国家按比例发展地热能源"，2013 年 3 月 6 日。

贷款中抽出了10%给一个全球地热发展计划,该计划"将确定适于建地热发电站的场地,并确定勘探钻井的杠杆融资,以发展有商业可靠性的项目。"①

地热电:实际与潜力

关于地热能的潜力,《世界观察研究所》的一篇文章曾说:"只要世界能开发地热的一小部分,我们就可数世纪地为每个人提供清洁而安全的能源。"至今为止,最充分地发展了地热潜力的,有"10个顶级"国家。② 我们现在按其当前装机容量的大小,将它们排列如下:

· 美国:虽然它的地热能装机容量胜过任何其他国家,但截至2013年,其容量也不过3.4千兆瓦——相比之下,其风能装机容量却超过50千兆瓦。2009年,环保科学家联盟说,"地表下1万米(大约33,000英尺)内的热,其所含的能,超过全世界石油和天然气能源的5万倍。"它因此而宣称:地热能"总有一天能满足几乎美国今日所有的电需求。"这一判断得到了美国《地质勘查》一项估计的支持。该估计说,美国的"未开发的地热源在100至500千兆瓦之间"。鉴于这一事实:美国只需100千兆瓦就可维持它的电网有可靠供应,这一数字可不能算小。③

· 菲律宾:它是太平洋火圈地带的一部分,其地热能的量占世界第二位。它希望成为世界最大的地热能源生产国。④

· 印度尼西亚:它也是太平洋火圈地带的一部分,拥有世界地热资源的40%。正因为如此,同菲律宾一样,它也希望成为世界主要的地热能源生产国(如果它能克服一些障碍,这是可能的)。⑤

---

① 同上;"一项全球基金用来降低勘探钻井的风险:可能呢抑或是白日梦?"《彭博新能源财经》,2013年5月23日。

② 肖恩·埃亨:"萨尔瓦多地热能源开发优先,"《世界观察研究所》,2013年1月11日;约翰·史穆克斯:"10个顶级国家:地热源之地,"《能源数字化》,2011年4月8日。

③ "地热电,"气候和能源解决方案中心,2013年;"地热能如何发挥作用,"环保科学家联盟,2009年12月16日;"能源部宣称,拨款1000万美元尽快让成熟的地热系统进入市场,"能源部,2014年2月20日;"需要多大的电供应量才能使美国电网成为可靠?"美国能源信息管理局,2013年1月23日。

④ 阿莲·梅S.弗洛雷斯:"到2030年,菲律宾地热产量将提高75%,"《今日马尼拉标准》,2013年7月3日;莱斯利·布洛杰特:"菲律宾政府推动地热发展,2030年前景看好,"地热能源协会,2013年1月4日。

⑤ "抗议使楠榜省的地热发电厂冻结了,"《雅加达邮报》,2013年6月20日;L. X.里克特:"印度尼西亚需要一种不全宁无的方法,"《地热能源思考》杂志,2013年7月12日。

·墨西哥:1959 年,墨西哥建立了西半球第一座地热发电站,今天它是世界第四大地热能源生产国。①

·意大利:第一个地热发电站于 1911 年建于意大利。意大利当今是世界第 5 大地热发电国。②

·新西兰:地热能源是新西兰生长最快的电源,据估计,截至 2020 年,地热电将占它的总电量的 20%。③

·冰岛:冰岛"基本上就是个大火山,"所以它的 80% 的电都来自地热,90% 的热水和取暖都来自地热。④

·日本:除了美国和印尼,日本的地热资源比任何其他国家都多,自2011 年的核灾难后,它一直在努力发展地热,计划到 2020 年翻三番。⑤

·萨尔瓦多:作为著名的"火山之国",萨尔瓦多 24% 的电来自地热。⑥

·肯尼亚:虽然长期以来,水电提供了该国的大多数能源,但它却因为雨水短缺,总是受停电之苦。于是,它便开发它的地热潜力。其潜力是巨大的:由于它的大裂谷的火山活动,肯尼亚"有足够的电力照亮全国,而且还不止于此。"如同印尼和菲律宾,肯尼亚也希望在地热能方面成为世界的领军之国。⑦

·虽然截止 2013 年,中国并未进入前 10 位,但这种情况可能不久就会改变,因为它已计划在 2020 年前发展大量的地热能。⑧

---

① 安德鲁·伯格:"墨西哥的地热能源以 50 兆瓦的 Los Humeros 二期工程为 2012 年开了个好头,"《清洁技术》,2012 年 1 月 12 日;"新的地热发电厂将在墨西哥建成,"《今日墨西哥》,2012 年 10 月 16日;L. X. 李希特:"墨西哥依赖 IPCC 发展地热,"《地热能源思考》杂志,2013 年 6 月 12 日。

② "第一个地热发电站于 1911 年建于意大利的托斯卡纳,"《亚洲绿色展望》,2012 年 7 月 29 日;桑德拉·米利亚乔:"地热胜过煤炭,这诱使意大利国家电力公司撤离托斯卡纳的间歇泉,"彭博社,2013年 7 月 18 日。

③ 格兰特·布拉德利:"准备开发地下资源,"《新西兰先驱报》,2011 年 8 月 9 日。

④ 克里斯托弗·米姆斯:"冰岛的地热救助",《科普杂志》,2009 年 6 月 19 日;"地热电",气候和能源解决方案中心,2013 年。

⑤ 百合子长野:"地热电考验日本的传统,"《纽约时报》,2012 年 10 月号;"热水浴缸里的暴风雨:清洁身体与清洁能源相对,"《经济学家》,2012 年 4 月 7 日;杰克·理查德森:"潜在于日本的 20 兆瓦的地热发电能力,"《清洁技术》,2012 年 10 月 3 日。

⑥ 埃亨:"萨尔瓦多地热能源开发优先。"

⑦ "肯尼亚的未开发的热能不止能供电全国,"《天主教在线新闻》,2013 年 7 月 30 日;杰西卡·哈彻:"肯尼亚的能源革命:全速前进发展地热能源,"《卫报》,2013 年 11 月 22 日。

⑧ 黄少鹏:"中国的地热能,"《自然气候变化》,2012 年 8 月。"中国在地热能源方面志存高远,"《积极投资者》(澳大利亚),2013 年 2 月 19 日。

总之,在争取 100%地摆脱化石燃料的努力过程中,地热能起到极大的作用——特别是如果地热的革新技术系统获得成功。

生物质和生物燃料

"生物质就是,"正如美国环保署所说,"给来自植物和动物的物质安的一个名字。"[1]更精确地说,生物质指的是任何(无论是植物、动物或藻类)当前活着的东西(区别于石油和煤,它们来自死于亿万年前的生物)。

生物质的用处之一就是制造生物燃料,该燃料可用于各种不同的运输工具,包括汽车,卡车,以及喷气式飞机。然而,"生物质"一语却常被用来指非生物燃料的生物质。比如,2013 年的一篇文章,其标题就是"欧洲生物质政策草案将重复生物燃料的错误吗?"[2]本节的第一部分就要讨论这个非生物燃料意义的生物质,第二节将讨论生物燃料。

1. 生物质

在很多不发达国家的乡村人口中,生物质为人提供了大多数的能。有很多种类的生物质,诸如木炭,稻草,粪便,农作物残留物,垃圾,锯末,木屑,树皮,树枝,和完整的树。使用生物质的传统方法是低效的,造成了森林的退化,"在人类活动造成的总的全球暖化中,它要占5%的份额。"然而现在,生物质却可"在减少二氧化碳进入大气的净排放量方面发挥相当的作用。"比如英国,它既想"满足它的能源需要,又想减少碳排放,"就准备在 2020 年前,让生物质为它提供它的 11%的原始能源(即原生态的,尚未转化为可用形式的能源)。[3]

甚至在某些高度发达的国家,生物质也能提供大多数的原始能源。比如,在瑞典,生物质就占它的原始能源的15%,在芬兰,占到了19%。[4] 然而,正如使用生物质的传统方式所显示的,我们不能简单地将其视为清洁的,有助于降

---

① "生物质的能,"环境保护局,学生气候变化指南。

② 梯尔迪·巴亚尔:"欧洲生物质政策草案将重复生物燃料的错误吗?"《可再生能源世界》,2013年 8 月 22 日。

③ "生物质的传统使用法,"气候变化的减缓,联合国环境规划局;"生物质,"戴维·铃木基金会;珍妮特·库什曼等人:"生物质燃料,能源,碳,以及全球气候变化,"橡树岭国家实验室;马特·霍普:"新报告希望廓清关于生物质的争论,"《碳简介》,2013 年 5 月 17 日。

④ "生物质,"戴维·铃木基金会。

低温室气体的排放,而且,在欧洲,关于如何使用它,以达到降低碳排放的目标,也一直存在着争论。之所以一直有争论,是因为这一事实:这些目标一直都是根据"可再生能源"而不是"清洁能源"来规定的,暗含的意思是,这两个说法是同一个意思。

木质生物质

欧盟欲降低温室气体的排放,它的这一追求使得它制定了雄心勃勃的目标,即制定了可再生能源在总能源中的百分比:2020年为止20%,2050年为止95%。为达到这些目标,欧盟决定,可再生能源的一半将由生物质来提供,生物质中的大部分又将由被评价为"碳中性"的木头来提供。

碳中性吗? 燃烧木质生物质可能是碳中性,但通常它却不是,因为种树、砍伐和运输木材、将原木转变成有用的木头(比如用于燃烧的小块),这些都是要耗费能源的。再者,砍倒树木,这可是将作为"碳汇"的它们搬走。一篇著名的文章说,事实上木质生物质可能"比煤还脏"。木质生物质只是在这个意义上不同于化石燃料:树可替换自身,新栽的树可吸收首批树所排放的碳。然而,同时,燃烧树木产生了比化石燃料更多的碳排放,通过这,它造成了一种"碳债务"。最后,这个过程当然就以某种"碳红利"而告终了。① 然而碳债务会保持多久呢?

根据普林斯顿大学的"提姆搜寻",焚烧树木增加碳排放,"20年以上增加79%,40年以上增加49%;100年后碳排放才会减少,因为那时替换的树长大了。"这引起了一个问题,因为"我们现在就要减少碳排放,"欧洲气候基金会的汤姆·布鲁克斯说,"而不是100年之后。"换言之,欧盟的目标是,截止2050年就要减少95%的碳排放,然而焚烧树木会使我们在2050年深陷碳债务中,只有在下个世纪的某个时候方可有望脱身而出。②

这可不是个小问题,因为欧洲曾承诺要让自己一半的可再生能源来自生物质,其中大多数是木质的。换句话说,生物质提供的能源要达到风能、太阳能、水电能、潮汐能和地热能所提供的能源的总和。问题尤其严重的是,正如欧洲

---

① 马特·霍普:"政府的新研究使得关于生物质排放的争论加剧,"《碳简介》,2013年3月13日;"研究分析了木质生物质的'碳债务',"《可持续性商业》,2010年6月14日。

② "未来的燃料:欧洲的环保愚行,"《经济学家》,2013年4月6日。

环境局所说,有些生物质项目,较之它们正得到补贴要去取代的那些化石燃料,排放的碳更多。确实,由于生物质中含有整棵整棵的树,到 2050 年,焚烧生物质所排放的碳,肯定比化石燃料排放的多。

欧洲是如何陷入这一《经济学家》所谓的"环保的愚行"的?① 开始时,大家都习惯于用"可再生的"而不是"清洁的"或"绿色的"来指那类需要用来代替化石燃料的能源。这是一个灾难性的错误,因为人们的目的是要用清洁的能源来代替脏能源,但并非所有的可再生能源都是清洁的——燃烧木质生物质就是最突出的例子。

决定了"可再生能源"之后,政策就认定木质生物质有资格享受补贴、上网电价补贴,以及其他好处——这导致了所谓的"生物质热"和"生物质淘金热。"这一错误加上那些激励措施,结果导致了各种各样的问题,《经济学家》指出:

> 欧洲的公司正在全球搜寻木料。……价格冲破了天。……欧洲无法生产出足够的木材来满足那一额外的需求。所以其中很大一部分将来自进口(那是要耗费能源的)。……(木料可能)不久在很多地方就会供应短缺了。②

然而,最严重的问题就是,欧洲注定要实行一项那样的政策,它几乎一点也不能减少、甚至有可能增加碳排放。

把生物质与其他类的清洁的可再生能源(诸如太阳能、风能和地热能)混为一谈,导致了降低温室气体排放那一目标的含糊不清。木料可再生的这一优点,使得很多欧盟成员国认为,它也有碳中性的优点。在说到人们在生物质上的"荒唐行径"时,一位内部人士说:

> 我们以减少温室气体排放的名义,付钱让人们砍掉他们的树林,而我们实际上却增加了温室气体。没有任何人明显地愿意费神去对此作任何分析。他们只是梦游般地步入了这一荒唐。③

关于这一荒唐,《经济学家》说:"欧洲的木料补贴表明,绿色政策专注于

---

① "补贴的篝火,"《经济学家》,2013 年 4 月 6 日;"未来的燃料:欧洲的环保愚行。"

② "认为生物质可持续的观点是有风险的,""国际鸟盟",2013 年 2 月 11 日;"未来的燃料";"补贴的篝火"。

③ "生物质'荒唐'会威胁欧洲的碳目标,"《欧盟政策期刊》,2012 年 4 月 2 日。

'可再生能源'是愚蠢的。"希望达到的目标当然是降低碳排放,但"那些将追求可再生能源作为目标本身的人,"《经济学家》又说,"却未看见树木之'木'。"①

欧盟在 2009 年所通过的"可再生能源方向"中所犯的措辞上的错误,使其浪费了数年的时光。但是现在,欧盟(还要加上普遍的整个世界)既然已认识到该错误,就应改变其措辞,当追求的是"清洁"能源时,就再不要说成是"可再生的"。再者,这一惨败本来是可以避免的,如果当初政治家们采纳了《经济学家》在另一事情上的建议:"设立碳税,让市场来作出最便宜、最清洁的答案。"②

土地利用的间接变化:欧盟的"生物质淘金热"也未能防止不必要的"土地利用的间接变化"(ILUC)。当某项政策鼓励国家利用土地种植能量作物而少种粮食作物时,就出现了这一问题——由于很多国家的人民尚食不果腹,这一问题就尤显严重。ILUC 还会通过消除"碳汇"(诸如湿地和雨林)的诸种方式,来增加作为能源的生物质。欧洲的法规,至少在 2013 年前,并未明确地提出反对 ILUC。

问题解决了吗? 2013 年 8 月,出现了一个欧盟提出的解决那些问题的草案。该草案特别指出,只能从持续性地管理着的森林里砍树,而且,砍树不得破坏生物的多样性。它还说:生物质的生产"不应造成土地利用的变化";与化石燃料相较,它至少要少排放 60% 的温室气体。然而,批评前一政策的批评者们却并未发现,新提出的政策充分地解决了那些问题:

- 它并未提出开发者必须遵守的具体的要求,以避免土地利用的间接变化。
- 它忽略了"碳债务"的问题。
- 它忽略了燃烧生物质时所排放的碳(这使得一位批评者把 60% 的那一标准称为"幌子",因为它忽略了"房间里的那个 800 磅重的大猩猩")。③

所以,那些问题并未解决。

---

① "补贴的篝火"。
② 同上。
③ 巴亚尔:"欧洲生物质政策草案将重复生物燃料的错误吗?";巴巴拉·刘易斯:"木质生物质草案太无力了——参与者们说,"路透社,2013 年 8 月 19 日;戴夫·基廷:"委员会对生物质提出了'微弱的'标准,"《欧洲之声》,2013 年 8 月 13 日。

废中取能

由于欧盟关于生物质的政策据说引起的问题与解决的问题一样多,所以环保主义者们对于利用垃圾来代替生物质,就不是那么犹豫不定。确实,一场"废中取能"的运动势头越来越旺。这场运动是欧洲环境局的"废物利用科"发起的,该科从 1999 年到 2007 年通过废中取能,再加上回收以及其他办法,减少了 34% 的温室气体排放。在美国,这一方法至今为止却一直受到普遍冷落:在整个美国,只有 86 个废中取能的发电厂。然而,2013 年,当时的纽约市长,迈克尔·布隆伯格却宣布了一项计划,决定修建一种堆肥设施,它能将一年的 10 万吨食物废品化为沼气,以降低该城的电费,而且这也可激励其他城市仿效。[1] 从废中取能,有很多好处。

· 废中之能是可再生的——我们可将垃圾加到"死亡和纳税"中去,使之成为永远同我们在一起的三样东西。[2]

· "据美国环保署说,每当在化废为能的设备中加工一吨垃圾,就相当于阻止了一吨的二氧化碳排入大气,因为在该设备中焚烧的垃圾并不产生甲烷。"[3]

· 把垃圾转化为能源,也大大地减少了用于运送垃圾到垃圾堆填区(通常是数百英里以外的地方)的费用和柴油的耗费。[4]

· 利用垃圾产生能,而不是将其送到垃圾堆填区,还有三个好处。它不用化石燃料便可发电,除此而外,它还能解决垃圾堆填区的大部分问题,也能解决相当一部分甲烷的问题,因为"在美国,垃圾堆填区是第三大人为甲烷排放源,"仅次于"天然气和农业部门"[5]

---

[1]　马特·卡斯帕:"从垃圾中获取能:如何用垃圾来对付碳污染,""气候动态"网站,2013 年 4 月;安妮—罗斯·斯特拉瑟:"纽约的'食物回收'项目可能是废物和能的将来,""气候动态"网站,2013 年 6 月 17 日。

[2]　本杰明·富兰克林曾说过:"唯死亡与纳税是不可避免的"。——译者注。

[3]　卡斯帕:"从垃圾中获取能"。

[4]　同上。

[5]　马特·卡斯帕:"将它扔出去,它会给你的家输电:波多黎各从垃圾中寻求再生能源,""气候动态"网站,2013 年 6 月 13 日。

污水中取能

华盛顿特区,正如其他一些城市,已开始利用污水来发电。现在该城不是将固体垃圾运往周边的农场用作肥料,而是将其置入一个"厌氧消化池",其中混合了一些特殊的细菌,它们吞噬垃圾,产生甲烷,然后甲烷被用于发动涡轮机。特区水部门估计,这一做法除了会降低碳排放之外,每年还会省下 1000 万美元。目前,其他一些城市也在这么干,其中包括伊萨卡,奥克兰,费城和希博伊根。[①]

结论

生物质在减少温室气体方面有巨大潜力。然而,由于它是一种天生就不清洁的可再生能源,所以如果它有用的话,使用它时就必须动脑子。使用木质生物质时,尤其应该如此,这样才会在降低碳方面获益而不是负债。然而,很多类型的生物质,特别是垃圾和污水,能有助于人们实现这一目标:2035 年前全球 80% 的能源为绿色能源,2050 年前为 100% 。

2. 生物燃料

生物燃料是用不同种类的生物质,诸如谷物、植物油、动物脂肪、树木、农业残留物,以及藻类,制成的燃料。生物燃料有三种形式:液态的,固态的和气态的。交通运输当然主要是用液态燃料,其中乙醇是最主要的。乙醇加入汽油,产生的混合物便可降低石油的使用,因而也就降低了温室气体的排放(同时也降低了对进口石油的依赖)。

2007 年,美国制定了"可再生燃料标准",该标准规定,汽油必须混有一定百分比的乙醇。在实践中,这意味着 10% 的乙醇,这在当时被视为 2001 年前所造的车所能用的极限,超过了,发动机就可能受损。[②]

---

① 乔安娜·M. 福斯特:"特区的污水将如何很快发电,""气候动态"网站,2014 年 1 月 15 日。
② 萨德霍·沃尔什:"石油大亨以误导性的说法攻击乙醇工业,"《卫报》,2013 年 8 月 14 日;杰夫·斯普罗斯:"解开围绕在美国生物燃料规定的政治和政策之结,""气候动态"网站,2013 年 7 月 26 日。

食品安全及环保问题

迄今为止,乙醇主要是由甘蔗、小麦、油菜籽,以及/特别是玉米制成。然而,正如一位作者所说,"从玉米提取乙醇的项目一直都是灾难性的。"2008 年,联合国食物权特别报告员甚至称生物燃料项目"是一桩反人类之罪。"[①]之所以对此项目作如此负面的评价,原因有二:

首先,它导致地球上的食物——特别是玉米和小麦——很大的比例被用来制造燃料。在美国,这一比例达到了令人匪夷所思的地步:占全国玉米的40%!世界银行报告说,2007 年后不久,全球食品价格整体上涨了75%(部分的原因是,玉米价格的上涨导致了牛肉、猪肉、鸡肉、鸡蛋,以及牛奶,连同其他商品的上涨)。这确实是一场灾难,因为营养不良(它几乎影响到 40 亿人)是世界上人口死亡的主要原因。比如,大约50%的危地马拉的儿童都患有慢性的营养不良,而且"由于发展生物燃料,现在危地马拉人平均地说来较前更饿了。"本来大多数的美国家庭都要花费收入的三分之二在食物上,美国的生物燃料政策却使得玉米饼的价格涨了一倍,鸡蛋的价格涨了两倍。[②]

第二,虽然将乙醇混入汽油的理由之一是减少化石燃料排放,但科学界的共识却是:如考虑到土地利用的间接变化以及其他因素,乙醇就非但无助,甚至有害——一个呈交给欧委会的报告就说,乙醇有时的污染力是化石燃料的两倍。这样的问题使得欧盟在 2012 年对作物生物燃料的许可量削减了一半。[③]

高级生物燃料

作物生物燃料造成了诸多问题,这促使科学家们去创造"高级的"(或"第二代的")生物燃料,它们是由"纤维素的"生物质制成的,诸如草,树,海带,和

---

① 戴维·皮门特尔:"生物燃料的食品灾害和纤维素乙醇问题,""技术与社会",《科学通报》,29/3(2009 年 6 月),205—212 页;朱利安·博格:"联合国官员呼吁重新审查生物燃料政策,"《卫报》,2008 年 4 月 4 日。

② 柯林·A.卡特和亨利·L.米勒:"玉米是用来吃的,不是用来烧的,"《纽约时报》,2012 年 7 月 30 日;皮门特尔:"生物燃料的食品灾害"。关于小麦,请参见菲奥娜·哈维:"生物燃料厂成了英国最大的小麦买家,"《卫报》,2013 年 7 月 8 日;伊丽莎白·罗森塔尔:"生物燃料的需求增加,危地马拉的饥饿痛苦也增加,"《纽约时报》,2013 年 1 月 5 日。

③ "欧盟议会投票决定,2020 年前要相当地削减粮食作物生物燃料,"美联社,2013 年 9 月 11 日;"欧盟的研究提出更多证据证实,生物燃料污染更厉害:草案",《商业观察者》,2013 年 7 月 11 日;理查德·范·诺登:"欧洲议会投票决定限制作物生物燃料,"《自然》,"新闻博客",2013 年 9 月 11 日。"欧盟议会投票决定,2020 年前要相当地削减粮食作物生物燃料"。

农业残留物。"由于纤维素的乙醇是用来代替美国石油使用的主要候选物,所以能源部的生物质项目就专注于它。"能源部下的一个研究机构,国家可再生能源实验室,就在研究它(同时还研究几种其他的纤维素燃料,包括"绿色汽油"和基于水藻的"绿色柴油")。①

如果基于作物的乙醇完全被纤维素的乙醇所代替,那么,食物和燃料之间的冲突就克服了。有了这一想法,2009 年,人们便将可再生燃料的标准修改了,规定:一定百分比的乙醇必须是纤维素的。然而,要让纤维素乙醇具有商业价值却有诸多困难,这迫使环保署降低其含量,到 2012 年,降低到了零。②

然而,该规定现在又逐渐恢复了,因为制造新类型纤维素燃料的研究获得了成果。其中一个方法是,从玉米作物制造燃料——从它的茎和叶,而留下玉米粒作食物。一家纤维素乙醇工厂于 2014 年 9 月在衣阿华用此方法开工作生意了,紧接着在衣阿华又有一家,在堪萨斯又有一家。

也可从其他种类的生物质,诸如柳枝和林地废物,制造乙醇。其中一个方法就是,使用一种酶,即从被切叶蚁用来粉碎叶子的真菌中分离出的酶,来制造乙醇。③

以下的事实证明了,纤维素乙醇现在是可行的:三家大公司,包括杜邦工业生物科技公司,正在筹建加工厂,几年后便可生产数百万加仑的纤维素乙醇。另外,弗罗里达和另外几个州的工厂,意大利还有一个更大的工厂,现在都正在生产纤维素乙醇。④

石油公司和它们的前沿组织好久以来一直在对国会施压,试图促使它取消关于生物燃料的规定。虽然它们根据一些被歪曲的事实来提出理由,然而关于生物燃料的立法却的确有问题,它根据混合于汽油中的乙醇的加仑数,而不是根据乙醇的百分比,来规定乙醇的量。于是,由于该立法还规定乙醇的含量要逐年提高,炼油厂便越来越接近"混合之界墙"——即乙醇百分比所达到的那个

---

① "从生物质到生物燃料:国家可再生能源实验室领头进行研究,""国家可再生能源实验室",2006 年 8 月。

② 史蒂芬·马弗逊:"何以纤维素乙醇并未如预期的那样获胜?"《华盛顿邮报》,2013 年 11 月 8 日。

③ 提姆·麦克唐奈:"养殖真菌的蚂蚁是解决更佳生物燃料的关键吗?""琼斯妈妈网站",2013 年 6 月 18 日;杰夫·斯普罗斯:"美国第一家使用玉米废料的纤维素燃料工厂在衣阿华开张了,""气候动态"网站,2014 年 9 月 4 日;杰夫·斯普罗斯:"利用切叶蚁可能是生物燃料的一大突破,""气候动态"网站 2013 年 6 月 19 日。

④ 萨德霍·沃尔什:"石油大亨以误导性的说法攻击乙醇工业,"《卫报》,2013 年 8 月 14 日;"美国农业部与杜邦公司合作,以推动纤维素乙醇生物基原料的可持续丰收,"《杜邦生物燃料解决方案》,2013 年 4 月 3 日;杰夫·斯普罗斯:"意大利的一个 7500 万加仑的工厂如何预示了某类更有效的生物燃料的兴起,""气候动态"网站,2013 年 10 月 17 日。

会造成发动机损害的临界点。不幸的是,国会处理该问题的方法是,降低了对生物燃料的规定,而不是径直修改立法中生物燃料的百分比。①

不管怎么说,更好的纤维素生物燃料已制造出来了。真菌和大肠杆菌结合可生产异丁醇。这一新的生物燃料可被证明是革命性的,因为它提供汽油能量的82%——远多于传统的乙醇。再者,威士忌生产的废渣也可用来制造生物丁醇,其能量同汽油一样强大。真菌已被用来制造生物柴油,这特别有意义,因为在欧洲,生物柴油是人们使用得最多的生物燃料。②

也许最重要的是,从一类叫做盐生植物的植物制成的纤维素生物燃料,据《清洁技术》上扎卡里·沙汉的估计,是至今为止生物燃料的最大突破。一方面,盐生植物解决了以往纤维素生物燃料的两大主要难题,即它们需要大量的淡水和可耕地,而盐生植物却可生长在沙漠里,并可用海水浇灌。这一新型生物燃料是由"可持续生物能源研究联盟"创造的,该联盟在阿布扎比,是波音公司和另外几个合伙公司共同建立的,因为它们得知,大多数今日飞机所用之油都是出自页岩油和焦砂油(参见本书第18章),它们会损坏飞机发动机。盐生植物的另一个优越条件来自水产养殖的增加(这是对外海鱼群减少的回应),因为水产养殖造成巨大的废物流,盐生植物正好将其用作肥料。

由于这些原因,从盐生植物制成的生物燃料应该是不贵的。发明者们希望在2020年前能让这类生物燃料上市销售。③

结论

高级生物燃料最后可能成为,如杰夫·斯普罗斯所说,"游戏规则的改变者"。业内的一位科学家解释了生产异丁醇的纤维素技术的潜能,他说,"美国有持续每年生产10亿吨或更多的生物质的潜力,从这些生物质生产出的生物燃料,可代替我们目前石油产量的30%或更多。"④

---

① 杰夫·斯普罗斯:"为什么美国环保署首次把生物燃料标准降低了,""气候动态"网站,2013年11月18日。

② 杰夫·斯普罗斯:"最新清洁能源混合剂:细菌和真菌,""气候动态"网站,2013年8月23日;杰夫·斯普罗斯:"威士忌制造商不久如何可能提供一种高级的生物燃料,""气候动态"网站,2013年11月15日;"我们中的真菌可能成为生物柴油生产的非食物性来源,"《每日科学》,2010年9月17日;也请参见吉玛·维森特等人的"真菌生物质通过深层培养直接转化成生物柴油",《能源与燃料》,2010年4月2日。

③ 扎卡里·沙汉:"波音公司生物燃料的突破——意义重大之事,"《清洁技术》,2014年1月27日;沙汉:"盐生植物生物燃料的突破以及焦砂油的失败,"《清洁技术》,2014年7月24日。

④ 斯普罗斯:"最新清洁能源混合剂"。

电动车

本章的前几节已表明,到 2050 年,世界所有的能源需求都可能由清洁能源来满足。现在我们转而来讨论一下,交通运输的改进可能会对能源作出的贡献;在全球,交通运输排放了 25% 的温室气体。更有甚者,全球汽车,公共汽车和卡车的路上运输,一直是造成全球暖化的最大原因。[①]

在这些运输方式中,汽车一直是最重要的,其数量飙升不已。1950 年,全世界有 5000 万辆车;到 1997 年,数量上升到 5.8 亿辆;而今天,已达到大约 10 亿辆。更有甚者,据估计,到 2050 年,这个数字会达到 23 亿。[②]

说到美国——它产生全世界与能源有关的二氧化碳总量的 18%——运输造成了美国二氧化碳排放量的三分之一多,其中有 60% 是越野车和轻型卡车造成的,所以它们造成了美国温室气体的 20%。[③]（说明:为了简便,越野车和轻型卡车被视为汽车的种类。）

所以,要转向一种无化石的经济,最重要的方面之一将是完全转变为清洁汽车。这就需要用全然由清洁能源推动的、全然电动的汽车来替换汽油、柴油,及混合油推动的汽车。虽然全电动车一般是由电池推动的,但也有些是由氢燃料电池推动的。所以,要讨论完全转向电动车是否可能,就有必要区分电池电动车(BEVs)和燃料电池电动汽车(FCVs)。

电池电动车(BEVs)

至今为止,电动车一直被大多数的人等同于电池电动车,或称插电式混合动力汽车。这些车目前占美国汽车总量不到 1%。气电混合动力车一直销售得更好,但它们只占美国汽车销售的 3%。[④]

混合动力车和电池电动车至今只占了市场很小的份额,这可能部分地是由于它们一直比汽油动力车贵。虽然从长远看,它们会便宜些,但大多数的人

---

① "减少运输所排放的温室气体:趋势与数据,"《世界运输论坛》,7;"路上运输是全球暖化的主要推手,"美国航空航天局,戈达德空间研究所,2010 年 2 月 18 日;也请参见内奥米·昂格尔等人的"气候效应归于某些经济部门,"《美国国家科学院会议录》,2010 年。

② "运输:更多的汽车,更多的贸易,更多的二氧化碳"

③ "什么是温室气体排放? 美国排放多少?"美国能源信息管理局,2012 年 6 月 26 日。

④ 布莱恩·赛维诺:"电动车要同汽油动力车一样便宜了,"《洛杉矶时报》,2013 年 6 月 1 日;朱丽亚·派珀:"混合动力车力争得到主流高端买家的青睐,"《气候电讯》,2013 年 3 月 11 日。

关心的主要是当前的售价。①

即便人们储蓄数年便可买得起,但混合动力车和电池动力车之所以只能在市场上占一很小份额,还因为人们的惯性:即大多数人那种信任试过的、确定的东西,而不愿贸然信任新技术的倾向。正如社会学家们证实过的,新技术开初仅为极少一部分人所采用,那些人被称为"早期采用者"。如果他们的经验证明新技术胜过老技术,便会有更多的人来采用,他们被称为"早期的多数"。那以后会有"后期的多数",最后是"落后者"。②

然而,如果这一现象可解释何以电池电动车和混合动力车被人接受得如此缓慢,那么就还需一种解释来说明这一事实:购买混合动力车的美国人,其数量是购买电池动力车的 3 倍。存在着几种解释:(1)最初的电池电动车只能开很短的距离(也许 50 英里)就需充电;(2)充电要花很长时间。所以,最初的电池电动车只可在城周围开一开,或用于很短的旅行。即便有只作短途旅行的潜在购买者,他们当中很多人也会因为"里程焦虑"而却步——所谓"里程焦虑",就是担心还未到家或充电站电就耗尽了。不买电池电动车的第三个理由就是,它们价格昂贵。第四个理由就是:它们"不好驾驶"。

然而最近,电池电动车的销售量开始超过插电式混合动力车的销售量,③这恐怕是因为,前面所说的人们之所以更情愿购买混合动力或汽油动力汽车的那四条理由正在逐渐被克服:

　　·新近的很多电池电动车已扭转了人们认为它们不好驾驶的看法,在这点上,特斯拉汽车干得特别棒。2013 年,它被《汽车潮流杂志》评为年度汽车,而且,《消费者报告》甚至发问"它是不是有史以来最好的汽车。"④

①　莱斯利·海沃德:"新工具显示电动车到底值多少钱,"《绿色商业》,2013 年 6 月 18 日。

②　埃弗雷特·M.罗杰斯:《革新的传播》(格伦科,自由出版社,1962 年),150 页。这些分类被凯瑟琳·格林应用在她的"丰田开始氢燃料电池开发"一文中,《洛杉矶时报》,2013 年 6 月 26 日。

③　扎卡里·沙汉:"在美国,电动车的销售击败了插电式混合动力车的销售,"《电动汽车迷》,2013 年 7 月 17 日;杰夫·斯普罗斯:"2013 年 6 月电动车卖出将近 9000 辆——有史以来最旺的一月,""气候动态"网站,2013 年 7 月 29 日。

④　《福布斯》杂志问道,"电动车的价格在降。是否该买了?"而且《洛杉矶时报》的一篇报道也以这为题:"电动车变得跟它的汽油动力车竞争对手一样便宜了";杰夫·斯普罗斯:"电池技术革新使电动车的主要功能每 10 年提高 1 倍,""气候动态"网站,2013 年 2 月 11 日;朱丽亚·派珀:"尼桑所翻开的新的一页:是标志性汽车,抑或是对无排放机动性所下的风险赌注?"《气候电讯》,2013 年 7 月 23 日;"伊隆·马斯克说,第 4 代特斯拉将是一种售价大约 3 万 5 千美元的很小的越野车,"《洛杉矶时报》2013 年 5 月 31 日;"视频:特斯拉 S 型是我们的顶级得分车,"《消费者报告新闻》,2013 年 5 月 9 日;安格斯·麦肯齐:"2013 年《汽车潮流》的年度车:特斯拉 S 型",《汽车潮流》,2013 年 1 月。

·汽车公司将提供快速充电器,只需20或30分钟就可为一辆电池电动车充好电,而且正在全国各地建立充电站,因此,在很多地方,驾车旅游者都无需担心。特斯拉公司甚至免费给予特斯拉驾者"高级充电器"。特斯拉公司还与中联通公司签了一个协议,准备在中国的120个城市建立充电站。①

·建立"电高速公路",即建立一个由快速充电站组成的、将全国每一部分联接起来的网络,在这方面,英国处于领先地位。英国的计划是,该网络(由尼桑公司和绿色能源公司修建)在2015年将遍布全国高速公路服务站。②

·电池改进后,电动车一次充电后能跑更多的英里了。特斯拉的3型轿车(定于2014年出厂)一次充电后可跑200英里,而且特斯拉预计,它的双座敞篷跑车会安装一种可持续跑400英里的电池。③

·电池电动车的前期成本已大幅下降。甚至特斯拉公司——它的S型售价是大约7万美元——也准备以大约3.5万美元的价格出售其3型汽车。

·特斯拉和松下——后者生产特斯拉的电池——预计,它们不久就要出产一种比以往便宜30%到50%的电池。这种电池将在它的巨型电池厂制造。新工厂占地面积等于174个足球场,2017年开工后计划年产50万个电池。④

所以,电池电动车的"早期采用者"在美国,以及其他国家,将迅速地形成"早期的多数"。至于说到全球对电动车的采用,由15个政府支持的《电动车发展倡议国》已定下目标,即在2020年实现2000万辆载人电动车。印度政府独自一国就计划至2020年促成6-7百万辆电动车在本国的销售。在欧洲和美国,2014年的上半年,销售量有了明显的增长,电池电动车和插电式混合动力车的销售量比2013年上半年增长约75%。在同一时期,电动车在中国的销售量

---

① 肯·格·林布里奇:"特斯拉高级充电器——最新超级英雄壮举,""电动车网站",2014年7月19日;"特斯拉与联通共建充电站",《中国周刊》,"英语新闻",2014年8月29日。

② 克里斯托弗·德莫洛:"英国的电高速公路为电动车提供100万英里的服务,""清洁技术网站",2014年9月11日。

③ "出售SIIIX:特斯拉的第3型,"《经济学家》,2014年7月26日;路易斯·冈萨雷斯:"特斯拉用升级的电池组,它的敞篷跑车欲达400英里的车程,""清洁技术网站",2014年8月6日。

④ 艾米丽·阿特金:"我们面临电动车电池的突破,""气候动态"网站,2014年8月31日;阿里·菲利普斯:"内华达州获电动汽车头彩:有幸让价值50亿美元的特斯拉'巨型电池厂'落户该州,将为6500人提供工作,""气候动态"网站,2014年9月4日。

增长了 700%,而且还有可能增长更快,因为中国通过各种新政策(诸如取消对新车的标准重税)大大促成了电动车的发展。①

电动的摩托车和轻便摩托车将非常普及,对此人们已无甚怀疑。根据纳维根特研究公司 2014 年的报告,这些车辆在全世界的销售,截止 2023 年,会超过5500 万辆。②

电动卡车现在也在开始制造了。比如,芝加哥就正开始把它的垃圾车队改成全电动的。③

在财金方面也有很好的理由让人相信,电动车不久就会替代燃油机车。据法国开普勒·谢弗勒投资银行说,"投资于风能或太阳能的 1 千亿美元——那些能是计划用于照明和用于商业车辆的——比投资于石油的 1 千亿美元,要产生多得多的能。"比如,以陆岸风能或太阳能为电动车充电,已几乎提供了 4 倍的能源。因此,分析师马克·路易斯说,"在未来的 20 年中,竞争的平衡将被打破,优势必然转向电动车,燃油车将败北。④

燃料电池电动汽车(FCVs)

燃料电池电动汽车(简称 FCVs 或 FCEVs)不是从电网获取电力,而是通过燃料电池——它将储存于车内的氢气与大气中的氧气结合——产生自己的电。《纽约时报》的一位博主写道,虽然大多数的美国人似乎还未听说过它们,"但很多研究者认为,作为机动车的电源,燃料电池比蓄电池更有前景。"其理由是,燃料电池电动车不排放温室气体,却在两个重要方面类似燃气车:每加燃料一次它可跑 400 英里,而且加燃料只需花几分钟。⑤

---

① 丽贝卡·李夫顿:"首次全球电动汽车前景在新德里清洁能源部长级会议发布","气候动态"网站,2013 年 4 月 18 日;杰夫·斯普罗斯:"电动车的销售在欧洲和美国已超过 70%","气候动态"网站,2014 年 8 月 8 日;"中国新能源汽车产量飙升",《中国周刊》,"英文新闻",2014 年 8 月 17 日;克里斯托弗·德莫洛:"中国汽车制造商得到更多的制造电动车的鼓励,""清洁技术网站",2014 年 9 月 4 日。
② 詹姆士·艾尔:"截止 2023 年,电动摩托车和轻便摩托车的销售将达 5500 万辆,""清洁技术网站",2014 年 8 月 31 日;讨论"电动摩托车和轻便摩托车",纳维根特研究公司。
③ 蒂娜·凯西:"打赌你的电动车干不了这个:电动垃圾车可运送 9 吨垃圾,""清洁技术网站",2014 年 9 月 16 日。
④ 未来人类经验实验室:"投资风能或太阳能 1 千亿美元比在石油中同样数量的投资产生更多的能,"《读者支持新闻》,2014 年 9 月 20 日。
⑤ 林赛·布鲁克:"通用汽车公司和本田将合作开发燃料电池,"《纽约时报》,"车轮博客",2013 年 7 月 2 日。

问题

然而,这些优越处却被一整套问题抵消了。这些问题使得一笑话长期流传:FCVs"是未来的技术——永远都未来。① 其问题是以下4个:

· 价格:当首次发明出来时,燃料电池电动车每辆值100万美元,甚至在大降价之后,它们的价格还在10万美元左右。

· 加料站:《汽车周刊》说,迟至2013年,"氢燃料汽车的根本问题仍然是,长期缺乏加燃料的基础设施。"

· 铂金:燃料电池通过催化反应产生电,催化反应需要铂金,而铂金"比黄金还稀有还昂贵"。所以,使用铂金使燃料电池电动车有永远昂贵的危险。

· 天然气:虽然氢是宇宙间最普遍的元素,但它却永不能被单独发现。纯氢是通过"重整"天然气而造成的。所以,虽然燃料电池电动车不排放任何温室气体,制造氢的过程却会排放。所以,燃料电池电动车并非"清洁的"(正如电池电动车不会是清洁的,除非电网上的电不是用化石燃料发的)。麻省理工学院的约翰·海伍德说过:"如果氢不是来自可再生资源,那么此事就简直不值得干。"(更糟糕的是,如果天然气是通过"水力压裂开采法"开采的,那么较之从石油或煤炭中制造氢,它可算是更下等的方法了——这点将在下章讨论。)②

可能的解决方案

虽然在20世纪90年代研究者们制造了实验性的燃料电池电动汽车,但大多数人,由于以上的问题,在2000年至2010年的中期便对它们失去了兴趣。③ 然而,最近几年,据说有人已找到解决这些问题的方法。

· 价格:根据《科学美国人》上的一篇文章,"能源研究部门已设法将汽

---

① 马丁·拉莫妮卡:"福特、戴姆勒和日产诸公司致力于燃料电池,"《麻省理工科技评论》2013年1月28日。

② "韩国现代汽车集团插电式混合动力车ix35型,"《汽车周刊》,2013年;"哥本哈根的化学家加快了氢燃料汽车的发展,""尤里卡警报",哥本哈根大学出版社发布,2013年7月21日;巴里·C.琳恩:"氢的肮脏的秘密,""琼斯妈妈网站",2003年5月1日。

③ 彼得·费尔利:"氢燃料车:不死之梦,"《麻省理工科技评论》,2012年10月8日。

车燃料电池的成本下降了80%。"①

　　·加料站:各汽车制造商也在合作,促使基础设施的进一步发展。在美国,能源部和氢燃料以及燃料电池工业部门合作,以解决基础设施的困难,并降低燃料电池电动车的成本。②

　　·铂金:2013年,哥本哈根大学出版社的一份出版物说,据该校的化学家报告,更紧密地挤压珀金的颗粒,只需使用传统方法的五分之一的珀金,便可产生同样量的电。③

　　·天然气:关于如何制作氢的讨论,常常暗示:氢只能通过重整天然气获得。然而燃料电池电动车的提倡者们则说,有很多制作氢的方法无需化石燃料。国家可再生能源实验室的研究人员据说已发明了六种这样的方法,其中最好的一种是可再生电解法,该方法从水中制作氢。那么,为何重整天然气成了标准的加工方法? 因为布什政府与油气公司当初曾保证,"这一加工法有利于传统能源产业。"④而且,自这一致命的加工方法发明以来,建立起了一些制度,因此,要转变到一种不同的加工法,是很困难的。但是,这并非不可能。

　　所以,此前所意识到的所有的问题,似乎都有可能在可预见的将来得到解决。然而,这些"解决方法"中的每一个都存在问题:价格仍然很高(虽然新技术会使它进一步降低⑤);都市圈以外加料站的出现将会是很缓慢的;如果燃料电池电动车大批地生产,即便珀金的使用量是以往的五分之一,这也是一个不小的数字;从传统的制氢的方法转变到电解法是极端困难的。

对燃料电池电动车的负面判决

　　更有甚者,"清洁技术网站"的朱利安·考克斯以及乔·罗姆说过,本田,韩

---

　　①　朱丽亚·派珀和《气候电讯》:"便宜的天然气会使氢燃料汽车起死回生吗?"《科学美国人》,2012年9月26日。

　　②　布鲁克:"通用汽车公司和本田将合作开发燃料电池";"合作将导致世界第一辆人们负担得起的燃料电池电动汽车",《电动车研究》,2013年1月30日;"美国召集燃料电池电动汽车合作伙伴","环境新闻服务",2013年5月20日。

　　③　"哥本哈根的化学家加快了氢燃料汽车的发展,""尤里卡警报",哥本哈根大学出版社发布,2013年7月21日。

　　④　"氢与燃料电池研究,"国家可再生能源实验室;琳恩:"氢的肮脏的秘密"。

　　⑤　蒂娜·凯西:"丰田说氢的成本高,可能不确,""清洁技术网站",2014年8月22日。

国现代汽车公司,丰田等公司当前对燃料电池电动车的炒作,完全是误导性的。

20世纪90年代,当罗姆还在能源部的"能源效率和可再生能源办公室"任职时,他是"氢燃料和燃料电池电动车项目的热心支持者。"然而,当他发现相关的研究"并未显现出预期的结果时",他便自己进行了研究,后来归结为2004年他的一部著作,《对氢的炒作:竞相拯救气候行动中的事实与虚构》。2009年,他又说,奥巴马总统和能源部长朱棣文欲取消能源部的计划,他们说,"从技术、实施、气候方面来看,氢燃料电池电动车是行不通的。"①

然后,在2014年,考克斯写了一个意思基本上相同的报告。该报告主要针对上面所说的第1和第4点,他说,"无论就现在的或可预见的将来的经济实际情况而言,环保的任何好处都无法归于氢燃料。"再者,"由于经济的原因,氢只能从天然气中获得,更是因为同样的原因,天然气只能用页岩水力压裂开采法获得。"②

罗姆在总结考克斯报告的寓意时说,"以氢燃料为动力的汽车,即便不是永远,也是在很长很长的时间内,不可能比丰田汽车公司的以汽油为动力的普锐斯更绿色(!)——或者说,甚至不如大众汽车实际。"确实,罗姆又说,"除非出现数个奇迹,否则不可能在最近几十年同时克服所有的那些问题。"③

铁路

改进铁路——使它们100%的电动化,并在大多数的旅行上使之比汽车、卡车、公共汽车,以及飞机,更吸引人——这是废除化石燃料能源的运动所面临的诸种挑战中最重大的、也是最困难的一种。这在美国尤其是如此。要使铁路运输,无论是客运或货运,吸引人,最重要的因素就是,每一国家的铁道网络应是清洁能源的、高速的。这在美国,又尤其是如此。

如上所说,汽车——此处应理解为包括了越野车和轻型卡车的——所排放的二氧化碳占美国二氧化碳总排放量的20%。火车的能源效率比汽车和卡车的高出9倍。所以让更多的运输由火车来承担,这将是特别重要的,只要客运车和卡车仍然使用化石燃料。

---

① 乔·罗姆:"特斯拉战胜丰田:为何氢燃料汽车无法与纯电动汽车较量,""气候动态"网站,2014年8月5日。

② 朱利安·考克斯:"氢燃料电动车该变清洁了,""清洁技术网站",2014年6月4日。

③ 乔·罗姆:"特斯拉战胜丰田,第2部分:氢燃料的重大问题,""气候动态"网站,2014年8月13日。

　　甚至当我们已达到机动车全电动化了,火车仍然是重要的。高速铁路不仅可减少阻塞,在中距离旅行方面,它比乘飞机旅行更吸引人,这在很多国家已是如此。飞机现在越来越快地成为致使全球暖化的最大责任者。如果乘火车使人可在两小时或更少的时间内从洛杉矶到旧金山城内,或从旧金山到波特兰,那么,大多数人恐怕就愿意乘火车了。

为何美国没有高速铁路?

　　在技术上美国毫无理由没有高速铁路网,至少在它的 5 个最大区域不应该如此(东北地区,芝加哥枢纽城市,太平洋西北地区,佛罗里达,加利福尼亚)。日本的高速火车(被称为"子弹列车")在 1964 年就开始营运了。法国的高铁始于 1967 年,德国的始于 1991 年。中国,在我们这些老古板的心目中是一个贫穷落后的国家,现在却有世界上最长的高铁网。①

　　自第二次世界大战以来,美国一直是世界上最富的国家。所以人们普遍有这个问题:"欧洲和亚洲都有了(子弹列车),为什么美国没有?"答案要回到第二次世界大战末去,那时,"交通运输系统不断受到汽车和民运航空的转变,客运铁路成了它无暇顾及的孤儿。"②林顿·约翰逊总统试图改变这种情况。日本公布它的"新干线子弹列车"后不久,约翰逊总统就签署了 1965 年的地面高速运输法案,他说:

> 　　我们有比音速快 3 倍的飞机。我们有环火星飞行的电视摄像机。但我们却有我们 30 年前就有的、往来于我们的城镇间的、历经风霜尚不完善的公共运输系统。我相信,给了我们飞机和太空探测器的那些同样的科技,也能给我们更好、更快、更经济实惠的地面运输。我们中大多数的人更需要它在地面上,而不是在天上环绕地球。③

　　这一想法最终归于失败,20 年之后克林顿总统和国会通过了 1997 年的"美国铁路客运公司改革和责任法案"。然而,美铁最终也没有机会建造起任何类

---

　　① 丹·施内德:"不投资高速铁路的成本是什么?"《2050 年的美国人》,2012 年 7 月 10 日;"高速铁路",《维基百科》。

　　② 本·考克斯沃斯:"加利福尼亚将建成美国最快的高速铁路线,"2013 年 7 月 31 日;"总结对高铁的诸批评:建议与反对意见,""美国公共运输协会",2012 年 1 月。

　　③ 迈克尔·拜恩:""别了,雷·拉胡德,并向所有的火车致谢,"《主板》,2013 年 6 月。"

似于高速铁路线那样的东西,原因有三:

> ·国会给美铁的资金极少:截止 2001 年,美国政府花在美铁上的钱仅仅 5 亿美元——而花在航空上的钱是 120 亿美元,花在高速公路上的是 330 亿美元。
>
> ·美铁只能采用 19 世纪的技术,那些技术"将火车的有效平均速度局限在每小时 48 英里。"
>
> ·美铁只能和货运列车共用铁道线,这常常造成晚点。①

在 2001 年一次听证会上,一位众议院议员说到法国的高速铁路时,说:"高速列车跑得快,顺畅,他们在那上面投资不少,而我们却没有。"结果,"曾经是世界羡慕的对象,却成了令世界尴尬的国家。"②

正如《纽约时报》的记者戴维·卡尔所说,"由于美铁在很大程度上虚度了 20 世纪,它于是希望在 21 世纪大有作为。"它终于得以投资 17 亿美元,以建造一种名叫"阿西乐快线"的、类似高速铁路的东西。阿西乐快线时速可达每小时 150 英里以上。然而,同日本和法国不同,人家的铁道是新的、专用的、大多数是直达的,而从波士顿到纽约的阿西乐快线列车却只有几分钟的高速。③

虽然"阿西乐快线"是美国最快的火车,两小时 46 分便可完成从波士顿到纽约的路程,但世界银行的首席经济师贾斯廷·林却不感到这有什么了不起,他说,在中国,高速火车可以在一个小时内完成那么长一段路程。简言之,美国现在仍然连一条高速铁路线也没有。④

何以美国没有高铁,以下这一事实甚至使这一问题更令人感到有压力:日本,法国,英国和中国都有高速铁路,不仅如此,在英国,意大利,西班牙,俄罗斯,瑞典,土耳其,和韩国,也有高速列车在运行,就连阿根廷,巴西,土耳其,和摩洛哥也在计划修建高铁⑤。由于说到这些发展情况,2011 年路透社的一篇文

---

① 戴维·卡尔:"慢于一颗加速的子弹,"《华盛顿月刊》,2001 年 10 月;"总结对高铁的诸批评:建议与反对意见"。

② 马修·L.沃尔德:"审计人员怀疑美铁公司是否能完成利润任务,"《纽约时报》,2001 年 7 月 26 日;"总结对高铁的诸批评:建议与反对意见"。

③ 卡尔:"慢于一颗加速的子弹"。

④ "总结对高铁的诸批评:建议与反对意见"。

⑤ "高速列车:印度立于何处?"《铁道新闻》,2013 年 9 月 3 日;安迪·孔兹:"美国的高速铁路:还不上马,就只有被抛在后面,"路透社,2011 年 3 月 11 日。

章被安上这样一个标题："美国的高速铁路：还不上马，就只有被抛在后面。"①

2009 年，奥巴马总统开始对此采取措施。在他的第一次国情咨文里，他说："为什么其他国家能建高速铁路而美国却不能，这完全没有道理。"随后，他同他的(共和党的)交通部长，雷·拉胡德，呼吁修建畅通全国的高速铁路。作为美国"复苏和再投资法案"(一般被称为"刺激法案")的一部分，奥巴马提供了 80 亿美元来迅速启动如此的一个项目。②

第一条高速铁路将在佛罗里达州，奥巴马和拉胡德想在 2015 年完工，它将成为"说服全国其余地方修建高铁的一个样板。"这极端重要，拉胡德在一篇社论中说，因为"高速铁路将成为我们这一代人的遗产。"③

然而，虽然前任州长共和党人查理·克里斯特欢迎高速铁路，但新任的共和党州长里克·斯科特却驳回了对高铁的拨款，说，那会花该州太多的钱——虽然联邦政府要付预计成本 26 亿美元中的 24 亿美元。也许，斯科特作如下的承认时，表达了他拒绝高铁的真正理由：他承认，他是根据"自由主义的理智基金会和遗产基金会所提供的文件"而作出该决定的。④

这两个基金会，再加上卡托研究所，一直是领导反对高铁的意识形态之战的三大右翼智囊团。《经济学家》在 2010 年说，这场战争的实质就是，"高速铁路已成为一桩意识形态的问题，民主党支持之，共和党反对之，几乎不涉及任何已知项目的具体问题。"2009 年，奥巴马宣布了他对畅通全国的高铁的看法之后，意识形态方面的反对意见尤显强烈。共和党人对他的国情咨文的回应，是由路易斯安那州的州长鲍比·金达尔作出的，他把高铁列为"浪费性开支之一"。从那时起，共和党，至少在国家层面，便有计划有步骤地反对该项目。⑤

后来，2010 年，又有两位共和党州长驳回了拨款。俄亥俄州州长约翰·卡希克驳回了一笔 3.85 亿美元的拨款，那是用来修建一条连接三个以"C"字母开始的大城市的高铁的(那三个城市分别是辛辛那提市，哥伦布市，以及克利夫兰市)。威斯康星州州长斯科特·沃克驳回了一笔 8.1 亿美元的拨款，该拨款原是为密尔沃基到麦迪逊的那条火车线路提供的。他说，那"对于纳税人来说太

① 同上。

② "总统在国情咨文中的评论，"白宫，2009 年 1 月 27 日；容纳赫·弗里马克："奥巴马与高铁的罗曼司，会有或不会有？"《未来城市》，213 年 2 月 26 日。

③ 迈克尔·库珀："诸多缺陷如何使奥巴马建设高铁的愿望化为泡影，"《纽约时报》，2011 年 3 月 11 日；雷·拉胡德："高速铁路将成为我们这代人的遗产，"《奥兰多前哨报》，2010 年 12 月 19 日。

④ 库珀："诸多缺陷如何使奥巴马建设高铁的愿望化为泡影"；"总结对高铁的诸批评"。

⑤ "高速列车：强弩之末，"《经济学家》2010 年 12 月 9 日；弗里曼："奥巴马与高铁的罗曼司，会有或不会有？"

贵了"——虽然一位《纽约时报》的写手指出,"一项由国家资助的公共交通工具乘客研究已作出结论:那条人们提出来修建的铁路实际上一开始就会赚钱。"这位作者还说,"世界上其余地方的人把高铁称为子弹列车,因为它们快如子弹。然而在美国,用这一绰号恐怕有另一理由:它们不断被子弹击落。"①

在 2011 年《国家评论》的一篇文章"高铁项目之死"中,作者因为"卡托研究所、理智基金会和遗产基金会的分析师们""击落"了奥巴马的计划而赞扬他们。他幸灾乐祸地说:"大多数的记者和评论者都忽略了这些亲市场的智囊团体以及茶党积极分子,是如何发挥决定性作用,让这些项目束诸高阁的。"这一幸灾乐祸之说很准确,因为"一小群对高铁执批评态度的人,已组织起了一个运转灵便、犹如上了润滑油的运动。""上了润滑油"一语很贴切,因为这三家"亲市场的智囊团体"都受到科赫兄弟、埃克森美孚石油公司和其他石油公司的资助。至于"理智基金会"这个最不起眼的智囊团体,《旧金山纪事报》2011 年的一篇文章报道说,"它是由以下这些机构资助的:雪佛龙能源公司,埃克森美孚公司,壳牌石油公司,美国石油学会,三角洲航空公司,美国全国航空运输协会,当然还有科赫家族基金会。"②

共和党人的反高铁立场部分地可用这一运动来说明,除此而外,这也反映了他们的一种欲望,即欲将奥巴马总统的任期化为一场失败。"有些华盛顿的共和党人,"《纽约时报》的一篇报道说,"私下担心高铁项目结果是大受欢迎的。"当国会削减了奥巴马所提出的、在 6 年里为高铁提供 530 亿美元的拨款后,今年晚些时候反高铁联盟的胜利之舞更是兴高采烈。③

然而,奥巴马的梦想,虽然大打折扣,却并未死亡,因为 2012 年有了三项发展。首先,"国会的利斧并未触及根据 2009 年的经济刺激法案拨给高铁的 100 亿美元中的大多数。"第二,美铁宣布了一项东北走廊 1500 亿美元的升级计划,真正的高速铁路就是该计划的核心。第三,加利福尼亚的立法者们同意拨款 58 亿美元,开始建设从旧金山到圣地亚哥的高速铁路。④

反高铁的敌意于是便聚集在加利福尼亚。同往常一样,这还是石油公司和

---

① 戴维·德曼:"拉胡德撤销了对威斯康星州和俄亥俄州高铁的拨款,给予了其他州,""火狗湖"博客,2010 年 12 月 9 日;库珀:"诸多缺陷如何使奥巴马建设高铁的愿望化为泡影"。

② 罗纳德·厄特:"一个高铁项目之死,"《国家评论》,2011 年 4 月 11 日;"埃克森美孚石油公司的数据库"(绿色和平组织);罗杰·克里斯坦森:"高速铁路的大谎言,"《旧金山纪事报》,2011 年 8 月 3日。

③ 迈克尔·温特:"国会砍掉了奥巴马对高铁的拨款,"《今日美国》,2011 年 11 月 17 日。

④ 马克·克莱顿:"奥巴马的高铁计划遇挫之后,又轰鸣着前进了,"《基督教科学箴言报》,2012 年8 月 21 日。

飞机公司在煽风点火。前者不想让高铁过多地挤占了汽车和卡车的运输,后者则不想让高铁威胁到它在中距离旅行中的垄断地位。正如一位作者所说,高铁"会直接与加利福尼亚那虽赚钱却高度污染的城市间短途空运市场竞争(那是美国最大的市场之一),而且会直接影响飞机工业的经济收入。"① 这种事在其他国家业已发生:

> ·在南韩,"飞机场无法与新的高铁网竞争,"2011 年的《商业内幕》写道。"韩国航空公司所经营的 14 个机场,在 2009 年和 2008 年有 11 个蚀本。有几个成了无定期航班的幽灵飞机场。"
> ·在中国,"由于高铁的竞争,距离在 500 公里(310 英里)以下的航班,50% 以上都将无利可赚";甚至"距离在 600 公里(372 英里)以下的航班,大约 70%(在武汉)都已被取消。"②

截止 2014 年,阿西乐快线,尽管其速度不算快,也使得一些飞机公司取消了一些航线。③

高铁:批评与反驳

虽然某些论点服务于富裕产业,但这却并不必然意味着这些论点是毫无道理的,所以需要对它们进行考察。以下是些常见的一些说法,跟在它们后面的是些与它们抵牾的事实:

说法:没有理由期待高铁在美国行得通,因为,正如卡托研究所在 2009 年所说的,高铁在"欧洲行不通,在亚洲也行不通。"④

① 亚历克斯·伦纳特:"航空及石油大亨害怕高铁:中南走廊,""清洁技术网站",2009 年 7 月 6 日;坦尼娅·斯奈德:"高铁能降低空中运输和高速公路的发展吗?""特区街道博客网站",2011 年 6 月 9 日;詹姆斯·P·里帕斯:"不相信高铁的研究者有偏见,"《那天》,2012 年 8 月 19 日。

② 格斯·鲁宾:"在南韩,高铁基本上已致使一些飞机场倒闭,"《商业内幕》,2011 年 2 月 15 日;"中国的高铁威胁着国内航空公司,"《中国周刊》,"英语新闻",2011 年 4 月 8 日。2013 年,基思·布拉德舍在"高速列车转变中国"(《纽约时报》,2013 年 9 月 23 日)一文中说:"航空公司在高速铁路开通时已基本上停止了 300 英里以内的航线服务。"

③ 桑迪·德克特:"美铁迅速扩大东海岸的阿西乐舰队,""清洁技术网站",2014 年 8 月 6 日;罗恩·尼克松:"110 亿美元之后,高铁缓慢发展,"《纽约时报》,2014 年 8 月 6 日。

④ 兰德尔·奥图尔:"高速的失败,"卡托研究所,2009 年 8 月 24 日。

事实:虽然开始的时候高铁的乘客不多,但那以后它在欧洲和亚洲都获得了巨大成功。自 1964 年日本的子弹列车出现以来,它一直是日本铁路的"摇钱树。"从巴黎到里昂的 284 英里的旅途,80% 的旅客都选择高铁。乘飞机或火车往来于马德里和塞维利亚之间的旅客,80% 都是乘坐高铁。中国的高铁,其旅客量几乎是国内空中旅客的两倍。台湾的高铁开通后,"台北到西部城市的航线中止了。"①

说法:不管欧洲和亚洲的真实情况如何,高铁在美国将永不会为大众所接受。②

事实:至今为止,美国只有一条高速铁路,即"阿西乐快线",它从波士顿到纽约,到费城,然后到华盛顿特区。它于 2000 年开通。那以前,美铁从波士顿到纽约城只有 20% 的业务,但现在,虽然慢于亚洲和欧洲的高铁——因为它并无完全专用的轨道——"阿西乐快线"却赢得了 54% 的乘客。在高铁开通以前,从纽约到华盛顿,美铁只有 33% 的业务,而现在却有 75%。③

说法:"在城际交通方式中,唯有美铁得到了实质性的补贴。航空公司和飞机场的所有成本,实际上是用户的费用付清的。"④

事实:虽然对高铁的这一批评是最流行的,但它却几乎全然歪曲了事实。

· 并非只有铁路才需要补贴;所有的旅行形式都需要补贴。⑤
· 美国的汽车旅行是通过公众在道路上的花费来补贴的。正如税收基金会在 2013 年指出的,"每个州都是通过一般税(诸如财产税,物业税,

---

① 克里斯·库珀和清贵松田:"随着日本计划磁悬浮列车,世界上最快的火车恢复试验,"彭博社,2013 年 8 月 29 日;丹尼尔·费里:"虽然公共汽车发挥了有价值的作用,但它们不能代替高铁,"《2050 年的美国》,2011 年 7 月 27 日;布拉德舍:"高速列车转变中国";"台湾高速铁路,""维基"。
② "不到 1% 的人会乘坐它,"卡托研究所,2009 年 7 月。
③ 罗恩·尼克松:"航空旅行的挫折把旅客推向了美铁,"《纽约时报》,2012 年 8 月 16 日;"美铁公司踢傻瓜,共和党人踢美铁,"《陌生人》,2012 年 8 月 15 日。
④ 温德尔·考克斯:"高速铁路,预算克星",《国家评论》,2011 年 1 月 31 日。
⑤ 罗伯特·克鲁克尚克:"凯文·麦卡锡麦阻止高铁的新企图,"《加利福尼亚高铁博客》,2011 年 10 月 3 日;费里:"虽然公共汽车发挥了有价值的作用,但它们不能代替高铁,"《2050 年的美国》,2011 年 7 月 27 日;"美国补贴交通的漫长历史,""火车网站"。

销售税,和一般基金)来为它的大多数道路支出筹措资金的。"①

·人们说,汽车旅行比铁道旅行所得补贴要少,因为高速公路有使用者所交的费用作为资金的支撑。这一说法是违背事实的。2009年,一份皮尤研究中心的研究显示,"使用者所交费用提供了高速公路建设和维护成本的51%,"剩下的41%留待纳税人付。更有甚者,在过去的10年中,政府在高速公路上花了3600亿美元,而在客运铁路上只花了24亿美元。所以,政府"花在高速公路上的公众的钱是花在铁路上的150多倍。"②

·有人说,铁路运输比航空运输需要更多的补贴。与此说法相反的是:政府对空运的补贴比对美铁的补贴高63倍。对空运的补贴大多数用于基础设施的建设,据估计是1万亿美元。此外,为了维护空中交通管制塔和控制器系统,每年要补贴30亿美元。在一次对"优秀,良好,糟糕"的讨论中,华伦·巴菲特把航空归于"糟糕"的范畴。③

说法:"高铁已被证明会造成国库资金的流失。世界上的每一条高速铁路都需要政府的某种补贴。……美国没有任何一条高铁将会为它那少得多的经营资本成本付费。"④

事实:不同于航空和公路运输,高铁不需要政府持续补贴它的经营费用。此外,一些高铁线路甚至还赚钱,比如从巴黎到里昂的高速铁路线和美铁的"阿西乐快线"。⑤

高速铁路的成本

莎拉·佩林曾把高铁称为"通向破产的子弹列车",这一指责反映了这个反

---

① 约瑟夫·亨奇曼:"公路支出由国家通过用户税费,包括联邦天然气税,来资助,""税收基金会",2013年1月17日。

② "皮尤分析发现,高速公路越来越被'非使用者'的资金源在付钱","皮尤研究中心",2009年11月24日;费里:"虽然公共汽车发挥了有价值的作用,但它们不能代替高铁";塔尼娅·斯奈德:"并非高铁,而是公路在榨干纳税人的血,""特区街道博客网站",2011年12月12日。

③ "美国补贴交通的漫长历史","火车网站";凯文·A.卡森:"运输补贴的扭曲效应",弗里曼,2010年10月22日;华伦·巴菲特:"致伯克希尔·哈撒韦公司的股东们,"2007年。

④ 摘自罗伯特·克鲁克尚克:"凯文·麦卡锡麦阻止高铁的新企图,"《加利福尼亚高铁博客》,2011年10月3日;卡托研究所,2009年7月。

⑤ "关于高铁的事实与虚构";费里:"虽然公共汽车发挥了有价值的作用,但它们不能代替高铁"。

高铁的普遍观点:它的成本远大于它的价值。诚然,我们应该考虑它的成本,但同样重要的是,我们也应该问一下(犹如新近一篇文章的标题):"不投资高铁,其成本是多少?"该文章说,"在我们这个快速增长的巨型区域,不投资高铁,随着时间的推移,将会被证明是很不划算的事。"①

贾斯廷·林,世界银行首席经济师曾说过,美国如果尾随中国,将会获得利益。后者,"由于从1979年到2002年使其高速公路网的规模增长了5倍,即达到25,000公里(15,000英里),年平均经济增长率为9.6%。"至于将来,"中国人将投资高铁1000亿美元,而且至今为止业已建成8358公里(5193英里)的高铁线路。"②

就在反高铁的作者们继续声讨加利福尼亚高铁的当儿——尽管据预计,"为满足将来城市间运输的需要,它的成本要比高速公路和飞机场的少一半"——"中国却承诺开通十来条其规模和复杂程度等同于加利福尼亚高铁的线路。"③

而且不独中国如此:西班牙"要投资1700亿美元,扩大它那声誉卓著的高铁系统";日本计划投资640亿美元,用以修建磁悬浮轨道,它将使得从东京到大阪的320英里(515公里)的旅途,从原来最快子弹列车所花的138分钟减少到67分钟。也许,这些国家的领导知道一些莎拉·佩林不知道的事情。④

高铁与环境

就本书而言,关于高铁,最重要的就是,在遏制全球暖化的战斗中,它能作出多大贡献。火车运输所消耗的人均能源,比汽车和飞机运输所消耗的要少得多,不仅如此,"以其自己方式运转的电气化高速列车,其每人/英里的节能率大约是私家汽车和国内喷气式飞机的9倍(因此,其排污量是后两者的大约1/9)。"装上反馈制动的电动火车甚至更节能,它能反馈8%到17%的电到电网。⑤

磁悬浮火车更节能,因为列车(一旦开动起来)是悬浮的,是由磁悬浮力推

---

① 莎拉·佩林,"脸书",2011年(引自库珀"诸多缺陷如何使奥巴马建设高铁的愿望化为泡影");丹·施内德:"不投资高铁,其成本是多少?"《2050年的美国人》,2012年7月10日。

② 引自"总结对高铁的诸批评:建议与反对意见"。

③ 同上。

④ "火车旅行的未来:超高速的生活,""建筑日记",2013年;"磁悬浮列车可将东京–大阪的旅途缩短至67分钟,"《日本时报》,2009年10月14日。

⑤ "关于高铁的事实与虚构,""中西部高铁协会",2009年;"火车中的反馈制动,""气候技术维基";乔治·贝尔卡:"特写稿:电动货运列车如何能有助于拯救我们,""电动车新闻网",2013年8月9日。

动的。由于它们是在空中滑动,没有来自车轮的摩擦力,所以速度是普通高速列车的两倍,所耗的电也少得多。[1]

不过,9 比 1 的对比只是就现在的供电系统而言,在这个系统里,电网上的电都是来自化石燃料能源。一旦电网全然由清洁能源供电,高铁就不需要任何化石燃料能源了。当电网发生了这样的转变,汽车和火车都完全由清洁能源推动,就只剩下航空运输仍需化石燃料能源了。

再者,立刻就有人在打算让加利福尼亚的高铁全然无二氧化碳排放,只使用加利福尼亚用清洁能源发的电。更妙的是,高速列车可为自己发电,朝这个方向的努力业已开始:

　　·英国的"迪比信可铁路"正在制造自己的涡轮机,发展"无碳"铁路服务。

　　·德国的"德国联邦铁路公司"已从太阳能、风能,和水力发电获得了自己所需能源的 20%。2011 年,它宣称,2014 年要增加到 28%,2050 年要达到 100%。

　　·从巴黎到阿姆斯特丹的铁路,在安特卫普有一段长两英里的、由太阳能推动火车的隧道,它被称为太阳能隧道。修这个隧道的最初目的,是为了保护列车不受坠倒树木的威胁。这一隧道上覆盖了 16,000 块太阳能电池板,它们为列车、也为安特卫普的中心车站提供能源。[2]

这些方法中的一个或数个到底可在世界范围内被应用到何种程度,这,似乎是无止境的。

总结对高铁的讨论

实行美国高速铁路协会的计划(也许采用磁悬浮列车而不是传统的高速铁路),可能是美国能源系统完全脱离化石燃料能源的最重要方式之一。就在本

---

[1]　凯文·桑索:"磁悬浮列车是如何开动的,""博闻网";"磁悬浮火车:在有超导性的轨道上,""磁实验室"。

[2]　查利·奥斯本:"英国铁路公司引进了'无碳'列车,"《智慧地球》,2012 年 2 月 14 日;埃里克·科斯巴姆:"分析:德国火车靠太阳能、风能运行,让乘客舒适,"路透社,2011 年 8 月 24 日;阿马·图尔:"欧洲第一个太阳能供电的火车隧道在比利时高速铁路线上直播(录像),""瘾科技网",2011 年 6 月 7 日;尼诺·马尔凯蒂:"高铁在欧洲太阳能化了,"《地球技术网站》,2011 年 6 月 6 日。

书即将付印时,传来《巴尔的摩太阳报》的报道:日本国际合作银行已为从巴尔的摩到华盛顿的磁悬浮列车提供了 50 亿美元的资金,该列车将把那段旅途缩短为 15 分钟。此外,日本中央铁道公司还同意免去使用磁悬浮技术的许可费。日本的目的是,使用美国的东北部走廊,向美国的和其他国家的观众展示其磁悬浮列车。美国的投资群体希望,从日本来的 50 亿美元将鼓励其他的投资者,以完成该项目,并将其延伸到纽约城。[①]

飞机

发展高铁的核心理由就是:它可让短途旅客(600 英里或 1000 英里以下的)乘坐火车而不是飞机,于是客机就可只用于真正的长途旅行。

重要之事:克服一桩环境罪

削减航空旅行是很重要的,因为飞机排放的温室气体占全球排放总量的 3%。如果我们这样说,这一百分比就显得特别庞大:"假设航空部门是一个国家,那么它就会是世界上的第 7 大排放国。"[②]

再者,"空运现在还是排放量增长越来越快的、造成全球暖化的责任者。"有多快呢? 据世界自然基金会说,它一直在"以每年 3—4% 的速度增长。"说到将来,如果不加以规范,飞机的排放"在本世纪中叶有可能飙升"——有可能几乎增长 3 倍,国际民用航空组织说。[③]

更有甚者,喷气式飞机排放的气体比那些数字所表现的更具损害性。"飞机直接把二氧化碳排放到高层大气",而"喷气式飞机所排放的二氧化碳可在大气层存留100 年之久。"再者,飞机还排放其他的气体,包括臭氧和一氧化二氮。所以,"飞机对全球暖化的总的影响,可以是它所排放的二氧化碳的单独影响的 2 至 4 倍。"[④]

---

① 凯文·雷克托:"高速磁悬浮列车的支持者们向华盛顿要求 50 亿美元的资金,"《巴尔的摩太阳报》,2014 年 9 月 4 日。

② 伊丽莎白·罗森塔尔:"你最大的碳罪恶可能就是航空旅行,"《纽约时报》,2013 年 1 月 26 日;杰克·施密特:"国务卿克里说:确保一项减少航空碳污染的全球协议,"《赫芬顿邮报》,2013 年 3 月 20 日。

③ "二氧化碳排放和全球暖化:火车对飞机,";杰克·施密特:"如无新措施,航空造成的全球暖化污染将上升:研究详情,""员工博客",2013 年 3 月 5 日;参见"国际民航组织,航空对气候变化的影响,"国际民航组织,2010 年《环境报告》第 1 章。

④ "二氧化碳排放和全球暖化:火车对飞机,"《61 号座位上的那人》;罗迪·希尔和道格·莫斯:"飞机废气,"《地球谈话》,2013 年 1 月 20 日;"天空才是极限,"《经济学家》,2006 年 6 月 8 日。

现在就个人在全球暖化中所起的作用来谈谈这个问题:对于很多美国人来说,伊丽莎白·罗森塔尔在《纽约时报》的一篇文章中说,"航空旅行是他们对环境犯下的最大罪过。"为《卫报》写文章的乔治·蒙比尔特说,"飞行是个人影响环境的最厉害方式,它使其他方式相形见绌。"他还正确地说过,"如果我们不设法遏制飞机的排放,我们其他的减少碳足迹的努力可能是徒劳无益的。"这对于美国尤其重要,因为"全世界飞机排放的二氧化碳中,美国几乎就占了一半。"①

何以有这样一个问题

航空运输何以成为这样一个问题,这部分的原因是,二次世界大战之后,"国际民航组织的成员国同意,应该免去航空公司的燃料税,"这可能会"振兴战后恢复的航空业。"于是,在 20 世纪余下的年月里,对于飞机就没作任何约束,然而约束却是必要的。②

约束

1997 年在京都,各国政府为了回避约束航空排放的难题,把这一任务推给了"国际民航组织"。然而它却什么也没干,于是这一任务又重新踢回给各国政府。由于它们也拿不出什么国际性的计划来,于是欧盟就决定,他的 27 个成员国应将航空公司的尾气排放包括在它的基于市场的"排污权交易制度"中,根据该制度,任何国家,只要超过规定的碳排放吨数,就得付钱。该制度于 2008 年通过,计划在 2012 年底开始执行。然而,这一排污权交易制度把进入或离开欧洲的非欧洲航班也包括进去了,于是各国(包括美国)和各个航空公司便指责该制度侵犯了国家主权,因而违反了国际法。然而欧洲法庭却宣布,规定航空公司的排放上限完全是合法的。③

然而,当非欧盟的飞机的申请要到期时,"美国,印度以及中国的航空公司

① 罗森塔尔:"你最大的碳罪恶可能就是航空旅行,";乔治·蒙比尔特:"滑向全球崩溃的轨迹,"《卫报》,2006 年 9 月 20 日;"飞机废气,"《地球谈话》;"飞机排放的二氧化碳是所有运输工具排放的 11%,"《库拉索岛论坛报》,2013 年 5 月 13 日。

② "天空才是极限,"《经济学家》,2006 年 6 月 8 日。

③ 杰克·施密特:"欧洲限制航空碳污染的制度是如何有效施行的,"杰克·施密特的博客,"员工博客",2012 年 1 月 4 日;"美国航空公司就排放上限将欧洲扭进法庭",美联社,2011 年 7 月 5 日;丽贝卡·李夫顿:"欧盟高等法院维护限制航空污染导致全球暖化的法律,""美国进步研究中心",2011 年 10 月 7 日。

和政府发怒了，"伊丽莎白·罗森塔尔写道，"它们纷纷提起诉讼，威胁要采取贸易行动并促使立法。"美国国会甚至通过了，而且总统也签署了，一项法案，禁止任何美国航空公司参与欧盟的"排污权交易制度"。①

作为回应，欧盟将该计划暂缓一年，而且，基于这样的理解：国际民航组织将于2016年达成一项全球协议，该协议将在2020年生效，于是主动提出推迟实施其政策。无论如何，正如约翰·克里2012年所说（当时他尚未成为国务卿），"我们应该有一项国际协议。"如果制定国际约束规定的努力失败，或如果规定的约束力被证明太弱，那么美国环保署就将根据"清洁空气法"强制美国（它一直是个障碍）执行对排放的严格规定。②

在美国内部，环保团体于2007年开始向环保署请愿，要求它调查飞机排放的气体是否可能危害公众健康。2011年，一家地区法院宣布，环保署有责任作一个危害调查。然而，环保署并未作此调查，于是，2014年，"地球之友"和"生物多样性研究中心"便通知环保署：由于它的"无理由的延误"，它们打算起诉它。最后，2014年9月，环保署承诺在2015年4月之前发布一项危害性调查。如果对危害性的调查是肯定的，那么环保署就须发布法规，那可能导致国际法规，因为全世界应有统一标准。不幸的是，如果国际民航组织制定一个国际标准，它也要等到2020年才能被实行。③

燃油效率

国际法规的一个好处便是，它可刺激航空公司提高飞机的燃油效率。由于油价上涨，航空公司已经采取了一些措施了，但那些措施还可做得更好。国际民航组织曾估计，燃油效率方面的改进，加上其他技术的提高，可使飞机的燃油用量在2020年下降30%，2030年下降35%。④ 不过，在此期间，燃油效率已有

---

① 罗森塔尔："你最大的碳罪恶可能就是航空旅行"；亚伦·卡特："奥巴马签署法案，让美国航空公司避开欧盟的'排污权交易制度'，"《航空运输世界》副刊，2012年11月27日。

② 罗迪·希尔和道格·莫斯："飞机废气，"《地球谈话》，2013年1月20日；戴夫·基廷："欧盟主动提出在飞机排放的问题上让步，"《欧洲之声》，2013年9月5日；尼古拉斯·洛克等人："飞机排放：国际民航组织的成果，以及它对欧盟'排污权交易制度'的影响，""里德·史密斯网站"，2014年1月7日；施密特："国务卿克里说：确保一项减少航空碳污染的全球协议；"奥巴马政府需要尽快采取行动以限制飞机尾气排放，""环境保护基金会"，2012年3月14日。

③ 瑞克·皮尔茨："促使环保署约束飞机温室气体的排放，"《气候科学观察》，2014年8月8日；林赛·艾布拉姆斯："环保署（终于）对空运动手，"《沙龙》，2014年9月5日；丹·卢瑟福："航空公司的效率：等待国际民航组织？""国际清洁运输委员会"，2014年5月5日。

④ "奥巴马政府需要尽快采取行动以限制飞机尾气排放"。

了改进。

美国国家航空航天局资助了一些使航空公司更加环保的项目,其方法是降低它们的燃料消耗。其中一个被称为"N＋3"的项目,就是要在三代之内(即在2030—2035 年间)制造出那样的环保飞机。另一个被称为"N＋2"的项目,则要在 2020 年—2025 年间造出环保飞机来。被叫做"SUGAR"(亚音速超绿色飞机研究)的亚音速项目,是要制造那样的飞机,它比目前的飞机少用 70% 的燃料(也少排放 75% 的氧化亚氮)。"N＋2"亚音速项目要制造的飞机,则会减少50% 的燃料。2010 年,麻省理工学院,通用航空公司,诺思罗普·格鲁曼公司,以及波音公司获奖,或则是因为它们的亚音速项目,或则是因为它们的超音速项目,或则是因为两者。比如,波音公司设计的亚音速飞机,被称为"SUGAR-Volt"(亚音速混合动力飞机),就是一种混合型飞机,旨在降低 70—90% 的燃料消耗。麻省理工学院设计的、绰号"双泡式"的飞机,是一种用来代替波音 735的、载客 180 人的飞机。该学院还提交了一项载客 350 人的飞机设计。2011年,该项目以"N＋2"为名被授权给波音公司、诺思罗普·格鲁曼公司,以及洛克希德·马丁公司执行。①

使用生物燃料

当那样的飞机开始运行,它们会减少大量的燃料消耗。但若要全然废除化石燃料,则还需进一步努力。要完成这个任务,就要使用生物燃料。但人们一直普遍认为,靠生物燃料不会成功到达那一目标。比如,国际民航组织的估计,即,到 2030 年,技术上的进步最多能减少 35% 的燃料消耗,就是以这一观点为前提的:人们不应认为,到 2050 年,生物燃料"会占全球飞机燃料的 10% 以上。"②然而,这一在 2010 年提出的说法,并未将过去几年生物燃料研究中的巨大进步所带来的好处考虑在内。首先,人们认为,生物燃料是基于作物的,所以,生物燃料在汽车和飞机燃料中的比例必然是有限的。然而,近几年,纤维素生物燃料发展起来了,其中有些可用于飞机。

比如,著名的基因科学家克雷格·温特就与埃克森美孚公司合作(信不信

---

① 亚当·马可斯:"美国航空航天局将'绿色'定为它的另一个任务:发明革命的、有能源效率的飞机,"《科学美国人》,2010 年 7 月 26 日;达丽尔·史蒂芬森:"展望明日的飞机,""波音",2010 年 6 月;布里特·利格特:"波音公司的亚音速混合动力飞机概念少燃烧 70% 的燃料,""栖居博客",2012 年 8 月 3日;斯蒂芬·特林步:"美国航空航天局展示了三种对未来飞机的设想,"《环球飞行》,2011 年 1 月 18 日。

② "国际民航组织,航空对气候变化的影响"。

悉听尊便），致力于发明飞机不用改造发动机便可使用的那种藻类燃料。① 就这一发明，自然资源保护委员会说，重要的是，"飞机只能用被认证为可持续的生物燃料"，因为航空业的"巨大购买力有重塑供应链的潜力，"且不论这是好事或是坏事。

因为这一理由，自然资源保护委员会于 2013 年组织了一个"航空生物燃料可持续性调查"。调查问卷被送往 22 家"曾用过、或对外宣称打算在操作过程中使用生物燃料"的美国航空公司，其中 12 家回答了问卷。根据主要的结果：只有两家航空公司承诺只使用被认证过的生物燃料，只有两家报告说，他们评估了它们的生物燃料在潜在间接土地利用变化方面的风险。美国自然资源保护委员会在这第一年匿名地报告了结果，但在未来的岁月里，它"打算发布航空公司的名字，以及它们在获得被认证的可持续生物燃料方面的进展。"②

全电飞机

纤维素生物燃料的使用，使全环保的飞机成为可能，而且人们已经发明出了一些这样的飞机。美国航空航天局就资助过一次"绿色飞行挑战大赛"，为此，设计人员建造了一类具有两种规格的全电飞机：它们在两小时之内至少要飞行 200 英里(322 公里)，而且所用燃料不得超过一加仑(3.8 升)。获一等奖(135 万美元)的是一架斯洛文尼亚四座客机，金牛座 G4。这个飞行小组和第二名获得者都完成了要求，甚至只用了半加仑燃料。获胜的发明者说，"两年前，用一架电动飞机以每小时 100 英里的速度飞行 200 英里，这样的想法纯粹是科学神话。而现在，我们都在盼望未来的全电飞行。"他计划将他的奖金投资于全电超音速飞机，类似于零排放高超音速运输机(即 ZEHST，见下)的发明。③

零排放高超音速运输机

"空客"的母公司，欧洲宇航防务集团(EADS)，在 2011 年的巴黎航展上，展

---

① 阿洛克·杰哈："基因科学家将与埃克森美孚公司共同研制藻类生物燃料，"《卫报》，2009 年 7 月 14 日。

② 戴比·哈梅尔："关于航空生物燃料可持续性的调查，"自然资源保护委员会的简要分析，"自然资源保护委员会"，2013 年 3 月 21 日。

③ "绿色飞行挑战大赛：通向零排放的飞机？"《可持续交通》，2011 年 11 月 13 日；本·考斯沃斯："蝙蝠公司在美国航空航天局组织的绿色飞行挑战大赛中获头等奖 135 万美元，""科技创新技术新闻网"，2011 年 10 月 5 日。

示了最令人兴奋的飞机 ZEHST:零排放高超音速运输机。ZEHST 被视为协和式飞机的后代,不过它不产生音爆,不需要化石燃料,而且飞得更快:协和式飞机从伦敦飞往纽约要用3.5 小时,而 ZEHST(可载客 50—100 人)在理论上却只需1.5 到 2.5 小时。该飞机可使用普通喷气式飞机的发动机巡航飞行,烧的是由海草或海藻制成的生物燃料(使用火箭和冲压发动机,速度可达 4 马赫)。人们的希望是,这样的飞机在 2050 年(也许在 2040 年)可有市售。[1]

全电推进器飞机:普客零排放飞机

在 2011 年的巴黎航展上,欧洲宇航防务集团(EADS)还展示了一种更为传统的全电概念的飞机:全电推进器飞机(VoltAir)。它由两个高效的超导电机推动,该电机驱动一副螺旋桨产生推力。虽然全电推进器飞机不如 ZEHST 飞得快,但它却具有良好的周转时间,因为它只须在机场便可换电池。只要需用的电池准备就绪,该机就基本上可进行飞行——可能就是 20 到 25 年后。[2]

总结关于飞机的讨论

几年前,对于大多数人来说这似乎是不言自明的事:我们的能源永不可能完全脱离化石,因为绿色飞机是不可能的,至少在当前这个世纪。然而,新近的发展显示,甚至飞机也可能是零化石燃料排放的。

100% 的清洁能源

有几个国家已经用清洁能源发它们所有的或大多数的电了——或者说,只要它们不将自己的大部分电出口它国,至少是能够如此了。这些国家是:冰岛,100% 清洁能源;不丹,100%(但出口了大部分);莱索托,98%;挪威,98%(但出口约 24%);巴拉圭,90%;阿尔巴尼亚,85%;莫桑比克,大量的(但出口颇多);奥地利,75%(这些国家中的大多数都用水力和/或地热发电。)其他居前列的国

---

① 马特·伯恩斯:"零排放高超音速运输机是 2005 年的 3000 兆瓦、零排放的飞机,"2011 年 6 月20 日;"空中的变化,"《经济学家》,2011 年 9 月 3 日。

② 基特·伊顿:"全电推进器飞机:将来的电动喷气式客机,""全国广播公司新闻",2011 年 6 月28 日;本·考斯沃斯:"欧洲宇航防务集团在巴黎航展上展示了全电飞行器的概念,""科技创新技术新闻网",2011 年 6 月 21 日。

家是:丹麦,45%;苏格兰,40%;德国,31%;葡萄牙,25%;西班牙,22%;中国,17%;美国,13%。①

这些数字显示,随着世界渐渐达到100%的清洁能源,世界上的国家将处于非常不同的地位,这在有些情况下是因为不同寻常的自然资源,但在大多数情况下却是因为政策的缘故。这些数字尤其显示了,两个排放温室气体最多的国家,中国和美国,还有漫长的道路要走。

各种研究和报告表明,美国和整个世界可在2050年之前就有100%清洁的电,如果不是更早的话。然而,一个国家若要保证有足够的能源全天候地供应所需的电,它的电网就应该——根据德拉瓦大学进行的一项研究——有几乎三倍(290%)的峰值时间所需要的功率,以使成本和对存储备用电的需求达于最低。②

冗余能力不仅对每个国家都有好处,而且对整个世界也有好处,因为每个国家可获的清洁能源其种类都有很大的不同。比如,有些国家有大量的太阳能,其他国家有大量的风能,再一些国家有大量的海洋能、水能,或地热能。所以,虽然某个国家可能太阳能或风能不多,但它仍然可从其他渠道获得足够的清洁能源,以便以峰值所需电量的290%供应其电网。另外,如果有些国家拥有的电超过了电网所需电的290%,它们便可将其卖给电量不足的邻国。

美国

显示美国清洁能源潜力的诸项研究有以下这些:

· 正如本章开始所提到的,普林斯顿大学的两位教授提出过一项计划,据该计划,到2050年,只需使用现有的技术,美国的能源需求就可由不同类型的清洁能源完成。③?

· 《环境俄亥俄》杂志,根据从《环境美国》杂志得来的信息,说,"美国有足够的太阳能潜力,可提供数倍的全国所需的电力。"④

---

① 参见达丽尔·埃利奥特:"可再生能源势头已超过引爆点,""清洁技术网站,"2014年8月25日;"100%使用再生能源的国家,""创造财富史博客",2012年。

② 科里·巴蒂沙克等人:"风力发电,太阳能发电和电化学存储的结合可使成本最小化,在99.9%的时间为电网供电,"《动力源期刊》,2012年10月11日。

③ 史蒂芬·帕卡拉和罗伯特·索科洛:"稳定楔:用现有的技术解决未来50年的气候问题。"

④ 祖德·伯尔等人:"闪亮的城市:美国太阳能革命的前沿,"《环境俄亥俄》杂志,2014年4月。

·世界观察研究所也说,"单单是西南的 7 个州,就有潜力通过太阳能,提供 10 倍于当前的发电能力。"①

·国家可再生能源实验室的一项研究说,"以今日业已商业化的技术所进行的可再生能源发电,……2050 年,其电量足以供应全美发电量的 80%(也许 90%)。"该项研究并未探讨有助于将来电供应的全套清洁技术(诸如海上风能,改进了的地热能,以及波浪能和潮汐能),所以,如果它探讨了全套清洁技术,它当时可能会宣称,那些能源至少足以供应 100% 的电量。②

·哈佛大学几位教授的一项研究称,"美国本土资源可提供的电,可多达美国当前总电需求量的 16 倍。"

中国

世界自然基金会 2014 年的一份报告,"中国未来的发电",说:"采取保护措施和可再生能源,到 2050 年,中国可转变成一个 80% 为可再生能源的电力系统,其成本远低于继续依赖煤电的成本。"③

全世界

最重要的问题当然是,整个世界是否能在不久的某个时候用上清洁电能。一些报告专注于这个题目:

·《能源策略评论》发表了一项三位科学家所作的研究,它详述了清洁技术,在只使用现有技术的条件下——但是要尽其所用——如何能够在 2050 年前提供世界能源需求的 95%。④

·世界自然基金会和荷兰爱科菲斯公司(ECOFYS)的一份报告是研究

---

① "据报告,美国具有极大的可再生能源潜力,"世界观察研究所,2006 年 9 月 18 日。

② 史蒂芬·帕卡拉和罗伯特·索科洛:"稳定楔:用现有的技术解决未来 50 年的气候问题";罗姆:"索科洛重申 2004 年的'楔子'文章,催促尽快积极进行低碳部署";"据报告,美国具有极大的可再生能源潜力,"世界观察研究所,2006 年 9 月 18 日。

③ "中国未来的发电:评估到 2050 年中国可再生能源的最大潜力,"世界自然基金会,2014 年 2 月 18 日。

④ 伊冯娜·Y.邓,柯奈利斯·布劳克,基斯·范德·洛因:"转换到一个充分可持续的全球能源系统,"《能源策略评论》,2012 年 9 月。

各种类型的能源的(不仅是电),它论证道:"2050年,供应地球上每一个人所需的能,而且这些能的95%来自可再生能源,这在技术上是可行的。"这一95%的能,包括给运输的(运输将被电动化);包括为了所有其他目的的电;以及建筑物供热。单单说到电时,世界自然基金会说,光是太阳能就可为全球供电,而且所花土地不到总土地量的1%。①

·专注于欧洲时,世界自然基金会说明了,欧洲如何才能在2050年前(如果不是更早)具备一个100%的清洁能源体系。②

·德拉瓦大学和德拉瓦技术学院的教授们设计了这样一个方案,其中人类的供电系统在99.9%的时间里都是由结合了电化学存储的太阳能、风能供电的。另外那0.1%是备份的,可由水力(或核能,或化石能)供电。③

各类清洁能源的贡献

另一种估计世界清洁能源的方法,就是总结以上讨论对各种清洁能源的估计:

·能源效率:被世界自然基金会和荷兰爱科菲斯公司的那项研究称为"最重要因素"的能源效率,剑桥大学的科学家们说,能够节约"全球能源的73%。"④

·太阳能:根据世界自然基金会的说法,太阳能本身就能为全世界供电。

·风能:据劳伦斯·利弗莫尔国家实验室和斯坦福大学的科学家们报告,目前全球电需求量为18万亿瓦(TW),而风力涡轮机在原则上便可提供428太瓦(是当前需求量的23倍多)。根据哈佛几位教授的一项研究,

---

① "世界自然基金会的报告发现,太阳能的土地利用并不与保护土地的目标相悖,""能源报告:至2050年,可望达100%可再生能源""清洁技术网站",2013年1月17日。

② 亚当·怀特和杰森·安徒生:"将欧盟送入100%可再生能源的轨道,"世界自然基金会,2013年。

③ 巴蒂沙克等人:"风力发电,太阳能发电和电化学存储结合可使成本最小化,在99.9%的时间为电网供电"。

④ "能源报告:至2050年,可望达100%可再生能源";乔纳森·M.卡伦,朱利安·奥尔伍德,以及爱德华·H.鲍格斯坦,"降低能源要求:何为实际的限度?"《环境,科学和技术》,2011年1月12日。

"美国本土的资源……便可供应目前全世界电力消费的 4 倍。"①

·水力发电:水力电"在技术上可利用的"全部潜力,据联合国估计,是每年 15,090 太瓦/小时,这相当于人们估计的 2030 年全球电用量的一半。②

·地热能:根据美国地质调查局,美国的地热能可达目前全国发电能力的 50%,所以,地热能,加上其他类型的能源,它们可供应的电,会相当于全国电需求量的很多倍。根据《彭博新能源财经》,全世界具有"113 万亿瓦的未开发潜能,"它们"分布在 39 个发展中国家。"③

·海洋能:美国估计过,单是波浪的潜能,其所发的电,就能超过当前全世界所发的电。如果加上潮汐能,在原则上海洋能就能供应超过目前所用电量数倍之多的电。根据一项估计,事实上,海洋波浪能的 0.1% 就能满足全世界能源需求的 5 倍。④

·生物质和生物燃料:只要它们有使用食物以及引起土地利用间接变化的问题,它们就不是可指望的,然而纤维素类型的燃料,它的潜力却很大,尤其是盐生植物的潜力。

正如以上这些报告显示的,清洁能源潜力之大,远超过文明之所需。有些德高望重的人相信,若要给我们的文明供电,同时又不用来自煤、油、气的能源,我们就须继续使用,甚至增加使用核能。然而,本章的结论所显现的却似乎是另一回事。

传输清洁能源的电网

100% 的清洁能源需要足够的资源,除此之外,还需要一个能分配它们的电网。"'电网'相当于一个网络,它把电从发电厂输送到消费者那里。电网包括

---

① 凯特·马弗尔等人:"全球风力发电在地球物理方面的极限,"《自然气候变化》,2012 年 9 月 9 日;陆熙等人:"全球风力发电的潜力。"

② 《我们的星球:联合国环境规划署杂志》,联合国环境规划署,16/4。

③ "革新了的地热系统,"气候和能源解决方案中心,2012 年;"一项全球基金用来降低勘探钻井的风险:可能呢抑或是白日梦?"《彭博新能源财经》,2013 年 5 月 23 日。

④ 约翰·哈克比等人:"海洋能诸系统:对海洋能的全球性展望,"《海洋能系统》,2011 年 10 月;R. F. 尼科尔斯·李和 S. R. 特诺克:"潮汐能的提取:可再生的,可持续的和可预测的,"《科学动态》,总 91 期,2008 年第 1 期,81—111 页;"海洋能,"《研究与革新》,欧盟委员会。

电线,变电站,变压器,开关,以及别的更多的东西。"①

在很多国家,包括中国和美国,电网严重不够。虽然最近几年中国发展了惊人数量的风能和太阳能,"中国的电网却并未迅速发展,不足以传送这些项目所能生产的所有的电。"由于开发者们要等待数月才能连上网,于是他们常常被迫关掉部分涡轮机,以平衡供需关系。"比如,在东蒙古,2012年有些风电场就只生产了相当于实际能力的50%的电。"②

同样,美国(随后的讨论不多谈它),拖它后腿的与其说是可利用能源,还不如说是过时的电网。

电网:现代化与改造

有些喜欢清洁能源的人,赞成通过就地生产清洁能源(比如用屋顶太阳能电池,以及私人风力涡轮机),以"脱离电网"。对于那些有条件这样干的人,这固然好。然而,在美国以及世界各地,有很多人不能这样干,他们只能从电网获得电。于是,唯一的问题就是:电网是否是绿色环保的。(现在有些人自称是"绿色电网民"。③)

电网现在并非十分环保,而且,除非它变得更加环保,否则,转而使用电动车便不会大大有助于清洁能源:那不过是将基于煤的排放换成了基于油的排放而已。开始改造电网,使之更加环保,就是要建成一个具有以下4因素的新电网:

1. **新电网具有通向清洁能源的输电线路**:"如果你将一幅具有最佳风能和太阳能的区域地图,置于一幅我们当前输电系统的地图之上,"《赞成清洁输电的美国人》的比尔·怀特如此写道,"你不会发现太多的重叠。"④

问题在于,电网建于一个世纪以前,建成的是一个基于化石燃料——主要是煤——的系统。然而现在我们却需要通往绝然不同地方的输电线路。"最具成本效益的风电场,"伊丽莎白·罗森塔尔写道,"位于荒凉地区,那里大风狂啸,土地不值钱,也就是说,是离用户最远的地方。"所需的是,"新一代"能源输送设

---

① "智能电网",政府能源网站。

② 哈尔·本顿:"可再生能源的激增尚不能使中国断奶于煤,"《西雅图时报》,2014年5月6日。

③ 比尔·怀特:"可再生能源中你从未听说过的5个最重要名字,""关心清洁能源的美国人博客",2013年7月29日。

④ 同上。

备,即"将大规模的风电场和太阳能场与人口聚集中心连通的高压输电线路。"①

2. 新电网是一个有适应弹性的智能电网:另一个问题是,旧电网既老化又脆弱:"70%的输电线路和电力变压器都有 25 年或更高的年龄了,60%的断路器的年龄则在 30 年以上,"2011 年"美国土木工程师学会"的一份报告说。②

结果,酷热的天气——它使得人们打开空调,因而使线路超负荷——就有可能造成断电,进而可能引起连锁故障大停电,就像 2011 年 9 月加利福尼亚南部的大停电。该次停电,使公众的损失超过 1 亿美元。③

更普遍的是,总统经济顾问委员会和能源部说,现在,每年因天气造成的断电,其带来的损失在 180—330 亿美元之间。2008 年,因飓风艾克来袭,电力中断造成的损失达 750 亿美元;2012 年,飓风桑迪造成的损失为 520 亿美元。④ 为了防止大停电,电网营运商现在有时采取限电的手段,但那会带来极大的不方便。

电网营运商的另一个方法就是,干脆让电能源——主要是清洁能源——下网,或者,至少是命令它们减速上网,这使得投资者很难收回投资。据美联社一篇报道说,缅因州,新罕布什尔州,以及佛蒙特州,已花了 10 多亿美元在风力涡轮机上,结果是,现在该地区已有 700 兆瓦的供电能力,但"要让它上市,却仍然是个问题。"⑤

在"二十一世纪电网发展政策框架"中,奥巴马总统制定了一项政策来解决这样的问题。他的核心概念就是:"智能电网",其主要特色就是"微电网",它已经由丹麦和五角大楼发明出来。在发展中国家,微电网在偏远地区的普及现已"超过传统公用事业设备的普及。"在美国,很多公司都有望在最近几年安装微电网,其价值由那些公司展示出来了:即便在飓风桑迪发生的期间,它们仍能让它

① 伊丽莎白·罗森塔尔:"在输电线路上画线,"《纽约时报》,2012 年 2 月 18 日。

② 美国土木工程师学会,"经济发展研究小组":《未能采取行动:电力基础设施当前的投资趋势对经济的影响》,2011 年。

③ 布莱恩·沃尔什:"电网:从不稳定的到有弹性的,"《时代》,2012 年 7 月 17 日;比尔·怀特:"加利福尼亚的大停电:向我们显现了我们电网的问题,"《赞成清洁输电的美国人》,2011 年 9 月 27 日。

④ 杰夫·斯普罗斯:"美国电网太易遭极端天气袭击,需要更新,""气候动态"网站,2013 年 8 月 12 日。

⑤ 威尔逊·灵和戴维·夏普:"风力发电系统遭遇障碍,"美联社,2013 年 8 月 9 日。

们的电灯亮着。① 智能网也含有许多其他的新技术,包括自动处理断电的能力和"智能仪表",后者可跟踪一个家庭的实时电量的使用,以便作出修改。到 2014 年,对智能网技术的投资暴涨,法维翰市场研究公司的一份标题为"智能网技术"的报告预计,2014 年和 2023 年间,将有 6000 亿美元投入这些技术。②

3. 新电网是一个基于市场的、竞争的电网:新电网也须基于一个竞争的市场,在该市场,人们首先用的是最便宜的电,而不是电商最能赚钱的电。③

《纽约时报》的一篇文章报道了关于佛蒙特州"绿山电力公司"的事。该文章说,在 2013 年 7 月的热浪期间,据电网管理人员说,总裁抱怨,"绿山电力公司"将它的风能涡轮机关了,而采用"又贵又脏的柴油机发电机组"。这一做法不仅损害环境和公众,而且还使得清洁能源的投资者们收不回投资。"我的天,"总裁说,"这么说来,我们将修建的所有的这些设备只能运行一半的时间?"④如果采用市场原则,那么,如果"绿山电力公司"要提供最便宜的电,它,以及 10 多个其他的风电场和太阳能电场,就可能全力、全时地发电。

2011 年,联邦能源管理委员会宣布了"第 1000 号改革指令",该指令旨在改变美国的电网,使之更多地从清洁能源获得电。但它遭到公用事业公司和其他一些目前的既得利益集团的异议,2014 年,特区巡回法庭驳回了那些异议,于是,"第 1000 号改革指令"便成了法律。这项法律有一系列的规定,将使竞争市场变得公平。于是,随着清洁能源越来越便宜,电网营运商就将选择它,而不选化石燃料所发的电。⑤

有人之所以执意要使用化石燃料能源,其主要理由是,过分依赖清洁能源的电网是不可靠的,会导致频繁的停电。然而,德国的电网就有很大份额的清洁能源,事实证明,它却比任何欧洲其他国家的电网(当然也比美国的电网)更可靠。再者,现在,即 2014 年 9 月,德国的一部分,由于使用电池组的缘故,已100% 地绿色环保,所以电网营运商再也不必让燃煤发电厂继续发电以备不时

---

① 阿莫里·洛文斯:"如何永久性地结束停电,"《时代》,2012 年 11 月 15 日;乔安娜·M.福斯特:"通过微电网获得独立:当电输出时,不过是一些电离开了电网,""气候动态"网站,2013 年 10 月 21 日。

② 约书亚·S.希尔:"智能电网的花费到 2023 年可望达 6000 亿美元,""清洁技术网站",2014 年 8 月 22 日。

③ 3 达斯廷·泰勒:"驯服狂野的西部能源,"《赞成清洁输电的美国人》,2013 年 7 月 1 日。

④ 戴安娜·卡德韦尔:"'绿色电力公司'上网时断时续使电网公司感到头疼,"《纽约时报》,2013 年 8 月 15 日。

⑤ 阿里·菲利普斯:"大法院的裁决为可再生能源的并网铺平了道路,""气候动态"网站,2014 年 8 月 19 日。

之需。①

4. 新电网是一个协调的电网：全国的电网是分地区组织的，但这些地区中的大多数都并未协调起来。"几乎所有的计划都是在那些地区之内作出的，似乎它们是些孤岛。……联邦官员们说，甚至不存在一个调节机制来规划一条哪怕是连接两个地区的线路，"《纽约时报》的马修·沃尔德如此写道。当前的电网通常被描述为"四分五裂，巴尔干化了"。然而，联邦能源管理委员会的一位前成员却说，"说美国的电网巴尔干化了，其实是对马其顿人的侮辱。"②

"我们的互联电网系统再也不能像一个世纪前那样调节了，"瑞安·菲茨帕特里克曾如此说。"要管理一个地区的电网系统，我们就需要地区内的协调，以及权力，它在有限的情况下，会取代州的权力。"一个重新设计电网（奥巴马总统就曾呼吁过此）的规划结论道：建造一个我们所需要的那类电网，即一个可大规模地合并清洁能源的电网，需要花大约 1150 亿美元。虽然这听起来像是一大笔钱，电网却可以用多种方式自我偿还，比如，通过终止目前电网上的那种"网上损失"。在 2010 年，它损失了发电量的 6.6%——也就是说，"价值 257 亿美元的电子，消失得无影无踪。"单是这一项改进，每年就可节省 250 亿美元，5 年内即可拿回 1150 亿美元的投资。③

前面提到过的"美国土木工程师学会"所写的那份报告——《未能采取行动》，曾估计，电网的投资成本甚至会更高。若不投资一个有弹性的电网，该报告说，其造成的花费"会高于投资本身。"这一不行动的策略，截止 2040 年，不仅会让每年的经济付出 330 亿美元，还会让所有的家庭付出 3540 亿美元，所有的公司付出 6410 亿美元。④

总结关于电网的讨论

创建一个智能的、现代的、有弹性的电网，这对于将气候变化维持在目前可

---

① 杰夫·斯普罗斯："德国让大量的风电和太阳能电并入电网，电网变得更可靠了，""气候动态"网站，2014 年 8 月 12 日；罗伊·黑尔斯："首个 100% 绿色环保的电网，打个比方来说，已经上网，""清洁技术网站"，2014 年 9 月 16 日。

② 马修·L. 沃尔德："加强电网的想法与电力系统业主的想法相悖，"《纽约时报》，2013 年 7 月 12 日。

③ 瑞安·菲茨帕特里克："投资电网：艰难困苦，玉汝于成，"《赞成清洁输电的美国人》，2012 年 8 月 20 日。

④ 《未能采取行动》，"执行摘要"。

能的最低水平,是十分重要的。(我行我素而听任气候变化,这会使我们付出数万亿的美元。)那样的一个电网有可能使我们实现国际能源机构 2014 年提出的那一理想:并不是将太阳能、风能,以及其他形式的清洁能源并入当前的电网系统,而是改造电网,使之从根本上就是基于清洁能源的——这一变革将使一切都更具成本效益。[1]

结论

本章诸节都显示,到 2050 年,清洁能源就能给全世界供电。这到底会不会实际上发生,将取决于很多因素,其中并非最不重要的一个因素就是:美国,加上其他的国家,会不会创建一个"绿色环保的电网"。但本章的两个要点是:世界需要作前所未有的转变;这样做是可能的,因为每个国家都有远超足够的潜在清洁能源来实现这一转变。

本章开端有个引文,说到德国的能源变化是史无前例的。这给其他国家表明了什么是可能的。2014 年的上半年,德国就已从清洁能源获得了几乎三分之一的电力,虽然德国并无太多的阳光。[2]

尼古拉斯·斯特恩曾说,"一个向低碳经济的转变,似乎不仅成本不高,合理可行,而且还似乎很吸引人。"[3]它之所以吸引人,是因为它可使我们摆脱化石燃料工业(这种工业的表现和产品都太不吸引人)——这,将在下章讨论。

---

① 国际能源机构新闻发布会:"转换的力量:灵活电力系统中的风、太阳,以及经济学",2014 年 2 月 26 日。

② 基利·克罗:"2014 年上半年,可再生能源就为德国提供了三分之一的电力,""气候动态"网站,2014 年 7 月 8 日。也请参见奥沙·格雷·戴维森:《清洁能源的突破:德国能源转变的故事以及美国可从中学到什么》(电子版,2012 年)。

③ 尼古拉斯·斯特恩:"伦理,公平,以及气候变化经济学:论文 1,科学与哲学,"气候发展经济学研究中心以及格兰瑟姆气候变化及环境研究所,2013 年 11 月。

18. 废除肮脏能源

"我们现在知道,化石燃料会引起具有前所未有的破坏潜力的气候变化。"

——"哈佛撤资同仁组织",2014 年

此前的诸章论述了:

· 废除化石燃料经济的必要性,使我们这代人面临着一次前所未有的道德挑战,它类似废奴运动的挑战(第 14 章)。

· 人类坚持种种毁灭自然、毁灭人的生命,以及毁灭文明的实践活动,其行为犹如奔向大海去自杀的旅鼠(第 15 章)。

· 经济学已成为一种偶像崇拜的宗教,即,经济增长被视为至善而受到崇拜。只要经济增长是基于化石燃料能源,只要有影响的经济学家们将持续的经济增长视为比遏制气候变化更为重要的事,这种宗教就特别具有破坏性(第 16 章)。

· 清洁能源的出现表明,现代社会的大多数生活方式都可脱离化石燃料经济而继续下去。这正如当初化石燃料能源的出现表明,废除了奴隶制,社会的生活方式仍然可以继续下去(第 14 和 17 章)。

然而,社会当前的生活方式不会持续很长,除非基于肮脏能源的化石燃料经济被一种清洁能源经济代替,而且还要迅速。正如本书"导言"中指出的,科学家们对"碳预算"的计算显示,我们的文明若要避免确实可怕的失调,甚至崩溃,截至本世纪中期,它最多就只能释放 5650 亿吨的二氧化碳到大气层,然而"以现在的速度,"用麦克本的话来说,"16 年后我们便可冲破 5650 亿吨的限额。"①

---

① 比尔·麦克本:"全球暖化的可怕新数学",《滚石》杂志,2012 年 6 月 19 日。

要应对这一气候的紧急情况,就需要彻底改变对化石燃料行业的预测。虽然它们一如既往地筹划着它们的业务,即每年增加利润,但它们的销售几乎肯定会立刻下降,而且到 2050 年几乎肯定会下降到零。

在这种情况下,有人会感到,这不公平。他们会这样想:既然煤、气、油公司为我们的用电和运输提供能量已达一个多世纪,让它们破产我们应感到愧疚。然而,煤炭、天然气和石油行业的实际作为却显示,人们不应有任何遗憾。我们也不应担心,废除了化石燃料产业便会导致更多的失业,因为新兴清洁能源产业雇佣的人,将超过肮脏能源行业从前所雇佣的。

化石燃料行业:不是在反思而是在反抗

化石燃料公司,自工业时代开始以来,其肮脏能源所排放的温室气体,一直都占总排放量的几乎三分之二。① 这些公司至少在四个方面表明了它们是非常糟糕的公民。

· 虽然世界燃烧的碳不敢超过 5650 亿吨,但世界当前化石燃料的储量已是那个数字的 5 倍之多:27,950 亿吨。为使文明有机会居于那一碳预算之内,就要让碳储量的五分之四待在地下。然而,脏能源公司却已表明,它们无意那样干。理由很简单:"以今日的市场价,那 27,950 亿吨的碳排放要值大约 27 万亿美元。"②较之文明有可能毁灭的问题,它们更重视当前的利润。

· 美国化石燃料公司被赋予了一个不同寻常的特殊地位:就石油和天然气而言,"在 62 个石油生产国中,美国是唯一允许私人实体控制大量石油和天然气储量的国家。"③这一独特的美国政策让这些公司,特别是构成石油大亨的 5 大石油公司(英国石油公司,雪佛龙,康菲石油公司,埃克森美孚,壳牌),大发其财。然而,这些公司不但不用它们惊人的财富来加入遏制全球暖化的战斗,反倒是花了相当的利润来进行反宣传,以阻止世界成功地处理这一危机(这在 11 章和 13 章讨论过)。

---

① 苏珊妮·戈登伯格:"仅仅 90 家公司就占人为全球暖化排放的三分之二,"《卫报》,2013 年 11 月 20 日。

② 同上。

③ 查尔斯·曼:"如果我们的石油永远用不完怎么办?"《大西洋月刊》,2013 年 4 月 24 日。

·化石燃料公司利用它们的一部分利润来设法让自己继续低付税。①
1年,石油大亨们将6570万美元用于游说,"成功地说服了它们在国会的朋友们为他们保留减税。"游说者们,用丹·弗鲁姆金的话来说,"得到大叠钞票的支持,其形式表现为竞选捐赠和花费。"石油大亨们的投资于是得到丰厚的回报:"去年,5家石油大亨在华盛顿游说上每花1美元,就在减税的名义下获得了30美元的补贴。"据"纳税人常识"组织说,石油大亨们每年所获的补贴(以减税的形式)就达105亿美元(55亿美元的一般营业税减免,再加上50亿美元的对石油和天然气的税收优惠)。结果,虽然公司的标准税率是35%,但在2009年和2013年间,美国20家最大的油气公司所缴纳的税却平均为11.7%。②

·化石燃料行业不仅奋起反抗以维护自己的减税补贴,它们还企图设法取消清洁能源的那点微末的补贴,其手段之一便是暗示,清洁能源所获的补贴比它们的还多(参见第16章)。

难道我们不该,如汤姆·恩格尔哈特提出的,把这种有意识地破坏地球的行为叫做"地球杀戮",把那些犯此大罪的人叫做"地球杀手"?恩格尔哈特说,化石燃料公司犯下了终极罪行,因为它们所挣的"利润是直接靠融化地球而来,它们心里明白,它们的极端获利的行为正在毁灭人类的栖息之地,正在破坏长期以来使人类感到舒适的温度幅度。"他指出,烟草公司如何一方面心知肚明它们的产品的致命效果,一方面却又"不顾他人死活地继续生产和销售",然后他说:

　　且想象一下,地球上每个人都被迫每天抽几盒香烟。如果那不是一种

---

①　乔·罗姆如此描绘这种周期性反馈:"从消费者那儿获取数十亿,再花钱去购买影响以维持减税"("康菲公司以石油高价获取34亿美元的利润,然后购买影响以维持数十亿美元的减税,""气候动态"网站,2011年7月27日)。

②　丹尼尔·韦斯等人:"石油大亨的丰收年,""美国进步研究中心",2012年2月7日;丹·弗鲁姆金:"石油公司的说客们如何为华盛顿的车轮上润滑油,"《赫芬顿邮报》,2011年6月6日;塞思·汉隆:"石油大亨们不正当地获得的大笔减税:何以他们不需要巨额利润中纳税人的700亿美元,""美国进步研究中心",2011年5月5日;乔丹·韦斯曼:"美国最明显的税收改革主张:取消对油气的补贴,"《大西洋月刊》,2013年3月19日;"比尔·约翰逊说,奥巴马总统所指责的对石油公司的补贴是不存在的,""政治真相网站",2012年4月17日;丽贝卡·莱伯:"石油大亨游说集团声称,石油工业"未获任何补贴,零,什么也没有,""气候动态"网站,2013年1月9日;艾米丽·亚当斯:"能源游戏被操纵:化石燃料补贴2011年逾6200亿美元,"地球政策研究所,2013年2月27日;"油气公司的有效税率:利用特殊待遇获利","纳税人常识"组织,2014年7月30日。

不可想象的恐怖袭击——或杀戮地球的行为——那又会是什么？如果石油公司不是地球杀手,它们又是什么？

国家安全部门很注意保护我们免遭恐怖分子的袭击,难道它不也应该"保护我们,使我们在免遭恐怖分子和他们的毁灭性阴谋的袭击的同时,也免遭地球杀手和地球杀戮行为的打击?"①

取消煤炭

除了整个化石燃料行业所表现的糟糕公民的特点,至少还有五个额外的理由,使我们不应对取消燃煤能源持愧疚的态度:

- 燃煤发电厂对地球气候是最大的威胁。
- 燃煤发电厂给人类造成了极多的疾病和死亡。
- 所谓的"清洁煤"并不能解决地球暖化的问题。
- 煤是一种比人所普遍想象的贵得多的能源。
- 美国煤炭行业长期以来一直在阻止那些试图减少煤炭对健康和气候的有害影响的法规。

煤是一种对地球气候的主要威胁

詹姆士·汉森曾指出,气候中某些变化,"可能会达到某个不可逆转的临界点"。后来,在 2008 年,他又说:"面临如此的威胁,只有疯子才会提出基于燃煤的、新一代的发电厂。煤是一切化石燃料中最脏、最污染的。"②

2013 年奥巴马总统在谈论气候变化时,间接提到了发电厂的肮脏,他说:"发电厂现在仍能免费地向空气里倾注无限的污染。"这是不明智的,因为,正如"气候和能源解决方案中心"指出的,"使用煤炭发电所排放的二氧化碳占全球总排放量的 43.1%。"③

---

① 汤姆·恩格尔哈特:"地球杀戮和地球杀手:毁灭地球追求大利,""汤姆报道网站",2013 年 5 月 23 日。
② 引自乔纳森·利克:"气候学家,他们不能沉默",《星期日时报》,2008 年 2 月 10 日。
③ "煤炭,""气候和能源解决方案中心"。

奥巴马对此采取了一些措施：2014 年 6 月，他的环保署对发电厂提出了新的规章，要求截止 2030 年二氧化碳的排放要从 2005 年的水平下降 30%。虽然如此，但毕竟行动太慢，力度太小。"自然资源保护委员会"的大卫·霍金斯说："我们将努力在 2020 年至少从 2005 年的水平下降 35%，然后在 10 年内实现更为雄心勃勃的目标。"然而，奥巴马的目标恐怕是，到 2030 年下降 30%，以开始与中国和印度对话。[1]

根据费格斯·格林和尼古拉斯·斯特恩所作的一项研究，这样做是必须的，因为，除非中国能遏制它的碳排放，否则，防止可怕的气候失调的目标"几乎不可能实现。"

无论如何，燃煤发电厂现在有可能成为更大的威胁。在一篇标题为"煤炭已铺就通往气候灾难的道路"的文章中，史蒂芬·莱西指出：世界上有新建 1200 个燃煤发电厂的计划。"如果所有的这些厂都建成，"莱西说，"它们的发电能力会胜过美国当前整个燃煤发电舰队 4 倍。"幸运的是，2014 年，中国开始采取措施降低它的用煤。[2]

不幸的是，煤炭行业显然并不关心对文明的维护：虽然只要修建了半数的这些发电厂就会很快突破我们文明的碳预算，但煤炭行业却正努力促成大多数的这些厂的建成。美国的用煤一直在下降，所以，正如 2013 年《纽约时报》的一篇文章的标题所说的，"由于美国煤炭市场的萎缩，煤炭行业把希望寄托在出口上。"这些希望致使煤矿公司计划在俄勒冈和华盛顿，以及 10 多个海湾沿岸州修建 6 个出口终端，以便将煤运往中国和印度。由于环保组织和当地团体的抵制，这些终端中的一些被终止了。[3]

然而，"美国仍然出口大量的煤。"作为世界第 4 大煤出口国（居于澳大利亚、印度尼西亚，以及俄国之后），美国近几年大大增加了它的煤出口。结果，如本书第 13 章所引："'美国碳'较前更快地流入了全球经济和大气。"[4]

---

①　本·阿德勒："人们向奥巴马提出的电厂规章并不完全如环保主义者之愿，"《世界谷物》，2014 年 6 月 1 日；大卫·雷姆尼克："奥巴马的录音，"《纽约客》，2014 年 1 月 23 日。

②　费格斯·格林和尼古拉斯·斯特恩："中国的一条创新和可持续增长的道路：关键的 10 年，"气候发展经济学及政策研究中心以及格兰瑟姆气候变化及环境研究所，2014 年 5 月；史蒂芬·莱西："煤炭已铺就通往气候灾难的道路：全世界计划新建 1200 个燃煤发电厂，""气候动态"网站，2012 年 11 月 20 日；约书亚·希尔："中国继续与煤作战，""清洁技术网站，"2014 年 9 月 17 日。

③　"由于美国煤炭市场的萎缩，煤炭行业把希望寄托在出口上，"《纽约时报》，2013 年 6 月 14 日；基利·克罗："煤价的下降扼杀了又一个出口终端，""气候动态"网站，2013 年 8 月 20 日。

④　克罗："煤价的下降扼杀了又一个出口终端"；邓肯·克拉克："美国碳越来越增加，"《卫报》，2013 年 8 月 5 日。

澳大利亚也一直在计划加大对亚洲的煤出口。早在 2007 年,它那兴旺的煤出口就被称为"澳大利亚肮脏的小秘密":在那以前的 25 年里,它的煤出口翻了 3 番,"而且煤炭公司还想把那个数字翻一倍。"2012 年,澳大利亚煤炭协会骄傲地宣称:"在过去的 10 年里,黑煤出口增加了 50% 以上。"更有甚者,澳大利亚,这个其本身的煤储量就足以烧掉剩余的百分之 75 的气候预算的国家,居然还选举了一位气候变化否定论者托尼·艾伯特作为总理,所以它的煤开采肯定会上升——虽然 2014 年一开始它就遭遇前所未有的热浪,野火肆虐城镇农庄,造成相当数量的人死亡。澳大利亚喜欢自夸,说它只排放了全球温室气体总量的 1.5%。然而,如果把它的煤出口算在内,它便应对温室气体排放总量的 4.8% 负责,而且成了世界二氧化碳第 6 大排放国。①

如果文明以自杀告终,煤就可能是主要的自杀工具之一。

煤威胁人的健康

煤燃烧不仅对于气候是致命的,对于人类也是致命的。"塞拉俱乐部"的一篇标题为"煤不仅是肮脏过时的能源——它也是致病能源"的报告说,在美国,煤造成的疾病每年导致 1 万多人的死亡。②

2011 年,国会议员乔·巴顿提出,空气污染并未引起健康问题,科学也并无证据支持环保署的这一说法:消除了燃煤发电厂会带来极大的好处。作为回应,美国肺脏协会以及 6 个其他医学协会寄给他一封信。信中说,即便短期接触燃煤造成的颗粒物,也会引起因呼吸及心血管原因(包括中风,心脏病和充血性心力衰竭)的死亡。③

默里能源公司创办人和总裁罗伯特·默里说,如果实行了环保署的政策,那么,"祖母将会受冷,并受无照明之苦。"④然而,真正的结果是:祖母将活得更

---

① 塞思·伯伦斯坦:"北极不祥的融化使专家们感到担忧,"美联社,2007 年 12 月 11 日;"黑色煤炭是澳大利亚的第二高出口商品,澳大利亚是世界上最大的煤炭出口国,""澳大利亚煤炭协会",2012年;杰夫·斯普罗斯:"单是澳大利亚的煤储量就占我们仍敢冒险燃烧的煤的 75%,""气候动态"网站,2013 年 4 月 29 日;阿里·菲利普斯:"澳大利亚在新的一年盛传前所未有的热浪,""气候动态"网站,2014 年 1 月 2 日;布雷特·帕里斯:"扩大的煤出口对于澳大利亚和世界都是坏消息,"《对话》,2013 年 9 月 12 日。

② "煤的健康成本:煤不仅是肮脏过时的能源——它也是致病能源,""塞拉俱乐部",2012 年。

③ "美国肺脏协会等致尊敬的乔·巴顿主席",2011 年 5 月 10 日。

④ 艾米丽·阿特金:"默里能源公司总裁说,能源署永久性地毁掉了煤:'祖母将会受冷',""气候动态"网站,2014 年 9 月 23 日。

健康、更长久。

当然,煤也在世界其他部分行杀人之事。在欧洲,煤每年造成 22,000 人过早死亡。在中国,目前癌症已成主要杀手。其原因主要是燃煤工厂,它们在厂附近造成数以百计的"癌症村"。在那些村里,"超高数量的居民患上同样的癌症。"根据"绿色和平组织"的一项研究,这些工厂在 2011 年就造成了 9900 人的过早死亡,大多数发生在河北,那里的燃煤工厂占全国的 75%。根据"绿色和平组织"2013 年的一份标题为"煤可杀人"的报告,在印度,每年煤致死的人数在 8 万和 11.5 万之间。[①]

"清洁煤"能拯救煤炭行业吗?

鉴于煤对环境和人造成的损害,人们普遍认为,可通过将煤弄"清洁"来拯救煤炭行业。事实上,该行业一直都在打广告,说它的煤是清洁的。它们提到,美国发电厂的大烟囱,由于 1990 年的空气法,现在都装上了过滤器和净化器,可除去引起疾病和酸雨的污染物。然而,虽然这项技术部分地奏效,但它却奈何不了二氧化碳。所以,煤仍旧是全球暖化的第一原因(除非天然气超过它;见下面)。所以英国广告标准局告诉皮博迪能源公司,还是把任何那样的广告,即让人们感到该公司的煤不会排放二氧化碳的广告,取下来为好。[②]

通过真正地净化煤而拯救它的技术,被称为"碳捕捉与储存"技术(CCS),它从煤中提取碳,并将它储存在地下。2013 年,由 27 人组成的一组科学家宣称:"新的不减煤并不符合将全球暖化控制在摄氏 2 度的原则"。[③] 在布什和奥巴马执政期间,能源部力图发现一项既可净化煤又能使之实惠的技术,但仍然有以下的问题:

---

① 约翰·维达尔:"研究显示,欧洲的煤污染每年造成 2.23 万人的过早死亡,"《卫报》,2013 年 6 月 12 日;珍妮特·拉森:"在中国,目前癌症已成主要杀手",地球政策研究所,2011 年 5 月 25 日;"京津冀地区燃煤发电厂污染造将近 1 万人的过早死亡,""绿色和平组织",2013 年 6 月 17 日;丽莎·弗里德曼及《气候电讯》:"印度燃煤发电厂每年可造成 10 多万人的过早死亡,"《科学美国人》,2013 年 3 月 11 日;约翰·维达尔:"绿色和平组织说,印度煤电厂每年致 12 万人死亡,"《卫报》,2013 年 3 月 10 日;也请参见德比·戈恩卡和萨拉斯·古提昆塔:"煤可杀人:对印度最脏能源引起的死亡和疾病的评估,""绿色和平组织",2013 年 3 月 12 日。

② 科勒尔·达文波特:"煤炭行业游说团体的生死之战,"《国家》杂志,2013 年 6 月 29 日;乔·罗姆:"英国广告委员会裁定'清洁煤'并非清洁,并禁止皮博迪能源公司'误导'公众,""气候动态"网站,2014 年 8 月 20 日。

③ "没有 CCS,煤就不是一项选择,"贝罗纳基金会,环境 CCS 团队,2013 年 11 月 21 日。

·**CCS 技术会起作用吗?** 虽然这项技术会起作用,如密西西比州的一家燃煤工厂所显示的,"但捕捉碳的技术却被证明是无商业价值的。"即便 CCS 技术运作起来有商业价值——加拿大的萨斯喀彻温省就企图显示这点①——也还存在其他问题。

·**二氧化碳可以储存而不泄漏吗?** 瓦茨拉夫·斯米尔写道:

> 仅仅是隔离当今全球二氧化碳排放的十分之一,就需要建立这样一个产业:它必须每年将压缩气体隔离在地下,……其量相当于石油行业在全球抽取的原油。

诺贝尔奖获得者物理学家伯顿·李希特曾说过,虽然大量的二氧化碳可储存于深盐水层,"但谁也不知道,它们能否将二氧化碳保存数个世纪而不泄漏。"②

·**CCS 会产生泄漏,引发地震吗?** 2013 年末,地震学家们报告说,2009 年至 2010 年期间德克萨斯州一个油田所发生的 93 次地震(其中有些超过里氏 3 级)都与大规模的二氧化碳注入密切相关。乔·罗姆引用了一位专家的话:"将足够高量的二氧化碳以足够高的压力注入地下,会引发地震活动,正如以高压注入大量液体",然后他指出:CCS 需将"惊人量的二氧化碳注入地下,才会作为气候解决方案而产生作用。"因此,引发地震的泄漏会"削弱 CCS 在气候方面的价值。"③

·**CCS 会提供实惠的能源吗?** 虽然全球 CCS 研究所宣称,CCS 煤发电将比风能或太阳能发电更便宜,但国会预算办公室所引的研究却表明:CCS 发电厂所发的电将比普通燃煤发电厂所发的电贵 75%。④

所以,就我们现在所知,CCS 恐怕不会有商业价值。

---

① "别相信煤炭行业的警告,"彭博社,2013 年 9 月 12 日;马修·沃尔德:"尽管对气候的关心,但全球研究却发现更少的碳捕捉项目,"《纽约时报》,2013 年 10 月 10 日;亚杜拉·侯赛因:"萨斯喀彻温省电力公司首次推出装备有碳捕捉的发电厂,"《金融邮报》,2014 年 2 月 14 日。

② 瓦茨拉夫·斯米尔:"处于十字路口的能源,"引自乔·罗姆的"碳捕捉与储存:进一步退一步,""气候动态"网站,2013 年 10 月 10 日;伯顿·李希特:"新的清洁空气法规不会起多大作用,"《纽约时报》,2013 年 10 月 23 日。

③ 乔·罗姆:"碳捕捉与储存的方法会引发地震,它会成为'一项有风险并可能失败的策略',""气候动态"网站,2013 年 11 月 5 日。

④ 乔·罗姆:"戈德曼·萨克斯发现,'煤炭开采盈利投资的窗口已关闭,煤出口同样如此',""气候动态"网站,2013 年 8 月 8 日。

煤:并不便宜

人们长期认为,煤是最便宜的能源,它之所以为世界提供40%的电(在美国是45%,在澳大利亚是75%),其主要原因也在于此。[①] 很多人会惊奇地发现,它其实比清洁能源贵得多。

煤之所以似乎便宜,是因为我们在本书16章所讨论过的那些理由:美国并未因为它含有碳而对它收税,不仅如此,美国政府和其他政府甚至还一直在补贴它。2011年,威廉·诺德豪斯和他的两位同事进行了一项研究,该研究"将能源对环境的影响纳入了全国的算账体系"。他们说,"应根据排放所造成的损害来估价。"虽然他们意识到,"在产业界,造成最大外部成本的就是燃煤发电",但他们却用一种极端低的估计标准来计算煤造成的外部损害。然而尽管如此,该小组也结论道:"如果外部成本充分内化,价格就会发生变化。"[②]

同年,哈佛医学院的保罗·爱泼斯坦和11个其他学者写道:"煤生命周期的每一阶段——开采,运输,加工和燃烧——都产生一个废物流,且携带着威胁健康和环境的多重危险。"诺德豪斯估计,煤的社会成本为每千瓦小时3美分,而爱泼斯坦和他的同事们估计的却是每千瓦小时18美分,所以,如果这些成本由煤炭产业付,那么煤价就会(至少)是现在的3倍,相比之下清洁能源就比煤便宜得多了。[③] 再者,正如在16章提到过的,阿克曼和斯坦顿估计,碳的社会成本比诺德豪斯估计的至少高40倍。

煤炭工业部门长期以来一直在阻止动真格的法规

煤炭工业部门的说客们说过,环保署的那些要求所有的燃煤发电厂都采用CCS技术的规定是不公平的:因为CCS尚无在商业上的实用性,所以该法规就意味着对美国新建电厂的一种无限期禁令。彭博社答道:"有其他能源可用,我们却为了保护一类能源而毁掉大气层,这代价实在太高昂了。"[④]

---

① 戴纳·纽西特利:"燃煤电的真正成本,"《怀疑科学》,2011年3月18日;"澳大利亚的电:澳大利亚铀论文附录",世界核协会,2012年8月。

② 尼古拉斯·穆勒,罗伯特·门德尔松以及威廉·诺德豪斯:"美国经济中对环境污染的计算,"《美国经济评论》(2011年8月)。

③ 保罗·爱泼斯坦等人:"对煤的整个生命周期的充分成本计算,"《纽约科学院年鉴》,2011年;纽西特利:"燃煤电的真正成本"。

④ 马克·德雷杰姆:"奥巴马说,要禁止不控制碳的新燃煤电厂,"彭博社,2013年9月11日;彭博社:"别相信煤炭行业的警告。"

曾经很少有编辑或政客会给出这样的回答。为《国家杂志》写文章的科勒尔·达文波特说：

> 煤在美国的能源景观中鹤立鸡群,达一个世纪之久。……煤炭大王在华盛顿享有无可匹敌的影响。在国会山,强劲的煤炭游说团体经常把它的对手打翻在地。煤炭游说团体的影响力和它发放的资助款,尤其是国会至今未颁布严厉的气候变化法的主要原因。[1]

煤炭工业部门一直在使用这些手段——比如,它们声称,环保署的法规会打破"数百万人的饭碗",虽然在煤炭开采行业干事的美国人不过8.4万——但它们的吁求影响力已减弱。虽然在2012年的总统选举中它发起了一个3,500万美元的广告宣传活动,指责奥巴马发动了"一场对煤的战争",但那却是"一场彻底的失败。"[2]

虽然煤炭工业在美国已不复有旧日的影响力,但这一事实仍然存在:它通过气候变化对文明造成的威胁仍是首屈一指的。爱泼斯坦说,有必要"迅速淘汰煤"。[3] 既然我们能获得形形色色的清洁能源,迅速地用它们来代替煤,这不应该使我们感到遗憾。

确实,在欧洲,传统的发电厂似乎正在逐渐消失。瑞银集团投资银行曾告知人们,鉴于清洁能源和蓄电池在欧洲越来越便宜,煤和天然气发的电将会相对太贵:"大型电站可能会逐渐灭绝。"[4]

如果真是如此,这在世界其余地方成为事实不过是早迟的事。然而,降低碳排放事属紧迫,各国政府应取消对化石燃料的补贴,以加快这一进程。

天然气

1988年,美国天然气协会声称,天然气排放的温室气体远少于煤,于是它竭力主张将它当做"过渡燃料"——"在世界正在寻找解决'温室效应'的另外的、

---

① 科勒尔·达文波特:"煤炭行业游说团体的生死之战,"《国家》杂志,2913年6月29日。
② 同上。
③ 布莱恩·默钱特:"哈佛的一项研究显示,煤让美国公众每年付出5000亿美元,""环保狂网站",2011年2月16日。
④ 吉尔斯·帕金森:"瑞银集团说:是加入太阳能、电动汽车、储存革命的时候了,""复兴经济网站",2014年8月21日。

更长期的方案的同时，"①天然气是为害最少的化石燃料。由于大约始于 2009 年的天然气热潮，我们现在可读到关于这一主张的数以百计的书和文章。

一种过渡燃料？

天然气的这一热潮发生在那样一个时期之后：石油和气的生产似乎都"见顶"了，新的项目越来越少。地下虽然仍有大量的石油和天然气，但钻机却无法达到它们。然而，即将发生的油气短缺使得价格升高，促使油气公司去发明新的技术：水平钻探结合水力压裂开采法（简称水力压裂开采法）。这方法就是，先钻一个数千英尺的垂直井，然后水平钻进，这将比垂直井拥有更高的采收率。在钻井过程中，以高压向所钻井筒注入水、沙和化学物质，以此帮助压裂施工，以便释放出封存在页岩储层的油气。②

结果，突然间便有了大量的气（石油留待下节讨论），于是天然气作为一种"过渡燃料"便在市场上大卖而特卖。人们的基本想法是这样的：它远比煤清洁，因为它排放的二氧化碳少得多，所以可用它来降低煤的使用，直到风能、太阳能，以及其他的清洁能源得到了更充分的发展。这个项目在 2012 年发展到极致，当时国际能源机构（IEA）发布了一个报告，说"天然气将要进入一个黄金时代，"那将有助于改革，只要燃气工业遵守——如该报告的标题所说——"天然气黄金时代的黄金规则"。③

然而，虽然甚至最高层，包括奥巴马的白宫，都赞成天然气是一种过渡燃料的观点，麦克本却说，"天然气只是在燃烧那一刻更清洁。""如果你把生产过程中的每一阶段所排放的温室气体污染计算在内——钻井，管道运输，压缩——那它基本上就是煤的别名。"④天然气有几个问题，使得它并不比煤更好。

---

① 引自乔·罗姆："天然气是通向未知的桥梁——尚未对导致全球暖化的污染课以重税"，"气候动态"网站，2012 年 1 月 24 日。

② 理查德·海因伯格：《骗人的万灵油：压裂开采法的不实许诺如何会危害我们的将来》（圣罗萨：后碳研究所，2013 年）。

③ 亚历克斯·特伦巴思等人："煤炭杀手：天然气如何煽动起了清洁能源革命，"突破性研究所，2013 年 6 月；世界能源 2012 年展望——特别报告："天然气黄金时代的黄金规则"，国际能源机构，2012 年 5 月。

④ 比尔·麦克本和麦克·蒂德韦尔："水力压裂的一个大谎言，"美国政治新闻网站"政治"，2014 年 1 月 21 日。

甲烷泄漏

一个问题就是,天然气的主要成分甲烷(CH4)①容易泄漏。在生产的每一个阶段,无论是钻井、完井、加工或运输,它都会泄漏。这一泄漏成了一个严重问题,其理由有二:

首先,科学家们得知,甲烷有造成全球暖化的潜力,其潜力之大,远胜过人们以往的估计:联合国政府间气候变化专家小组现在说,在头100年里,它的危害潜力比二氧化碳强34倍,而不是以往所说的25倍,在头20年里,其胜过二氧化碳的程度,高达86倍。②

其次,科学家们认定,如果天然气的泄漏达到3.2%或更多,它对气候的影响就会胜过煤碳。人们长期以来一直认为,泄漏只有1%,③但新近的研究表明,泄漏的百分比要高得多。

- 2012年,对丹佛附近一个天然气田的检查显示,其甲烷的泄漏高达4%。

- 2013年,一项对犹他州气田的研究表明,泄漏"使人瞠目结舌,竟达总产量的9%"。

- 然后,在2014年,《美国国家科学院会议录》发布的一项研究说,宾夕法尼亚马塞勒斯岩层的各个气井"释放甲烷到大气层,其速率高出联邦监管机构预计的100—1000倍!"更有甚者,"钻井阶段的气井,泄漏甲烷最多,而人们却一直不知道那个阶段是个高泄露时期。"④

---

① 乔·罗姆:"天然气的主要成分是甲烷,""气候动态"网站,2011年4月13日。

② 乔·罗姆:"压裂开采法的更多的坏消息:联合国政府间气候变化专家小组警告说,甲烷含有比我们想象的更多的热,""气候动态"网站,2013年10月2日;在"压裂开采法对气候有好处吗?多可怕的热空气负荷!"一文中(《纽约每日新闻》,2012年11月29日),罗伯特·豪沃思说:"不可避免地从天然气井和管道泄漏的甲烷,作为温室气体,在被排放出来的头20年,要比二氧化碳强大100多倍。"

③ 雷蒙·阿尔瓦雷茨等:"应更加密切地注意甲烷从天然气基础设施的泄漏,"《美国国家科学院会议录》,2013年3月11日;汤姆·M.L.威格利:"煤与气比较:甲烷泄漏的影响,"《气候变化》,2011年10月,引自乔·罗姆:"天然气炸弹:以气代煤增加了几十年的暖化,甚至到2100年其好处也微乎其微,""气候动态"网站,2011年9月9日。

④ 安娜·卡里恩等:"根据对美国西部一处气田的航测所得出的甲烷排放估计,"《地球物理研究通讯》,2013年8月27日;杰夫·托尔夫森:"甲烷泄漏侵蚀了天然气的绿色环保凭证,"《自然》,2013年1月2日;妮拉·班纳吉:"环保署极大低估了钻井期间甲烷的排放,"《洛杉矶时报》,2014年4月14日;也请参见戴纳·考尔顿等人的"逐渐更好地理解和量化页岩气开发期间甲烷的排放,"《美国国家科学院会议录》,2014年4月14日。

2013 年的一份报告说,甲烷的泄漏大约是 9%。据此,罗伯特·豪沃思表示,天然气“将加速气候变化,而不会有助于延缓它”;罗姆说,“天然气与其说是一种过渡性桥梁,还不如说是一块跳板”;乔治·伯查德则把甲烷排放称之为“通向地狱气候之路”。2014 年的报告报道了异常高的甲烷泄漏,可以说,单是这份报告就足以置压裂开采法于死地。[①]

又一份 2013 年的报告也支持这些对天然气益处的负面看法,该报告说,2012 年美国的排放量之所以减少,主要是因为,“由于整个经济中能源效率提高了,也由于一些保护措施,对天然气的需求便减少了,”再加上,当年的冬天较为温暖。[②]

奢侈用水

那种认为天然气相对“绿色”的观点,其又一个问题就是,它没有认识到,目前新天然气井的钻探要消耗大量的淡水。因为现在钻探新井主要是用压裂开采法,每一口那样的井就要消耗 200 万—900 万加仑的水,平均消耗 500 万加仑水。更何况,很多压裂井都是在那些本来就缺饮水和农业用水的地方钻探的,诸如德克萨斯州,科罗拉多州和新墨西哥州,这“催涨了水价,使得本来水量就不多的含水层和河流负担更重。”2013 年,德克萨斯州的 30 个社区有断水的危险(其中有一个确实断了水),显然就是“因为,水正被抽来用于开采页岩气的水力压裂作业。”[③]

这一大量的用水尤其事关重大,因为,与用于其他目的的水不同,大多数的压裂用水都染毒严重,乃至再也不能回到水循环。正如南希·索勒斯(她致力于保证谢南多厄河谷的人们有安全的水供应)曾问过的:“水是一切的基础。我们为什么要牺牲掉它?”[④]

① 罗伯特·W.豪沃思等人:“页岩地层中天然气甲烷和温室气体的排放量”,《气候变化》,2011 年 6 月;豪沃思:“压裂开采法对气候有好处吗?”;乔·罗姆:“桥或跳板? 研究发现,气田天然气甲烷的泄漏,高得足以毁掉气候的益处,”“气候动态”网站 2013 年 8 月 7 日;乔治·伯查德:“国家海洋和大气管理局的调查发现,犹他州的水力压裂开采导致大量的甲烷泄漏:6—12% 流失到大气层,”“每日科斯网站”,2013 年 8 月 7 日。

② 夏克波·阿弗萨和肯德尔·萨尔其托:“2012 年美国天然气需求量的减少使得二氧化碳的排放锐减,”“二氧化碳记分牌”2013 年 5 月 1 日。

③ 费利西迪·巴林杰:“研究发现,水力压裂开采法会使西部水资源紧张,”《纽约时报》,2013 年 5 月 2 日;明迪·卢贝尔:“在施行水力压裂开采法的地区,原本增长的水渐现短缺,”“绿色技术网站”,2013 年 5 月 28 日;“水力压裂开采法煽动了水战争”,美联社,2013 年 6 月 16 日;苏珊妮·戈登伯格:“德克萨斯的悲剧:石油充分,用水短缺,”《卫报》2013 年 8 月 11 日。

④ 杰西卡·戈德:“油气行业要在华盛顿的水源处开始使用水力压裂开采法,”“气候动态”网站,2013 年 10 月 21 日。

对健康的负面影响

那种把天然气视为过渡性桥梁的观点,它的第三个问题是:它无视水力压裂造成了不可接受的健康问题。天然气行业当然要声称,水力压裂开采法不会引起任何问题。然而,正如《纽约时报》所说,只有当天然气行业把压裂定义为不过是地下深处的岩石遭到压裂而已,它才可如此声称。正如《环境美国》所说,这一狭义的定义"模糊了在油气开采过程中所使用的水力压裂开采法所造成的环境、健康,以及社区情况的深远变化。"毋宁说,应将水力压裂开采法的影响考虑得全面些,即要想到用水力压裂作业获取油气的

> 所有的那些活动所造成的影响:为使页岩油气井建产而使用的大液量的压裂作业,……对油气井的经营,以及将油气井生产的油气输送到市场,等等活动。[1]

甲烷污染:压裂开采法所引起的很多健康问题都缘自甲烷对空气和水的污染。根据天然气行业所青睐的关于"压裂开采法"的定义,这些健康问题都不是压裂开采法造成的,因为"将化学物质注入气井并不会引起甲烷污染。"[2]然而,根据人们普遍对压裂开采法后果的理解,甲烷对空气和水(进而对土壤和食物)的污染,恐怕是最为人知的压裂开采法损害人的方式。其所以广为人知,主要还靠德克萨斯州的史蒂夫·利普斯基。

利普斯基一连几个月感到疲劳和恶心,有一天他无意间将从井中打出的水点燃了。他还得知,他的水下泵停止工作了,因为水里含有太多的天然气。利普斯基的易燃的水由于 2010 年的一部影片《天然气之地》而闻名遐迩(该片被提名为奥斯卡最佳纪录片)。[3]

利普斯基发现,所有的怪现象都始于"兰基资源公司"(一家天然气公司)在他家下面用压裂开采法钻成了水平气井之后。意识到了这点,他便起诉了。"兰基资源公司"竭力否认利普斯基的说法,甚至以诽谤罪反诉他。然而后来,

---

① "对水力压裂困惑不解? 岂止你一个人!"《纽约时报》,2011 年 5 月 13 日;《环境美国》:"一板一眼说压裂"。

② 同上。

③ 布兰特利·哈格罗夫:"一个人的燃烧的水如何引发了德克萨斯州与环保署的战斗,"《达拉斯观察者周报》,2012 年 4 月 26 日。

别的地方也出现了类似情况。①

"兰基"声称,它的测量数据显示,那几家人水中的甲烷水平是安全的,在他们所担心的水平之下。然而杜克大学的科学家们却发现,甲烷远高于那个水平。② 他们还发现,在宾夕法尼亚州的马塞勒斯页岩上的那些气井,凡在天然气作业一公里范围内的,其中五分之四的都有高百分比的甲烷。后来,在2014年,在一位前耶鲁医学院教授的领头下,对居住在马塞勒斯页岩中心地区的人们作了一项研究,该研究发现:居住在天然气井附近的人,较之住得远的人,更易发生上呼吸道和皮肤方面的健康问题。③

废水化学物质:研究显示,这些钻探作业区附近的人有《天然气之地》中所报道的那些诸种不适。④ 大多数的不适显然并非缘自钻探本身,而是缘自废水井的泄漏。"新闻网"报道说,30万亿加仑的有毒液体已被用于压裂作业,它在2012年写道,"那些被钻来深埋废物的地下井,总是泄漏,让危险的化学物质和废物潺潺地流向地表,或有时渗入浅层含水层,而那里却储存着全国相当大一部分饮水。"⑤

最可怕的是,这种废水含有致癌物质——著名科学家西奥·科尔伯恩曾显示,废水含有353种有害化学物质,其中25%致癌⑥——以及放射性物质,它们可进入饮水中。⑦ 这个问题非同小可,因为水力压裂每年造成了数以十亿加仑

①　朱莉·德曼斯基:"压裂开采法的牺牲品史蒂夫·利普斯基的可燃之水并非玩笑","驱除烟雾博客",2013年11月6日;丽贝卡·莱伯:"德克萨斯房主因揭露压裂油气公司的污染而迎战300万美元的诽谤诉讼,""气候动态"网站,2013年11月8日;莎伦·威尔逊:"兰基资源公司帕克县压裂气井附近更多的可燃水,""蓝色炫目",2013年7月11日。

②　德曼斯基:"压裂开采法的牺牲品史蒂夫·利普斯基的可燃之水并非玩笑";麦克·索拉根:"巴奈特页岩田:住户们再次对'兰基'气井附近的水发怨言",《能源在线》,2013年9月18日。

③　罗伯特·B.杰克逊等:"马塞勒斯页岩气开采地泄漏在附近的饮水井中的天然气增加了,"《美国国家科学院会议录》,2013年6月19日;约翰·罗奇:"压裂井附近的饮水中发现天然气,"美国全国广播公司新闻,2013年5月16日;彼得·M.拉比诺维茨等人"天然气井附近地区及据报的健康情况:对宾夕法尼亚华盛顿县一个家庭调查的结果,"《环境健康展望》,2014年9月10日。

④　参见乔安娜·M.福斯特的"不仅是可燃之水:新的报告追踪了压裂开采法对宾夕法尼亚州居民健康的影响,""气候动态"网站,2013年8月26日;艾伦·坎塔罗:"顺风者:在宾夕法尼亚将我们自己压裂至死,""汤姆报道网站",2013年5月2日。

⑤　亚伯拉罕·勒斯特加滕和"新闻网":"压裂废水井在毒化我们脚下的大地吗?"《科学美国人》,2012年6月21日。

⑥　纳撒尼尔·R.华纳等人:"宾夕法尼亚西部地区页岩气废水处理对水质的影响,"《环境科学与技术》,2013年10月2日;西奥·科尔伯恩等人:"公共健康视角下的天然气经营,"一种国际期刊对人的及生态的风险的评估,2011年。

⑦　"据报:水力压裂的'放射性废水'渗入了饮水供应系统,""环境领导者网站",2011年3月1日;费利西迪·卡鲁斯:"在宾夕法尼亚的压裂废置工地发现危险的放射性量,"《卫报》2013年10月2日;哈里森·雅布:"杜克大学研究发现:水力压裂在宾夕法尼亚的河流中留下放射性污染,"《商业内幕》,2013年10月9日;《环境美国》:"一板一眼说压裂"。

计的这类废物——2012 年就达 2800 亿加仑。[①] 至 2014 年,美联社报道说,"出现数以百计的投诉,控告油气钻探污染了井水。油气行业却说,那样的问题很少发生。质疑这一说法的机构进行了调查,结果证实,很多投诉所指控的污染,情况属实。"[②]

空气污染:"尽管宾州的水有着火的倾向,"一份职业性报告说,"但绝大多数的健康问题都与空气接触有关。""水力压裂造成的空气污染,"《环境美国》说,"有助于臭氧烟雾的形成,它使健康者的肺功能下降,引发哮喘,且一直都与癌症和其他的严重健康问题有联系。"[③]

空气污染,在一些出人意外的地方,可以是凶猛厉害的,2011 年一篇文章的标题就显示了这点:"怀俄明州因天然气钻探引起的污染胜过了洛杉矶"。同样糟糕的空气也见于犹他州尤因塔盆地,在那里,"科学家们发现了多得出乎任何人预料的甲烷。"[④]

限制言论:人们很自然地想知道,是哪些成分引起了他们的不适,天然气行业的说客们却使他们难以遂愿。那些说客们说服联邦政府,使压裂开采法不受那些规定必须公开构成成分的法律的制约,不仅如此,他们还说服一些州政府,让压裂开采中所使用的化学物质的成分成为秘密,甚至说服它们对医生规定:如有人告诉了他们,使他们的病人染病的化学物质是什么,他们也不得转告任何他人,包括正在害病的病人,否则就算违法。[⑤]

动物死亡:牧场主也可提供额外的犯罪证据。比如,两位康奈尔大学的研究者得知,在一家牧场,60 头牛在一条小溪喝了被废水污染的水,另外 36 头却

---

① 凯蒂·瓦伦丁:"据报:水力压裂产生数十亿加仑的有毒——有时是放射性——副产品,"2013 年 10 月 4 日。

② "宾夕法尼亚州及其他州证实,天然气钻探造成水污染,"美联社,2014 年 1 月 5 日。

③ 福斯特:"不仅是可燃之水";《环境美国》:"一板一眼说压裂"。

④ 米德·格鲁弗:"怀俄明州因天然气钻探引起的污染胜过了洛杉矶,"《赫芬顿邮报》,2011 年 3 月 8 日;乔治·伯查德:"国家海洋和大气管理局的调查发现,犹他州的水力压裂开采导致大量的甲烷泄漏:6—12% 流失到大气层,""每日科斯网站",2013 年 8 月 7 日。

⑤ 凯特·谢波特:"对于宾夕法尼亚的医生,有禁令不准对水力压裂化学品发声,"《大西洋月刊》,2012 年 3 月 27 日。此外,当人们被迫迁居而重新安顿下来,公司也对孩子施行禁言令;安德鲁·拜拿:"'压裂禁言令'规定孩子永不得对压裂开采发声,""气候动态"网站,2013 年 8 月 2 日;艾米丽·阿特金:"工业资助的委员会规定,北卡罗拉纳州压裂开采中的化学物质仍将是秘密,""气候动态"网站,2014 年 1 月 16 日。

没有。那 36 头牛未出现健康问题,而 60 头喝了污染水的牛中有 21 头却死了,另有 16 头无法生育小牛。①

　　结论:2012 年的一篇文章曾问道:"压裂废水井在毒化我们脚下的大地吗?"在那篇文章中《科学美国人》引用了环保署地下注水项目的一位前工程专家的话:"在 10—100 年内,我们将发现,我们大多数的地下水都是被污染了的。"他还说,"很多人会因此而得病,而且很多人会因此而死去。"②

　　宾夕法尼亚环保署一直特别不善于揭露压裂开采所造成的后果。多年来,新闻机构和其他方面提出,要求根据《信息自由法》获得知情权。4 月,一桩高等法院的案件宣称,环保署的所作所为使得公民不可能知道是哪些做法在损害他们的健康。最后,在 2014 年 9 月,宾夕法尼亚曝光了 243 桩压裂开采导致私人水井污染的案例。③

　　也是在 2014 年,1000 多名医生和其他保健职业人员签署了一封给奥巴马总统的信,要求他更认真地规范水力压裂开采,并否决使该开采法不受《清洁水法案》和《清洁空气法案》约束的那一法律。④

裂震

　　水力压裂开采法的第 4 个问题就是,它引起地震——有时称为"裂震"——包括相当大的地震。虽然一些地震可能是压裂本身引起的,但它们大多数却似乎是后来往地下注废水所引起的。最初,油气行业和一些政府的地质学家说,他们不相信是如此,但不可争辩的证据出现了。⑤

　　·2011 年以前,俄亥俄州的扬斯敦从未发生过地震。但,自从注入废

---

　　①　米歇尔·班贝格和罗伯特·E. 奥斯瓦尔德:"天然气开采对人和动物健康的影响,"《新方案》,2012 年。

　　②　勒斯特加滕和:"压裂废水井在毒化我们脚下的大地吗?"

　　③　凯蒂·瓦伦丁:"宾夕法尼亚终于曝光:压裂开采数百倍地污染了饮用水,""气候动态"网站,2014 年 4 月 29 日。

　　④　凯蒂·瓦伦丁:"医生们向奥巴马总统呼吁对水力压裂开采施行更多的约束,""气候动态"网站 2014 年 2 月 20 日。

　　⑤　乔·罗姆:"页岩震动:研究显示,美国大陆中部地震的明显增多与废水注入有关,""气候动态"网站,2012 年 12 月 4 日。

水到油气井之后,就发生了一系列的、超过 100 次的地震,其中有 12 次,包括一次 3.9 级的地震,人们有明显的震感。但自从油气井关闭后,地震便很快消失了。①

·2012 年,美国地质调查局的一份关于科罗拉多州和新墨西哥州的拉顿盆地的地震活动的报告说,自 2001 年那里开始进行水力压裂开采以来,地震活动明显地增加了。从 1970 年到 2001 年的 30 年间,那个盆地只发生过 5 次 3 级或更高的地震,但是,从 2001 年到 2011 年的 10 年间,该盆地却发生了 95 次同样级别的地震,大多数都发生在离废水处理井 5 公里的范围——那些井里注入了超高量的废水。②

·水力压裂开采也使那样的地震在俄克拉荷马州频频发生:2008 年,那里开始进行钻探,那以前的一年里,只有几次地震发生,但在 2008 年却发生了 10 多次。2009 年发生了 50 次,2010 年超过 1000 次。③

·2013 年,美国地质调查局的一篇文章说:"在过去的几年里,美国中部和东部地震数量激增。从 2010 年到 2012 年,3 年里发生了 300 多次 3 级以上的地震,而相比之下,据观察,1967 年到 2012 年,平均每年才发生 21 次。"④

·德克萨斯州北部的阿兹尔镇,100 年都未发生过任何地震,但在 2014 年初的前 3 个月里,却发生了 30 次小地震——这使得当地居民向铁路委员会呼吁,要求制止使用注水井。虽然起初委员会不答应,但后来由于任命了新的地震学家,于是委员会便提出了更严厉的规定。⑤

水力压裂开采使那些从未发生过地震的地方发生地震,包括密集的地震,不仅如此,它还导致大的地震。发生在拉顿盆地的 95 次地震,就包括发生在科罗拉多的特立尼达的一次 5.3 级的地震,发生在俄克拉荷马州布拉格的密集地震就包括一次 5.7 级的地震。2014 年,对这些大地震的思考使得地震学家们在

① 约翰·厄普顿:"水力压裂在俄亥俄州引起了 100 多次地震,"《世界谷物》,2013 年 9 月 5 日;比尔·契梅德斯:"压裂废井与俄亥俄州的地震有关,""能源集体网站",2013 年 9 月 2 日。

② 罗姆:"页岩震动"。

③ 迈克尔·比哈尔:"压裂开采法最新丑闻? 地震丛生,""琼斯妈妈网站",2013 年 3 月 28 日。

④ 威廉·埃尔斯沃思等人:"人为地震频发","美国地质调查局",2013 年 7 月 12 日。

⑤ 艾米丽·阿特金:"德克萨斯人被'裂震'惊吓,要求制止注废水入井,""气候动态"网站,2014 年 1 月 22 日;阿特金:"地震频发后德克萨斯对压裂废水提出更严厉的规定,""气候动态"网站,2014 年 8 月 27 日。

他们的年会上说,裂震很可能会变得更严重。①

天然气行业宣称,压裂开采很难引起有明显震感的那种地震。但是,它之所以能这样说,是因为它对压裂的定义是狭义的,将废水处置排除在外了。这样的定义是有欺骗性的,因为对有毒液体的处置——那似乎是大地震的直接原因——是生产页岩天然气诸步骤中的一个重要部分。②

评估社会成本

天然气之所以不能成为一种桥梁似的过渡能源,其第 5 个理由是:虽然有人声称它不贵,但实际上它的成本却是很高的。至今为止,这些成本中的大多数都由社会支付了。然而,天然气的市场价应把它的社会成本包括在内:

- 由压裂开采法引起的健康问题将花费数十亿。
- 清理水污染是非常昂贵的。
- 水力压裂开采在很多地方造成了水价的高涨。
- 当水井和含水层被抽干,社区的成本会达于极端。
- 在施行水力压裂开采的那些小镇,卡车来往倥偬,道路会迅速遭到磨损。

- 在一个社区施行水力压裂开采,会大大降低那里的居家价值。
- 由于水力压裂开采要用大量的水而且会污染水,所以它对于农场特别有害,有时还会造成牲畜的大量死亡。
- 如果天然气会促使气候的失调,那么其成本就不可计量了。③

如果把天然气的这些成本计入市场价,那它就会远比清洁能源昂贵。

改革水力压裂开采法能解决这些问题吗?

近几年,一些天然气公司开始致力于降低压裂作业中化学物质的使用量,

---

① 比哈尔:"压裂开采法最新丑闻?"勒妮·刘易斯:"地震学们说,压裂引起的地震会变得严重,"美国半岛电视台,2014 年 5 月 1 日。

② "地震家说:水力压裂开采法不会导致地震,"《马塞勒斯钻探新闻》,2013 年。

③ 此列表根据的是"水力压裂开采法的成本,"《环境美国》,2012 年 9 月 20 日。

并开始对水进行回收。以这样的方法,它们应对了一些对压裂开采法的批评。[1] 然而,这些改变会意味着,将天然气视为一种过渡能源是正确的吗?

把每口井所有的水都回收了,这当然会降低淡水的消耗量。然而,尽管宾夕法尼亚州的一家公司声称它回收了90％的用水,但《纽约时报》的一篇文章却报道说,更可能是65％。另外,2013年的一篇关于德克萨斯州水回收的文章说,"仅有5％"被回收了。另外,即便水得到回收,化学物质的用量减少,但经过多次使用的废水却会变得更致癌、更具放射性,而且,也似乎无法阻止这些物质进入空气、土壤和水中。[2]

最后,即便接近100％的回收意味着更少的地震,但还存在着甲烷的泄漏,致病的其他原因,以及其他的社会成本等等诸问题。

禁止压裂开采法

《地球美国》的资深律师曾说,"关于压裂开采法的各种数字加起来就是一场环境的噩梦。"由于这场噩梦,艾伦·坎塔罗写道,"出现了惊人的草根抵制。"甚至教皇弗兰西斯也公开地支持行动主义者。[3] 这一全世界范围的对压裂开采法的抵制,表现为形形色色的公开抗议——抗议者的标牌上写道:"让我们的社区远离压裂开采!"等等——并导致了城镇、县、州或省,以及国家对压裂开采法的禁止,或至少是暂禁。[4]

甚至那些使社区饱受压裂开采之苦的总裁们,也不愿有人在自己的家附近施行此法。埃克森美孚公司是美国最大的天然气生产者,该公司的总裁瑞克

---

① 堂·霍皮:"天然气钻探公司回收了更多的水,使用了更少的化学物质,"《匹兹堡邮政公报》,2011年3月1日。

② 伊恩·厄比纳:"废水回收在天然气开采中并非万用良策,"《纽约时报》,2011年3月1日;吉姆·富基:"压裂开采法用水的回收量仍少,但在增加,"《沃斯堡星报》,2013年5月27日。

③ 《环境美国》:"一板一眼说压裂";艾伦·坎塔罗:"纽约的新废除主义者:制止压裂开采法的战斗,"《生态环境监测》,2013年4月19日;理查德·海因伯格曾说过:"在整个美国,数以百计的草根团体,诸如'反对压裂开采法的纽约人','拯救科罗拉多团体','禁止在密歇根施行压裂开采法团体',涌现出来了,并结成了相互支持的网络"(《骗人的万灵油》,92页);基利·克罗:"接下来该教皇弗兰西斯了:是反压裂开采法的行动主义者吗?"气候动态"网站,2013年11月14日。

④ 保罗·巴迪斯特里:"科罗拉多三个城市禁止压裂开采,""栖居博客",2013年11月13日;朱莉·卡特:"新墨西哥县成为全国禁止压裂开采以保护用水的第一个县,"《洛杉矶时报》,2013年5月28日;"佛蒙特,第一个禁止压裂开采的州,""美国有线电视新闻网",2012年5月17日;蒂法尼·杰曼:"在北卡罗来纳州,欲废除暂停水力压裂开采的企图在最后一分钟失败,""气候动态"网站,2013年7月26日;"法国坚持对水力压裂开采的禁令,"《卫报》,2013年10月11日;"保加利亚禁止用水力压裂开采法进行页岩气钻探,"《英国广播公司新闻》,2012年1月19日。

斯·迪勒森,虽然批评过压裂开采法的反对者,说,"这类碍事的规定阻碍着美国经济的复苏、增长,以及在全球的竞争力,"但他却参加了一次诉讼,反对在他家附近修建一座送水到钻探工地去的水塔。他说,这会造成太多的噪音,导致太多的车辆往来。[1]

总裁们不想自己家附近发生压裂开采,而石油公司的游说团体却不惜花巨资来阻止老百姓禁止压裂开采——这种事 2014 年就发生在加利福尼亚,当时在讨论这个问题时,就有人提出了一个暂停压裂开采的议案。[2]

回到黄金时代

国际能源机构的报告为最近的天然气热煽风点火,但它是误导性的。它说,可以设法花不太多的钱使压裂开采安全,只要遵循"黄金法则"。很多评论者把此话的意思理解为,天然气对于环境是安全的。但那些评论者未看到这样一个事实(那是隐藏在报告深处的):国际能源机构说,依赖天然气会导致 3.5 摄氏度(华氏 6 度)的温度上升——到那时,正如《卫报》的一篇文章所说,"全球暖化会失去控制,沙漠会占领非洲南部,澳大利亚,和美国西部,海平面的上升会吞没一些小的岛国。"[3]这很难说得上安全。

结论:好消息,坏消息,以及希望

关于天然气的好消息就是,吹得天花乱坠的压裂开采法显然是个泡沫,几年后就会破裂。这正是理查德·海因伯格《骗人的万灵油》一书的主题:正如奸诈之徒利用谎言兜售毫无价值的万灵油,今日的油气行业一直在制造关于压裂开采法的谎言,说什么由于采用此法,美国 100 年内都会有充足的油气,因而获

---

① 丽贝卡·莱伯:"埃克森总裁出面反对压裂开采项目,因为它将影响他的房产价值,""气候动态"网站,2014 年 2 月 21 日。

② 艾米丽·阿特金:"石油游说团在投票中大获全胜,否决了在全加州禁止压裂开采的议案,""气候动态"网站,2014 年 5 月 30 日。

③ 安德鲁·C.拉夫金:"能源机构发现,安全的天然气钻探是便宜的,"《纽约时报》,"小小寰球博客",2012 年 5 月 29 日;布拉德·普卢默:"为何规范压裂开采法,天然气开采就会比其他办法更便宜,"《华盛顿邮报》,"政策专家博客",2012 年 5 月 29 日;乔·罗姆:"国际能源机构的'天然气历史的黄金时代'导致超过 6 华氏度的暖化,导致气候变化失控,""气候动态"网站,2011 年 6 月 7 日;菲奥娜·哈维:"国际能源机构警告说:天然气并非对付气候变化的'灵丹妙药',"《卫报》,2011 年 6 月 6 日;乔·罗姆:"国际能源机构发现,所谓'安全的'天然气压裂开采法会破坏一种宜人居的气候,""气候动态"网站 2012 年 5 月 30 日。

得能源上的独立。海因伯格把这种对压裂开采法的炒作视为一个庞氏骗局,他说,美国的天然气(还有石油)生产在 2020 年前可能会下降。[①]

关于压裂开采法的坏消息就是:它会继续让人们疯狂地消费天然气(还有石油),长此以往,世界肯定会超越安全的底线。希望则是:世界,尤其是美国,将逐渐明白,"天然气可作为过渡到清洁能源的桥梁"的说法,是一个恶意的玩笑。

石油

低成本的易开采天然气一直在逐渐消失,"易开采石油"也同样如此。这使得石油工业只剩下迈克尔·克莱尔所谓的"一个难开采的石油世界"。[②] 在这个世界,大多数新的石油源要达于市场,既贵且难。然而,仍然有大量的石油是来自易开采石油的时代。另外,有时我们似乎已到达"石油的峰值",那以后,石油的可获得性会下降,然而,提取难开采石油的新技术,特别是压裂开采法,却使得似乎山穷水尽的形势一时间变得柳暗花明。

我们要来考查一下难开采石油的三个例子——深水石油,油砂石油,以及页岩石油。但在作此考查之前,我们将总结易开采石油时代所造就的两个石油大亨的一些关键事实,以此表明,他们一直是美国的以及世界的糟糕公民。

以下又是埃克森美孚公司(以下简称埃克森)作为糟糕公民的一些例子:

· 全球气候联盟曾被它的顾问委员会告知,"温室效应的科学根据,……是无法否认的,"但那以后,埃克森却继续否认它。

· 1997 年,大多数其他重要的石油公司都退出了全球气候联盟,但埃克森却仍留在里面。

· 埃克森花了数以百万记的美元资助大约 100 个组织,让它们否认气候变化。

· 埃克森曾花钱让科学家传播虚假信息。

· 埃克森也收买过很多政客。

————————

① 海因伯格:《骗人的万灵油》,58,,79 页。也请参见塔姆·亨特:"能源的未来,第 2 部分——天然气革命并非全如人们所吹嘘的那样,""Noozhawk 网站",2013 年 11 月 21 日。

② 迈克尔·克莱尔:"一个难开采的石油世界:为何 21 世纪的石油会砸碎银行——以及地球,""汤姆电讯网站",2013 年 11 月 15 日。

· 虽然埃克森的生意是世界上最赚钱的,但它一直不愿付那份它应该付的税,却利用说客去获得比大多数美国人更低的税率。

· 埃克森曾协助布什总统抵制《京都议定书》。

· 关于它是否与副总统切尼 2001 年的全国能源政策发展小组有瓜葛,埃克森说了谎话。

· 人们普遍承认,文明若要存活,就必须让现在已知油气储量的五分之四留在地下。尽管如此,埃克森的总裁瑞克斯·迪勒森却说,他无意停止开发。他反倒说,他的公司计划每年花 370 亿美元,以发现更多的油和气。

· 正如马克·赫兹加德所说,埃克森"将它的直接经济利益置于人类将来的福祉之上。"

埃克森在 1989 年表现了其糟糕的公民身份,那年,埃克森"瓦尔迪兹"号油轮泄漏原油 1100 万加仑,严重地破坏了生态系统:截至 2013 年,埃克森公司尚未支付它欠阿拉斯加和司法部的 9200 万美元。[①] 2010 年,它又旧错重犯,它旗下的 XTO 能源公司在宾夕法尼亚州倾倒了数千加仑的压裂开采废水。当人们对它提起刑事诉讼,XTO 能源公司却反驳道,并无"对环境的持久性影响。"[②]

雪佛龙能源公司

雪佛龙能源公司也有行为不端的长期历史。"像其他石油巨头一样,"比尔·麦克本写道,"雪佛龙能源公司对全世界的人表现了同样的漠视。"[③]下面是三个例子:

里士满爆炸:2012 年 8 月,雪佛龙在加州里士满地区的炼油厂发生爆炸,造成大火和毒气释放,致使 15,000 人住院。由于未能得到足够的补偿,里士满于 2013 年对雪佛龙提起诉讼,指控它"不顾公共安全,"表现为"多年的粗心,疏于监管,漠视必要的安全检查和维修。"据路透社报道,美国化学安全委员会说:

---

① 基利·克罗:"埃克森'瓦尔迪兹'号油轮泄油事件 25 年之后,该公司仍未因长期的环境损害付钱,""气候动态"网站,2013 年 7 月 15 日。

② 丽贝卡·莱伯:"埃克森因非法倾倒压裂开采废水而遭起诉,但它却宣称'并无对环境的持久性影响',""气候动态"网站,2013 年 9 月 11 日。

③ 比尔·麦克本:"没有领导的运动:如何对待一个过度加热的行星上的变化,""汤姆报道网站",2013 年 8 月 18 日。

10 年间人们提出过 6 次建议,希望加强检查,更换管道,但雪佛龙并未采取行动。……8 月 6 日大爆炸之前的 10 年里,炼油厂的官员们曾发现,有迹象表明,由于腐蚀,管道壁在变薄。①

加利福尼亚碳排放:虽然雪佛龙一开始就知道,加利福尼亚在 2007 年就命令发明一种纤维素生物燃料,来代替汽油,它在 2013 年却宣布,它"尚未准备好一个遵循此要求的方案,"因为这个任务"是无法实现的。"然而,雪佛龙作出这样的估计,可能是由于这一事实:"它在 2010 年就悄悄地将其生物燃料的工作搁置一边。"正如我们已看到的,在过去几年里,为机动车创造纤维素生物燃料的工作已取得巨大的进步。但雪佛龙远不是去继续测试这些突破性成果,"却去张罗游说和公关活动,暗中对抗加利福尼亚的命令。"至于雪佛龙之所以宣布该命令无法执行的真正原因,一位在 2010 年离开雪佛龙的人这样说:"今天你制造先进的生物燃料固然可以赚钱,但却赚不到石油公司所想赚的那么多。"②

亚马逊污染——拒绝赔偿:说明雪佛龙是糟糕公民的又一例子就是它一直拒绝对"石油造成的史上最大环境污染"进行赔偿。虽然污染的大部分是由德士古石油公司造成的(该公司 1964 年—1990 年期间在厄瓜多尔经营油田),但雪佛龙于 2001 年兼并了德士古,因而既继承了它的资产也继承了它的债务。③

一家亚马逊网站写道:"德士古的作业就是有规律地、每周 7 天每天 24 小时地进行钻井和倾倒废物,这样几乎干了 30 年。"由于它破坏了油井附近居住的厄瓜多尔印第安人部落的栖息地,部落的成员在斯蒂芬·唐齐格律师的指导下(该律师用一生大部分时间来捍卫厄瓜多尔人的利益),于 1993 年在纽约法庭起诉了德士古。根据起诉:

德士古在亚马逊的河道里倾倒了 180 亿加仑的有毒废物,废弃了 900

---

① 乔迪·赫尔南德斯和电讯社:"里士满对雪佛龙 2012 年炼油厂火灾的涉嫌过失提起诉讼,"全美广播公司新闻,2013 年 8 月 2 日;布雷登·里塔尔和欧文·西巴:"美国化学安全委员会要求雪佛龙检查炼油厂的受损情况,"路透社,2013 年 4 月 15 日。

② 本·埃尔金和彼得·沃尔德曼:"雪佛龙在碳排放问题上公然反抗加利福尼亚,"彭博社,2013 年 4 月 18 日。

③ 丽莎·加伯:"亚马逊的切尔诺贝利:厄瓜多尔法庭命令雪佛龙为环境污染支付 190 亿美元的赔偿金,"《活动家邮报》,2012 年 7 月 31 日;"犯罪高手:雪佛龙起诉被它污染的雨林社区,""注视亚马逊"网站,2013 年 10 月 15 日;"对厄瓜多尔污染受害者的报复性审判开庭,""注视亚马逊"网站,2013 年 10 月 15 日。

多废坑,在无任何控制手段的情况下燃烧了数百万立方米的天然气,并由于管道破裂泄漏了超过 1700 万加仑的石油。①

　　在兼并了德士古以及继承了它的债务之后,雪佛龙要求一家纽约的上诉法院将该案子转到厄瓜多尔。法院同意了,但规定,雪佛龙要遵守厄瓜多尔法院的判决。2011 年,厄瓜多尔法院认定雪佛龙有罪,判其付 86 亿美元的赔偿款,但由于雪佛龙拒绝法院规定的公开道歉,罚款便增至 190 亿。一月后,厄瓜多尔法院的裁决被美国联邦法庭曼哈顿地方庭法官刘易斯·卡普兰推翻。然而,一家上诉法院又推翻了卡普兰的裁决,说,他无权"对全世界作出规定,哪些判决可得到尊重,哪些国家的法院应被视为国际贱民。"于是雪佛龙便向美国高等法院上诉,要求它推翻这一裁决,但法院拒绝了。②

　　雪佛龙仍不愿交付罚款,它决定施行一个三重计划:(1)安排一个报复性的审判,指责厄瓜多尔之所以战胜雪佛龙是基于欺诈阴谋。(2)依赖卡普兰来支持雪佛龙。(3)实行一种,用雪佛龙新闻官的话来说,"L—T(长期的)策略……妖魔化唐齐格。"③

　　在报复性审判中,雪佛龙根据《非法行业及腐败组织法案》(RICO)来攻击唐齐格,该法案一般是用来起诉大犯罪头目的。虽然雪佛龙的反诉开始是一个陪审团审判,目标是获得 600 亿美元的损害赔偿,但雪佛龙却放弃了损害赔偿要求,那就意味着不需要陪审团了,该判决可由卡普兰一人作出。雪佛龙随后要求卡普兰排除关于环境和健康损害的科学证据——而这正是厄瓜多尔法院判处雪佛龙的根据。④ 雪佛兰还让人排除了很多类证据,其中包括:

　　·雪佛龙与厄瓜多尔政府高官接触、妄图非法撤销该案的证据;

----

① "犯罪高手";"最高法院不会考虑阻止要求雪佛龙交付 180 亿美元罚款的判决,"美国有线电视新闻网,2012 年 10 月 24 日(美国有线电视新闻网的解释)。

② "记者遭雪佛龙手段的愚弄,""雪佛龙废料坑",2013 年 9 月 24 日;"犯罪高手";"阿根廷冻结了雪佛龙公司的资产","可持续性商业"网站新闻,2012 年,11 月 9 日;加伯:"亚马逊的切尔诺贝利";史密斯和古洛:"德士古有毒的过去";"法官听了雪佛龙一案的抗诉,推翻了厄瓜多尔的判决,"美联社,2013 年 10 月 15 日;"高等法院无意推翻"。

③ "法官卡普兰拒绝对唐齐格和厄瓜多尔进行陪审团审理,""雪佛龙废料坑",2013 年 10 月 8 日。

④ 开普兰甚至质疑它们的存在,把"所谓的拉戈阿格里奥原告"以及他们的诉讼说成是一场"游戏";参见:"美国联邦法官侮辱获判雪佛龙 180 亿美元赔偿的厄瓜多尔土著原告","亚马逊辩诉联盟",2011 年 6 月(拉戈阿格里奥是 1964 年——1992 年唐齐格律师事务所总部的所在地);"雪佛龙继续采用不光彩的手段,企图左右以《非法行业及腐败组织法案》来对付唐齐格和厄瓜多尔村民的那个报复性案子,""雪佛龙废料坑",2013 年 10 月 3 日。

·录像显示,公司在厄瓜多尔的技术专家一方面对污染一笑置之,一方面却讨论如何对法庭隐瞒它。

·试图编造一个假贿赂丑闻来误导审判。

·建立一个公司来做样子,以隐瞒雪佛龙对一个所谓的独立实验室的控制。

卡普兰同意排除证据,于是所有的这些证据都被隐瞒起来,雪佛龙的律师就可指控唐齐格"精心策划和编造"了一系列行为,包括电讯和邮件欺诈,敲诈勒索,贿赂,篡改证词,以及洗钱。[①]

然而,《滚石》杂志报道说,"石油公司指控对方受贿的那一核心指控,其唯一证据就是,一位名叫阿尔伯托·格拉的厄瓜多尔前法官有腐败行为,该法官全家都入了美国籍,且其搬迁费用由雪佛龙公司支付。"并不令人吃惊地,卡普兰接受了雪佛龙的三点反诉,并认定该法官的腐败是真实可信的。他指控唐齐格有欺诈、篡改证词,以及受贿等行为,并据此禁止该裁决在美国强制执行。唐齐格则说,他虽有错,但却绝无欺诈、篡改证词,或受贿等行为。他决定上诉。[②]

自从兼并了德士古后,雪佛龙就成了美国最赚钱的第二大石油公司。然而雪佛龙却拒绝支付因德士古的罪恶而遭判的罚款,虽然它继承了德士古的债务,且同意遵守厄瓜多尔法庭的判决。正如一位评论者所说,如果雪佛龙支付罚款,"那笔钱就可用来清理污染,为雪佛龙当初租地的居民提供饮水和保健服务。"[③]雪佛龙真是美国的、也是世界的糟糕公民。

深水石油与英国石油公司

直到最近,近海石油也是在浅水区钻探。然而现在,石油公司转而在深水钻探,即在 1000 英尺以上的深水,于是成本就昂贵得多:"这需要特别的、复杂

---

① "在 RICO 案子中,雪佛龙再次拒绝给予厄瓜多尔人和唐齐格一个公正的审判,"高恩集团律师事务所,2013 年 10 月 3 日;"在雪佛龙案子中法官听取对厄瓜多尔判决的反诉,"美联社,2013 年 10 月 15 日。

② 克利福德·克劳丝:"在厄瓜多尔诉讼案中雪佛龙获大胜,"《纽约时报》,2014 年 3 月 4 日;亚历山大·蔡奇克:"烂泥比赛:雪佛龙与厄瓜多尔村民 90 亿美元官司的内情,"《滚石》杂志,2014 年 8 月 28 日。

③ 丽贝卡·莱伯:"由于消费者付了天价的气费,埃克森、雪佛龙 2012 年赚了 710 亿美元,"2013 年 2 月 1 日;露·德马迪斯:"雪佛龙说,这些人无关紧要,"《赫芬顿邮报》,"世界博客",2012 年 4 月 12 日。

的、高成本的钻井平台,需投入数十亿美元方可进行生产。"由于水的深度,作业便在高压之下,所以也非常危险。①

　　尽管有这些危险,但据人们所知,BP 公司,即英国石油公司(过去叫做"英国石油"),却甘冒风险,是"一个毫无歉意的污染者"②。2010 年,它租了一个名叫"深水地平线"的移动式钻井平台,在墨西哥海湾离路易斯安那海岸线 50 英里的地方钻探。虽然匆匆结束,却造成了"美国历史上最严重的环境灾难,"留下了一些可怕的后果:

　　·据政府估计,3 个月之久的井喷,导致了近 2.1 亿加仑(约 500 万桶)石油的溢漏。

　　·爆炸使 11 个工人和 17 位其他的人丧命。

　　·数百人的症状类似海湾战争的综合症:肌肉痉挛使手臂内弯;短期失忆;剧痛;皮肤奇痒;还有肺的问题。③

　　·受雇来做清理工作的 17 万工人不仅要接触有毒的石油——它含有致癌物苯——还要接触 200 万加仑的危险分散剂。2013 年 9 月,《美国医学杂志》的一项研究报告:这些工人有更高的风险患上癌症,白血病,肝肾受损,哮喘,以及许多其他疾病。

　　·至 2013 年,海豚幼子以创纪录的速度死亡;牡蛎、螃蟹、虾、鱼的数量锐减,并受到肿瘤和畸形症的困扰;曾经是褐鹈鹕、燕鸥和粉红琵鹭栖息地的红树林,至今仍未恢复。尽管英国石油公司早在 2013 年就放弃了对焦油的勘探,但仍有焦油球被冲上海岸。人们曾发现过一个重 4000 磅的焦油垫子,而且,"在 2013 年,有超过 300 万磅的油性物质被冲到路易斯安那海岸上,这比 2012 年收集到的这种油多了 20 倍。"④

---

　　①　克莱尔:"一个难开采的石油世界";迈克尔·克莱尔:《争夺剩余物的竞赛:全球争夺最后资源之战》,第 43 页(纽约:"都市丛书",2012 年);艾米丽·阿特金:"英国石油公司想加快'毒汤'的诉讼,称受伤的说法'阻碍'了法庭,""气候动态"网站,2013 年 11 月 22 日。

　　②　艾米丽·阿特金:"英国石油公司想加快'毒汤'的诉讼"。

　　③　同上;马克·赫兹加德:"关于 2010 年海湾漏油事件英国石油公司不想让你知道的事,"《新闻周刊》,2013 年 4 月 12 日。

　　④　安妮—罗斯·斯特拉瑟:"清理英国石油公司溢出油的工人们更有患癌风险,""气候动态"网站,2013 年 9 月 17 日;戴维·亚诺尔德:"英国石油公司所欠美国的,"美国政治新闻网站"政治",2013 年 10 月 21 日;达尔·杰梅尔:"英国石油公司石油溢出三年后,海湾生态系统处于危机,"半岛电视台,2013 年 10 月 20 日;凯蒂·瓦伦丁:"英国石油公司试图通过指控海湾地区公司的欺诈行为,逃避为'深水地平线'付罚款,""气候动态"网站 2013 年 7 月 17 日;安妮—罗斯·斯特拉瑟:"海岸警卫队在海湾发现一个 4000 磅重的焦油垫子,""气候动态"网站,2013 年 10 月 17 日。

尽管对这些死亡、疾病和破坏应负责任，但英国石油公司却我行我素，继续干坏事。2013 年—2014 年间的报道对此有所披露。

· 根据州的一项要求拆除航行障碍物的法律，路易斯安那州命令英国石油公司搬走上千个用来固定溢油栏的金属锚，那是该公司搬走了溢油栏之后留在水中的。然而，英国石油公司却起诉路易斯安那州，说，它无须搬走它们，因为它们是联邦政府规定的环保设施的一部分。

· 由于发现判给商业索赔人的赔款比自己预期的高，英国石油公司在 7 月便告诉一家法院，负责索赔的法院工作人员误释了 2012 年达成的协议的条款——尽管英国石油公司参加了协商并签署了该协议。

· 为了少付赔款，英国石油公司还宣称，它正在被要求将数亿美元付给那些或则夸大了、或则编造了自己的损失的公司。它甚至在报纸上打出整页的广告，指责沿海公司肆意欺诈。甚至作为共和党人的路易斯安那州的州长鲍比·金达尔也说，英国石油公司的官员们"把更多的钱花在了电视广告上，而并非用来对他们所损害的自然资源进行实际的恢复。"2014年，一家美国上诉法庭说，英国石油公司必须交付赔款。①

· 英国石油公司得寸进尺，还想进一步少付赔款，它辩称：溢油的 10%溶解了，所以不应计算在罚款之内。它还说，只有 245 万桶溢油进入了海水（而不是政府所计算的 490 万桶）——这一点是很重要的，因为，《洁净水法案》规定，污染者应为每桶油付 1100 美元的罚款——或者，若原告指控其有刑事过失，每桶 4300 美元。

· 英国石油公司还起诉环保署，要求它恢复其石油和天然气的租约，说，暂时禁止他与联邦政府的合同表现出"缺乏商业公正"。"新闻网"指出，这一指控就是从前在数个案子中被判有罪的那家公司提出来的。

· 尽管它造成了所有的这些损害，截止 2013 年，它在海湾"仍然有一队庞大的钻井平台"。

· 美国政府取消了不准它在海湾再钻探石油的禁令，就在取消了该禁令的两周之后，英国石油公司在印第安纳州的一家炼油厂就往密歇根湖泄

---

① 马克·莱夫施泰因："由于被要求将固定溢油栏的锚搬离州的水域，英国石油公司起诉路易斯安那州的官员，"《时代花絮报》，2013 年 2 月 19 日；克利福德·克劳丝和斯坦利·里德："瘦身后的英国石油公司漂白用于清理污染的赔款，"《纽约时报》，2013 年 7 月 11 日；亚诺尔德："英国石油公司所欠美国的"；杰梅尔："海湾生态系统处于危机"；凯蒂·瓦伦汀："上诉法院裁定，英国石油公司必须赔付海湾溢油案的索赔人，""气候动态"网站，2014 年 3 月 4 日。

漏了 1500 加仑的石油。

　　·2014 年,许多野生动物物种仍在挣扎,大量的海豚和海龟继续死亡,牡蛎的繁殖量仍然很低——就在这种情况下,英国石油公司却对公众说,海湾已经完好如初了。①

　　在英国石油公司的这一连串的事件中,唯一公正的亮点就是,在 2014 年 9 月,一家地区法院的法官发现,该公司犯有"鲁莽"和"严重疏忽"的过失,这些行为"主要是为省时省钱的欲望所驱动。"虽然该公司辩称,哈里伯顿公司和跨洋钻探公司应主要对其负责,因而应付大部分的罚款,但该法官仍驳回了这一说法,判定 67% 的责任属于英国石油公司——这一裁决可导致多达 180 亿美元的民事罚款。②

油砂石油

　　另一类众所周知的难开采石油是来自阿尔伯塔的焦油砂(有时误导性地被称为'油砂'),"一个由砂、黏土与石油含量丰富的沥青混合在一起的矿藏。"它开采起来很困难,因为"必须像开采矿石那样开采它,或在地下将其加热,使之变成液态。这两种方法中的任何一种都是花钱的。"无论对人或对地球,焦油砂石油都具有破坏力,原因如下:

　　·开采它"会燃烧大量的能源,对环境造成多重风险。"

　　·露天开采"需要砍去原始松树和云杉形成的大片森林,需要刮除表层土壤,"这将把阿尔伯塔部分地区"变成一个黑色的月球表面,形成巨大的人造坑,周围是堆积的大量的废石,以及有毒废水构成的池子。"

　　·当沥青沉积较深时,就要注入蒸汽,以便将埋在地下的焦油砂转变

---

① 凯蒂·瓦伦丁:"英国石油公司试图逃避为'深水地平线'付罚款";"英国石油公司试图从墨西哥湾石油泄漏案的罚款中剃掉更多的钱",《燃料解决方案》,2013 年 7 月 15 日;丽贝卡·莱伯:"英国石油公司对深水地平线灾难颇不耐烦,在官司中态度变得强硬起来,""气候动态"网站,2013 年 8 月 14 日;艾米丽·阿特金:"英国石油公司以其庞大的石油舰队重返海湾,"2013 年 11 月 20 日;凯蒂·瓦伦丁:"上诉法院裁定,英国石油公司必须赔付海湾溢油案的索赔人,""气候动态"网站,2014 年 3 月 4 日;莱西·麦考密克:"据报:英国石油公司溢油 4 年之后,野生动物仍在挣扎:海豚和海龟仍大量死亡,"全国野生动物联合会,2014 年 4 月 8 日。

② 坎贝尔·罗伯森和克利福德·克劳斯:"英国石油公司因在海湾溢油可能会被罚款 180 亿美元之多,"《纽约时报》,2014 年 9 月 4 日。

为液体,这样就可将其抽到地面。这个过程需要大量的水,这些水被化学溶剂污染后,必须无限期地储存在尾矿池中,而这期间,水就可能泄漏。一位当地居民说,"土地已死亡,再也不见驼鹿、兔子和松鼠了。"

·此外,正如一篇文章的标题所说,"焦油砂开采所耗的能源与焦油砂所生产的能源几乎一样多。"该篇文章报道说,1 个单位的常规原油,生产 25 个单位的能源,而对于露天开采的焦油砂,这种比例是 1 比 5,通过蒸汽注入而开采的,比例则是 1 比 3。①

·至于说到全球变暖的问题,焦油砂石油所排放的温室气体比常规石油高 20%,斯坦福大学一位教授则发现它们要高 23%。更有甚者,2013年,人们发现,由于某种原因,近几年,每桶焦油砂石油的温室气体排放量惊人地增加了 21%。

·据研究者说,阿尔伯塔的焦油砂石油"含有 3600—5100 亿吨的碳——是人类历史上所有石油燃烧后所释放的碳的两倍多。"②

大石油公司的卷入:不管怎么说,即便考虑到焦油砂石油的多重威胁,人们也不感惊奇地得知,最大的开采者中的三个是:英国石油公司,雪佛龙公司,以及埃克森公司。③ 人们同时也不感惊奇地得知,科赫兄弟也大量投资于其中。不过,他们长期否认这点。他们告诉美国国会的一个委员会说,人们所提出的基石 XL 油砂石油输油管道项目,即打算将这种石油从加拿大输往墨西哥湾海岸的输油管道项目(见下面),"与我们的生意没有丁点关系。"但在 2011 年,人们发现,此话有假,因为一个科赫工业的子公司已经宣布,它在这一输油管道项目中有"实质性的利益"。第二年,"国内气候新闻"网站的戴维·萨松写了一篇揭露文章,说:

> 实际上,自从科赫公司 50 多年前在加拿大立住了足,它这个行业就触及焦油砂工业的每一个方面。它一直参与开采沥青……参与建立采集和运输加拿大原油的管道运输系统;参与出口重质油到美国;参与精炼含硫

① 克莱尔:《争夺剩余物的竞赛》,100,102,103 页;瑞秋·努威尔:"油砂开采所耗的能源与油砂所生产的能源几乎一样多","国内气候新闻网站",2013 年 2 月 19 日;凯蒂·瓦伦丁:"加拿大的油砂对气候的影响越来越明显","气候动态"网站,2013 年 11 月 7 日。

② 丽莎·宋:"独家专访:为何焦油砂石油更污染,为何这关系重大,""国内气候新闻网站",2012年 5 月 22 日;詹姆士·汉森:"拱顶石 XL 输油管道:通向灾难的管道",《洛杉矶时报》特写稿,2013 年 4月 4 日;

③ 克莱尔:《争夺剩余物的竞赛》,104 页。

的低品位原料;参与成品的后续发行和销售。……科赫公司还创办了其他公司,或与其他公司合作,它们现在都成为了阿尔伯塔石油资源开发的主要参与者。①

这一说法在 2014 年得到确认,当时,《华盛顿邮报》的一篇报道说,加拿大焦油砂行业中最大的非加拿大租赁执有者便是科赫工业集团的一家子公司。②

稀释沥青的灾难:要通过管道将沥青运输走,就必须用液态化学品将其稀释。这种沥青通常被称为"稀释沥青"。输送稀释沥青的管道之所以极有争议,除了上面列举的沥青的问题而外,还因为,稀释沥青,"当其溢入水中,它的反应不同于常规原油。"

2010 年,在密歇根,(阿尔伯塔的)安桥能源公司所修建的一条管道破裂,将 100 多万加仑的稀释沥青喷入卡拉马祖河。沥青沉入河底,"造成了监管部门和应急人员从未见过的混乱。"清理工作——至 2014 年尚未完成——已花费了 8 亿美元,"使得这成为美国历史上最昂贵的一次管道漏油事件。"③

2013 年,埃克森公司的一条输油管道在阿肯色州的五月花市破裂,在这个小镇溢出了超过 20 万加仑的原油。这一事件毁掉了很多生命,使人出现恶心、流鼻血、痔疮、皮疹、头痛难忍、癌症和衰弱等症状。尽管埃克森美孚公司声称,沥青一点也没有流入附近的康威湖,但它确实流入了,造成了恶臭,在一些地方毁掉了捕鱼业。④

基石 XL 焦油砂石油输油管道:由于所有的这些因素,近年来最具争议的环

① 斯泰西·费尔德曼:"科赫的一家子公司告诉监管机构,它在拱顶石 XL 焦油砂石油输油管道项目中获得'直接和实质性利益'","国内气候新闻"网站,2011 年 10 月 5 日;戴维·萨松:"科赫兄弟的政治行动主义保护了他们加拿大重质油的 50 年股权","国内气候新闻"网站,2012 年 5 月 10 日。

② 史蒂芬·马弗逊和朱丽叶·艾尔珀林:"加拿大焦油砂行业中最大的外国租赁执有者既非埃克森美孚公司又非雪佛龙公司,而是科赫兄弟的公司,"《华盛顿邮报》,2014 年 3 月 20 日。

③ 丽莎·宋:"2012 年,加拿大的'稀释沥青'成为了一个有争议的美国问题,""国内气候新闻网站",2012 年 12 月 27 日;欲知详情,请参见伊丽莎白·麦高文,丽莎·宋以及戴维·哈斯梅耶的"稀释沥青灾难:你从未听说过的最大漏油事件的内情"("国内气候新闻网站",2012 年)。该报道的三位作者于 2013 年获普利策奖;凯特·佩里格林:"推特'反对基石 XL 焦油砂石油输油管道':因报道了 2010 年卡拉马祖河的稀释沥青泄漏事件,'国内气候新闻网站'获普利策奖,""每日科斯新站",2013 年 4 月 16 日。

④ 杰西·科尔曼:"新文件显示,虽然埃克森公司知道五月花市泄油造成的污染,但却宣称康威湖'未遭油污',"《污染者追究》,2013 年 5 月 21 日;诺娜·卡普兰-布里克:"如一条管道在你的城市爆裂,就会发生这样的事,"《新公众》,2013 年 11 月 18 日;本·杰维:"虽然埃克森公司在五月花市焦油砂溢泄的清理问题上躲闪盘旋,但溢油却威胁着钓鱼湖和阿肯色河,"2013 年 5 月 1 日。

境问题便是基石 XL 输油管道项目,该项目是由加拿大"横加管道公司"提出的。通过该管道,稀释沥青便可从阿尔伯塔流到路易斯安那州和德克萨斯州的炼油厂。横加管道公司,石油工业集团,以及共和党人对奥巴马总统进行了游说,游说之后总统说,"只要这个项目不明显加剧碳污染",它就可获批准。①

美国国务院(当其还在希拉里·克林顿治下时)曾宣布,该管道基本上对环境没有影响,因为,如果不建管道,稀释沥青就只有用火车运往炼油厂。② 但这一说法遭到很多人的反驳,其中包括一些重要的环保组织:"塞拉俱乐部",29位主要环境科学家(他们声称该报告"在很多关键的领域毫无价值"),还有路透社。③

国务院的报告也与国会研究服务处的一份报告冲突,后者说,焦油砂石油排放的温室气体比常规石油排放的高出 20%,而且,输油管道会将美国温室气体的排放提高到每年 2100 万公吨之多。④

不仅如此,证据还表明,该输油管道"修来就是泄漏的。"虽然"横加公司"的广告声称它的管道是最安全的,但记载却表明它们是最不安全的。"横加公司"的基石一号管道,仅在第一年就发生 12 次漏油事件,这在美国历史上是最多的。更为事关重大的是,按计划,该输油管道要横贯奥加拉拉含水层,该含水层位于 8 个州的地下,要为全国提供 30% 的地下水。⑤

2011 年,麦克本的"争取 350 组织"在白宫前组织了很多抗议活动,那以后,奥巴马推迟了他的关于输油管道的决定,他说,国会规定的截止期没有留下时间让人作充分的考查。后来,2013 年,人们指望奥巴马拿出决定时,"争取350 组织"⑥组织了当时为止最大的气候集会,参与者达万人之众,强烈要求奥巴马否决该输油管道项目。迈克尔·克莱尔在那次集会前就著文说,奥巴马的

---

① 迈克尔·D.希尔和杰基·卡尔姆:"奥巴马说,他将根据污染来评估输油管道项目,"《纽约时报》,2013 年 7 月 27 日。

② 杰夫·斯普罗斯:"国务院报告说,基石 XL 项目对环境毫无影响,"2013 年 3 月 1 日。

③ 迈克尔·布龙:"何以基石 XL 项目未通过气候考试,""塞拉俱乐部",2013 年 8 月 30 日;约翰·H.小库什曼:"科学家们说:国务院对基石项目的审查,其主要部分是'毫无价值的',""国内气候新闻"网站,2013 年 6 月 4 日;丹尼尔·J.韦斯:"路透社报道国务院的这一说法:如果基石输油管道项目未获通过,美国主要的焦油砂进口就只有靠火车运输,""气候动态"网站,2013 年 4 月 18 日。

④ 宋:"独家专访:为何焦油砂石油更污染,""国内气候新闻网站",2012 年 5 月 22 日。

⑤ "'基石管道'分布图:'修来就是泄漏的',"《赫芬顿邮报》,2011 年 10 月 29 日;玛格尼菲科:"修改了的基石 XL 管道线路仍然横贯重要的奥加拉拉含水层,共和党人欲施压让奥巴马首肯,""每日科斯网站",2012 年 4 月 20 日。

⑥ 世界知名气候科学家詹姆士·汉森曾说过,只要大气中二氧化碳的比例超过 100 万分之 350,情况就会很危险。该组织即据此而名——译者。

决定会决定"地球将来的福祉。"①

然而,加拿大政府,由于关心自己短期的经济利益,却卷入了高层的游说。除了发起一个数百万美元的广告运动,它还将其自然资源部长派往欧洲,总理史蒂芬·哈珀则前往纽约,他们都辩称:"所有的事实都成压倒优势地倾向于赞成此举。"伊丽莎白·科尔伯特说,如果奥巴马同意这一输油管道项目,那将意味着"在通往灾难的道路上又迈出了一步。"②

2014 年,原油开始流过"基石 XL 输油管道"的南段,即从俄克拉荷马到墨西哥湾海岸。由于这一段并不跨越国界,所以无需国务院的许可证。但对于计划中的北段,那样的许可证却是必需的。"③

油页岩

从焦油砂中开采石油与从油页岩中提取石油有些类似(切勿将油页岩与页岩油混淆,后者是需要压裂开采法的)。然而,从油页岩中开采石油甚至更困难,因为含石油的物质并非与砂混合在一起,而是被封闭在沉积岩中。因此,虽然从油页岩中提取石油与从焦油砂中提取石油二者有很多相同的危害作用,但前者在某些方面却可能更糟糕。④

两者共有的危害作用之一就是:这两种提取石油的方法都需要大量的水。虽然大家都知道从焦油砂中提取石油要用多少水,但却未必知道从油页岩中提取石油需要多少水。各种机构和组织,包括美国国土管理局,政府问责局,兰德公司,很久以来都表示,这一开采石油的方法肯定很耗水,但石油公司,包括雪佛龙公司,却对此竭力否认。但是,2014 年,当"西部资源维护者组织"就科罗拉多油页岩问题与雪佛龙对簿公堂时,雪佛龙却不得不承认批评者们说得对。雪佛龙说,为了生产它所期望的石油量,每年就需从科罗拉多河抽取 12 万英

---

① 塔里亚·布福德:"华盛顿成千的集会反对'基石'输油管道项目,"美国政治新闻网站"政治",2013 年 2 月 17 日;苏珊妮·戈登伯格:"反对'基石 XL'项目的抗议者们强烈要求奥巴马兑现关于气候变化的承诺,"《卫报》,2013 年 2 月 17 日;迈克尔·T. 克莱尔:"一项可改变世界的总统决定:'基石 XL'项目的战略意义,"见于"'汤姆电讯网站':迈克尔克克莱尔,'基石 XL 输油管道'项目会被停止吗?"2013 年 2 月 10 日。

② 伊丽莎白·科尔伯特:"沙中管道,"《纽约客》,2013 年 5 月 27 日。

③ 杰夫·斯普罗斯:"今日,原油开始流过'基石 XL 输油管道'的南段,""气候动态"网站,2014 年 1 月 22 日。

④ 查尔斯·霍尔:"非常规油:焦油砂和页岩油——网上能源投资收益率分析 6,第 3 部分";"生物多样性研究中心";"油页岩和焦油砂";"西部资源维护者组织":"为何油页岩是个问题"。

亩/英尺水(几乎相当于 400 亿加仑)——对于河水业已吃紧的科罗拉河,这个水量可谓大也!

"西部资源维护者组织"胜诉后,它的一位政策顾问评论该胜利时说:"现在,决策者们争论的是,让油页岩开发耗用本来水就吃紧的科罗拉多河流域大量的水是否是可接受的。"这场官司提供了更多的证据,表明,各种类型的难开采石油和天然气项目应被取缔。不仅如此,这场官司还显示,雪佛龙公司,为了保护自己的利润,多年来对其危害性活动一直在撒谎。[①] 在一篇标题为"石油疯狂"的评论中,奥沙·格雷·戴维森,《一刀两断》一书的作者,写道:"我们不惜挤干地球的最后一滴油——无论其成本多大。在这一疯狂的痴迷中,我们污染了空气,弄脏了海洋,牺牲了工人的生命,改变了气候。"[②]我们作为一个社会,为何还要继续这一疯狂,既然石油(几乎全部是用于运输)已不再是经济实惠的了:"用风力电来开车,"莱斯特·布朗在 2012 年说,"其成本相当于一加仑汽油80 美分。"[③]

压裂页岩油

虽然以上对压裂开采法的讨论都是就天然气而言,但将该方法用于页岩层却既可采气也可采油。由于人们开采这两种燃料基本上用的是这同一方法,所以没有必要分开来讨论压裂采油法。此处要说的是:压裂开采法全然扭转了石油工业。

美国的石油生产已从"1970 年的日产 960 万桶的高峰下降到 2008 年的日产 500 万桶,"迈克尔·克莱尔报道说。但自从引入了压裂开采法,"美国的原油产量飙升,从 2011 年的日产 570 万桶上升到 2013 年的 750 万桶,"预计 2014年会达到日产 850 万桶。克莱尔写道,事实上,"美国 2013 年的石油需求量超

---

① "这是官方消息!'西部资源维护者组织'揭露,油页岩开采会使西部的水吃紧,""西部资源维护者组织",2014 年 7 月 8 日;汤姆·肯沃西:"雪佛龙承认了真相:油页岩会耗费西部大量的水","气候动态"网站 2014 年 7 月 8 日。

② 奥沙·格雷·戴维森,亚马逊网站对伊丽莎白·麦高文等人的评论,《稀释沥青的灾难》。参见奥沙·格雷·戴维森的《一刀两断:德国能源转换的故事以及美国人可从中学到的东西》(电子版,2012年)。

③ 莱斯特·布朗:"伟大的转换,第一部分:从化石燃料到可再生能源,"地球政策研究所,2012 年10 月 25 日。

过了中国,这是自 1999 年来的首次。"①

2012 年,一篇提交给美国地球物理联合会大会的论文问道:"地球被强暴了吗?"②如果它是,那么这一命运的不小原因都应归于这一事实:地球被强行压裂了。

然而,美国石油产量灾难性的飙升还有其他原因,其中的一个就是奥巴马政府的政策转换。这一转换促进了 2014 年石油产量的上升,其数字超过 2013 年的。而且,更多的白宫新政策将使石油产量在 2015 年进一步上升:

  · 海洋能源管理局已决定,对新的油气勘探重新开放从佛罗里达州到特拉华的东海岸水域。
  · 国土管理局增加了对油气钻探出售的联邦土地租赁。
  · 已批准在墨西哥海湾(那里曾发生英国石油公司灾难性的漏油事件)再提供 5900 万英亩供油气钻探。

"换句话说,"克莱尔说,"什么全球暖化哟? 去它妈的吧!"③

结论

化石燃料工业的产品,如果允许继续生产,便足以毁灭文明。虽然这本身就是该毫不后悔地关闭它的充分理由,但那些主要的化石燃料公司却一直是非常糟糕的公民。正如比尔·麦克本所说:"化石燃料工业的表现如此放肆,真该取消它们的社会执照。"④废除化石燃料能源,我们不仅不应该后悔,在道德上我们还必须这样做。

---

① 迈克尔·克莱尔:"石油回来了! 一个关心全球变暖却又声言'钻探吧,乖乖'的总统,""汤姆报道网站",2014 年 9 月 4 日。
② 乔·罗姆:"美国地球物理联合会的科学家问道,'地球被强暴了吗?'惊人的回答:反抗不是徒劳的!""气候动态"网站,2012 年 12 月 9 日。
③ 同上。
④ 温·史蒂芬森:"把数学插入演出:麦克本的巡回演出瞄准石油大亨,"《世界谷物》,2012 年 10 月 18 日。

19. 全体动员

"面临一桩绝对史无前例的紧急情况，社会别无选择，唯有采取非常之举，以防文明之崩溃。"

——《蓝色星球奖获奖者》，2012 年

"我们面临的问题，其复杂性几乎难以复加，其紧迫性前所未有。"

——莱斯特·布朗:《计划 B4.0》，2009 年。

莱斯特·布朗的《计划 B》一书，其副标题是《动员起来拯救文明》。[1] 拯救文明，他解释道，意思是，把文明的能源基础从化石燃料转变为清洁能源。在另一本书中，布朗说，进行这一转变"需要大规模地动员——要以战时的速度。"[2] 这是什么意思?

美国人一听到此话，很自然地就会想到第二次世界大战时的动员。在说到工业向清洁能源转换的必要性时，乔·罗姆曾写道:"这一全国的(乃至全球的)再工业化努力，其规模会相当于我们在二战中干的那样，不过它的时间会长得多。"会长多久? 虽然很多作者提出，这一转换可能会花 50 或甚至 100 年的时间，罗姆却说:

> 如果人类真地认真对待减少排放的问题——所谓认真，我的意思是，在规模和紧迫性上"都像二战时那样"——我们就可在，比方说，20 年内几乎达到全球零排放，然后，迅速进入负碳时代。[3]

---

① 莱斯特·布朗:《计划 B4.0:动员起来拯救文明》，作了实质性修改的版本(纽约:W. W. 诺顿出版社,2009 年)。

② 《濒临危机的世界》，183 页。

③ 乔罗姆:《地狱与高水位:解决全球变暖的方案》，第 235 页。(纽约:哈珀出版社,2007 年);罗姆:"气候之鬼还要来，""气候动态"网站,2012 年 12 月 25 日。

"我们需要像二战时那样动员,"罗斯·格尔布斯潘也说,"但应是全世界的,甚至更彻底。"该动员必须是史无前例的,布朗同意道,"因为全世界此前从未受过如此的威胁。"①

可以说,在几十年里完成一项全世界的转换,这是不近情理的。那样一种重大转换,应该以一种从容的方式循序渐进地进行。此话曾一度是对的。但是现在,转换却必须迅速,因为以美国为首的国际社会起步已经晚了。

20 世纪 80 年代就有证据表明:二氧化碳排放将造成全球暖化;到 1988 年,科学家们对此已深信不疑,于是组织了"联合国政府间气候变化专家小组"(IPCC);1990 年,IPCC 说,若要防止地球温度令人无法忍受地增长,二氧化碳就应维持在 1990 年的水平。这一说法本该促使政治家们采取行动的,因为他们,就像军事指挥官一样,通常都是遵照"预防原则"而行动的,根据该原则,当粗心会导致灾难的时候,我们宁可错而求稳。既然世界各国在 1995 年未采取行动降低二氧化碳的排放,它们显然就本该在 1998 年采取行动,因为那时,IPCC 发表声明说,它发现了人类在全球暖化中的"指纹"(影响)。虽然如此,政治世界不但不遵照预防原则,反而反其道而行之:它不设法去稳定全球的二氧化碳水平,反倒开始迅速地提高它。

由于这一在根本上是非理性的、潜在地是自杀性的行为,世界目前就需以极快的速度降低其排放。用联合国政府间气候变化专家小组主席拉津德·帕乔里的话来说就是:"我们现在离半夜只有 5 分钟。"这就是为什么美国、中国,以及世界的其余国家应不由分说地采取行动,团结一致共同努力,就好比——且用彼得·戈德马克的类比——"一个巨大的岩石弹,大得足以毁掉大多数的生命,正向地球飞来,似乎唯有紧密的国际合作才有希望让那致命的物体偏转方向。"②

虽然势头不减的全球暖化不会产生像小行星那样突然的后果,但那后果却同样是致命的。全世界总动员是必要的,如果要让那一动员成功,美国、中国,以及其他一些国家就必须出面来领头。然而,本章关于带头作用的讨论几乎全是就美国而言的。

如美国要尽快地、尽量全面地动员起来,人民和各层机构就需要领导。两个最重要的领导层面就是总统和媒体,所以我们首先讨论它们,其余的领导层

---

① 罗斯·格尔布斯潘:"以清洁能源重写世界,""热不可耐网站",2010 年;布朗:《濒临危机的世界》,96 页。

② "联合国的研究人员说:全球暖化之钟已是'差 5 分到半夜',"法新社,2013 年 9 月 2 日;彼得·戈德马克:"世界正在融化,有人却仍在喋喋不休,"《经济学家》,2008 年 12 月 18 日。

面则以字母顺序分述之。

总统的带头作用

要成功地进行所需的动员,任何个人的作用都不如美国总统的大。确实,如果美国总统在这方面失败,那么全球暖化就将愈演愈烈,我们就会遭逢文明的毁灭。所以我们必须希望我们的总统以必要的智慧、勇气,以及能力行动起来。目前,就有很多我们当前的总统能够且应该干的事。但我们必须记住这一重要的事实:只有当总统得到美国人民和我们的其他机构的强有力的支持(或甚至指导),他或她才能进行领导。有了那样的支持,总统便能干很多事。

宣布全国进入紧急状态

约翰·J.伯杰在一篇文章中说,确实存在一种气候紧急状态。他写道:"紧急状态有两个基本组成部分:它对生命、自由、财产或环境构成了严重的威胁;这种情况需要立即采取行动。"为情势所迫,总统有权宣布全国进入紧急状态,正如罗斯福总统 1941 年所作。[①]

"我们现在就处于一种全球的紧急情况,"詹姆士·汉森说。他指出,这有可能毁灭文明。文明毁灭了,美国也就毁灭了,所以,全球的紧急情况显然就是国家的紧急情况。所以这似乎是不言自明的事:美国总统应宣布,气候紧急情况就是国家紧急情况,同时还应采取相应的行动。用潘基文的话来说,"这是一种紧急情况,对于紧急情况我们应采取紧急行动。"[②]

美国的总统只有权宣布美国处于紧急状态,而只动员美国而不动员其他的国家是不能防止文明的毁灭的。因此,2011 年,比尔·麦克本和很多其他的环保领导人,包括保罗·霍肯和莱斯特·布朗,给美国和中国(两个世界上碳排放居首位的国家)的总统写了一封信,说:

> 现在我们应该公开地承认,继续燃烧化石燃料威胁着文明的生

---

① 约翰·J.伯杰:"2013 年,存在一种气候紧急状态,"《圣菲新墨西哥日报》,2013 年 7 月 1 日。

② "美国航天局首席科学家汉森说,全球已进入紧急状态,他敦促联合国采取行动,"康奈尔大学,2012 年 10 月 23 日;潘基文,胡安·何塞·拉戈里奥:"联合国潘基文说,全球暖化是'一种紧急情况',""地球环境基金会",2007 年 11 月 12 日。

存。……正是出于对将来数代人命运的深深忧虑,我们才吁请你们正视全球气候紧急情况的严重性。①

越来越多的个人和组织呼吁公开承认这一事实。比如:

·鲍勃·道培尔特,资源创新集团执行董事曾写过一篇文章,标题是:"奥巴马总统应该发布紧急宣言以应对气候危机。"

·"今天,我们面临着一场实在的、越来越大的风险,那就是,灾难性的全球暖化失控了,这形成了一种全球气候紧急情况,""加拿大人应对气候变化紧急行动组织"如是说。"在这一危机时刻,唯有全球作出紧急反应,方能挽救人类。"

·"应对气候变化运动"的组织说:"气候紧急情况应是每一个政治家首先关心的事,一切可用的人力物力都应立即投入其中。"②

当美国总统正式宣布全国紧急情况时,他们是有充分的权力来应对紧急情况的。由于气候紧急情况是由过分地排放二氧化碳和其他温室气体引起的,所以紧急的行动就应是,全力以赴地——如同二战时那样迅猛地——禁止那样的排放。正如一篇讲述这种紧急情况的文章所说:

如果我们现在不采取行动,我们就会将气候推出临界点,那时,形势就会扶摇而上地恶化,使我们无法控制。……我们不应踩下油门或慢慢地松开油门,而应一脚踩下刹车。③

明显而迫在眉睫的危险

总统应对国会和美国人民解释,宣布全国处于紧急状态是很必要的,因为全球暖化所引起的气候失调,不仅对美国而且对全世界,形成了明显而迫在眉

---

① "'绿色商业'组织的领导,非政府组织机构吁请奥巴马和胡锦涛总统宣布气候紧急状态,"《可持续性商业》,2011 年 1 月 19 日;"全球已进入紧急状态"。

② 鲍勃·道培尔特:"奥巴马总统应该发布紧急声明以应对气候危机","气候通道网站",2012 年 7 月 24 日;"加拿大人应对气候变化紧急行动组织":"气候紧急声明";"应对气候变化运动":"气候紧急状态"。

③ 詹姆士·怀特:"气候紧急情况:该踩刹车了,"《怀疑科学》,2011 年 3 月 8 日。

睫的危险。

明显的危险：如果地球的温度继续上升，我们的孩子、孙子、曾孙就将从我们这儿继承一个越来越困难的、甚至是地狱般的世界。总统应指出下面的一些情况或全部情况：

· 天气会变得更加酷烈：夏天将越来越热，会有更强烈的热浪，在一些地方，温度会超过宜居的极限，农业将成为不可能；美国西南的干旱将成为澳大利亚人所谓的"永久性干旱"；野火会更猛烈，会更经常发生。

· 风暴会变得更厉害。在更多的地方会更频繁地发生极端的降雨，(P. 395) 紧接着是极端的洪水。2009 年的"特大雪暴"和 2010 年的"末日之雪"将会成为寻常之事——至少，在气候尚未暖化到不能形成雪之前。本来就致命的飓风和龙卷风甚至会更加致命。

· 海平面的上升会淹没美国沿海的土地，也会淹没中国和很多其他国家的沿海土地，毁灭它们大多数的最好耕地。

· 由于干旱和积雪的丧失，美国西南部和中西部大多数地区的饮水和农业用水会越来越少；由于世界不同地方冰川的融化，数十亿人将失去他们的主要水源。

· 由于气候的失调和海洋的酸化（它将逐渐导致海洋生物的死亡），食物短缺将会越来越严重。

· 海平面上升以及其他类型的气候变化会造成数十万、数百万的气候难民，他们都会要求获准进入那些更走运的国家。

· 我们的军队已开始警告我们，说气候变化业已助长了战争，而且将会逐渐导致气候战争，特别是当食物和用水短缺时。

· 最令人恐惧的是，气候变化将逐渐导致生态系统的崩溃，最终导致全球生态系统的崩溃，因此而导致文明的毁灭，甚至也许是人类的灭绝。导致全球崩溃的主要威胁就是北极永久冻土的融化，那将释放大量的甲烷，一种危害性远胜过二氧化碳的气体。

如果全球暖化继续，文明便会毁灭，气候科学家们在这一点上是无异议的。他们的分歧只在于，这一毁灭到底会多快发生。虽然大多数科学家相信，我们仍有时间挽救文明，但他们也认为，我们应尽快采取决断的行动。威胁着文明的那一危险不仅是显而易见的，而且迫在眉睫的。

　　迫在眉睫的危险：总统还应指出，自工业革命兴起，人们越来越多地使用化石燃料，地球的平均温度大约上升了华氏 1.4 度（摄氏 0.8 度）。有人曾说过，只要地球温度的上升不超过华氏 3.6 度（摄氏 2 度），气候就不会糟糕到令人不能接受的程度。然而，海平面业已上升，冰川——包括格陵兰和南极的大冰原——正在融化，大气中已有太多的二氧化碳。

　　在整个文明中，二氧化碳在大气中的含量是百万分之 275（275ppm.）。然而自工业革命以来，它开始上升，至 1988 年——就在那年，科学家们说，他们明显地发现了人类对全球暖化的影响——二氧化碳上升到 350ppm。最近几年（其间我们的天气显然变得更加极端），二氧化碳接近 400ppm，随后超过了 400ppm。

　　但是，只要我们迅速行动，我们就可停止排放更多的二氧化碳，然后将二氧化碳的浓度降回到 350ppm。这一数字远比说明股票市场情况的那些数字重要。所以我们必须要求将这一数字，即二氧化碳当前在大气中的百分比公布出来，以便我们这些大众知道我们每天处于什么情况。

　　另一个我们必须随时关注的数字就是科学家们所谓的"碳预算"。他们认定，如果我们要防止对文明的威胁，我们就必须把自工业时代以来的碳排放总量维持在大约 7500 亿吨内。虽然这似乎表明，我们有庞大的碳预算供花费，然而，5000 亿吨的二氧化碳业已进入了大气。所以，我们只可再排放 2500 亿吨了，而且，如果我们继续我行我素，这一预算在 20 年内就会被用光。

总统应宣布新的对策

　　总统解释了何以应宣布紧急状态后，就应宣布应对紧急情况所急需的新政策：

> ·对化石燃料的补贴将转为对各类清洁能源的补贴。
> ·根据几乎所有经济学家的提议，应该对碳定价，开始时不妨低（也许每吨二氧化碳 10 美元），然后依那一数字每年增加。（可用回扣、红利等方法来防止碳费致使穷人和中产阶级的整体成本升高。）[1]

---

　　[1]　乔·罗姆："'科学就是科学'：奥巴马同意对碳定价，让化石燃料留在地下，""气候动态"网站，2014 年 6 月 8 日。

·这头两条政策会极大地保障第三条:维持在碳预算之内。设计来减少我们对外国能源的依赖的"上述所有"能源政策,要被设计来减少并最终废除化石燃料的"上述最佳"能源政策所取代。

·电网将极大升级,以便分配各种类型的清洁能源。

·政府将协力加快安装各种类型的清洁能源,以便很快地,电网输送的全都是清洁能源。

·在电网成为绿色环保的同时,电动车——摩托车、汽车、越野车、面包车、卡车——将得到改善,以便人们可自由地四处旅游,就像他们当初使用汽油和柴油时一样。

·高铁,就像欧洲、日本,和中国率先使用的那类,将迅速发展起来,既能客运也能货运。有了高铁,不仅可缓解拥塞,而且人们也无必要为了区区几百英里的旅途乘坐飞机。

·政府将帮助不使用化石燃料的飞机加速发展。

二战期间,全国的大多数都动员起来了,单是曼哈顿计划就动员了13万科学家。此外:

> 总统给美国的工厂立下了惊人的目标:1942年制造6万架飞机,1943年,12万5千架;同一时期,制造12万辆坦克和5.5万台高射炮。为了协调政府的各战时机构,罗斯福于1942年创办了战时生产委员会,稍后在1943年,又创办了战时动员委员会。……战时生产从根本上改变了美国的工业。已从事国防工作的公司扩大了。其他的,比如汽车工业,完全转产了……克莱斯勒汽车公司转而制造飞机机身;通用汽车公司制造飞机发动机、枪支、卡车和坦克;帕卡德汽车公司为英国空军制造劳斯莱斯发动机……福特汽车厂则制造远程轰炸机。①

实施当前紧急情况所需的新政策,甚至需要进行更大的动员,因为这要求能源系统全然改变。所幸的是,这方面已有充足的进步,故我们知道这种改变是可能的。美国总统的大部分工作应是动员美国人,以及他国的领导人,去承担这一史无前例的艰难任务。

---

① 《战争》,"战时生产",美国公共广播电视公司。

实施

为了在这一任务中居于领导位置,总统的职位可方便他使用很多手段。

行政协议:总统可无须国会同意而与其他国家的领导人达成约束性协议,这已成为惯例;确实,这类协议现在比条约更普遍。比如,总统可就向 100% 的清洁能源转换的速度问题与中国达成协议。这可是很重要的:正如前参议员蒂姆·沃斯所说,"国务卿克里明白,解开华盛顿僵局的最佳途径就是通过北京,"因为那"可推翻这一理由:在美国削减碳,会使中国在经济上获利。"

2013 年 7 月的 20 国集团峰会朝这个方向迈出了第一步,会上奥巴马总统和习近平主席同意遵循《蒙特利尔协议》减少两国氢氟烃的生产和消费。正如一位观察家评论的:"这一在圣彼得堡 20 国集团峰会上达成的高层协议显示,当气候政策在领导层决定,它会何其有效。"[①]此外,该协议的范围还可扩大,也许要将日本、印度,以及欧盟包括进来。确实,这样的行政协议较之联合国欲以全球条约的方式达成的协议来得更快,也更有效。

事实上,本章初稿写成时就传来消息:奥巴马总统正致力于某个那样协议。这意味着,虽然那样一个协议不能在法律上约束美国(因为参议院不可能批准那样的条约),但谈判各方却可达成一个"在政治上有约束力的"协议。此外,2014 年 9 月,在联合国的会议上,奥巴马还要求中国与美国达成一项协议。他说,作为这个星球上最大的两个污染国,这两个国家"尤其有责任出面领头。"[②]

作为三军总司令的权力:由于美国总统是美国武装力量的统帅,所以他在能源方面拥有巨大的权力,这部分地是由于军队是能源的主要用户。总统的权力在此处可以多种方式行使,前提是要承认,对国家的主要安全威胁是气候变化,而不是,如很多军队领导人所说的那样,来自他国或恐怖分子。于是:

- 国防部预算的很大一部分就可分配来对付这一威胁。
- 国防部预算的一部分就可用来提高军队里的能源效率,用来提供因

---

① 杰夫·古德尔:"奥巴马的气候挑战,"《滚石》杂志,2013 年 1 月 17 日;朱丽叶·艾尔珀林:"美国和中国就逐步淘汰氢氟烃的问题达成一致意见,"《华盛顿邮报》,2013 年 9 月 6 日。

② 科勒尔·达文波特:"奥巴马追求气候协议以代替条约,"《纽约时报》,2014 年 8 月 26 日;马克·兰德勒和科勒尔·达文波特:"奥巴马在全球暖化问题上对中国人施压,"《纽约时报》,2014 年 9 月 23 日。

此而可用于经济的技术。

· 国防部高级研究计划署便可承担加速各类清洁能源发展的任务。

· 军队便可与他国分享它的效率和清洁能源专业知识,以此而结交朋友(而不是敌人),并表明,今日之大敌是全球暖化。

国会特别会议:在特别会议中(无论是公开的或秘密的),总统可向国会解释新政策的必要性,同时回应反对意见。这些会议,加上与两院成员诸小组的会见,应在对这些政策中的任何一项投票之前举行。在所有的这些讨论中,总统需要提醒国会成员,防止文明被气候变化毁灭,并非又一项可供人随意选择的、可由化石燃料说客的金钱来左右他们取舍的政策。

白宫——第一号讲坛:通过随总统职位而来的一号讲坛,总统可告知、教育和说服国会及美国人民,全面动员起来拯救文明是必要的。当然,很多国会议员有可能将自己的利益(比如连任)看得更为重要,胜过了为后代拯救文明。所以总统须争取美国人民热情的支持,以说服国会与之合作。总统也可通过针对大公司和政府机构的污染和能源效率的更广泛政策,对人民解释,实行能源效率(那是所有公民都能参与的一种方式)既是可能的也是重要的。

炉边谈话:利用这一讲坛的方式之一,就是总统的坦率谈话,犹如罗斯福总统的"炉边谈话"。当时,罗斯福总统在他的谈话中或则解释政策,或则消除谣言,或则动员和鼓励人民。自罗纳德·里根的时代以来,总统们在无线电上都有一个每周讲话。但今天,大多数的人都从电视上获得新闻,电视也总是被用来报道重大事件。所以总统应安排一个电缆网络,每周在电视上与公众讨论——也许有时是与一位嘉宾交谈。

气候队:利用该讲坛,总统可组织一个"气候队",它由上百万的愿意帮忙的公民自愿者组成。气候队可进行很多活动:

· 它可以通过努力让总统的事项在国会获得通过。

· 只要国会成员继续反对总统的政策,甚至在听说了理由后仍如此,那么气候队就可将其列为下次拒选的目标,并向选民们解释为什么换掉他们是很重要的。

· 气候队可在全国各地的社区进行讲授,由教育工作者、医生、科学家、经济学家、工程师等领头。

　　·也可仿效和平队,将有能力的人派往在各方面(诸如能源效率和小规模太阳能)都需要帮助的国家去。

　　召集权:总统可将不同的党派召集在一起,如此可使各方达成相互的理解、一致的意见。比如:

　　·可将全国各地的州长们和主要城市的市长们召集起来,讨论彼此如何合作。

　　·可将主要电视网络的所有者和节目负责人召集起来,以便对他们解释,在充分应对气候紧急情况这事上,他们的作用如何是重要的。

　　行政权:总统可向国会要求行政权,以加快美国对紧急情况的反应,就像罗斯福的战时生产委员会和他的控制物质的计划。如果国会拒绝,总统可用清洁空气法案——法院支持用该法案来应对温室气体——来更充分地减少温室气体。

　　结论:通过如此的政策和手段,美国才能干奥巴马总统所说的他欲干的那种事——"采取勇敢行动减低碳污染"以及"领导一场对付气候变化的协同作战。"①

媒体的带头作用

　　媒体曾帮助和教唆一些公司利用欺骗宣传来提高自己的短期利益,甚至不惜冒毁灭文明的危险。媒体一旦认识到自己这方面的错误有多大,就会下定决心不再干以下的事:

　　·它不会再说,关于气候变化的实际情况和原因,科学家们的意见是分歧的。

　　·它不会再编造"两派"气候科学家的报告,不会再说,在那些报告中值得信任的是气候否定论者的观点。

---

①　引自本书第13章。

·它不会再发表对气候科学表示怀疑的社论。

·它再也不会因为害怕得罪广告商而不顾那些对事实的报道,或减缓那些报道的语气。

·它再也不会从化石燃料公司那儿接虚假的气候广告。

·它再也不会将气候变化从星期日上午的电视谈话节目中删去,而会将其当作主要节目。

·当其报道极端天气事件时,它再也不会忽略那些事件与气候变化的联系。

确实,媒体可承诺竭尽全力告知民众关于气候紧急情况的真相。

·媒体可将气候对文明延续的威胁视为我们这个时代最为重要的题目来报道——就像当初美国的报纸和电影竭力动员美国对付轴心国的威胁那样。

·媒体可认真地报道,人们为了防止气候引起的灾难而作的各种努力,其认真的程度,犹如报道人们为了防止一颗流星引起的地球生命的大劫难而作的那些努力。

·如果有的报纸或网络坚持要支持气候变化否定论,那么有责任心的报纸和网络就应批评它们,并对公众解释何以它们的行为是不负责的——它们对气候否定论的支持,相当于二战中对法西斯宣传的支持。

除了纠正自己从前对于气候威胁的不当报道,媒体还可制作一些节目,为大众传授有关气候变化的知识,并鼓励他们干力所能及的事。比如:

·为全体电视观众制作高质量的系列节目(诸如"作秀时刻"的系列纪录片"险境多年")。

·制作一个"脱口秀"节目,其中,见多识广的主持人(比如克里斯·海因斯)与世界领军的气候科学家,加上政治家、经济学家,以及其他重视气候变化的人,交谈,对公众解释一些事情,其中包括,总统的政策将如何使我们达成一个解决气候问题的方案。

·制作一个系列节目,或许标题就叫做"揭露气候变化否定论"。该节目将向公众解释,科赫兄弟和化石燃料公司是如何编造气候变化否定论的；他们如何去收买前沿组织，以便否定论看起来似乎是出自寻常百姓；他们给那些支持气候变化否定论的国会成员们提供了多少钱。

· 制作一个长期的娱乐节目，由某位喜剧演员（比如乔恩·斯图尔特，史蒂芬·科尔伯特，或约翰·奥利弗）来主演，在节目中对气候变化否定论进行讽刺。

· 正如报纸和电视新闻让人们随时了解股市行情，它们也应让人们随时得知大气中二氧化碳的浓度，以及地球的碳预算还剩多少亿吨。

其他行业的带头作用

如果美国打算承担自己的那份对付气候危机的责任——有了这个先决条件，它才可能给其他的大国，诸如中国，印度和巴西树立榜样——它就必须要全面动员起来。帮助总统领导这一动员，媒体大有可为。然而，这一动员如果要获成功，各行各业的领导也必须出面领头。下面是一些必要的领导的例子。

学术界的带头作用

同科学家一起，学院的、大学的、研究生院的教授们，在应对气候变化方面，也起到大部分智识上的带头作用。他们中大多数的人或则通过写书和文章（其中很多都在前面的章节提到过），或则通过常规教学或创建新课程，或则通过创办新的中心——诸如"范德比尔特的气候变化研究网络"——来关注气候变化的问题。

更有甚者，有些教授已超越了这样的角色，发挥了更直接的带头作用。

· 戴维·奥尔，奥柏林学院的环境研究和政治教授，领导大学和该大学城成为了全美最环保的大学城社区。①

· 有些教授是通过公开的发言起到带头作用的，比如，罗彻斯特理工学院的劳伦斯·托切罗教授。他写了篇博客文章说，那些受人金钱资助而

---

① 斯科特·卡尔森："俄亥俄州奥伯林：一种新生活方式的试验地，"《高等教育报》，2011 年 11 月 6 日。

努力否认全球暖化的人,应被视为有刑事责任。[①]

· 另有一些教授则鼓励他们的机构从燃料股份中撤资,比如加利福尼亚大学研究能源的教授丹尼尔·卡门就是如此,我们在14章提到过。

· 更还有一些教授则创办了非盈利性的教育机构,诸如"气候教育联盟"。该机构意欲在2020年前让2000万高中生接受它那激励学生对气候变化采取行动的课程。[②]

活动家的带头作用

要将全国真正地动员起来,大部分的带头作用将必须来自活动家——包括那些欲通过和平抗议和反抗来改变现状的人们。

· 最著名的气候活动家(至少在美国是如此),就是作家和环保专家比尔·麦克本。他创办了"争取350组织",世界上第一个专注于气候变化的全球草根运动,同时还组织了撤资运动和反对基石XL输油管道项目的运动。很多活动家都受到过他的激励。

· 另一个最著名的活动家恐怕就要算科学家詹姆士·汉森了。因在白宫前进行和平反抗活动,他已被逮捕数次。他特别关心如何激励年轻人,他希望他们为了红利碳费的立法而战斗。

· 有的活动家发起了组织,诸如"塞拉俱乐部","绿色和平组织"那样的。2013年,"塞拉俱乐部"比以往都要活跃,首次参加了和平反抗活动(反对基石XL输油管道项目)。"因为和平反抗是正当的,"执行理事迈克尔·布龙说,"肯定是有的事太离谱了,迫使人进行最强烈的自卫抗议。"

· 相比之下,"绿色和平组织"的成员因和平反抗活动被捕多次。"我们所做的,实质上是和平的反抗和直接的行动,"该组织争辩道,当人们有道理却无权力时,和平反抗是引起改变的唯一方法。

大多数的行动主义当然都不含有和平反抗。然而,越来越多的有心公民和组织可能会遵循"绿色和平组织"和"塞拉俱乐部"布龙的逻辑,后者说过,"时

---

① 雷切尔·巴恩哈特:"罗彻斯特理工学院教授谈到抵制气候变化的博客,"罗彻斯特理工学院,2014年4月3日。

② 皮克·沃克:"气候教育联盟:一百万学生和令人敬畏的力量,""气候动态"网站,2011年11月11日。

间不多了,还有那么多事情要做。"

若要将美国调整到清洁能源,可能需要数百万活动家加入;很难预料,更不要说列举,他们将会带来些什么独特的、有创造性的方法,以使我们能拯救地球。

农业和林业的带头作用

为了完成美国的那一份拯救文明的任务,除了废除化石燃料而外,最重要的就莫过于改进农业和林业的习惯做法了。根据詹姆士·汉森和他的同事计算,全球造林就能从大气层中吸走 1000 亿吨碳。美国应作出巨大努力,不仅制止本国的滥伐行为,也要帮助其他国家,特别是亚马逊流域的国家,重新植林。此外,一旦方法改进了,便可将农业从碳源转变为碳汇——而现在,全国排放的温室气体,大约有三分之一都该农业负责,其中尤为严重者是甲烷和一氧化二氮,其温室效应大约比二氧化碳分别高出 50 倍和 300 倍。[①]

然而,虽然最近几十年来气候友好型农业有惊人的发展,但美国农业的变化却很小,它仍是单作的、能源密集型的,并严重依赖化肥和农药。虽然 IPCC 讨论过该问题,但它却仍然并不正式地重视它。这部分地是由于美国的农业综合企业反对任何变化,显然,部分地也是由于中国、印度,以及一些发展中的公司担忧,富裕国家会通过强行限制碳排放来限制它们的农业。[②]

尽管在大国,农业的习惯做法未能得到改变,却也有很多例子说明农业如何能使自己更有利于气候(不但更有利于吃喝,有利于健康和土壤的可持续性)。比如:

> ·韦斯·杰克逊的土地研究所一直在报道和演示,常年生作物的农业混合栽培是必要的和可行的。
> ·费策尔葡萄园,制造在经济和环保方面都可持续的有机葡萄酒,在这方面它已成为领军者。该葡萄园不仅利用有效的清洁能源,它还改良土壤,固碳,并维持生物的多样性。它在加州的博泰乐酒庄是全国最大的有

---

① "农业",气候研究所;萨姆·伊顿:"碳中性午餐:哥斯达黎加希望在营造气候友好型农业方面起领头作用,"国际广播电台,2013 年 6 月 20 日;詹姆士·汉森等:"青年人与自然之道:一条通往健康、自然、繁荣的未来之路,"汉森 2011 年 5 月 5 日的博客。

② 汤姆·拉斯卡威:"何以农业不断要求通过一项气候法案,"《世界谷物》,2012 年 1 月 25 日;弗莱德·皮尔斯:"联合国谈判代表避而不谈气候友好型农业,"《新科学家》,2013 年 11 月 19 日。

机葡萄酒销售商。

· 关于如何用新方法替换传统农业做法的例子,我们可参看哥斯达黎加,它打算"在 2021 年前成为世界上第一个碳中立国家——在运输、能源,以及所有的方面——包括农业,它的排放,在哥斯达黎加全国的排放中所占的比例高达 37% 。"①

在达沃斯 2014 年的世界经济论坛上,联合国环境规划署的报告结论道:"21 世纪的农业必须、且能够彻底改造自己。"②以上这些例子不过是美国农业企业可参照来改造自己的众多模式中的三个。

公司的带头作用

人们曾一度普遍认为,对环境的关心与对商业利益的关心是冲突的。然而,除了对于化石燃料公司,现在再也不是那么回事了。2013 年,可持续能源商业委员会说,"防止灾难性气候变化的窗户马上就要关了。"说了这话后,它对奥巴马总统说,投资清洁能源将不仅刺激技术产业,应对气候变化,而且还可能使美国经济摆脱困境。③ 更有甚者,越来越多的公司正饱含热情地努力达到 100% 的绿色环保。比如:

· 苹果公司报告说,它很快就要达到它的目标,即它所有业务的用电将 100% 来自清洁能源。目前它正在努力达到那一目标,为它的新总部建造太阳能电池阵列,那是全美单个企业院落里最大的。"苹果"的总裁意识到,对全球暖化的问题保持沉默会影响公司的销售,他于是告诉那些执怀疑态度的人们,如果他们不喜欢"苹果"支持清洁能源,他们可卖掉他们的股份。"苹果"的决心还表现在这一事实上:它雇佣了前环保署署长莉萨·杰克逊为它的环境开发部副总裁。

---

① 丹·艾伦:"一种有机遇的农业:常年混合栽培与后碳农业的硬限制,"《弹性体》杂志,2010 年 12 月 13 日;"个案研究:气候友好型农业:费策尔葡萄园,""加利福尼亚气候与农业网络";萨姆·伊顿:"碳中性午餐:哥斯达黎加希望在营造气候友好型农业方面起领头作用,"国际广播电台,2013 年 6 月 20 日。

② "阿希姆·斯坦纳,联合国环境规划执行理事,看见了很多进步,但达沃斯不过是通向改变的万里征途的一小步,"《卫报》,2014 年 1 月 25 日。

③ 尤利乌斯·费希尔:"可持续能源商业委员会立即对付气候变化的主张,""气候动态"网站,2013 年 3 月 5 日。

· 虽然"谷歌"在全世界的数据中心只有33%的是由清洁能源供电，但它却立志要达到100%。以下的事实就可说明它的决心：2013年它在太阳能设备上投资了1.55亿美元；它与瑞典的一个风电场签了一份为期10年的合同。

· 2013年，"宜家"所用的37%的能源来自太阳能和风能，它承诺，在2020年前增加至100%。①

国会的带头作用

如果国会照它应该干的那样干，且以往确实那样干了，那么它在气候问题上的带头作用就会同总统的一样，甚至胜过他。确实，参议院有很多成员支持过对碳的控制，其支持的程度远远超过奥巴马总统。比如，参议院多数党领袖哈里·瑞德在2014年就说过，"气候问题是世界今日面临的最严重问题。"芭芭拉·鲍克瑟和伯尼·桑德斯曾写过一个气候法案，其中包括碳税。鲍克瑟和谢尔登·怀特豪斯曾创办过一个气候行动工作队。来自夏威夷的新参议员曾组织过30位参议员作通宵达旦的演讲，以期引起人们注意对气候采取行动的必要性。②

然而，众议院反对认真地应对气候变化，而大多数的民主党人却赞成认真对待它——于是形成僵局，使得总统只好在国会周旋，以期在此事上有所成就。然而，虽然参议院不能让任何气候法案通过，这一事实却并不意味着国会成员应该放弃，让自己作为知情者的热情付诸东流。他们中的那些能言善辩的演讲者们应向公众呼吁，向他们解释，何以全国应该在当前条件许可的情况下动员起来。

---

① 亚当·佩克："苹果新公司总部将有一个世界上最大的太阳能电池阵列，""气候动态"网站，2013年11月20日；亚当·沃恩："苹果公司说：气候变化是实在的，它是一个实在的问题，"《卫报》，2014年4月22日；凯蒂·瓦伦丁："谷歌从4家瑞典风电场购电，决心要做到100%由可再生能源供电，""气候动态"网站，2014年1月27日；基利·克罗："宜家生产出足够的清洁能源，占它在全球能源使用的三分之一，并要继续发展，""气候动态"网站，2013年11月19日。

② 凯特·谢波特："哈里·瑞德说：'气候问题是世界今日面临的最严重问题'，"《赫芬顿邮报》，2014年3月6日；丽莎·海马斯："桑德斯和鲍克瑟提出了'碳费和分红'的气候法案；环保主义者喜出望外，"《世界谷物》，2013年2月15日；"据推特'为气候而行动'说，参议员们为气候之事熬了通宵，"《地球正义》，2014年3月11日。

经济学家的带头作用

反对急剧减少碳排放的主要理由之一一直都是经济方面的——它会破坏全球经济，也会损害个人生意。然而，新近的经济研究显示（这在本书 16 章讨论过），实际情况恰好相反——不处理气候变化，而不是处理气候变化，才是昂贵的。因为现在花钱减少碳排放，比以后花钱对付极端天气事件和减少碳排放，更为便宜。

然而，大多数人，包括很多媒体写手和立法者，都不懂得这个道理。一些气候科学家再也不满足于传播他们的学术成果，开始直接对公众和媒体说话，经济学家们，诸如罗伯特·平代克，马丁·韦茨曼，弗兰克·阿克曼和伊丽莎白·A.斯坦顿，也应效法他们，就像尼古拉斯·斯特恩在英国干的那样，利用电视和无线电访谈，以及报纸的专栏，将真相公布于众，借以显示，保罗·克鲁格曼远不是孤军作战。媒体也应提供那样的机会，甚至促成那样的机会。

经济学家们也应在媒体上广泛宣传这一事实：实际上，所有的经济学家，甚至威廉·诺德豪斯，都提倡给碳定一个相当的价，并认为这是唯一重要的事——再加上取消补贴——这是办得到的，前布什政府的财政部长亨利·保尔森在 2014 年就曾这样明确地说过。[①]

娱乐圈的带头作用

娱乐圈也可发挥很重要的作用。幽默尤其有可能使人谈论气候变化，并乐意建设性地应对它。这正如关于同性恋者的电视情景喜剧使得很多人克服了他们的偏见，使得他们不再支持禁止同性恋婚姻的法律。幽默显然可以通过讽刺挖苦的方式，来消解气候变化否定论者们的影响，安迪·包洛维兹，史蒂芬·科尔伯特，约翰·奥利弗，乔恩·斯图尔特和"洋葱"新闻网就是这样干的。媒体能做的有助的事情之一，就是让它们对气候否定论者的挖苦讽刺，连同其他挖苦者的那些（诸如威尔·法瑞尔，萨莎·拜伦·科恩，以及尤伦·鲍曼——"世界上第一个也是唯一的一个敢说敢干的经济学家"）更加地广为人知。[②]

---

① 亨利·M.保尔森："即将到来的气候崩溃，"《纽约时报》，2014 年 6 月 21 日。

② 尼科尔·福斯："幽默的潜在力量"，心理研究中心网站，2010 年 3 月 2 日；"气候变化——它是个笑话吗？"《正能量》杂志，2014 年 5 月 29 日；格雷厄姆·里德费恩："大气候变化搞笑时刻的视频剪辑"，《卫报》，2014 年 5 月 28 日；"尤伦·鲍曼博士，世界上第一个也是唯一的一个敢说敢干的经济学家"。

同样,严肃的戏剧也可比以往更有效地用来帮助人们理解这些问题,使他们动员起来去制止全球的暖化。好莱坞和电视台可放出话去:他们正在寻找好的脚本。

金融界的带头作用

华尔街,世界金融中心,人们通常认为,它对规范排放的努力是执敌意态度的,这在本书第12章讨论《华尔街日报》、美国全国广播公司财经频道,以及《福布斯》时已予以说明。如果被问到有多少金融街的亿万富翁花钱制止全球暖化,大多数的人当初恐怕只说得出乔治·索罗斯的名字。如果这就是富有的金融家们的全部实情,那就太不幸了。其理由有二:我们需要用"绿色亿万富翁"的金钱来对抗科赫公司及其他化石燃料公司所提供的、用来进行反气候活动的大量资金;不发达世界需要大量的资金以转换到效率和清洁能源——而那样的资金却是富裕国家不愿意提供的。

然而,这种情况已经改变了,这主要归功于前对冲基金创始人汤姆·斯泰尔。他受到比尔·盖茨和沃伦·巴菲特的影响,许诺将自己的一半金钱赠与慈善事业;他也受到比尔·麦克本的影响,决定将大量的金钱用来对付气候变化。除了其他的捐赠而外,斯泰尔还决定为一家名叫"后代的气候"的组织提供1亿美元。该组织将努力击败那些否认气候变化、或反对减少碳排放的政治候选人。[1]

另外,斯泰尔还和其他亿万富翁,迈克尔·布隆伯格,还有亨利·保尔森,发布了一个标题为"冒险事业"的报告。该报告对各产业因全球暖化而面临的风险作了评估,除此而外,它还有意要说服金融界起来反对鲁珀特·默多克新闻机构以及科赫公司所提出的那些反科学的说法,甚至有意改变金融界的文化。[2]

显然,金融界的人,或则通过提供与传统习见相左的信息,或则通过使用他们的财富,可为拯救文明的事业做出极其重大的贡献。读者诸君或许会惊异地得知:远超过100名亿万富翁已作出盖茨－巴菲特式的的承诺。但是,这个数

---

① 约翰·莱特:"在气候变化问题上意见分歧的两派亿万富翁,""莫耶斯与公司访谈节目",2014年2月19日;科勒尔·达文波特:"今年把气候变化当作一个问题来推动,但也要关注2016年,"《纽约时报》,2014年5月22日;约书亚·M.巴顿:"在气候问题上,'绿色'亿万富翁用公民一致的决定来反对共和党人,""鹰派主张网站",2014年6月13日。

② "冒险事业:气候变化在美国造成的经济风险,""冒险事业项目",2014年6月;布拉德·约翰逊:"福克斯商业网以气候否定论来纪念桑迪周年,""气候动态"网站,2013年10月29日。

字迄今只占亿万富翁人数的5%。① 如果这些人中有相当的百分比效法斯泰尔,花钱来帮助对付气候变化,那么金融界就会作出更大的贡献。

州长们的带头作用

州长们有很大的权利决定,他们的州是否承担自己的那一份责任防止气候继续变化,或者是否阻碍那样的努力。比如,饱受干旱困扰的俄克拉荷马州的州长玛丽·法琳就曾反对环保署打算规范油气产业的企图,并曾批准过打压太阳能的立法。她告诉人们,只有多多祈祷才能摆脱困境。②

与之相反,加利福尼亚的州长杰里·布朗领导他的州成为了远胜过其他州的全美最环保州。且略举他的成就:

·布朗为他的州提出了这一任务:在2025年前零排放的车辆将达到15%。

·他筹划了一个关于电动汽车的8州协议。

·他领头制定了一个1200亿美元的刺激环保的计划,每年200亿,直到2020年。

·他的政策创造了大量的环保工作岗位——比如,在2012年,其数量就超过了其他4个名列前茅的州的总和。

·布朗创立了一个项目,使得加利福尼亚的那些居住在无法安装太阳能地方的家庭中75%的用上清洁能源。

·他继续了前任的那一政策,即在2020年前将温室气体的排放降低到1990年的水平,而且,截止2050年,将低于那一水平的80%。

·2013年,他公布了全美第一个全州的碳限量及交易计划,那成为世界第二大碳交易制度。

·随后布朗支持在深圳制定了中国的7个碳市场试点方案中的第一个,那以后,加利福尼亚与深圳结成合作关系。

·布朗还与俄勒冈、华盛顿和不列颠哥伦比亚建立了合作关系,打算增加清洁能源工作岗位以及零排放的车辆,协调能源效率标准,碳污染收

---

① "为何全世界的亿万富翁中只有5%的人签署了捐赠承诺书,""财富－X研究所",2013年11月14日。

② 布拉德·约翰逊:"否认气候变化的俄克拉荷马州长要求居民祈祷求雨,""气候动态"网站,2011年7月18日。

费标准,以及截至 2050 年它们的碳减排量——希望给其他州和地区、最后给全国提供一个可资效法的样板。

·2014 年,布朗与墨西哥(世界第 11 大碳排放者)签订了一项气候协议,以降低碳排放,并希望今后在碳定价方面相互合作。①

虽然布朗领导下的加利福尼亚尚算不上完美无缺(比如在压裂开采的问题上),美国进步研究中心的马特·卡斯帕却说它是"在气候问题上州领导的一个光辉榜样。"②

比如,一件州长们可仿效的事就是,鼓励本州从幼儿园到高中的学校在屋顶上安装太阳能系统。最近的一份报告说,学校的屋顶有潜力为全国供应 5.4 吉瓦的太阳能。③

法律的带头作用

"当事关拯救文明的大事时,"俄勒冈大学法律学院的玛丽·伍德·克里斯蒂娜说,"法律就该发挥作用。"她是一个提倡公共信托原则的运动的成员之一,该原则主张,一切维持文明的重要资源,都是由所有的公民(无论现在或将来)永久性地委托给政府管理的。这一原则来自罗马法,19 世纪末和 20 世纪初在美国的法律中颇有影响。后来几十年未用,直到 20 世纪 70 年代和"80 年代,才被加利福尼亚大学的约瑟夫·萨克斯和戴维斯重新赋予了生命力,后来又被乔治城大学的伊迪丝·布朗·韦斯在其《地球信托》一书中充分论述。"④

---

① 汤姆·海登:"加利福尼亚,绿色革命的中心,"《赫芬顿邮报》,2013 年 6 月 13 日;若热·马德里:"加利福尼亚绿色环保工作岗位和繁荣清洁经济的秘密是什么? 是它的政策,""美国环保基因"网站,"加利福尼亚 2.0",2013 年 4 月 10 日;基利·克罗:"全体的清洁能源:加利福尼亚发展创业共享可再生能源法案,""气候动态"网站,2013 年 7 月 1 日;艾米丽·蕾娜:"加利福尼亚的碳限量及交易计划遇上奇异的一年的 4 个原因,"路透社,2014 年 1 月 8 日;德里克·沃克:"美国和中国在气候变化问题上的合作显现有希望的迹象,""环境保护基金会之声",2013 年 7 月 10 日;米歇尔·瓦恩斯:"3 个州和 1 个合作者签了一个气候条约,"《纽约时报》,2013 年 10 月 29 日;阿里·菲利普斯:"布朗州长访问期间,加利福尼亚和墨西哥签了一份气候条约,""气候动态"网站,2014 年 7 月 29 日。

② 马特·卡斯帕:"加利福尼亚对其他 49 个州说:你们能与我们的清洁能源经济相比吗,""气候动态"网站,2013 年 3 月 17 日。

③ "更明亮的未来:一项关于美国学校提供太阳能的研究,"太阳能产业协会,2014 年;也曾在扎卡里·沙汉的"太阳能学校可产生一吨的太阳能发电"中讨论过,"清洁技术网站",2014 年 9 月 19 日。

④ 玛丽·伍德·克里斯蒂娜:"大气信托诉讼",见于《气候变化文选》,威廉·H. 小罗杰斯等人编(卡罗来纳州学术出版社,2011 年);伊迪丝·布朗·韦斯:"地球信托:维护与代际公平",《生态法季刊》,1984 年;萨克斯:"将公共信托原则从历史的枷锁中解放出来,"《加州大学戴维斯分校法律评论》,1980 年。

在 2014 年的《自然的信托》一书中,伍德专注于大气托管诉讼,该诉讼旨在"剥夺世界政治领导人的仅根据其政治目的采取行动的那种想当然的特权。"该诉讼包括对政府的起诉,即要求司法部门作出裁决,宣布行政部门及它的某些机构违反了托管法,因为它们本有责任保护大气,并要求司法部门强制它们停止违约行为。大气托管诉讼的律师们还说,"保护大气的失职相当于对后代的偷窃"。他们论述道,政客们之所以进行了这一偷窃而安然无事,是因为子孙后代不能投票,所以他们要求法庭保护后代的财产权。①

如果各种阻碍大气托管诉讼的反对意见能被克服,法律就可成为一种手段,通过它,我们前几章所讨论的那些道德和经济原则就会变得有效,通过它,人类文明走向灭绝的道路就将不复存在。

市长们的带头作用

市长们可与州长们同样重要,因为现在大多数人都居住在城市地区,而那些地区的碳排放量大约是美国全国的 80%。部分地由于联邦政府行动缓慢,国际讨论鲜有效果,于是城市就决定发挥其核心作用。迈克尔·布隆伯格任纽约市长时曾宣称:"城市处于前线,因为联邦的、国家的、国际的组织不干事。"

即便如此,市长们却已形成了应对全球暖化的各种组织。现在已有了一个采取行动应对气候的、由世界大都市构成的世界性组织。虽然号称"C40 城市集团",但其成员现在却已达 68 个。它的任务宣言说:

> 国际谈判不断推进,与此同时,"C40 城市集团"突飞猛进。这些城市一共采取了 5000 多项行动来对付气候变化,而且继续前进的热情胜过以往。作为革新者和实践者,我们的这些城市处于这一问题(可算是我们这个时代最大的挑战)的前线。

2014 年 9 月,"C40 城市集团"的领导小组发布了一个报告说,截止 2050年,城市政府自己就能减少 80 亿吨的温室气体排放。费城市长迈克尔·纳特说,阻止气候变化的工作"将主要靠市长们来干。然后,我们将促使各自的国家

---

① 玛丽·伍德·克里斯蒂娜:《自然的信托》(剑桥大学出版社,2014 年),127,272 页;伍德:"大气信托诉讼",见于小罗杰斯等人编《气候变化》,1034 页。

将这些问题提上国家的议事日程。"①

在美国,有1000多个市长属于"美国市长会议",该会议接纳人口至少3万的城市。该会议从前曾创办过"美国市长气候保护协议会议",2014年,它发布了一项关于有必要采取紧急行动的决议。该决议说:

> "美国市长会议"呼吁政府与国会制定一项紧急气候保护法,该法可提供框架和资金,以便国家、地方政府、私人机构合作起来,实施一个全国性的全面计划,迅速降低温室气体的排放,以避免气候变化给地球造成灾难性的后果。②

地方采取行动实属必要,市长们以不同的方式对此作出了反应:

· 2007年,市长布隆伯格,由于有心要使纽约成为全国第一个可持续性城市,监督制定了"纽约计划"。该计划提出,在2030年前将温室气体下降30%,2050年前80%。

· 2009年,克利夫兰市提出了一项倡议:10年之内将该社区转变成为"蓝色湖泊上的绿色城市"。它的行动计划号称"2019,可持续的克利夫兰",该计划还承诺,在2050年之前将排放下降80%。

· 西雅图的市长已制定出一个气候行动计划,通过使该市的建筑物更节能,使人们更容易避免使用汽车,以及取消使用煤炭等措施,在2050年以前使西雅图成为一个碳中性城市。

· 2014年,"美国市长会议"将它的"气候保护奖"授予了拉斯维加斯市长卡洛琳·古德曼,表彰她为了使拉斯维加斯成为第一个净零碳排放的大城市所作的努力。

· 在米罗·温伯格市长的领导下,伯灵顿,佛蒙特州最大的城市,购买了一套水电设施,因而成为全美第一个从清洁能源获取100%电力的城市。③

---

① 杰夫·斯普罗斯:"一个一个城市地来减少碳排放会对气候变化造成巨大影响,""气候动态"网站,2014年9月25日。

② 阿里·菲利普斯:"由于市长们对气候变化采取了行动,纽约市的空气成为数十年来最清洁的,""气候动态"网站,2013年9月27日;"C40城市集团":气候领导小组;"决议:需要紧急行动来处理气候变化和气候保护,""美国市长会议",2014年,第82次会议。

③ 杰克·理查德森:"佛蒙特州的伯灵顿,100%的可再生能源,""清洁技术网站",2014年,9月23日;"米罗市长和伯灵顿电力部门宣布完成购买威努斯基的一项水电设施,"《伯灵顿电力》,2014年9月4日。

·2014年,在纽约的联合国"气候峰会"上,该城的新任市长比尔·德·白思豪承诺:在2050年前,纽约将通过改善建筑物的节能,把温室气体的排放(从2005年的水平)降低80%。①

·加利福尼亚州兰开斯特市的共和党市长雷克斯·帕里斯欲将该市打造成世界太阳能首府,他说:"我们要成为第一个那样的城市,在那里,从太阳能生产的电超过我们日常消费的电。"当被《纽约时报》问道,他是否认为全球暖化是个威胁时,他答道:"我算是个共和党人,但我不是白痴。"②

军方的带头作用

国会的共和党人一直在努力阻止给五角大楼提供资金使其逐渐摆脱对化石燃料的依赖,声称这些费用缩小了国家安全的可用资源,然而很多军方领导的说法却与此相反。除了第九章所引用过的那些说法,以下还有一些:

·陆军准将史提芬·安德森,前后勤部长官,一位自称保守共和党人的人,曾说:"我们的石油瘾,我认为,是对我们国家安全的最大威胁。不论是外国石油,还是国内石油。"

·前陆军参谋长,戈登·沙利文将军曾说:"气候变化是一个国家安全问题。我们发现,气候的不稳定会导致地缘政治方面的不稳定,会影响美国在世界各地的军事行动。"

·退役的海军中将丹尼斯·麦金说过:"国防部和情报界都承认,气候变化与国家的安全及不稳定有明显的关系,而且已作出战略规划,以便或则缓解、或则适应最可能且最严重的后果。"③

虽然有些问题军方领导不宜处理,然而他们显然可以证明,继续的气候变

---

① 马特·弗莱根海默:"德·白思豪许诺更加环保的绿色城市,为建筑物的节能立下目标,"《纽约时报》,2014年9月20日。

② "绿色环保建筑物与节能,""纽约计划";"2019,可持续的克利夫兰";迈克·麦金:"让我们阻止这场危机:给哈佛校长福斯特的一封信,""西雅图",2013年10月17日;拉斯维加斯市长卡洛琳·古德曼和格雷舍姆市长谢恩·比米斯获2014年"市长气候保护奖"最高奖,2014年6月20日;费利西蒂·白瑞杰:"在自然的帮助下,一座城市有心成为太阳能首府,"《纽约时报》,2013年4月8日。

③ 阿里·纳特:"共和党人将采取行动削减军队的替代燃料,"彭博社,2012年5月29日;吉尔·菲茨西蒙斯:"15位军方领导人说,气候变化是对国家安全的一种威胁,"《媒体事务》,2012年5月20日。

化会使他们的工作更困难,军方转而使用清洁能源将有助于国家安全。他们还可表明:在二战中,由于全国充分动员起来了,美国军队便在反抗法西斯主义的战斗中发挥了重要作用,现在,同样地,拯救文明的战斗也需要另一种性质的充分动员。

宗教和道德的带头作用

在动员全国这事上,那些从道德和宗教的视角来看待气候问题的人,他们的作用之重要不输于任何人。正如詹姆士·汉森所说,虽然经济问题很重要,但根本的问题"却是一个道德问题——一个代际公平的问题。"如果有人无视这一道德问题而继续将二氧化碳排放进大气,他就无异于说——正如肯·卡尔代拉所描绘的——"我愿意将巨大的气候风险强加给生活在这个世界的后代,以便自己比今天更富裕2%。"[1]道德和宗教的领导者们应重视这个问题。

教会中人以及那些从事道德研究的人业已以各种方式干了很多事情,诸如写书写文章,举办会议,发布声明让人认可,以及构建组织。这些组织中最大的一个要算"众宗教信仰力量与光明团体",它的宗旨就是要通过"提倡节能、能源效率、可再生能源来回应地球的暖化,因而成为天下万物的忠实侍者,"达到"保护地球生态系统"的目的。该组织的分支机构遍布40个州,它们创造机会宣传这些事情,诸如宾州州立大学7位教师组织的"自行车4日游","以使人们认识到气候变化的道德维度。"

此外,牧师、神父、伦理学家、科学家——事实上,凡是可以出力的人——都应在报纸、互联网、推特、电视广播节目上发表意见,陈述制止全球暖化的道德意义和宗教意义,于是,国家就会随时随地意识到打赢这场战斗的必要性,就像在二战中美国人总是意识到打败法西斯的必要性。当然,受人喜爱的全国名人和世界名人出来说话会更有分量,比如教皇弗兰西斯,他就曾穿着印有"不要压裂"字样的T恤摆好姿势让人照相,并说,毁坏热带雨林是一桩罪过。[2]

---

[1]　詹姆士·汉森等:"年轻人和自然的情况";肯·卡尔代拉:"唯一符合伦理的道路就是停止将大气当作容纳温室气体污染的垃圾场,""气候动态"网站,2012年4月15日。

[2]　"'众宗教信仰力量与光明团体':宗教对全球暖化的回应";"教授走上华盛顿的单车之旅以提高人们气候变化的意识",宾州州立大学,2014年4月28日;基利·克罗:"教皇弗兰西斯的下一步:反压裂的行动主义者?""气候动态"网站,2013年11月14日。

共和党人的带头作用

也需要明智的共和党人发挥强大的带头作用来扭转他们的政党,特别是扭转国会,使之不再挫败能源生产所需的那类大胆改革。至少,有一个共和党人,即南卡罗来纳州的前众议员鲍勃·英格利斯做了一次尝试。他于 2012 年推出一项名为"能源与企业"的倡议,鼓励"对美国的能源和气候挑战采取一些保守的措施"——措施之一就是碳税。对碳税的呼吁也得到了其他参与国家政治的共和党人的支持:

·阿特·拉弗,一位保守派经济学家,曾是里根总统的高级顾问。

·乔治·舒尔茨,里根的国务卿。

·道格拉斯·霍尔茨 – 埃金,曾任布什总统经济顾问委员会主席;后又担当约翰·麦凯恩 2008 年总统竞选的经济顾问。

·格利高里·曼昆,他曾是小布什总统经济顾问委员会的首席经济学家,后来米特·罗尼竞选总统时任经济顾问。

·最近,正如前面讨论过的,亨利·保尔森,小布什政府期间的财政部长,在《纽约时报》上写了一篇评论,支持碳税。

另外还有一些著名的共和党人,包括 4 位前环保署的头目,他们在 2014 年告诉一个参议院的委员会,气候变化的实际情况和原因是不容置疑的,环保署有权规范温室气体。

还有三位明智的共和党人,他们是前加利福尼亚州长阿诺德·施瓦辛格,缅因州参议员苏珊·柯林斯,以及前总统候选人洪博培。后者曾在《纽约时报》上写有一篇专栏文章,说:"作为一个党,我们的方法既不应该是否定的,也不应该是极端的。必须用科学来指导明智的政策讨论,那才会导向有根据的选择。这就可能意味着,要考虑未曾预料过的替代物。"[1]

鲍勃·英格利在说到国会时说,"在这座山的散兵坑中"有几个保守派人士,他们接受科学家的共识,但却一言不发,为的是避免受到茶叶党的攻击。[2]

---

[1] 丽贝卡·莱伯和乔·罗姆:"共和党人厌倦了气候变化否定论者,他们发布了应对全球变暖的行动以及碳价格的计划,"2012 年 7 月 10 日;克里斯·亚当:"共和党前环保署官员说,应该对气候变化采取行动了,"《麦克拉奇》,2014 年 6 月 18 日;亨利·M. 保尔森:"即将到来的气候崩溃";乔恩·M. 小亨茨曼:"共和党不能忽视气候变化",《纽约时报》,2014 年 5 月 6 日。

[2] 大卫·罗伯特:"嘿,看啊,一个关心气候变化的共和党人!"《世界谷物》,2012 年 7 月 10 日。

如果一旦有机会国会出面帮助拯救地球,很多共和党人就会从散兵坑里走出来。

科学的带头作用

从前有个时候,正如朗尼·汤普森指出的,气候科学家们曾认为,他们能做的一切就是报告他们的科学发现,那以后,媒体会报道它们,然后政治世界会作出恰当的反应。然而,正如汤普森和很多其他科学家(诸如詹姆士·汉森和迈克尔·曼)逐渐意识到的,传播科学信息的传统方法不起作用了,科学家必须直接走向政治家和公众——正如汉森所作的那样,他曾在"技术/娱乐/设计论坛"(TED)作过一次演讲:"为什么我必须对气候变化的问题开口说话了"(2012年)。

一个相关的问题就是:科学家应以何种方式报告他们的科学发现。科学家们远不会犯某些批评人士所谓的过甚其辞之错,但他们却往往"失之过度慎重",比如只是定期公布对各种事情的预测,海平面的上升呀,北极冰的融化呀等等,那些预测却常常低估了可能的发展。英国对冲基金经理杰里米·格兰瑟姆曾就这个问题说:

> 科学家们为维护科学的尊严,不喜张扬夸饰,这可以理解。……在科学中夸大其词一般说来是很危险的(对于各种职业这当然也是危险的),但是气候变化这个问题较为独特,意见过分婉转隐晦风险更大,甚至可以说更不道德。重要的是,在全球暖化这个问题上,科学家们应冒更大的职业风险,应发出更现实、更令人警醒的声音。……这不仅是有关你们生命的危机——这也是我们这个物种生存的危机。我恳求你们勇敢一些。

科学家可做的又一件有助于人的事就是,鼓励记者不要追求虚伪的平衡。比如,天体物理学家奈尔·德葛拉司·泰森,"宇宙"这一节目的主持人,在一次访谈中就说过,"你不能才同宇航局的人谈了球形的地球,转而又说'现在我们把同样的时间给予地球扁平论者。'"

又一个对科学家同行的好建议来自宇航局的加文·施密特,他说:"重要的是,懂专业的人不要把公共领域拱手让给不懂专业的人。"在《纽约时报》的一篇专栏文章中,迈克尔·曼谈到在这个问题上自己观点的转变。曾经有一个时间,他坚持认为,科学家在公开场合只能谈科学的事实,现在他却说:

利用我们的科学知识,对大众说出我们研究的真正含义,这一点也没有什么不合适的。……如果科学家选择不加入公众的辩论,我们就会留下一个真空,让那些成天为短期自我利益而奔忙的人去填充。如果科学家们不加入更大的对话——如果我们不尽力保证,针对政策的辩论含有对风险的诚实估价——社会便将付出更大的代价。事实上,如果面临如此严重的威胁我们却保持沉默,那将是我们对社会的失职。[①]

正如施密特指出的,很多科学家,尤其是年轻的,业已在做这项工作:不仅以传统的方式,也在脸书、推特等等上讨论气候变化的现实和潜在情况。以这样的方式,科学家们便超越了自己的科学工作,促使全国动员起来,共同去对付文明所遭逢的最严重挑战。

技术的带头作用

技术与科学紧密相关;现在,技术甚至被定义为:应用科学知识来制造有用的产品。无论如何,本书提到过很多有助于遏制全球暖化的技术发展,它们中的大多数都涉及全球暖化的主要原因:化石燃料。但另一个技术带头作用的例子却涉及水泥。最常见的水泥,即人们所说的"波特兰水泥"(因为与英格兰波特兰岛开采的建筑石材相似而得名),占二氧化碳排放的5—10%。

直到最近,所谓的绿色环保技术也只能把水泥生产所产生的二氧化碳降低20%,降低的这点量远不及全世界建筑业(尤其在中国)所激增的混凝土使用所产生的排放量。所以,水泥一直在导致二氧化碳排放量的增加。然而,更新的技术发展有望迅速降低这些排放。

一个发展就是,瑞士和印度的研究者发明了一种新的混合剂,它可以将二氧化碳的排放降低30%。另一个发明降低了水泥中钙的百分比,它可减少多达60%的二氧化碳排放,同时还使产生的混凝土更结实。还有一种方法是用聚合物水泥来替代波特兰水泥,这种水泥可减少多达90%的二氧化碳排放。再一种

---

① 戴纳·纽西特利:"气候科学家失之过度慎重,"《怀疑科学》,2013年1月30日;杰里米·格兰瑟姆:"应有说服力,应勇敢,应被吸引(如果必要),"《自然》,2012年11月14日;凯蒂·瓦伦丁:"奈尔·德葛拉司·泰森对否认科学者说:'科学不是在那儿供你挑选的,'"2014年3月10日;布鲁斯·利伯曼:"加文·施密特…敢言且直言,"《耶鲁气候变化论坛》,2013年12月12日;迈克尔·E.曼:"看见什么就说什么,"《纽约时报》,2014年1月17日。

方法提出,用发电厂的烟尘来制造水泥,这样可封存90%的二氧化碳。①

如果这些发展中的某一个被普遍接受,特别是,如果它能将二氧化碳的排放降低90%,那么全球暖化的主要原因之一便能在很大程度上受到限制。

妇女的带头作用

2013年,全球100名妇女领袖参加了首届"国际妇女地球和气候峰会"。她们的发言说明了这样一个事实:妇女的作用是必不可少的,因为她们常常表现出独特的视角。比如:

·诺贝尔和平奖得主威廉姆斯·朱迪宣称,妇女可以告知世界,我们会"大声疾呼,然后认真行动。"她指的是,她们将抵制那些造成气候变化升级的公司,比如孟山都公司。

·爱尔兰前总统和联合国人权事务高级专员玛丽·鲁滨孙说:"处于前线的妇女……正在对付世界各个地区的气候变化所造成的影响。……妇女们必须坚持在全世界范围进行改革性领导。……我们必须在世界各国有可持续的目标,以便获得气候公正。"

·印度的科学家和活动家万达纳·希瓦说:"我们所面临的挑战是要提出一个地球的新范式,而且在世界上创造出一种新的领导方式。地球并非是死的,她是一个有生命的地球。我们希望人们想到我们之后的第7代人。在印度,我们与原住民有同样的想法,即总是想到今后的第7代人。不文明的人为今日的利益而强暴地球。"

·峰会的主持者之一,莎莉·兰尼说:"妇女不会保持沉默。我们占世界人口的51%,我们要求人们听我们诉说。我们的生命直接取决于解决气候危机的方案。"

·另一位主持者奥斯普里·莱克斯宣称:"政治家们争论时,地球并非是在等待。我们目前就需要一份对气候变化的深入而全面的分析。不能再等了。"

---

① 伊丽莎白·罗森塔尔:"水泥工业处于气候变化争论的中心,"《纽约时报》,2007年10月26日;"如何制造更结实、'更绿色的'水泥:新的配方会降低温室气体的排放,"《每日科学》,2014年9月25日;"减少二氧化碳排放的水泥发明出来了,"《聚合研究》,2014年9月24日;"可减缓全球暖化的土聚水泥,"聚合物研究所,2014年8月8日更新;大卫·比罗:"来自二氧化碳的水泥:治疗全球变暖的具体方法?"《科学美国人》,2008年8月7日。

此次峰会还吸引了许多其他著名的妇女领袖,包括莫德·芭露,希尔维亚·厄尔,以及简·古道尔。①

青年的带头作用

在动员全国这事上,年轻人可发挥重大作用,因为他们可让公众注意到这一事实:在活着的人中,正是他们,将要面临成为气候失调牺牲品的那一实实在在的命运。现在有很多组织在教导年轻人,告诉他们前路赫然矗立着什么危险,应采取什么步骤避开它。这些组织中的有些,就是年轻人自己发起的。

比如,一个叫做"为地球植树"的组织就是一个9岁的小孩发起的。这一首创组织号召大家植树,它旨在既让儿童也让成人意识到气候变化和全球公平的问题。属于这一组织的有些儿童,詹姆士·汉森报告说,为两位华盛顿州参议员组织过员工会议,在那些会议上孩子们提出了以下要求,他们知情的程度令人吃惊:

> ·不要再提暖化不超过摄氏2度的那一目标,因为温度上升摄氏2度对10岁的儿童是灾难性的。
> ·在发言中,讲清楚把暖化控制在接近1.2摄氏度的计划。
> ·保证"没有新的碳污染",反对更多的脏能源基础设施,无论是用来出口,或勘探。
> ·对碳污染实行定价收费。
> ·推出一项保护儿童的决议,保证每年减少6%的排放量,保证我们有1兆棵树的公平份额。
> ·植树!

汉森对此的反应:"哇——这些居然是出自孩子们!"下面要更简略地描述一下其他组织的情况:

> ·"气候教育联盟"是一个致力于教育美国高中学生的组织,它告诉他们气候变化背后的科学,并鼓励他们为改善气候出一份力。积极性调动起

①　简·埃尔斯:"妇女们对全世界的气候变化说:'不能再等了',""变化的国家网站",2013年10月11日。

来了的学生然后接受领导能力训练。

·"C2C 同仁网"是一个培训志在追求政治和商业中的可持续发展领导力的大学本科生和应届毕业生的全国性网络。从那儿的工作室毕业后，学生们便加入了"C2C 同仁网"。

·"媒体时代的气候教育"是一个针对高中生、中学教师以及大学生的组织，它专注于将学生媒体制作纳入气候变化教育。

·"地球卫士"是科罗拉多州的一个学生和成年人的网络，网络中的那些人志在为子孙后代留下一个更美好的世界，特别是要通过对水力压裂开采法的禁止来达到目的。

·"能源行动联盟"含有 50 个由年轻人领导的环境和社会公平团体，旨在赢得地方选举。

·"孩子对抗全球暖化"组织是亚历克·鲁尔兹发起的，当时他 12 岁，正看了阿尔·戈尔的电影《令人不安的真相》。该组织志在给孩子们传递信息并动员他们采取行动。后来詹姆士·汉森将朱莉娅·奥尔森，一位尤金的年轻环保律师，介绍给鲁尔兹之后，她便开办了"孩子的信任"网站。该网站帮助"孩子对抗全球暖化"的成员以法律为武器来保卫地球。其中一个典型的成员是爱荷华的格洛里·菲立泊内，他于 2012 年写道：

我 14 岁。我厌倦了全球变暖。我厌倦了，因为总是要想，我们的世界会不会持续很久，我的后代是否会在一个健康、稳定的世界中长大。不担心的最好办法就是解决这个问题。……这是一场革命，不是件简单的事。革命从来就不简单。革命需要时间，需要人们努力，需要人们奉献。有时，改革似乎显得遥不可及，但改变会带来美好的事物。……请以你的孩子和孙子的名义联系你的爱荷华议员和奥巴马总统，要求他们同这个国家的孩子们，而不是同化石燃料的游说者们，站在一边。

·"关注国家"是一个每年要接触 30 万年轻人的组织，它鼓励他们去直面清洁能源挑战。

·"国家野生动物协会校园生态同仁组织"帮助教育和组织校区——每年大约 1000 个校园——使其知道全球暖化的后果，并让它们一起来想解决的办法。该组织建立于 1989 年，它的学生宣传计划，校园咨询，气候行动竞赛，以及教育活动和资源，每年达于 1000 个校园。

·"威尔·斯蒂格基金"旨在为中西部的有志于气候变化解决方案的青年领袖们提供机会，使他们能接触到决策者，能有资金资源，能得到训练和施展才能的机会。①

一旦美国总统振臂一呼,要求全国总动员以应付气候变化紧急情况,这些以及其他一些组织就会提供数百万年轻人为那一事业服务。

---

① 詹姆士·汉森:"儿童和成人对气候政策的看法:有证据表明他们'是明白的'",2014 年 4 月 1 日,来自詹姆士·汉森;G·布朗:"青年关于气候变化的倡议"(2013 年);希瑟·利比:"引人注目的合作伙伴:亚历克·鲁尔兹的'孩子对抗全球暖化组织'与'我重要运动'","时不我待全球网络",2011 年 5 月 6 日;"决心和使命让爱荷华青少年为他们的未来而战,""我重要运动"博客,2012 年 8 月 3 日。

20. 结论

"气候变化发展得既迅且猛,在有些地方,其速度甚至是史无前例。……这就需要我们行动起来。"

——世界自然基金会,2013 年

目前有数量惊人的科学家、组织,以及网络,在关注全球暖化和气候变化的问题,在解释,如果我们继续我行我素,会有什么后果发生。然而至今为止,虽然这些努力在科学上有巨大的进步,却几乎没有减缓全球的暖化。我们必须再次提出舍伍德·罗兰之问:"虽然我们所发明的某种科学足以作出警告,但如果我们到头来只能眼睁睁地看到该警告应验,那么发明该科学来又有什么用?"①

在说到在二战中打败纳粹法西斯联盟的那一代人时,记者汤姆·布罗考曾称他们为"最伟大的一代人"。在说到世界至今对生态危机的反应时,乔治·蒙比尔特称这为"世界前所未见的最大政治失败。"②如果我们不采取果断行动防止地狱般的气候灾难,我们的孩子辈、孙子辈、曾孙辈将正确地将我们称为可怜无能的一代。

由于在过去的 30 年中我们拒绝减少排放,现在要挽救那个自文明勃兴以来就一直对人类友好的世界,已经为时太晚。尽管如此,诚如比尔·麦克本所说,"努力加上运气,我们仍能够维持一个保持着一定文明的地球。"③

我们应尽快地、尽量全面地动员起来,以赢得这场生死之战——我们的对手就是克里斯·赫奇斯所说的"油气公司欲榨干地球最后自然资源的那一欲望。即便全体牺牲我们也在所不惜!"④

---

① 舍伍德·罗兰:1995 年,诺贝尔奖获奖演说。

② 汤姆·布罗考:《最伟大的一代人》(兰登书屋,1997 年 11 月 30 日);乔治·蒙比尔特:"过程已死",《卫报》,2010 年 9 月 21 日。

③ 比尔·麦克:《迥异往昔的地球:在一个艰难的新地球上谋生》(纽约:2010 年,时代丛书),27 页。

④ 克里斯·赫奇斯:"破坏者","实情发掘网站",2013 年 12 月 1 日。

在很多战斗中,战争所对抗的,都是同自己这方同样凶狠的敌人。战争可能不过就是为了竞争同一件奖项。但目前这场战争,情况却有所不同。且重复汤姆·恩格尔哈特的说法:

> 怀着恶意的预谋,一心想着眼前的利益,一心想着自己的(以及自己股东的)舒适与幸福,而毁灭我们的地球:这难道不是最大的罪恶?[1]

在传统的战争中,国家的叛徒是不容宽恕的。叛国是一桩罪,不会允许叛国者继续他们的犯罪活动。既然如此,我们为何应该对那些背叛整个人类、背叛生命本身的叛徒们施以更多的宽恕?我们不仅应将他们视为贱民,正如麦克本所说的那样,还应与他们的犯罪企业划清界限;我们应让他们停业——而且要快!

至今为止我们是可悲的一代人,因为我们需要做却尚未做的事本来一点也不难。除了改革农业和帮助世界重造林木,我们的政府只需(1)取消对化石燃料的补贴,(2)对碳实行分级税收,(3)在全国以及全球,尽量加快向100%清洁能源经济的过渡。当然,这些步骤中的第三步,需要进行比二战规模更大的动员。当时的动员包括曼哈顿计划,即赶在纳粹之前造出原子弹,而今日所需的技术却业已就绪,随时待用。一旦清洁能源,由于前两个步骤,比化石燃料能源更便宜,清洁能源技术便会以前所未有的速度得到发展和应用。"争夺剩余煤油气的竞赛",便会转变成用清洁能源来取代它们的竞赛。

但是,这一新的竞赛尚未认真地开始。

附言

本书正待付印时,事情有了重大发展,乃至我只好求得克拉丽蒂出版社的允许赘言几句。

这一新的发展会改变上面的最终结论,即这一取代化石燃料的新竞赛尚未认真地开始。2014年11月11日宣布的、中国和美国达成的碳排放协议就可能标志着这一新竞赛的开始。

在上面的"全体动员"那一章中,我曾提议(其他数人也提出过),奥巴马总统与中国习近平主席就碳排放的问题达成一项行政协议。后来两国首脑同意

---

[1]　汤姆·恩格尔哈特:"地球杀手:为最大利益而毁灭地球,""汤姆报道网站",2013年5月23日。

合作,以减少氢氟碳化合物排放。那之后,奥巴马于 2014 年 9 月在纽约举行的联合国气候峰会上向他的对手提出了挑战。然后,10 月里,奥巴马派遣他的顾问约翰·波德斯塔去中国敲定一项协议。①

大多数的观察者——除了国会的共和党人,《华尔街日报》,以及《福克斯新闻》——都把那一协议描绘成是"历史性的"。根据该协议,到 2025 年,美国将把它的温室气体排放下降到比 2005 年的水平低 26—28%,那意味着每年的减排将是现在的两倍(也可能要求奥巴马改变其"凡能源皆采纳"的政策)。

至于中国方面,它承诺,最迟在 2030 年让其碳排放达到峰值,而且让其清洁能源的量达到全国总能源量的 20%(而 2013 年则仅为 9.8%)。②

后来,中国就显示出它对自己的承诺是认真的。它宣布,到 2020 年,它将对自己的煤炭使用封顶。乔·罗姆说:"这是中国能源政策的一个惊人逆转,因为 20 年来它的能源政策一直专注于在一周内建立一个或更多的煤厂。"然而,在某种意义上,新宣布的这一政策也并不出人意外,因为,中国若要实现自己在 2030 年让二氧化碳排放达到峰值的承诺,就须大约在 2020 年让煤的使用达到峰值。③

美中协议削弱了共和党人主张对气候变化不采取任何措施的理由,这导致了一些幽默:乔纳森·柴在《纽约杂志》上的一篇文章的标题是:"中国欲拯救地球,共和党人大怒"。安迪·博罗维茨为《纽约客》写的一篇讽刺文章的标题是:"共和党人要求奥巴马回归被动",该文章报告说,众议院议长约翰·博纳以及不久就要就任参议院多数党领袖的米奇·麦康奈尔指责奥巴马"公然展示一种我们深感厌恶的领袖姿态。"④

无论如何,虽然美中协议是历史性的,改变了游戏规则,但正如很多专家所观察到的,它还远远不够。比尔·麦克本写道:"它还远不能让我们摆脱气候的困扰。"埃默里·洛文斯的落基山研究所说,"它不是灵丹妙药",因为,如果这两个国家满足于这一协议,它们自己就可能耗尽碳预算,所以这个协议不应被视为一个终极目标,而应被视为一个"动力生成器"。奥巴马自己可能就是这样看

① 马克·兰德勒:"经数月会谈之后,美国与中国达成气候协议,"《纽约时报》,2014 年 11 月 11 日。

② 克莱·斯特兰杰和乔恩·克里兹:"中美两国联合气候声明意味着什么,"落基山研究所,2014 年 11 月 14 日;杰夫·斯普罗斯:"我们有一个协议了:中美就历史性的减排目标达成协议,"《气候变化》,2014 年 11 月 12 日。

③ 乔·罗姆:"中国要在 2020 年让煤的使用达到峰值,以实现改变气候和空气污染游戏规则的目标,""气候动态"网站,2014 年 11 月 19 日。

④ 乔纳森·柴:"中国欲拯救地球,共和党人大怒,"《纽约杂志》,2014 年 11 月 12 日;安迪·博罗维茨:"共和党人要求奥巴马回归被动,"《纽约客》,2014 年 11 月 19 日。

待它的,习主席显然也是如此,他们会说:"积涓滴方可成池。"①

会激发该协议产生动力的一件事情,就是 2015 年联合国在巴黎召开的气候大会,在该大会上,人们希望最终达成一个全球协议。由于以下这一事情,实现这个希望的可能性增加了:2014 年 10 月,欧洲理事会提出了一项提案,要求欧盟在 2030 年前将温室气体的排放量下降到低于 1990 年水平的 40%。如果欧洲委员会建议立法并获欧洲议会通过,这一提案便将成为法律。如果此事成了,那么,"世界上最大的三个排放国就会被记录在案,承担控制其温室气体排放的新承诺。"②

由于中国以及美国的这些承诺,文明存活的机会就比以往更多了一些。

---

① 比尔·麦克本:"一项大的气候交易:它是什么,它不是什么,"《读者支持新闻》,2014 年 11 月 12 日;克莱·斯特兰杰和乔恩·克里兹:"中美两国联合气候声明意味着什么";兰德勒:"经数月会谈之后,美国与中国达成气候协议"。

② 亚瑟·内斯伦:"欧盟领导同意在 2030 年前将温室气体排放量下降 40%,"《卫报》,2014 年 10 月 23 日。杰夫·斯普罗斯:"我们有一个协议了。"